高职高专土建类专业“十三五”规划教材

建筑施工技术

JIANZHU SHIGONG JISHU

（第二版）

主编　王立新　许红

郑州大学出版社
郑州

内容简介

本书是根据建筑施工技术的教学要求编写。全书共分9个模块：土方工程、地基处理与桩基础工程、砌筑工程、钢筋混凝土工程、预应力混凝土工程、结构安装工程、防水工程、装饰工程、季节性施工。

本书可作为土建类高职高专建筑施工技术课程的教材，也可作为土建类工程技术人员培训教材。

图书在版编目(CIP)数据

建筑施工技术/王立新，许红主编.—2版.—郑州：郑州大学出版社，2016.8(2020.8重印)

ISBN 978-7-5645-2998-7

Ⅰ.①建… Ⅱ.①王…②许… Ⅲ.①建筑工程-工程施工-高等职业教育-教材 Ⅳ.①TU74

中国版本图书馆CIP数据核字(2016)第082396号

郑州大学出版社出版发行
郑州市大学路40号　　邮政编码：450052
出版人：孙保营　　发行电话：0371-66966070
全国新华书店经销
郑州龙洋印务有限公司印制
开本：787 mm×1 092 mm　1/16
印张：33.75
字数：823千字
版次：2016年8月第2版　　印次：2020年8月第5次印刷

书号：ISBN 978-7-5645-2998-7　　定价：59.00元

本书作者

主　　编　王立新　许　红

副主编　刘　萍　陈学文

编　　委　（以姓氏笔画为序）

丁宪良　王立新　吕秀娟

刘　萍　刘洪伟　许　红

张照方　陈学文　侯　琳

再版前言

建筑施工技术是高职建筑工程技术专业的一门必修课程，主要研究建筑工程施工技术的一般规律。

全书共分 9 个模块：土方工程、地基处理与桩基础工程、砌筑工程、钢筋混凝土工程、预应力混凝土工程、结构安装工程、防水工程、装饰工程、季节性施工。

建筑施工技术是一门实践性很强的专业技术课程，因此在教材编写过程中我们依据两套图纸（砖混结构办公楼、框架结构教学楼）进行内容的组织编排，这样做既能使学生在学习本门课程时很好地与实际工程结合起来，又能起到熟悉图纸、提高图纸阅读能力的作用。

本书着重基本理论、基本工艺和基本方法的学习和应用，每一模块都提出了知识目标、能力目标、学习重点等内容，引入“工程引例”以便于与实际工程相结合，根据学生实际情况，增加“知识链接”“特别提示”等，方便学生学习。

为了适应“十三五规划”，决定修订出版《建筑施工技术》第二版，在原书使用基础上，经过调查研究和认真分析，按现行的工程规范完善了工程的验收标准和方法，按照施工顺序调整了部分章节顺序，删减了部分内容。

本书可作为土建类高职高专建筑施工技术课程的教材，也可作为土建类工程技术人员培训教材。

本书由河南建筑职业技术学院王立新、许红任主编，刘萍、陈学文任副主编。具体分工是：模块 1 土方工程由刘萍编写；模块 2 地基处理与桩基础工程由侯琳编写；模块 3 砌筑工程由刘洪伟编写；模块 4 钢筋混凝土工程任务 4.1、4.2 由吕秀娟编写，任务 4.3、4.4 由许红编写；模块 5 预应力混凝土工程由王立新编写；模块 6 结构安装工程由张照方编写；模块 7 防水工程由陈学文编写；模块 8 装饰工程任务 8.1 ~ 8.3 由丁宪良编写、任务 8.4 ~ 8.8 由刘洪伟编写；模块 9 季节性施工由陈学文编写。

限于编者的水平，书中难免有不足之处，恳请广大同仁和读者批评指正。

编者

2016 年 4 月

第一版前言

建筑施工技术是高职高专建筑工程技术专业的一门必修课程，主要研究建筑工程施工技术的一般规律。

全书共分9个模块：土方工程、地基处理与桩基础工程、砌筑工程、钢筋混凝土工程、预应力混凝土工程、结构安装工程、防水工程、装饰工程、季节性施工。

建筑施工技术是一门实践性很强的专业技术课程，因此在教材编写过程中我们依据两套图纸（砖混结构办公楼、框架结构教学楼）进行内容的组织编排，这样做既能使学生在学习本门课程时很好地与实际工程结合起来，又能起到使学生熟悉图纸、提高图纸阅读能力的作用。

本书着重基本理论、基本工艺和基本方法的学习和应用，每一模块都提出了知识目标、能力目标、学习重点等内容，引入"工程引例"以增加与实际工程的结合，根据学生实际情况，增加"知识链接""特别提示"等，方便学生学习。

本书可用于土建类高职高专建筑施工技术课程的教材，也可作为土建类工程技术人员培训教材。

本书由河南建筑职业技术学院丁宪良、许红、王立新担任主编，吕秀娟担任副主编。具体分工是：模块1土方工程由刘萍编写；模块2地基处理与桩基础工程由王守剑编写；模块3砌筑工程由刘洪伟编写；模块4钢筋混凝土工程任务4.1、4.2由吕秀娟编写、任务4.3、4.4由许红编写；模块5预应力混凝土工程由王立新编写；模块6结构安装工程由张照方编写；模块7防水工程由陈学文编写；模块8装饰工程任务8.1～8.3由丁宪良编写，任务8.4～8.9由刘洪伟编写；模块9季节性施工由陈学文编写。

限于编者的水平，书中难免有不足之处，恳请广大同仁和读者批评指正。

编者

2013年5月

目 录

模块1 土方工程

知识目标

1. 熟悉土的工程性质、分类。
2. 了解土方工程施工的主要内容、土方施工准备工作的内容。
3. 掌握土方工程量、井点降水的计算方法。
4. 了解土壁塌方的原因,熟悉常见的基坑支护的方法。
5. 熟悉常用土方施工机械的特点、性能、适用范围及提高生产率的方法。
6. 掌握基坑(槽)开挖、回填的工艺流程、施工要点及质量检验标准。

能力目标

知识要点	能力要求	相关知识	权重
土方施工基础知识	能判别土的种类	土方工程施工的主要内容,土的分类与判别,土的工程性质	20%
土方开挖	1. 能做好土方开挖的准备工作; 2. 会计算土方量; 3. 能合理选择土方施工机械; 4. 会检验土方开挖质量	土方开挖的准备工作,基坑支护的方式;降水,基坑(槽)土方量的计算,定位放线,基坑(槽)开挖工艺流程及施工要点,土方开挖质量检验	60%
土方回填	1. 能正确选择回填土的填方土料及填筑压实方法; 2. 会土方回填质量检验	土方回填的工艺流程、施工要点,填土压实的方法,土方回填质量检验与安全技术要求	20%

学习重点

土的工程分类;基坑(槽)土方量、井点降水的计算;基坑(槽)开挖、回填的工艺流程和施工要点;基坑支护的方法。

工程引例

根据图纸，郑州市某小学教学楼采用框架结构，总建筑面积为1628.9 m^2，基底面积为864.45 m^2。主体地上2层，室内外高差0.450 m，建筑最外轴线之间的尺寸为45 m×17.4 m，基底标高-1.700 m，采用天然地基，柱下独立基础，JC-1型基础底面尺寸为2.0 m×2.0 m，JC-2型基础底面尺寸为2.8 m×2.8 m，垫层厚100 mm，每边宽出基础边缘100 mm。根据岩土工程勘察报告，建设场地无不良地质作用，未发现影响工程安全的地下埋藏物，属于可进行建设的一般场地。历史最高水位为地坪以下3.0 m。

思考：(1)该工程该如何开挖？

(2)开挖机械如何选择？

(3)土方量如何计算？

任务1.1 土方施工基础知识

1.1.1 土方工程施工主要内容

土方工程是建筑工程施工中的主要分部工程之一，也是建筑工程施工的第一道工序。它包括土的开挖、运输、回填压实等主要施工过程，以及排水、降水和土壁支护等辅助过程。

常见的土方工程有场地平整、挖基坑、挖基槽、挖土方和土方回填。

※知识链接※

1. 场地平整

场地平整是指为将天然地面改造成设计要求的平面所进行的挖、填、找平工作。

2. 挖基坑

挖基坑是指挖土底面积在20 m^2以内，且底长不大于底宽3倍的土体。

3. 挖基槽

挖基槽是指挖槽底宽度在3 m以内，且槽长大于3倍槽宽的土体。

4. 挖土方

挖土方指挖土宽度大于3 m，挖土底面积大于20 m^2，平整场地厚度大于0.3 m者。

5. 土方回填

常见的土方回填有基础回填、室内回填和管道沟渠的回填。

1.1.2 土方施工的特点

土方工程施工具有工程量大、施工工期长、施工条件复杂、劳动强度高、易受场地影响等特点。

大型建筑工地的场地平整，土方工程量可达数百万立方米以上，施工面积达数平方公里，有的大型基坑深达20多米。土方工程施工多为露天作业，受气候、水文、地质条件影响很大，施工中不确定因素很多。同时，土方的开挖、留置、存放等都受到施工场地的限制，特别是城市内施工，场地狭窄，周围建筑物较多，往往由于施工方案不当，导致周围建筑物设施出现安全与稳定的问题。因此，在施工前必须充分做好各项准备工作，制订合理的施工方案，确保施工质量和施工过程的顺利进行。

1.1.3　土的分类

土的种类繁多，其分类方法也很多。在土方施工中，根据土的坚硬程度和开挖方法将土分为八类，其分类方法见表1-1。

表1-1　土的工程分类

土的分类	土的名称	可松性系数		开挖方法及工具
		K_s	K'_s	
一类土（松软土）	砂土、粉土、冲积砂土层、疏松的种植土、淤泥（泥炭）	1.08～1.17	1.01～1.03	用锹、锄头挖掘，少许用脚蹬
二类土（普通土）	粉质黏土，潮湿的黄土，夹有碎石、卵石的砂，粉土混卵（碎）石，种植土及填土	1.14～1.28	1.02～1.05	用锹、锄头挖掘，少许用镐翻松
三类土（坚土）	软及中等密实黏土，重粉质黏土、砾石土，干黄土、含有碎石卵石的黄土、粉质黏土及压实的填土	1.24～1.30	1.04～1.07	主要用镐，少许用锹、锄头挖掘，部分用撬棍
四类土（砂砾坚土）	坚硬密实的黏性土或黄土，含碎石、卵石的中等密实的黏性土或黄土，粗卵石，天然级配砂石及软泥灰岩	1.26～1.32	1.06～1.09	整个先用镐、撬棍，后用锹挖掘，部分用楔子及大锤
五类土（软石）	硬质黏土，中密的页岩、泥灰岩、白垩土，胶结不紧的砾岩，软石灰及贝壳石灰石	1.30～1.45	1.10～1.20	用镐或撬棍、大锤挖掘，部分使用爆破方法
六类土（次坚石）	泥岩、砂岩、砾岩，坚实的页岩、泥灰岩，密实的石灰岩，风化花岗岩、片麻岩及正长岩	1.30～1.45	1.10～1.20	用爆破方法开挖，部分用风镐

续表 1-1

土的分类	土的名称	可松性系数		开挖方法及工具
		K_s	K'_s	
七类土(坚石)	大理石，辉绿岩，粉岩，粗、中粒花岗岩，坚实的白云岩、砂岩、砾岩、片麻岩、石灰岩，微风化安山岩及玄武岩	1.30～1.45	1.10～1.20	用爆破方法开挖
八类土(特坚石)	安山岩，玄武岩，花岗片麻岩，坚实的细粒花岗岩、闪长岩、石英岩、辉长岩、辉绿岩、粉岩及角闪岩	1.45～1.50	1.20～1.30	用爆破方法开挖

注：K_s —最初可松性系数；K'_s —最终可松性系数。

※知识链接※

土的开挖难易程度直接影响土方工程的施工方案、劳动量消耗和工程费用。土的类别不同，单位工程消耗的人工或机械台班也不相同，因而施工费用就不同，施工方法也不同。土体越硬，劳动消耗越大，工程成本越高。正确区分和鉴别土的种类，对合理选择开挖方法、准确套用定额和计算土方工程费用有重大意义。

1.1.4　土的工程性质

土的工程性质对土方施工有直接的影响，在施工之前应详细了解，避免造成工程事故。

1.1.4.1　土的组成

土一般由土颗粒(固相)、水(液相)和空气(气相)三部分组成，这三部分之间的比例关系随着周围条件的变化而变化，三者相互间比例不同，反映出土的物理状态不同，如干燥、稍湿或很湿，密实、稍密或松散。这些指标是最基本的物理性质指标，对评价土的工程性质，进行土的工程分类具有重要意义。

土的三相物质是混合分布的，为阐述方便，一般用三相图表示，如图 1-1 所示。三相图中，把土的固体颗粒、水、空气划分开来。

1.1.4.2　土的含水量

在天然状态下，土中水的质量与固体颗粒质量之比的百分率叫土的含水量，反映了土的干湿程度，用 ω 表示，即：

$$\omega=\frac{m_w}{m_s}\times 100\% \tag{1-1}$$

式中　m_w ——土中水的质量(kg)；

m_s——土中固体颗粒的质量(kg)。

含水量表示土的干湿程度。土的含水量随气候条件、雨雪和地下水的影响而变化。

※特别提示※

土的含水量对土方边坡的稳定性及填方压实程度均有直接影响。

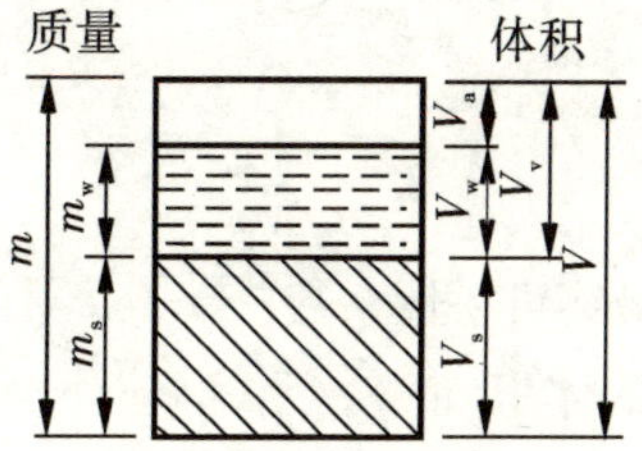

图1-1 土的三相示意图

其中:

m——土的总质量($m = m_s + m_w$)(kg);

m_s——土中固体颗粒的质量(kg);

m_w——土中水的质量(kg);

V——土的总体积($V = V_s + V_w + V_a$)(m^3);

V_a——土中空气的体积(m^3);

V_w——土中水的体积(m^3);

V_s——土中固体颗粒的体积(m^3);

V_v——土中孔隙的体积($V_v = V_w + V_a$)(m^3)。

1.1.4.3 土的天然密度和干密度

土在天然状态下单位体积的质量叫土的天然密度。土的天然密度用ρ表示。

$$\rho = \frac{m}{V} \tag{1-2}$$

土的天然密度随着土颗粒的组成、孔隙的多少和含水量的变化而变化,一般黏性土的天然密度为1800~2000 kg/m³,砂土为1600~2000 kg/m³。天然密度越大,土体越硬,挖掘越困难。

干密度是土的固体颗粒质量与总体积的比值,用ρ_d表示。

$$\rho_d = \frac{m_s}{V} \tag{1-3}$$

式中 ρ、ρ_d——土的天然密度和干密度(kg/m³);

m——土的总质量(kg);

m_s——土中固体颗粒的质量(kg);

V——土的总体积(m^3)。

※特别提示※

在一定程度上,土的干密度反映了土体颗粒排列的紧密程度。土的干密度越大,表示土体越密实。因而常将土的干密度作为填土压实质量的控制指标之一。

1.1.4.4 土的可松性

天然状态下的土经挖掘以后，组织破坏，其体积因松散而增加，以后虽经回填压实，仍不能恢复成原来的体积。这种现象称为土的可松性。土的可松性用可松性系数表示，即：

$$K_s = \frac{V_2}{V_1} \tag{1-4}$$

$$K'_s = \frac{V_3}{V_1} \tag{1-5}$$

式中 K_s、K'_s——土的最初、最终可松性系数；

V_1——土在天然状态下的体积(m^3)；

V_2——土在松散状态下的体积(m^3)；

V_3——土经压(夯)实后的体积(m^3)。

※特别提示※

土的最初可松性系数 K_s，是计算车辆装运土方体积及挖土机械数量的主要参数；土的最终可松性系数 K'_s，是计算填方所需挖土工程量的主要参数。各类土的可松性系数见表 1-1。

1.1.4.5 土的渗透性

土的渗透性是指土体被水透过的性能。土的渗透性用渗透系数 K 表示，即单位时间内水穿透土层的能力，一般可通过室内渗透试验或现场抽水试验确定，常见土的渗透系数见表 1-2。根据土的渗透性不同，可分为透水性土(如砂土)和不透水性土(如黏土)。

表 1-2 土的渗透系数

土的名称	渗透系数 K/(m/d)	土的名称	渗透系数 K/(m/d)
黏土	<0.005	中砂	5.00~20.00
粉质黏土	0.005~0.10	均质中砂	35~50
粉土	0.10~0.50	粗砂	20~50
黄土	0.25~0.50	圆砾石	50~100
粉砂	0.50~1.00	卵石	100~500
细砂	1.00~5.00		

※特别提示※

土的渗透系数与土的颗粒级配、密实程度有关，直接影响降水方案的选择和涌水量的计算。

任务1.2 土方工程量计算及土方调配

在场地平整、挖基坑与挖基槽等土方施工前，都要计算土方的工程量，根据土方工程量的大小，拟订土方工程施工方案，组织土方工程施工。但各种土方工程的外形往往很复杂，而且不规则，要准确计算土方工程量难度很大。一般情况下，将其划分成一定的几何形状，采用具有一定精度而又和实际情况近似的方法进行计算。

1.2.1 基坑、基槽土方量计算

1.2.1.1 基坑

基坑土方量可按立体几何中拟柱体（所有的顶点都在两个平行平面内的多面体）体积公式计算，如图1-2所示，即：

$$V = \frac{H}{6}(A_1 + 4A_0 + A_2) \tag{1-6}$$

式中 H——基坑深度（m）；

A_1、A_2——基坑上、下底的面积（m^2）；

A_0——基坑中截面的面积（m^2）。

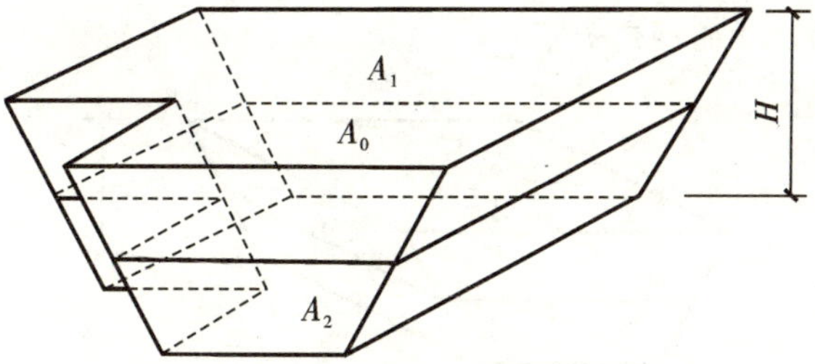

图1-2 基坑土方量计算

1.2.1.2 基槽

基槽土方量计算可沿长度方向分段后，按照上述同样的方法，将每一分段土体的横断面看作拟柱体的平行面，进行土方量计算，如图1-3所示，即：

$$V_i = \frac{L_i}{6}(A_{i1} + 4A_{i0} + A_{i2}) \tag{1-7}$$

式中 V_i——第 i 段的土方量（m^3）；

L_i——第 i 段的长度（m）；

将各段土方量相加，即得总土方量 $V_{总}$：

$$V_{总} = \sum V_i \tag{1-8}$$

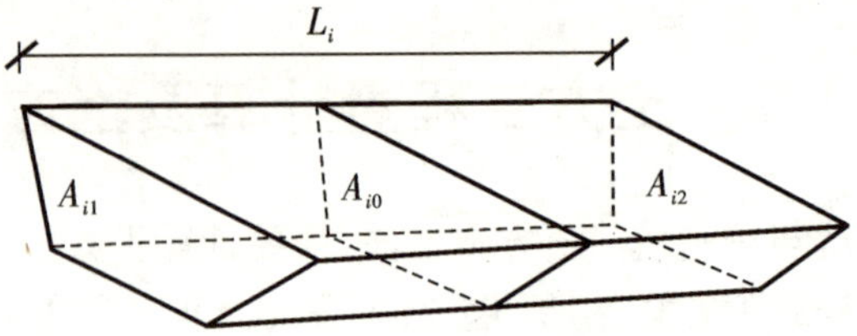

图 1-3　基槽土方量计算

※特别提示※

基坑(基槽)上口宽度由基坑底面宽度及边坡坡度来决定,若浅基础,坑底宽度每边应比基础宽出 15~30 cm(即施工工作面宽度),若为深基础,坑底宽度每边应比基础宽出 1~1.5 m,以便施工操作。

※图纸连接※

例 1-1　郑州市某小学教学楼采用框架结构,基底面积为 864.45 m^2。室内外高差 0.450 m,建筑最外轴线之间的尺寸为 45 m×17.4 m,基底标高-1.700 m,采用天然地基,柱下独立基础,JC-1 型基础底面尺寸为 2.0 m×2.0 m,JC-2 型基础底面尺寸为 2.8 m×2.8 m,垫层厚 100 mm,每边宽出基础边缘 100 mm。根据岩土工程勘察报告,建设场地无不良地质作用,未发现影响工程安全的地下埋藏物,属于可进行建设的一般场地。详见结施 2。其土方量如何计算?

解答　基坑底面尺寸的确定如下:

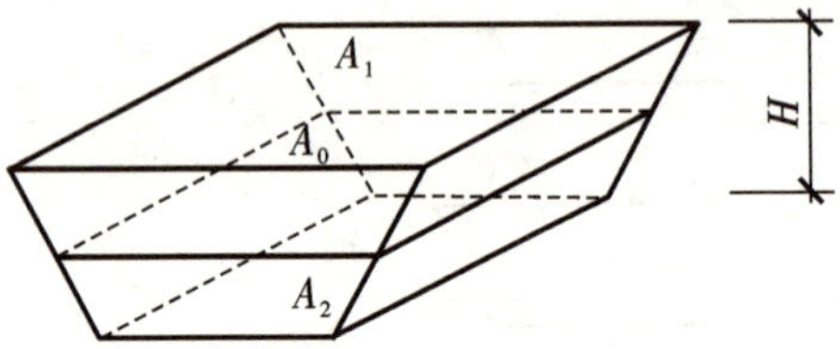

根据结施 2,教学楼的轴线长度为 45 m×17.4 m,考虑基础及垫层的尺寸,则垫层外边缘之间的距离为 47.7 m×22.95 m,取施工工作面宽度 c=0.3 m。则基坑底面尺寸为 48.3 m×23.55 m。

则 $A_2=48.3\times23.55=1137.5(\text{m}^2)$

室内外高差 0.450 m,则室外地坪标高为-0.045 m。

基底标高-1.700 m,垫层厚 100 mm,则基坑底部标高为-1.800 m。

基坑深度为:$H=1.8-0.45=1.35(\text{m})$

查相关资料,郑州市地区地表为粉土,根据表 1-7 可知,不能直壁开挖,考虑基坑的深度不大,采取放坡方式以防塌方,按表 1-8,最陡边坡为 1∶0.67。取边坡系数 m=0.67,此时开挖的土方量为最小值。

则 $A_1=(48.3+2mH)\times(23.55+2mH)$

$=(48.3+2\times0.67\times1.35)\times(23.55+2\times0.67\times1.35)=1270.7(\text{m}^2)$

$$A_0=(48.3+mH)\times(23.55+mH)=(48.3+0.67\times1.35)\times(23.55+0.67\times1.35)$$
$$=1161(m^2)$$

基坑土方量 $=1.35\times(1270.7+4\times1161+1137.5)/6=1586.7(m^3)$

1.2.2　场地平整土方量计算

场地平整是将建筑工程施工范围内的自然地面，通过人工或机械挖填平整改造成设计所需要的平面，以利于现场平面布置和文明施工。因此，场地平整成为工程开工前的一项重要内容。

场地平整前，首先要确定场地设计标高，计算挖、填土方工程量，确定土方调配方案，组织人力物力进行平整工作。

※知识链接※

场地平整的工艺流程为：现场勘察→清除地面障碍物→标定整平范围→设置水准基点→设置方格网，测量标高→计算土方挖填工程量→编制土方调配方案→平整土方→场地碾压→验收。

场地平整这项工作通常由业主委托有资质的拆卸拆除公司完成，发生费用由业主承担。

场地平整土方量的计算方法有方格网法和断面法两种。

1.2.2.1　方格网法

方格网法用于地形较平缓或台阶宽度较大的地段，计算方法较为复杂，但精度较高。

（1）绘制方格网图

在地形图（一般为1∶500的地形图）上，将建筑场地划分为若干个方格，尽量与测量的纵、横坐标网对应，方格边长主要取决于地形变化复杂程度，一般取边长 $a=10$ m、20 m、30 m、40 m 等，并标注方格编号，如图1-4所示。

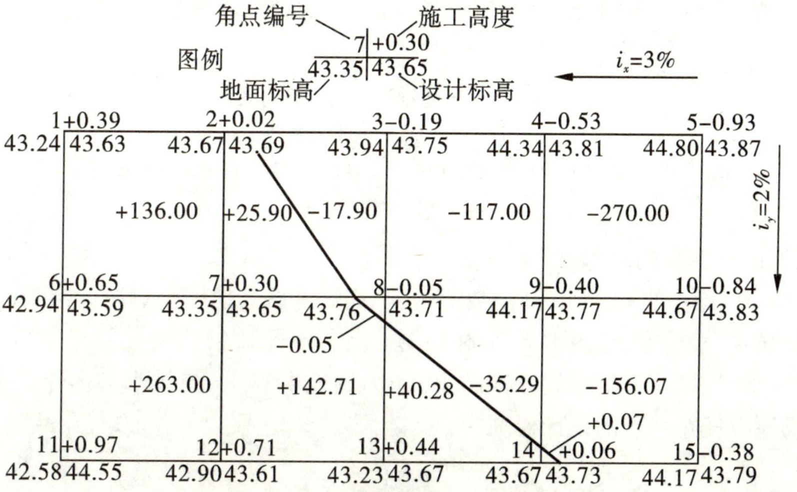

图1-4　方格网法计算土方工程量

(2)计算场地设计标高

场地设计标高是进行场地平整和土方量计算的依据,合理选择场地设计标高,对减少土方量,提高施工速度具有重要意义。场地设计标高的确定要考虑满足总体规划、生产施工工艺、交通运输和场地排水等要求,并尽量使土方的挖填平衡,减少运土量和重复挖运。

如设计文件对场地设计标高无明确规定和特殊要求,可按照下述计算步骤和方法确定:

1)初步计算场地设计标高。

场地设计标高(H_0)由各角点的自然地面标高(H_{mn})进行计算,而各角点的自然标高可通过等高线或测量得到,如图 1-5 所示,则按照"挖填平衡"原则:

$$H_0 = (\sum H_1 + 2\sum H_2 + 3\sum H_3 + 4\sum H_4)/4N \tag{1-9}$$

式中 H_1——1 个方格独有的角点自然地面标高(m);

H_2——2 个方格共有的角点自然地面标高(m);

H_3——3 个方格共有的角点自然地面标高(m);

H_4——4 个方格共有的角点自然地面标高(m);

N——方格数量。

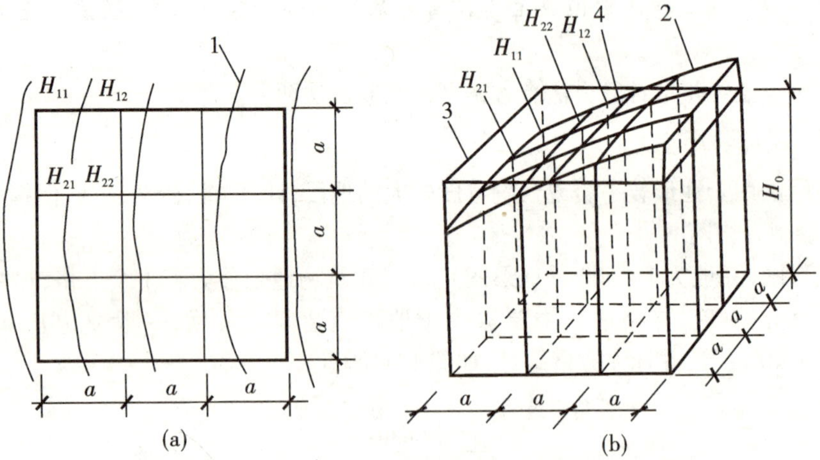

图 1-5 场地设计标高计算简图

(a)地形图上划分方格;(b)设计标高示意图

1-等高线;2-自然地面;3-设计标高平面;4-自然地面与设计标高平面的交线(零线)

2)场地设计标高的调整。

按式(1-9)计算的 H_0 为一理论数值,实际尚需考虑其他因素对设计标高的影响。如未考虑场地的排水要求,见图 1-6 和图 1-7。

单向排水时,以计算出的设计标高 H_0 作为场地中心线(与排水方向垂直的中心线)的标高,场地内任意一点的设计标高为:

$$H_{mn}^0 = H_0 \pm il \tag{1-10}$$

双向排水时,以计算出的设计标高 H_0 作为场地中心点的标高,场地内任意一点的设计标高为：

$$H_{mn}^{0} = H_0 \pm l_x i_x \pm l_y i_y \qquad (1-11)$$

式中 H_{mn}^{0}——某角点的设计标高(m)；

i——场地的泄水坡度(≥2‰)；

i_x、i_y——泄水坡度(≥2‰)；

l——该点至场地中心线的距离(m)；

l_x、l_y——该点至场地中心线 $x-x$、$y-y$ 的距离(m)；

±——该点比 H_0 高时取"+",低时取"-"。

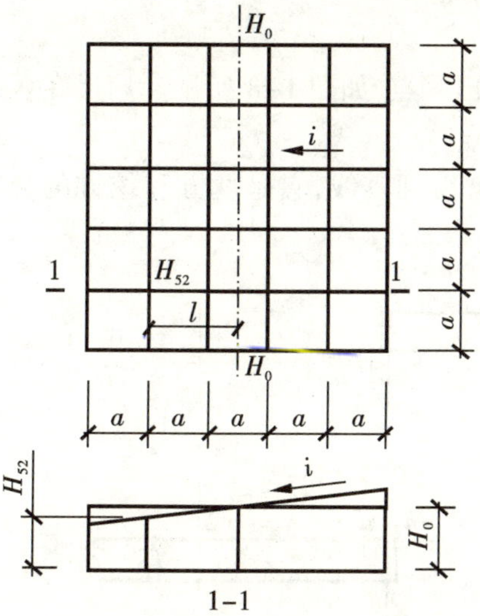

图1-6 单向泄水坡度的场地

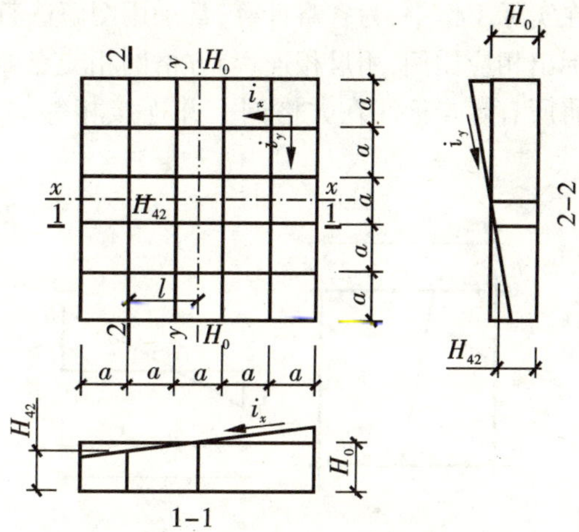

图1-7 双向泄水坡度的场地

※特别提示※

场地设计标高的调整需考虑的因素：

1)由于土具有可松性,按 H_0 进行施工,填土将有剩余,必要时可相应提高设计标高；

2)部分挖方就近弃土于场外,或部分填方就近从场外取土；

3)泄水坡度。

(3)计算各方格角点的施工高度

将相应设计标高和自然地面标高分别标注在方格各角点的右下角和左下角,如图1-4所示。施工高度是以角点设计标高为基准的挖方或填方的高度。各角点的施工高度(h_n)按下式计算,并标注在方格各角点的右上角。

$$h_n = H_{mn}^{0} - H_{mn} \qquad (1-12)$$

式中 h_n——某角点的施工高度,即填挖高度(m),"+"为填,"-"为挖；

H_{mn}^{0}——某角点的设计标高(m)；

H_{mn}——某角点的自然地面标高(m)。

(4)计算零点位置

当同一方格四个角点的施工高度同号时,该方格内的土方则全部为挖方或填方,如果同一方格中一部分角点的施工高度为“+”,而另一部分为“-”,则此方格中的土方一部分为填方,另一部分为挖方,沿其边线必然有一不挖不填的点,即为“零点”,如图 1-8 所示。

零点位置按下式计算:

$$x_1 = \frac{h_1}{(h_1 + h_2)}a\ ;\qquad x_2 = \frac{h_2}{(h_1 + h_2)}a \tag{1-13}$$

式中 x_1、x_2——角点至零点的位置(m);

h_1、h_2——相邻两角点的施工高度(m),采用绝对值;

a——方格网的边长(m)。

在实际工作中,为省略计算,常采用图解法直接求出零点,如图 1-8 所示。用尺在各角上标出相应比例,用尺相连,与方格网相交点即为零点。

将所有零点标注在方格网上并连接相邻的零点就得到零线,它是填方和挖方的分界线。

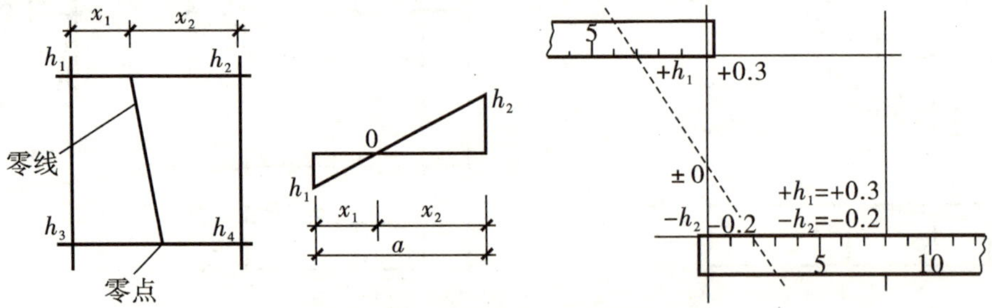

图 1-8 零点位置示意图和图解法

(5)计算方格土方工程量

按照方格网底面积图形和表 1-3 所列公式,计算每个方格内的填方或挖方量。

(6)计算边坡土方工程量

场地的挖方区和填方区的边沿都需要做成边坡,以保证挖方土壁和填方区的稳定性。其平面图如图 1-9 所示。边坡的形状可以划分成两种近似的几何形体,即三角棱锥体和三角棱柱体。

1)三角棱锥体边坡。

三角棱锥体边坡(图 1-9 中的①~③,⑤~⑪)体积可按下式进行计算:

$$V_i = \frac{1}{3}A_i l_i \tag{1-14}$$

式中 A_i——边坡的端面积(m^2);

l_i——边坡的长度(m)。

表1-3 常用方格网点计算公式

项目	图式	计算公式
一点填方或挖方（三角形）	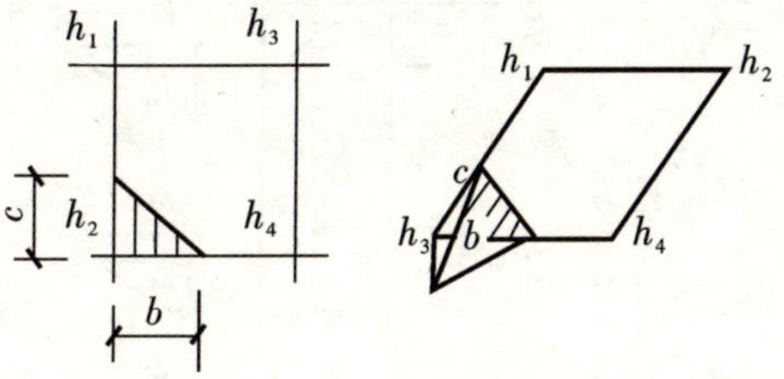	$V=\frac{1}{2}bc\frac{\sum h}{3}=\frac{bch_3}{6}$
二点填方或挖方（梯形）	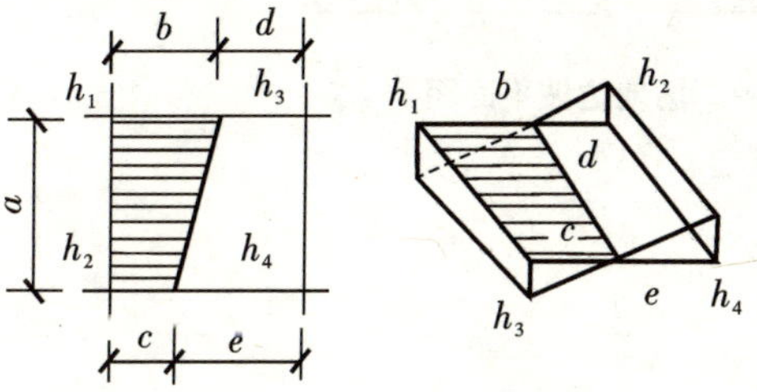	$V_+=\frac{b+c}{2}a\frac{\sum h}{4}=\frac{a}{8}(b+c)(h_1+h_3)$ $V_-=\frac{d+e}{2}a\frac{\sum h}{4}=\frac{a}{8}(d+e)(h_2+h_4)$
三点填方或挖方（五角形）	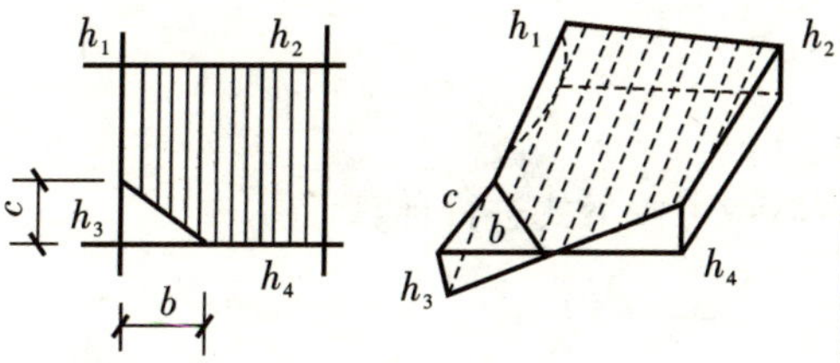	$V=\left(a^2-\frac{bc}{2}\right)\frac{\sum h}{5}$ $=\left(a^2-\frac{bc}{2}\right)\frac{h_1+h_2+h_3}{5}$
四点填方或挖方（正方形）	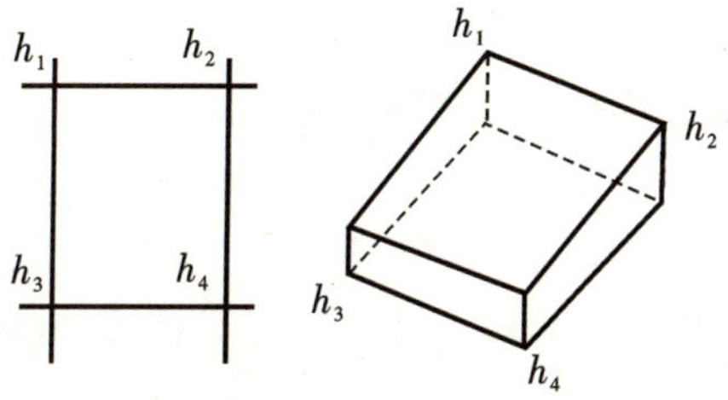	$V=\frac{a^2}{4}\sum h=\frac{a^2}{4}(h_1+h_2+h_3+h_4)$

注：1. a—方格网的边长(m)；b、c—零点到一角的边长(m)；h_1、h_2、h_3、h_4—方格网四角点的施工高程(m)，用绝对值代入；$\sum h$—填方或挖方施工高程的总和(m)，用绝对值代入；V—挖方或填方体积(m^3)。

2. 本表公式是按各计算图形底面积乘以平均施工高程得出的。

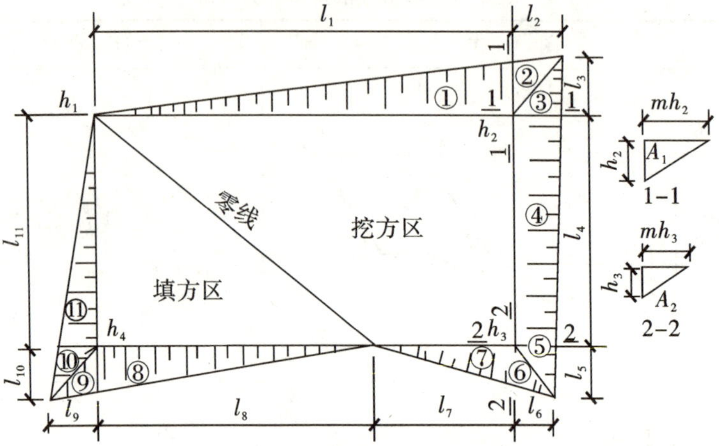

图 1-9 场地边坡平面图

※应用案例※

图 1-9 中边坡①的体积计算：$A_1 = \dfrac{h_2(mh_2)}{2} = \dfrac{mh_2^2}{2}$。其中：$m$ 为边坡系数，$m = \dfrac{宽}{高}$。

则边坡①的土方体积为 $V_1 = \dfrac{1}{3}A_1 l_1 = \dfrac{mh_2^2 l_1}{6}$。

2）三角棱柱体边坡。

三角棱柱体边坡（图 1-9 中的④）体积可按下式进行计算：

$$V_i = \frac{A_{i1} + A_{i2}}{2} l_i \tag{1-15}$$

当三角棱柱体边坡两端面面积相差很大时，体积可按下式进行计算：

$$V_i = \frac{l_i}{6}(A_{i1} + 4A_{i0} + A_{i2}) \tag{1-16}$$

式中 A_{i1}、A_{i2}、A_{i0}——边坡的上下端面及中部横截面的面积（m^2）；

l_i——边坡的长度（m）。

（7）计算土方总工程量

将填方区（或挖方区）所有方格计算的土方量和边坡土方量汇总，即得该场地平整的总土方量。

1.2.2.2 断面法

断面法是将计算场地划分成若干断面后逐段计算，最后将逐段计算结果汇总。断面法计算精度较低，可用于地形起伏变化较大、断面不规则的场地。

沿场地的纵向或相应方向取若干个相互平行的断面（可利用地形图定出或实地测量定出），将所取的每个断面（包括边坡）划分成若干个三角形和梯形，如图 1-10 所示，对于某一断面，其中三角形和梯形的面积为：

$$A_1 = \frac{h_1}{2}d_1\ ;\ A_2 = \frac{h_1 + h_2}{2}d_2\ ;\ A_n = \frac{h_n}{2}d_n \tag{1-17}$$

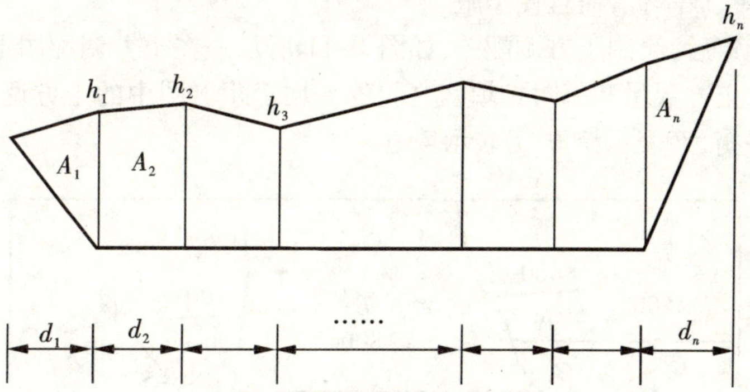

图1-10 断面法示意图

则该断面面积为：

$$S_i = A_1 + A_2 + \cdots + A_n$$

若

$$d_1 = d_2 = \cdots = d_n = d$$

则

$$A_i = d(h_1 + h_2 + \cdots + h_n) \tag{1-18}$$

各个断面面积求出后，即可计算土方体积。设各断面面积分别为 $S_1, S_2, \cdots, S_n$，相邻两断面之间的距离依次为 $l_1, l_2, \cdots, l_{n-1}$，则所求土方体积为：

$$V = \frac{S_1 + S_2}{2}l_1 + \frac{S_2 + S_3}{2}l_2 + \cdots + \frac{S_{n-1} + S_n}{2}l_{n-1} \tag{1-19}$$

用断面法计算土方量，边坡土方量已包括在内。

1.2.3 土方调配

土方调配，就是对挖出来的土需运到何处，填方的土需取自何方，进行统筹安排。在场地土方工程量计算完成后，即可着手土方的调配工作。好的土方调配方案，应该使土方的运输量或费用最少，而且便于施工，从而可以缩短工期、降低成本。

（1）土方调配原则

1）应力求达到挖方与填方基本平衡和就近调配的原则。应根据场地和周围地形条件综合考虑，必要时可在填方区周围就近借土，或在挖方区周围就近弃土，而不是只局限于场地以内的挖、填平衡，这样才能降低工程成本。

2）应考虑近期施工与后期利用相结合的原则。当工程分期分批施工时，先期工程的土方余额，应结合后期工程的需求而考虑其利用量与堆放位置，以便就近调配，以避免重复挖运和场地混乱。

3）应尽可能与大型地下建筑物的施工相结合。大型建筑物位于填土区时，应将开挖的部分土体予以保留，待基础施工后再进行填土，以避免土方重复挖、填和运输。

（2）编制土方调配方案

土方调配方案的编制，应根据施工场地地形及地理条件，把挖方区和填方区划分成若干个调配区,计算各调配区的土方量,并计算每对挖、填方区之间的平均运距,然后确定挖方各调配区的土方调配方案。土方调配的最优方案,应使土方总运输量最小或土方运输费用最少,工期短、成本低,而且便于施工。

调配方案确定后,绘制土方调配图,如图1-11所示。在土方调配图上要注明挖填调配区、调配方向、土方数量和每对挖填区之间的平均运距。图中的土方调配,仅考虑场内挖方和填方的平衡,W表示挖方,T表示填方。

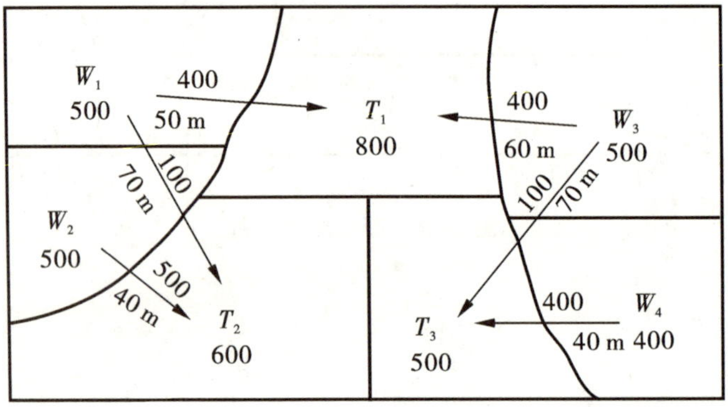

图1-11 土方调配图

※特别提示※

土方调配的最优方案不止一个,这些方案调配区或调配土方量可以不同,但它们的总土方运输量是相同的,有若干最优方案可以提供更多的选择余地。

任务1.3 土方施工辅助工作

排水降水、土壁稳定、基坑支护是土方工程施工的辅助工作,也是确保土方开挖安全、顺利进行的保证措施。

1.3.1 土方开挖准备工作

基坑(槽)开挖前通常需要完成一下施工准备工作:熟悉与审查图纸,编制施工方案,建筑物定位放线,修建临时设施及道路,排除地面水。

(1)熟悉与审查图纸

在进行基坑(槽)开挖前,各专业人员对图纸进行熟悉和审查。检查图纸和资料是否齐全,核对平面尺寸和坑底标高,图纸相互间有无错误和矛盾,了解工程规模、结构形式、特点、工程量和质量要求,熟悉土层地质、水文勘察资料,搞清地下构筑物、基础平面与周围地下设施管线的关系。

(2)编制施工方案

确定施工方案一般包括制订基坑开挖施工方案,确定开挖路线、顺序,确定施工排水降水方案,合理选择施工机械和施工方法等。

(3)建筑物定位放线

基坑(槽)的施工,应进行房屋定位和标高引测,然后根据基础的底面尺寸、埋置深度、边坡坡度等,定出挖土边线和进行工作。

1)定位。定位是指将建筑设计总平面图中建筑物外轮廓的轴线交点测定到地面上。利用尺子和经纬仪定出房屋外轮廓轴线的交点,并用木桩标示出来,这些木桩称为角桩(轴线桩)。为明确桩位,在角桩顶部钉小钉以指示点位。为方便恢复各轴线位置,应将主要轴线延长引测到安全地点,并用木桩作出标志,称为控制桩,如图1-12所示。

2)找平。找平是指确定建筑物一层室内地坪±0.000的标高位置。在角桩和相应的控制桩之间设置龙门板。为便于开槽后施工各阶段的轴线位置控制,应将轴线引测到龙门板上或引测到混凝土桩墩上,用轴线钉标定。龙门板顶部高一般为±0.000 m,以便控制挖基坑(槽)和基础施工的标高。

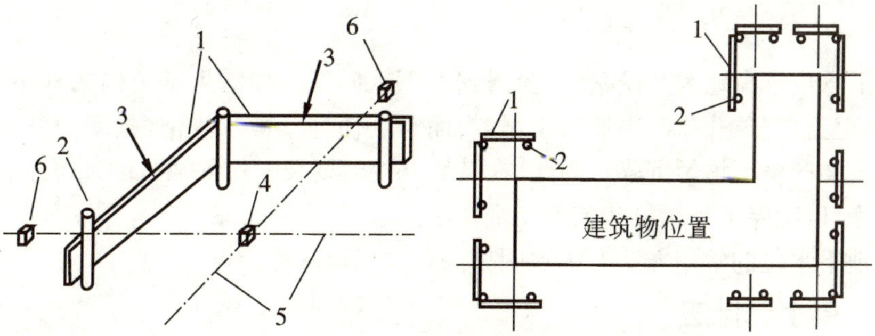

图1-12 龙门板的设置

1-龙门板;2-龙门桩;3-轴线钉;4-角桩;5-轴线;6-控制桩

3)放线。放线是根据定位确定的轴线位置,用石灰画出开挖的边线。开挖上口尺寸应根据基础的设计尺寸和埋置深度、土质情况、地下水情况,是否留设工作面和放坡等。直壁基槽的放线如图1-13所示。

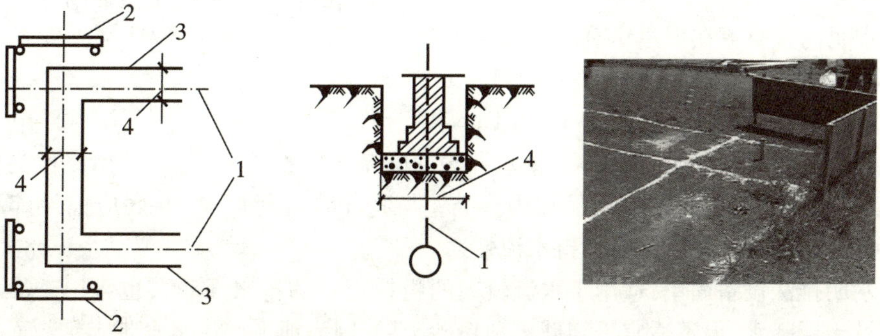

图1-13 基槽放线

1-墙(柱)轴线;2-龙门板;3-白灰线(基槽边线);4-基槽宽度

(4)修建临时设施及道路

修建简易的临时性生产和生活设施,同时敷设现场供水、供电等线路、管道,修筑施工场地内机械运行的道路,主要临时运输道路宜结合永久性道路的布置修筑。行车路面按双车道,宽度不应小于7 m,最大纵向坡应不大于6%,最小转弯半径不小于15 m;路基底层可铺砌20~30 cm厚的块石或卵(砾)石层作简易泥结石路面。

(5)排除地面水

为保证施工场地干燥,以利于基坑开挖,应将雨水、场地内低洼地区的积水排除,地面水的排除一般采用排水沟、截水沟、挡土水坝等措施。

临时性与永久性排水设施应结合考虑。一般排水沟的横断面不小于0.5 m×0.5 m,纵向坡度一般不小于2‰,山坡地区,在离边坡上沿5~6 m处,设置截水沟、排洪沟,阻止坡顶雨水流入开挖基坑区域内,或在需要的地段修筑挡水堤坝阻水。

1.3.2 降水

在地下水位较高地区开挖基坑,会遇到地下水问题。如涌入基坑内的地下水不能及时排除,不但土方开挖困难,边坡易于塌方,而且会使地基被水浸泡,扰动地基土,造成竣工后的建筑物产生不均匀沉降。为此,在基坑开挖时要及时排除涌入的地下水,使基坑底部保持干燥,以确保工程质量和施工安全。

降低地下水位的常用方法有集水明排法和井点降水法。

1.3.2.1 集水明排法

当基坑开挖深度不很大,基坑涌水量不大时,集水明排法是应用最广泛,亦是最简单、经济的方法。即在基坑的两侧或四周设置排水明沟,在基坑四角或每隔30~40 m设置集水井,使基坑渗出的地下水通过排水明沟汇集于集水井内,然后用水泵将其排出基坑外,如图1-14所示。

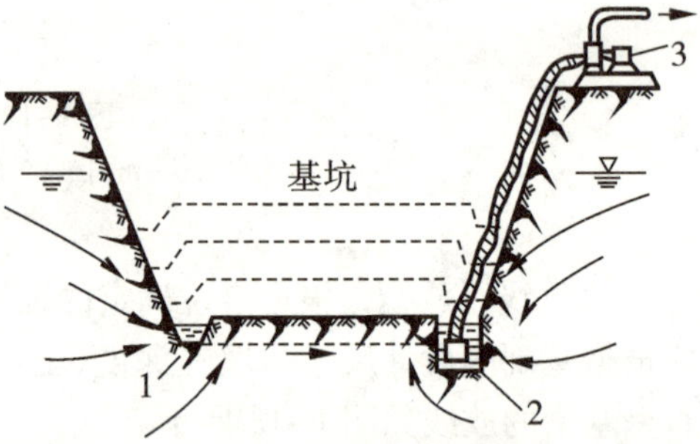

图1-14 明沟、集水井排水方法

1-排水沟;2-集水井;3-水泵

排水明沟宜布置在拟建建筑基础边0.4 m以外,沟边缘离开边坡坡脚应不小于0.3 m。排水明沟的底面应比挖土面低0.3~0.4 m,排水纵坡坡度控制在0.1%~0.2%。集水井底面随基坑的挖深而加深,并始终比沟底面低0.5 m以上,井壁可用竹、木等简易加固。当基坑挖至设计标高后,井底应铺设碎石滤水层,以免在抽水时将泥沙抽出,保持水流畅通。

集水明排法设备简单,适用于水流较大的粗粒土层的排水、降水,也可用于渗水量较小的黏性土层降水,但不适宜于细砂土和粉砂土层,因为地下水渗出会带走细粒而发生流砂现象。

※知识链接※

流砂：当开挖深度大、地下水位较高且土质为细砂或粉砂时，如果采用集水井法降水开挖，当挖至地下水位以下时，坑底下面的土会形成流动状态，随地下水涌入基坑，这种现象称为流砂。

流砂现象发生的根本原因是动水压力对土体作用的结果。防止流砂现象的主要途径是减小或平衡动水压力或改变其方向，具体方法有：

1）枯水期施工，使最高地下水位低于坑底不少于0.5 m；

2）水中挖土时，不抽水或减少抽水，保持坑内水压与地下水压基本平衡；

3）采用井点降水法、打板桩法、地下连续墙法防止流砂产生。

1.3.2.2 井点降水法

井点降水即在基坑土方开挖之前，在基坑四周预先埋设一定数量的滤水管（井），在基坑开挖前和开挖过程中，利用抽水设备不断抽出地下水，使地下水位降到坑底以下，直至土方和基础工程施工结束为止，如图1-15所示。

井点降水可使基坑始终保持干燥状态，从根本上消除了流砂现象；降低地下水位后，由于土体固结，密实度提高，增加了地基土的承载能力，同时基坑边坡也可陡些，减少土方量的开挖。

对不同的土质应采用不同的降水形式，见表1-4。其中轻型井点应用最为广泛。

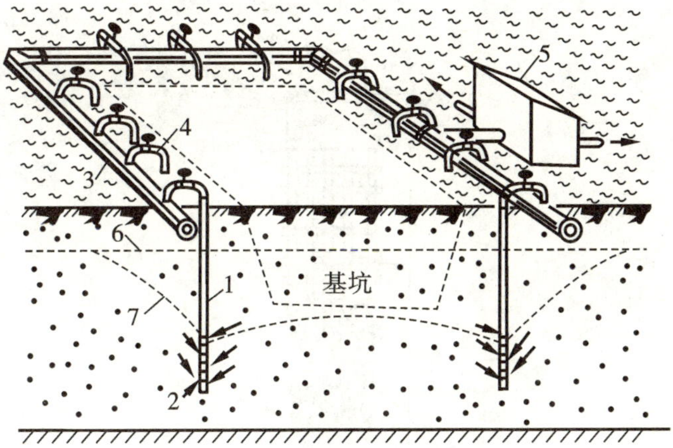

图1-15 轻型井点法

1-井点管；2-滤管；3-集水总管；4-弯联管；5-水泵房；6-原地下水位；7-降低后水位

（1）轻型井点的设备

真空井点系统由滤管、井点管、连接管、集水总管和抽水设备等组成。

1）滤管。

滤管为进水设备，其构造如图1-16所示。滤管通常采用长1.0～1.5 m，直径38 mm或51 mm的无缝钢管，管壁上有直径为12～18 mm的呈梅花状排列的渗水孔，管壁外设两层滤网，内层细滤网宜采用 30～80 孔/cm^2的金属网或尼龙网，外层粗滤网宜采用 3～10 孔/cm^2的金属网或尼龙网，使吸水通畅，避免滤孔淤塞；在管壁与滤网之间应采用铁丝绕成螺旋形隔开，滤网的最外面应再绕一层粗铁丝。滤管的上端与井点管相连，下端为铸铁塞头，便于插入土层并阻止泥沙进入。

表 1-4　降水类型及适用条件

井点类型	适用条件	
	土层渗透系数/(cm/s)	降低水位深度/m
轻型井点	10^{-5}～10^{-2}	3～6
多级轻型井点	10^{-5}～10^{-2}	6～12
喷射井点	10^{-6}～10^{-3}	8～20
电渗井点	$<10^{-6}$	宜配合其他降水类型使用
深井井点	$\geqslant 10^{-5}$	>10

※特别提示※

为防止滤管网眼堵塞，在井点管的四周应填埋粗砂或豆石，不得采用中砂，严禁使用细砂。

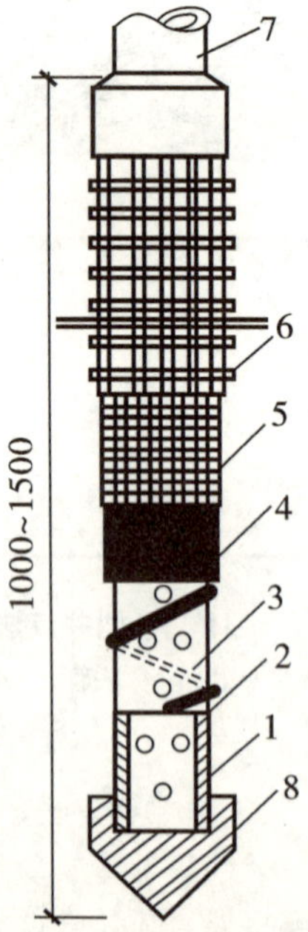

图 1-16　滤管构造

1-钢管；2-管壁上小孔；3-塑料管；4-细滤网；5-粗滤网；6-粗铁丝保护网；7-井点管；8-铸铁头

2)井点管。

井点管为直径38 mm或51 mm的钢管，长度5～7 m，下端连接滤管，上端用弯联管与集水总管相连，井点管直径与滤管相同。弯联管一般用塑料透明管或橡胶管制成，其上装有阀门，以便调节或检修。

3)集水总管。

集水总管一般用直径75～110 mm的钢管分节连接，每节长4 m，每隔0.8～2.0 m设一个连接井点管的接头。

4)抽水设备。

常用的抽水设备有真空泵、射流泵和隔膜泵。

(2)轻型井点的布置

井点布置应根据基坑平面形状与大小、地质和水文情况、工程性质、降水深度等而定。

1)平面布置。

当基坑(槽)宽度小于6 m，且降水深度不超过6 m时，可采用单排井点，布置在地下水上游一侧；两侧的延伸长度不小于坑槽宽度，如图1-17所示。

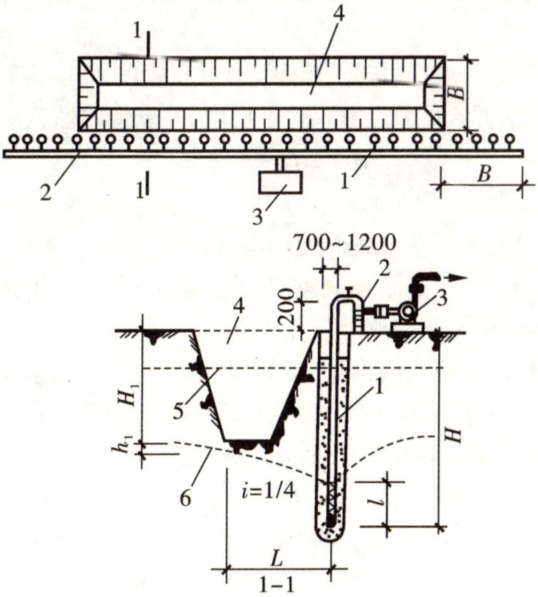

图1-17 单排线状井点布置

1-井点管；2-集水总管；3-抽水设备；4-基坑；5-原地下水位；6-降水后水位；*B*-开挖基坑上口宽度

当基坑(槽)宽度大于6 m，或土质不良，渗透系数较大时，宜采用双排井点，布置在基坑(槽)的两侧。

当基坑面积较大时，宜采用环形井点，如图1-18所示。挖土运输设备出入道可不封闭，间距可达4 m，一般留在地下水下游方向。

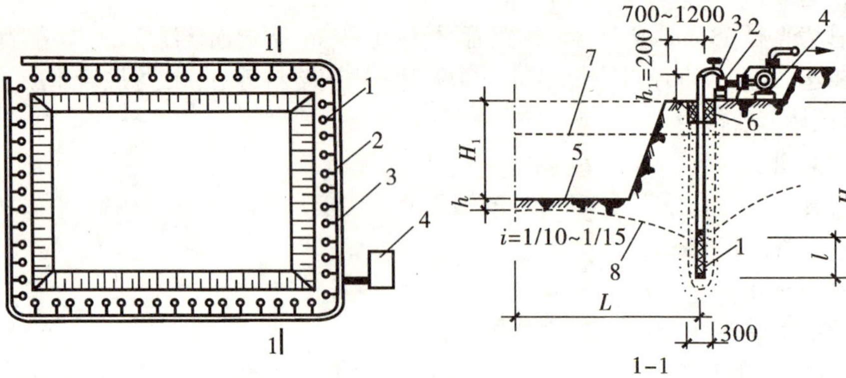

图 1–18　环形井点布置

1–井点管;2–集水总管;3–弯联管;4–抽水设备;5–基坑底面;6–井点管黏土封口;7–原地下水位;8–降水后水位

井点管距坑壁不应小于0.7 m,距离太小,易漏气。井点间距一般为0.8 ~2.0 m。集水总管标高宜尽量接近地下水位线并沿抽水水流方向有0.25% ~0.5%的上仰坡度。

2)高程布置。

井点管露出地面高度,一般取0.2 ~0.3 m。井点管的入土深度应根据降水深度及储水层所在位置决定,但必须将滤水管埋入含水层内,井点管的埋置深度亦可按下式计算:

$$H \geqslant H_1 + h + iL \tag{1-20}$$

式中　H——井点管的埋置深度(m);

H_1——井点管埋设面至基坑底面的距离(m);

h——基坑中央最深挖掘面至降水曲线最高点的安全距离(m),一般为0.5 ~1.0 m,人工开挖取下限,机械开挖取上限;

i——降水曲线坡度,与土层渗透系数、地下水流量等因素有关,根据扬水试验和工程实测确定,单排线状井点可取1/4,双排井点可取1/7,环形井点取1/10;

L——井点管中心至基坑中心的短边距离(m)。

一般轻型井点的降水深度只有5.5 ~6 m。当一级轻型井点不能满足降水深度要求时,可采用明沟排水与井点相结合的方法,将总管安装在原有地下水位线以下,或采用二级井点(降水深度可达7 ~10 m),如图1–19所示。即先挖去第一级井点排干的土,然后再在坑内布置埋设第二级井点,以增加降水深度。抽水设备宜布置在地下水的上游,并设在总管的中部。

(3)轻型井点的计算

轻型井点的计算,是在规定的水位降低深度下,根据每天排出的地下水流量,确定井点管的数量、间距,并确定抽水设备等。

1)涌水量的计算。

井点系统涌水量受水文地质和井点设备等诸多因素的影响,要想计算出准确的结果十分困难。根据工程实践积累的经验资料分析,按水井理论进行计算,比较接近实际。

根据井底是否达到不透水层,水井可分为完整井与非完整井,即井底到达含水层下面的不透水层顶面的井称为完整井,否则称为非完整井。

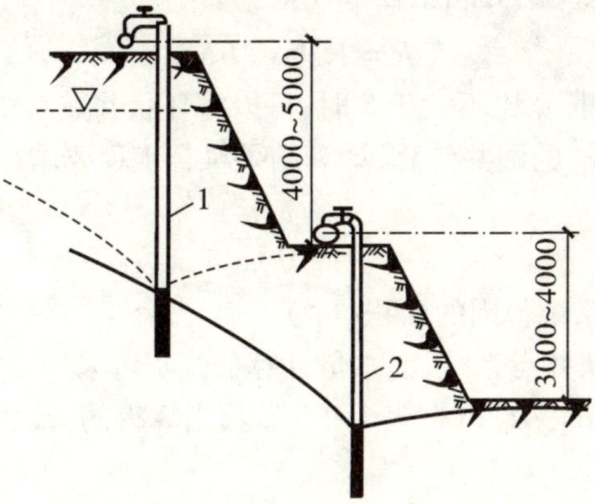

图1-19 二级井点降水示意图

1—一级井点降水;2—二级井点降水

根据地下水有无压力,又分为承压井与无压井。当水井布置在具有潜水自由面的含水层时(即地下水面为自由面),称为无压井,当水井布置在承压含水层时(含水层的水充满在两层不透水层间,含水层中的地下水水面具有一定水压),称为承压井。

各类水井如图1-20所示,它们的涌水量计算方法不同,以无压完整井的理论较为完善。

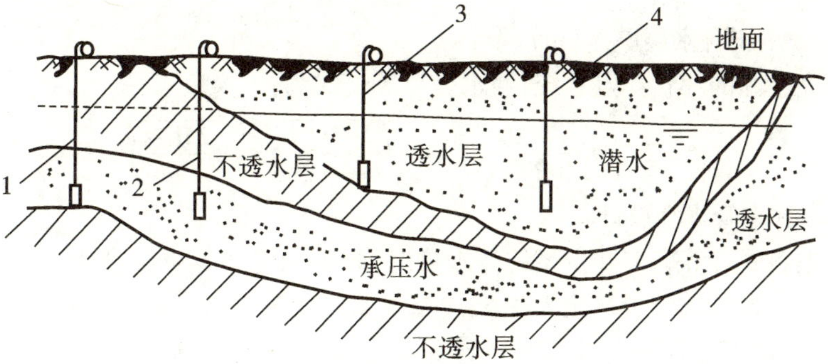

图1-20 水井的分类

1-承压完整井;2-承压非完整井;3-无压完整井;4-无压非完整井

无压完整井的环形井点系统,涌水量计算公式为:

$$Q = 1.366K\frac{(2H - s)s}{\lg R - \lg x_0} \tag{1-21}$$

式中 Q——环形井点系统的涌水量(m^3/d);

K——土的渗透系数(m/d);

H——含水层厚度(m);

s——水位降低值(m);

R——抽水影响半径(m);

x_0——环状井点系统的假想半径(m)。

$$R = 1.95s\sqrt{HK} \tag{1-22}$$

对于矩形基坑,当其长宽比不大于5时,可以将环状井点系统围成的不规则平面形状转化成一个假想半径为 x_0 的圆井计算,计算结果符合工程要求。即:

$$x_0 = \sqrt{\frac{F}{\pi}} \tag{1-23}$$

式中 F——环状井点系统包围的面积(m^2)。

无压非完整井的环状井点系统,涌水量计算公式仍可采用公式(1-21),此时,仅将式中 H 换成有效含水深度 H_0。H_0 可查表1-5确定,当算得的 H_0 大于实际含水层的厚度 H 时,则仍取 H 值。

表1-5 抽水影响深度 H_0

$s'/(s'+l)$	0.2	0.3	0.5	0.8
H_0	$1.2(s'+l)$	$1.5(s'+l)$	$1.7(s'+l)$	$1.85(s'+l)$

注:s' 为井点管中水位降低值;l 为滤管长度。$s'/(s'+l)$ 的中间值可采用插入法求 H_0。

承压完整井的环状井点系统,涌水量计算公式为:

$$Q = 2.73K\frac{Ms}{\lg R - \lg x_0} \tag{1-24}$$

式中 M——承压含水层厚度(m)。

承压非完整井的环状井点系统,涌水量计算公式为:

$$Q = 2.73K\frac{Ms}{\lg R - \lg x_0} \times \sqrt{\frac{M}{l + 0.5r}} \times \sqrt{\frac{2M - l}{M}} \tag{1-25}$$

式中 r——井点管半径(m)。

若用以上各式计算轻型井点系统涌水量时,要先确定井点系统布置方式和基坑计算图形面积。当矩形基坑的长宽比大于5,或基坑宽度大于2倍的抽水影响半径时,需将基坑分成几小块,使其符合公式(1-23)的计算条件,然后分别计算每小块的涌水量,再相加即得总涌水量。

2)计算井点管数量。

单根井点管的最大出水量为:

$$q = 65\pi dl\sqrt[3]{K} \tag{1-26}$$

式中 d——滤管直径(m);

l——滤管长度(m);

K——渗透系数(m/d)。

井点管最少数量由下式确定:

$$n = 1.1 \times \frac{Q}{q} \tag{1-27}$$

式中 1.1——考虑井点管堵塞等因素的放大备用系数。

3)确定井点管间距。

井点管的最大间距为:

$$D = \frac{L}{n} \tag{1-28}$$

式中 L——集水总管长度(m)。

※特别提示※

实际采用的井点管间距应大于15倍井点管直径,不能太小,以免彼此干扰,影响出水量,同时还应当与总管上接头尺寸(0.8 m、1.2 m、1.6 m、2.0 m)相适应,最后根据实际采用的井点管间距,明确井点管根数。

4)选择抽水设备。

真空泵主要有W5、W6型,按总管长度选用。当总管长度不大于100 m时,可选用W5型,总管长度大于100 m时,可选用W6型。

水泵按涌水量的大小选用,要求水泵的抽水能力必须大于井点系统的涌水量(增大10%~20%)。通常一套抽水设备配两台离心泵,既可轮换备用,又可在地下水较大时同时使用。

(4)轻型井点的施工

轻型井点的施工主要包括施工准备、井点系统的安装、使用及拆除。

1)准备工作。

包括井点设备、抽水设备及必要材料的准备,排水沟的开挖,附近建筑物的标高观测以及防止附近建筑物沉降措施的实施。

2)井点系统的安装。

埋设井点系统的安装工序是:根据降水方案放线→挖管沟→布设总管→埋设井点管→用弯联管连接井点管与总管→安装抽水设备、试抽。

井点管的埋设分冲孔和埋管两个过程,如图1-21所示。成孔用水冲或钻孔成孔,孔径不宜大于300 mm,孔深宜比滤管底深0.5~1.0 m,以防止冲管拔出时,部分土颗粒沉于底部而触及滤管底部。然后用空压机或水泵将井内泥浆抽出。

井孔冲好后,用机架将井点管吊起,然后慢慢插入井孔中央,并在井点管与孔壁之间迅速填灌砂滤层至滤管顶上1~1.5 m,以保证水流通畅。井点填砂后,在地面以下0.5~1.0 m范围内须用黏土封口,以防漏气。

井点管埋设完毕后,应连接总管与抽水设备进行试抽水,检查有无漏水、漏气,出水是否正常,有无淤塞,如有异常情况,应检修好后方可使用。

(5)井点管的使用

井点管使用时,应保持连续不断抽水,并配以双电源以防断电。正常出水规律是“先大后小,先浑后清”。抽水时要经常观测真空度以判断井点系统是否正常。

(6)井点管的拆除

地下结构工程竣工并进行回填后,方可拆除井点系统。可用倒链、起重机等拔出井点管,所留孔洞用砂或土填实,当地基有防渗要求时,地面下2 m范围内用黏土填塞压实。

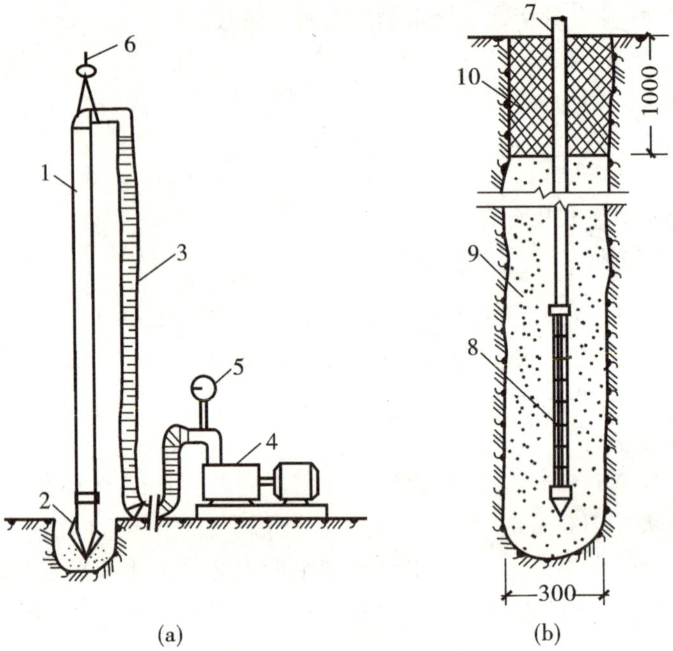

图 1–21　井点管的埋设

（a）冲孔；（b）埋管

1–冲管；2–冲嘴；3–胶皮管；4–高压水泵；5–压力表；6–起重吊钩；7–井点管；8–滤管；9–填砂；10–黏土封口

※知识链接※

井点降水会引起周围地层的不均匀沉降，因此，为减少这种不利影响，可在降水场地外侧设置挡土帷幕（如深层水泥搅拌桩），一般挡水帷幕底标高应低于降落后的水位 2 m 以上，或者在降水场地外缘设置回灌水系统以保持需保护部位的地下水位，如图 1–22 所示。

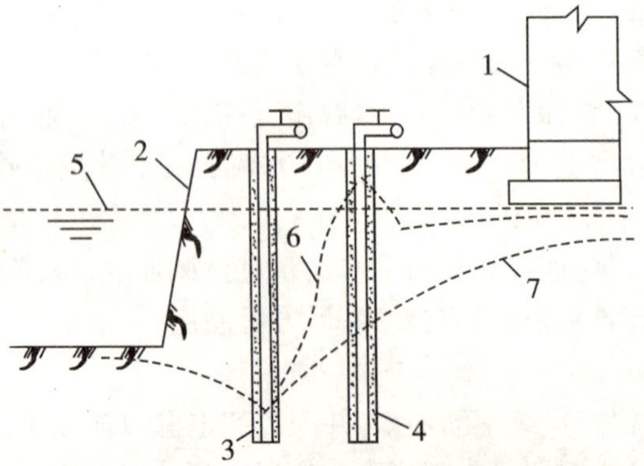

图 1–22　回灌井点布置图

1–附近建筑物；2–基坑边坡；3–降水井点；4–回灌井点；5–原水位线；6–回灌后水位线；7–基坑内降低后的水位线

为了防止降水井点和回灌井点相通，回灌井点与降水井点之间应保持一定的距离，一般不宜小于6 m，否则基坑内水位无法下降，失去降水的作用。回灌井点的深度一般应控制在长期降水曲线下1 m，并应设置在渗透性较好的土层中。

1.3.2.3 降水与排水施工质量检验标准

降水与排水施工质量检验标准，见表1-6。

表1-6 降水与排水施工质量检验标准

序号	检查项目	允许偏差	检查方法
1	排水沟坡度	1‰～2‰	目测：沟内不积水，沟内排水畅通
2	井管(点)垂直度	1%	插管时目测
3	井管(点)间距(与设计相比)	≤150 mm	钢尺量
4	井管(点)插入深度(与设计相比)	≤200 mm	水准仪
5	过滤砂砾料填灌(与设计相比)	≤5%	检查回填料用量
6	井点真空度：真空井点	>60 kPa	真空度表
	喷射井点	>93 kPa	真空度表
7	电渗井点阴阳极距离：真空井点	80～100 mm	钢尺量
	喷射井点	120～150 mm	钢尺量

例1-2 本模块引例中的框架结构是否需要采取降水方案。

解答 基底标高-1.700 m，垫层厚100 mm，历史最高水位为自然地坪以下3.0 m。因此，该项工程不用采取降水方案。

例1-3 某工程基坑，如图1-23所示，坑底平面尺寸是12 m×20 m，底面标高-5.000 m，地面标高-0.500 m，已知地下水面标高-2.500 m，土层渗透系数K=18 m/d，不透水层标高-14.000 m，基坑边坡1∶0.5。拟采用轻型井点降低地下水位，管径38 mm，试进行降水设计。

解答 1. 井点系统布置

为使总管接近地下水位和不影响地面交通，将总管埋设在地面下0.5 m处，即先挖0.5 m的沟槽，然后在槽底铺设总管，此时基坑上口(标高为-1.00 m处)平面尺寸为16 m×24 m，，井点管初步布置在距基坑边1 m，则井点管所围成的平面尺寸为18 m×26 m，由于基坑面积较大，故按环状井点布置，基坑中心的降水深度为：

$$s=5-2.5+0.5=3.0(\text{m})$$

采用一级井点降水，井点管的要求埋设深度H为：

$$H \geq H_1+h+iL=(5-1)+0.5+0.1\times\frac{18}{2}=5.4(\text{m})$$

采用长6 m，直径38 mm的井点管，井点管外漏0.2 m，作为安装总管用，则井点管埋

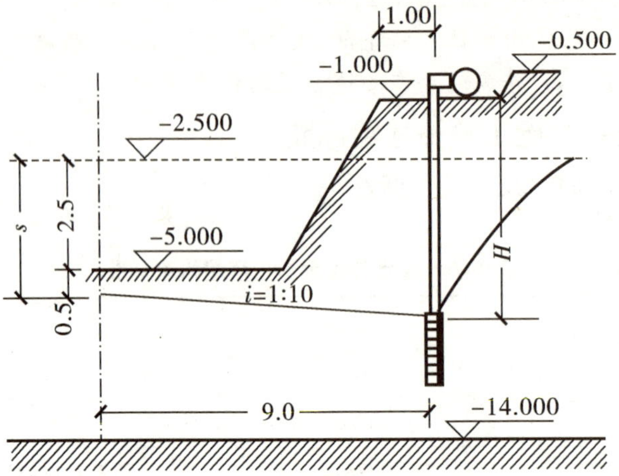

图 1-23 某工程基坑示意图

入土中的实际深度为 6.0-0.2=5.8 m，大于要求埋设深度 5.4 m，故高程布置符合要求。

则基坑中心的实际降水深度为：

$$s=5-2.5+0.5+(5.8-5.4)=3.4(\mathrm{m})$$

2. 基坑涌水量计算

取滤水管长度 $l=1$ m，则井点管及滤管总厂为 6+1=7(m)，滤管底部距不透水层距离为：

$$14-1-5.8-1=6.2(\mathrm{m})$$

可按无压非完整井环形井点系统计算，其涌水量计算式为：

$$Q=1.366K\frac{(2H_0-s)s}{\lg R-\lg x_0}$$

有效抽水影响深度 H_0，由表 1-5 计算：

井点管中水位降低值 $s'=s+iL=3.4+0.1\times\frac{18}{2}=4.3(\mathrm{m})$

$\frac{s'}{s'+l}=\frac{4.3}{4.3+1}=0.8$，则 H_0 取 $1.85(s'+l)=1.85\times(4.3+1)=9.8(\mathrm{m})$

由于实际含水层厚度 $H=14-2.5=11.9(\mathrm{m})$。

$H_0<H$，故取 $H_0=9.8(\mathrm{m})$。

抽水影响半径 $R=1.95s\sqrt{HK}=1.95\times3.4\times\sqrt{9.8\times18}=88.06(\mathrm{m})$

基坑假想圆半径 $x_0=\sqrt{\frac{F}{\pi}}=\sqrt{\frac{18\times26}{\pi}}=12.21(\mathrm{m})$

$$Q=1.366K\frac{(2H_0-s)s}{\lg R-\lg x_0}=1.366\times18\times\frac{(2\times9.8-3.4)\times3.4}{\lg88.06-\lg12.21}=1593.3(\mathrm{m^3/d})$$

3. 计算井点管数量级井距

单根井点管出水量：$q=65\pi dl\sqrt[3]{K}=65\pi\times0.038\times1\times\sqrt[3]{18}=20.32(\mathrm{m^3/d})$

井点管数量：$n = 1.1 \times \dfrac{Q}{q} = 1.1 \times \dfrac{1593.3}{20.32} = 86.25$（根），取87根。

井距：$D = \dfrac{L}{n} = \dfrac{88}{87} = 1.01$（m），取井距为0.8 m。

则井点管的实际根数为 $n = \dfrac{2(18+26)}{0.8} = 110$（根）

4.选择抽水设备

抽水设备所带动的总管长度为88 m，可选用W5型真空泵，水泵抽水流量：

$$Q_1 = 1.1 \times Q = 1.1 \times 1593.3 = 1752.63(\text{m}^3/\text{d}) = 73.03(\text{m}^3/\text{h})$$

水泵吸水扬程：$H_s \geqslant 6.0+1.0=7.0$（m）

1.3.3 基坑支护

土壁的稳定主要是通过土体内的内摩阻力和黏结力来保持平衡的，土体一旦失去平衡，土壁就会引起塌方，这不仅会造成人身安全事故，同时还会影响基坑、基槽的开挖和基础的施工。

引起土壁塌方主要有以下几个方面的原因：

1）土质差，边坡过陡，土体自身稳定性不够，引起土壁塌方。

2）地面雨水及地下水渗入基坑，使土体重力增大，抗剪能力降低，造成土体坍塌。

3）基坑（槽）边缘附近大量堆土，或停放机具、材料，或由于动荷载的作用，使土体产生的剪应力超过土体的抗剪强度，从而产生塌方。

※知识链接※

为防止土方塌方，保证施工安全，当挖方或填方超过一定高度时，应做成一定形式的边坡。边坡的大小应根据土质、开挖深度、开挖方法、施工工期、地下水位、坡顶荷载及气候条件等因素确定，可做成直线形、折线形、阶梯形，如图1-24所示。

基坑边坡的坡度以其高度 H 与底宽 B 之比表示，即：

$$\text{土方边坡坡度} = \frac{H}{B} = \frac{1}{B/H} = 1:m$$

边坡系数 $m = B/H$，m 值越大，坡度越缓。

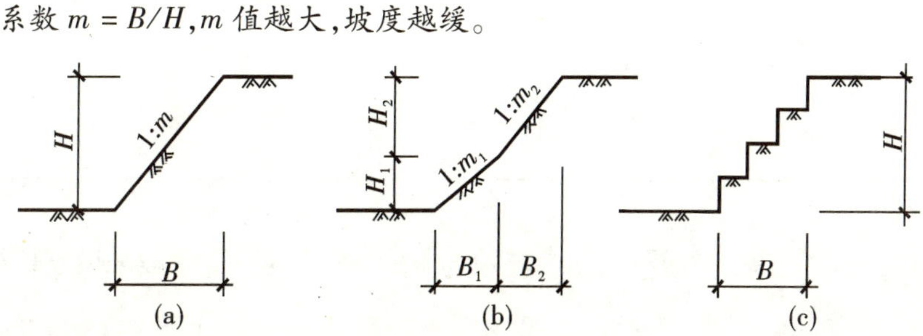

图1-24 基坑边坡

（a）直线形；（b）折线形；（c）阶梯形

当土质为天然湿度、构造均匀、水文地质条件良好(即不会发生坍滑、移动、松散或不均匀下沉),且无地下水,挖方深度不超过表 1-7 规定时,可不放坡,采取直立开挖不加支护。当地质条件良好,土质均匀且地下水位低于基坑(槽)或管沟底面标高时,挖方深度在 5 m 以内,且不加支撑的边坡最陡坡度可按表 1-8 采用。

表 1-7　基坑(槽)和管沟不加支撑时的容许深度

项次	土的种类	容许深度/m
1	密实、中密的砂子和碎石类土(充填物为砂土)	1.00
2	硬塑、可塑的粉质黏土及粉土	1.25
3	硬塑、可塑的黏土和碎石类土(充填物为黏性土)	1.50
4	坚硬的黏土	2.00

表 1-8　深度在 5 m 以内的基坑(槽)、管沟边坡的最陡坡度(不加支撑)

土的类别	边坡坡度(高∶宽)		
	坡顶无荷载	坡顶有静载	坡顶有动载
中密的砂土	1∶1.00	1∶1.25	1∶1.50
中密的碎石类土(充填物为砂土)	1∶0.75	1∶1.00	1∶1.25
硬塑的粉土	1∶0.67	1∶0.75	1∶1.00
中密的碎石类土(充填物为黏性土)	1∶0.50	1∶0.67	1∶0.75
硬塑的粉质黏土、黏土	1∶0.33	1∶0.50	1∶0.67
老黄土	1∶0.10	1∶0.25	1∶0.33
软土(经井点降水后)	1∶1.00	—	—

为缩小施工面,减少土方开挖,或受场地的限制不能放坡时,一般采用支护结构支撑,以保证基坑施工安全。

1.3.3.1　基槽和管沟的支撑方法

基槽和管沟的支撑方法见表 1-9。

1.3.3.2 一般浅基坑的支撑方法

一般浅基坑的支撑方法见表1-10。

表1-9 基槽和管沟的支撑方法

<table>
<tr><th>支撑方式</th><th>简图</th><th>支撑方法及适用条件</th></tr>
<tr><td>间断式水平支撑</td><td>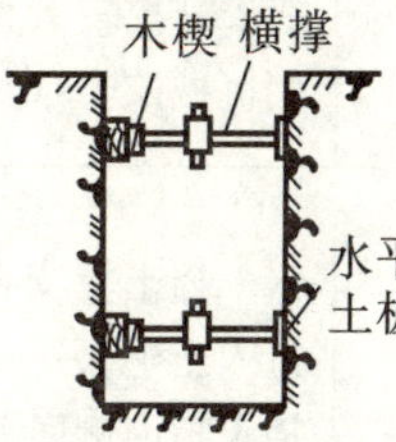
</td><td>两侧挡土板水平放置，用工具式或木横撑（借木楔）顶紧，挖一层土，支顶一层。
适于能保持直立壁的干土或天然湿度的黏土类土，地下水很少、深度在2 m以内的情况</td></tr>
<tr><td>断续式水平支撑</td><td>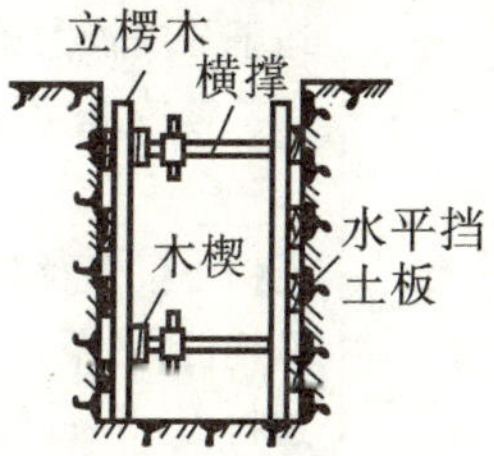
</td><td>挡土板水平放置，中间留出间隔，并在两侧同时对称立竖方木，再用工具式或木横撑上、下顶紧。
适于能保持直立壁的干土或天然湿度的黏土类土，地下水很少、深度在3 m以内的情况</td></tr>
<tr><td>连续式水平支撑</td><td>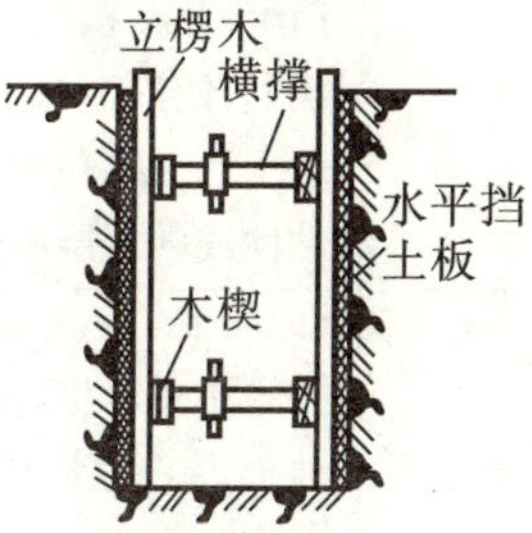
</td><td>挡土板水平连续放置，不留间隙，然后两侧同时对称立竖方木，上、下各顶一根撑木，端头加木楔顶紧。
适于较松散的干土或天然湿度的黏土类土，地下水很少、深度为3～5 m的情况</td></tr>
<tr><td>连续或间断式垂直支撑</td><td>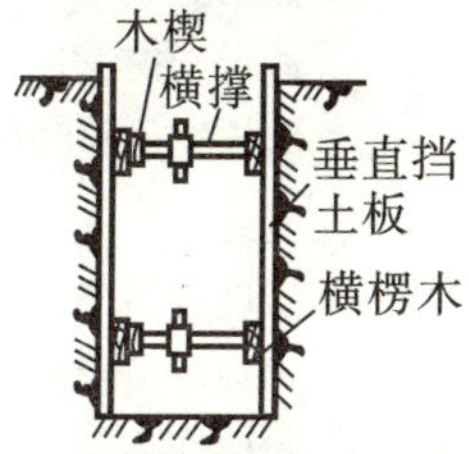
</td><td>挡土板垂直放置，可连续或留适当间隙，然后每侧上、下各水平顶一根方木，再用横撑顶紧。
适于土质较松散或湿度很大的土，地下水较少、深度不限的情况</td></tr>
<tr><td>水平垂直混合式支撑</td><td>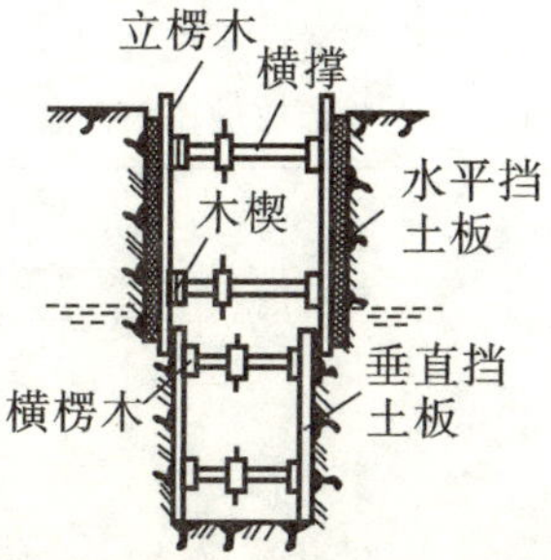
</td><td>沟槽上部设连续式水平支撑，下部设连续式垂直支撑。
适于沟槽深度较大，下部有含水土层的情况</td></tr>
</table>

表 1-10　一般浅基坑的支撑方法

支撑方式	简图	支撑方法及适用条件
斜柱支撑	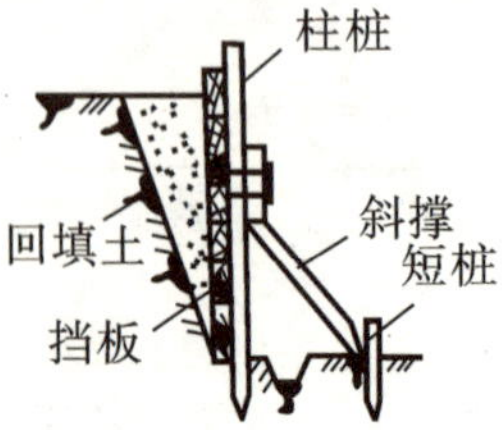	水平挡土板钉在柱桩内侧，柱桩外侧用斜撑支顶，斜撑底端支在木桩上，在挡土板内侧回填土。 适于开挖较大型、深度不大的基坑或使用机械挖土时
锚拉支撑	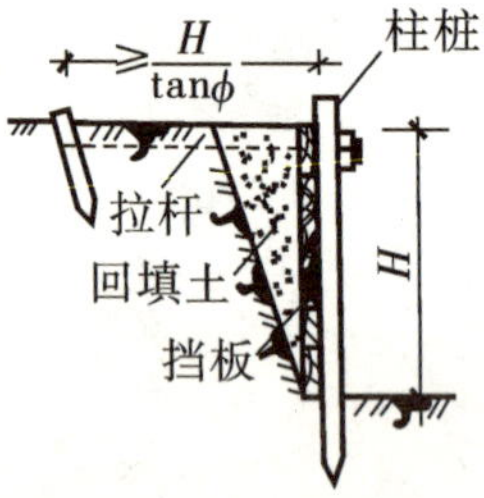	水平挡土板支在柱桩的内侧，柱桩一端打入土中，另一端用拉杆与锚桩拉紧，在挡土板内侧回填土。 适于开挖较大型、深度不大的基坑或使用机械挖土，不能安设横撑时使用
型钢桩横挡板支撑	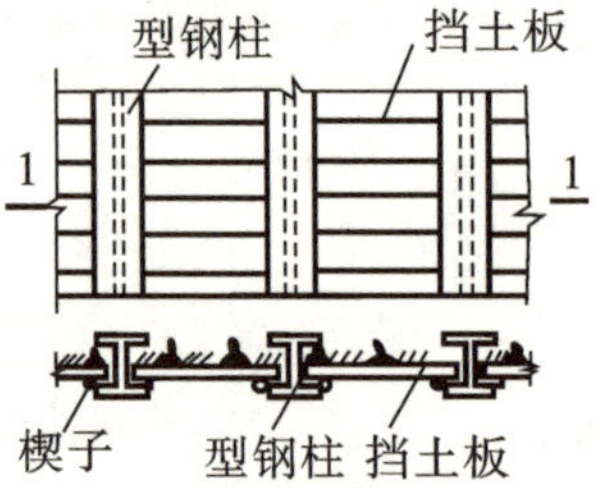	沿挡土位置预先打入钢轨、工字钢或 H 型钢桩，间距 1.0 ~ 1.5 m，然后边挖方，边将 3 ~ 6 cm 厚的挡土板塞进钢桩之间挡土，并在横向挡板与型钢桩之间打上楔子，使横板与土体紧密接触。 适于地下水位较低、深度不很大的一般黏性或砂土层中使用
短桩横隔板支撑	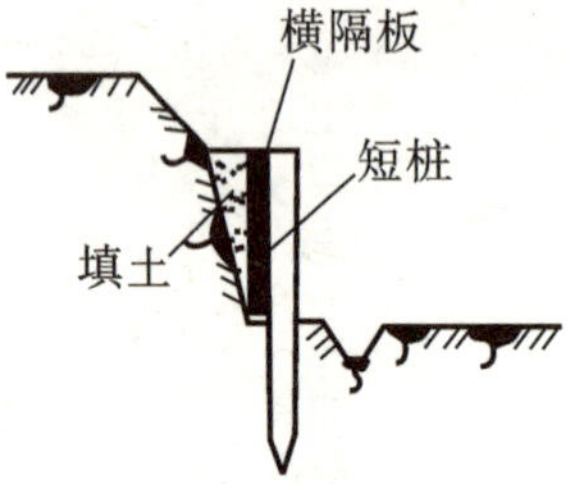	打入小短木桩，部分打入土中，部分露出地面，钉上水平挡土板，在背面填土、夯实。 适于开挖宽度大的基坑，当部分地段下部放坡不够时使用
临时挡土墙支撑	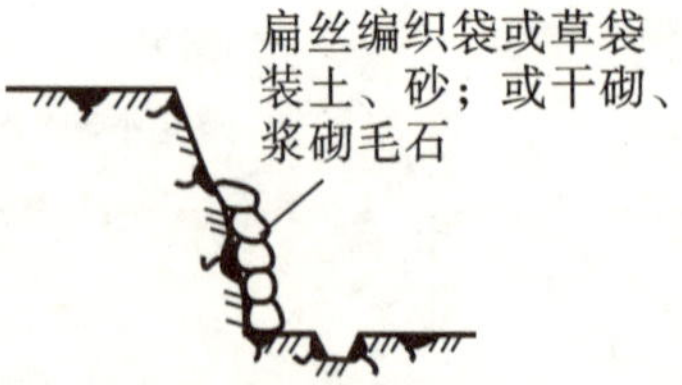	沿坡脚用砖、石叠砌或用装水泥的聚丙烯扁丝编织袋、草袋装土、砂堆砌，使坡脚保持稳定。 适于开挖宽度大的基坑，当部分地段下部放坡不够时使用

续表 1-10

支撑方式	简图	支撑方法及适用条件
挡土灌注桩支护	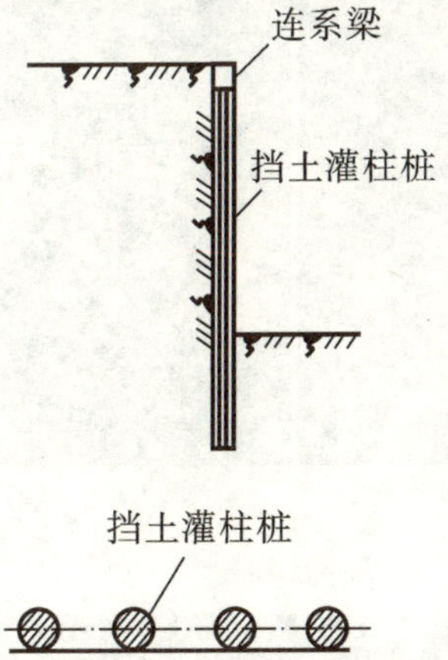	在开挖基坑的周围,用钻机或洛阳铲成孔,桩径 ϕ400～500 mm,现场灌筑钢筋混凝土桩,桩间距为 1.0～1.5 m,在桩间土方挖成外拱形使之起土拱作用。 适于开挖较大、较浅(<5 m)基坑,邻近有建筑物,不允许背面地基有下沉、位移时采用
叠袋式挡墙支护	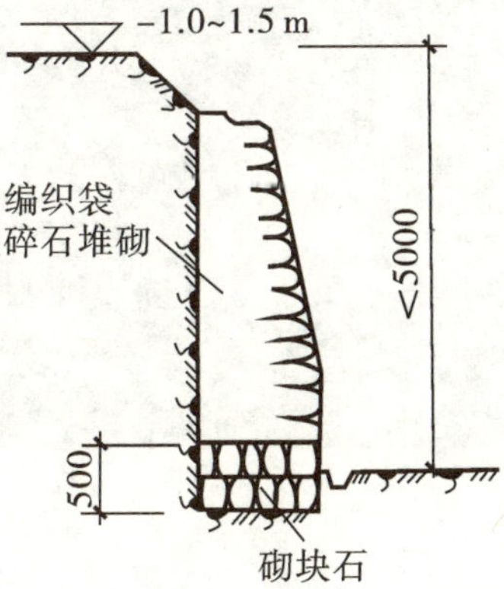	采用编织袋或草袋装碎石(砂砾石或土)堆砌成重力式挡墙作为基坑的支护,在墙下部砌 500 mm 厚块石基础,墙底宽为 1500～2000 mm,顶宽为 500～1200 mm,顶部适当放坡卸土 1.0～1.5 m,表面抹砂浆保护。 适于一般黏性土、面积大、开挖深度在 5 m 以内的浅基坑支护

1.3.3.3 深基坑的支撑方法

深基坑支护工程是指开挖深度超过 5 m(含 5 m)的基坑并采用支护结构施工的工程,或基坑虽未超过 5 m,但地质条件和周围环境复杂、地下水在坑底以上等工程。常用的支护方法有地下连续墙支护、土钉墙支护、深层搅拌水泥土桩墙支护等。

(1)地下连续墙支护

地下连续墙是在基坑开挖之前,利用各种挖槽机械,借助于泥浆的护壁作用,在地下挖出窄而深的沟槽,在其内放置钢筋笼并浇筑混凝土,而形成一道具有防渗(水)、挡土和承重功能的连续的地下墙体。目前常用厚度为 600 mm、800 mm、1000 mm,多用于地下 12 m 以下的深基坑。

现浇钢筋混凝土导墙的施工顺序为:平整场地→测量定位→挖槽及处理弃土→绑扎钢筋→支模板→浇筑混凝土→拆模并设置横撑。

1)修筑导墙。

在成槽之前,导墙就起挡土作用。其施工流程如图 1-25 所示。

(a) (b)

(c) (d)

(e) (f)

图 1-25 导墙施工

(a)导墙放线；(b)导墙开挖；(c)钢筋绑扎；(d)导墙支模；(e)浇筑混凝土；(f)导墙支撑

整个地下连续墙导墙分为多段施工，每段施工长度 60 m 左右。导墙接缝采用错缝搭接，并且与地下墙接缝错开，由预留的水平钢筋连接起来，使导墙成为整体。导墙的配筋多为 $\phi12@200$。导墙的混凝土强度等级多为 C20，浇筑时要注意捣实。

导墙面至少应高于地面约 100 mm，以防止雨水等地面水流入槽内。导墙的基底应和土层密贴,以防槽内泥浆渗入导墙后面。为防止导墙在土压力和水压力作用下产生位移,钢筋混凝土导墙拆模以后,应沿其纵向每隔 1 m 左右加设上、下两道木支撑,在导墙的混凝土达到设计强度并加好支撑之前,禁止任何重型机械和运输设备在旁边行驶,以防导墙受压变形。

2)泥浆护壁。

在地下连续墙挖槽过程中,泥浆的作用是护壁、携渣、冷却机具和切土滑润。

泥浆有制备泥浆(挖槽前利用专用设备事先制备好泥浆,挖槽时输入沟槽)、自成泥浆(用钻头式挖槽机挖槽时,向沟槽内输入清水,清水与钻削下来的泥土拌和,边挖槽边形成泥浆)、半自成泥浆(当自成泥浆的某些性能指标不符合规定要求时,在形成自成泥浆的过程中,加入一些需要的成分)。护壁泥浆除通常使用的膨润土泥浆外,还有聚合物泥浆、CMC 泥浆和盐水泥浆。常用的外加剂有分散剂、增黏剂、加重剂、防漏剂。

制备泥浆的投料顺序一般为水、膨润土、CMC、分散剂、其他外加剂。

泥浆最好在充分溶胀之后再使用,所以搅拌后宜贮存 3 h 以上。

3)成槽。

地下连续墙的挖槽工作,包括单元槽段划分,挖槽机械的选择与正确使用,清底,制订防止槽壁坍塌的措施与工程事故和特殊情况的处理等。

①单元槽段划分。

挖槽是按一个个单元槽段进行挖掘。单元槽段的最小长度不得小于一个挖掘段(挖槽机械的挖土工作装置的一次挖土长度)。单元槽段愈长愈好,这样可以减少槽段的接头数量,增加地下墙的整体性,但同时又要考虑挖槽时槽壁的稳定性等。单元槽段长度多取 3 ~8 m,也可取 10 m 甚至更长。

②挖槽机械的选择。

我国在地下连续墙施工中,目前应用较多的是吊索蚌式抓斗、导杆蚌式抓斗、多头钻和冲击式挖槽机,尤以前面三种最多。

③清底。

挖槽结束后,应清除以沉渣为主的槽底沉淀物。清底的方法有沉淀法和置换法两种。沉淀法是在土渣基本都沉至槽底之后再进行清底。清除沉渣的方法,常用的有砂石吸力泵排泥法、压缩空气升液排泥法、带搅动翼的潜水泥浆泵排泥法、抓斗直接排泥法。前三种应用较多。置换法是在挖槽结束后,在土渣尚未沉淀之前就用新泥浆把槽内的泥浆置换出来,使槽内泥浆的相对密度在 1.15 以下。我国多用置换法清底。

4)钢筋笼加工和吊放。

钢筋笼根据地下连续墙墙体配筋图和单元槽段的划分来制作,最好按单元槽段做成一个整体。如果地下连续墙很深或受起重设备起重能力的限制,需要分段制作,在吊放时再连接,接头宜用绑条焊接,纵向受力钢筋的搭接长度,如无明确规定时可采用 60 倍的钢筋直径。

钢筋笼的起吊应用横吊梁或吊架。吊点布置和起吊方式要防止起吊时引起钢筋笼变形。起吊时不能使钢筋笼下端在地面上拖引,以防造成下端钢筋弯曲变形。为防止钢筋笼吊起后在空中摆动,应在钢筋笼下端系上拽引绳用人力操纵,如图 1-26 所示。

钢筋笼进入槽内时，吊点中心必须对准槽段中心，然后徐徐下降，此时必须注意不要因起重臂摆动或其他影响而使钢筋笼产生横向摆动，造成槽壁坍塌，如图 1-27 所示。

图 1-26　钢筋笼起吊

图 1-27　钢筋笼入槽

5)混凝土浇筑。

地下连续墙混凝土用导管法进行浇筑。由于导管内混凝土和槽内泥浆的压力不同，在导管下口处存在压力差，混凝土可从导管内流出。

在混凝土浇筑过程中，导管下口总是埋在混凝土内 1.5 ~9.0 m，使从导管下口流出的混凝土将表层混凝土向上推动而避免与泥浆直接接触，但导管插入太深会使混凝土在导管内流动不畅，有时还可能产生钢筋笼上浮，因此导管最大插入深度不宜超过 9 m。

导管的间距一般为 3 ~4 m。单元槽段端部易渗水，导管与槽段端部的距离不宜超过 2 m。如一个槽段内用两根或两根以上导管同时浇筑，应使各导管处的混凝土面大致处在同一水平面上。宜尽量加快混凝土浇筑，一般槽内混凝土面上升速度不宜小于 2 m/h。

混凝土顶面存在一层浮浆层，需要凿去，为此混凝土需要超浇 30 ~50 cm，以便将设计标高以上的浮浆层用风镐打去。

6)地下连续墙质量检验标准。

地下连续墙质量检验标准见表 1-11，地下连续墙钢筋笼质量检验标准见表 1-12。

表1-11 地下连续墙质量检验标准

项目	序号	检查项目		允许偏差或允许值		检查方法
				单位	数值	
主控项目	1	墙体强度		—	设计要求	查试块记录或取芯试压
	2	垂直度	永久结构	—	1/300	用声波测槽仪或成槽机上的监测系统
			临时结构	—	1/150	
一般项目	1	导墙尺寸	宽度	mm	W+40	钢尺量,W为设计墙厚
			墙面平整度	mm	<5	钢尺量
			导墙平面位置	mm	±10	钢尺量
	2	沉渣厚度	永久结构	mm	≤100	重锤测或沉积物测定仪测
			临时结构	mm	≤200	
	3	槽深		mm	100	重锤测
	4	混凝土坍落度		mm	180～220	坍落度测定器测
	5	钢筋笼尺寸			见表1-12	
	6	地下连续墙表面平整度	永久结构	mm	<100	此为均匀黏土层,松散及易坍土层由设计决定
			临时结构	mm	<150	
			插入式结构	mm	<20	
	7	永久结构的预埋件位置	水平向	mm	≤10	钢尺量
			垂直向	mm	≤20	水准仪测

表1-12 地下连续墙钢筋笼质量检验标准 (单位:mm)

项目	序号	检查项目	允许偏差或允许值	检查方法
主控项目	1	主筋间距	±10	钢尺量
	2	长度	±100	钢尺量
一般项目	1	钢筋材质检验	设计要求	抽样送检
	2	箍筋间距	±20	钢尺量
	3	直径	±10	钢尺量

(2)土钉墙支护

土钉墙支护技术是在基坑开挖坡面,用机械钻孔或洛阳铲成孔,孔内放钢筋并注浆,在坡面安装钢筋网,喷射80～200 mm厚的混凝土,使土体、钢筋与喷射混凝土面板结合的一种支护形式,如图1-28所示。

土钉墙支护适宜于地下水位以上或实施降水措施后的杂填土、普通黏土或非松散性的砂土，在我国北方、南方应用都较普遍。

1）基坑开挖。

基坑要按设计要求严格分层分段开挖，在上一层作业面土钉与喷射混凝土面层达到设计强度的70%以前，不得进行下一层土层的开挖。每层开挖最大深度和水平分段宽度取决于在支护投入工作前土壁可以自稳而不发生滑动破坏的能力，长度一般为10～20 m。当基坑面积较大时，允许在距离基坑四周边坡8～10 m的基坑中部自由开挖，但应注意与分层作业区的开挖相协调。

2）喷射第一道面层。

每步开挖后应尽快做好面层，即对修整后的边壁立即喷上一层薄混凝土或砂浆。若土层地质条件好的话，可省去该道面层。

3）设置土钉。

土钉的设置可以采用专门设备将土钉钢筋击入土体，但是通常的做法是先在土体中成孔，然后置入土钉钢筋并沿全长注浆。

①钻孔。

钻孔前，应根据设计要求定出孔位并作出标记及编号。采用的机具应符合土层特点，满足设计要求，在进钻和抽出钻杆过程中不得引起土体坍孔。而在易坍孔的土体中钻孔时宜采用套管成孔或挤压成孔，如图1-29所示，成孔过程中应由专人作成孔记录。

图1-28　土钉墙支护

土钉钻孔的质量应符合下列规定：孔距允许偏差为±100 mm。孔径允许偏差为±5 mm。孔深允许偏差为±30 mm。倾角允许偏差为±1°。

②插入土钉钢筋。

插入土钉钢筋前要进行清孔检查，若孔中出现局部渗水、塌孔或掉落松土应立即处理。土钉钢筋置入孔中前，要先在钢筋上安装对中定位支架，以保证钢筋处于孔位中心且注浆后其保护层厚度不小于25 mm。支架沿钉长的间距可为2～3 m，支架可为金属或塑料件，以不妨碍浆体自由流动为宜，如图1-30所示。

③注浆。

注浆前要验收土钉钢筋安设质量是否达到设计要求。注浆前应将孔内残留或松动的杂土清除干净。注浆过程如图1-31所示。

注浆材料宜用水泥浆或水泥砂浆。水泥浆的水灰比宜为0.5∶1；水泥砂浆的配合比宜为1∶1～1∶2（质量比），水灰比宜为0.38∶1～0.45∶1。需要时可加入适量速凝剂，以促进早凝和控制泌水。

水泥浆、水泥砂浆应随拌随用，一次拌和的水泥浆、水泥砂浆应在初凝前用完。

一般可采用重力、低压（0.4～0.6 MPa）或高压（1～2 MPa）注浆，水平孔应采用低压或高压注浆。压力注浆时应在孔口或规定位置设置止浆塞，注满后保持压力3～5 min。

重力注浆以满孔为止,但在浆体初凝前需补浆1次或2次。

对于向下倾角的土钉,注浆采用重力或低压注浆时宜采用底部注浆方式,注浆导管底端应插至距孔底250~500 mm处,在注浆同时将导管匀速缓慢地撤出。注浆过程中注浆导管口始终埋在浆体表面以下,以保证孔中气体能全部逸出。

注浆开始或中途停止超过30 min时,应用水或稀水泥浆润滑注浆泵及其管路。

图1-29　钻孔

图1-30　安放钢筋

4)喷第二道面层。

在喷混凝土之前,先按设计要求绑扎、固定钢筋网。面层内的钢筋网片应牢固固定在边壁上并符合设计规定的保护层厚度要求。钢筋网片可用插入土中的钢筋固定,但在喷射混凝土时不应出现振动。

钢筋网片可焊接或绑扎而成,网格允许偏差为±10 mm。铺设钢筋网时,每边的搭接长度应不小于一个网格边长或200 mm;如为搭接焊,则焊接长度不小于网片钢筋直径的10倍。网片与坡面间隙不小于20 mm。土钉与面层钢筋网的连接可通过垫板、螺帽及土钉端部螺纹杆固定。

喷射混凝土的配合比应通过试验确定,粗骨料最大粒径不宜大于12 mm,水灰比不宜大于0.45,为保证喷射混凝土厚度达到均匀的设计值,可在边壁上隔一定距离打入垂直短钢筋段作为厚度标志。喷射混凝土的射距宜保持在0.6 m到1.0 m范围内,并使射流垂直于壁面。在有钢筋的部位可先喷钢筋的后方以防止钢筋背面出现空隙。喷射混凝土的路线可从壁面开挖层底部逐渐向上进行,但底部钢筋网搭接长度范围以内先不喷混凝土,待与下层钢筋网搭接绑扎之后再喷混凝土。混凝土面层接缝部分做成45°角斜面搭接。当设计面层厚度超过100 mm时,混凝土应分两层喷射,一次喷射厚度不宜小于40 mm,且接缝错开。混凝土接缝在继续喷射混凝土之前应清除浮浆碎屑,并喷少量水润湿。喷射混凝土如图1-32所示。

面层喷射混凝土终凝后2 h应喷水养护,养护时间宜3~7 d,视当地环境条件采用喷水、覆盖浇水或喷涂养护剂等方法。

图 1-31　灌浆

图 1-32　喷射混凝土

5）排水设施的设置。

排水是土钉支护结构最为敏感的问题，不但要在施工前做好降排水工作，还要充分做好土钉支护结构工作期间地表水及地下水的处理，设置排水构造措施。基坑四周地表应加以修整并构筑明沟排水，严防地表水再向下渗流。

基坑边壁有透水层或渗水土层时，混凝土面层上要做泄水孔，即按间距 1.5 ~ 2.0 m 均布设置长 0.4 ~ 0.6 m、直径不小于 40 mm 的塑料排水管，外管口略向下倾斜，管壁上半部分可钻些透水孔，管中填满粗砂或圆砾作为滤水材料，以防止土颗粒流失，如图 1-33 所示。

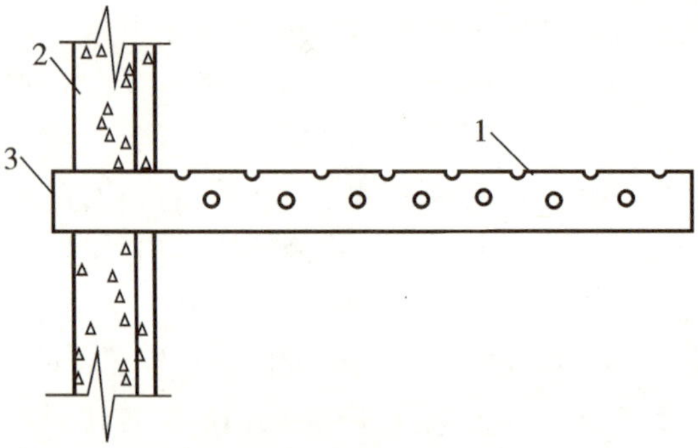

图 1-33　面层内泄水管

1-孔眼；2-面层；3-排水管

为了排除积聚在基坑内的渗水和雨水，应在坑底设置排水沟和集水井。排水沟应离开坡脚 0.5 ~ 1 m，严防冲刷坡脚。排水沟和集水井宜用砖衬砌，并用砂浆抹内表面以防止渗漏。坑中积水应及时排除。

6）土钉墙支护工程质量检验标准见表 1-13。

表1-13 锚杆及土钉墙支护工程质量检验标准

项目	序号	检查项目	允许偏差或允许值		检查方法
			单位	数值	
主控项目	1	土钉长度	mm	±30	钢尺量
一般项目	1	土钉位置	mm	±100	钢尺量
	2	钻孔倾斜度	°	±1	测钻机倾角
	3	浆体强度	设计要求		试样送检
	4	注浆量	大于理论计算浆量		检查计量数据
	5	土钉墙面厚度	mm	±10	钢尺量
	6	墙体强度	设计要求		试样送检

(3)深层搅拌水泥土桩墙支护

深层搅拌水泥土桩墙,是采用水泥作为固化剂,通过特制的深层搅拌机械,在地基深处就地将软土和水泥强制搅拌形成水泥土,利用水泥和软土之间所产生的一系列物理-化学反应,使软土硬化成整体性的并有一定强度的挡土、防渗墙。

深层搅拌水泥土桩墙的施工流程,如图1-34所示。

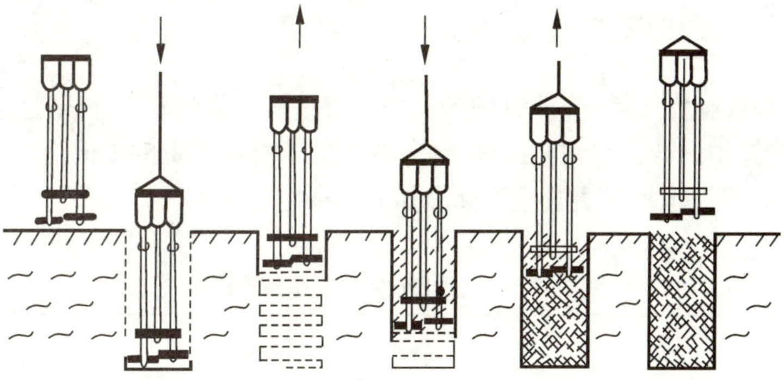

图1-34 深层搅拌桩施工流程

(a)定位;(b)预搅下沉;(c)提升喷浆搅拌;(d)重复下沉搅拌;(e)重复提升搅拌;(f)成桩结束

1)就位。

深层搅拌桩机开行达到指定桩位并对中。当地面起伏不平时应注意调整机架的垂直度。

2)预搅下沉。

深层搅拌机运转正常后,启动搅拌机电机。放松起重机钢丝绳,使搅拌机沿导向架切土搅拌下沉,下沉速度控制在0.8 m/min左右,可由电机的电流监测表控制。工作电流不应大于10 A。如遇硬黏土时下沉速度太慢,可以采用输浆系统适当补给清水以利钻进。

3)制备水泥浆。

深层搅拌机预搅下沉到一定深度后,开始拌制水泥浆,待压浆时倾入集料斗中。

4)提升喷浆搅拌。

深层搅拌机下沉到达设计深度后,开启灰浆泵将水泥浆压入地基土中,此后边喷浆、边旋转、边提升深层搅拌机,直至设计桩顶标高。此时应注意喷浆速率与提升速度相协调,以确保水泥浆沿桩长均匀分布,并使提升至桩顶后集料斗中的水泥浆正好排空。搅拌提升速度一般应控制在0.5 m/min。

5)沉钻复搅。

再次沉钻进行复搅,复搅下沉速度可控制在0.5~0.8 m/min。

如果水泥掺入比较多或因土质较密在提升时不能将应喷入土中的水泥浆全部喷完时,可在重复下沉搅拌时予以补喷,即采用"二次喷浆、三次搅拌"工艺,但此时仍应注意喷浆的均匀性。第二次喷浆量不宜过少,可控制在单桩总喷浆量的30%~40%,因为过少的水泥浆很难做到沿全桩均匀分布。

6)重复提升搅拌。

边旋转、边提升,重复搅拌至桩顶标高,并将钻头提出地面,以便移机施工新的桩体。至此,完成一根桩的施工。

7)移位。

开行深层搅拌桩机(履带式机架也可进行转向、变幅等作业)至新的桩位,重复1)~6)步骤,进行下一根桩的施工。

8)清洗。

当一施工段成桩完成后,应即时进行清洗。清洗时向集料斗中注入适量清水,开启灰浆泵,将全部管道中的残存水泥浆冲洗干净,并将附于搅拌头上的土清洗干净。

9)深层搅拌水泥土桩的质量检验标准如表1-14所示。

表1-14 水泥土搅拌桩质量检验标准

项目	序号	检查项目	允许偏差或允许值		检查方法
			单位	数值	
主控项目	1	水泥及外掺剂质量	—	设计要求	查产品合格证书或抽样送检
	2	水泥用量	—	参数指标	查看流量计
	3	桩体强度	—	设计要求	按规定办法
	4	地基承载力	—	设计要求	按规定办法

续表 1-14

项目	序号	检查项目	允许偏差或允许值		检查方法
			单位	数值	
一般项目	1	机头提升速度	m/min	≤0.5	量机头上升距离及时间
	2	桩底标高	mm	±200	测机头深度
	3	桩顶标高	mm	+100 -50	水准仪(最上部 500 mm 不计入)
	4	桩位偏差	mm	<50	用钢尺量
	5	桩径	—	<0.04D	用钢尺量,D 为桩径
	6	垂直度	—	≤1.5%	经纬仪
	7	搭接	mm	>200	用钢尺量

任务 1.4 土方开挖

1.4.1 土方开挖常用施工机械

在土方施工中,人工开挖只适用于小型基坑(槽)、管沟及土方量少的场所,大量土方应采用机械化施工,以减轻繁重的体力劳动。施工时应正确选用施工机械,以加快施工进度。

(1)推土机

推土机是土方工程施工的主要机械之一,按照行走的方式可分为履带式和轮胎式。履带式推土机附着力强,爬坡性能好,适应性强,但行走过后对路面的破坏较大。TL180 型推土机外形如图 1-35 所示。推土机适用于场地清理和平整,可推挖一至三类土,经济运距在 100 m 以内,效率最高的运距在 40~60 m。

(2)单斗挖土机

单斗挖掘机在土方工程中应用较多,按其工作装置的不同,分为正铲、反铲、拉铲、抓铲 4 种,如图 1-36 所示。

1)正铲挖土机。正铲挖掘机的挖土特点是"前进向上,强制切土"。它适用于开挖停机面以上的一至三类土和经爆破后的岩石与冻土碎块,且需与运土汽车配合完成整个挖运工作。由于正铲挖掘机在坑内作业,适宜于在土质较好、无地下水的情况下工作。如开挖大型基坑时,需设上下坡道。

2)反铲挖土机。反铲挖掘机的挖土特点是"后退向下,强制切土"。能开挖停机面以下的含水量大的一至三类的砂土或黏土,适用于一次开挖深度在 4 m 左右的基坑、基槽等,也可用于地下水位较高的土方开挖。在深基坑开挖中,依靠止水挡土结构或井点降水，反铲挖掘机通过下坡道，采用台阶接力方式挖土。

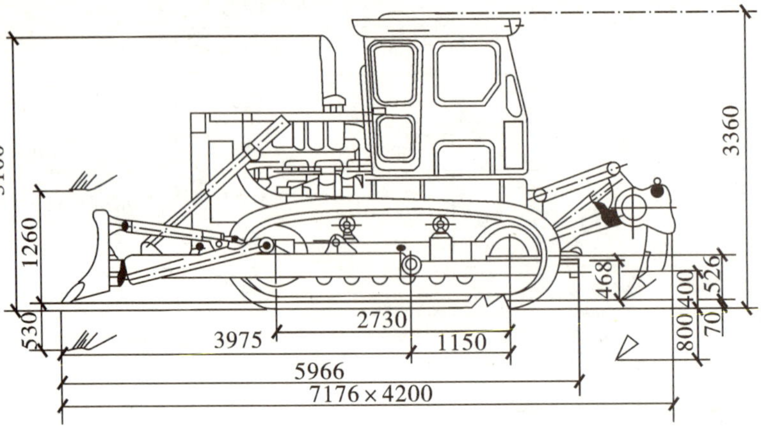

图 1-35　TL180 型推土机外形

(a)

(b)

(c)

(d)

图 1-36　单斗挖掘机

(a)：正铲(b)反铲；(c)拉铲；(d)抓铲

3)拉铲挖掘机。拉铲挖掘机的挖土特点是“后退向下,自重切土”。拉铲挖掘机工作时利用惯性,把铲斗甩出后靠收紧和放松钢丝绳进行挖土或卸土,可以开挖停机面以下的一、二类土,特别适用于含水量大的水下松软土和普通土的挖掘。拉铲开挖方式与反铲相似,可沟端开挖,也可沟侧开挖。

4)抓铲挖掘机。抓铲挖掘机的挖土特点是“直上直下,自重切土”。抓铲挖掘机可以开挖停机面以下的一、二类土,主要用于开挖土质比较松软,施工面比较狭窄的基坑、沟槽、沉井等工程,特别适于水下挖土。土质坚硬时不能用抓铲施工。

(3)装载机

装载机是铲装、运输和倾斜物料的铲土运输机械,如图1-37所示。其操作灵活,回转移位方便、行驶速度快,主要用于短距离的装卸松散物料。装载机在工程上得到广泛应用。

图1-37 装载机

※知识链接※

单斗挖土机及运土车辆计算如下:

1. 挖土机数量 N 的确定

$$N = \frac{Q}{P}\frac{1}{TCK} \tag{1-29}$$

式中 Q——开挖土方量(m^3);

P——挖土机生产效率(m^3/台班);

T——工期(d);

C——每天工作班数;

K——时间利用系数,一般取0.8~0.9。

2. 单斗挖土机生产效率 P 的确定

$$P = \frac{8 \times 3600}{t}q\frac{K_c}{K_s}K_B \tag{1-30}$$

式中 q——单斗挖土机斗容量(m^3);

t——挖掘机每斗作业循环时间(s),由机械性能决定,如W1-100正铲挖掘机为25~40 s,W1-100拉铲挖掘机为45~60 s;

K_c——土斗的充盈系数，可取0.8～1.1；

K_s——土的最初可松性系数，由表1-1选用；

K_B——时间利用系数，一般取0.6～0.8。

3. 运土车辆的数量 N_1 的确定

$$N_1 = \frac{T_1}{t_1} \tag{1-31}$$

$$T_1 = t_1 + \frac{2l}{V_c} + t_2 + t_3 \tag{1-32}$$

式中 T_1——运土车辆每运一车土的循环时间(min)；

t_1——运土车辆每车装土时间(min)，$t_1 = nt$，其中 n 为运土车辆每车装土次数。

l——运土距离(m)；

V_c——重车与空车的平均速度(m/min)；

t_2——卸土时间，一般取1 min；

t_3——操纵时间(包括停放待装、等车、让车等)，一般取2～3 min；

$$n = \frac{Q_1}{q\dfrac{K_c}{K_s}\gamma} \tag{1-33}$$

式中 Q_1——运土车辆的载重量(t)；

γ——实土重度(t/m³)，一般取1.7 t/m³。

1.4.2 土方开挖

土方开挖应根据基础形式、工程规模、开挖深度、地质、地下水情况、土方量、运距、现场和机具设备条件、工期要求以及土方机械的特点等合理选择挖土机械，以充分发挥机械效率，节省机械费用，加速工程进度。

1.4.2.1 开挖机械的选择

1)深度1.5 m以内的大面积基坑开挖，宜采用推土机。为提高推土机的生产效率，常采用下坡推土、槽形推土、并列推土、多刀松土等作业方法，如图1-38所示。

2)对于面积大、深，且基坑土干燥的基础，多采用正铲挖掘机、自卸汽车配合使用。根据开挖路线与运输汽车相对位置的不同，正铲挖掘机的开挖方式一般有两种：一种是正向挖土，侧向卸土，即挖掘机沿前进方向挖土，运土汽车停在挖掘机的侧面装土，如图1-39(a)所示；另一种是正向挖土，后方卸土，即挖掘机沿前进方向挖土，运土汽车停在挖掘机的后方装土，如图1-39(b)所示。

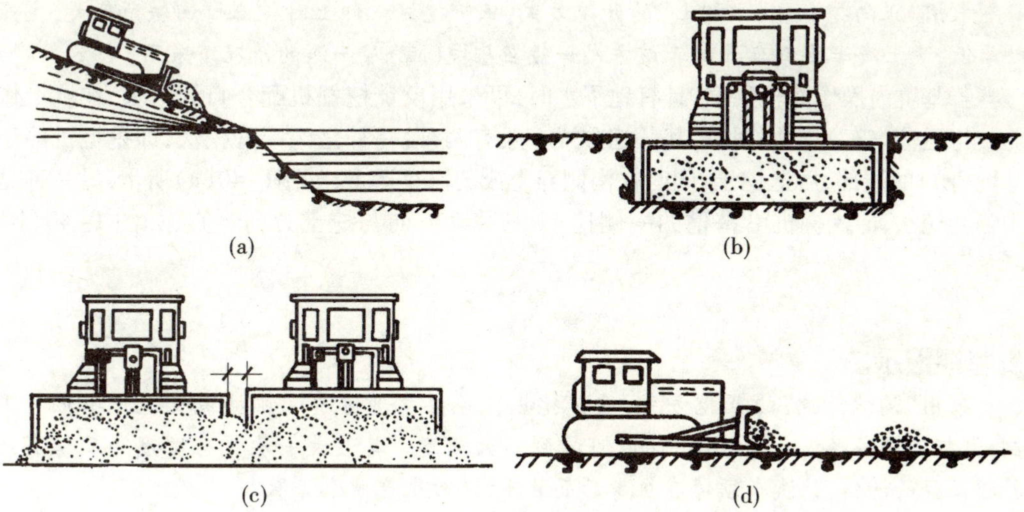

图 1-38　推土机推土方法

(a)下坡推土;(b)槽形推土;(c)并列推土;(d)多刀松土

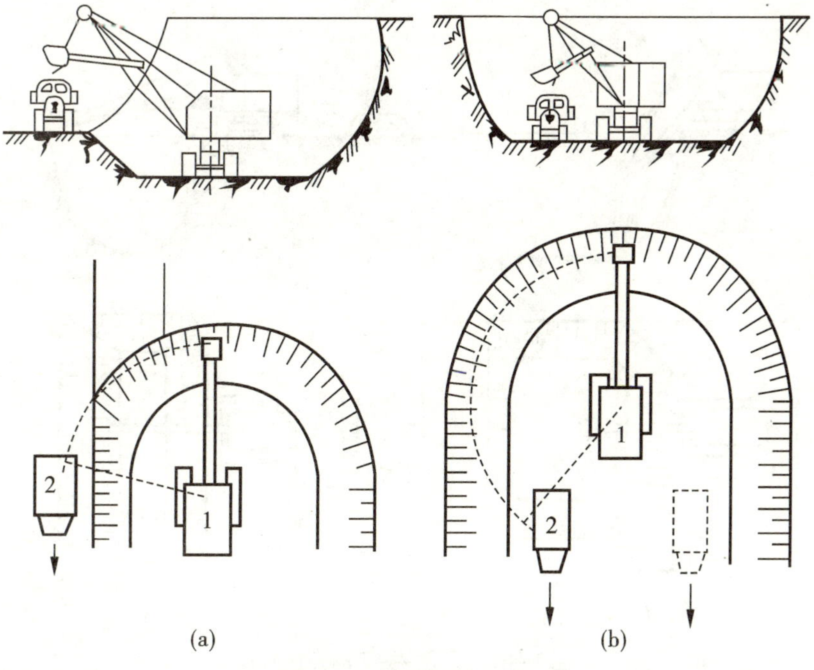

图 1-39　正铲挖掘机的开挖方式

(a)侧向卸土;(b)后方卸土

1-正铲挖掘机;2-自卸汽车

※特别提示※

采用"正向挖土,侧向卸土"的开挖方式,正铲挖掘机卸土时挖土臂回转角度小,生产效率高,使用广泛。该方式常用于开挖工作面较大,深度不大的边坡、基坑(槽)等。

采用“正向挖土,后方卸土”的开挖方式,正铲挖掘机卸土时挖土臂回转角度大,生产效率低,运土汽车要倒车开入。该方式一般在基坑(槽)窄而深的情况下采用。

若基坑内操作面较狭窄,且有地下水时,可采用反铲挖掘机配合自卸汽车,在坑上作业。与运输汽车配合使用时,其开挖方式一般有两种:一种是沟端开挖法,即挖掘机停于基坑(槽)的端部,后退挖土,同时往沟侧弃土或装汽车运走,如图1-40(a)所示;另一种是沟侧开挖法,即挖掘机沿基槽的一侧挖土,其移动方向与挖土方向垂直,如图 1-40(b)所示。

※特别提示※

采用“沟端开挖”的开挖方式,反铲挖掘机挖掘宽度可不受机械最大挖掘半径的限制,臂杆回转半径仅 45°~90°,同时可挖到最大深度。其最大一次挖掘宽度为反铲有效挖掘半径的两倍,但汽车须停在机身后面装土,此时生产效率降低。

采用“沟侧开挖”的开挖方式,反铲挖掘机挖土宽度比挖掘半径小,边坡不好控制,同时机身靠沟边停放,稳定性较差。该方式适用于横挖土体和需将土方甩到离沟边较远的距离时。

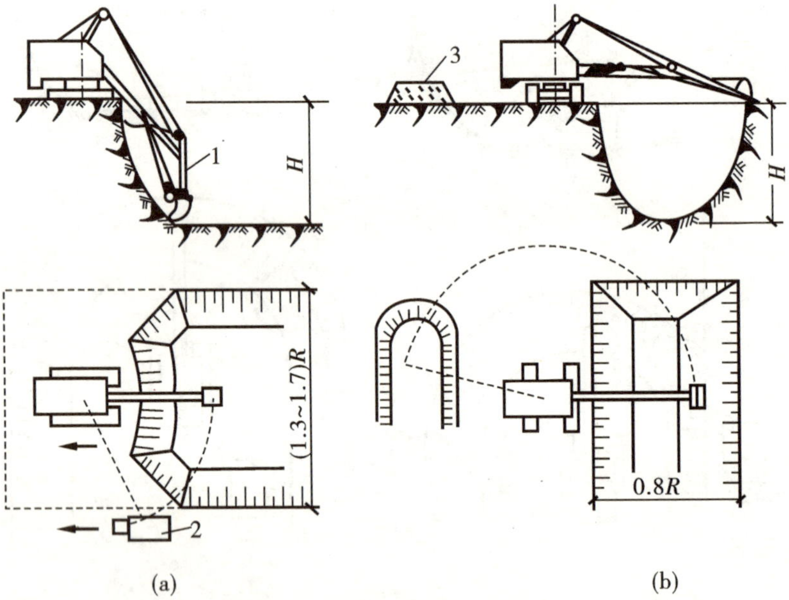

图 1-40　反铲挖掘机的开挖方式

(a)沟端开挖;(b)沟侧开挖

1-反铲挖掘机;2-自卸汽车;3-弃土堆

1.4.2.2　开挖方式

挖土应遵循“开槽支撑、先撑后挖、分层开挖、严禁超挖”的原则,由上至下,逐层开挖。将基坑按深度分为多层进行逐层开挖,可以从一边到另一边,也可从两头对称开挖。

(1)分段开挖

分段开挖指即由一边至另一边,逐块开挖。即将基坑分成几段或几块分别进行开挖,开挖一块浇筑一块混凝土垫层或基础。

(2)盆式开挖

盆式开挖是先中心后四周的开挖方式,适合于基坑面积大、支撑或拉锚作业困难且无法放坡的基坑,先分层开挖基坑中间部分的土方,基坑周边的土暂不开挖,待中间部分的混凝土垫层、基础或地下室结构施工完成之后,再用水平支撑或斜撑对四周结构进行支撑,边支撑边开挖,直至坑底,最后浇筑该部分结构混凝土。但这种施工方法对地下结构需设置后浇带或施工中留设施工缝,将地下结构分两阶段施工,对结构整体性及防水性有一定的影响。

(3)岛式开挖

岛式开挖是先四周后中心的开挖方式。当基坑面积较大,而且地下室底板设计有后浇带或可以留设施工缝时,可采用此方法。即先开挖基坑周边土方,在中间留土墩作为支点搭设栈桥,挖土机可利用栈桥下到基坑挖土,运土的汽车也可以用栈桥进入基坑运土,可有效加快挖土和运土的速度。

1.4.2.3 开挖注意事项

1)施工前必须做好地面排水和降低地下水位工作,地下水位应降低至基坑底以下0.5~1.0 m后,方可开挖。降水工作应持续到回填完毕。

2)大面积基础群基坑底标高不一时,机械开挖次序一般采取先整片挖至平均标高,然后再挖个别较深部位。当一次开挖深度超过挖土机最大挖掘高度(5 m以上)时,宜分两层或三层开挖,并修筑10%~15%坡道,以便挖土及运输车辆进出。

3)基坑边角部位,机械开挖不到之处,应用少量人工配合清坡,将松土清至机械作业半径范围内,再用机械掏取运走。人工清土所占比例一般为1.5%~4%,修坡以厘米为单位作限制误差。大基坑宜另配一台推土机清土、送土、运土。

4)基坑开挖应尽量防止对地基土的扰动。基底及边坡应预留一层150~300 mm厚土层用以人工清底、修坡、找平,以保证基底标高和边坡坡度正确,避免超挖和土层遭受扰动。

5)雨季施工时,基坑(槽)应分段开挖,挖好一段浇筑一段垫层,并在基槽两侧围以土堤或挖排水沟,以防地面雨水流入基坑(槽),同时应经常检查边坡和支撑情况,以防止坑壁受水浸泡造成塌方。

6)土方开挖中如发现文物或古墓、地下管线(管道、电缆、通信)等应及时通知有关部门来处理,待妥善处理后,方可继续施工。如施工必须毁坏时,亦应事先取得原设计或保管单位的书面同意。

7)挖土不得挖到基坑(槽)的设计标高以下,如个别处超挖,应用与基土相同的土料填补,并夯实到要求的密实度。如用原土填补不能达到要求的密实度时,应用碎石类土填补,并仔细夯实。重要部位如被超挖时,可用低强度等级的混凝土填补。

8)基坑开挖完成后,应及时清底、验槽,减少暴露时间,防止暴晒和雨水浸刷破坏地基土的原状结构。

※知识链接※

验槽:基坑(槽)开挖完毕并清理好以后,在垫层施工以前,施工单位应会同勘察、设计单位、监理单位、建设单位一起进行现场检查并验收基槽。

一般用表面检查验槽法,必要时采用钎探检查或洛阳铲探检查,经检查合格,填写基坑槽验收记录、隐蔽工程记录,及时办理交接手续。

验槽的主要内容如下:

1)核对基坑(槽)的位置、平面尺寸、坑底标高。

2)核对基坑(槽)土质和地下水情况。

3)空穴、古墓、古井、防空掩体及地下埋设物的位置、深度、形状。

4)对整个基坑(槽)底进行全面观察,观察土的颜色是否一致,土的坚硬程度是否一样,有无软硬不一或弱土层,局部的含水量有无异常现象,走上去有无颤动的感觉等。

5)验槽的重点应选择在桩基、承重墙或其他受力较大部位。

1.4.3 土方开挖的质量检验与安全技术要求

1.4.3.1 土方开挖的质量检验

土方开挖工程质量检验标准如表1-15所示。

表1-15 土方开挖工程质量检验标准 (单位:mm)

项目	序号	项目	允许偏差或允许值					检验方法
			柱基、基坑、基槽	挖方场地平整		管沟	地(路)面基层	
				人工	机械			
主控项目	1	标高	-50	±30	±50	-50	-50	水准仪
	2	长度、宽度(由设计中心线向两边量)	+200	+300	+500	+100	—	经纬仪、用钢尺量
			-50	-100	-150			
	3	边坡	设计要求					观察或用坡度尺检查
一般项目	1	表面平整度	20	20	50	20	20	用2 m靠尺和楔形塞尺检查
	2	基底土性	设计要求					观察或土样分析

注:地(路)面基层的偏差只适用于直接在挖、填方作地(路)面的基层。

1.4.3.2 安全技术

1)挖土方不得在危岩、孤石的下边或贴近未加固的危险建筑物的下面进行。

2)基坑开挖时,两人操作间距应大于2.5 m。多台机械开挖时,挖土机间距应大于

10 m。在挖土机工作范围内，不许进行其他作业。挖土应由上而下，逐层进行，严禁先挖坡脚。

3）为防止塌方，一般禁止在边坡上侧堆土，当在边坡上侧堆置材料及移动施工机械时，应距离边坡上边缘 1.0 m 以外，材料堆置高度不得超过 1.5 m。

4）基坑开挖应严格按要求放坡。操作时应随时注意土壁的变动情况，如发现有裂纹或部分坍塌现象，应及时进行支撑或放坡，并注意支撑的稳固和土壁的变化。在有支撑的基坑槽中使用机械挖土时，应防止碰坏支撑。在坑槽边使用机械挖土时，应计算支撑强度，必要时应加强支撑。

5）基坑（槽）挖土深度超过 3 m 以上，使用吊装设备吊土时，起吊后，坑内操作人员应立即离开吊点的垂直下方，起吊设备距坑边一般不得少于 1.5 m，坑内人员应戴安全帽。

6）深基坑上下应先挖好阶梯或设置靠梯，或开斜坡道，采取防滑措施，禁止踩踏支撑上下。坑四周应设安全栏杆或悬挂危险标志。

7）基坑（槽）设置的支撑应经常检查是否有松动变形等不安全迹象，特别是雨后更应加强检查。

例 1-4　引例中，郑州市某校教学楼，基坑土方量为 2722.46 m^3。为减少基坑暴露时间，挖土期限为 3 天，挖土采用载重量 8 t 的自卸汽车配合运土，要求运土车辆能保证挖土机连续作业。已知 $K_c -0.9$，$K_s -1.15$，$K = K_B = 0.85$，$t = 40$ s，$l = 1.5$ km，$V_c =$ 20 km/h。试选择开挖机械和运土车辆数。

解答　1. 开挖机械的选择

通过例 1-1 可知，基坑底面尺寸为 48.6 m×23.2 m。根据相关资料可知，反铲挖掘机的最大挖掘半径可达 10.6 m，小于基坑尺寸的一半，因此，该基坑开挖时，宜采用正铲挖土机，如选用 WY100 正铲挖掘机，其斗容量为 1 m^3。

2. 计算运土车辆数

准备采取两班制作业，即 $C=2$，则挖土机数 $N = \dfrac{Q}{P}\dfrac{1}{TCK}$。

其中，挖土机生产率：$P = \dfrac{8 \times 3600}{t} q \dfrac{K_c}{K_s} K_B = \dfrac{28800}{40} \times 1 \times \dfrac{0.9}{1.15} \times 0.85 = 478.96$（m^3/台班）。

挖土机数：$N = \dfrac{Q}{P}\dfrac{1}{TCK} = \dfrac{2722.46}{478.96 \times 3 \times 2 \times 0.85} = 1.11$（台），取 2 台。

每次装土次数：$n = \dfrac{Q_1}{q \dfrac{K_c}{K_s} \gamma} = \dfrac{8}{1 \times \dfrac{0.9}{1.15} \times 1.7} = 6.0$，取 6 次。

每次装车时间：$t_1 = nt = 6 \times 40 = 240$（s）= 4（min）。

运土车辆每一个运土循环延续时间：$T_1 = t_1 + \dfrac{2l}{V_c} + t_2 + t_3 = 4 + \dfrac{2 \times 1.5 \times 60}{20} + 1 + 3 =$ 17（min）。

每台挖土机运土车辆数：$N_1 = \dfrac{T_1}{t_1} = \dfrac{17}{4} = 4.25$，取 5 辆。

2 台挖土机所需运土车辆数量:2×5=10(辆)。

开挖基槽时,不应扰动土的原状结构;机械挖土时按有关规范要求进行,坑底应保留200 mm 厚的土层用以人工开挖,应及时验槽,施工中如发现实际情况与地质报告不符或不良地质情况,应及时联系设计、勘查等有关单位协商处理。

任务 1.5 土方回填

土方回填是土方工程的工作内容之一。基础工程施工完毕并经过验收达到隐蔽要求后即可进行土方回填。

土方回填的施工工艺流程为:坑底的验收→检验土质→分层铺土、耙平→压实→检验密实度→修整找平验收。因此,土方回填的主要施工工序有坑底的验收、回填土料的选用、回填压实、回填土的质量检验等。

1.5.1 坑底的验收

1)场地回填应先清除基底上垃圾、草皮、树根,排除坑穴中积水、淤泥和杂物,并应采取措施防止地表滞水流入填方区,浸泡地基,造成基土下陷。

2)当填方基底为耕植土或松土时,应将基底充分夯实并碾压密实。

3)当填方位于水田、沟渠、池塘或含水量很大的松散土地段时,应根据具体情况采取排水疏干,或将淤泥全部挖出换土、抛填片石、填砂砾石、翻松、掺石灰等措施进行处理。

4)当填土场地地面陡于 1/5 时,应先将斜坡挖成阶梯形,阶高 0.2~0.3 m,阶宽大于 1 m,然后分层填土,以利结合和防止滑动。

1.5.2 回填土料的选用

填方土料应符合设计要求,保证填方的强度和稳定性,如设计无要求应符合以下规定:

1)碎石类土、砂土和爆破石渣(粒径不大于每层铺土厚的 2/3),可用于表层下的填料;

2)含水量符合压实要求的黏性土,可作各层填料,含水量大的黏土不宜作为填土用;

3)淤泥和淤泥质土,一般不能用作填料,但在软土地区,经过处理含水量符合压实要求的,可用于填方中的次要部位;

4)含水溶性硫酸盐大于 5% 的土不适合作回填土,因为在地下水的作用下,硫酸盐会逐渐溶解消失,形成孔洞,影响土的密实性;

5)冻土、膨胀土等均不应作为填土;

6)碎块草皮和有机质含量大于 8% 的土,仅用于无压实要求的填方;

7)回填土宜优先利用基槽中挖出的优质土,原因之一是较为经济,之二是回填压实后与基底、坑壁的原土亲和力较强。

※特别提示※

回填时，应尽量采用同类土填筑，并尽量控制土的含水率在最优含水量范围内。当采用不同的土填筑时，应按土类有规则地分层铺填。将透水性大的土层置于透水性较小的土层之下，不得混杂使用，边坡不得用透水性较小的土封闭，以利水分排除和基土稳定，并避免在填方内形成水囊和产生滑动现象。

1.5.3 回填压实

1.5.3.1 填土压实方法

常用的机械压实方法有碾压法、夯实法和振动压实法。

(1)碾压法

碾压法是利用机械滚轮的压力压实土壤，使之达到所需的密实度，此法多用于大面积填土工程。碾压机械有平碾(压路机)、羊足碾和气胎碾，如图1-41所示。平碾适用于压实砂类土和黏性土，羊足碾只能用来压实黏性土，气胎碾对土壤的碾压较为均匀。

(a) (b) (c)

图1-41 碾压机械

(a)平碾；(b)羊足碾；(c)轮胎碾

为保证填土压实的均匀性及密实度，避免碾轮下陷，提高碾压效率，在碾压机械碾压之前，宜先用轻型推土机、拖拉机推平，采用"薄填、慢驶、多次"的方法，碾压应从填土区的两边逐渐压向中心，低速预压4遍或5遍，使表面平实，每次碾压应有15~25 cm的重叠，避免漏压。碾压机械行驶速度不宜过快，一般平碾控制在2 km/h，羊足碾控制在3 km/h以下。

※知识链接※

平碾压路机按重量等级分轻型(3~5 t)、中型(6~10 t)和重型(12~15 t)三种，具有操作方便，转移灵活，碾压速度较快等优点，但碾轮与土的接触面积大，单位压力较小，碾压上层密实度大于下层。碾压时，宜先用轻型平碾碾压，再用重型平碾碾压。否则，如直接用重型平碾碾压松土，则由于强烈的起伏现象，其碾压效果较差。

(2)夯实法

夯实法是利用夯锤自由下落的冲击力来夯实土壤，主要用于小面积回填。夯实法分人工夯实和机械夯实。

人工夯土用的工具有木夯、石夯等。人工打夯前应将填土初步整平，打夯要按一定方向进行，一夯压半夯，夯夯相接，行行相连。夯实基槽及地坪时，行夯路线应由四边开始，然后再夯向中间。

夯实机械有夯锤、内燃夯土机和蛙式打夯机（如图 1-42 所示）等，因其构造简单，机动灵活、实用，操纵方便，夯击能量大，在建筑工程上使用很广；适用于黏性较低的土（砂土、粉土、粉质黏土）基坑（槽）、管沟及各种零星分散、边角部位的填方的夯实，以及配合压路机对边缘或边角碾压不到之处的夯实。

(3) 振动压实法

振动压实法是将振动压实机放在土层表面，土颗粒在振动力的作用下发生相对位移而达到紧密状态，如图 1-43 所示。这种方法用于振实非黏性土效果较好。

平板式振动器为现场常备机具，其体形小，轻便、适用，操作简单，但振实深度有限；适于大面积黏性土薄层回填土振实、较大面积砂土的振实以及薄层砂卵石、碎石垫层的振实。

图 1-42　蛙式打夯机

图 1-43　振动压实机

1.5.3.2　影响填土压实质量的因素

填土压实的影响因素较多，主要有压实功、土的含水量以及每层铺土厚度。

(1) 压实功的影响

填土压实后的密度与压实机械在其上所施加的功有一定的关系。如图 1-44 所示，当土的含水量一定，在开始压实时，土的密度急剧增加；待到接近土的最大密度时，压实功虽然增加许多，而土的密度则变化甚小。

(2) 含水量的影响

在同一压实功条件下，填料含水量的大小，直接影响到夯实（碾压）质量。含水量过小，土颗粒之间的摩阻力较大，不易压实。含水量超过一定限度时，土颗粒之间孔隙由水填充而呈饱和状态，也不能压实，易成橡皮土。当土的含水量适当时，水起了润滑作用，土颗粒之间的摩阻力减少，压实效果好。

每种土都有其最佳含水量，土在这种含水量的条件下，使用同样的压实功进行压实，所得到的密度最大，如图 1-45 所示。各种土的最优含水量和最大密实度参考数值见表1-16。

为了保证填土在压实过程中处于最佳含水量状态，当土过湿时，应予以翻松晾干，也可掺入同类干土或吸水性土料；当土过干时，则应预先洒水润湿。

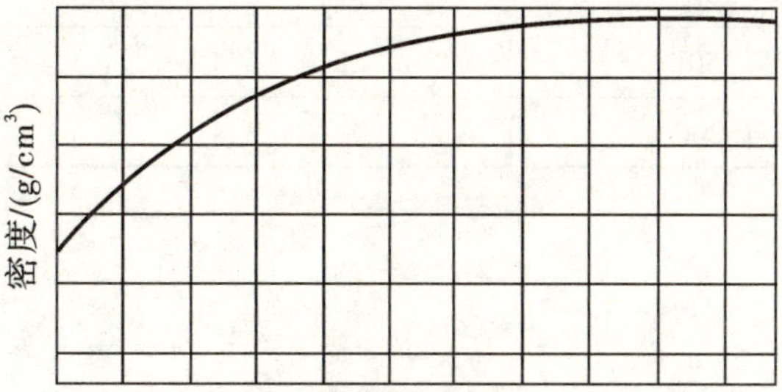

图1-44 土的密度与压实功的关系示意图

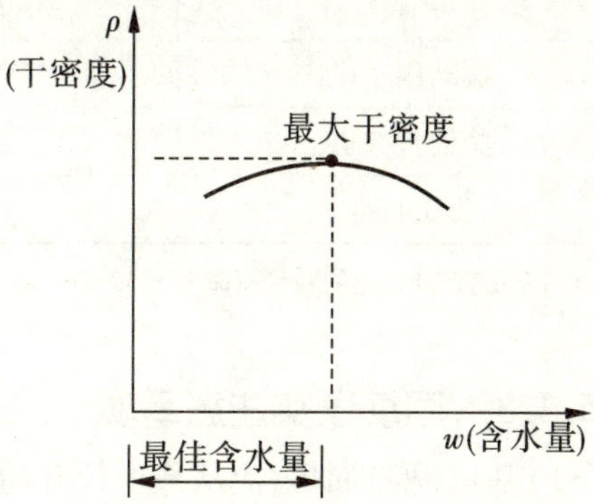

图1-45 土的干密度与含水量的关系

※知识链接※

工地简单检验中黏性土含水量一般是以“手握成团、落地开花”为宜。黏性土料施工含水量与最优含水量之差可控制在-4% ~2%。

表1-16 土的最佳含水量和最大干密度参考表

项次	土的种类	变动范围	
		最优含水量(质量比)	最大干密度/(t/m³)
1	砂土	8% ~12%	1.80 ~1.88
2	黏土	19% ~23%	1.58 ~1.70
3	粉质黏土	12% ~15%	1.85 ~1.95
4	粉土	16% ~22%	1.61 ~1.80

(3)每层铺土厚度的影响

土在压实功的作用下，其应力随深度增加而逐渐减小，如图1-46所示。其影响深度与压实机械、土的性质和含水量有关。铺得过厚，要压很多遍才能达到规定的密实度；铺得过薄，则也要增加机械的总压实遍数。最佳的铺土厚度应小于压实机械压土时的作用深度，且能使土方压实而机械的功耗费最少，可按表1-17选用。在表中，规定压实遍数范围内，轻型压实机械取大值，重型的取小值。

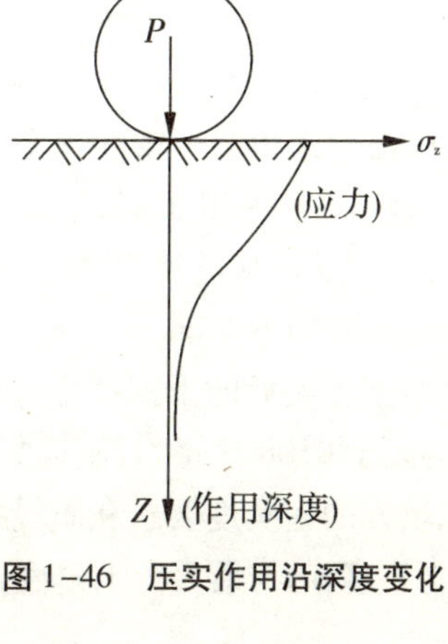

图1-46 压实作用沿深度变化

表 1-17 填土施工时的分层厚度及压实遍数

压实机具	分层厚度/mm	每层压实遍数
平碾	250～300	6～8
振动压实机	250～350	3、4
柴油打夯机	200～250	3、4
人工打夯	不大于 200	3、4

注：人工打夯时，土块粒径不应大于 50 mm。

1.5.3.3 回填压实注意事项

1）基坑（槽）回填，应从最低处开始，在相对两侧或四周，由下向上整个宽度分层铺填碾压或夯实。基础墙两侧标高不可相差太多，以免把墙挤歪。

2）深浅两基坑（槽）相连时，应先填夯深基础，填至于浅基坑相同的标高时，再与浅基础一起填夯。

3）在地形起伏之处，应做好接槎，修筑 1∶2 阶梯形边坡，每台阶高可取 50 cm、宽 100 cm。分段填筑时每层接缝处应做成大于 1∶1.5 的斜坡，碾迹重叠 0.5～1.0 m，上下层错缝距离不应小于 1 m。接缝部位不得在基础、墙角、柱墩等重要部位。

4）填土应预留一定的下沉高度，以备在行车、堆重或干湿交替等自然因素作用下，土体逐渐沉落密实。预留沉降量根据工程性质、填方高度、填料种类、压实系数和地基情况等因素确定。当土方用机械分层夯实时，其预留下沉高度（以填方高度的百分数计）：砂土为 1.5%；粉质黏土为 3%～3.5%。严禁用水浇使土下沉的“水夯法”。

5）回填管沟时，应用人工先在管子周围填土夯实，并应从管道两边同时进行，直至管顶 0.5 m 以上。在不损坏管道的情况下，方可采用机械填土回填夯实。

1.5.4 回填土的质量检验与安全技术要求

1.5.4.1 回填土的质量检验

1）对有密实度要求的填方，在夯实或压实之后，要对每层回填土的质量进行检验，一般采用环刀法（或灌砂法）取样测定土的干密度，求出土的密实度，或用小轻便触探仪直接通过锤击数来检验干密度和密实度，符合设计要求后，才能填筑上层。

2）基坑和室内填土，每层按 100～500 m^2 取样 1 组；场地平整填方，每层按 400～900 m^2 取样 1 组；基坑和管沟回填每 20～50 m 取样 1 组，但每层均不少于 1 组，取样部位在每层压实后的下半部。

3）填土压实后的干密度应有 90% 以上符合设计要求，其余 10% 的最低值与设计值之差，不得大于 0.08 t/m^3，且不应集中。

4）填方的密实度要求和质量指标通常以压实系数 λ_c 表示。压实系数为土的控制（实际）干土密度 ρ_d 与最大干土密度 $\rho_{d,max}$ 的比值。最大干土密度 $\rho_{d,max}$ 是当最优含水量时，通过标准的击实方法确定的。密实度要求一般根据工程结构性质、使用要求以及土的性质确定，如未作规定，可参考表1-18数值。

表1-18　压实填土的质量控制

结构类型	填土部位	压实系数 λ_c	控制含水量
砌体承重结构和框架结构	在地基主要受力层范围内	≥0.97	$w_{op}\pm2\%$
	在地基主要受力层范围以下	≥0.95	
排架结构	在地基主要受力层范围内	≥0.96	$w_{op}\pm2\%$
	在地基主要受力层范围以下	≥0.94	

注：1. 压实系数 λ_c 为压实填土的控制干密度 ρ_d 与最大干密度 $\rho_{d,max}$ 的比值，w_{op} 为最优含水量。

2. 地坪垫层以下及基础底面标高以上的压实填土，压实系数不应小于0.94。

压实填土的最大干密度 $\rho_{d,max}$（t/m^3）宜采用击实试验确定。当无试验资料时，可按下式计算：

$$\rho_{d,max}=\eta\frac{\rho_w d_s}{1+0.01w_{op}d_s} \tag{1-34}$$

式中　η ——经验系数，对于黏土取0.95，粉质黏土取0.96，粉土取0.97；

ρ_w ——水的密度（t/m^3）；

d_s ——土粒相对密度；

w_{op} ——最优含水量（以小数计），可按当地经验或取 $w_p+2\%$（w_p 是土的塑限），或参考表1-16取用。

5）填方施工结束后应检查标高、边坡坡度、压实程度等，检验标准参见表1-19。

表1-19　填土工程质量检验标准　（单位：mm）

项目	序号	检查项目	允许偏差或允许值					检查方法
			桩基、基坑、基槽	场地平整		管沟	地（路）面基础层	
				人工	机械			
主控项目	1	标高	-50	±30	±50	-50	-50	用水准仪
	2	分层压实系数	设计要求					按规定方法
一般项目	1	回填土料	设计要求					取样检查或直观鉴别
	2	分层厚度及含水量	设计要求					用水准仪及抽样检查
	3	表面平整度	20	20	30	20	20	用靠尺或水准仪

1.5.4.2　安全技术

1）基坑槽和管沟回填土时，下方不得有人，所使用的打夯机等要检查电器线路，防止漏电、触电。停机时要关闭电闸。

2)回填土时,支撑的拆除应与基坑(槽)回填的施工进行配合。拆除护壁支撑时,应按照回填顺序,从下而上逐步拆除;更换支撑时,必须先安装新的,再拆除旧的。

3)用手推车运土回填,不得放手让车自动翻转。用翻斗汽车运土,运输道路的坡度、转弯半径应符合有关安全规定。

例1-5 引例中,某学校教学楼基础完工后,应如何进行回填?

解答 考虑该基坑土方量不是很大,可采用原土回填,每层厚度为250~350 mm,每层压实3遍或4遍,可用夯实法或碾压法压实,并填至设计地坪,要求压实系数不低于0.95。

小 结

本模块内容包括土(石)的开挖、运输、填筑、平整和压实等施工过程,以及为保证土方开挖安全顺利进行而采取的排水、降水和土壁支护等准备工作与辅助工作。土方工程量大,施工条件复杂,施工受气候条件、工程地质条件和水文地质条件影响很大,施工前必须制定合理的施工方案。

在准备工作中,要做好材料设备的准备,进行图样、现场勘察等技术准备工作,尤其要做好"三通一平"、建筑定位放线等现场准备工作。

地下水位较高时,应根据地下水和土质情况选择降水方法,比较常用的有集水井降水和轻型井点降水,并观察降水对周围建筑物的影响,及时采取措施。

为防止基坑开挖时发生塌方,应采取基坑支护,常用的支护形式有横撑式支撑、斜撑、挡土灌注桩、地下连续墙、土钉墙、深层搅拌水泥土桩墙等。

土方的开挖分为人工开挖和机械开挖,施工时应尽量采用机械化施工,以减轻繁重的体力劳动,加快施工进度。常用土方施工机械有推土机、正铲挖土机、反铲挖土机、装载机。要合理选用土方机械,制订土方开挖方案,并注意开挖过程中的安全问题。

填土的压实方法有碾压法、夯实法和振动压实法。填土压实质量与许多因素有关,其中主要影响因素有压实功、土的含水量以及每层铺土厚度。

习 题

一、判断题

1. 土的可松性系数均大于1,且可松性系数越大,土越硬。( )

2. 轻型井点降水的出水规律是先小后大,先浑后清。( )

3. 单斗挖土机施工中,正铲挖土机为坑下作业,反铲、拉铲、抓铲为坑上作业。( )

4. 土方工程中,不同性质的土不能混合回填,应先回填渗透性小的土,再回填渗透性大的土。( )

5. 压实遍数与压实质量效果成正比。( )

二、单选题

1. 在土方工程中,按( )将土分成八类。

A. 土的性质　　B. 土的组成

C. 土开挖的难易　　D. 土方量的大小

2. 土方工程机械中,正向挖土、后方卸土的是( )。

A. 推土机　　B. 正铲挖土机

C. 反铲挖土机　　D. 抓铲挖土机

3. 下列哪种不是影响边坡坡度的因素?( )

A. 施工工期　　B. 气候条件

C. 开挖宽度　　D. 开挖方法

4. 环状轻型井点,井点管包围的面积为314 m^2,则假想半径为( )

A. 5 m　　B. 10 m

C. 15 m　　D. 20 m

5. 下列几类土中,不应作为地基回填土的是( )。

A. 黏土　　B. 碎石

C. 砂土　　D. 膨胀土

6. 下列哪一个不是影响填土压实的因素?( )

A. 压实功　　B. 骨料种类

C. 含水量　　D. 每层铺土厚度

三、简答题

1. 试述土的工程性质及其对土方施工的影响。

2. 什么是边坡系数?影响边坡稳定的因素有哪些?

3. 流砂防治的途径是什么?具体措施有哪些?

4. 轻型井点系统的布置方案有哪些?

5. 单斗挖土机有哪几种类型?其工作特点和适用范围如何?正铲、反铲挖土机的开挖方式有哪几种?如何选择?

6. 填土压实有哪几种方法?各有什么特点?影响填土压实的主要因素有哪些?

四、计算题

1. 某基坑坑底长80 m、宽50 m、深8 m,四边放坡,边坡坡度为1∶0.5,其中K_s=1.14,K'_s=1.05。

求:(1)基坑土方量。

(2)若混凝土基础和地下室占有体积为20000 m^3,则应预留多少回填土?(以自然状态计)

(3)若多余土方外运,外运土方工程量是多少?(以自然状态计)

(4)如果用容量为3.5 m^3的汽车外运,需运多少车?

2. 某工程基坑,如图1-47所示,坑底平面尺寸是10 m×18 m,底面标高-4.000 m,地面标高-0.500 m,已知地下水面标高-2.000 m,土层渗透系数K=12 m/d,不透水层标高

-8.000 m,基坑边坡 1∶0.5。拟用轻型井点降水,管径 38 mm,总管直径 100 mm,试进行降水设计。

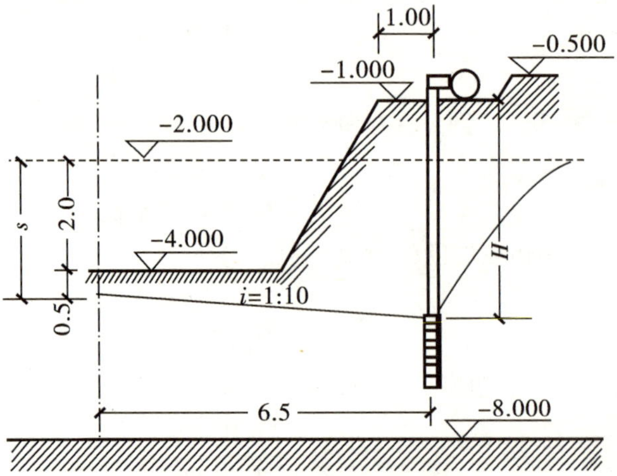

图 1-47　某工程基坑示意图

3. 某工程基坑土方开挖,土方量为 9250 m^3,现有 WY100 正铲挖土机,斗容量为1 m^3,为减少基坑暴露时间,挖土期限为 8 天,挖土采用载重量 8 t 的自卸汽车配合运土,要求运土车辆能保证挖土机连续作业。已知 $K_c=0.9$, $K_s=1.15$, $K=K_B=0.85$, $t=40$ s, $l=1.3$ km, $V_c=20$ km/h。

求:(1)WY100 正铲挖掘机数量。

(2)运土车辆数。

模块 2　地基处理与桩基础工程

知识目标

1. 掌握地基的加固处理方法、适用范围、施工要点。
2. 了解浅基础施工工艺、施工技术要求。
3. 掌握钢筋混凝土预制桩和混凝土灌注桩的常用施工方法。

能力目标

知识要点	能力要求	相关知识	权重
地基的加固处理	1. 能选择地基的加固处理方法； 2. 会编制地基加固处理施工方案； 3. 能控制地基加固处理施工质量	地基加固处理的原则、方法和适用范围	25%
浅基础工程	1. 了解浅基础类型； 2. 掌握主要浅基础的施工工艺	浅基础工程的施工	25%
桩基础工程	1. 了解桩基础施工基础知识； 2. 熟悉钢筋混凝土预制桩的施工； 3. 掌握钢筋混凝土灌注桩的施工	桩基础施工基础知识、钢筋混凝土预制桩的施工、钢筋混凝土灌注桩的施工	50%

学习重点

地基加固处理的原则、方法和适用范围，浅基础类型及施工工艺，桩基础的组成和分类，各种预制桩、灌注桩的施工工艺、质量要求。

工程引例

根据图纸，办公楼设计为两层砖混结构，依据该工程《岩土工程勘察报告》，其地基承载力特征值 $f_{ak}=145$ kPa，在施工图设计中，该工程基础设计采用了钢筋混凝土墙下条形基础,基础平面布置图详见办公楼结构施工图 2;教学楼工程,主体地上二层,采用全现浇钢筋混凝土框架结构,依据该工程《岩土工程勘察报告》,其地基承载力特征值 f_{ak} = 200 kPa,在施工图设计中,该工程基础设计采用天然地基,柱下钢筋混凝土独立基础,基础平面布置图详见教学楼结构施工图 2。

思考:(1)确定建筑物的基础形式,需依据哪些因素?

(2)当采用天然地基不能满足设计要求,可采用哪些方法对地基进行人工处理?

(3)图纸中没有采用桩基础,请问什么情况下需采用桩基础?

任务 2.1 地基处理及加固

地基是指基础底面下产生压缩变形的土层。任何建筑物都必须有可靠的地基和基础,因为建筑物的全部重量(包括各种荷载)最终将通过基础传给地基。所以,对某些地基的处理及加固就成为基础工程施工中的一项重要内容。在施工过程中如发现地基土质过软或过硬,不符合设计要求时,应本着使建筑物各部位沉降尽量趋于一致,以减小地基不均匀沉降的原则对地基进行处理。

在软弱地基上建造的建筑物(构筑物)或建筑物(构筑物)对地基的要求较高时,采用天然地基有时不能满足设计要求,则需要对地基进行人工处理,以满足结构对地基的要求。地基处理就是为了加强地基的强度、稳定性、减少不均匀沉降等。随着我国地基处理设计水平的提高、施工工艺的不断改进和施工设备的更新,对于各种不良地基,经过地基处理后,一般均能满足建造大型、重型或高层建筑的需求。

常用的人工地基处理方法有换土地基、重锤夯实、强夯、振冲、砂桩挤密、深层搅拌、堆载预压、化学加固等。

2.1.1 换土地基

换土地基适用于处理各类浅层软弱地基及不均匀地基。当建筑物(构筑物)基础下的持力层为软弱土层或地面标高低于基底设计标高,且不能满足上部荷载对地基强度和变形的要求时,常采用换土地基法进行处理。即先将基础下一定范围内承载力低的软土层挖去,然后回填强度较大的砂、碎石或灰土等,并夯至密实。

实践证明,采用换土地基可以有效地处理某些荷载不大的建筑物地基问题,例如,一般的三、四层房屋、路堤、油罐和水闸等的地基。根据回填材料的不同,换土地基可分为砂地基、碎(砂)石地基、灰土地基等。

2.1.1.1 砂地基和砂石地基

砂地基和砂石地基,是将基础下一定范围内的土层挖去,然后利用强度较大的砂或碎石等回填,并经分层夯实至密实,以起到提高地基承载力,减少地基沉降量,加速软弱土层的排水固结,防止季节性地基土的冻胀和消除膨胀地基土的胀缩性等作用。

该地基具有施工工艺简单、工期短、造价低等优点，适用于处理透水性强的软弱黏性土地基，但不宜用于湿陷性黄土地基和不透水的黏性土地基，以免因聚水而引起地基下沉和承载力降低。

（1）构造要求

砂地基和砂石地基厚度不宜小于0.5 m，也不宜大于3 m。地基宽度除要满足基础底面应力扩散的要求外，还要根据地基侧面土的容许承载力来确定，以防止地基向两边挤出。一般情况下，地基的宽度应沿基础两边各放出200～300 mm，如果侧面地基土的土质较差时，还要适当增加。

（2）材料要求

砂和砂石地基所用材料，宜采用颗粒级配良好，质地坚硬的中砂、粗砂、砾砂、碎（卵）石、石屑或其他工业废粒料。在缺少中砂、粗砂和砾砂的地区可采用细砂，但宜同时掺入一定数量的碎（卵）石，其掺入量应符合相关规定（含石量不大于50%），且均匀分布。所用砂石料，不得含有草根、垃圾等有机杂物，含泥量不应超过5%。用于排水固结地基的砂石料，含泥量不宜超过3%，碎石或卵石最大粒径不宜大于50 mm。

（3）施工要点

1）铺设地基前应验槽，先将基底表面浮土、淤泥等杂物清除干净，边坡必须稳定，防止塌方。基坑（槽）两侧附近如有低于地基的孔洞、沟、井和墓穴等，应在未做换土地基前加以处理。

2）砂和砂石地基底面宜铺设在同一标高上，如深度不同时，基底土层应挖成阶梯或斜坡搭接，并按先深后浅的顺序施工，搭接处应夯压密实。分层铺筑时，接槎应做成斜坡或阶梯形搭接，每层错开0.5～1.0 m，并应充分捣实。

3）人工级配的砂、石材料，应按级配拌和均匀，再进行铺填捣实。

4）换土地基应分层铺设，分层夯（压）实，每层的铺筑厚度不宜超过表2-1规定数值，分层厚度可用样桩控制。施工时应对下层的密实度检验合格后，方可进行上层施工。

5）在地下水位高于基坑（槽）底面施工时，应采取排水或降低地下水位的措施，使基坑（槽）保持无积水状态。

6）冬期施工时，不得采用夹有冰块的砂石作地基，并应采取措施防止砂石内水分冻结。

（4）质量验收标准和方法

1）砂和砂石地基的质量验收标准：砂和砂石地基的质量验收标准应符合表2-2的规定。

2）砂和砂石地基密实度现场实测方法：砂和砂石地基密实度主要通过现场测定其干密度来判断，常用方法有环刀取样法和贯入测定法。

表 2-1　砂和砂石地基每层铺设厚度及最佳含水量

压实方法	每层铺筑厚度/mm	施工时最优含水量	施工说明	备注
平振法	200～250	15%～20%	用平板式振捣器往复振捣	不宜使用干细砂或含泥量较大的砂铺筑的砂地基
插振法	振捣器插入深度	饱和	1. 用插入式振捣器； 2. 插入点间距可根据机械振幅大小决定； 3. 不应插至下卧黏土层； 4. 插入振捣完毕后所留的孔洞，应用砂填实	不宜用于使用细砂或含泥量较大的砂铺筑的砂地基
水撼法	250	饱和	1. 注水高度应超过每次铺筑面层； 2. 用钢叉摇撼捣实，插入点间距 100 mm； 3. 钢叉分四齿，齿的间距为 80 mm，长 300 mm	—
夯实法	150～200	8%～12%	1. 用木夯或机械夯； 2. 木夯质量 40 kg，落距 400～500 mm； 3. 一夯压半夯，全面夯实	—
碾压法	150～350	8%～12%	2～6 t 压路机往复碾压	适用于大面积施工的砂和砂石地基

注：在地下水位以下的地基，其最下层的铺筑厚度可比上表增加 50 mm。

表 2-2　砂及砂石地基质量验收标准

项	序号	检查项目	允许偏差	检查方法
主控项目	1	地基承载力	设计要求	按规定方法
	2	配合比	设计要求	检查拌和时的体积比或质量比
	3	压实系数	设计要求	现场实测
一般项目	1	砂石料有机质含量	≤5%	焙烧法
	2	砂石料含泥量	≤5%	水洗法
	3	石料粒径	≤100 mm	筛分法
	4	含水量（与最优含水量比较）	±2%	烘干法
	5	分层厚度（与设计要求比较）	±50 mm	用水准仪测

2.1.1.2 灰土地基

灰土地基是将基础底面下一定范围内的软弱土层挖去,用一定体积配合比的石灰和黏性土拌和均匀,在最优含水量情况下分层回填夯实或压实而成。该地基具有一定的强度、水稳定性和抗渗性,施工工艺简单,取材容易,费用较低;适用于处理1~4 m厚的软弱土、湿陷性黄土、杂填土等。

(1)构造要求

灰土地基厚度确定原则同砂地基。地基宽度一般为灰土顶面基础砌体宽度加2.5倍灰土厚度之和。

(2)材料要求

灰土的土料宜采用就地挖出的黏性土及塑性指数大于4的粉土,土内有机质含量不得超过5%。使用前土料应过筛,其粒径不得大于15 mm。

用作灰土的熟石灰应过筛,粒径不得大于5 mm,并不得夹有未熟化的生石灰块,也不得含有过多的水分。

灰土的配合比一般为2∶8或3∶7(石灰与土的体积比)。

(3)施工要点

1)施工前应先验槽,清除松土,将积水、淤泥清除干净,待干燥后再铺灰土。如发现局部有软弱土层或孔洞,应及时挖除后用灰土分层回填夯实。

2)施工时,应将灰土拌和均匀,颜色一致,并适当控制其含水量。现场检验方法是用手将灰土紧握成团,两指轻捏能碎为宜。这时,灰土接近最佳含水量。如土料水分过多或不足时,应晾干或洒水湿润。灰土拌好后应及时夯实,不得隔日夯打。

3)铺灰应分段分层夯筑,每层虚铺厚度应按所用夯实机具参照表2-3中规定选用。每层灰土的夯打遍数,应根据设计要求的干密度在现场试验确定。

表2-3 灰土最大虚铺厚度

夯实机具种类	重量/t	厚度/mm	备注
石夯、木夯	0.04~0.08	200~250	人力送夯,落距400~500 mm,每夯搭接半夯
轻型夯实机械	0.12~0.40	200~250	蛙式打夯机,柴油打夯机
压路机	6~10(机重)	200~300	双轮

4)灰土分段施工时,不得在墙角、柱基及承重窗间墙下接缝。上下两层灰土的接缝距离不得小于500 mm,接缝处应夯压密实。

5)在地下水位以下的基坑(槽)内施工时,应采取排水措施,使其在无水状态下施工。夯实后的灰土3 d内不得受水浸泡。灰土地基打完后,应及时进行基础施工和回填土,否则要做临时遮盖,防止日晒雨淋。刚打完毕或尚未夯实的灰土,如遭受雨淋浸泡,则应将积水及松软灰土除去并补填夯实,受浸湿的灰土,应在晾干后再夯打密实。

6)冬期施工时,不得采用冻土或夹有冻土的土料,并应采取有效的防冻措施。

(4)质量验收标准和方法

1)灰土地基的质量验收标准:灰土地基的质量验收标准应符合表 2-4 的规定。

2)灰土地基压实系数现场实测方法:灰土地基的质量检查,宜用环刀取样,测定其干密度。质量标准可按压实系数 λ_c 鉴定,一般为 0.93 ~ 0.95。压实系数 λ_c 为土在施工时实际达到的干密度 ρ_d 与室内采用击实试验得到的最大干密度 $\rho_{d,max}$ 之比。

如无设计规定时,也可按表 2-4 要求执行。如用贯入仪检查灰土质量时,应先进行现场试验以确定贯入度的具体要求。

表 2-4　灰土质量标准

土料种类	黏土	粉质黏土	粉土
灰土最小干密度/(t/m³)	1.45	1.50	1.55

2.1.2　重锤夯实地基

重锤夯实地基是用起重机械将夯锤提升到一定高度后,自由落锤,利用夯锤自由下落时的冲击能来夯实地基土表面,形成一层较为均匀的硬壳层,从而使地基得到加固。

该法施工简便,费用较低,但布点较密,夯击遍数多,施工期相对较长;同时夯击能量小,孔隙水难以消散,加固深度有限;当土的含水量稍高,易夯成橡皮土,处理较困难。该法适用于处理地下水位以上稍湿的黏性土、砂土、湿陷性黄土、杂填土和分层填土地基。但当夯击振动对邻近的建筑物、设备以及施工中的砌筑工程或浇筑混凝土等产生不利影响时,或地下水位高于有效夯实深度以及在有效深度内存在软黏土层时,不宜采用。

2.1.2.1　机具设备

(1)起重机械

起重机械可采用配置有摩擦式卷扬机的履带式起重机、打桩机、龙门式起重机或悬臂式桅杆起重机等。当采用自动脱钩时,其起重能力应大于夯锤重量的 1.5 倍;当直接用钢丝绳悬吊夯锤时,起重能力应大于夯锤重量的 3 倍。

(2)夯锤

夯锤形状宜为截头圆锥体,可用 C20 钢筋混凝土制作,其底部可填充废铁并设置钢底板以使重心降低。锤质量宜为 2.0 ~ 3.0 t,底直径宜为 1.0 ~ 1.5 m,落距宜大于 4 m,一般为 4 ~ 6 m。锤底面单位静压力宜为 15 ~ 20 kPa。吊钩宜采用自制半自动脱钩器,以减少吊索的磨损和机械振动,夯锤的构造形式如图 2-1 所示。

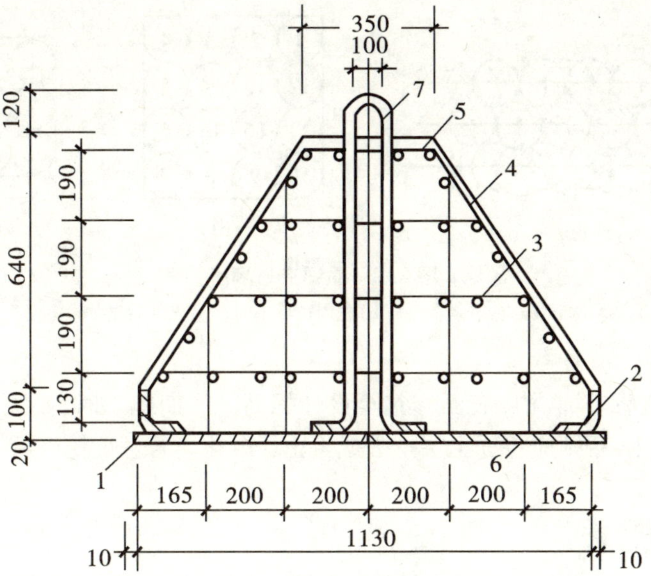

图 2-1 钢筋混凝土夯锤构造

1-20 mm 厚钢板;2-10 mm×10 mm 角钢;3、4、5-ϕ8@100 双向配筋;
6-ϕ10 mm 钢筋;7-ϕ30 mm 吊环

2.1.2.2 施工要点

1)施工前应在现场进行试夯,选定夯锤重量、底面直径和落距,以便确定最后下沉量及相应的夯击遍数和总下沉量。最后下沉量是指最后两击平均每击土面的夯沉量,黏性土和湿陷性黄土取 10～20 mm,砂土取 5～10 mm。通过试夯可确定夯实遍数,一般试夯约 6～10 遍,施工时可适当增加 1 遍或 2 遍。

2)重锤夯实填土地基时,应分层进行,每层的虚铺厚度以相当于锤底直径为宜,夯实层数不宜少于两层。夯实完后,应将基坑、槽表面修整至设计标高。

3)基坑(槽)的夯实范围应大于基础底面,每边应比设计宽度加宽 0.3 m 以上,以便于底面边角夯打密实。夯实前坑(槽)底面应高出设计标高,预留土层的厚度可为试夯时的总下沉量再加 50～100 mm。基坑(槽)边坡应适当放缓。

4)夯实时地基土的含水量应控制在最优含水量范围。如土的表层含水量过大,可采用铺撒吸水材料(如干土、碎砖、生石灰等)或换土等措施处理;如土含水量过低,应适当洒水,加水后待全部渗入土中,一昼夜后方可夯打。

5)在大面积基坑或条形基槽内夯击时,应按一夯挨一夯顺序进行,如图 2-2(a)所示。在一次循环中同一夯位应连夯两遍,下一循环的夯位,应与前一循环错开 1/2 锤底直径,落锤应平稳,夯位应准确。在独立柱基基坑内夯击时,可采用先周边后中间,见图 2-2(b)或先外后里的跳打法进行,如图 2-2(c)所示。基坑(槽)底面标高不同时,应按先深后浅的顺序逐层夯实。

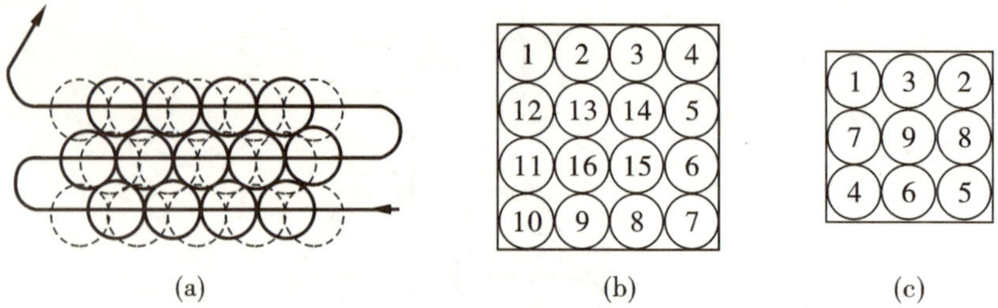

图 2-2 重锤夯打顺序

(a)一夯挨一夯;(b)先周边后中间;(c)先外后里

夯实完后,应将基坑(槽)表面修整至设计标高。冬期施工时,必须保证地基在不冻的状态下进行夯击,否则应将冻土层挖去或将土层融化。若基坑挖好后不能立即夯实,应采取防冻措施。

2.1.2.3 质量检查

重锤夯实后应检查施工记录,除应符合试夯最后下沉量的规定外,还应检查基坑(槽)表面的总下沉量,以不小于试夯总下沉量的 90% 为合格。也可采用在地基上选点夯击检查最后下沉量。夯击检查点数应满足:独立基础每个不少于 1 处,基槽每 20 m 不少于 1 处,整片地基每 50 m^2 不少于 1 处。检查后如质量不合格,应进行补夯,直至合格为止。

2.1.3 强夯地基

强夯地基是用起重机械将重锤(一般为 8 ~ 30 t)吊起,从高处(一般为 6 ~ 30 m)自由落下,给地基土以强大的冲击能量的夯击,使土中出现冲击波和很大的冲击应力,迫使土体中孔隙压缩,排除孔隙中的气和水,使土粒重新排列,迅速固结,从而提高地基土的强度并降低其压缩性的一种有效的地基加固方法。该法具有效果好、速度快、节省材料、施工简便等优点,但施工时噪声和振动较大,适用于碎石土、砂土、黏性土、湿陷性黄土及杂填土地基等的加固处理。

2.1.3.1 机具设备

(1)起重机械

起重机宜采用带有自动脱钩装置的起重能力为 150 kN 以上的履带式起重机,也可采用专用三角起重架或龙门架作起重设备。当直接用钢丝绳悬吊夯锤时,起重机械的起重能力应大于夯锤的 3 ~ 4 倍,当采用自动脱钩装置时,起重能力应大于 1.5 倍锤重。

(2)夯锤

夯锤可用钢材制作,或用钢板为外壳,内部焊接钢筋骨架后浇筑 C30 混凝土制成。夯锤底面有圆形和方形两种,圆形不易旋转,定位方便,稳定性和重合性好,应用较广。锤底面积取决于表层土质,对于砂土一般为 3 ~ 4 m^2,对于黏性土或淤泥质土不宜小于

6 m^2。夯锤中宜设置若干个上下贯通的排气孔，以减少夯击时空气阻力。夯锤结构如图 2-3 所示。

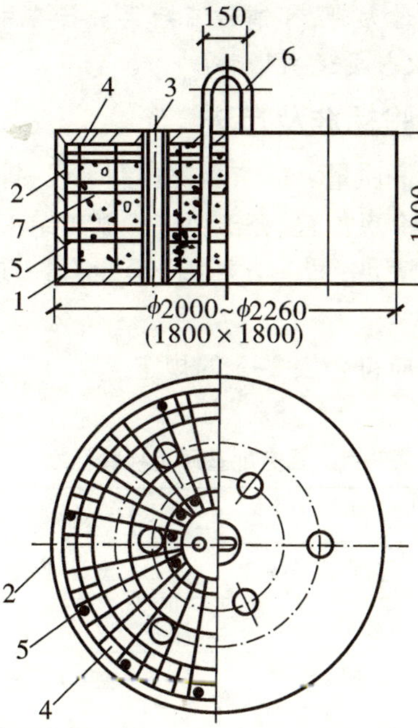

图 2-3　钢筋混凝土夯锤

1-30 mm 厚钢板底板；2-18 mm 厚钢板外壳；3-6×ϕ159 mm 钢管；4-水平钢筋网片 ϕ6@200 mm；5-钢筋骨架 ϕ14@400 mm；6-ϕ50 mm 吊环；7-C30 混凝土

(3)脱钩装置

脱钩装置是强夯施工的重要机具，应具有足够的强度，且施工灵活。常用的工地自制自动脱钩器由吊环、耳板、销环、吊钩等组成，是由钢板焊接制成。

2.1.3.2　施工要点

1)强夯施工前，应进行地基的地质勘察和试夯。通过对试夯前后试验结果对比分析，确定正式施工时的各项技术参数。

2)强夯施工前应平整场地，周围做好排水沟，按夯点布置测量放线确定夯位。地下水位较高时，应在表面铺 0.5~2.0 m 的中(粗)砂或砂砾石、碎石垫层，可使地表形成硬层，防止设备下陷和便于消散强夯产生的孔隙水压，或采取措施降低地下水位后再强夯。

3)强夯施工须按试验和设计确定的技术参数进行。夯击时，落锤应保持平稳，夯位应准确。如错位或坑底倾斜过大，宜用砂土将坑底整平，再进行夯击施工。

4)每夯击一遍后，应测量场地平均下沉量，然后用新土或周围的土将夯坑填平，再进行下一遍夯击。最后一遍的场地平均下沉量必须符合要求。

5)强夯施工过程中应按要求检查每个夯实点的夯击能量、夯击次数和每击夯沉量等，并对各项参数施工情况进行详细记录，作为质量控制的依据。

※特别提示※

强夯施工最好在干旱季节进行,如遇雨天施工,夯击坑内或夯击过的场地有积水时,必须及时排除。坑底土含水量过大时,可铺砂石后再进行夯击。冬期施工时应清除地表的冻土层后再强夯,并且夯击次数要适当增加。

2.1.3.3 强夯地基质量检验标准及方法

强夯地基施工前应检查夯锤质量、尺寸、落锤控制手段、排水设施及被夯地基的土质。施工中应检查落距、夯击遍数、夯点位置、夯击范围。施工结束后,检查被夯地基的强度并进行承载力检验。检查点数应满足,每一独立基础至少有一点,基槽每20延长米有一点,整片地基50~100 m^2取一点。

强夯地基的质量检验标准应符合表2-5的规定。

表2-5 强夯地基质量检验标准

项目	序号	检查项目	允许偏差	检查方法
主控项目	1	地基强度	设计要求	现场实测方法
	2	地基承载力	设计要求	按规定方法
一般项目	1	夯锤落距	±300 mm	钢索设标志
	2	锤质量	±100 kg	称重
	3	夯击遍数及顺序	设计要求	计数法
	4	夯点间距	±500 mm	用钢尺量
	5	夯击范围(超出基础范围距离)	设计要求	用钢尺量
	6	前后两遍间歇时间	设计要求	—

※特别提示※

强夯后的土体强度随间歇时间的增加而增加,检验强夯效果的测试工作,宜在强夯之后1~4周进行,而不宜在强夯结束后立即进行测试工作,否则测得的强度偏低。

2.1.4 其他地基加固方法简介

2.1.4.1 砂石桩地基

砂桩和砂石桩统称砂石桩,是指用振动、冲击或水冲等方式在软弱地基中成孔后,再将砂或碎石挤压入土孔中,形成大直径的砂或碎石所构成的密实桩体,它是处理软土地基的一种常用的方法。

这种方法经济、简单且有效。对于砂土地基,可通过振动或冲击的挤密作用,使地基达到密实,从而增加地基承载力,降低孔隙比,减少建筑物沉降,提高地基抵抗震动液化的能力。该方法用于处理软黏土地基,可起到置换和排水砂井的作用,加速土的固结,砂桩与桩间黏性土形成了复合地基,提高了地基的承载力和地基的整体稳定性。这种桩适用于挤密松散砂土、素填土和杂填土等地基。

2.1.4.2 水泥土搅拌桩地基

水泥土搅拌桩地基是利用水泥作为固化剂,通过特制的深层搅拌机械,在地基深处就地将软土和固化剂(浆液或粉体)强制搅拌,利用固化剂和软土之间所产生的一系列物理、化学反应,使软土形成具有整体性、水稳性和一定强度的水泥加固体,与天然地基形成复合地基。本法具有无振动、无噪声、无污染、无侧向挤压,对邻近建筑物影响很小,施工期较短,造价低廉,效益显著等特点。该法适用于加固较深较厚的淤泥、淤泥质土、粉土和含水量较高且地基承载力不大于120 kPa的黏性土地基,对超软土效果更为显著;多用于墙下条形基础、大面积堆料厂房地基,在深基开挖时用于防止坑壁及边坡塌滑、坑底隆起以及做地下防渗墙等工程上。

2.1.4.3 预压地基

预压地基是处理软弱黏性土地基的一种行之有效的方法。该方法是在建筑物施工前,在地基表面分级堆土或其他荷重,使地基土压密、沉降、固结,从而提高地基强度和减少建筑物建成后的沉降量。待达到预定标准后再卸载终止预压,之后建造建筑物。本法使用的材料、机具简单,施工操作方便,但堆载预压需要一定的时间,对深厚的饱和软土,排水固结所需的时间很长,同时需要大量堆载材料等。该法适用于各类软弱地基,包括天然沉积土层或人工冲填土层,较广泛用于冷藏库、油罐、机场跑道、集装箱码头。桥台等沉降要求较低的地基。实践证明,利用堆载预压法能取得一定的效果,但能否满足工程要求的实际效果,则取决于地基土层的固结特性、土层的厚度、预压荷载的大小和预压时间的长短等因素。因此该法在使用上受到一定的限制。

2.1.4.4 注浆地基

注浆地基是指利用化学溶液或胶结剂,通过压力灌注或搅拌混合等措施,将土粒胶结起来的地基处理方法。本法具有设备工艺简单、加固效果好、可提高地基强度、消除土的湿陷性、降低压缩性等特点。该法适用于局部加固新建或已建的建(构)筑物基础、稳定边坡以及防渗帷幕等,也适用于湿陷性黄土地基;对于黏性土、素填土、地下水位以下的黄土地基,经试验有效时也可采用,但长期受酸性污水侵蚀的地基不宜采用。化学加固能否获得预期的效果,主要决定于能否根据具体的土质条件,选择适当的化学浆液(溶液和胶结剂)和采用有效的施工工艺。

任务2.2　浅基础工程

2.2.1 浅基础的类型

埋深小于5 m的基础,称为浅基础。

浅基础按受力特点可分为刚性基础和柔性基础。用抗压强度较大,而抗弯、抗拉强度较小的材料建造的基础，如砖、毛石、灰土、混凝土、三合土等基础均属于刚性基础。刚性基础的最大拉应力和剪应力必定在其变截面处，其值受基础台阶的宽高比（挑出部分的宽度与其对应的高度之比）影响很大。因此，刚性基础控制台阶的宽高比（称刚性角）是个关键。混凝土基础宽高比允许值为 1∶1；砖基础为 1∶1.5；毛石基础为 1∶1.25～1∶1.5。用钢筋混凝土建造的基础叫柔性基础。它的抗弯、抗拉、抗压的能力都很大，适用于地基土比较软弱，上部结构荷载较大的基础。

浅基础按构造形式分为单独基础、条形（带形）基础、井格基础、筏板基础等。单独基础也称独立基础，多呈柱墩形，截面可做成阶梯形或锥形等。条形（带形）基础是指长度远大于其高度和宽度的基础，常见的是墙下条形基础，材料有砖、毛石、混凝土和钢筋混凝土等。井格基础是在柱下带形基础不能满足地基承载力要求时，将纵横带形基础连成整体而成，使基础纵横两向均具有较大的刚度。

浅基础按材料不同可分为砖基础、毛石基础、灰土基础、混凝土和毛石混凝土基础、碎砖三合土基础和钢筋混凝土基础。

2.2.2 浅基础施工

浅基础施工总体的施工顺序一般为：挖土→铺垫层→做钢筋混凝土基础→做墙基→回填土或挖土→铺垫层→做基础→砌墙基础→铺防潮层→做地圈梁→回填土。

2.2.2.1 砖基础施工

砖基础有条形基础和独立基础，基础下部扩大称为大放脚。大放脚有等高式和不等高式两种（图 2-4）。当地基承载力≥150 kPa 时，采用等高式大放脚，即两皮一收，两边各收进 1/4 砖长；当地基承载力<150 kPa 时，采用不等高式大放脚，即两皮一收与一皮一收相间隔，两边各收进 1/4 砖长。大放脚的底宽应根据计算而定。各层大放脚的宽度应为半砖长的整数倍。

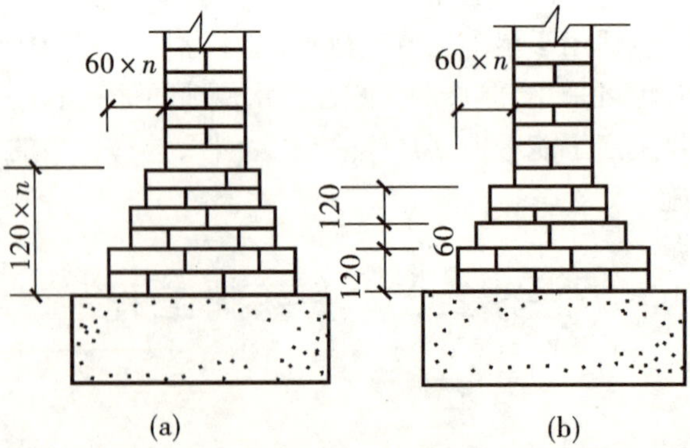

图 2-4　基础大放脚形式

(a)等高式；(b)不等高式

(1)应用范围

适用于一般工业与民用建筑砖混结构的基础砌筑工程。

(2)施工准备

①砖、石材:品种、强度等级必须符合设计要求,并应规格一致,有出厂合格证明;②水泥:一般宜采用32.5级普通硅酸盐水泥或矿渣硅酸盐水泥,不同品种的水泥不得混合使用;③砂:宜采用中砂,配制强度等级等于或大于M5的水泥砂浆或水泥混合砂浆时,砂的含泥量不应超过5%;④拉结钢筋、预埋件、木砖、防水粉剂等均应符合设计要求;⑤砂浆:现场拌制的砌筑砂浆应采用机械搅拌,材料应采用质量计量。

(3)施工工艺

拌制砂浆→确定组砌方法→排砖撂底→砌筑→抹防潮层→验收→基础回填。

1)拌制砂浆。砂浆配合比应采用质量比,并由试验确定,水泥计量精度为±2%,砂、掺合料为±5%。宜用机械搅拌,投料顺序为砂→水泥→掺合料→水,搅拌时间不少于1.5 min。

2)确定组砌方法。组砌方法应正确,一般采用满丁满条。里外咬槎,上下层错缝,采用"三一"砌砖法,严禁用水冲砂浆灌缝的方法。

3)排砖撂底。基础大放脚的撂底尺寸及收退方法必须符合设计图纸规定,如一层一退,里外均应砌丁砖;如二层一退,第一层为条砖,第二层砌丁砖。大放脚的转角处,应按规定放七分头,其数量为一砖半厚墙放三块,二砖墙放四块,以此类推。

4)砌筑。砖基础砌筑前,基础垫层表面应清扫干净,洒水湿润。先盘墙角,每次盘角高度不应超过五层砖,随盘随靠平、吊直。砌基础墙应挂线,24墙反手挂线,37以上墙应双面挂线。基础标高不一致或有局部加深部位,应从最低处往上砌筑,应经常拉线检查,以保持砌体通顺、平直,防止砌成"螺丝"墙。基础大放脚砌至基础上部时,要拉线检查轴线及边线,保证基础墙身位置正确。同时还要对照皮数杆的砖层及标高,如有偏差时,应在水平灰缝中逐渐调整,使墙的层数与皮数杆一致。

※特别提示※

砂浆应随拌随用,一般水泥砂浆和水泥混合砂浆须在拌成后3 h和4 h内使用完;不允许使用过夜砂浆。

(4)施工要点

1)砖基础若不在同一深度,则应先由底往上砌筑。在高低台阶接头处,下面台阶要砌一定长度(一般不小于基础扩大部分的高度,h)实砌体,砌到上面后和上面的砖一起退台(图2-5)。

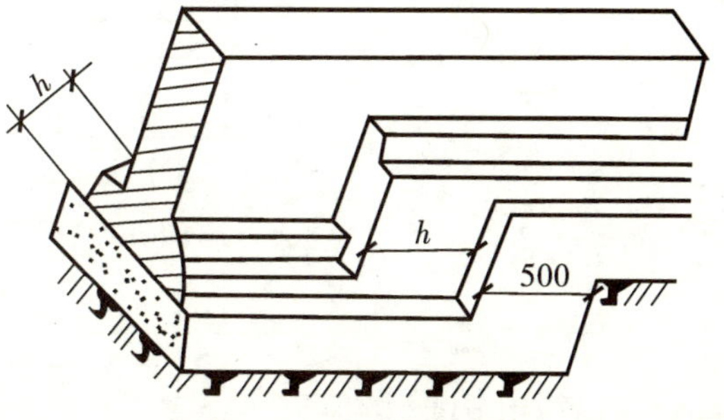

图2-5 高低接头处砌法

2)砖基础的灰缝厚度为8~12 mm,一般为10 mm。砖基础接槎应留成斜槎,如因条件限制留成直槎时,应按规范要求设置拉结筋。

3)砖基础内宽度超过300 mm的预留孔洞,应砌筑平拱或设置过梁。

4)变形缝两边的墙角应按直角要求砌筑,先砌一边,溢出墙面的砂浆要随砌随刮除;后砌的另一边采用铺缩口灰的方法进行操作,掉入缝内的砂浆及杂物,应及时清除干净。

5)基础施工完毕后,应及时在基础两侧同时进行回填,并分层夯实。单侧填土应在砖基础达到侧向承载能力和满足允许变形要求后才能进行。

(5)质量标准

砖基础砌体尺寸、位置的允许偏差和检验方法见表2-6。

表2-6 砖基础砌体尺寸、位置的允许偏差和检验方法

项次	项目	允许偏差/mm	检验方法
1	轴线位置偏移	10	用经纬仪或拉线和尺量检查
2	基础顶面标高	±15	用水准仪和尺量检查
3	表面平整度	8	用长靠尺和楔形塞尺检查
4	水平灰缝平直度	10	拉10 m线和尺量检查
5	水平灰缝厚度(10皮砖累计数)	±8	与皮数杆比较尺量检查

检查数量:外墙基础每20 m抽查1处,每处3延长米,但不小于3处;内墙基础按有代表性的自然间抽查10%,但不小于3间,每间不小于2处。

2.2.2.2 石基础施工

石基础可用毛石或毛条石,以铺浆法砌筑。石基础的断面形式有阶梯形和梯形(图2-6)。

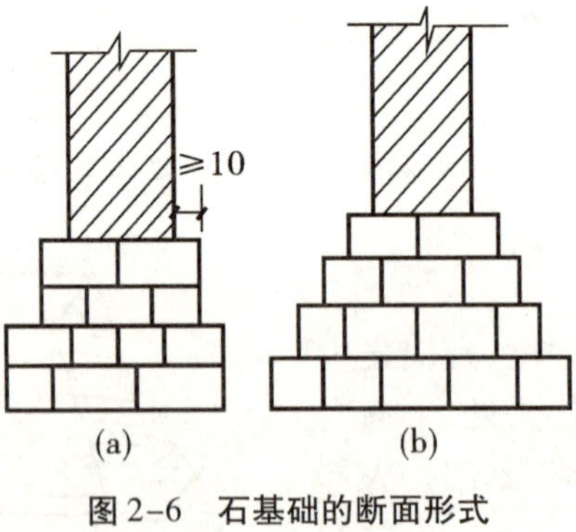

图2-6 石基础的断面形式

(a)阶梯形;(b)梯形

(1)应用范围

石基础用于一般工业与民用建筑砖混结构的基础砌筑工程。

(2)施工准备

毛石应选用坚实、未风化、无裂缝、洁净的石料,强度等级不低于MU20;毛石尺寸不应大于所浇部位最小宽度的 1/3，且不得大于 30 cm；表面如有污泥、水锈，应用水冲洗干净。

(3)施工工艺

抄平放线→试摆毛石→立皮数杆→组砌→勾缝→清理。

(4)施工要点

1)毛石混凝土的厚度不宜小于 400 mm。浇筑时，应先铺一层 8～15 cm 厚混凝土打底，再铺上毛石，毛石插入混凝土约一半后，再灌混凝土，填满所有空隙，再逐层铺砌毛石和浇筑混凝土，直至基础顶面，保持毛石顶部有不少于 10 cm 厚的混凝土覆盖层。所掺加毛石数量应控制不超过基础体积的 25%。

2)毛石铺放应均匀排列，使大面向下，小面向上，毛石间距一般不小于 10 cm，离开模板或槽壁距离不小于 15 cm。

3)对于阶梯形基础，每一阶高内应整分浇筑层，并有二排毛石，每阶表面要基本抹平；对于锥形基础，应注意保持斜面坡度的正确与平整，毛石不露于混凝土表面。

(5)质量标准

石基础尺寸、位置的允许偏差和检验方法见表 2-7。

表 2-7　石基础尺寸、位置的允许偏差和检验方法

项次	项目	允许偏差/mm	检验方法
1	顶面标高	±15	用水平仪或拉线和尺量检查
2	表面平整度	20	用 2 m 靠尺和楔形塞尺检查

2.2.2.3　钢筋混凝土独立基础及条形基础施工

(1)应用范围

钢筋混凝土独立基础和条形(带形)基础的抗弯和抗剪性能良好，高度不受台阶宽高比的限制，可在竖向荷载较大、地基承载力不高以及承受水平力和力矩荷载等情况下使用，适宜于需要“宽基浅埋”的场合。

当建筑物为柱承重且柱距较大时，宜采用独立基础，柱间墙体可支承在基础梁上。这种做法土方量较小，施工简便。但基础与基础之间无构件连接，个别基础如发生不均匀沉降，相互不能制约。因此，独立基础适合于地质均匀的建筑和框架结构建筑(图2-7)。

在连续的墙下或密集的柱子下，宜采用条形(带形)基础。这种基础纵向整体性好，可缓解局部不均匀下沉(图 2-8)。

柱下基础纵横相连组成井字格状，叫井格基础。它克服独立基础下沉不均匀的弊病，适用于荷载较复杂、地质情况较差的工程。井格基础造价较高，施工复杂，多用于高层建筑(图 2-9)。

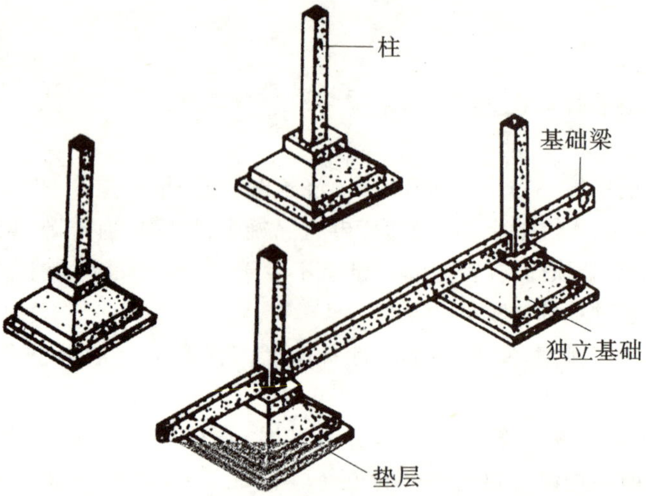

图 2-7　柱下钢筋混凝土独立基础

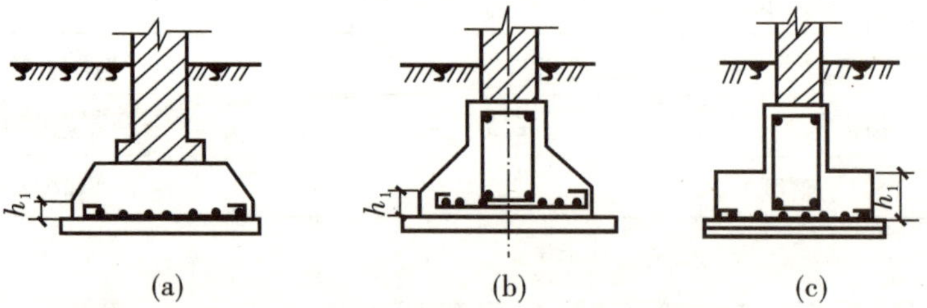

图 2-8　墙下钢筋混凝土条形基础

(a)无肋;(b)、(c)有肋

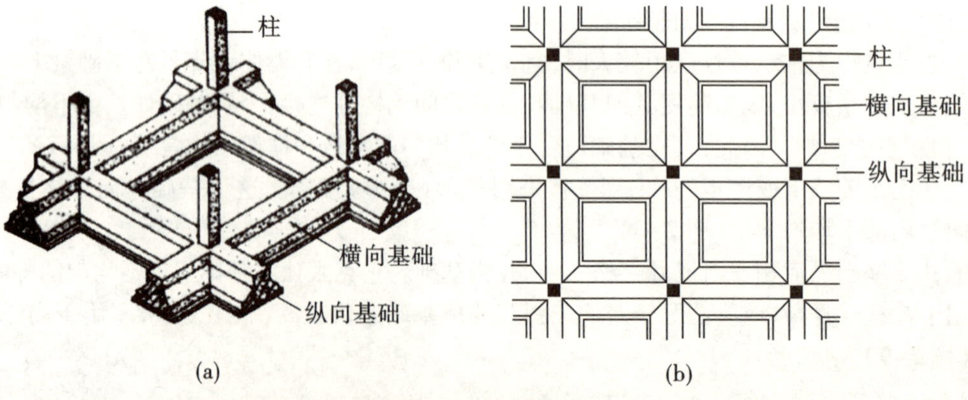

图 2-9　井格基础

(a)示意图;(b)平面图

(2)施工准备

材料的准备:根据设计要求选水泥的品种、强度等级;砂、石子要有进场复验报告,质量符合现行标准要求;外加剂、掺合料要根据设计要求通过试验确定;钢筋要有产品合格证、出厂检验报告和进场复验报告。

施工机具准备:搅拌机、磅秤、手推车或翻斗车、铁锹、振动棒、刮杆、木抹子、胶皮手套、串桶或溜槽等。

(3)施工工艺

1)工艺流程:抄平→垫层施工→钢筋工程→支模→混凝土工程→养护→模板拆除。

2)抄平。为了使基础底面标高符合设计要求,施工基础前应在基面上定出基础底面标高。

3)垫层施工。为了保护基础的钢筋,施工基础前应在基面上浇筑C10的细石混凝土垫层。

4)钢筋工程:按钢筋位置线布放基础钢筋。

①放线:根据施工图纸要求,在垫层表面上弹出钢筋位置线。

②施工工艺:在基础垫层上弹出底板钢筋位置线→钢筋半成品运输到位→布放钢筋→钢筋绑扎、验收。

5)支模。根据基础施工图样的尺寸制作模板,支模顺序由下至上逐层向上安装。

6)混凝土工程。

①浇筑与振捣:不应发生初凝和离析现象,在浇筑时应经常观察模板、钢筋、预留孔洞、预埋件和插筋等有无移动、变形或堵塞情况,发现问题应立即处理,并应在已浇筑的混凝土初凝前修正完好。

②养护:混凝土浇筑完毕后,根据《混凝土结构工程施工质量验收规范》(GB 50204—2002)的有关规定,应按施工技术方案及时采取有效的养护措施。

7)拆模。

①拆模顺序:一般是先支后拆,后支先拆,先拆除侧模板,后拆除底模板。重大复杂模板的拆除,事前应制订拆模方案。

②拆模日期:模板的拆除日期取决于混凝土的强度、模板的用途、结构的性质、混凝土硬化时的气温等因素。侧模板应在混凝土强度能保证其表面及棱角不因拆除而受损坏时拆除。

(4)施工要点

1)基坑(槽)应进行验槽,局部软弱土层应挖去,用灰土或砂砾分层回填夯实至基底相平。基坑(槽)内浮土、积水、淤泥、垃圾、杂物应清除干净。验槽后垫层混凝土应立即浇筑,以免地基土被扰动。

2)垫层达到一定强度后,在其上弹线、支模,铺放钢筋网片时底部用与混凝土保护层同厚度的水泥砂浆垫块,以保证位置正确。

3)在浇筑混凝土前,应清除模板上的垃圾、泥土和钢筋上的油污杂物,模板应浇水加以湿润。

4)基础混凝土宜分层连续浇筑完成。阶梯形基础的每一台阶高度内应整分浇捣层,每浇筑完一台阶应稍停0.5~1.0 h,待其初步获得沉实后,再浇筑上层,以防止下台阶混凝土溢出,在上台阶根部出现烂脖子,台阶表面应基本抹平。

5)锥形基础的斜面部分模板应随混凝土浇捣分段支设并顶压紧,以防模板上浮变形,边角处的混凝土应注意捣实。

6)基础上有插筋时,要加以固定,保证插筋位置的正确,防止浇捣混凝土发生移位。

例2-1 砖混结构结施图2,办公楼工程的基础采用钢筋混凝土墙下条形基础,基础混凝土等级为C30,基础下部用C15素混凝土垫层,基底标高为-1.900 m,基础尺寸见结施图2中"墙下条形基础表"。请拟定本工程钢筋混凝土墙下条形基础的施工工序。

解答 1)垫层施工:验槽后应立即浇筑C15混凝土垫层,以免地基土被扰动。

2)放线:垫层混凝土达到一定强度后,在其上弹出基础的中心线、边线及基础底板钢筋位置线。

3)钢筋施工:按钢筋位置线布放基础钢筋,进行绑扎及验收。铺放钢筋网片时底部用与混凝土保护层同厚度的水泥砂浆垫块,以保证位置正确。

4)模板安装:根据基础施工图样的尺寸制作模板,按照弹线位置支设模板。

5)混凝土的浇筑、振捣及养护:在浇筑混凝土前,应清除模板上的垃圾、泥土和钢筋上的油污杂物,模板应浇水加以湿润;采用内部振捣器(插入式振捣器)进行振捣;混凝土浇筑完毕后12 h内进行覆盖并浇水养护,或喷涂薄膜养生液养护。

6)拆模:基础侧模板应在混凝土强度能保证其表面及棱角不因拆除而受损坏时拆除。

例2-2 框架结构结施图3,教学楼工程的基础采用钢筋混凝土柱下独立基础,基础混凝土等级为C30,基础下部用C15素混凝土垫层,每边宽出基础边缘100 mm。JC-1、JC-2的基底标高均为-1.700 m,采用锥形独立基础,基础尺寸见结施图3中参数表。请问钢筋混凝土锥形基础在浇筑混凝土时应注意哪些问题?

解答 在浇筑混凝土前,应清除模板上的垃圾、泥土和钢筋上的油污杂物,模板应浇水加以湿润。锥形基础的斜面部分模板应随混凝土浇捣分段支设并顶压紧,以防模板上浮变形,边角处的混凝土应注意捣实。浇筑混凝土时,对基础上的插筋要加以固定,保证插筋位置的正确,防止浇捣混凝土发生移位。

2.2.2.4 杯形基础施工

杯形基础常用作钢筋混凝土预制柱基础,其先是在基础中预留凹槽(即杯口),然后插入预制柱,临时固定后,即在四周空隙中灌细石混凝土。其形式有一般杯口基础、双杯口基础和高杯口基础等(图2-10)。

(1)应用范围

杯形基础一般用作钢筋混凝土预制柱的基础,常出现在厂房施工中。

(2)施工准备

杯形基础的施工准备同板式基础的材料设备的准备,只是要购置或现场制作预制柱。

(3)施工工艺

其施工工艺为:定位放线→浇混凝土垫层→扎承台钢筋→支模→浇筑混凝土→支地梁底模→扎地梁筋→支地梁侧模→混凝土浇筑→人工养护→局部基础砌体→验收→土方分层回填。

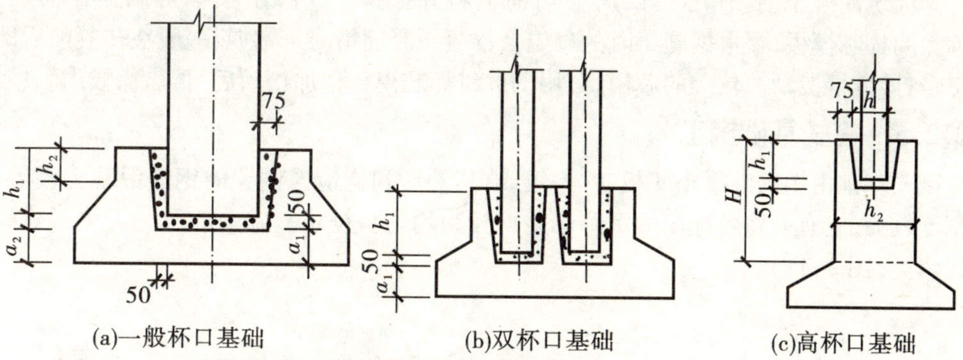

图2-10　杯形基础形式

(4)施工要点

杯形基础除参照板式基础的施工要点外,还应注意以下几点:

1)混凝土应按台阶分层浇筑,对高杯口基础的高台阶部分按整段分层浇筑。

2)杯口模板可做成二半式的定型模板,中间各加一块楔形板,拆模时,先取出楔形板,然后分别将两半杯口模板取出。为便于周转,模板宜做成工具式的,支模时杯口模板要固定牢固并压浆。

3)浇筑杯口混凝土时,应注意四侧要对称均匀进行,避免杯口模板挤向一侧。

4)施工时应先浇注柱底混凝土并振实,注意在杯底一般有50 mm厚的细石混凝土找平层,应仔细留出,杯底混凝土宁低勿高。待杯底混凝土沉实后,再浇筑杯口四周混凝土。基础浇捣完毕,在混凝土初凝后终凝前将杯口模板取出,并将杯口内侧表面混凝土凿毛。

5)施工高杯口基础时,可采用后安装杯口模板的方法施工,即当混凝土浇捣接近杯口底时,再安装固定杯口模板,继续浇筑杯口四周混凝土。

6)根据柱的实测标高定出杯底控制标高,再用细石混凝土(或水泥砂浆)粉底至控制标高,并复测一遍。若杯底偏高,则凿除杯底使之低于控制标高,再用水泥砂浆粉底。

(5)注意问题

在杯型基础施工中容易出现杯基中心线不准,杯口模板位移,混凝土浇筑时芯模浮起,拆模时芯模起不出等现象。

其原因是:①杯基中心线弹线未兜方。②杯基上段模板支撑方法不当,浇筑混凝土时,杯芯木模板由于不透气,产生浮力,向上浮起。③模板四周的混凝土下料不均匀,振捣不均衡,造成模板偏移。④操作脚手板搁置在杯口模板上,造成模板下沉。⑤杯芯模板拆除过迟,黏结太牢。

防治措施:①杯形基础支模应首先找准中心线位置标高,先在轴线桩上找好中心线,用线坠在垫层上标出两点,弹出中心线,再由中心线按图弹出基础四面边线,要兜方并进行复核,用水平仪测定标高,然后依线支设模板。②木模板支上段模板时采用抬把木带,可使位置准确,托木的作用是将木带与下段混凝土面隔开少许间距,便于混凝土面拍平。③杯芯木模板要刨光直拼,芯模外表面涂隔离剂,底部应钻几个小孔,以便排气,减少浮力。④浇筑混凝土时,在芯模四周要均衡下料并振捣。⑤脚手板不得搁置在模板上。⑥拆除的杯芯模板,要根据施工时的气温及混凝土凝固情况来掌握,一般在初凝前后即可用锤轻打,撬棍拨动。较大的芯模,可用倒链将杯芯模板稍加松动后,再徐徐拔出。

2.2.2.5 筏式基础施工

筏式基础由钢筋混凝土底板、梁等组成,其外形和构造像倒置的钢筋混凝土楼盖,整体刚度较大,能有效将各柱子的沉降调整得较为均匀。筏式基础一般可分为梁板式和平板式两类(图2-11)。

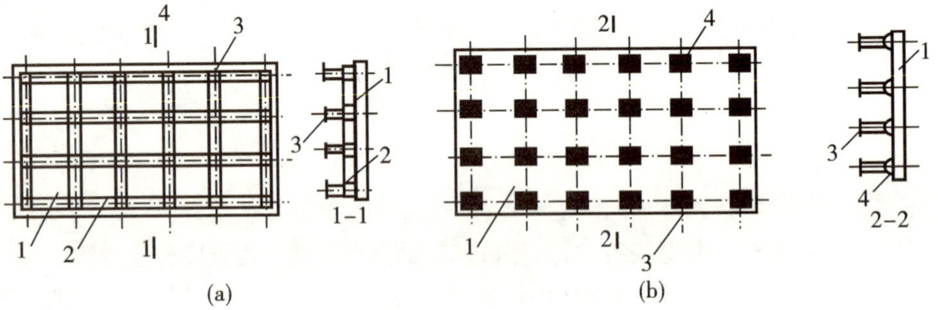

图2-11 筏式基础

(a)梁板式;(b)平板式

1-底板;2-梁;3-柱;4-支墩

(1)应用范围

筏式基础应用于地基承载力较低而上部结构荷载很大的场合。

(2)施工准备

材料要求:水泥用强度等级32.5或42.5硅酸盐水泥、普通硅酸盐水泥或矿渣硅酸盐水泥,要求新鲜无结块;砂子用中砂或粗砂,混凝土强度低于C30时,含泥量应不大于5%;石子用卵石或碎石,粒径5~40 mm;掺合料采用Ⅱ级粉煤灰,其掺量应通过试验确定;钢筋品种和规格应符合设计要求,有出厂质量证书及试验报告,并应取样做机械性能试验,合格后方可使用。

(3)施工工艺

筏式基础的施工工艺为:定位放线→土方开挖→地基验槽→垫层施工→抄平放线→模板工程施工→钢筋工程施工→混凝土工程施工。

(4)施工要点

1)施工前,如地下水位较高,可采用人工降低地下水位至基坑底以下不少于500 mm,以保证在无水情况下进行基坑开挖和基础施工。

2)施工时,可采用先在垫层上绑扎底板、梁的钢筋和柱子锚固插筋,浇筑底板混凝土,待达到25%设计强度后,再在底板上支梁模板,继续浇筑完梁部分混凝土;也可采用底板和梁模板一次同时支好,混凝土一次连续浇筑完成,梁侧模板用支架支承并固定牢固。

3)混凝土浇筑时一般不宜留施工缝,必须留设时,应按施工缝要求处理,并应设置止水带。

4)基础浇筑完毕,表面应覆盖和洒水养护,并防止地基被水浸泡。

2.2.2.6 箱形基础施工

箱形基础是由钢筋混凝土底板、顶板、外墙以及一定数量的内隔墙构成封闭的箱体(图2-12),基础中部可在内隔墙开门洞做地下室。该基础具有整体性好,刚度大,调整不均匀沉降能力及抗震能力强,可消除因地基变形使建筑物开裂的可能性,减少基底处原有地基自重应力,降低总沉降量等特点。

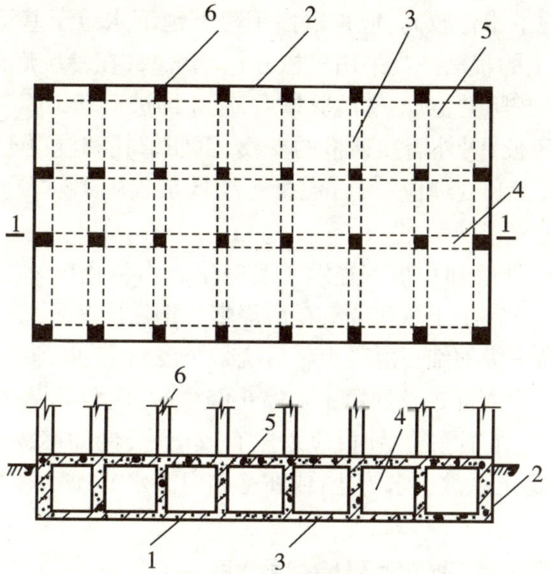

图2-12 箱形基础

1-底板;2-外墙;3-内墙隔墙;4-内纵隔墙;5-顶板;6-柱

(1)应用范围

箱形基础适用于软弱地基上的面积较小、平面形状简单、上部结构荷载大且分布不均匀的高层建筑物的基础和对沉降有严格要求的设备基础或特种构筑物基础。

(2)施工准备

1)材料准备。

①水泥:应尽可能采用泌水量较低的低热水泥,如32.5级、42.5级普通硅酸盐水泥或矿渣硅酸盐水泥。黄砂:尽量选择细度模数在2.4~2.8的中粗砂,砂含泥量≤2.0%,泥块含量≤0.5%。

②碎石:选用粒径为5~25 mm或5~31.5 mm的石子,在施工条件允许的情况下,尽量选用粒径较大的石子,以减少粗骨料的比表面积,降低包裹粗骨料水泥浆体的用量,减少混凝土的体积收缩;要求石子的含泥量≤1.0%,针片状含量≤15%,泥块含量≤0.5%(按质量计),级配符合要求。

③掺合料:采用符合混凝土用的粉煤灰或磨细矿粉,以减少混凝土单位水泥用量,降低水泥的水化热量。外加剂:冬期选用有缓凝早强作用的泵送剂,夏季选用有缓凝作用的

减水剂，以减少用水量和水泥用量，改善混凝土的和易性和可泵性，延长水泥的凝结时间。

2）机具设备准备。

所需配备的机具设备有：满足施工用的钢筋制作设备，钢筋垂直运输、焊接、绑扎所需的机具设备和支模板所需要的机具；足够的混凝土浇灌设备（混凝土输送泵，必要时要留有1～2台备用）和混凝土运输车辆，以及满足混凝土浇灌时的振动器具。

（3）施工要点

箱形基础施工要点如下：

1）基坑开挖，如地下水位较高，应采取措施降低地下水位至基坑底以下500 mm处，并尽量减少对基坑底土的扰动。当采用机械开挖基坑时，在基坑底面以上200～400 mm厚的土层，应采用人工挖除并清理，基坑验槽后，应立即进行基础施工。

2）施工时，基础底板、内外墙和顶板的支模、钢筋绑扎和混凝土浇筑，可采取分块进行，其施工缝的留设位置和处理应符合《混凝土结构工程施工质量验收规范》有关要求，外墙接缝应设止水带。

3）基础的底板、内外墙和顶板宜连续浇筑完毕。为防止出现温度收缩裂缝，一般应设置贯通后浇带，带宽不宜小于800 mm，在后浇带处钢筋应贯通，顶板浇筑后，相隔2～4周，用比设计强度提高一级的细石混凝土将后浇带填灌密实，并加强养护。

4）基础施工完毕，应立即进行回填土。停止降水时，应验算基础的抗浮稳定性，抗浮稳定系数不宜小于1.2，如不能满足时，应采取有效措施，例如继续抽水直至上部结构荷载加上后能满足抗浮稳定系数要求为止，或在基础内灌水或加重物等，以防止基础上浮或倾斜。

2.2.2.7 混凝土设备基础的质量检验标准

混凝土设备基础的质量检验标准如表2-8所示。

表2-8 混凝土设备基础的质量检验标准

序号	检查项目		容许偏差/mm	检验方法
1	坐标位移（纵横轴线）		±20	用经纬仪或拉线尺量检查
2	不同平面的标高		0，-20	用经纬仪或拉线尺量检查
3	平面外形尺寸		±20	尺量检查
4	凸台上平面外形尺寸		0，-20	尺量检查
5	凹穴尺寸		+20，0	尺量检查
6	平面水平度	每米	5	用水准仪或水平尺和楔形塞尺检查
		全长	10	
7	垂直度	每米	5	用经纬仪或吊线坠和尺量检查
		全高	10	

续表 2-8

序号	检查项目		容许偏差/mm	检验方法
8	预埋地脚螺栓	标高(顶部)	+20,0	在根部或顶端用水准仪或拉线尺量检查
		中心距	±2	
9	预埋地脚螺栓孔	中心线位置	±10	尺量纵横两个方向检查
		深度	+20,0	钢尺检查
		垂直度	10	吊线、钢尺检查
10	预埋活动地脚螺栓锚板	标高	+20,0	水准仪或拉线、钢尺检查
		中心线位置	5	钢尺检查
		带槽锚板平整度	5	钢尺、塞尺检查
		带螺纹孔锚板平整度	2	钢尺、塞尺检查

任务 2.3　桩基础工程

2.3.1　桩基础施工基础知识

桩基础是一种常用的基础形式。它是由若干根土中单桩,顶部用承台或梁联系起来的一种基础形式。当天然地基上部土层的土质不良,不能满足建筑物对地基强度和变形等方面的要求时,往往采用桩基础。

桩的作用是将上部建筑物的荷载传递到承载力较大的深处土层中;或使软弱土层挤密,以提高地基土的密实度及承载力,保证建筑物的稳定和减少其沉降。在土质较差和有地下水的地区进行大开槽施工时,可打桩作为临时土壁支撑,以防止塌方,也可以起到防水、防流砂的作用。因此桩基础在工业建筑、高层建筑、高耸构筑物以及抗震设防建筑中广泛应用。

桩按传力及作用性质不同分为端承桩和摩擦桩两种,如图 2-13。端承桩是穿过软弱土层达到坚实土层的桩。上部建筑的荷载主要由桩尖土层的阻力来承受。摩擦桩只打入软弱土层一定深度,将软弱土层挤压密实,提高土层的密实度及承载力,上部建筑物的荷载主要由桩身侧面与土层之间的摩擦力及桩尖的土层阻力承担。

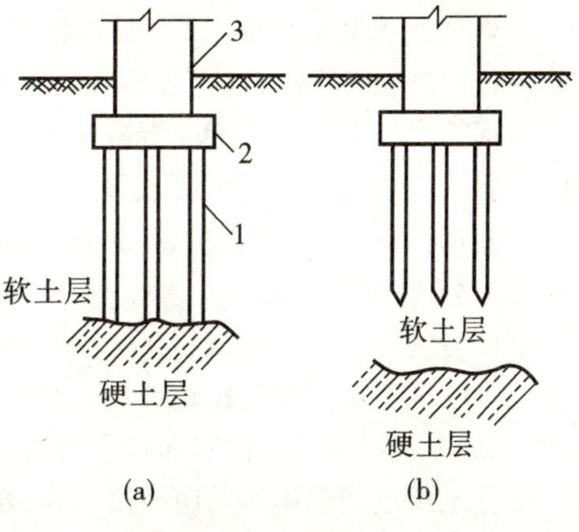

图 2-13　桩基础

(a)端承桩;(b)摩擦桩

1-桩;2-承台;3-上部结构

桩按照施工方法分为预制桩和灌注桩两大类。预制桩是在工厂或施工现场制作的各种材料和形式的桩(钢管桩、钢筋混凝土实心方桩、离心管桩等),然后用沉桩设备将桩沉入土中。预制桩按沉桩方法不同分为锤击沉桩(打入桩)、静力压桩、振动沉桩和水冲沉桩等。灌注桩是在施工现场的桩位处成孔,然后在孔中安放钢筋骨架,再浇筑混凝土成桩。灌注桩的成孔,按设计要求和地质条件、设备情况差异,可采用钻孔、冲孔、抓孔和挖孔等不同方式。成孔作业还分为干式作业和湿式作业,分别采用不同的成孔设备和技术措施。

※特别提示※

灌注桩近年来发展较快,由于灌注桩是按照使用状态设计的,而预制桩除了要考虑使用状态,还要考虑吊装、运输、打桩等因素,因此灌注桩比预制桩节省钢材和水泥等材料,所以成本较低,但在施工中影响质量的因素较多,应严格按照《建筑地基基础工程施工质量规范》(GB 50202—2002)要求进行施工。

2.3.2　钢筋混凝土预制桩

预制桩具有制作和沉桩工艺简单、施工速度快、沉桩机械普及、不受地下水位高低及潮湿变化影响等特点,较钢管桩和木桩等坚固耐用。其施工现场干净,但耗钢量较大,桩长也不易适应地层变化。

钢筋混凝土预制桩施工包括桩的制作、起吊、运输、堆放和沉桩、接桩等工艺。

2.3.2.1　桩的制作、起吊、运输和堆放

(1)桩的制作

钢筋混凝土预制桩有实心方桩和空心管桩两种。实心桩为便于制作大多数做成方形断面,断面边长一般为 250 ~ 550 mm。管桩是在工厂用离心法成型的空心圆柱形预制桩,其直径为 400 ~ 500 mm。与实心桩相比,使用相同体积混凝土,管桩的直径大、表面积大、承载能力高。

单节桩的最大长度,取决于打桩架的高度,一般在 27 m 以内,必要时可做到 30 m。若桩长超过桩架高度,则应分节(段)制作,打桩时采用接桩的方法把桩接长。

钢筋混凝土预制桩所用混凝土强度等级不宜低于 C30,采用静压沉桩时,不宜低于 C20,预应力混凝土桩的混凝土强度等级不宜低于 C40。主筋根据桩断面及吊装验算确定,一般为 4 ~ 8 根,直径 12 ~ 25 mm;箍筋直径 6 ~ 8 mm,间距不大于 200 mm。在桩顶和桩尖部分应加强配筋。

较短的桩(长度 12 m 以下)多在预制厂制作;较长的桩一般在施工现场附近露天就地预制。确定单节桩制作长度应考虑桩架的有效高度、制作场地大小、运输和装卸能力等,同时考虑接桩节点的竖向位置应避开硬夹层。

施工现场预制桩多采用叠层浇筑,重叠生产的层数应根据施工条件和地基承载力确定,一般不宜超过 4 层。预制场地应平整坚实,不应产生浸水湿陷和不均匀沉陷。上下层桩之间、邻桩之间及桩与地模和模板之间应做好隔离层,以防接触面黏结及拆模时损坏棱角。常用隔离剂有纸筋石灰浆、皂脚滑石粉浆、塑料布等。隔离剂要求干燥快、隔离性能

好、施工方便、造价低廉。上层桩及邻桩的混凝土浇筑,应在下层桩及邻桩混凝土达到设计强度等级的30%以上之后进行。

钢筋混凝土预制桩的钢筋骨架宜采用对焊连接,主筋接头配置在同一截面内(30倍钢筋直径区域内,但不小于500 mm)的数量不得超过50%;同一钢筋两个相邻接头间应大于30倍钢筋直径,且不小于500 mm。桩尖应对正轴线,桩尖模板采用钢模板,也可用钢板焊在钢筋骨架上。桩顶主筋上部以伸至最上一层钢筋网片之下为宜,应连接成"Ⅱ"形,以有效接受和传递锤的冲击力。桩身混凝土保护层不可过厚,以25 mm为宜,否则打桩时易脱落。钢筋混凝土预制桩如图2-14所示。

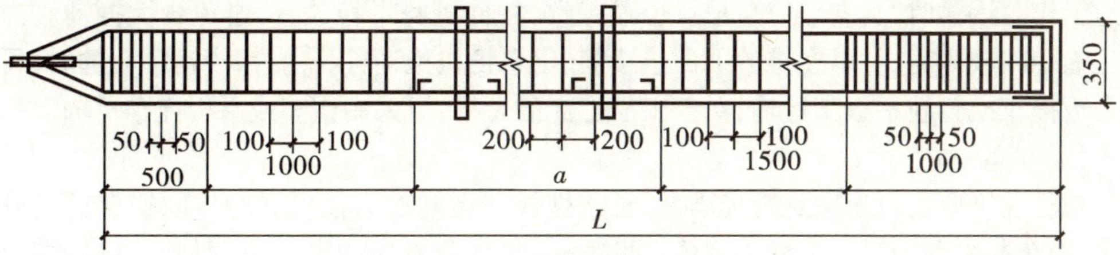

图2-14 钢筋混凝土预制桩

制桩时,混凝土的粗集料应采用碎石或碎卵石,粒径5~40 mm;混凝土宜用机械搅拌、机械振捣,由桩顶向桩尖连续浇筑,不得中断。

桩的制作应按规定作好检查记录,以供验收时查用。钢筋混凝土预制桩的允许偏差见表2-9。此外,桩的制作质量还应符合下列规定:

1)桩顶及桩身表面应平整坚实。掉角深度不应超过10 mm,且局部蜂窝和掉角缺损总面积不得超过全部表面积的0.5%,并不得过分集中。

2)由于混凝土收缩产生的裂缝,其深度不得大于20 mm,宽度不得大于0.25 mm,横向裂缝长度不得超过边长或直径的一半。

3)桩顶和桩尖处不得有蜂窝、麻面、裂缝和掉角。

表2-9 钢筋混凝土预制桩的允许偏差

项次	项目	允许偏差
1	横截面边长	±5 mm
2	桩顶对角线之差	10 mm
3	保护层厚度	±5 mm
4	桩身弯曲矢高	≤1‰桩长,且≤20 mm
5	桩尖中心线	10 mm
6	桩顶平面对桩中心线的倾斜	≤30 mm
7	钢筋预留孔深	-0~+20 mm
8	浆锚预留孔位置	5 mm
9	浆锚预留孔径	±5 mm
10	锚筋孔的垂直度	≤1%

(2)桩的起吊、运输

钢筋混凝土预制桩应在混凝土达到设计强度标准值的70%后方可起吊,达到设计强度标准值的100%才能运输和打桩。如提前起吊,必须做强度和抗裂度验算,并采取必要措施。起吊时,吊点位置应符合设计规定。无吊环时,绑扎点的数量和位置视桩长而定,当吊点或绑扎点不大于3个时,其位置依据正负弯矩相等原则按计算确定;当吊点或绑扎点大于3个时,应按正负弯矩相等且吊点反力相等的原则确定吊点位置。几种不同吊点位置如图2-15所示。桩起吊时应保持平稳,保护桩身。

桩的运输应根据打桩进度和打桩顺序确定,宜采用随打随运方法,这样可以减少二次搬运工作。运输时,其支点应与吊点位置一致,并使桩身平稳放置,避免较大振动。当桩的运输距离较短时,可以在桩的下面垫滚筒,用卷扬机拖动桩身前进;当运距较远时,可采用平板拖车或轻轨平板车运输;对于工厂生产的短桩,可采用汽车或平板拖车运输。

(3)桩的堆放

打桩前需要将桩运输到现场堆放,桩在堆放和运输时应使桩尖的方向符合桩吊升的要求,避免打桩前因桩掉头发生困难。堆放时,垫木位置应与吊点位置相同,保持在同一平面上,并上下对齐。最下层垫木应适当加宽。堆放场地应平整坚实,堆放层数一般不宜超过4层,不同规格的桩应分别堆放。

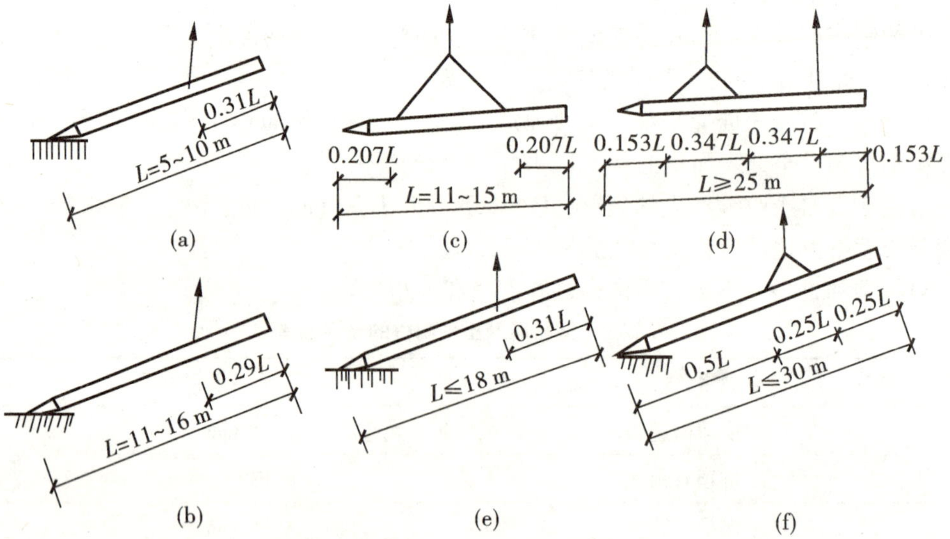

图2-15　桩的吊点位置

(a)、(b)一点起吊;(c)两点起吊;(d)三点起吊;(e)、(f)管桩一点及两点起吊

2.3.2.2　锤击沉桩(打入桩)施工

锤击沉桩也称打入桩,是利用桩锤下落产生的冲击能量将桩沉入土中。锤击沉桩是预制钢筋混凝土桩最常用的沉桩方法,该法施工速度快、机械化程度高、适用范围广,但施工时有噪音、污染和振动,对于城市中心和夜间施工有所限制。

(1)打桩机具及选择

打桩机具主要有打桩机及辅助设备。打桩机主要包括桩锤、桩架和动力装置三部分。

1)桩锤。

桩锤是对桩施加冲击力、将桩打入土层中的主要机具。打入桩桩锤按动力源和动力作用方式分为落锤、单动气锤、双动气锤、柴油锤、振动桩锤和液压桩锤等。桩锤的工作原理、适用范围及优缺点见表2-10。

表2-10 桩锤工作原理、适用范围及优缺点

桩锤种类		工作原理	适用范围	优缺点
落锤		利用人力或机械拉升,然后使桩锤自由下落,利用锤自重向下冲击沉桩	1.适宜打木桩及细长尺寸的钢筋混凝土预制桩; 2.在一般土层和含有砾石的土层均有使用	构造简单,使用方便,费用低,冲击力大,能随意调整落距,锤击速度慢,效率低,桩顶易打坏
气锤	单动	利用蒸汽或压缩空气的压力将锤上举,然后由锤的自重向下冲击沉桩	1.适宜打各种桩; 2.可打斜桩和水中打桩; 3.适应各种土层	构造简单、落距短,设备和桩头不易损坏,打桩速度及冲击力较落锤大,效率较高,但落距一般不能调节
	双动	利用蒸汽或压缩空气的压力将锤上举及下冲,增加夯击能量	1.适宜打各种桩; 2.可打斜桩,使用压缩空气时可在水下打桩; 3.可用于拔桩	冲击速度快、冲击力大、工作效率高,可不用桩架打桩,但需锅炉或空压机,设备笨重,移动较困难
柴油锤		利用燃油爆炸,推动活塞上下往复运动	1.最宜于打木桩、钢板桩; 2.不适合在过硬或过软的土中打桩	附有桩架、动力等设备,机架轻、移动便利、打桩快、燃料消耗小,质量小、不需要外部能源。软弱土层中起锤困难,噪声大、有油烟污染
振动桩锤		利用偏心轮引起激振,通过刚性连接的桩帽将振动传到桩上,使桩周围土体受迫振动,减小桩侧与土体间的摩阻力,靠锤和桩自重沉桩。拔桩时,边振动边用起重设备将桩拔起	1.适宜于打钢板桩、钢管桩、钢筋混凝土桩; 2.宜用于砂土、塑性黏土及松软砂黏土; 3.在卵石夹砂及紧密黏土中打桩效果较差	沉桩速度快,适应性大,施工操作简单安全,施工费用低,无污染,可兼用作沉桩和拔桩作业。但不适宜打斜桩,也不宜在硬土层中沉桩
液压桩锤		冲击缸体通过液压油顶升与降落,冲击缸体下部充满氮气,用以延长对桩体施加压力的时间,从而获得更大的贯入度	1.适宜于打各种桩; 2.可用于拔桩和水下打桩	不需要外部能源,工作可靠、操作方便,可随时调节锤击力大小,效率高,不易损坏桩头,噪声低,振动小,无废气排出;但构造复杂,造价高

桩锤选择时应遵循“重锤低击”的原则。否则，锤击能量很大部分会被桩身吸收，桩不仅不容易打入，且容易打碎桩头。应根据地质条件、桩的类型、桩的长度、桩身结构强度、桩群密度以及施工条件等因素来确定桩锤类型及重量，其中尤以地质条件影响最大。当锤重为桩重的 1.5 ~2 倍时，沉桩效果较好。

※知识链接※

柴油锤冲击部分重量为 24 ~100 kN 数种，每分钟锤击次数为 40 ~100 次。柴油锤构造简单、轻巧，易于搬动转运，使用方便，不需要外部能源和动力设备。但施工时有噪音和空气污染、振动等公害，在城市中心和夜间施工受到一定限制；另外，在软土和过硬土层施工时，由于贯入度过大和过小，使桩锤反跳高度过小和过大。所以在软土中打桩时，反跳高度过小，燃烧室压力小，燃油不能爆炸（称熄火）造成工作循环中断，使打桩效率降低。反之，硬土中打桩，桩锤反弹高度大，使桩顶、桩身被打坏，或使桩锤顶部被活塞冲撞损伤而无法继续打桩。

2）桩架。

桩架的作用是吊桩就位、悬吊桩锤、打桩时引导桩身方向。桩架要求稳定性好、锤击准确、可调整垂直度，机动性、灵活性好，工作效率高。桩架的种类和高度，应根据桩锤的种类、桩的长度和施工条件确定。桩架高度应为：桩长+桩帽高度+桩锤高度+滑轮组高度+起锤工作伸缩的余位高度（1 ~2 m）。若桩架高度不满足，则桩可考虑分节制作、现场接桩；若采用落锤，还应考虑落距高度。

桩架形式多种多样，常用桩架基本为两种形式：一种是沿轨道或滚杠行走移动的多功能桩架，另一种为装在履带式底盘上可自由行走的桩架。

多功能桩架由立柱、斜撑、回转工作台、底盘及传动机构等组成，如图 2-16 所示。它机动性和适应性较强，在水平方向可作 360°回转，导架可伸缩和前后倾斜。底盘下装有铁轮，可在轨道上行走。这种桩架可用于各种预制桩和灌注桩施工。缺点是机构较庞大，现场组装和拆卸、转运较困难。

履带式桩架以履带式起重机为底盘，利用履带式起重机作动力，增加导架、桩锤、导杆等。其行走、回转、起升的机动性好，使用方便，适用范围广泛，如图 2-17 所示。

3）动力装置。

打桩机械的动力装置及辅助设备主要根据选定的桩锤种类而定。落锤以电源为动力，再配置电动卷扬机、变压器、电缆等；蒸汽锤以高压饱和蒸汽为驱动力，配置蒸汽锅炉、蒸汽绞盘等；气锤以压缩空气为动力源，需配置空气压缩机、内燃机等；柴油锤以柴油为能源，桩锤本身有燃烧室，不需要外部动力设备。

（2）打桩前的准备工作

1）清除妨碍打桩施工的高空及地下障碍物、平整场地。

施工前应做好施工现场自然条件、地质状况、附近建筑物及附近地下管线等相关资料的调查。打桩前应清除地上、地下的障碍物，如地下管线、旧有基础、树木等。桩机进场及移动范围内的场地应平整压实，地基承载力满足施工要求，并保证桩架的垂直度。施工现场及周围应保持排水通畅。架空高压电线距桩架顶部净空不小于 10 m。

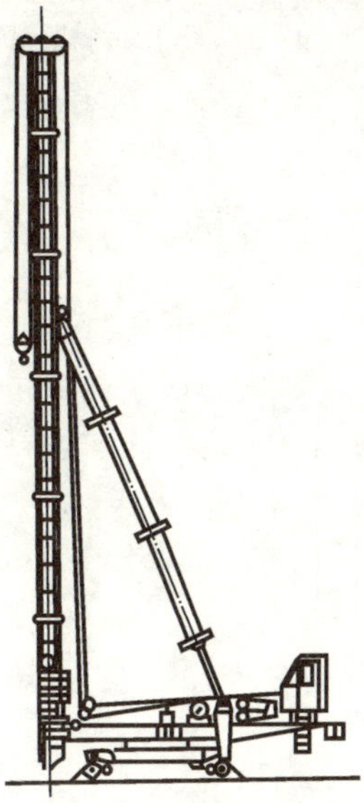

图 2-16　多功能桩架

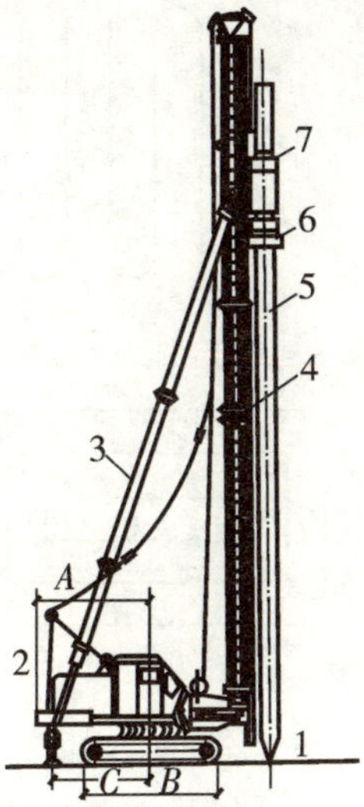

图 2-17　履带式桩架

1-支撑;2-发动机;3-斜撑;4-立柱;5-桩;6-桩帽;7-桩锤

2)材料机具准备及接通水、电源。

桩机进场后,按施工顺序铺设轨道,选定位置架设桩机和设备,接通水、电源或燃炉升火、进行试机,并移机至起点就位,力求桩架平稳垂直,做好对桩的质量检验。

3)抄平放线、定桩位、设标尺。

打桩现场附近应设置水准点,数量不少于两个,用以抄平场地和检查桩的入土深度;然后根据建筑物的轴线控制桩,定出桩基轴线位置及每个桩的桩位,其轴线位置允许偏差为 20 mm。当桩较稀疏时可用小木桩定位;当桩较密集时,用龙门板(标志板)定位,以防打桩时土体挤压使桩错位。

为控制桩的入土深度应在桩架或桩侧面设置标尺,以观测、控制桩的入土深度。

4)打桩试验(打试桩)。

打试桩主要是检验打桩设备和工艺是否符合要求,了解桩的贯入深度、持力层强度及桩的承载力,以确定打桩方案和打桩技术。试桩时应做好试桩记录,画出各土层深度,打入各土层的锤击次数,最后精确测量贯入度。按规范规定,试桩不得少于 2 根。

5)确定打桩顺序。

打桩时,由于桩对土体的挤压作用,先打入的桩会被后打入的桩水平挤推而造成偏移和变位,或被垂直挤拔造成浮桩;而后打入的桩难以达到设计标高或入土深度,造成土体隆起和挤压,截桩过大。有时打桩可能对周围建筑物产生一定的影响。所以,群桩施打时,为了保证质量和进度、防止周围建筑物破坏,打桩前应根据桩的密集程度、桩的规格、长短和方便桩架移动来正确选择打桩顺序。

当桩较密集时(桩中心距小于等于 4 倍边长或直径),应采用由中间向两侧对称施打,如图 2-18(a),或由中间向四周施打,如图 2-18(b)。这样,打桩时土体由中间向两侧或四周挤压，易于保证施工质量。当桩数较多时，也可采用分区段施打。

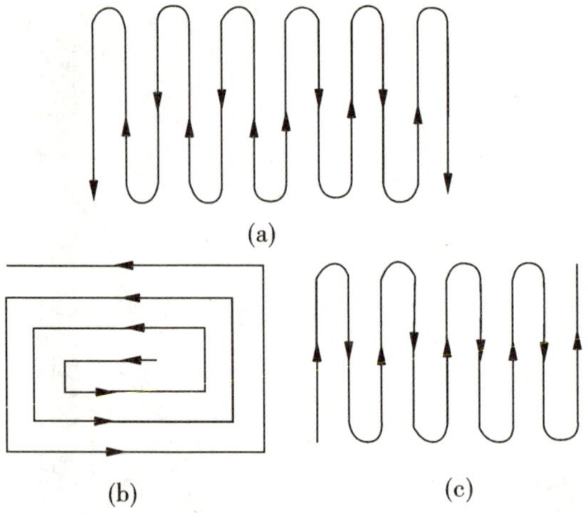

图 2-18　打桩顺序

(a)中间向两侧对称施打；(b)由中间向四周施打；
(c)由一侧向单一方向进行施打

当桩较稀疏时（桩中心距>4 倍直径），可采用由一侧向单一方向进行施打的方式，如图2-18(c)，即逐排施打。这样，桩架单方向移动，打桩效率高。但打桩前进方向一侧不宜有防侧移、防振动的建筑物、构筑物、地下管线等，以防土体挤压破坏。

同一工程的桩，当其规格、埋深、长度不同时，宜遵循“先大后小、先深后浅、先长后短”的原则施打。

(3)打桩施工

1)提锤吊桩。

桩机就位后应平稳垂直，导杆中心线与打桩方向一致并检查桩位是否正确，然后将桩锤和桩帽吊起使锤底高度高于桩顶，以便进行吊桩。

吊桩用桩架上的钢丝绳和卷扬机将桩提升就位，吊点数量和位置与桩运输起吊时相同。桩提升到垂直状态后，送入桩架导杆内，桩尖垂直对准桩位中心，扶正桩身，将桩缓缓下放插入土中。桩的垂直度偏差不得超过 0.5%。

桩就位后，在桩顶放上弹性衬垫（如草纸、麻袋、草绳等），扣上桩帽或桩箍。待桩稳定后，即可脱去吊钩，再将桩锤缓慢落在桩帽上。桩锤底面、桩帽上下面及桩顶应保持水平；桩锤、桩帽（送桩）和桩身应在同一中心线上。此时，在锤重作用下，桩沉入土中一定深度达到稳定位置，再次校正桩位和垂直度后即可打桩。

2)打桩。

初打应采用小落距轻击桩顶数锤，落距以 0.5～0.8 m 为宜，随即观察桩身与桩锤、桩架是否在同一垂线上。待桩入土一定深度，桩尖不易发生偏移时，再全落距施打。

打桩宜采用重锤低击方法。重锤低击对桩顶的冲击小，桩顶不易损坏，大部分能量用于克服桩身摩擦力与桩尖阻力。另外桩身反弹小，不致使桩身被拉坏，桩锤的落距小、打桩速度快、效率高。当采用落锤或单动气锤,落距不宜大于1 m,采用柴油锤应使桩锤跳动正常,落距不超过1.5 m。

打桩时入土速度应均匀,锤击间歇时间不应过长,否则会使桩身与土层之间摩擦力恢复,造成固结现象,使桩施打困难。所以在组织施工和现场接桩时应尽量加快速度,保证施工连续进行。

打桩工程属于隐蔽工程,为确保工程质量,应对每根桩施工过程进行观测。并作好记录,作为验收时鉴定质量的依据。开始打桩时应测量记录桩身每沉入1 m的锤击次数及桩锤落距的平均高度,当桩下沉接近设计标高时,应在规定落距下,锤击一阵(每阵10击)后测量其贯入度,当最后贯入度小于设计要求时,打桩即停止。施工中所控制的贯入度以合格的试桩数据为准。

打桩时,桩顶要打入土中一定深度时,则采用送桩器,以减少预制桩的长度、节省材料。送桩是将桩送入地下的工具式短桩、安放在桩顶承受锤击,通常用钢材制作,其长度和尺寸视需要而定。送桩施打时,应保证桩与送桩尽量在同一垂直轴线上。送桩器两侧应设置拔出吊环,拔出送桩后,桩孔应及时回填。

打桩时应随时注意观察桩锤回弹情况。若桩锤经常性回弹较大,桩的入土速度慢,说明桩锤太轻,应更换桩锤;若桩锤发生突发的较大回弹,说明桩尖遇到障碍,应停止锤击,找出原因后进行处理;如果继续施打,贯入度突增,说明桩尖或桩身遭受破坏。打桩时,还要随时注意观察贯入度的变化,贯入度过小,可能遇到土中障碍,贯入度突然增大,可能遇到软土层、土洞或桩尖、桩身破坏。当贯入度剧变、桩身发生突然倾斜、移位或严重回弹,桩顶、桩身出现严重裂缝或破坏等情况时,应暂停打桩并及时进行研究处理。

3)接桩。

当设计桩较长时,受桩架有效高度、现场情况、运输、吊装能力等限制,桩只能分节制作、逐节打入、现场接桩。常用的接桩方法有焊接接桩、法兰接桩和硫磺胶泥锚接桩三种,如图2-19所示。

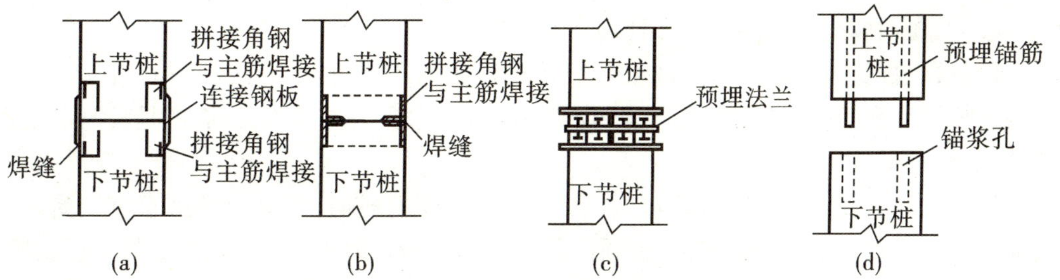

图2-19 桩的接头形式

(a)焊接接桩(一);(b)焊接接桩(二);(c)法兰接桩;(d)硫磺胶泥锚接桩

焊接接桩是在上下两节桩端部预埋钢板或角钢,将上节桩用桩架吊起,对准下节桩头,检查无误后,用点焊将四角连接角钢与预埋钢板临时焊接,再次检查位置及垂直度后,随即由两名焊工对角对称施焊。焊接接桩适用各类土层。

法兰接桩主要用于离心法成型的钢筋混凝土管桩。该法适用各种土层的离心管桩接桩。

硫磺胶泥锚接桩又称浆锚法。接桩时，将上节桩下端伸出 4 根锚筋插入下节桩的锚筋孔，上下桩间隙 20 mm 左右。然后在四周安设施工夹箍，将熔化的硫磺胶泥注满锚筋孔内，并使之溢出桩面，然后将上节桩下落，当硫磺胶泥冷却后，拆除施工夹箍，则可继续压桩和打桩。硫磺胶泥锚接桩节约钢材、操作简单、施工速度快、质量好，适用于软弱土层中打桩和压桩。

4）截桩。

预制桩施打完毕后，按设计桩顶标高，应将桩头多余部分凿去，凿桩头可用人工或风镐完成，但不得打裂桩身混凝土，并保证桩顶嵌入承台梁内的长度不小于 50 mm，当桩主要承受水平力时，不小于 100 mm。

（4）打桩质量控制

打桩质量评定主要有两个方面：一是能否满足贯入度或标高的设计要求；二是桩的位置偏差是否在施工及验收规范允许范围之内。

当桩尖位于坚硬、硬塑的黏土、碎石土、中密以上砂土或风化岩等土层时，打桩以贯入度控制为主，以桩尖进入持力层深度或桩尖标高作参考。当贯入度已达到而桩尖标高未达到时，应继续锤击 3 阵，其每阵 10 击的平均贯入度不应大于规定数值。当桩尖位于其他软土层时，以桩尖设计标高控制为主，贯入度作参考。控制贯入度应通过打桩试验或与有关单位研究确定。打桩时，如控制指标已符合要求，而其他指标与要求相差较大时，应会同有关单位研究确定。

此外，按标高控制的预制桩，桩顶的允许误差为 -50 ~ +100 mm，钢筋混凝土预制桩在沉桩后垂直度偏差不大于 1%，平面位置偏差不大于 1/2 ~ 1 个桩直径或边长。

※特别提示※

贯入度指每锤击一次桩的入土深度，而工程中通常指最后贯入度，即最后 10 击桩的累计入土深度。

（5）打桩时常见问题的分析和处理

1）桩顶、桩身被打坏。这个现象一般是桩顶四周和四角打坏，或者顶面板打碎。有时甚至将桩头钢筋网部分的混凝土全部打碎，几层钢筋网都露在外面，有的是桩身混凝土崩裂脱落，甚至桩身断折。

发生桩顶、桩身被打坏的原因有如下几个方面：①打桩时，桩的顶部由于直接受到冲击而产生很高的局部应力。因此，桩顶的配筋应作特别处理。②桩身混凝土保护层太厚，直接受冲击的是素混凝土，因此容易剥落。主筋放得不正是引起保护层过厚的原因，必须注意避免。③桩的顶面与桩的轴线不垂直，则桩处于偏心受冲击状态，局部应力增大，极易损坏。④桩下沉速度慢而施打时间长、锤击次数多或冲击能量过大称为过打。遇到过打，应分析地质资料，判断土层情况，改善操作方法，采取有效措施解决。

2）打歪。桩顶不平、桩身混凝土凸肚、桩尖偏心、接桩不正或土中有障碍物，都容易使桩打歪。另外，桩被打歪往往与操作有直接关系，例如桩初入土时，桩身就有歪斜，但未纠正即予施打，就很容易把桩打歪。

3)打不下。在城市内打桩,如初入土 1 ~ 2 m 就打不下去,贯入度突然变小,桩锤严重回弹,则可能遇上旧的灰土或混凝土基础等障碍物,必要时应彻底清除或钻透后再打,或者将桩拔出,适当移位后再打。如桩已打入土中很深,突然打不下去,这可能有以下几种情况:桩顶或桩身已打坏,土层中央有较厚的砂层或其他硬土层,遇上钢碴、孤石等障碍。

4)一桩打下,邻桩上升。这种现象多在软土中发生,即桩贯入土中时,由于桩身周围的土体受到急剧的挤压和扰动,被挤压和扰动的土在靠近地面的部分,在地表面隆起和产生水平移动。若布桩较密,打桩顺序又欠合理时,一桩打下,将影响到邻桩上升,或将邻桩拉断,或引起周围土坡开裂、建筑物出现裂缝。

2.3.2.3 静力压桩施工

(1)特点及原理

静力压桩是在软土地基上,利用静力压桩机或液压压桩机用无振动的静压力(自重和配重)将预制桩压入土中的一种沉桩新工艺,在我国沿海软土地基上较为广泛地采用。与锤击沉桩相比,它具有施工无噪声、无振动、节约材料、降低成本、提高施工质量、沉桩速度快等特点,特别适宜于扩建工程和城市内桩基工程施工。其工作原理是通过安置在压桩机上的卷扬机的牵引,由钢丝绳、滑轮及压梁,将整个桩机的自重力(800 ~ 1500 kN)反压在桩顶上,以克服桩身下沉时与土的摩擦力,迫使预制桩下沉。

(2)压桩机械设备

压桩机有两种类型:一种是机械静力压桩机,如图 2-20 所示。它由压桩架(桩架与底盘)、传动设备(卷扬机、滑轮组、钢丝绳)、平衡设备(铁块)、量测装置(测力计、油压表)及辅助设备(起重设备、送桩)等组成。另一种是液压静力压桩机,如图 2-21 所示。它由液压吊装机构、液压夹持、压桩机构(千斤顶)、行走及回转机构、液压及配电系统、配重铁等部分组成,该机具有体积轻巧,使用方便等特点。

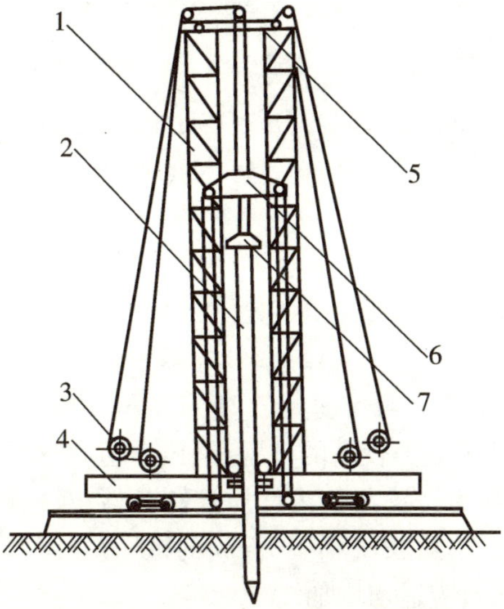

图 2-20 机械静力压桩机

1-桩架;2-桩;3-卷扬机;4-底盘;5-顶梁;6-压梁;7-桩帽

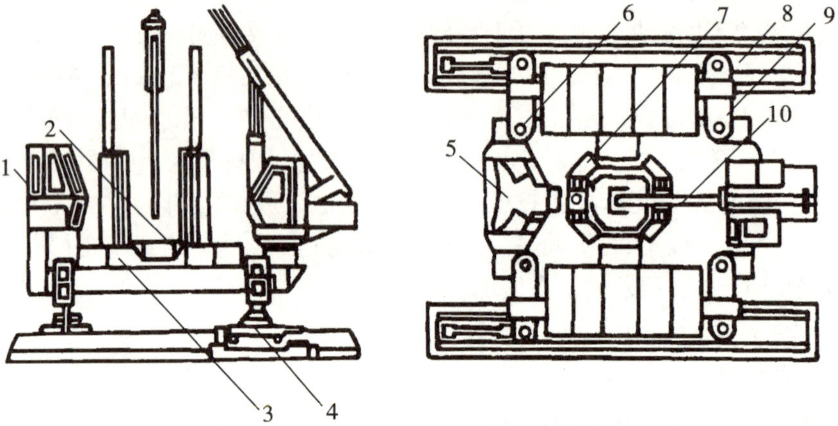

图 2-21　液压静力压桩机

1-操作室;2-夹持与压桩机构;3-配重铁块;4-短船及回转机构;5-电控系统;6-液压系统;
7-导向架;8-长船行走机构;9-支腿式底盘结构;10-液压起重机

(3)液压压桩工艺方法

1)施工程序。

静力压桩的施工程序为:测量定位→桩机就位→吊桩插桩→桩身对中调直→静压沉桩→接桩→再静压沉桩→终止压桩→切割桩头。

2)压桩方法。

用起重机将预制桩吊运或用汽车运至桩机附近,再利用桩机自身设置的起重机将其吊入夹持器中,夹持油缸将桩从侧面夹紧,压桩油缸作伸程动作,把桩压入土层中。伸长完后,夹持油缸回程松夹,压桩油缸回程,重复上述动作,可实现连续压桩操作,直至把桩压入预定深度土层中。

3)桩拼接的方法。

静力压桩在一般情况下桩分段预制,分段压入,逐段接长。每节桩长度取决于桩架高度,通常为 6 m 左右,压桩桩长可达 30 m 以上,桩断面为 400 mm×400 mm。接桩方法常用的有焊接法、硫磺胶泥锚接法。

(4)压桩施工要点

1)压桩应连续进行,因故停歇时间不宜过长,否则压桩力将大幅度增长而导致桩压不下去或桩机被抬起。

2)压桩的终压控制很重要。对长度大于 21 m 的静压桩,应以设计桩长控制为主,终压力值作对照;对一些设计承载力较高的桩基,终压力值宜尽量接近压桩机满载值;对长 14 ~21 m 静压桩,应以终压力达满载值为终压控制条件;对桩周土质较差且设计承载力较高的,宜复压 1 ~2 次为佳;对长度小于 14 m 的桩,宜连续多次复压,特别对长度小于 8 m 的短桩,连续复压的次数应适当增加。

3)静力压桩单桩竖向承载力,可通过桩的终止压力值大致判断。如判断的终止压力值不能满足设计要求,应立即采取送桩加深处理或补桩,以保证桩基的施工质量。

※特别提示※

压桩时，应始终保持桩轴心受压，若有偏移应立即纠正。接桩应保证上下节桩轴线一致，并应尽量减少每根桩的接头个数，一般不宜超过4个接头。施工中，若压阻力超过压桩能力使桩架上抬或倾斜时，应立即停压，查明原因，有可能桩尖遇到砂夹层(指长期承受较大压力的砂质土层，具有较高的密度)等使阻力增大。这时可以用最大压桩力作用于桩顶，采用忽停忽开的办法，使桩有可能缓慢下沉，穿过砂夹层。

2.3.3　混凝土灌注桩施工

混凝土灌注桩是直接在施工现场桩位上成孔，然后在孔内安装钢筋骨架，浇筑混凝土成桩。与预制桩相比，由于避免了锤击和挤土(套管成孔灌注桩除外)的影响，桩混凝土强度和配筋要求相对较低，具有节约钢筋、节省模板、施工方便、工期短、成本低等优点，并可制作大直径、大承载力桩。此外，灌注桩能适应持力层变化制成不同长度的桩，桩径大，不需要接桩，施工时无振动、无挤土、无噪音。但其也存在着不能立即承受荷载，操作要求严，在软土地基中易出现缩颈、断桩等质量问题，冬期施工困难等缺点，施工时应严格遵守操作规程和技术规范。

灌注桩按成孔方法可分为钻孔灌注桩、套管成孔灌注桩、人工挖孔灌注桩等。

2.3.3.1　钻孔灌注桩

(1)干作业成孔灌注桩

干作业成孔灌注桩是先用螺旋钻机等成孔设备在桩位处成孔，然后在孔内放入钢筋笼，再浇筑混凝土而成桩。该方法适合在地下水位以上的黏性土、粉土、填土、中等密实以上的砂土、风化岩层中成孔。

1)施工设备。

干作业成孔机械主要有螺旋钻机和钻扩机等，目前常用的是螺旋钻机。

螺旋钻机由主机、滑轮组、螺旋钻杆、钻头、滑动支架、出土装置等组成，如图2-22所示。

成孔时由螺旋钻头切削土体，切下的土随钻头旋转并沿螺旋叶片上升而排出孔外。其成孔直径一般为400～600 mm，成孔深度一般在12 m以内。

2)施工方法。

钻机钻孔前，应做好现场准备工作。钻孔场地必须平整、碾压或夯实，雨季施工时需要加白灰碾压以保证钻孔行车安全。钻机按桩位就位后，钻杆要垂直对准桩位中心，放下钻机使钻头触及土面。钻孔时，开动转轴旋动钻杆钻进，先慢后快，避免钻杆摇晃，并随时检查钻孔偏移，有问题应及时纠正。施工中应注意钻头在穿过软硬土层交界处时，应保持钻杆垂直，缓慢进尺。在含砖头、瓦块的杂填土或含水量较大的软塑黏性土层中钻进时，应尽量减小钻杆晃动，以免扩大孔径或增加孔底虚土。当出现钻杆跳动、机架摇晃、钻不进等异常现象，应立即停钻检查。钻进过程中应随时清理孔口积土，遇到地下水、缩孔、坍孔等异常现象，应会同有关单位研究处理。

钻孔至要求深度后，可用钻机在原处空转清土，然后停止回转，提升钻杆卸土。如孔

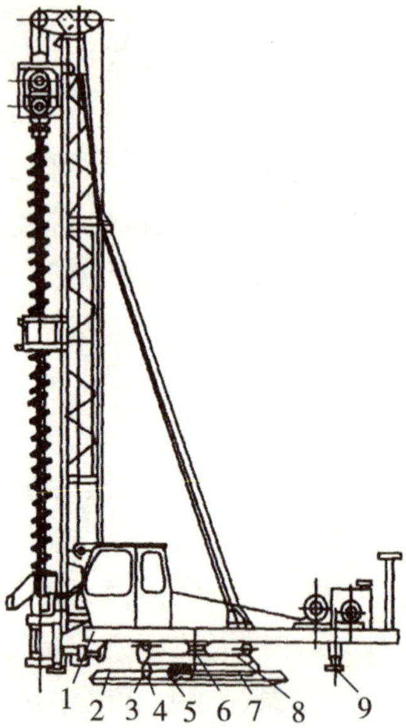

图 2-22　步履式螺旋钻机

1-上盘;2-下盘;3-回转滚轮;4-行走滚轮;5-钢丝滑轮;
6-回转中心轴;7-行车油缸;8-中盘;9-支撑盘滚轮

底虚土超过容许厚度,可用辅助掏土工具或二次投钻清底。清孔完毕后应用盖板盖好孔口。

桩孔钻成并清孔后,先吊放钢筋笼,后浇筑混凝土。为防止孔壁坍塌,避免雨水冲刷,成孔经检查合格后,应及时浇筑混凝土。若土层较好,没有雨水冲刷,从成孔至混凝土浇筑的时间间隔,也不得超过 24 h。灌注桩的混凝土强度等级不得低于 C15,坍落度一般为 80～100 mm;混凝土应连续浇筑,分层捣实,每层的高度不得大于 1.50 m;当混凝土浇筑到桩顶时,应适当超过桩顶标高,以保证在凿除浮浆层后,使桩顶标高和质量能符合设计要求。

3)质量要求。

垂直度容许偏差 1%。孔底虚土容许厚度不大于 100 mm。桩位允许偏差为:单桩、条形桩基沿垂直轴线方向和群桩基础边沿的偏差是 1/6 桩径;条形桩基沿顺轴方向和群桩基础中间桩的偏差为 1/4 桩径。

(2)泥浆护壁成孔灌注桩施工

干作业钻孔的灌注桩,一般应用于地下水位以上地质条件较好的情况,当地下水位较高或土质较差(如淤泥、淤泥质土、砂土等)容易塌孔时,应采用泥浆护壁成孔的方法进行施工,这种桩也称为湿作业成孔灌注桩。

泥浆护壁成孔灌注桩施工程序如图 2-23 所示。

泥浆护壁成孔灌注桩施工时,应先在施工现场测量放线定桩位,修筑泥浆池、安装桩架和导管架等。

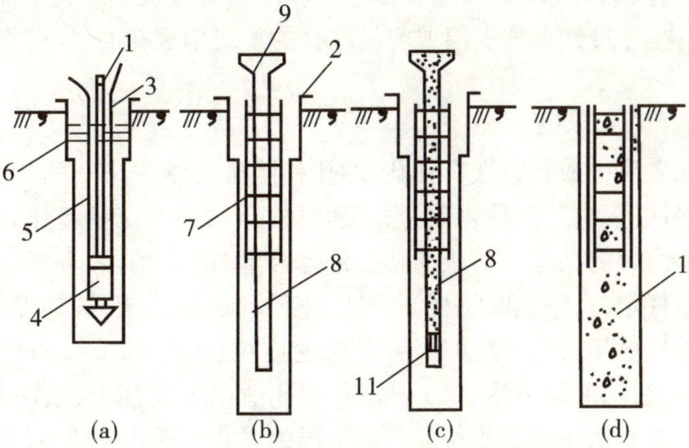

图2-23　泥浆护壁成孔灌注桩施工程序

(a)埋护筒、注泥浆、水下钻孔;(b)下钢筋笼及导管;
(c)水下浇筑混凝土;(d)成桩
1-钻杆;2-护筒;3-电缆;4-潜水电钻;5-输水胶管;6-泥浆;
7-钢筋骨架;8-导管;9-料斗;10-混凝土;11-隔水栓

1)埋设护筒。

护筒是用3~5 mm厚钢板制成的圆筒,护筒内径应大于钻头直径,采用回转钻时,宜大于100 mm,采用冲击钻时,宜大于200 mm。埋设护筒时,先挖去桩孔处表土,将护筒埋入土中,其埋设深度,在黏土中不宜小于1 m,在砂土中不宜小于1.5 m。护筒中心线应与桩位中心线重合,偏差不得大于50 mm,护筒与坑壁之间用黏土填实,以防漏水;护筒顶面应高于地面400~600 mm,上部留有1个或2个溢浆口,并应保持孔内泥浆面高出地下水位1 m以上。

护筒的作用是固定桩孔位置,防止地面水流入,保护孔口,增高桩孔内水压力,防止塌孔,成孔时引导钻头方向。

2)制备泥浆。

泥浆在桩孔内吸附在孔壁上,形成一层透水性较差的泥皮,将孔壁上空隙填塞密实,防止漏水。由于孔内的水位高于地下水位,同时泥浆相对密度大于水的相对密度,因此孔内的水压大于孔外的水压,护壁泥浆起到液体支撑的作用,以稳固土壁、防止塌孔。泥浆有一定黏度,通过循环泥浆可将切削碎的泥石碴屑悬浮后排出,起到携砂、排土的作用。泥浆对钻头有冷却的作用,对钻头切削土体有润滑的作用,可减少切削阻力。

制备泥浆方法应根据土质条件确定:在黏性土和粉质黏土中成孔时,可在孔中注入清水,钻机旋转时,切削土屑与水旋拌,用原土造浆;在砂土或其他土中钻孔,应采用高塑性黏土或膨润土加水配制护壁泥浆。泥浆的性能指标要符合规定的要求。施工中应经常测定泥浆密度,并定期测定黏度、含砂率和胶体率等。

泥浆的选料既要考虑护壁效果,又要考虑经济性,尽可能使用当地材料。为保证成孔质量,应在钻孔过程中,随时补充泥浆并调整泥浆的密度。在黏性土和粉质黏土中成孔时，泥浆密度应控制在 1.1 ~ 1.2 t/m^3；在砂土和较厚的夹砂层中成孔时，泥浆密度应控制在 1.1 ~ 1.3 t/m^3；在穿过砂夹卵石层或容易塌孔的土层中成孔时，泥浆密度控制在1.3 ~ 1.5 t/m^3。

3）成孔。

泥浆护壁成孔灌注桩成孔方法有钻孔、冲孔和抓孔三种。

钻孔常用潜水钻机，它是一种将动力、变速机构与钻头连在一起加以密封、潜入水中工作的一种体积小而轻的钻机。钻机的钻头带有合金刀齿，由电动机带动刀齿切削土体。钻头靠桩架悬吊吊杆定位，钻孔时钻杆不旋转，正循环送入泥浆，被切碎的土屑靠泥浆循环排出孔外。该钻机桩架轻便、移动灵活、钻进速度快（0.5 ~ 2 m/min）、噪声小，钻孔直径为 600 ~ 800 mm，钻孔深度可达 50 m。钻孔成孔适用于黏性土、淤泥及淤泥质土及砂土，也可钻入岩层，尤其适于地下水位较高的土层中成孔。潜水钻机及潜水钻工作情形如图 2-24 所示。

冲孔是用冲击钻机把带钻刃的重钻头（又称冲锤）提高，靠自由下落的冲击力来削切岩层，排出碎碴成孔。它适用于各类土层及风化岩、软质岩。

抓孔是将冲抓锥头提升到一定高度，锥斗内有压重铁块和活动抓片，下落时抓片张开，钻头自由下落冲入土中，然后开动卷扬机拉升钻头，此时抓片闭合抓土，将冲抓锥整体提升至地面卸土，依次循环成孔。冲抓锥成孔适用于碎石土、砂土、砂卵石、黏性土、粉土、强风化岩。

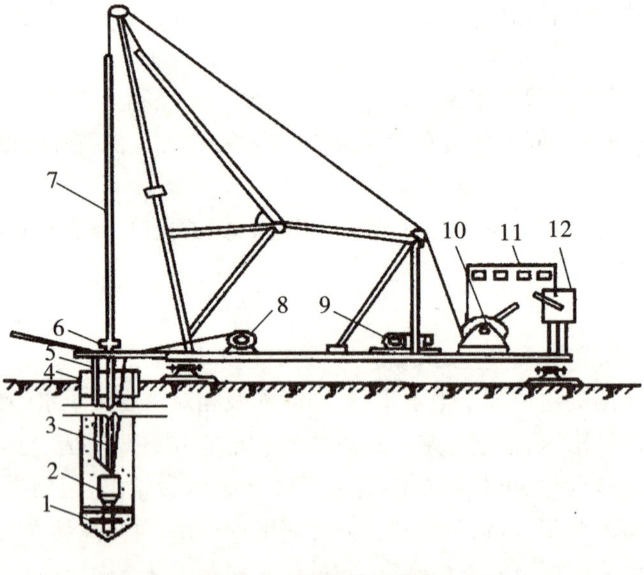

图 2-24　潜水钻示意图

1-钻头；2-潜水电机；3-电缆；4-护筒；5-水管；6-滚轮；7-钻杆；8-电缆盘；9、10-卷扬机；11-电流电压表；12-启动开关

4）泥浆循环排渣。

泥浆循环排渣可分为正循环排渣和反循环排渣法。

正循环排渣法是泥浆由钻杆内部沿钻杆从底部喷出，携带土渣的泥浆沿孔壁向上流动，由孔口将土渣带出，流入沉淀池，经沉淀的泥浆流入泥浆池，再由泵注入钻杆，如此循环，如图2-25(a)所示。采用正循环回转钻机成孔，设备简单，操作方便，工艺成熟，当孔径小于1000 mm，且孔深不大时效率较高。

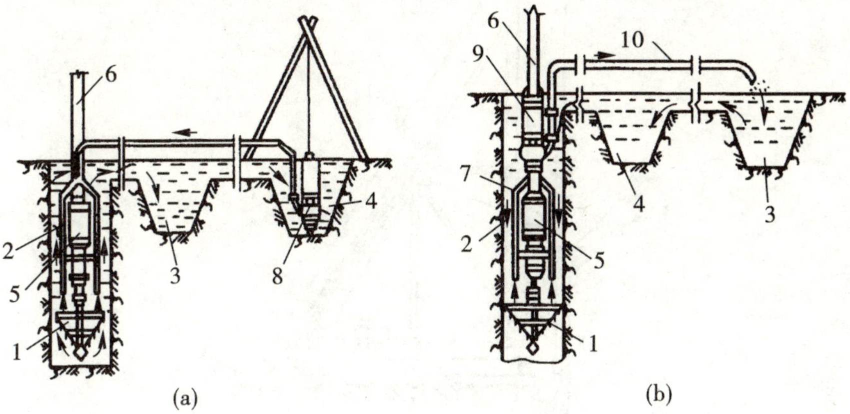

图2-25　循环排渣方法图

(a)正循环；(b)反循环

1-钻头；2-泥浆循环方向；3-沉淀池；4-泥浆池；5-主机；6-钻杆；7-抽渣管；8-泥浆泵；9-砂石泵；10-排渣胶管

反循环排渣法是泥浆由孔口流入孔内，同时泥浆泵通过钻杆底部吸渣，使钻下的土渣由钻杆内腔吸出并排入沉淀池，沉淀后流入泥浆池，如图2-25(b)所示。由于钻杆内腔断面比钻杆与孔壁间隙断面面积小得多，因此，泥浆的上返速度大，一般可达到2～3 m/s，可以提高排渣能力，保持孔内清洁，减少渣土在孔底重复破碎的几率，提高成孔效率。反循环排渣法是目前大直径成孔施工中一种高效、先进的工艺，应用较广泛。

5)清孔。

钻孔达到要求的深度后要清除孔底沉渣，以防止灌注桩沉降过大、承载力降低。当孔壁土质较好，不易塌孔时，可用空气吸泥机清孔，使泥浆密度控制在1.1 t/m^3；孔壁土质较差时，宜用反循环排渣法清孔。清孔后泥浆比重应控制在1.15～1.25 t/m^3之间，清孔满足要求后，应立即安放钢筋笼，浇筑混凝土。

※特别提示※

清孔是否彻底对泥浆护壁成孔灌注桩的承载力和沉降量影响较大，施工时应严格控制。清孔后孔内沉渣厚度应小于100 mm。

6)安放钢筋笼。

钻孔达设计深度后(一般要求达到较坚实的持力层)，即可安装钢筋笼，钢筋骨架预先在施工现场制作，用起重机械悬吊、在护筒上口分段焊接或绑扎后下放到孔内。吊放入孔时，不得碰撞孔壁，并应设置保护层垫块。

7)水下浇筑混凝土。

水下混凝土浇筑常用导管法。导管直径为250～300 mm或更小，每节长3 m，但第一节底管长度应≥4 m，节之间用法兰连接，要求接头严密，不漏浆、不进水，如图2-26所示。

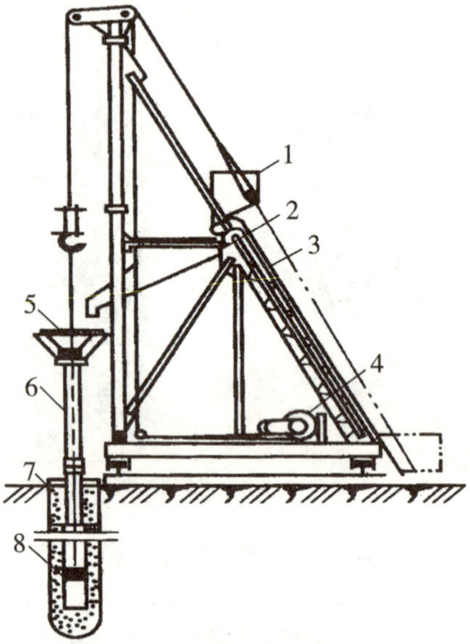

图2-26 水下浇筑混凝土

1-上料斗；2-贮料斗；3-滑道；4-卷扬机；5-漏斗；6-导管；7-护筒；8-隔水塞

采用导管法浇筑混凝土时，先将安装好的导管吊入桩孔内，导管顶部连接漏斗，底部距桩孔底0.3～0.5 m，在导管内设隔水塞（栓），用细钢丝悬吊在导管下口，隔水栓可采用预制混凝土块四周加橡皮封圈、橡胶球胆或软木球。

灌筑混凝土时，先在漏斗内灌入足够量的混凝土，保证混凝土下落后能将导管下端埋入不小于500 mm，然后剪断钢丝，隔水栓下落，混凝土随隔水栓冲出导管下口，并把导管底部埋入混凝土内。由于混凝土的密度比泥浆大，因此混凝土下沉而泥浆上浮。然后连续浇筑混凝土，当导管埋入混凝土达2～2.5 m时，即可提升导管，提升速度不宜过快，应保持导管埋在混凝土内1 m以上，这样边浇筑，边拔管，边拆除上部导管，直至桩顶。

水下浇筑混凝土时，其强度等级不应低于C20，粗骨料粒径不宜大于30 mm，坍落度为160～220 mm。混凝土保护层厚度不应小于50 mm。导管最大外径应比钢筋笼内径小100 mm以上，以便顺利提出。

※特别提示※

混凝土浇筑应在钢筋笼下放到桩孔内后4 h之内进行，以防止在钢筋表面形成过厚的泥皮，影响钢筋与混凝土之间的黏结强度。

整个导管安置在起重设备上，可以升降和拔管后水平移动。采用导管可以防止混凝土中水泥浆被水带走，又可防止泥浆进入混凝土内形成软弱夹层，保证混凝土的密实性和强度,同时可以减轻混凝土自由下落所造成的离析现象。

最后,混凝土浇筑面应超过设计标高以上 300 ~ 500 mm,当混凝土达到一定强度时,将这 300 ~ 500 mm 的浮浆软弱层凿除。

8)常见质量问题及处理方法。

泥浆护壁成孔灌注桩施工时常易发生孔壁坍塌、斜孔、孔底隔层、夹泥、流砂等工程问题,因水下混凝土浇筑属隐蔽工程,一旦发生质量事故难以观察和补救,所以严格遵守施工操作规程,在有经验的施工技术人员指导下认真施工,并作好隐蔽工程记录,以确保工程质量。

①塌孔。在成孔过程中或成孔后,在泥浆中不断出现气泡或护筒内的水位突然下降,均是塌孔的迹象。其形成原因主要是土质松散,泥浆护壁不得力,护筒周围未用黏土紧密填实,孔内泥浆液面下降,孔内水压降低等。如发生塌孔,应探明塌孔位置,将砂和黏土混合物回填到塌孔位置以上 1 ~2 m,如塌孔严重,应全部回填,等回填物沉积密实后再重新钻孔。

②斜孔。斜孔指成孔过程中出现孔位偏移或孔身倾斜。主要原因是桩架不稳固、钻杆不垂直或土层软硬不均;处理方法为将桩架重新安装牢固、平稳垂直;钻孔偏斜时,可提起钻头,上下反复扫钻几次;如偏移过大,应填入砂和黏土混合物,重新成孔。

③孔底隔层。孔底隔层指孔底残留石碴过厚,孔脚涌进泥砂或坍壁泥土落底。主要原因是清孔不彻底,清孔后泥浆浓度减小或浇筑混凝土、安放钢筋骨架时碰撞孔壁造成塌孔落土。主要防止方法为做好清孔工作;注意泥浆浓度及孔内水位变化,施工时注意保护孔壁。

④夹泥或软弱夹层。夹泥或软弱夹层指桩身混凝土混进泥土或形成浮浆泡沫软弱夹层。主要原因是浇筑混凝土时孔壁坍塌或导管下口埋入混凝土高度太小,泥浆被喷翻,掺入混凝土中。防止措施是经常注意混凝土表面标高变化,并保持导管下口埋入混凝土下的高度,并应在钢筋笼下放孔内 4 h 内浇筑混凝土。

2.3.3.2 套管成孔灌注桩

套管成孔灌注桩是利用锤击沉桩或振动沉桩方法,将带有桩尖的钢制桩管沉入土中,然后在钢管内放入钢筋骨架,边浇筑混凝土,边锤击、振动套管,边上拔套管,最后成桩。前者利用锤击沉管成孔,称为锤击沉管灌注桩;后者利用振动沉管成孔,称为振动沉管灌注桩。套管成孔灌注桩整个施工过程在套管护壁条件下进行,不受地下水位高低和土质条件好坏的限制,适合于地下水位高、地质条件差的可塑、软塑、流塑以上黏土、淤泥及淤泥质土、稍密和松散的砂土中施工。但是由于设备性能的特点使桩径、桩长都受到限制,施工有振动,噪音大,施工工艺不当易造成质量问题。图 2-27 为沉管灌注桩施工过程。

(1)锤击沉管灌注桩施工

锤击沉管灌注桩又称为打拔管式灌注桩,是用锤击沉桩设备(落锤、汽锤、柴油锤)将桩管打入土中成孔。然后灌注混凝土或钢筋混凝土,抽出钢管而成。施工设备如图 2-28 所示,其施工工艺流程如下:

桩机就位→安放桩尖→吊放桩管→扣上桩帽→锤击沉管至要求贯入度或标高,用吊铊检查管内有无泥水并测孔深→提起桩锤→安放钢筋笼→浇筑混凝土→拔管成桩。

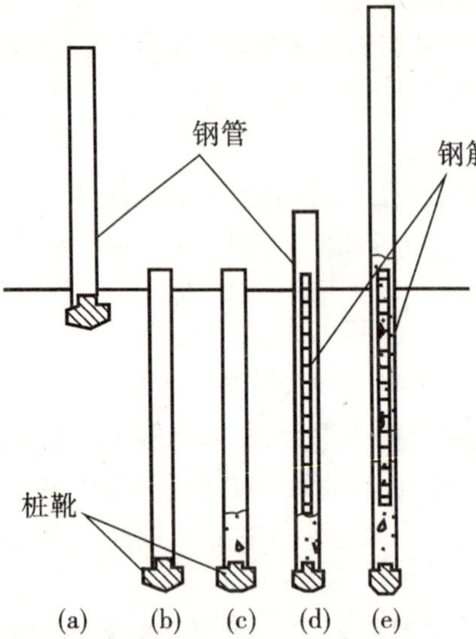

图 2-27 套管成孔灌注桩施工过程

(a)就位;(b)沉套管;(c)浇筑混凝土;(d)放钢筋笼、继续浇筑混凝土;(e)拔管成桩

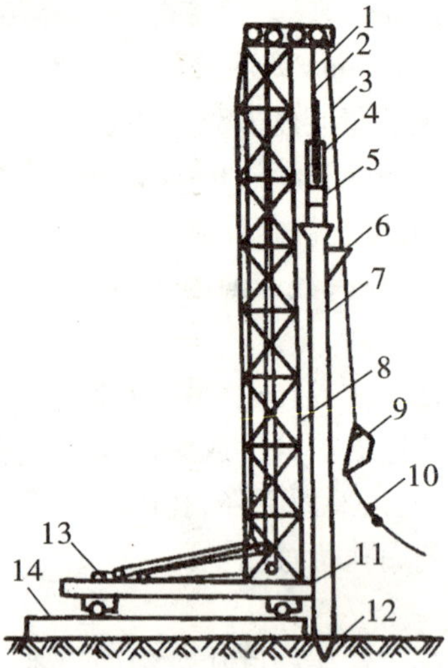

图 2-28 锤击沉管灌注桩桩机

1-钢丝绳;2-滑轮组;3-吊斗钢丝绳;4-桩锤;5-桩帽;6-混凝土漏斗;7-套管;8-桩架;9-混凝土吊斗;10-回绳;11-钢管;12-桩尖;13-卷扬机;14-枕木

锤击沉管灌注桩施工时,首先将打桩机就位,吊起桩管,对准预先在桩位埋好的预制混凝土桩尖,放置麻、草绳垫于桩管和桩尖连接处,以作缓冲和防止泥水进入桩管,然后缓慢放下桩管,套入桩尖,将桩管压入土中。然后桩管上部扣上桩帽,检查桩管与桩锤、桩尖是否在一条垂直线上,其垂直度偏差应小于0.5%桩管高度。

初打时应低锤轻击,观察桩管无偏移时,方能正常施打。桩锤施打的冲击频率视桩锤的类型和土质而定,宜采用低锤密击,即小落距、高频率,尽量控制每分钟击打70次以上,直至将桩管打至设计要求贯入度或桩尖标高,并检查管内无泥浆或水进入,即可(安放钢筋笼)灌注混凝土。

浇筑混凝土以及拔管时应保证混凝土的质量,桩管内应尽量灌满混凝土,并应保持不少于2 m高度,然后开始拔管。拔管要均匀,第一次拔管高度控制在能容纳第二次需要灌入的混凝土量为限,不宜拔管过高,以后始终保持管内的混凝土量略高于地面,直到桩管全部拔出地面为止。拔管时应保持连续密锤低击不停,并控制拔出速度,对一般土层,以不大于1 m/min为宜;在软弱土层及软硬土层交界处,应控制在0.8 m/min以内。

上面所述的这种灌注桩的施工方法称为单打法。为了提高桩的质量和承载能力,常采用复打法扩大灌注桩。其施工方法是在第一次单打法(不安放钢筋笼)施工完毕并拔出桩管后,清除桩管外壁上和桩孔周围地面上的污泥,立即在原桩位上再次安放桩尖,再作第二次沉管,使未凝固的混凝土向四周挤压扩大桩径,然后(安放钢筋笼)第二次灌注混凝土,拔管方法与第一次相同。复打施工时要注意前后两次沉管的轴线应重合,复打必须在第一次灌注的混凝土初凝之前进行。

锤击沉管灌注桩施工时应满足下列质量要求：

1）锤击沉管灌注桩混凝土强度等级应不低于C20；混凝土坍落度，在配筋时宜为80～100 mm，无筋时宜为60～80 mm；碎石粒径，配筋时不大于25 mm，无筋时不大于40 mm；桩尖混凝土强度等级不得低于C30。

2）当桩的中心距为桩管外径的5倍以内或小于2 m时，均应跳打，中间空出的桩须待邻桩混凝土达到设计强度的50%以后，方可施打。

3）桩位允许偏差：群桩不大于$0.5d$（d为桩管外径），对于两个桩组成的基础，在两个桩的连线方向上偏差不大于$0.5d$，垂直此线的方向上则不大于$1/6d$；墙基由单桩支承的，平行墙的方向偏差不大于$0.5d$，垂直墙的方向不大于$1/6d$。

（2）振动沉管灌注桩施工

振动沉管灌注桩是采用振动冲击锤（激振器）沉入套管，它与锤击沉管灌注桩的区别是用振动箱代替桩锤。振动箱与桩管刚性联结，桩管下安设活瓣桩尖，活瓣桩尖应有足够的强度和刚度，活瓣间缝隙应紧密。图2-29为振动沉管灌注桩桩机，活瓣桩尖如图2-30所示。

振动沉管施工时，先安装好桩机，将桩管下端活瓣闭合，对准桩位，徐徐放下桩管压入土中，然后校正垂直度，即可开动振动器沉管。当降沉到设计要求的深度后，便停止振动，立即利用吊斗向管内灌满混凝土，并再次开动振动器，边振动边拔管，同时在拔管过程中继续向管内浇筑混凝土。如此反复进行，直至桩管全部拔出地面后即形成混凝土桩身。

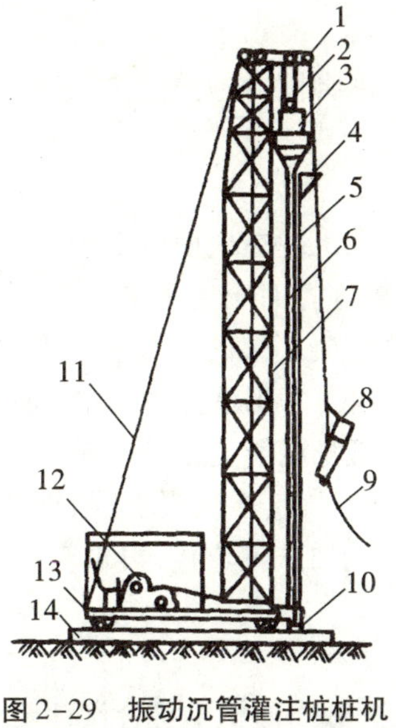

图2-29 振动沉管灌注桩桩机

1-导向滑轮；2-滑轮组；3-激振器；4-混凝土漏斗；5-桩管；6-加压钢丝绳；7-桩架；8-混凝土吊斗；9-回绳；10-桩尖；11-缆风绳；12-卷扬机；13-钢管；14-枕木

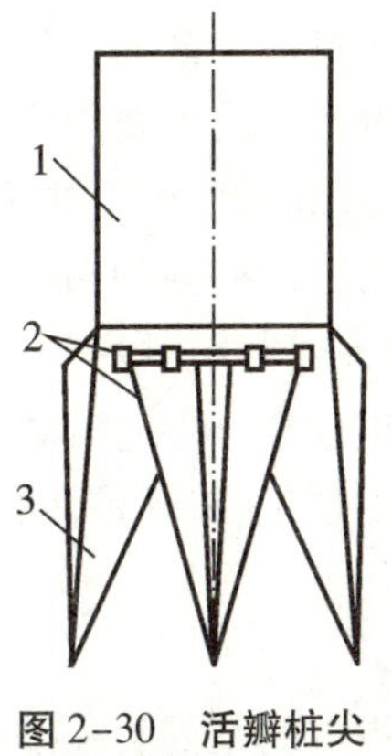

图2-30 活瓣桩尖

1-桩管；2-锁轴；3-活瓣

振动沉管灌注桩可采用单振法、反插法和复振法。

1）单振法。施工时，桩管内灌满混凝土，开动振动桩机，振动5～10 s，开始拔管，边振边拔。每拔0.5～1.0 m,停拔振动5～10 s,如此反复,直到桩管全部拔出为止。拔管时应控制拔管速度,在一般土层中为1.2～1.5 m/min,在较软弱土层中不宜大于0.8～1.0 m/min,单振法施工速度快,混凝土用量少,但桩的承载力低,适用于含水量较小的土层。

2)反插法。在桩管内灌满混凝土后,先振动再开始拔管。每次拔管高度0.5～1.0 m,再向下反插0.3～0.5 m,如此反复进行并始终保持振动,直至桩管拔出地面。反插法能使混凝土的密实性增加、桩的直径增大,从而提高桩的承载力。宜在较差的软土地基中应用。但混凝土耗用量大,一般适用于饱和软土层。

3)复振法。施工方法及要求与锤击沉管灌注桩的复打法大致相同。

振动沉管灌注桩施工时应满足下列质量要求:

1)振动沉管灌注桩的混凝土强度等级不宜低于C15;混凝土坍落度,在配筋时宜为80～100 mm,无筋时宜为60～80 mm;骨料粒径不得大于30 mm。

2)在拔管过程中,桩管内应随时保持不少于2 m高度的混凝土,以便有足够的压力,防止混凝土在管内的阻塞。

3)振动沉管灌注桩的中心距不宜小于4倍桩管外径,否则应采取跳打。相邻的桩施工时,其间隔时间不得超过混凝土的初凝时间。

4)为保证桩的承载力要求,必须严格控制最后两个两分钟的沉管贯入度,其值按设计要求或根据试桩和当地长期的施工经验确定。

5)桩位允许偏差同锤击沉管灌注桩。

(3)施工中常见问题及处理

套管成孔灌注桩施工时常发生断桩、缩径桩、吊脚桩、桩尖进水进泥等问题,出现这些问题应认真分析原因并及时处理。

1)断桩。

断桩指裂缝贯通全截面,呈水平或略倾斜状,多出现在地面以下1～3 m深的软硬土层交界处。断桩产生的主要原因是桩距过小,邻桩施打时土体水平挤压产生的横向水平力和土体反弹、隆起的竖向上拔力共同作用,使刚终凝不久的桩身混凝土受弯、受剪而造成断桩。避免断桩的措施为布桩不宜过密。过密时可采用跳打法或控制时间法以减少振动的影响;合理制订打桩顺序和桩架行走路线;当桩身混凝土强度较低时,应避免振动、挤压的影响。断桩检查,可用锤敲击桩头侧面,同时用脚踏在桩头上,如桩已断,会感到浮振。断桩一旦发现,应将断桩段拔去,略增大面积或加铁箍连接,再重新浇筑混凝土补做桩身。

2)瓶颈桩。

瓶颈桩是指桩的某处直径缩小形似"瓶颈",其截面面积不符合设计要求。多数发生在黏性土、土质软弱、含水量大的情况下,特别是饱和的淤泥或淤泥质软土层中。产生瓶颈桩的主要原因是:在含水率较大的软弱土层中沉管时,土体受到强烈扰动和挤压,产生很高的孔隙水压,拔管后便挤向新浇筑的混凝土,使桩身产生不同程度的缩径。拔管速度过快,混凝土量少、和易性差,混凝土出管扩散性差也造成缩颈现象。处理方法是:施工中应保持管内混凝土略高于地面,使之有足够的扩散压力,拔管时采用复打或反插办法,并严格控制拔管速度。

3)吊脚桩。

吊脚桩是指桩的底部混凝土隔空或混进泥砂而形成软弱夹层的桩。其产生的主要原因是预制钢筋混凝土桩尖承载力或钢活瓣桩尖刚度不够,沉管时被破坏或变形,因而水或泥砂进入桩管;拔管时桩靴未脱出或活瓣未张开,混凝土未及时从管内流出等。处理方法是应拔出桩管,填砂后重打;或者采取密振动慢拔,开始拔管时先反插几次再正常拔管等预防措施。

4)桩尖进水或进泥砂。

桩尖进水进泥砂常发生在地下水位高或含水量大的淤泥和粉泥土土层中。产生的主要原因是钢筋混凝土桩尖与桩管接合处或钢活瓣桩尖闭合不紧密;钢筋混凝土桩尖被打破或钢活瓣桩尖变形等。处理方法是将桩管拔出,清除管内泥砂,修整桩尖钢活瓣变形缝隙,用黄砂回填桩孔后再重打;若地下水位较高,待沉管至地下水位时,先在桩管内灌入0.5 m厚度的水泥砂浆作封底,再灌1 m高度混凝土增压,然后再继续下沉桩管。

2.4.3.3　人工挖孔灌注桩

人工挖孔灌注桩是指桩孔采用人工挖掘方法进行成孔,然后安放钢筋笼,浇筑混凝土而成的桩。其施工特点是设备简单;无噪声、无振动、不污染环境,对施工现场周围原有建筑物的影响小;施工速度快,可按施工进度要求决定同时开挖桩孔的数量,必要时,各桩孔可同时施工;土层情况明确,可直接观察到地质变化,桩底沉渣能清除干净,施工质量可靠。尤其当高层建筑选用大直径的灌注桩,而其施工现场又在狭窄的市区时,采用人工挖孔比机械挖孔具有更大的适应性。但其缺点是人工耗量大,开挖效率低,安全操作条件差等。

(1)适用范围

人工挖孔灌注桩适用于桩径800 mm以上,无地下水或地下水位较低的黏土、粉质黏土、含少量砂、砂卵石的黏土层等地质条件,可用于高层建筑、公用建筑、水工结构(如泵站、桥墩)作桩基、支承、抗滑、挡土之用。对软土、流砂、地下水位较高、涌水量大的土层不宜采用。

(2)一般构造要求

桩的形式如图2-31所示。桩直径(d)一般为800～2000 mm,最大直径可达3500 mm。桩埋置深度(桩长)一般在20 m左右,最深可达40 m。底部扩底时,扩底直径一般为1.3～3.0d,最大扩底直径可达4.5d。扩底直径尺寸按$(d_1-d)/2:H=1:4$,$h\geq(d_1-d)/4$进行控制。桩底应支承在可靠的持力层上。

(3)施工设备

施工设备一般可根据孔径、孔深和现场具体情况加以选用,常用的有电动葫芦、提土桶、潜水泵、鼓风机和输风管、镐、锹、土筐、照明灯、对讲机及电铃等。

(4)施工工艺

人工挖孔灌注桩的施工程序是:场地整平→放线、定桩位→挖第一节桩孔土方→支模浇灌第一节混凝土护壁→在护壁上二次投测标高及桩位十字轴线→安装活动井盖、设置垂直运输架、安装卷扬机或电动葫芦、吊土桶、照明设施等→挖第二节桩孔土方→清理桩孔四壁、校核桩孔垂度和直径→拆上节模板、支第二节模板、浇筑第二节混凝土护壁→重复上述施工过程直至设计深度→检查持力层后进行扩底→对桩孔直径、深度、扩底尺寸、持力层进行全面检查验收→清理虚土、排除孔底积水→吊放钢筋笼→浇筑桩身混凝土。

混凝土护壁分段高度根据土质情况和施工方便而定，一般为0.9～1.0 m，厚8～15 cm，或加配适量直径6～8 mm的光圆钢筋。混凝土强度为C20或C25，相邻两节护壁之间用钢筋拉接。

护壁施工采取一节组合钢模板拼装而成，拆上节、支下节，循环周转使用。模板间用U形卡连接，上下设两半圆组成的钢圈顶紧，中间用螺栓连接，不另设支撑。第一节混凝土护壁宜高出地面200 mm，便于挡水和定位，也可防止地面土块滚入桩孔中。

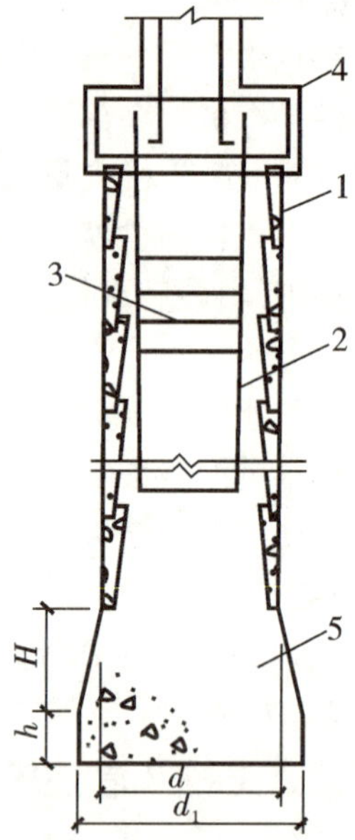

图2-31 人工挖孔灌注桩示意图

1-现浇混凝土护壁；2-主筋；3-箍筋；4-承台；5-混凝土

※特别提示※

为防止桩孔土体坍滑，确保施工操作安全，大直径桩孔在施工中一般需设置护壁。护壁可采用现浇混凝土(或配少量钢筋)、喷射混凝土或型钢-木板工具式护壁、沉井等。由于现浇混凝土护壁整体性好，能紧靠土壁、受力均匀，应用较为广泛。对于桩径较小、深度不大、土质较好、地下水量少的桩孔也可采用型钢-木板组合工具式护壁或不设护壁。

(5)质量要求

1)必须保证桩孔的挖掘质量。桩孔挖成后应有专人下孔检验，检查土质是否符合勘察报告，扩孔几何尺寸与设计是否相符，孔底虚土残渣情况，检查结果作为隐蔽验收记录归档。

2)按规程规定桩孔中心线的平面位置偏差不大于20 mm，桩的垂直度偏差不大于1%桩长，桩径不得小于设计直径。

3)钢筋骨架要保证不变形，箍筋与主筋要点焊，钢筋笼吊入孔内后，要保证其与孔壁间有足够的保护层。

4)混凝土坍落度宜在100 mm左右，用浇灌漏斗桶直落浇筑，避免离析，必须振捣密实。

(6)安全措施

人工挖孔桩施工应对施工安全予以特别重视，应制订周密可靠的安全技术措施、安全操作规定，并严格认真执行，经常检查。

桩孔内操作人员必须戴安全帽；孔下有人时孔口必须有监护人员；护壁要高出地面150～200 mm，以防杂物滚入孔内；孔内必须设置应急软爬梯；供人员上下井使用的电葫芦、吊笼等应安全可靠并配有自动卡紧保险装置，不得使用麻绳和尼龙绳吊挂或脚踏井壁凸缘上下。使用前必须检验其安全起吊能力。每日开工前必须检测井下的有毒有害气体，并应有足够的安全防护措施。桩孔开挖深度超过 10 m 时，应有专门向井下送风的设备。

孔口四周必须设备护栏。挖出的土石方应及时运离孔口，不得堆放在孔口四周 1 m 范围内，机动车辆的通行不得对井壁的安全造成影响。

施工现场的一切电源、电路的安装和拆除必须由持证电工操作；电器必须严格接地、接零和使用漏电保护器。各孔用电必须分闸，严禁一闸多用。孔上电缆必须架空 2.0 m 以上，严禁拖地和埋压土中，孔内电缆、电线必须有防磨损、防潮、防断等保护措施。照明应采用安全矿灯或 12 V 以下的安全灯。

2.3.3.4 桩基础的检测与验收

(1)桩基的检测

成桩的质量检验有两种基本方法：一种是静载试验法（或称破损试验）；另一种是动测法（或称无破损试验）。

1)静载试验法。

①试验目的。静载试验的目的，是采用接近于桩的实际工作条件，通过静载加压，确定单桩的极限承载力，作为设计依据，或对工程桩的承载力进行抽样检验和评价。

②试验方法。静载试验是根据模拟实际荷载情况，通过静载加压，得出一系列关系曲线，综合评定确定其容许承载力的一种试验方法。它能较好地反映单桩的实际承载力。荷载试验有多种，通常采用的是单桩竖向抗压静载试验、单桩竖向抗拔静载试验和单桩水平静载试验。

③试验要求。预制桩在桩身强度达到设计要求的前提下，对于砂类土，不应少于 $10d$；对于粉土和黏性土，不应少于 $15d$；对于淤泥或淤泥质土，不应少于 $25d$，待桩身与土体的结合基本趋于稳定，才能进行试验。就地灌注桩和爆扩桩应在桩身混凝土强度达到设计等级的前提下，对砂类土不少于 $10d$；对一般黏性土不少于 $20d$；对淤泥或淤泥质土不少于 $30d$，才能进行试验。对于地基基础设计等级为甲级或地质条件复杂，成桩质量可靠性低的灌注桩，应采用静载荷试验的方法进行检验，检验桩数不应少于总数的 1%，且不应少于 3 根；当总桩数少于 50 根时，不应少于 2 根，其桩身质量检验时，抽检数量不应少于总数的 30 %，且不应少于 20 根；其他桩基工程的抽检数量不应少于总数的 20%，且不应少于 10 根；对混凝土预制桩及地下水位以上且终凝后经过核验的灌注桩，检验数量不应少于总桩数的 10%，且不得少于 10 根。每根柱子承台下不得少于 1 根。

2)动测法。

①特点。动测法，又称动力无损检测法，是检测桩基承载力及桩身质量的一项新技术，作为静载试验的补充。

一般静载试验装置较复杂笨重，装、卸操作费工费时，成本高，测试数量有限，并且易破坏桩基。而动测法的试验仪器轻便灵活，检测快速，单桩试验时间仅为静载试验的1/50 左右，可大大缩短试验时间；测试数量多，不破坏桩基，相对也较准确，可进行普查，费用低，单桩测试费约为静载试验的 1/30 左右，可节省静载试验锚桩、堆载、设备运输、吊装焊接等大量人力、物力。

②试验方法。动测法是相对静载试验法而言,它是对桩土体系进行适当的简化处理,建立起数学-力学模型,借助于现代电子技术与量测设备采集桩-土体系在给定的动荷载作用下所产生的振动参数,结合实际桩土条件进行计算,所得结果与相应的静载试验结果进行对比,在积累一定数量的动静试验对比结果的基础上,找出两者之间的某种关系,并以此作为标准来确定桩基承载力。单桩承载力的动测方法种类较多,国内有代表性的方法有动力参数法、锤击贯入法、水电效应法、共振法、机械阻抗法、波动方程法等。

③桩身质量检验。在桩基动态无损检测中,国内外广泛使用的方法是应力波反射法,又称低(小)应变法。其原理是根据一维杆件弹性反射理论(波动理论)采用锤击振动力法检测桩体的完整性,即以波在不同阻抗和不同约束条件下的传播特性来判别桩身质量。

(2)桩基验收

1)桩基验收规定。

①当桩顶设计标高与施工场地标高相同时,或桩基施工结束后,有可能对桩位进行检查时,桩基工程的验收应在施工结束后进行。

②当桩顶设计标高低于施工场地标高,送桩后无法对桩位进行检查时,对打入桩可在每根桩桩顶沉至场地标高时,进行中间验收,待全部桩施工结束,承台或底板开挖到设计标高后,再做最终验收;灌注桩可对护筒位置做中间验收。

2)桩基验收资料。

①工程地质勘察报告、桩基施工图、图纸会审纪要、设计变更及材料代用通知单等。

②经审定的施工组织设计、施工方案及执行中的变更情况。

③桩位测量放线图,包括工程桩位复核签证单。

④制作桩的材料试验记录,成桩质量检查报告。

⑤单桩承载力检测报告。

⑥基坑挖至设计标高的基桩竣工平面图及桩顶标高图。

3)桩基允许偏差。

①预制桩。打(压)入桩(预制混凝土方桩、先张法预应力管桩、钢桩)的桩位偏差,必须符合表 2-11 的规定。斜桩倾斜度的偏差不得大于倾斜角正切值的 15%(倾斜角系桩的纵向中心线与铅垂线间夹角)。

②灌注桩。灌注桩的桩位偏差必须符合表 2-12 的规定,桩顶标高至少要比设计标高高出 0.5 m,桩底清孔质量按不同的成桩工艺有不同的要求,应按规范要求执行。每浇筑 50 m^3 必须有一组试件,小于 50 m^3 的桩,每根桩必须有一组试件。

表 2-11　预制桩(钢桩)桩位的允许偏差

项次	项目	允许偏差/mm
1	盖有基础梁的桩: 垂直基础梁的中心线; 沿基础梁的中心线	 100+0.01H 150+0.01H
2	1～3 根桩基中的桩	100
3	4～16 根桩基中的桩	1/2 桩径或边长
4	大于 16 根桩基中的桩: 最外边的桩; 中间桩	 1/3 桩径或边长 1/2 桩径或边长

注:H 为施工现场地面标高与桩顶设计标高的距离。

表 2-12　灌注桩的平面位置和垂直度的允许偏差

<table>
<tr><th rowspan="2">序号</th><th rowspan="2" colspan="2">成孔方法</th><th rowspan="2">桩径允许偏差/mm</th><th rowspan="2">垂直度允许偏差</th><th colspan="2">桩位允许偏差/mm</th></tr>
<tr><th>1～3 根、单排桩基垂直于中心线方向和群桩基础的边桩</th><th>条形桩基沿中心线方向和群桩基础的中间桩</th></tr>
<tr><td rowspan="2">1</td><td rowspan="2">泥浆护壁钻孔桩</td><td>$D\leq1000$ mm</td><td>±50</td><td rowspan="2"><1%</td><td>$D/6$,且不大于 100</td><td>$D/4$,且不大于 150</td></tr>
<tr><td>$D>1000$ mm</td><td>±50</td><td>100+0.01H</td><td>150+0.01H</td></tr>
<tr><td rowspan="2">2</td><td rowspan="2">套管成孔灌注桩</td><td>$D\leq500$ mm</td><td rowspan="2">-20</td><td rowspan="2"><1%</td><td>70</td><td>150</td></tr>
<tr><td>$D>500$ mm</td><td>100</td><td>150</td></tr>
<tr><td>3</td><td colspan="2">千成孔灌注桩</td><td>-20</td><td><1%</td><td>70</td><td>150</td></tr>
<tr><td rowspan="2">4</td><td rowspan="2">人工挖孔桩</td><td>混凝土护壁</td><td>+50</td><td><0.5%</td><td>50</td><td>150</td></tr>
<tr><td>钢套管护壁</td><td>+50</td><td><1%</td><td>100</td><td>200</td></tr>
</table>

注:1. 桩径允许偏差的负值是指个别断面。

2. 采用复打、反插法施工的桩,其桩径允许偏差不受上表限制。

3. H 为施工现场地面标高与桩顶设计标高的距离,D 为设计桩径。

小　结

本模块主要介绍常用的地基加固处理方法、适用范围、施工方法和质量标准及桩基础组成、分类、施工方法和质量标准。

当软土地基不能满足承载力或稳定性要求时,对地基加固是有效的措施。加固方法很多,而且尚在发展中,各种方法都有它的适用范围和局限性,选用何种方法,必须进行技术方面和经济方面的综合考虑。在选择地基处理方案前，应搜集详细的工程地质、水文地质及地基基础设计资料；根据工程的设计要求和采用天然地基存在的主要问题，确定地基处理的目的、处理范围和处理后要求达到的各项技术经济指标。

当天然地基上部土层的土质不良，不能满足建筑物对地基强度和变形等方面的要求时，往往采用桩基础。桩基础的种类多，施工难度大，因此必须了解各种桩基础的主要特点、构造要求、施工要点及质量验收标准；做好施工前的准备工作、编制桩基础工程组织设计方案，才能保证施工的正常进行。

学生应在课堂教学的同时，结合实践教学，加深对本模块内容的学习掌握。

习　题

一、单项选择题

1. 换土垫层法中，(　　)只适用于地下水位较低，基槽经常处于较干燥状态下的一般黏性土地基的加固。

A. 砂垫层　　B. 砂石垫层

C. 灰土垫层　　D. 卵石垫层

2. (　　)适用于处理地下水位以上天然含水率为12%～25%、厚度为5～15 m的素填土、杂填土、湿陷性黄土以及含水率较大的软弱地基等。

A. 强夯法　　B. 重锤夯实法

C. 灰土挤密桩法　　D. 砂石桩

3. (　　)适用于处理碎石土、砂土、低饱和度的黏性土、粉土、湿陷性黄土及填土地基等的深层加固。

A. 强夯法　　B. 重锤夯实法

C. 挤密桩法　　D. 砂石桩法

4. 在地基处理中，(　　)适用于处理深厚软土和冲填土地基，不适用于泥炭等有机沉淀地基。

A. 预压法-砂井堆载预压法　　B. 深层搅拌法

C. 振冲法　　D. 深层密实法

5. 当采用机械开挖箱型基础土方时，应在基坑底面标高以上保留(　　)厚的土层，采用人工清底。

A. 200～400 mm　　B. 100～300 mm

C. 300～500 mm　　D. 500～1000 mm

6. 深层搅拌法适于加固承载力不大于(　　)的饱和黏性土、软黏土以及沼泽地带的泥炭土等地基。

A. 0.15 MPa　　B. 0.12 MPa

C. 0.20 MPa　　D. 0.30 MPa

7. 筏板基础混凝土浇筑完毕后，表面应覆盖和洒水养护时间不少于(　　)。

A. 7 d　　B. 14 d

C. 21 d　　D. 28 d

8. 筏型基础及箱型基础施工前，如地下水位较高，可采用人工降低地下水位线至基坑以下不少于(　　)，以保证在无水情况下进行基坑开挖和基础施工。

A. 200 mm　　B. 300 mm

C. 500 mm　　D. 1000 mm

9. 正式打桩时宜采用(　　)的方式，可取得良好的效果。

A. "重锤低击，低提重打"　　B. "轻锤高击，高提重打"

C. "轻锤低击，低提轻打"　　D. "重锤高击，高提重打"

10. 静力压桩的施工程序中，"静压沉管"紧前工序为(　　)。

A. 压桩机就位　　B. 吊桩插桩

C. 桩身对中调直　　D. 测量定位

11. 打桩的入土深度控制，对于承受轴向荷载的摩擦桩，应(　　)。

A. 以贯入度为主，以标高作为参考

B. 仅控制贯入度不控制标高

C. 以标高为主，以贯入度作为参考

D. 仅控制标高不控制贯入度

二、简答题

1. 灰土垫层的工艺流程和施工要点是什么？

2. 砂和砂石地基的工艺流程和施工要点是什么？

3. 简述重锤夯实地基和强夯地基的机具设备、施工要点。

4. 试述桩基础的作用和分类。

5. 打桩前要做哪些准备工作？

6. 打桩顺序有几种？与哪些因素有关？如何确定打桩顺序？

7. 灌注桩与预制桩相比有何优缺点？

8. 灌注桩成孔有哪些方法？各适用于什么情况？

9. 试述泥浆护壁灌注桩的施工过程及施工要点。

10. 人工挖孔灌注桩的特点是什么？施工程序是什么？

模块3 砌筑工程

知识目标

1. 了解脚手架的种类、作用。
2. 掌握脚手架的搭设要求，安全防护措施。
3. 掌握砌筑前准备工作的内容和要求。
4. 掌握砖基础、砖墙的构造和砌筑工艺。
5. 掌握中型砌块的砌筑方法和砌筑工艺。
6. 掌握砌筑工程的质量标准和安全防护措施。

能力目标

知识要点	能力要求	相关知识	权重
脚手架工程施工	1. 能完成多立杆钢管式脚手架的搭设与拆除； 2. 能完成门式和碗扣式脚手架的搭设与拆除	脚手架的种类、作用、搭设要求，安全防护措施	40%
砌筑工程施工	1. 能完成普通砖基础、砖墙的砌筑； 2. 能完成中型砌块的砌筑； 3. 能根据砌体的砌筑标准检查砌筑工程的质量	砖基础、砖墙的构造和砌筑工艺、中型砌块的砌筑方法和砌筑工艺、砌筑工程的质量标准和安全防护措施	60%

学习重点

脚手架的搭设与拆除，砖墙的构造和砌筑工艺，砌块的砌筑方法和砌筑工艺。

工程引例

根据图纸，办公楼和教学楼的外墙面装饰、内墙面和顶棚装饰工程分别要用到外脚手架和里脚手架，根据这两个工程的特点，主要选择多立杆式钢管脚手架完成外立面的装饰，选择门式脚手架完成内墙砌筑和内部装饰工作。

根据图纸，办公楼采用砖混结构，承重墙体±0.000以下采用蒸压粉煤灰普通砖砌筑，±0.000以上采用蒸压粉煤灰承重多孔砖砌筑，填充墙采用加气混凝土砌块砌筑；教学楼采用框架结构，±0.000以下采用烧结煤矸石普通砖砌筑，±0.000以上采用加气混凝土砌块砌筑。

思考：(1)脚手架的种类和作用是什么？

(2)钢管扣件式脚手架的组成是什么？

(3)承重墙和填充墙在砌筑过程中的区别与联系是什么？

任务3.1　砌筑工程基础知识

3.1.1　砌筑材料

(1)砌筑砂浆

砌筑砂浆一般采用水泥混合砂浆或水泥砂浆。由胶凝材料(水泥)、细骨料(砂)、掺合料(或外加剂)和水按适当比例配制而成。在砌体中起着黏结块材、传递荷载的作用。

砂浆的种类、强度等级应符合设计要求。为便于操作，提高劳动生产率和砌体质量，砂浆应有适宜的稠度和良好的保水性。

1)对原材料的要求。

水泥品种和强度等级应符合设计要求。水泥砂浆采用的水泥，其强度等级不宜大于32.5级；水泥混合砂浆采用的水泥，其强度等级不宜大于42.5级。水泥进场使用前，应分批对其强度、安定性进行复验。当在使用中对水泥质量有怀疑或出厂日期超过三个月等情况，应经试验鉴定后方可使用。不同品种的水泥不得混合使用。

由于砌筑砂浆层较薄，对砂子最大粒径有所限制。对于砖砌体以使用中砂为宜，粒径不得大于2.5 mm，并应过筛，不得含有草根等杂物。粗砂拌制的砂浆和易性差，不便于砌筑；细砂拌制的砂浆强度较低，一般用于勾缝。由于砂的含泥量对砂浆强度、变形、稠度及耐久性影响较大，对水泥砂浆和强度等级大于等于M5的水泥混合砂浆，砂中含泥量不应大于5%；对强度等级小于M5的水泥混合砂浆，砂中含泥量不得超过10%。

为改善砌筑砂浆的和易性，常加入无机的细分散掺合料，如石灰膏、黏土膏、电石膏、粉煤灰等。掺入的生石灰应熟化成石灰膏，并用孔径不大于3 mm×3 mm滤网过滤，使其充分熟化，熟化时间不得少于7 d。沉淀池中贮存的石灰膏应防止干燥、冻结和污染，严禁使用脱水硬化的石灰膏。除上述掺合料外，目前还采用有机的微沫剂(如松香热聚物)来改善砂浆的和易性。微沫剂的掺量应通过试验确定，一般为水泥用量的 0.5/10000 ~ 1.0/10000（微沫剂按 100% 纯度计）。水泥石灰砂浆中掺入微沫剂时，石灰用量最多减少一半。

2）砂浆的制备与使用。

砂浆的配合比应经试验确定，试配砂浆时，应按设计强度等级提高 15%。施工中如用水泥砂浆代替同强度等级的水泥混合砂浆砌筑砌体时，因水泥砂浆和易性差，砌体强度有所下降（一般考虑下降 15%），因此，应提高水泥砂浆的配制强度（一般提高一级），方可满足设计要求。水泥砂浆中掺入微沫剂（简称微沫砂浆）时，砌体抗压强度较水泥混合砂浆砌体降低 10%，故用微沫砂浆代替水泥混合砂浆使用时，微沫砂浆的配制强度也应提高一级。砂浆配料应采用质量比，配料要准确。水泥、微沫剂的配料精度应控制在 ±2% 以内；砂、石灰膏、黏土膏、电石膏、粉煤灰的配料精度应控制在 ±5% 以内。外加剂由于总掺入量很少，要按说明或技术交底严格计量加料，不能多加或少加。掺外加剂时，应先将外加剂按规定浓度溶于水中，再将外加剂溶液与拌合水一起投入拌和，不得将外加剂直接投入拌制的砂浆中。

砂浆应采用机械搅拌，自投料完算起，拌和时间应符合下列规定：水泥砂浆和水泥混合砂浆不得少于 2 min；水泥粉煤灰砂浆和掺外加剂的砂浆不得少于 3 min；掺有机塑化剂的砂浆，应为 3 ~ 5 min。拌和后的砂浆盛入贮灰器内。

砂浆应具有良好的保水性，砂浆的保水性是用分层度来衡量的。水泥砂浆分层度不应大于 30 mm，水泥混合砂浆分层度不应大于 20 mm。如砂浆出现泌水现象，应在砌筑前再次拌和。

砂浆应具有一定的流动性，流动性也叫稠度。砂浆的稠度是用沉入度来衡量的。烧结普通砖砌体宜控制在 70 ~ 90 mm，烧结多孔砖、空心砖砌体宜控制在 60 ~ 80 mm，轻骨料混凝土小型空心砌块砌体宜控制在 60 ~ 90 mm，普通混凝土小型空心砌块、加气混凝土砌块砌体宜控制在 50 ~ 70 mm，石砌体宜控制在 30 ~ 50 mm。

砂浆应随拌随用。水泥砂浆和水泥混合砂浆必须分别在拌成后 3 h 和 4 h 内使用完毕；当施工期间最高气温超过 30 ℃时，必须分别在拌成后 2 h 和 3 h 内使用完毕。

3）砂浆的强度等级。

砂浆强度等级是用边长 70.7 mm 的立方体试块，在（20±3）℃及正常湿度条件下，置于室内不通风处养护 28 d 的平均抗压极限强度确定的，其强度等级有 M20、M15、M10、M7.5、M5、M2.5 六种。

（2）砖

砖有实心砖、多孔砖和空心砖，按其生产方式不同又分为烧结砖和蒸压（或蒸养）砖两大类。

烧结砖有烧结普通砖（为实心砖）、烧结多孔砖和空心砖，它们是以黏土、页岩、煤矸石、粉煤灰为主要原料，经压制成型、烧制而成。烧结普通砖按所用原料不同，分为黏土砖、页岩砖、煤矸石砖和粉煤灰砖。

烧结普通砖的外形为直角六面体，其规格为 240 mm×115 mm×53 mm（长×宽×高），即 4 块砖长加 4 个灰缝、8 块砖宽加 8 个灰缝、16 块砖厚加 16 个灰缝（简称 4 顺、8 丁、16

线）均等于或约等于1 m。根据抗压强度分为MU30、MU25、MU20、MU15、MU10五个强度等级。

烧结多孔砖是以黏土、页岩、煤矸石等为主要原料，经压制成型、烧制而成的多空砖。烧结多孔砖和空心砖的规格有190 mm×190 mm×90 mm、240 mm×115 mm×90 mm、240 mm×180 mm×115 mm等多种。承重多孔砖的强度等级与烧结普通砖相同，非承重空心砖的强度等级为MU5、MU3、MU2。

蒸压砖有煤渣砖和灰砂空心砖。

蒸压煤渣砖是以煤渣为主要原料，掺入适量的石灰、石膏，经混合、压制成型、通过蒸压（或蒸养）而成的实心砖；其规格同烧结普通砖，强度等级由抗压、抗折强度而定，有MU20、MU15、MU10、MU7.5四个强度等级。

蒸压灰砂空心砖以石灰、砂为主要原料，经配料制备、压制成型、蒸压养护成型而制成的孔洞率大于15%的空心砖。蒸压灰砂空心砖的尺寸：长为240 mm，宽均为115 mm，高有53 mm、90 mm、115 mm、175 mm四种，强度等级有MU25、MU20、MU15、MU10、MU7.5五个强度等级。

砖的品种、强度等级必须符合设计要求，并应规格一致。用于清水墙、柱表面的砖，应边角整齐，色泽均匀。无出厂证明的砖要送试验室鉴定。在砌砖前1～2天（视天气情况而定）应将砖堆浇水润湿，以免在砌筑时因干砖吸收砂浆中大量的水分，使砂浆流动性降低，造成砌筑困难，并影响砂浆的黏结力和强度。但也要注意不能将砖浇得过湿而使砖不能吸收砂浆中的多余水分，影响砂浆的密实性、强度和黏结力，而且还会产生堕灰和砖块滑动现象，使墙面不洁净，灰缝不平整，墙面不平直。要求普通黏土砖、空心砖含水率为10%～15%。施工中可将砖砍断，其断面四周的吸水深度达10～20 mm即认为合格。灰砂砖、粉煤灰砖含水率宜为5%～8%。砖应尽量不在脚手架上浇水，如砌筑时砖块干燥，操作困难时，可用喷壶适当补充浇水。

（3）石

砌筑用的石料分为毛石、料石两类。

毛石又分为乱毛石和平毛石。乱毛石指形状不规则的石块；平毛石指形状不规则，但有两个平面大致平行的石块。毛石的中部厚度不宜小于150 mm。料石按其加工面的平整程度分为细料石、粗料石和毛料石三种。料石的宽度、厚度均不宜小于200 mm，长度不宜大于厚度的4倍。石材的强度等级分为MU100、MU80、MU60、MU50、MU40、MU30、MU20、MU15和MU10。

石砌体一般用于两层以下的居住房屋及挡土墙等，一般采用水泥砂浆或混合砂浆砌筑，砂浆稠度30～50 mm，两层以上石墙的砂浆标号不小于M2.5。

（4）砌块

砌块按形状分有实心砌块和空心砌块两种。按材料分为粉煤灰砌块、加气混凝土砌块、混凝土砌块、硅酸盐砌块等。按规格分为小型砌块、中型砌块、和大型砌块。砌块高度在115～380 mm称小型砌块，高度在380～980 mm称中型砌块，高度大于980 mm称大型砌块。

3.1.2 砌筑工程运输机械

3.1.2.1 砂浆搅拌机

砌筑用的砂浆，一般采用机械拌制。砂浆搅拌机是砌筑工程中的常用机械。常用的砂浆搅拌机是强制式搅拌机，其容量有 100 L、200 L、325 L 等规格。搅拌时拌筒一般固定不动。卸料时，一种是倾翻筒口朝下出料（如倾翻出料式的 HJ-200 型、HJ1-200B 型）；另一种是打开筒底侧的活门出料（如活门式的 HJ-325 型）。如图 3-1 所示。

(a)

(b)

图 3-1 砂浆搅拌机

(a)倾翻卸料式；(b)活门卸料式

3.1.2.2 运输机具

砌筑工程施工中的各种材料（砂浆、块体）、工具（脚手杆、脚手板、灰槽等）均需运送到各楼层的施工面上去，运输量很大。运输过程中除要保证安全外，还要防止砌筑块体的破损和砌筑砂浆的分层离析。在水平运输和垂直运输过程中，如发现砂浆有泌水和分层现象时，在使用前应重新拌和。因此，合理地选择运输机具是砌筑工程中最先需要解决的问题之一。

(1)水平运输机具

施工现场内的水平运输机具是指用于楼层面和地面的运输机具，常用的有机动翻斗车和人力两轮手推车两种，如图 3-2 所示。

(a)　(b)　(c)

图3-2　各种运输小车

(a)砂浆运输车;(b)、(c)运砖小车

(2)垂直运输机具

垂直运输设施是指在建筑施工中担负垂直运送材料和施工人员上下的机械设备和设施。砌筑工程中常用的垂直运输设施有塔式起重机、井字架、龙门架、施工电梯等。垂直运输设施可分为两类:一类既能进行垂直运输又能进行水平运输,主要有塔式起重机。另一类只能进行水平运输,主要有井字架、龙门架、施工电梯。目前在中小型民用建筑施工中,广泛采用井字架、龙门架。在井架和龙门架内设置吊盘,施工用料放在吊盘上,利用卷扬机进行提升。

1)井字架。

井字架是施工中最常用的、亦为最简便的垂直运输设施,它稳定性好,运输量大。除用型钢或钢管加工的定型井字架之外,还可以用许多种脚手架材料现场搭设而成。井架内设有吊篮,一般的井架多为单孔井架,但也可构成双孔或多孔井架。以满足同时运输多种材料的需要。还可设小型把杆,供吊运长度较大的构件,其起重量一般为0.5~1.5 t,回转半径可达10 m。井字架起重能力一般为1~3 t,提升高度一般在60 m以内,在采取措施后,亦可搭设得更高。如图3-3、图3-4所示。为保证井架的稳定性,必须设置揽风绳或附墙拉结。

2)龙门架

龙门架是由两根立柱及天轮梁(横梁)构成的门式架。在龙门架上设滑轮、导轨、吊盘、安全装置以及起重索、缆风绳等,即构成一个完整的垂直运输体系。如图3-5所示。龙门架构造简单,制作容易,用材少,装拆方便,起重能力一般在1.2 t以内,提升高度一般在30 m以内,适用于中小型工程。

立柱是采用型钢或钢管焊接而成的格构柱,其截面形式有三角形和正方形两种。每个格构柱长3 m,上下两端设有连接板,板上留有螺栓孔,节与节之间用螺栓连接。

吊盘的平面尺寸以考虑能运送最大尺寸构件为宜,构造形式依具体情况而定,可采用角钢、铺板(钢脚手版、木脚手板)做成。

龙门架的安装可采用预先拼装,整体起吊的方法;也可采用分节安装,即先安装第一节立柱,固定好地脚螺栓,然后用杆件绑在已立好的第一节立柱上,杆件顶部系上滑轮,吊起第二节立柱,就位后用螺栓固定,每安装一节立柱后,应系好揽风绳或加临时支撑固定,然后依次吊装,直至全部就位,安上横梁。

龙门架一般单独设置。有外脚手架时,可设在脚手架的外侧或转角部位,其稳定靠拉设缆风绳解决;亦可设在外脚手架的中间,用拉杆将龙门架的立柱与脚手架拉结起来,以确保龙门架和脚手架的稳定,但在垂直于脚手架的方向仍需设置缆风绳并设置附墙拉结。与龙门架相接的脚手架应加设必要的剪力撑予以加强。

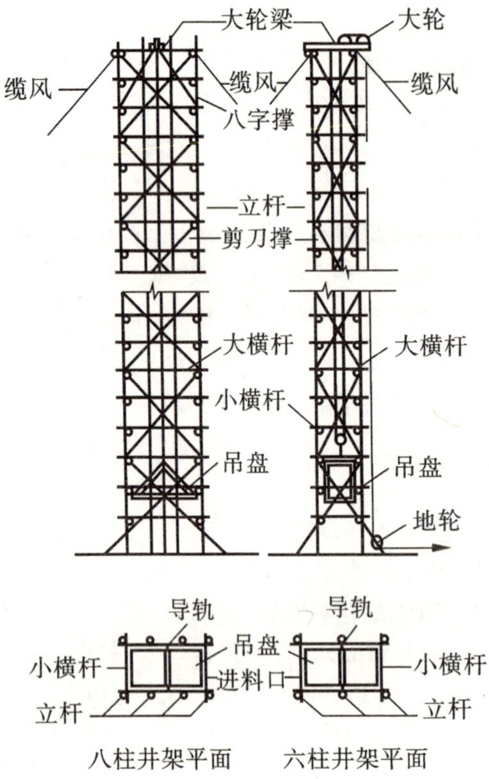

图3-3　钢管搭设井字架

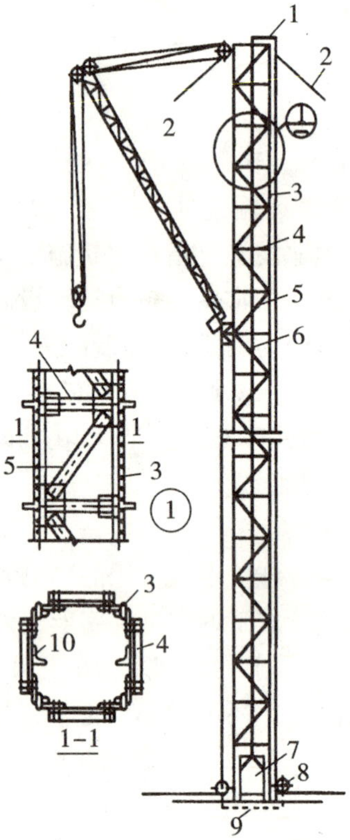

图3-4　型钢井架

1-天轮;2-缆风绳;3-立柱;4-平撑;5-斜撑;6-钢丝绳;7-吊盘;8-地轮;9-垫木;10-导轨

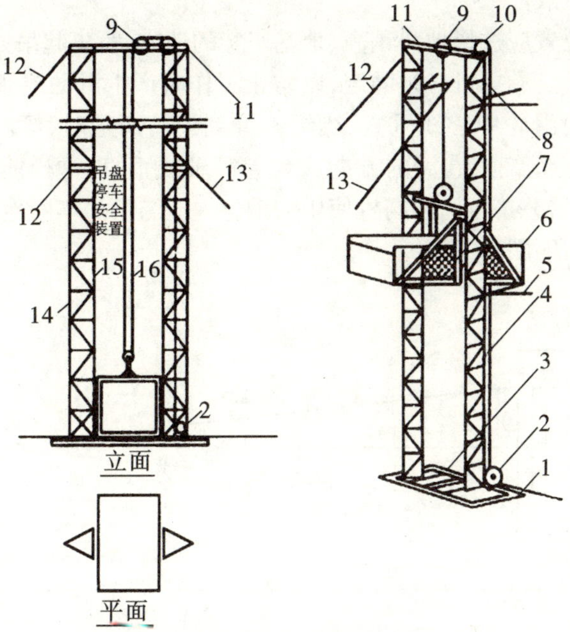

图3-5 龙门架的基本构造形式

1-提升钢丝绳;2-地轮;3-底盘;4-立柱节;5-连墙杆;6-吊笼;7-承重架;8-安全装置;9-天轮;10-导向轮;11-横梁;12-缆风绳;13-钢丝绳;14-立柱;15-导轨

3)卷扬机。

卷扬机是一种牵引机械,分为手动卷扬机和电动卷扬机。龙门架、井字架一般都用卷扬机牵引钢丝绳来提升吊盘。常用的电动卷扬机按其速度可分为快速、慢速两种。

4)井字架、龙门架安装和使用注意事项。

井字架、龙门架必须立于可靠的地基和基座上,选择排水畅通之处。如地基土质不好,要加碎砖和碎石夯实,并做150 mm厚C15混凝土垫层,立柱底部应设底座和50 mm×200 mm的垫木。井字架、龙门架高度在12~15 m以下时设一道缆风绳,15 m以上每增加5~6 m增设一道。井字架每道不少于4根,龙门架每道不少于6根。缆风绳宜用6~8 mm的钢丝绳,与地面成45°夹角。井字架安装要准确,结合要牢固,30 m以下的井字架安装垂直度偏差不得超过总高度的1/400;30 m以上的井字架安装垂直度偏差不得超过总高度的1/600。导轨垂直度及间距尺寸的偏差,不得大于±10 mm。正式使用前应进行试运转。

在雷雨季节,井字架、龙门架架高超过30 m时,应装设避雷电装置。井字架、龙门架自地面5 m以上的四周(出料口除外),应使用安全网或其他遮挡材料进行封闭,避免吊盘上材料坠落伤人。卷扬机司机操作观察吊盘升降的一面只能使用安全网。必须采用限位自停措施,以防止吊盘上升的时候“冒顶”。吊盘应有可靠的安全装置,防止吊盘在运行中和停车装卸料时发生卷扬机制动失灵而发生跌落等事故。吊盘不得长时间悬于空中,应及时落至地面。吊盘内不要装长杆件材料和零乱堆放的材料,以免材料坠落或长杆材料卡住井架酿成事故。

安装卷扬机的位置应选择地势稍高、地基坚实的地方，距离起吊处 15 m 以外，以利排水与观测构件的起吊。卷扬机必须固定，以防止工作时产生滑动或倾覆。卷扬机卷筒中心应与前面第一导向滑轮中心线垂直，当绳索绕到卷筒两边时，倾斜角不得超过 1.5°。如图 3-6 所示。钢丝绳绕入卷筒的方向应与卷筒轴线垂直，这样能使钢丝绳圈排列整齐，不致斜绕和互相错叠挤压。卷扬机使用的钢丝绳应与卷筒牢固地卡好，在放松钢丝绳时卷筒上至少应保留四圈。

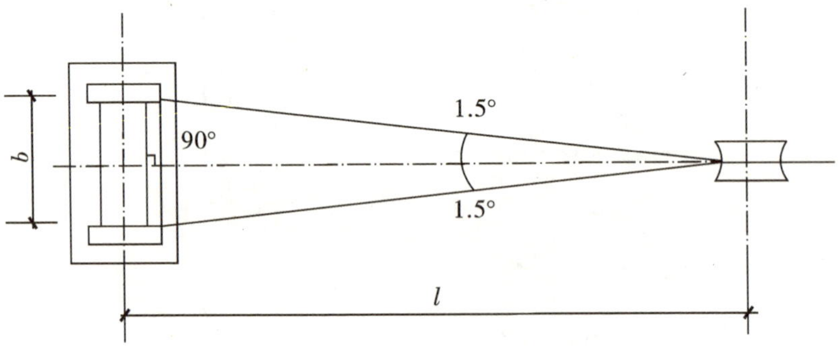

图 3-6　卷扬机平面位置

卷扬机设备、轨道、锚碇、钢丝绳和安全装置等应经常检查保养，发现问题及时加以解决，不得在有问题的情况下继续使用。

应经常检查井架的杆件是否发生变形和连接松动情况。经常观察有否发生地基不均匀沉降情况，出现沉降应及时解决。

5）施工电梯。

目前在高层建筑施工中采用人货两用的建筑施工电梯，主要用于施工人员上下楼层。除运送人员外，还可以运送材料和小型机具。其吊笼装在机架外侧，沿齿条式轨道升降，附着在外墙或建筑物其他结构上，可载重货物 1.0～1.2 t，亦可乘 12～15 人。其高度随着建筑物主体结构施工而接高，可达 200 m 以上（国外的最高提升高度已达 645 m）。如图 3-7 所示。它特别适用于高层建筑，也可用于高大建筑物。

目前我国使用的施工电梯按其驱动方式分为齿轮齿条驱动方式和绳轮驱动方式。两者都由吊箱和塔架组成。吊箱用于载人载货，塔架用于悬挂吊箱和作为吊箱升降的导轨。塔架由标准节用螺栓连接而成，利用吊箱顶部的专用吊杆提升塔架标准节，塔架可以自升接高。塔架通过附墙装置与建筑物相连。为了使用的安全，施工电梯设有各种安全保险装置。

齿轮齿条驱动式是利用安装在吊箱框架上的齿轮与安装在立杆上的齿条相啮合，当电动机经过变速机构带动齿轮转动时，吊箱即沿塔架升降。这种形式的施工电梯有单吊箱和双吊箱及带平衡重和不带平衡重之分。其载重量为 1000 kg 或载 12 人。提升高度理论上不受限制，国产电梯实际最大提升高度可达 200 m。

绳轮驱动式是利用卷扬机、滑轮组，通过钢丝绳悬吊吊箱升降的，是近年新开发的一种形式。它制造、安装简单,用钢量少,费用低,其载重量为1000 kg或载8～10人。适用于20层以下的建筑使用。

在确定施工电梯的平面位置时,应结合流水施工段的划分,充分考虑人员及货物的流向,使由施工电梯到作业点的平均距离最短,同时还应考虑现场供电、排水条件及与建筑结构相连是否方便、有无良好的夜间照明等因素。

建筑施工电梯安装前先做好混凝土基础,混凝土基础预埋锚固螺栓或者预留固定螺栓孔以固定底笼。其安装过程大致为:将部件运至安装地点→装底笼和二层标准节→装梯笼→接高标准节并随设附墙支撑→安平衡箱。

施工电梯应由专职司机操作,按时保养,定期维修。

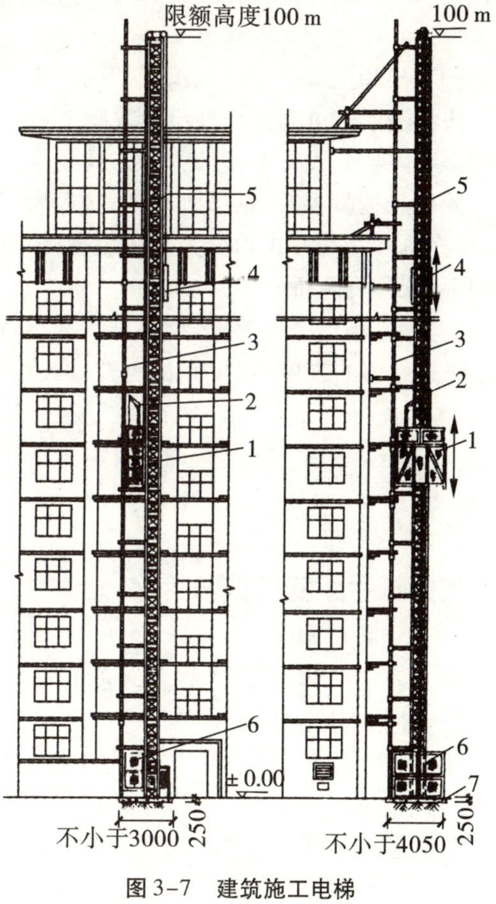

图3-7　建筑施工电梯

1-吊笼;2-小吊杆;3-架设安装杆;4-平衡箱;5-导轨架;6-底笼;7-混凝土基础

任务3.2 脚手架工程

3.2.1 脚手架工程基本知识

脚手架是建筑施工中堆放材料、工人进行操作及进行材料短距离水平运送的一种临时设施。在造价工程中,属于直接费中的措施费,因此只作为一般了解内容。

当砌筑到一定高度后,不搭设脚手架就无法进行正常的施工操作。为此,考虑到工作效率和施工组织等因素,每次脚手架的搭设高度以1.2 m为宜,称为“一步架高”,又叫砌体的可砌高度。

按搭设位置可分为外脚手架和里脚手架。按脚手架的设置形式分为单排脚手架、双排脚手架、满堂脚手架等;按构造形式可分为杆件组合式脚手架(也称多立杆式脚手架)、框架组合式脚手架(如门型脚手架)、吊挂式、悬挑式、工具式等多种;按支固方式分为落地式脚手架、悬挑脚手架、附墙悬挂脚手架、悬吊脚手架;按其所用材料可分为木脚手架、竹脚手架和金属脚手架;按搭拆和移动方式划分为人工装拆脚手架、附着升降脚手架、整体提升脚手架、水平移动脚手架和升降桥架。

对脚手架的基本要求:宽度应满足工人操作、材料堆置和运输的需要,脚手架的宽度一般为1.5 ~2.0 m;并保证有足够的强度、刚度和稳定性;构造简单;装拆方便并能多次周转使用。

3.2.2 外脚手架

3.2.2.1 多立杆钢管式外脚手架的搭设与拆除

(1)搭设前准备

1)在搭设脚手架前应做好准备工作,单位工程各级负责人应按施工组织设计中有关脚手架的要求,逐级向架设和使用人员进行技术交底。

2)搭设前应对搭设材料(钢管、扣件、脚手板等)进行检查和验收,不合格的构配件不得使用,合格的构配件按品种、规格堆放整齐。

3)清理搭设现场、平整场地、做好排水工作。

※知识链接※

扣件式钢管脚手架由钢管、扣件、脚手板和底座等组成,如图3-8所示。钢管一般用ϕ48 mm、厚3.5 mm的焊接钢管。用于立柱、纵向水平杆和支撑杆(包括剪刀撑、横向外撑、水平斜撑等)的钢管长宜为4 ~6.5 m;用于横向水平杆的钢管长度宜为1.8 ~2.2 m。扣件式钢管脚手架的基本形式有双排、单排两种。单排和双排一般用于外墙砌筑与装饰。

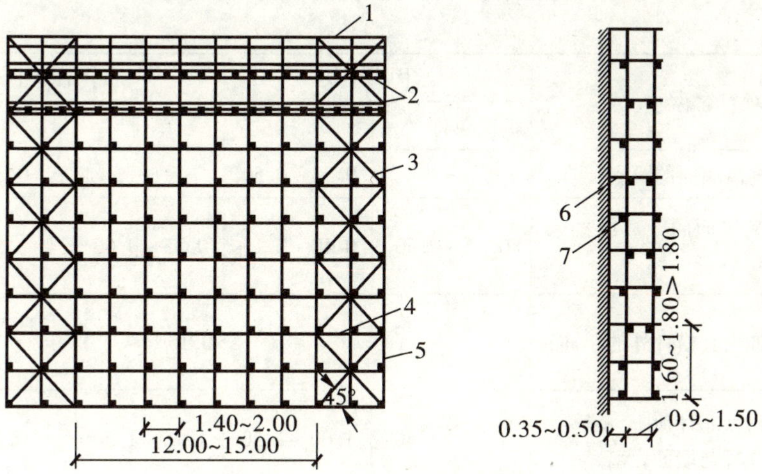

图3-8 扣件式钢管脚手架

1-栏杆;2-作业层;3-剪刀撑;4-大横杆;5-立杆;6-附墙拉杆;7-小横杆

扣件用于钢管之间的连接,其基本形式有三种,如图3-9所示:一是直角扣件(十字扣),用于两根钢管呈垂直交叉连接;二是旋转扣件(回转扣),用于两根钢管呈任意角度交叉连接;三是对接扣件(一字扣),用于两根钢管的对接连接。

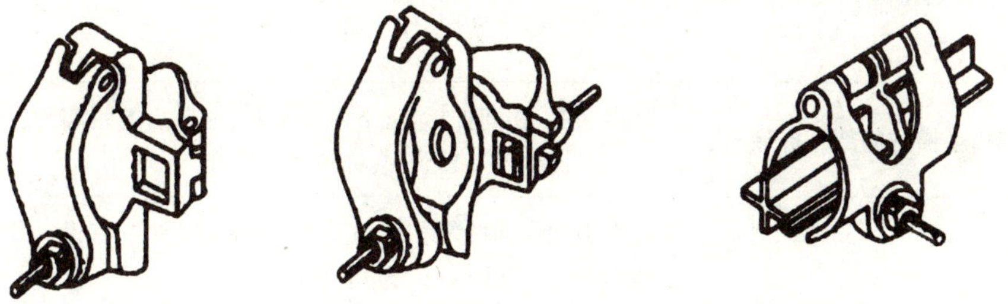

(a) (b) (c)

图3-9 扣件形式

(a)直角扣件;(b)旋转扣件;(c)对接扣件

多立杆扣件式钢管外脚手架的一般构造要求见表3-1。

表 3-1　多立杆扣件式钢管外脚手架的一般构造要求

（单位：m）

项目名称	结构脚手架		装饰脚手架	
	单排	双排	单排	双排
脚手架里立杆离墙面的距离	—	0.35～0.50	—	0.35～0.50
小横杆里端离墙面的距离或插入墙面的距离	0.35～0.50	0.10～0.15	0.35～0.50	0.15～0.20
小横杆外端伸出大横杆外的距离	>0.15			
双排脚手架内外立杆横距 单排脚手架立杆与墙面距离	1.35～1.80	1.00～1.50	1.15～1.50	0.15～1.20
立杆纵距　单立杆	1.00～2.00			
立杆纵距　双立杆	1.50～2.00			
大横杆间距（步高）	≤1.50		≤1.80	
第一步价高	一般为 1.60～1.80，且≤1.50			
小横杆间距	≤1.50		≤1.50	
15～18 m 高段内铺板层和作业层的限制	铺板层不多于六层，作业层不多于两层			
不铺板时，小横杆的部分拆除	每步保留、相间抽拆，上下两步错开，抽拆后的距离为： 结构架子≤1.50；装饰架子≤3.00			
剪力撑	沿脚手架纵向两端和转角处起，每隔 10 m 左右设一组，斜杆与地面夹角为 45°～60°，并沿全高布置			
与结构拉接（连墙杆）	每层设置，垂直距离≤4.0，水平距离≤6.0，且在高度段的分界面上必须设置			
水平斜拉杆	设置在于水平杆相同的水平面上			视需要设置
护身栏杆和踢脚板	设置在作业层，栏杆高 1.00，挡脚板高 0.40			
杆件对接或搭接位置	上下或左右错开，设置在不同的（步架和纵向）网格内			

注：高层脚手架当采用分段搭设时，每段的脚部分别支承在托架上，每段搭设高度不宜超过 25 m。

（2）放线、定位及铺垫板、放底座

根据脚手架的搭设高度、搭设场地土质情况进行地基处理。脚手架的柱距、排拒要求进行放线、定位，垫板、垫板应准确地放在定位线上，垫板必须铺放平稳，不得悬空，双管立杆应采用双管底座或点焊在一根槽钢上。

(3)杆件搭设

1)脚手架搭设顺序:放置纵向扫地杆→竖立柱→横向扫地杆→第一步纵向水平杆→第一步横向水平杆→连墙杆(或跑撑)→第二部纵向水平杆→第二部横向水平杆……

在搭双排脚手架时,搭设扫地杆和第一步架杆件一般应多人相互配合操作。竖立杆时,一人拿起立杆并插入底座中,另一人用左脚将底座的低端踩住,并用双手将立杆竖起准确插入底座内,要求内外排的立杆同时竖起,及时拿起纵、横向杆用直角扣件与立杆连接扣件固定,然后按规定的间距绑上临时抛撑。在竖立第一步架时,必须注意立杆的垂直度和横杆的水平度,第一步安装完成后再按上述安装上层纵、横向杆件。

※知识链接※

1. 立杆的构造要求

立杆一般采用单根钢管,当脚手架很高、负载较重时立杆也可采用两根钢管。本任务以单根钢管为例。

1)单根立杆接头除顶层可采用搭接外,其余各接头必须采用对接扣件对接。立杆上的对接扣件应交错布置,两个相邻接头不应设在同步同跨内,两相邻立杆接头在高度方向错开的距离不应小于500 mm,各接头中心距主节点的距离不应大于步距的1/3。立杆接头的做法如图3-10所示。

立杆的搭接长度不应小于1 m,用不少于两个旋转扣件固定,端部扣件盖板的边缘至杆端距离不应小于100 mm。

2)每根立杆均应设置底座或垫木、垫块。立杆顶端应高出建筑的檐口上皮高度1.5 m。

3)脚手架必须设置纵、横向扫地杆,纵向扫地杆应采用直角扣件固定在距底座下皮不大于200 mm处的立杆上,横向扫地杆应采用直角扣件固定在紧靠纵向扫地杆下方的立杆上。

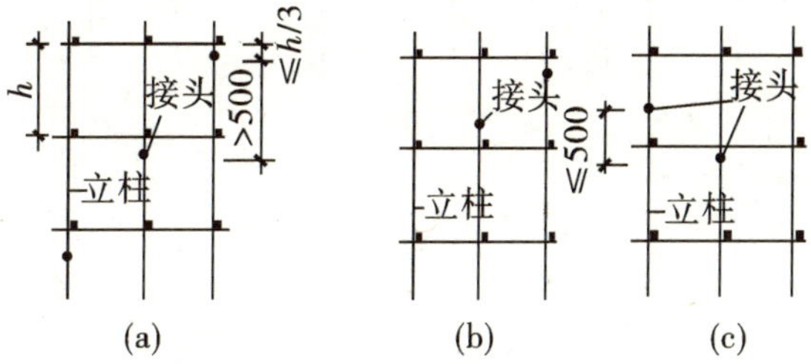

图3-10 立杆接头的构造

(a)正确做法;(b)、(c)错误做法(不允许)

2. 纵向水平杆构造要求

1)当采用钢、木脚手板时,纵向水平杆设于横向水平杆之下,在立柱的内侧,采用直角扣件与立柱扣紧。纵向水平杆一般采用对接扣件连接,也可采用搭接。采用对接时,对接接头应交错布置,不应设在同步、同跨内,相邻对接接头水平距离不应小于500 mm,并应避免设在纵向水平杆的跨中。搭接接头长度不小于1 m,并应等距设置3个旋转扣件固定,端部扣件盖板边缘至杆端距离不应小于 100 mm。

2)当采用竹笆脚手架时,纵向水平杆设置在横向水平杆之上,并以直角扣件扣紧在横向水平杆上,纵向水平杆在操作层的间距不宜大于400 mm。

3)纵向水平杆的长度一般不宜小于3跨,并且不小于6 m。

3. 横向水平杆构造要求

1)当采用钢、木、竹串片脚手板时,每一节点处必须设置一根横向水平杆,并采用直角扣件在纵向水平杆上,该轴线偏离主节点的距离不应大于150 mm,在双排架中,靠墙一侧的外伸长度不应大于500 mm。操作层上非主节点处的横向水平杆宜根据支承脚手板的需要等间距设置,最大间距不应大于柱距的1/2。

单排架的横向杆一端应采用直角扣件固定在纵向水平杆上,另一端应插入墙内,插入的深度不应小于180 mm。

2)当采用竹笆脚手板时,横向水平杆两端应采用直角扣件固定在立杆上。

4. 连墙杆的构造要求

为了防止整片脚手架的外倾和抵抗风力,整片脚手架还需均匀设置连墙杆,将脚手架与建筑物主体结构相连,依靠建筑物的刚度来加强脚手架的整体稳定性。

1)连墙杆的形式。

连墙杆根据传力性能、构造不同可分为刚性连墙杆和柔性连墙杆。

刚性连墙杆是由连墙杆、扣件或预埋件等组成的部件,刚性连墙杆一般采用48 mm×3.5 mm 钢管,扣件将连墙件与脚手架、连墙杆与建筑物连接。连墙杆也采用螺栓或焊接与由建筑物伸出的预埋件相连。刚性连墙杆的构造如图3-11 所示。

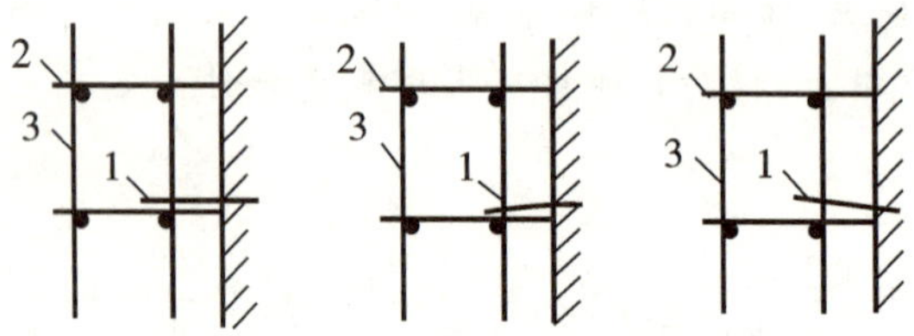

正确 (a)　　容许 (b)　　不容许 (c)

图3-11　连墙杆的构造

(a)连墙杆水平设置;(b)连墙杆稍向下斜;(c)连墙杆上翘

1-连墙杆;2-横向水平杆;3-立杆

柔性连墙杆是将连墙杆一头顶住墙面,并用拉筋绕过立杆与墙上的预埋吊环绑扎牢固。这种方案一般用在高度等于或小于24 m 的脚手架上。柔性连墙杆的构造如图3-12所示。

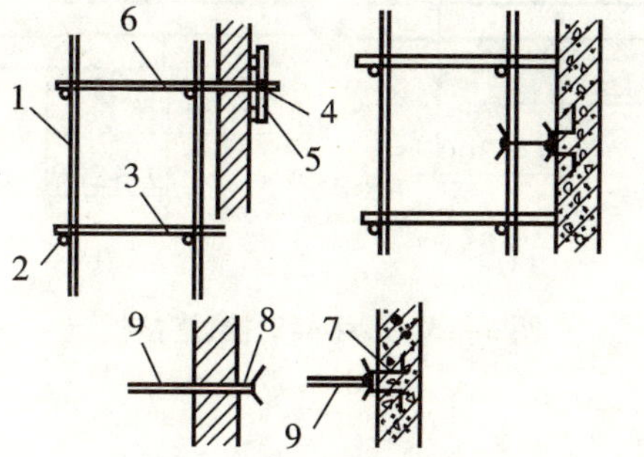

图3-12 柔性连墙构造形式

1-立杆;2-纵向水平杆(大横杆);3-横向水平杆(小横杆);4-直角扣件;5-短钢管;6-适长钢管(或小横杆);7-预埋件;8-短钢筋;9-双股8号铁丝

2)连墙杆的构造要求。

①连墙件中的连墙杆或拉筋宜呈水平并垂直于墙面设置,与脚手架连接的一端可稍微下斜,不容许向上翘起。

②柔性连墙杆的拉筋一般采用两根直径为4 mm的镀锌钢丝拧成一股使用,且不应少于两股。采用拉筋时必须配用顶撑,并可靠地顶在混凝土圈梁、柱等结构部位,以防止向内倾覆。

2)搭设立杆的注意事项:外径ϕ48 mm与ϕ51 mm的钢管严禁混合使用;相邻立杆的对接扣件不得在同一高度内,应错开500 mm;开始搭设立杆时,应每隔6跨设置一根抛撑,直至连墙杆件稳定后,方可根据情况拆除;当搭设至有连墙杆的构造层时,搭设完该处的立杆、纵向水平杆、横向水平杆后,应立即设置连墙杆。

3)搭设纵、横向水平杆的注意事项:封闭型脚手架的同一步纵向水平杆必须四周交圈,用直角扣件与内外角柱固定;双排脚手架的横向水平杆靠墙一端至墙装饰面的距离不应大于100 mm。

4)安装扣件的注意事项。

扣件规格必须与钢管外径相同,扣件螺栓拧紧力矩不应小于40 N·m,并且不大于65 N·m主节点处,固定横向水平杆(或纵向水平杆)、剪刀撑、横向斜撑等扣件中心线距主节点的距离不应大于150 mm,对接扣件的开口应朝上或朝内,各杆件端头伸出盖板边缘的长度不应小于100 mm。

(4)铺脚手板

脚手板一般设置在三根横向水平杆上,当脚手板长度小于2 m时,可采用两根横向水平杆,并应将脚手板两端与其他结构可靠固定,以防倾翻。

自顶层操作层的脚手板往下计,宜每隔12 m满铺一层脚手板,脚手板的对接与搭接要求如图3-13所示。

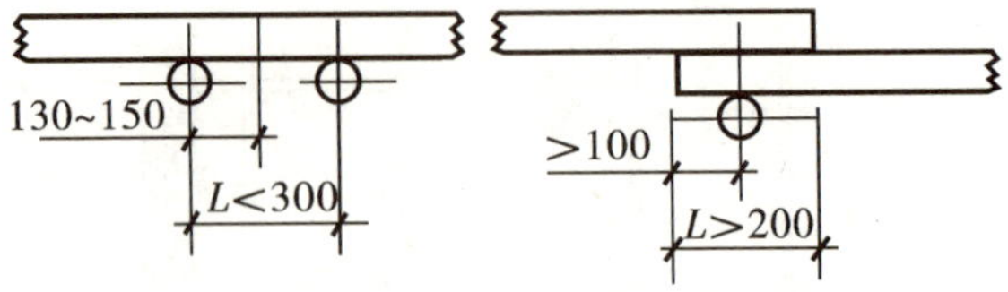

图 3-13　脚手架对接、搭接构造

(a)对接;(b)搭接

铺设脚手板的注意事项:应铺满、铺稳、靠墙一侧离墙面距离不应小于 150 mm。采用对接或搭接,脚手板的探头应用直径为 3.2 mm 的镀锌钢丝固定在支承杆上。在拐角、斜道平台口处的脚手板,应与横向水平杆可靠连接,以防滑动。

(5)安置横向斜撑和剪刀撑

双排脚手架应设置剪刀撑与横向斜撑,单排脚手架应设置剪刀撑。剪刀撑和横向斜撑设置要求如下:

1)每道剪刀撑跨越立柱的根数宜为 5 ~7 根,每道剪刀撑的宽度不应小于 4 跨,且不小于 6 m,斜杆与地面的倾角宜在 45°和 60°之间。

2)24 m 以下的单排、双排脚手架,均必须在外侧立面的两端各设置一道剪刀撑,由底至顶连续设置,中间每道剪刀撑的净距不应大于 15 m。

3)24 m 以上的双排脚手架应应在外侧立面整个长度和高度上连续设置剪刀撑。剪刀撑斜杆的接头除顶层可以采用搭接外,其余各接头必须采用对接扣件连接。

4)剪刀撑斜杆应用旋转扣件固定在与之相交的横向水平杆的伸出端或立柱上,旋转扣件中心线距主接点不应大于 150 mm。

5)横向斜撑的斜杆应在 1 ~2 步内,由底至顶层呈之字型连续布置,斜杆应采用旋转扣件固定在与之相交的立柱或横向水平杆的伸出端上。

6)横向斜撑的间距不得超过 6 根立柱,与地面夹角为 45° ~60°,并在下脚处垫木板或金属板墩。

(6)绑扎封顶杆、护身栏,安全挡脚板

在每一操作层都要设护身栏杆,安装挡脚板,在脚手架顶部设置封顶杆。

(7)挂安全网

多层、高层建筑用外脚手架时,均需要设置安全网,安全网应随楼层施工进度逐步上升,高层建筑除这一道逐步的安全网外,尚应在下面间隔 3 层或 4 层的部位设置一道安全网,施工过程中要经常对安全网进行检查和维修。

3.2.2.2　碗扣式脚手架的搭设与拆除

(1)组成与杆配件

碗扣式钢管脚手架也称多功能碗扣型脚手架。这种新型脚手架的核心部件是碗扣接头,由上下碗扣、横杆接头和上碗扣的限位销等组成,如图 3-14 所示。具有结构简单,杆件全部轴向连接,力学性能好,接头构造合理,工作安全可靠,拆装方便,操作容易,零部件损耗率低等特点。

上、下碗扣和限位销按600 mm间距设置在钢管立柱上，其中下碗扣和限位销直接焊在立柱上。将上碗扣的缺口对准限位销后，即可将上碗扣向上拉起（沿立柱向上滑动），把横杆接头插入下碗扣圆槽内，随后将上碗扣沿限位销滑下，并顺时针旋转以扣紧横杆接头（用锤敲击几下即可达到扣紧要求），碗扣式接头可同时连接4根横杆，横杆可相互垂直或偏转一定角度。正是由于这一点，碗扣式钢管脚手架的部件可用以搭设多种形式脚手架，特别适合于搭设扇形表面及高层建筑施工和装饰作业两用外脚手架，还可作为模板的支撑。

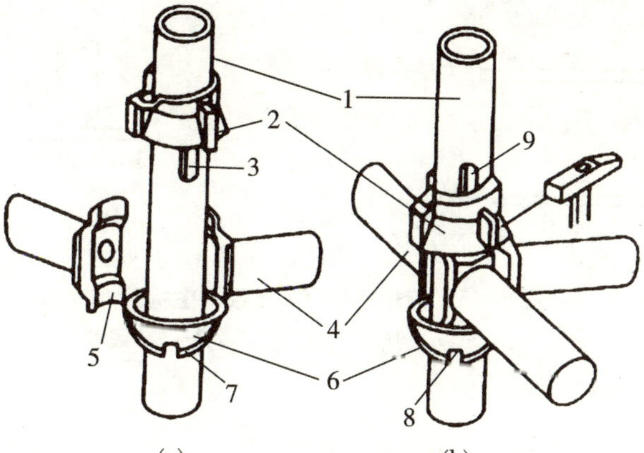

图3-14 碗扣接头构造

(a)连接前；(b)连接后

1-立柱；2-上碗扣；3-限位销；4-横杆；5-横杆接头；6-下碗扣；7-焊缝；8-流水槽

碗扣式钢管脚手架的设计杆配件，按其用途可分为主构件、辅助构件、专用构件三类。主构件用以构成脚手架主体的杆部件，如图3-15所示，有以下五种：立杆、顶杆、横杆、斜杆和底座。

1）立杆：是主要受力杆件，由一定长度的$\phi48\times3.5$，Q235钢管上每隔0.60 m套一碗扣接头，并在其顶端焊接立杆连接管制成。立杆有3.0 m和1.8 m长两种规格。

2）顶杆：即顶部立杆，其顶端没有立杆连接管，便于在顶端插入托撑或可调托撑，有2.10 m、1.50 m、0.90 m长三种规格。主要用于支撑架、支撑柱、物料提升架等的顶部。顶杆与立杆配合可以构成任意高度的支撑架。

3）横杆：组成框架的横向连接杆件，由一定长度的$\phi48\times3.5$，Q235钢管两端焊接横杆接头制成，有2.4 m、1.8 m、1.5 m、1.2 m、0.9 m、0.6 m、0.3 m长等七种规格。

4）斜杆：是为增强脚手架稳定强度而设计的系列构件，在$\phi48\times2.2$，Q235钢管两端铆接斜杆接头制成，斜杆接头可转动，同横杆接头一样可装在下碗扣内，形成节点斜杆。有1.697 m、2.160 m、2.343 m、2.546 m、3.0 m长等五种规格。分别适用于1.2 m×1.2 m，1.2 m×1.8 m，1.5 m×1.8 m，1.8 m×1.8 m，1.8 m×2.4 m五种框架平面。

5）底座：是安装在立杆根部，防止其下沉，并将上部荷载分散传递给地基基础的构件，有垫座、可调座两种型式。

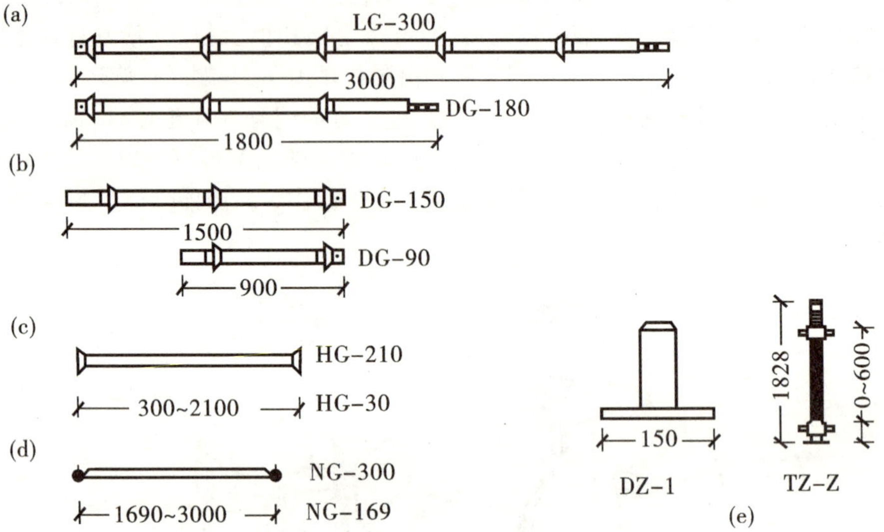

图 3-15　碗扣式钢管脚手架的主构配件

(a)立杆;(b)顶杆;(c)横杆;(d)斜杆;(e)底座

(2)搭设要求

碗扣式脚手架用于构件双排外脚手架时，一般立杆横向间距取 1.2 m，横杆步距取 1.8 m，立杆纵向间距根据建筑物结构、脚手架搭设高度及作业荷载等具体要求确定，可选用 0.9 m、1.2 m、1.5 m、1.8 m、2.4 m 等多种尺寸，并选用相应的横杆。双排脚手架的一般构造如图 3-16 所示。

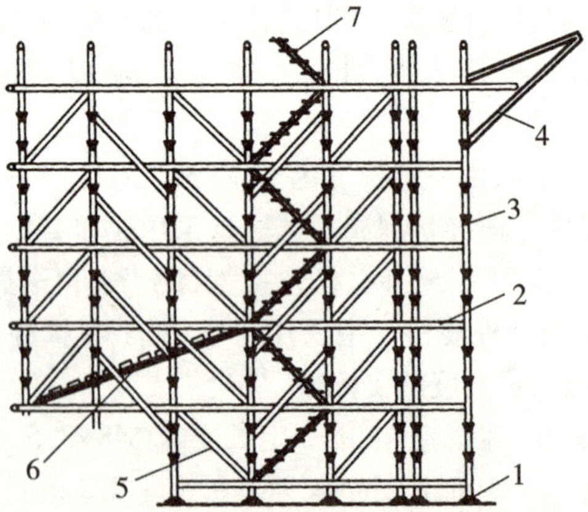

图 3-16　双排脚手架的一般构造

1-垫座;2-横杆;3-立杆;4-安全网支架;5-斜杆;6-斜脚手板;7-梯子

1)斜杆设置。

斜杆可增强脚手架的稳定性,斜杆与横杆同立杆的连接相同。对于不同尺寸的框架应配备相应长度斜杆。斜杆可装成节点斜杆(即斜杆接头同横杆接头装在同一碗扣接头内),或装成非节点斜杆(即斜杆接头同横杆接头不装在同一碗扣接头内)。

斜杆应尽量布置在框架节点上,对于高度在30 m以上的脚手架,可根据荷载情况,设置斜杆的面积为整架立面面积的1/5~1/2;对于高度超过30 m的高层脚手架,设置斜杆的框架面积要不小于整架面积的1/2。在拐角边缘及端部必须设置斜杆,中间可均匀间隔布置。

横向框架内设置斜杆即廊道斜杆,对于提高脚手架的稳定强度尤为重要。对于一字形及开口形脚手架,应在两端横向框架内设沿全高连续设置节点斜杆;对于30 m以下的的脚手架,中间可不设廊道斜杆;对于30 m以上的脚手架,中间应每隔5~6跨设置一道沿全高连续搭设的廊道斜杆;对于高层和重载脚手架,除按上述构造要求设置廊道斜杆外,当横向平面框架所承受的总荷载达到或超过25 kN时,该框架应增设廊道斜杆。

当设置高层卸荷拉结杆时,须在拉结点以上第一层加设廊道水平斜杆,以防止卸荷时水平框架变形。斜杆既可用碗扣脚手架系列斜杆,也可用钢管和扣件代替。

2)剪刀撑。

竖向剪刀撑的设置应与碗扣式斜杆的设置相配合,一般高度在30 m以下的脚手架,可每隔4~6跨设置一组沿全高连续搭设的剪刀撑,每道剪刀撑跨越5~7根立杆,设剪刀撑的跨内不再设碗扣式斜杆;对于高度在30 m以上的高层脚手架,应沿脚手架外侧的全高方向连续设置,两组剪刀撑之间用碗扣式斜杆。纵向水平剪刀撑对于增强水平框架的整体性,均匀传递连墙撑的作用具有重要意义。对于30 m以上的高层脚手架,应每隔3~5步架设置一层连续的闭合的纵向水平剪刀撑。

3)连墙撑。

连墙撑是脚手架与建筑物之间的连接件,对提高脚手架的横向稳定性,承受偏心荷载和水平荷载等具有重要作用。一般情况下,对于高度在30 m以下的脚手架,可四跨三步设置一个(约40 m^2);对于高层及重载脚手架,则要适当加密,50 m以下的脚手架至少应三跨三步布置一个(约25 m^2);50 m以上的脚手架至少应三跨两步布置一个(约20 m^2)。连墙杆设置应尽量采用梅花形布置方式。另外,当设置宽挑架、提升滑轮、安全网支架、高层卸荷拉结杆等构件时,应增设连墙撑,对于物料提升架也是相应地增设连墙撑数目。

连墙撑应尽量连接在横杆层碗扣接头内,同脚手架、墙体保持垂直,并随建筑物及架子的升高及时设置。其他搭设要求同扣件式钢管脚手架。

高层卸荷拉结杆主要是为减轻脚手架荷载而设计的一种构件。高层卸荷拉结杆的设置要根据脚手架的高度和作业荷载而定,一般每30 m卸荷一次,但总高度在50 m以下的脚手架可不用卸荷。卸荷层应将拉结杆同每一根立杆连接卸荷,设置时,将拉结杆一端用预埋件固定在墙体上,另一端固定在脚手架横杆层下碗扣底下,中间用索具螺旋调节拉杆,以达到悬吊卸荷目的。卸荷层要设置水平廊道斜杆,以增强水平框架刚度。另外,要用横托撑同建筑物顶紧,以平衡水平力。上、下两层增设连墙撑。

对一般方形建筑物的外脚手架，在拐角处两直角交叉的排架要连在一起，以增强脚手架的整体稳定性。连接形式可以采用直接拼接法和直角撑搭接法两种，直角撑搭接可实现任意部位直角交叉。

碗扣式脚手架还可搭设为单排脚手架、满堂脚手架、支撑架、移动式脚手架、提升井架和悬挑脚手架等。

(3)拆除

当脚手架使用完成后，制订拆除方案，拆除前应对脚手架作一次全面检查，清除所有多余物件，并设立拆除区，严禁人员进入。

拆除顺序自上而下逐层拆除，不容许上、下两层同时拆除。连墙撑只能在拆到该层时才许拆除，严禁在拆架前先拆连墙撑。

拆除的构件应用吊具吊下，或人工递下，严禁抛掷。拆除的构件应及时分类堆放，以便运输、保管。

3.2.2.3 门式脚手架的搭设与拆除

(1)基本结构和主要构件

门式脚手架又称多功能门式脚手架，是目前国际上应用最普遍的脚手架之一，由门式框架、剪刀撑和水平梁或脚手板构成基本单元，如图 3-17 所示。将基本单元连接起来(或增加梯子、栏杆等部件)即构成整片脚手架，如图 3-18 所示。

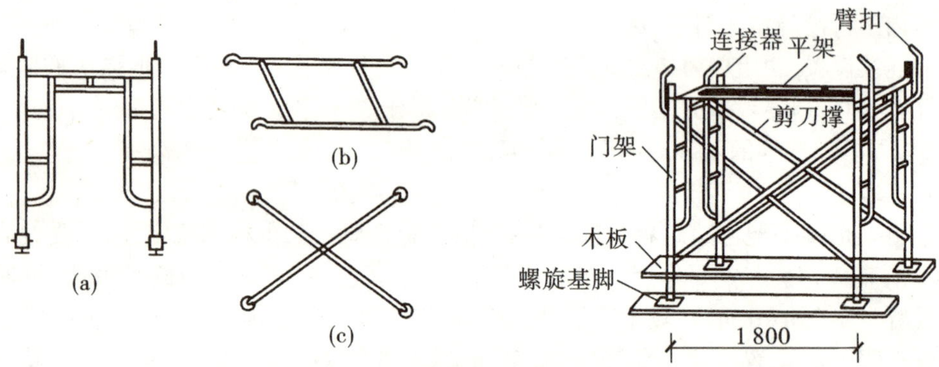

图 3-17　门式脚手架的主要部件

(a)门架；(b)平架；(c)剪刀撑

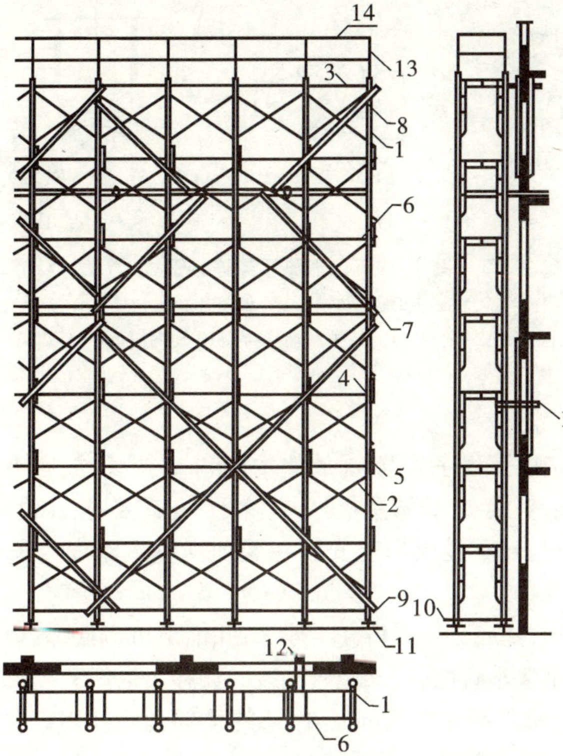

图3-18　整片脚手架

1-门架;2-交叉支撑;3-脚手架;4-连接棒;5-锁臂;6-水平架;7-水平加固件;8-剪刀撑;9-扫地杆;10-封口杆;11-底座 12-连墙杆;13-栏杆;14-扶手

门形脚手架部件之间的连接是采用方便可靠的自锚结构,如图3-19所示,常用形式有:

1)制动片式。

制动片式挂扣,如图3-19(a),在挂扣的固定片上,铆有主制动片和被制动片,安装前二者脱开,开口尺寸大于门架横梁直径,就位后,将被动片逆时针方向转动卡住横梁,主制动片即自行落下将被动片卡住,使脚手板(或水平梁架)自锚于门架横梁上。

2)偏重片式。

偏重片式挂扣,如图3-19(b),用于门架与剪刀撑的偏重片式连接。它是在门架竖管上焊一段端头开柄的$\phi12$圆钢,槽呈坡形,上口长23 mm,下口长20 mm,槽内设一偏重片(用$\phi10$圆钢制成,厚2 mm,一端保持原直径),在其近端处开一椭圆形孔,安装时置于虚线位置,其端部斜面与槽内斜面相合,不会转动,而后装入剪刀撑,就位后将偏重片稍向外拉,自然旋转到实线位置,达到自锁。

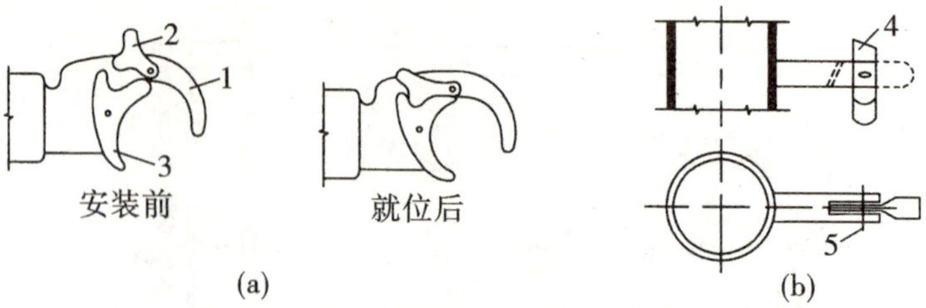

图 3-19　门形脚手架连接形式

(a)制动片式挂扣;(b)偏重片式锚扣

1-固定片;2-主制动片;3-被制动片;4-ϕ10 圆钢偏重片;5-铆钉

(2)搭设与拆除要求

门式脚手架一般按以下程序搭设:铺放垫木(板)→拉线、放底座→自一端起立门架并随即装剪刀撑→装水平梁架(或脚手板)→装梯子→(需要时,装设通常的纵向水平杆)→装设连墙杆→照上述步骤,逐层向上安装→装加强整体刚度的长剪刀撑→装设顶部栏杆。

搭设门式脚手架时,基底必须严格夯实抄平,并铺上可调底座,以免发生塌陷和不均匀沉降。首层门式脚手架垂直度(门架竖管轴线的偏移)偏差不大于 2 mm;水平度(门架平面方向和水平方向)偏差不大于 5 mm。门架的顶部和底部用纵向水平杆和扫地杆固定。门架之间必须设置剪刀撑和水平梁架(或脚手板),其间连接应可靠,以确保脚手架的整体刚度。因进行作业需要临时拆除脚手架内侧剪刀撑时,应先在该层里侧上部加设纵向水平杆,以后再拆除剪刀撑。作业完毕后立即将剪刀撑重新装上,并将纵向水平杆移到下或上一作业层上。整片脚手架必须适量放置水平加固杆(纵向水平杆),前三层每层都要设置,三层以上则每隔三层设一道。在架子外侧面设置长剪刀撑(ϕ48 脚手钢管,长 6 ~ 8 m),其高度和宽度为 3 个或 4 个步距和柱距,与地面夹角为 45° ~ 60°,相邻长剪刀撑之间相隔 3 ~ 5 个柱距,沿全高设置。使用连墙管或连墙器将脚手架和建筑结构紧密连接,连墙点的最大间距,在垂直方向为 6 m,在水平方向为 8 m。高层脚手架应增加连墙点布设密度。脚手架在转角处必须作好连接和与墙拉结,并利用钢管和回转扣件把处于相交方向的门架连接起来。

拆除架子时应自上而下进行,部件拆除顺序与安装顺序相反。不允许将拆除的部件直接从高空掷下。应将拆下的部件分品种捆绑后,使用垂直吊运设备将其运至地面,集中堆放保管。

※知识链接※

1. 附着升降脚手架

附着升降脚手架(亦称爬架)是指采用各种形式的架体结构及附着支撑结构、依靠设置于架体上或工程结构上的专用升降设备实现升降的施工脚手架。附着升降脚手架适用于高层、超高层建筑物或高耸构筑物,同时,还可以携带施工外模板;但使用时必须进行专门设计。

附着升降脚手架的分类多种多样，按附着支撑形式可分为悬挑式、吊拉式、导轨式、导座式等；按升降动力类型可分为电动式、手拉葫芦式、液压式等；按升降方式可分为单片式、分段式、整体式等；按控制方式可分为人工控制、自动控制等；按爬升方式可分为套管式、挑梁式、互爬式、导轨式等。套管式附着升降脚手架如图 3-20 所示。

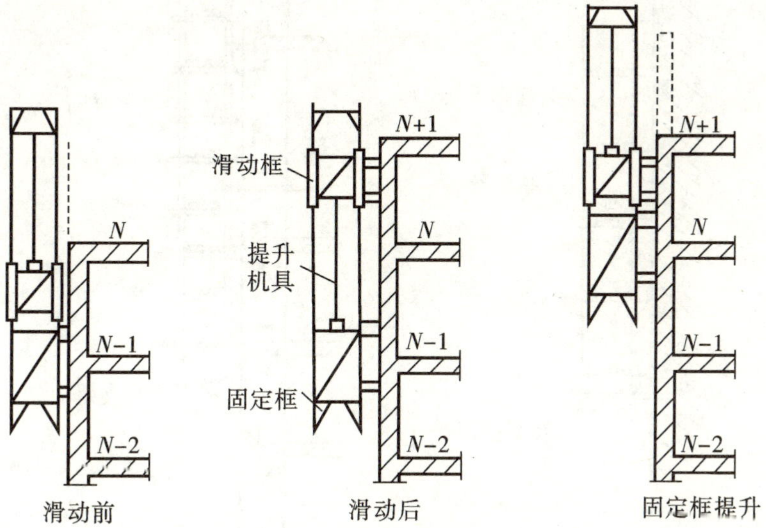

图 3-20　套管式附着升降脚手架

2. 悬挑式脚手架

悬挑式脚手架是利用建筑结构边缘向外伸出的悬挑结构来支撑外脚手架，将脚手架的荷载全部或部分传递给建筑结构。悬挑脚手架的关键是悬挑支撑结构，它必须有足够的强度、稳定性和刚度，并能将脚手架的荷载传递给建筑结构。架体可用扣件式钢管脚手架、碗扣式钢管脚手架和门式脚手架等搭设。一般为双排脚手架，架体高度可依据施工要求、结构承载力和塔吊的提升能力（当采取塔吊分段整体提升时）确定，最高可搭设至 12 步架，约 20 m 高，可同时进行 2 层或 3 层作业，如图 3-21 所示。

3. 悬吊式脚手架

悬吊式脚手架是通过特设的支撑点，利用吊索悬吊吊架或吊篮进行砌筑或装修工程操作的一种脚手架。其主要组成部分为：吊架（包括行架式工作台）或吊篮、支撑设施（包括支撑挑架和挑梁）、吊索（包括钢丝绳、铁链、钢筋）及升降装置等。对于高层建筑的外装修作业和平时的维修保养，都是一种极为方便，经济的脚手架形式。手动提升式吊篮如图 3-22 所示。

悬吊脚手架的悬吊结构应根据工程结构情况和脚手架的用途而定。普遍采用的是在屋顶上设置挑梁（架）；用于高大厂房的内部施工时，则可悬吊在屋架或大梁之下；亦可搭设专门的构架来悬挂吊篮。

一般要求在屋顶上设置挑梁或挑架时，必须保证其抵抗力矩大于倾覆力矩的三倍。

在屋顶上设置的电动升降车采用动力驱动时，其抵抗力矩应大于倾覆力矩的四倍。

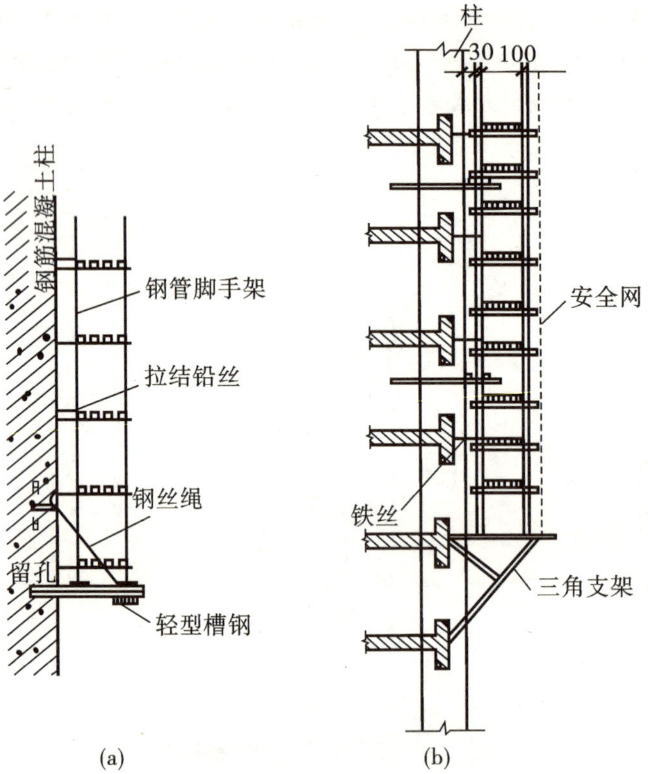

图 3-21　两种不同悬挑支撑结构的悬挑式脚手架

(a)斜拉式悬挑外脚手架；(b)下撑式悬挑外脚手架

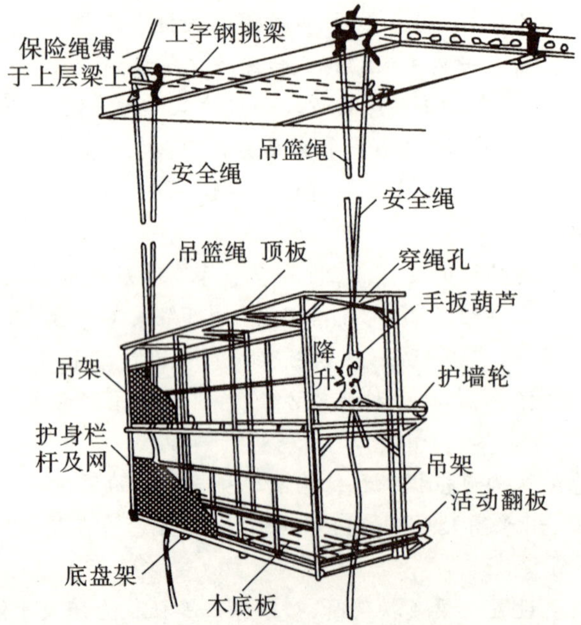

图 3-22　手动提升式吊篮示意图

吊架的升降方法是悬吊脚手架使用中最重要的环节。选择采用任何升降方法，都必须注意以下事项：①具有足够的提升能力，能确保吊篮（架）平稳地升降；②要有可靠的保险措施，确保使用安全；③提升设备易于操作并可靠；④提升设备便于装拆和运输。根据吊索及使用机械工具的不同，常用的升降方法如表 3-2 所示。

表 3-2　悬吊脚手架常用的升降方法

升降方法	吊索	升降机具
手扳葫芦连续升降	钢丝绳	0.8 ~ 0.3 t 手扳葫芦
电动机升降	钢丝绳	电动卷扬机
液压提升	ϕ25 钢筋爬杆	液压千斤顶
手动工具分节提升	钢筋吊钩、铁链	倒链、手摇提升器、滑轮

※特别提示※

外脚手架的种类很多，工程中多立杆式钢管脚手架和碗扣式脚手架应用广泛，其他类型的外脚手架主要在局部采用，多用于外墙装饰装修工程。

3.2.3　里脚手架

里脚手架用于在楼层上砌墙、装饰和砌筑围墙等。常用的里脚手架有：角钢（钢盘、钢管）折叠式里脚手架、支柱式里脚手架。

1）角钢（钢盘、钢管）折叠式里脚手架，如图 3-23（a）所示，其架设间距：砌墙时宜为 1.0 ~ 2.0 m，粉刷时宜为 2.2 ~ 2.5 m。

2）支柱式里脚手架，如图 3-23（b）所示，由若干支柱和横杆组成，上铺脚手板，搭设间距：砌墙时宜为 2.0 m；粉刷时不超过 2.5 m。

木、竹、钢制马凳式里脚手架，如图 3-23（c）所示，间距不大于 1.5 m，上铺脚手板。

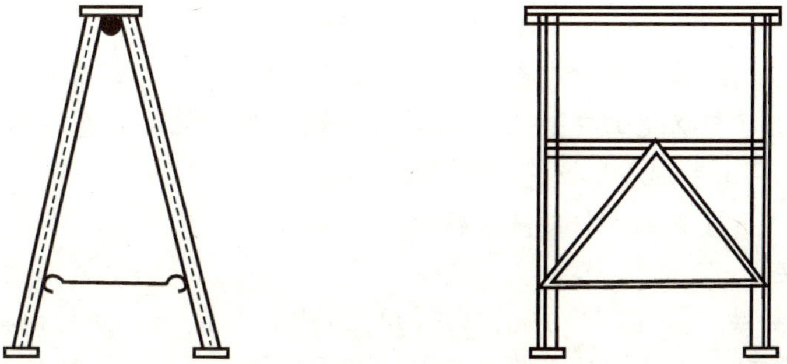

(a)

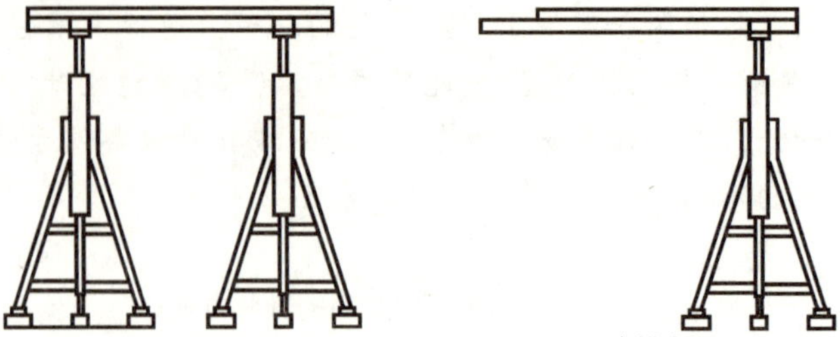

(b)

图 3-23　里脚手架

(a)折叠式里脚架;(b)支柱式里脚手架;(c)马凳式里脚手架

※特别提示※

外脚手架是外墙外侧搭设的用于防护和外墙装饰的脚手架,里脚手架是用于墙体砌筑和装饰的脚手架,而装饰脚手架只适用于单独的装饰工程。

例 3-1　根据框架和砖混结构建筑施工图设计总说明和建施图 7,外墙面装饰采用粘贴瓷砖或刷涂料。请编制本工程装饰用脚手架的施工技术方案。

解答　1. 施工说明

1)材料选择

①钢管:采用 ϕ48×3.5 的 Q235 钢焊接钢管,其质量应符合现行国家标准的《碳素结构钢》(GB/T700)中 Q235-A 级钢的规定。

②扣件:扣件采用可锻铸铁制作的扣件,其材料应符合现行国家标准的《钢管脚手架扣件》(GB 15831)的规定。

③脚手板:采用 3000 mm×300 mm×50 mm 的木脚手板。

④钢丝绳及配件:采购正规有资质的厂家生产的产品并符合国家检验标准。

⑤工字钢:为了确保施工安全,选用 I14 工字钢作脚手架底部悬挑的支撑,工字钢壁厚不小于 8 mm,且工字钢质量应符合国家质量标准。

2)搭设参数:脚手架内立杆距建筑物外墙 0.30 m。

3)外脚手架构造。

①立杆:立杆横距(中距)为 1 m,纵距(中距)为 1.5 m,相邻立杆的接头位置应错开布置在不同的步距内,与相邻的大横杆的距离不宜大于 0.5 m。立杆与大横杆必须用直角扣件扣紧,不得隔步设置或遗漏。立杆整个架高的垂直偏差应不大于 75 mm 。

②大横杆步距为 1.8 m,上下横杆的接长位置应错开布置在不同的立杆纵距内,与相

近的立杆距离不大于0.5 m。同一排大横杆的水平偏差不大于该片脚手架总长度的1/250,且不大于50 mm。

相邻步架的大横杆应错开布置在立杆的里侧和外侧,以减少立杆偏心受载情况。

③小横杆应贴近立杆布置,搭于大横杆之上并用直角扣件扣紧。在相邻立杆之间根据需要加设1根或2根。在任何情况下,均不得拆除作为基本构架结构杆件的小横杆。

④剪刀撑:剪刀撑与地面夹角为45°,采用对接扣对接,对接扣位置错开大于2 m布置,除两端用旋转扣件与脚手架的立杆或大横杆扣紧外,在其中间应增加2~4个扣节点。

⑤连柱杆:按每两步三跨设置,其水平、垂直间距均不得大于6 m,与柱拉接方式采用单杆箍柱式。

⑥水平斜拉杆:设置在有连柱杆的步架平面内,加强脚手架的横向刚度。

⑦脚手板:采用钢跳板,脚手板与脚手板之间以及脚手板与脚手架之间用8#铅丝拧紧,应同时保持有两个楼层的脚手板操作面,随结构施工上移。

⑧如立杆未立在坚实的结构上,搭设前应将场地原土夯实,并将立杆置于厚度不小于50 mm的通长木方上。

⑨护栏在铺脚手板的操作层上设三道护栏,上栏杆距脚手板面高度为1000 mm,下栏杆距脚手板面为600 mm,设挡脚板。

2. 施工程序

1)依据排立杆位置,放线使立杆在一条平行轴线的直线上;

2)放置纵向扫地杆;

3)自角部起依次向两边竖立杆,底端与纵向扫地杆扣接固定后,装设横向扫地杆并与立杆固定,每边竖起3根或4根立杆后,随即装设第一步大横杆(与立杆扣接固定)和小横杆(靠近立杆并与大横杆扣接固定),校正立杆垂直和平杆水平使其符合要求后,按40~60 kN·m力矩拧紧扣件螺栓,形成构架的起始段;

4)设置连柱杆(开始搭设时加边撑);

5)按以上的作业程序和要求向上搭设脚手架;

6)随搭设进程及时设置剪刀撑;

7)随施工进度在脚手架构架大横杆间搭设横杆,以缩小铺设脚手板的支撑跨度,铺设脚手板、栏杆和防护密目网。

3. 施工注意事项

1)底部第一排立杆应按立杆搭设要求选择,不同长度的钢管交错设置,至少有6 m、4 m两种不同长度的钢管作立杆;

2)一定采取先搭设起始段而后向前延伸的作业方式,可分别从相对角开始搭设;

3)连柱杆和剪刀撑应及时设置,不得滞后超过两个步距;

4)杆件端部伸出扣件之外的长度不得小于100 mm;

5)在顶排连柱杆之上的架高不得多于两个步距,否则应每隔6跨加设一道撑拉措施;

6)剪刀撑的斜杆与基本构架结构杆件之间至少有3道连接,其中斜杆的对接或搭接接头部位至少有一道连接;

7）周边脚手架的大横杆必须在脚部交圈并与立杆固定；

8）纵向对接搭设脚手板时，对接处的两侧必须设置横杆，并且绑扎牢固；

9）作业层的栏杆应设置在立杆的内侧，栏杆接长应符合对接或搭接的要求。

4. 质量要求及保证措施

1）脚手架用钢管。

①表面应平直光滑，不应有裂纹、分层、压痕、划道和硬弯；

②外径偏差不大于-0.5 mm，壁厚偏差不大于-0.3 mm；

③端面应平整，偏差不超过1.7 mm；

④钢管锈蚀深度应小于0.5 mm，不得使用严重锈蚀的钢管；

⑤钢管长度规格必须按要求统一，不得长短参差不齐。

2）扣件。

①所用铸铁不得有裂纹、气孔；不宜有疏松、砂眼或其他影响使用性能的铸造缺陷；并应将影响外观质量的毛刺等清除干净；

②扣件与钢管的贴合面应保证与钢管扣紧时接触良好；

③扣件活动部位应能灵活转动，旋转扣件的两旋转面间隙应小于1 mm；

④当扣件夹紧钢管时，开口处的最小距离应不小于5 mm；

⑤扣件表面应进行防锈处理。

3）钢制脚手板。

①钢制脚手板必须具备产品质量合格证；

②脚手板板面挠曲偏差小于12 mm；

③脚手板板面任一角扭曲小于5 mm；

④不得有裂纹、开焊与硬弯。

4）脚手架未经验收不得投入使用，脚手架检查与验收标准见表3-3：

表3-3　脚手架检查与验收标准

序号	项目		容许偏差	检查方法
1	立杆垂直度		≤H/200，≤100	吊线
2	间距	步距偏差	±20	钢卷尺
		柱距偏差	±50	
		排距偏差	±20	
3	大横杆高差	一根杆两端	±20	水平仪水平尺
		同跨内、外大横杆高差	±10	
4	扣件螺栓拧紧扭力矩		40～65 N·m	扭力扳手
5	剪刀撑与地面倾角		45°～60°	角尺
6	脚手板外伸长度	对接	100≤a≤150	卷尺
		搭接	a≥100	卷尺

5）安全防护。

本工程外脚手架为封闭式防护。每个施工层脚手架均设挡脚板及防护栏杆，外架水平杆、内侧立杆与建筑物的间隙均须用脚手板满铺。脚手架外侧面满挂密目安全网和钢丝网，内侧面与楼面预埋件连接牢固，密目安全网应绑扎牢固，不留缝隙。

6）避雷措施。

脚手架避雷针采用 ϕ12 镀锌圆钢制作，设在房屋转角脚手架的立杆上，高度不小于 1 m，并将所有的最上层的纵向水平杆全部接通，形成避雷网。接地采用 ϕ20 圆钢，接地线采用 ϕ3 圆钢。

5. 脚手架的使用、维护和管理

1）使用。

①脚手架搭设完，应经检查验收合格后，方能投入使用。

②严格控制脚手架上的施工荷载，脚手架上同时进行多层作业时，各作业层之间设置可靠的防护栅杆，以防止上层坠物伤及下层作业人员。

③脚手架施工操作层堆载量不得大于 1.5 kN/m^2。不得在脚手架上堆放横板、钢筋等物件；严禁在脚手架上拴拉缆风绳、固定架设混凝土输送泵和泵管、起重设备等。定期并及时清除脚手架上的建筑垃圾，支模时的支撑禁止与脚手架相连，运转料的平台严禁受力于外架上。

④脚手架使用过程中应定期查看杆件的设置和连接、连墙件、支撑等构造是否符合要求，扣件螺栓是否松动，脚手架是否变形。

⑤严禁任意拆除杆件和危及架子的作业。

2）维护。

①检查扣件是否有松动的同时，应对扣件的旋转面及螺丝丝扣上油一次。

②应随时检查脚手板是否绑扎紧密，否则应及时修复加固，每天检查一次安全网有无破损和是否固定牢靠，及时发现问题，及时修复加固。

3）管理。

①脚手架搭设人员必须是经过国家《特种作业人员安全技术管理细则》（GB 5036）考核合格的专业架子工，上岗人员应定期体检，体检合格者方可持证上岗。

②脚手架搭设人员应严格按操作规程施工，必须戴安全帽高空作业时，应系安全带，穿防滑鞋。

③脚手架的配件质量与搭设质量，应按《建筑施工扣件式钢管脚手架安全技术规范》进行检查验收，合格后方准使用。

④作业人员必须熟练掌握本工种的安全操作技术的技能，操作过程中应严格遵守劳动纪律，服从领导和安全检查人员的指挥，且工作时应思想集中和精心操作。

⑤六级及六级以上大风、大雾、大雨天气应停止使用脚手架作业，雪后上脚手架作业，应先清除积雪，并要有防滑措施。

6. 脚手架的拆除

1）架子拆除时应分划作业区，周围设围栏或设定警戒标识，地面设有专人指挥，严禁非作业人员入内。

2)高空作业人员,必须戴安全帽,系安全带,穿软底鞋。

3)拆除顺序应由上而下逐层进行,严禁上下同时作业。先搭后拆、后搭先拆的原则,即先拆栏杆、脚手板、剪刀撑、斜撑,后拆小横杆、大横杆、立杆等,并按一步一清的原则依次进行,要严禁上、下同时进行拆除作业,连墙点必须与脚手架同步拆除,严禁先将连墙件整层或数层拆除后再拆脚手架。

4)当脚手架拆至下部最后一根立杆的高度(约6.5 m)时,应先在适当位置搭设临时支撑加固后再拆除连墙件。当脚手架采取分段、分立面拆除时,应在暂时不拆除的两端加设连墙点和横向水平支撑。

5)拆下的扣件和配件应及时运至地面,严禁高空抛掷和高空坠落。

7. 安全注意事项

1)施工中对使用的材料必须进行严格筛选,锈蚀变形严重的材料严禁使用;

2)架子搭设作业时,必须按规定戴安全帽,系安全带,穿软底鞋,所有材料应堆放平稳,工具应放入工具袋内,上下传递物体不得抛掷;

3)支搭脚手架必须选用符合规定的架设料具,在架子上作业不得走单杆,必须将安全带系在高处大横杆上;

4)相邻立杆接头应错开500 mm以上,大横杆也须将接头错开,必须有足够数量的小横杆;

5)接杆位置超过600 mm时,应翻搭上步架后再接杆;

6)绑"十"字斜撑必须从端头第一根立杆开始,单杆斜撑搭接,双杆斜撑对接;

7)附柱杆必须与内外排立杆或大横杆连接;

8)操作层必须满铺钢制脚手板,脚手板必须在钢管上铺平、铺稳,并且绑牢;

9)大雨、大风之后,必须对架子进行检查;

10)脚手架搭完后,应进行检查验收,合格后才能使用;

11)安全网与钢管必须绑牢。

任务3.3 砖砌体施工

3.3.1 砖基础砌筑

3.3.1.1 基础弹线

垫层施工完毕后,即可进行基础的弹线工作。弹线之前应先将表面清扫干净,并进行一次抄平,检查垫层顶面是否与设计标高相符。如符合要求,即可按下列步骤进行弹线:

1)在基槽四角各相对龙门板(也可是轴线控制桩)的轴线标钉处拉线,如图3-24;

2)沿线绳挂线锤,找出线锤在垫层上的投影点(数量根据需要选定);

3)用墨斗弹出这些投影点的连线,即外墙基中心轴线;

4)根据基础平面尺寸,用钢尺量出各内墙基中心轴线的位置,并用墨斗弹出,即内墙基中心轴线;

5)根据基础剖面图,量出基础大放脚的外边沿线,并用墨斗弹出(根据需要可弹出一边或两边);

6)按图纸和设计的要求进行复核,核查无误后即可进行砖基础的砌筑。容许偏差见表3-4。

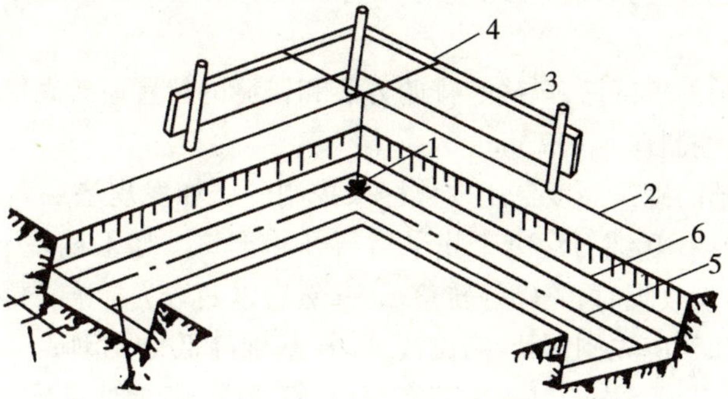

图3-24 基础弹线示意图

1-锤球;2-线绳;3-龙门板;4-轴线钉;5-墙轴线;6-大放脚边线

表3-4 放线尺寸的容许偏差

长度 L、宽度 B 的尺寸/m	容许偏差/mm
$L(B)\leqslant30$	±5
$30<L(B)\leqslant60$	±10
$60<L(B)\leqslant90$	±15
$L(B)>90$	±20

3.3.1.2 砖基础砌筑

砖基础是由垫层、大放脚和基础墙身三部分组成,如图3-25所示。一般使用于土质较好,地下水位较低(在基础底面以下)的地基上。

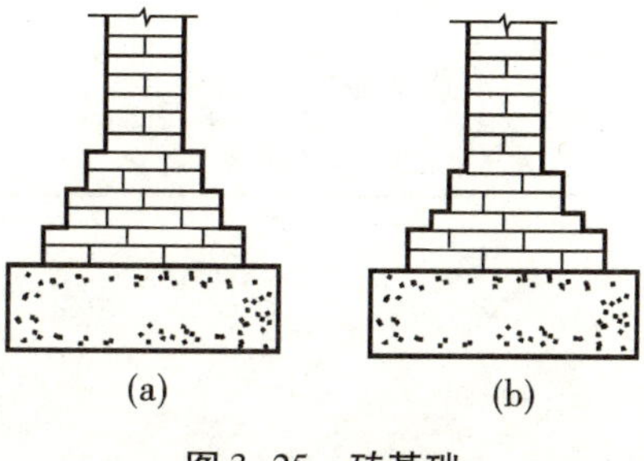

图3-25 砖基础

(a)等高式;(b)不等高式(间隔式)

基础大放脚有两皮一收的等高式[如图 3-25(a)]和一皮一收与两皮一收相间的不等高式[如图 3-25(b)]两种砌法。每次收进 1/4 砖长(约 60 mm)。

施工时先在垫层上找出墙的轴线和基础大放脚的外边线,然后在转角处、丁字交接处、十字交接处及高低踏步处立基础皮数杆(皮数杆上画出砖的皮数、大放脚退台情况及防潮层位置等)。基础皮数杆应立在规定的标高处,因此立基础皮数杆时要利用水准仪进行抄平。

砌筑前,应先用干砖试摆,以确定排砖方法和错缝的位置。砖砌体的水平灰缝厚度和竖向灰缝宽度一般控制在 8 ~12 mm。

砌筑时,砖基础的砌筑高度是用皮数杆来控制的。如发现垫层表面水平标高有高低偏差时,可用砂浆或 C10 细石混凝土找平后再开始砌筑。如果偏差不大,也可在砌筑过程中逐步调整。砌大放脚时,先砌好转角端头,然后以两端为标准拉好线绳进行砌筑。砌筑不同深度的基础时,应先砌深处,后砌浅处,在基础高低处要砌成踏步式。踏步长度不小于 1 m,高度不大于 0.5 m。基础中若有洞口、管道等,砌筑时应及时正确按设计要求留出或预埋,并留出一定的沉降空间。砌完砖基础,应立即进行回填,回填土要在基础两侧同时进行,并分层夯实。

3.3.1.3 砖基础施工的质量要求

1)砌体砂浆必须密实饱满,水平灰缝的砂浆饱满度不得低于 80%。

2)砂浆试块的平均强度不得低于设计的强度等级,任意一组试块的最低值不得低于设计强度等级的 75%。

3)组砌方法应正确,不应有通缝,转角处和交接处的斜槎和直槎应通顺密实。直槎应按规定加拉结条。

4)预埋件、预留洞应按设计要求留置。

5)砖基础的容许偏差见表 3-5。

表 3-5 砖基础尺寸和位置的容许偏差

序号	项目	容许偏差/mm
1	基础顶面标高	±15
2	轴线位移	10
3	表面平整(2 m)	8
4	水平灰缝平直(10 m)	10

3.3.2 砖墙体砌筑

3.3.2.1 砖墙的砌筑

在基础完成后,即可进行砖墙的砌筑

砖墙的砌筑工艺一般为:抄平→放(弹)线→摆砖样(排脚、铺底)→立皮数杆→盘角(砌头角)→挂线→砌筑→勾缝→楼层轴线标高引测及检查等。

1)抄平、放线。为了保证建筑物平面尺寸和各层标高的正确,砌筑前,必须准确地定出各层楼面的标高和墙柱的轴线位置,以作为砌筑时的控制依据,如图3-26所示。

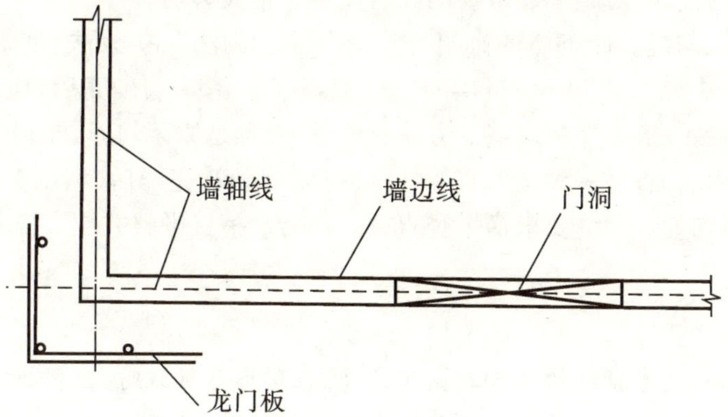

图3-26　放线示意图

砌墙前应在基础防潮层或楼层上定出各层标高,并用M7.5水泥砂浆或C10细石混凝土找平,使各段砖墙底部标高符合设计要求。找平时,需使上下两层外墙之间不致出现明显的接缝。

根据龙门板上给定的轴线及图纸上标注的墙体尺寸,在基础顶面上用墨线弹出墙的轴线和墙的宽度线,并分出门洞口位置线。二楼以上墙的轴线可以用经纬仪或垂球将轴线引上,并弹出各墙的宽度线,划出门洞口位置线。

2)摆砖样。摆砖样是指在基础墙顶面上,按墙身长度和组砌方式先用砖块试摆。摆砖的目的是使每层砖的砖块排列和灰缝均匀,并尽可能减少砍砖,组砌得当。在砌清水墙时尤其重要。

3)立皮数杆。皮数杆是一种方木标志杆。皮数杆是指在其上划有每皮砖和砖缝厚度,以及门窗洞口、过梁、楼板、梁底、预埋件等标高位置的一种木制标杆,如图3-27所示。它是砌筑时控制砌体竖向尺寸的标志。

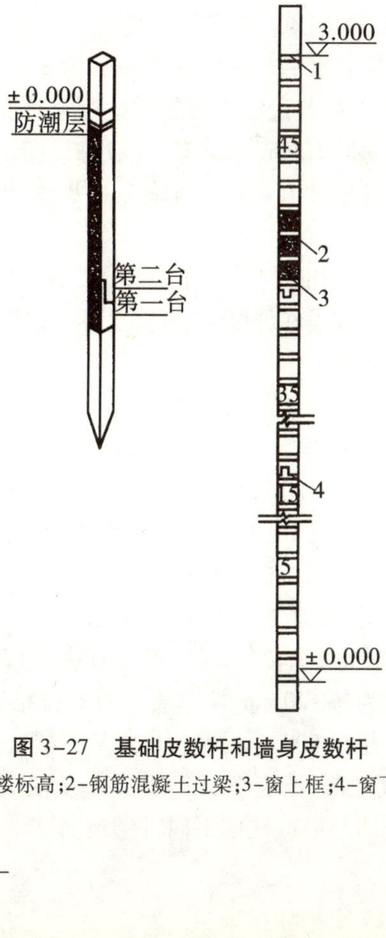

图3-27　基础皮数杆和墙身皮数杆

1-一层楼标高;2-钢筋混凝土过梁;3-窗上框;4-窗下框

4)盘角(砌头角)、挂线。皮数杆立好

后，通常是先按皮数杆砌墙角（盘角），每次盘角不得超过五皮砖，在砌筑过程中应勤靠勤吊，一般三皮一吊，五皮一靠，把砌筑误差消灭在操作过程中，以保证墙面垂直、平整。砌一砖半厚以上的砖墙必须双面挂线，然后将准线挂在墙角上，拉线砌中间墙身。一般三七厚以下的墙身砌筑单面挂线即可，更厚的墙身砌筑则应双面挂线。墙角是确定墙身的主要依据，其砌筑的好坏，对整个建筑物的砌筑质量有很大影响。

5）墙体砌筑、勾缝。砖砌体的砌筑方法有"三一砌法"、挤浆法、刮浆法和满口灰法等。一般采用一块砖、一铲灰、一挤揉的"三一砌法"。清水墙砌完后，应进行勾缝，勾缝是砌清水墙的最后一道工序。勾缝的方法有两种，一种是原浆勾缝，即利用砌墙的砂浆随砌随勾，多用于内墙面；另一种是加浆勾缝，即待墙体砌筑完毕后，利用 1∶1 的水泥砂浆或加色砂浆进行勾缝。勾缝要求横平竖直，深浅一致，搭接平整并压实抹光。勾缝完毕后应清扫墙面。

※特别提示※

为了保证各层墙身轴线的重合和施工方便，在弹墙身轴线时，应根据龙门板上的轴线位置将轴线引测到房屋的墙基上。二层以上各层的轴线，可用经纬仪或线锤引测到楼层上去，同时还应根据图纸上的轴线尺寸用钢尺进行校核。各楼层外墙窗口位置亦用线锤吊线校核，检查是否在同一铅垂线上。

3.3.2.2 砖砌体砌筑的技术要求

砖砌体砌筑时砖和砂浆的强度等级必须符合设计要求。

砌筑时水平灰缝的厚度一般为 8～12 mm，竖缝宽一般为 10 mm。为了保证砌筑质量，墙体在砌筑过程中应随时检查垂直度、一般要求做到三皮一吊线，五皮一靠尺。为减少灰缝变形引起砌体沉降，一般每日砌筑高度不超过 1.8 m 为宜，雨天施工时，每日砌筑高度不宜超过 1.2 m。当施工过程中可能遇到大风时，应遵守规范所允许自由高度的限制。

砖砌体相邻工作段的高度差，不得超过一个楼层的高度，也不宜大于 4 m。工作段的分段位置宜设在伸缩缝、沉降缝、防震缝或门窗洞口处。砌体临时间断处的高度差不得超过一步架高。

（1）墙体的接槎

砌砖工程当采用铺浆法砌筑时，铺浆长度不得超过 750 mm；施工期间气温超过 30 ℃时，铺浆长度不得超过 500 mm。

接槎是指先砌砌体和后砌砌体之间的接合方式。砖墙转角处和交接处应同时砌筑，严禁无可靠措施的内外墙分砌施工。对不能同时砌筑而又必须留置的临时间断处，应砌成斜搓，斜槎水平投影长度不应小于高度的 2/3，如图 3-28 所示。若临时间断处留斜槎确有困难时，除转角处外，可留直搓，但直搓必须做成阳搓。并应加设拉结钢筋，拉结钢筋的数量为每 120 mm 墙厚放置 1ϕ6 拉结钢筋（240 mm 厚墙放置 2ϕ6 拉结钢筋），间距沿墙高不应超过 500 mm，埋入长度从留搓处算起每边均不应小于 500 mm，对抗震设防烈度 6 度、7 度地区，不应小于 1000 mm；末端应有 90°弯钩，如图 3-29 所示。

隔墙与墙或柱如不同时砌筑而又不留成斜搓时，可于墙或柱中引出阳搓，并于墙的立缝处预埋拉结筋，其构造要求同上，但每道不少于 2 根钢筋。

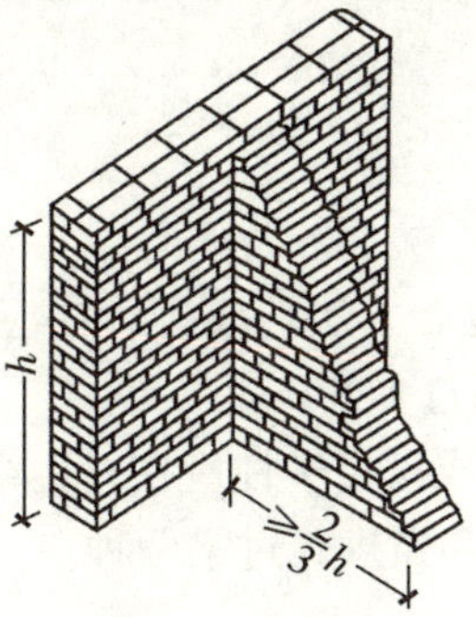

图 3-28　斜槎

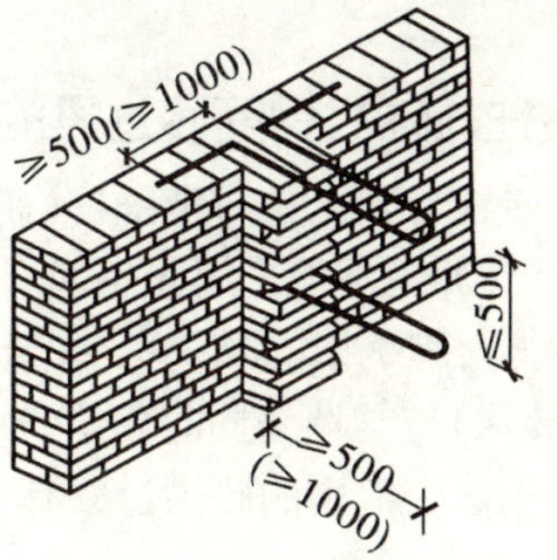

图 3-29　直槎

施工时需在砖墙中留置的临时孔洞，其侧边离交接处的墙面不应小于 500 mm；洞口净宽度不应超过 1 m 且顶部应设置过梁。抗震烈度为 9 度的建筑物，临时孔洞的留置应会同设计单位研究决定。

不得在下列墙体或部位中留设脚手眼：①空斗墙、半砖墙和砖柱；②砖过梁上与过梁成 60°角的三角形范围及过梁净跨度 1/2 的高度范围内；③宽度小于 1 m 的窗间墙；④梁或梁垫下及其左右各 500 mm 的范围内；⑤砖砌体门窗洞口两侧 200 mm 和转角 450 mm 的范围内；石砌体门窗洞口两侧 300 mm 和转角 600 mm 的范围内。⑥设计不允许设置脚手眼的部位。脚手眼不大于 80 mm×140 mm，可不受③、④、⑤规定的限制

(2)混凝土构造柱的施工

设混凝土构造柱的墙体，混凝土构造柱的截面一般为 240 mm×240 mm，钢筋采用Ⅰ级钢筋，竖向受力钢筋一般采用 4 根，直径为 12 mm。箍筋采用直径为 6 mm，其间距为 200 mm，楼层上下 500 mm 范围内应适当地加密箍筋，其间距为100 mm。构造柱的竖向受力钢筋应在基础梁和楼层圈梁中锚固，并应符合受拉钢筋的锚固长度要求。砖墙与构造柱应沿墙高每隔 500 mm 设置 2 根直径 6 mm 的水平拉结筋，拉结筋每边伸入墙内不应少于 1 m。当墙上门窗洞边到构造柱边的长度小于 1 m 时，水平拉结筋伸到洞口边为止。图 3-30 是一砖墙转角及 T 字交接处水平拉结筋的布置。

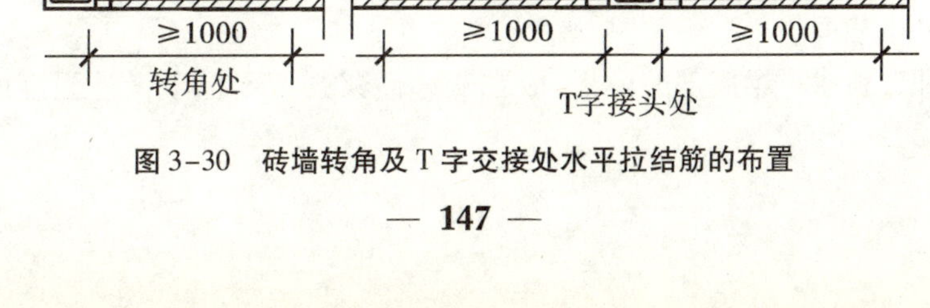

图 3-30　砖墙转角及 T 字交接处水平拉结筋的布置

砖墙与构造柱相接处，应砌成马牙槎，每个马牙槎高度方向的尺寸不宜超过 300 mm（或五皮砖砖高）；每个马牙槎应退进 60 mm。每个楼层面开始应先退槎后进槎，如图3-31所示。

3.3.2.3 砖柱、砖拱、钢筋砖过梁的砌法

1）砖柱。砖柱分独立柱与带壁柱（砖垛）两种。

独立砖柱组砌时，不得采用先砌四周后填心的包心方法。成排砖柱应拉通线进行砌筑。砖柱上不得留脚手架的眼，每日砌筑高度不宜超过 1.8 m。

带壁柱（砖垛）应与墙身同时砌筑，轴线应准确，成排带壁柱应在外边缘拉通线砌筑。

2）砖拱的砌法。常用的砖拱过梁有平拱式过梁和弧拱式过梁两种。

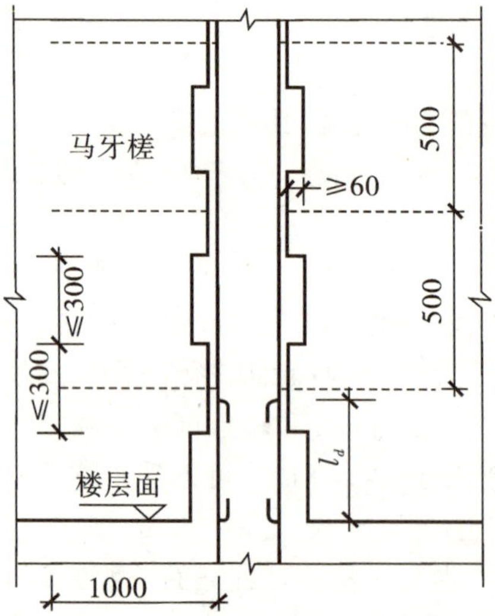

图 3-31　砖墙马牙槎的布置

①砖平拱。砖平拱是用普通砖整砖侧砌而成。拱的高度有 240 mm、300 mm、365 mm，拱的厚度等于墙厚。

砖平拱应用不低于 MU7.5 的砖与不低于 M5 的水泥砂浆砌筑。砌筑时，在拱脚下面应伸入墙内不小于 20 mm，并砌成斜面，斜面的斜度为 1/4～1/6。在拱底处支设模板，模板中部有 1% 的起拱。竖向灰缝应砌成上宽下窄的楔形缝。在拱底的灰缝宽度不应小于 5 mm，拱顶灰缝宽度不宜大于 15 mm。

砖平拱[图 3-32（a）]又称平拱式过梁，一般用于门窗洞口宽度不大于 1.2 m 时。

②砖弧拱，砖弧拱的构造与砖平拱基本相同，只是外形呈弧形，如图 3-32（b）所示。

砌筑砖弧拱时模板应支设成设计所要求的圆弧形，拱的高度一般为 240 mm，拱的厚度等于墙厚。在拱底的灰缝宽度不应小于 5 mm，拱顶灰缝宽度不宜大于 25 mm。砌筑方法与砖平拱基本相同。

砖平拱和砖弧拱过梁底部的模板，应在灰缝砂浆强度不低于设计强度的 50% 时，方可拆除。

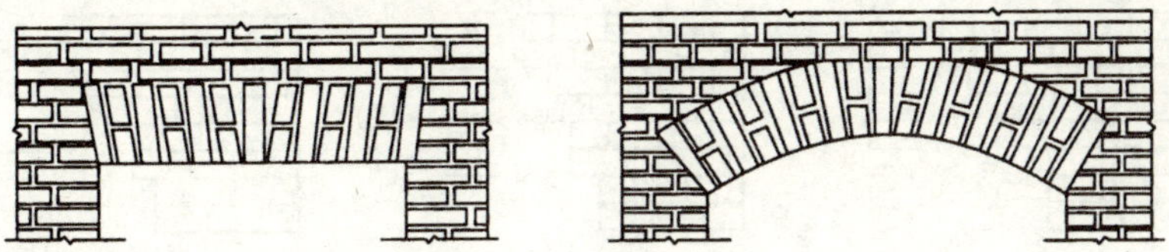

图 3-32　砖平拱式过梁和弧拱式过梁

(a)平拱式过梁;(b)弧拱式过梁

3)钢筋砖过梁。钢筋砖过梁(又称为平砌砖过梁)是用普通黏土砖和水泥砂浆砌成,底部配有钢筋的砌体,一般用于门窗宽度不大于 1.5 m 的情况下。在过梁的作用范围内(不少于 7 皮砖的高度或过梁宽度的 1/4 高度范围内),砖的强度等级不低于 MU7.5,砂浆的强度等级不低于 M5。

钢筋的设置应符合设计及规范要求,其直径不小于 5 mm。钢筋水平间距不大于 120 mm,埋钢筋的砂浆层厚度不宜小于 30 mm,钢筋两端应弯成直角弯钩,且弯钩朝上,伸入墙内的长度不小于 250 mm。砌第一皮砖时应砌成丁砖,并且两端的第一块砖应紧贴钢筋弯钩,使钢筋达到钩牢的效果,如图 3-33 所示。砂浆强度达到设计强度的 50% 以上时,方可拆模。

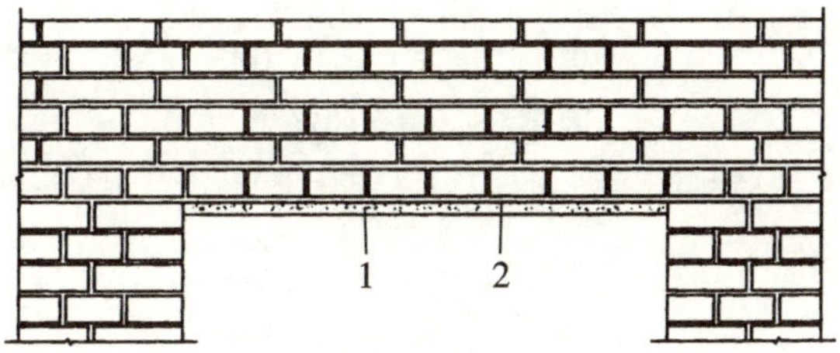

图 3-33　钢筋砖过梁

1-30 mm 厚的砂浆;2-钢筋

3.3.2.4　砖挑檐和窗台板的砌法

砖挑檐有一皮一挑、二皮一挑和二皮与一皮间隔挑等,挑层的下面一皮砖应为丁砖。挑出宽度每次不大于 60 mm,总的挑出宽度应小于墙厚。砌筑时应靠挑檐外边每一挑层底角处拉线,依线砌筑,以使挑头齐平。水平灰缝宜使挑檐外侧稍厚,内侧稍薄。挑层中竖向灰缝必须饱满,如图 3-34 所示。

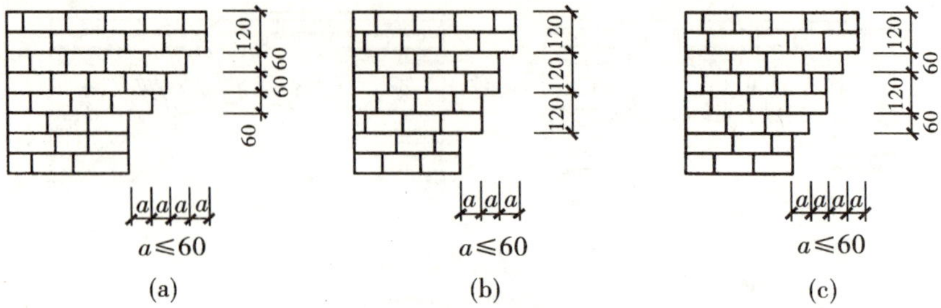

图 3-34 砖挑檐形式

(a)一皮一挑;(b)二皮一挑;(c)间隔挑

砖砌窗台分不抹面的清水窗台和抹面的混水窗台两种。如图 3-35 所示。

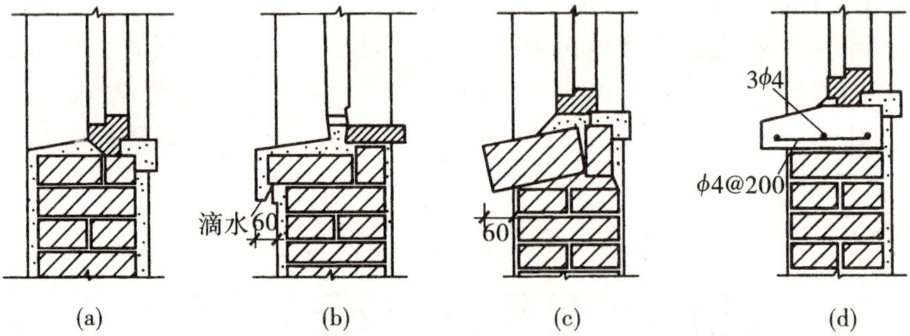

图 3-35 窗台的形式

(a)不挑窗台;(b)平砌挑砖抹灰窗台;(c)清水侧砌砖窗台;(d)预制钢筋混凝土窗台

※知识链接※

砖砌体的组砌要求:上下错缝,内外搭接,以保证砌体的整体性;同时组砌要有规律,少砍砖,以提高砌筑效率,节约材料。

1. 砖墙的组砌形式

1)一顺一丁式(又称为满丁满条),是一皮顺砖与一皮丁砖相互间隔砌筑而成,上下皮间的竖缝相互错开 1/4 砖长[如图 3-36(a)]。这种砌法效率较高,但当砖的规格不一致时,竖缝就难以整齐。

2)三顺一丁式是三皮中全部顺砖与一皮中全部丁砖间隔砌成。上下皮顺砖间竖缝错开 1/2 砖长;上下皮顺砖与丁砖间竖缝错开 1/4 砖长[如图 3-36(b)所示]。这种砌筑方法,由于顺砖较多,砌筑效率较高,适用于砌一砖和一砖以上的墙厚。

3)梅花丁砌法(又称沙包式、十字式)是每皮中丁砖与顺砖相间隔,上下皮竖缝相互错开 1/4 砖长[如图 3-36(c)所示]。这种砌法内外竖缝每皮都能错开,故整体性较好,灰缝整齐,比较美观,但砌筑效率较低。砌筑清水墙或当砖规格不一致时,采用这种砌法较好。

4)二平一侧砌法。二平一侧又称 18 墙,是采用二皮砖平砌与一皮侧砌的顺砖相隔

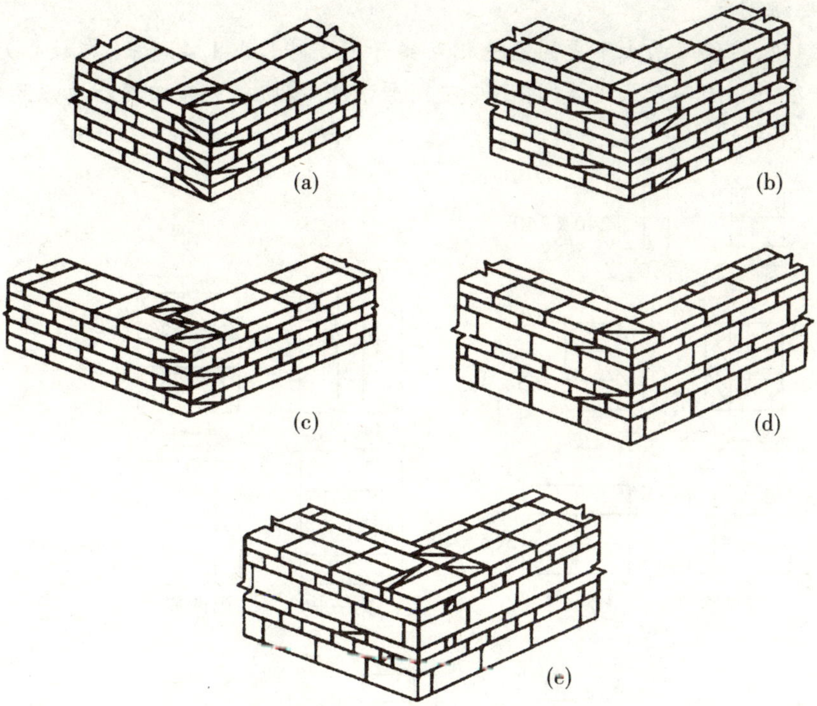

图 3-36 砖墙的组砌形式

(a)一顺一丁;(b)三顺一丁;(c)梅花丁;(d)、(e)二平一侧

砌成。此种砌法比较费工,效率低,但节省砖块,可以作为层数较小的建筑物的承重墙,如图 3-36 所示。

5)全顺砌法。全部采用顺砖砌筑,上下皮间竖缝错开 1/2 砖长,此法仅用于砌半砖厚墙,如图 3-37 所示。

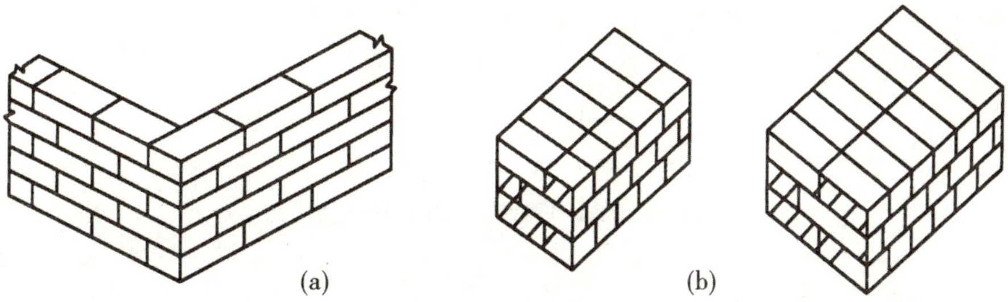

图 3-37 全顺和全丁砌法

(a)全顺;(b)全丁

6)全丁砌法。全部采用丁砖砌筑,上下皮间竖缝错开 1/4 砖长,此种砌法仅用于砌筑圆弧形砌体。如烟囱等。上述各种砌法中,每层墙的最下一皮和最上一皮,在梁和梁垫的下面,墙的阶台水平面上,窗台最上一皮,钢筋砖过梁最下一皮均应丁砖砌筑。

2. 砖柱组砌

砖柱组砌,应使柱面上下皮的竖缝相互错开 1/2 砖长或 1/4 砖长,在柱心无通天缝,少砍砖,并尽量利用二分头砖体(即 1/4 砖);严禁包心砌法(先砌四周后填心的组砌法),如图 3-38 所示。

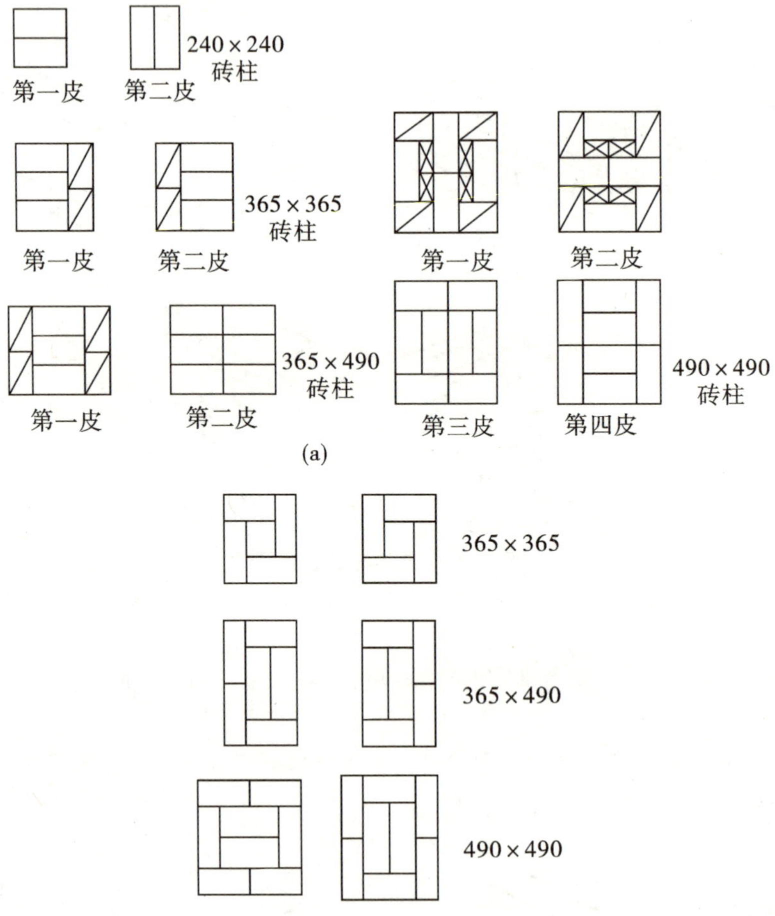

图 3-38 砖柱组砌

(a)矩形柱正确砌法;(b)矩形柱的错误砌法(包心组砌)

3. 多孔砖和空心砖墙组砌

规格 190 mm×190 mm×90 mm 的承重多孔砖一般是整砖顺砌,上下皮竖缝相互错开 1/2 砖长(100 mm),如有半砖规格的,也可采用每皮中整砖与半砖相隔的梅花丁砌筑形式,如图 3-39 所示。

规格 240 mm×115 mm×90 mm 的承重多孔砖一般采用一顺一丁或梅花丁砌筑形式,如图 3-40 所示。

规格为 240 mm×180 mm×115 mm 的承重多孔砖一般采用全顺或全丁砌筑形式。

非承重空心砖一般是侧砌的，上下皮竖缝相互错开1/2砖长，如图3-41所示。

多孔砖墙的转角及丁字交接处，应加砌半砖，使灰缝错开。转角处半砖砌在外角上，丁字交接处半砖砌在横墙端头，如图3-42所示。

图3-39 190 mm×190 mm×90 mm 多空砖组砌形式

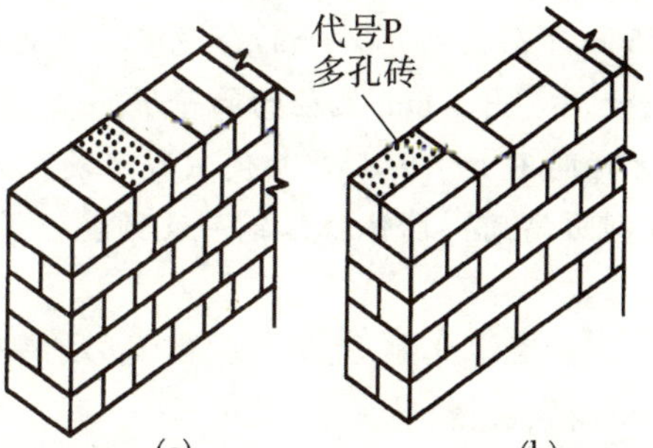

图3-40 240 mm×115 mm×90 mm 多空砖组砌形式

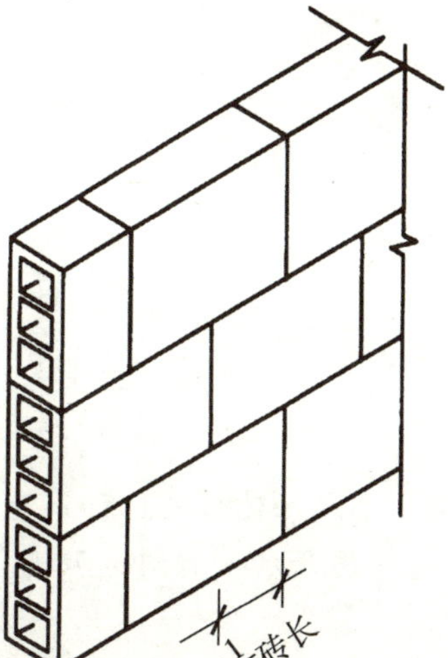

图3-41 空心砖墙组砌形式

1-半砖;2-整砖

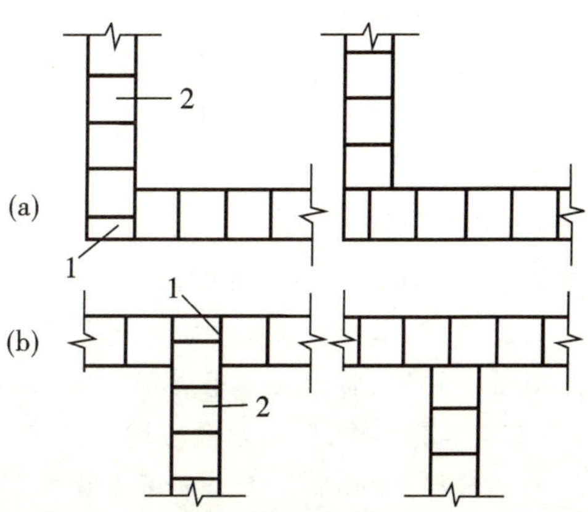

图3-42 多孔砖墙的转角及丁字交接处

1-半砖;2-整砖

例 3-2 根据砖混结构建筑施工图设计总说明，本工程承重墙采用蒸压粉煤灰多孔砖砌筑，编制本工程承重墙体砌筑的技术交底。

解答

工程名称	××学校办公楼	交底部位	主体工程
工程编号	×××	日　　期	××年××月××日

交底内容：

砌砖墙

本技术交底适用于一般砖混、外砌内模、有抗震构造柱的砖墙砌筑工程。

1. 材料要求

1）砖：品种、强度等级必须符合设计要求，并有出厂合格证或试验单。清水墙的砖应色泽均匀，边角整齐。

2）水泥：品种与标号应根据砌体部位及所处环境选择，一般宜采用325号普通硅酸盐水泥或矿渣硅酸盐水泥。

3）砂子：中砂，配制M5以下砂浆所用砂子的含泥量不超过10%。M5及其以上砂浆的砂子含泥量不超过5%，使用前用5 mm孔径的筛子过筛。

4）掺合料：白灰膏熟化时间不少于7 d，严禁使用脱水硬化和冻结的石灰膏。

5）其他材料：木砖（应刷防腐剂）、墙体拉结钢筋及预埋件等。

2. 主要机具

搅拌机、手推车、磅秤、垂直运输设备，大铲、刨锛、瓦刀、扁子、托线板、线坠、小白线、卷尺、铁水平尺、皮数杆、小水桶、灰槽、砖夹子、笤帚等。

3. 作业条件

1）完成室外及房心回填土，安装好暖气盖板。

2）办完地基、基础工程隐检手续。

3）按标高抹好水泥砂浆防潮层。

4）弹好墙身线、轴线，根据现场砖的实际规格尺寸，再弹出门窗洞口位置线，经验线符合设计图纸的尺寸要求，办完预检手续。

5）按标高立好皮数杆，皮数杆的间距以15～20 m为宜。

6）砂浆由试验室做好试配，准备好试模。

4. 操作工艺

工艺流程：

作业准备→砖浇水→砂浆搅拌→砌砖墙→验收

1）砖浇水：黏土砖必须在砌筑前一天浇水湿润，一般以水浸入砖四边1.5 cm为宜，含水率为10%～15%，常温施工不得用干砖上墙；雨季不得使用含水率达到饱和状态的砖砌墙；冬期浇水有困难，则必须适当增大砂浆稠度。

2）砂浆搅拌：砂浆配合比应采用质量比，水泥计量精度为±2%，砂灰膏控制在±5%以内。宜用机械搅拌，搅拌时间不少于1.5 min。

3）砌砖墙。

①组砌方法：砌体一般采用一顺一丁(满丁满条)梅花丁或三顺一丁砌法。不采用五顺一丁砌法，砖柱不得采用先砌四周后填心的包心砌法。

②排砖撂底(干摆砖)：一般外墙第一层砖撂底时，两山墙排丁砖，前后纵墙排条砖。根据弹好门窗洞口位置线。认真核对窗间墙、垛尺寸长度是否符合排砖模数。如不符合模数时，可将门窗口的位置左右移动。若有破活，七分头或丁砖应排在窗口中间，附墙垛或其他不明显部位。移动门窗口位置时，应注意暖卫主管及门窗口开启时不受影响。另外在排砖时还要考虑在门窗口上边的砖墙合拢时也不出现破活。所以排砖时必须有个全盘考虑。即前后檐墙排每一皮砖时，要考虑甩窗口后砌条砖，窗角上必须是七分头才是好活。

③选砖：砌清水墙应选择棱角整齐，无弯曲、裂纹、颜色均匀、规格基本一致的砖。敲击时声音响亮，焙烧过火变色、变形的砖可用在基础及不影响外观的内墙上。

④盘角：砌砖前应先盘角，每次盘角不要超过五层，新盘的大角，及时进行吊靠，如有偏差要及时修整。盘角时要仔细对照皮数杆的砖层和标高，控制好灰缝大小，使水平灰缝均匀一致。大角盘好后再复查一次，平整和垂直完全符合要求后才可以挂线砌墙。

⑤挂线：砌筑一砖半墙必须双面挂线，如果长墙几个人使用一根通线，中间应设几个支线点，小线要拉紧，每层砖都要穿线看平，使水平缝均匀一致，平直通顺；砌一砖厚混水墙时宜采用外手挂线，可以照顾砖墙两面平整，为控制抹灰厚度奠定基础。

⑥砌砖：砌砖宜采用一铲灰、一块砖、一挤揉的“三一”砌砖法，即满铺满挤操作法。砌砖时砖要放平，里手高，墙面就要张；里手低，墙面就要背。砌砖一定要跟线，“上跟线、下跟棱，左右相邻要对平”。水平灰缝厚度和竖向灰缝宽度一般为 10 mm，但不应小于 8 mm，也不应大于 12 mm。为保证清水墙面立缝垂直、不游丁走缝，当砌完一步架高时，宜每隔 2 m 左右水平间距在丁砖立楞位置弹两道垂直立线，以分段控制游丁走缝。在操作过程中，要认真进行自检，如出现有偏差，应随时纠正，严禁事后砸墙。清水墙不允许有三分头，不得在上部任意变活、乱缝。砌筑砂浆应随搅拌随使用，水泥砂浆必须在 3 h 内用完，水泥混合砂浆必须在 4 h 内用完，不得使用过夜砂浆，砌清水墙应随砌随划缝，划缝深度为 8 ~ 10 mm，深浅一致，清扫干净，混水墙应随砌随将舌头灰刮尽。

⑦留槎：外墙转角处应同时砌筑。内外墙交接处必须留斜槎，槎子长度不应小于墙体高度的 2/3，槎子必须平直，通顺。分段位置应在变形缝或门窗口角处。隔墙与墙或柱子同时砌筑时可留阳槎加预埋拉结筋。沿墙每 50 cm 预留 $\phi 6$ 钢筋 2 根，其埋入长度从墙的留槎处算起每边均不小于 50 cm，末端应加 90° 弯钩。隔墙顶应用立砖斜砌挤紧。

⑧木砖、预留孔洞和墙体拉结筋：木砖预埋时应小头在外，大头在内，数量按洞口高度决定。洞口高在 1.2 m 以内，每边放 2 块；高 1.2 ~ 2 m，每边放 3 块；高 2 ~ 3 m，每边放 4 块。预埋砖的部位一般在洞口上下边四皮砖，中间均匀分布。木砖要提前做好防腐处理。钢门窗安装的预留孔，硬架支模，暖卫管道均应按设计预留，不得事后剔凿。墙体抗震拉结筋的位置、钢筋规格、数量、间距长度、弯钩等均应按设计要求留置，不应错放、漏放。

⑨安装过梁、梁垫：安装过梁、梁垫时其标高、位置及型号必须准确，坐灰饱满，如坐灰厚度超过 2 cm 时要用豆石混凝土铺垫，过梁安装时两端支撑点的长度应一致。

⑩构造柱做法：凡设有构造柱的结构工程，在砌砖前，先根据设计图纸将构造柱位置

进行弹线,并把构造柱插筋处理顺直。砌砖墙时与构造柱联结处砌成马牙槎,每一个马牙槎沿高度方向的尺寸不宜超过 30 cm(即五皮砖)。砖墙与构造柱之间应沿墙高每 50 cm 设置 2ϕ6 水平拉结钢筋连接,每边伸入墙内不应少于 1 m。

4)冬期施工:在预计连续 10 d 内平均气温低于 5 ℃或当日最低温度低于-3 ℃时,即进入冬期施工。冬期使用的砖要求在砌筑前清除冰霜,水泥宜用普通硅酸盐水泥,灰膏要防冻,如已受冻要融化后方能使用。砂中不得含有大于 1 cm 的冻块,材料加热时,砂加热温度不应超过 40 ℃,水加热不应超过 80 ℃。砖正温时适当浇水,负温即要停止,可适当增大砂浆稠度。冬期不应使用无水泥砂浆,砂浆中掺盐时,应用波美比重计检查盐溶液浓度。但对绝缘、保温或装饰有特殊要求的工程不得掺盐;砂浆使用温度不应低于 5 ℃,掺盐量应符合冬施方案的规定。采用掺盐砂浆砌筑时,砌体中的钢筋应预先作防腐处理,涂防锈漆两道。

5. 质量标准

1)保证项目。

①砖的品种、强度等级必须符合设计要求。

②砂浆品种及强度应符合设计要求。同品种、同强度等级砂浆各组试块的平均强度不小于 fm. K(设计要求砂浆抗压强度试块标准养护 28 d 的抗压强度);任意一组试块的强度不小于 0.75 fm. K。

③砌体砂浆必须密实饱满,实心砖砌体水平灰缝的砂浆饱满度不小于 80%。

④外墙转角处严禁留直槎,其他临时间断处留槎做法必须符合施工规范的规定。

2)基本项目。

①砌体上下错缝,砖柱、垛无包心砌法;窗间墙及清水墙面无通缝;混水墙每间(处)无 4 皮砖的通缝(通缝指上下二皮砖搭接长度小于 25 mm)。

②砖砌体接槎处灰浆密实,缝、砖平直,每处接槎部位水平灰缝厚度小于 5 mm 或透亮的缺陷不超过 5 个。

③预埋拉筋的数量、长度均符合设计要求和施工规范规定,留置间距偏差不超过一皮砖。

④构造柱留置正确,大马牙槎先退后进,上下顺直,残留砂浆清理干净。

⑤清水墙组砌正确,竖缝通顺,刮缝深度适宜、一致,棱角整齐,墙面清洁美观。

3)允许偏差项目,见表 3-6。

6. 成品保护

1)墙体拉结筋,抗震构造柱钢筋,大模板混凝土墙体钢筋及各种预埋件、暖卫、电气管线等,均应注意保护,不得任意拆改或损坏。

2)砂浆稠度应适宜,砌墙时应防止砂浆溅脏墙面。

3)在吊放平台脚手架或安装大模板时,指挥人员和吊车司机要认真指挥和操作,防止碰撞刚砌好的砖墙。

4)在高车架进料口周围,应用塑料薄膜或木板等遮盖,保持墙面洁净。

5)尚未安装楼板或层面板的墙和柱,当可能遇到大风时,应采取临时支撑等措施,以保证施工中的稳定性。

表3-6　砖砌体尺寸、位置的允许偏差和检验方法

项次	项目			允许偏差/mm	检查方法
1	轴线位置偏移			10	用经纬仪或拉线和尺量检查
2	基础和墙砌体顶面标高			±15	用水准仪和尺量检查
3	垂直度	每层		5	用2 m托线板检查，用经纬仪或吊线和尺量检查
		全高	≤10 m	10	
			>10 m	20	
4	表面平整度	清水墙、柱		5	用2 m靠尺和楔形塞尺检查
		混水墙、柱		8	
5	水平灰缝平直度	清水墙		7	拉10 m线和尺量检查
		混水墙		10	
6	水平灰缝厚度（10皮砖累计数）			+8	与皮数杆比较尺量检查
7	清水墙面游丁走缝			20	吊线和尺量检查，以底层第一皮砖为准
8	门窗洞口（后塞口）	宽度		+5	尺量检查
		门口高度		+15，-5	
9	预留构造柱载面			±10	尺量检查
10	外墙上下窗口偏移			20	用经纬仪或吊线检查，以底层窗口为准

7. 应注意的质量问题

1）基础墙与墙错台：基础砖撂底要正确，收退大方角两边要相等，退到墙身之前要检查轴线和边线是否正确，如偏差较小可在基础部位纠正，不得在防潮层以上退台或出沿。

2）清水墙游丁走缝：排砖时必须把立缝排匀，砌完一步架高度，每隔2 m间距在丁砖立楞处用托线板吊直弹线，三步架往上继续吊直弹粉线，由底往上所有七分头的长度应保持一致，上层分窗口位置时必须同下窗口保持垂直。

3）灰缝大小不匀：立皮杆要保证标高一致，盘角时灰缝要掌握均匀，砌砖时小线要拉紧，防止一层线松，一层线紧。

4）窗口上部立缝变活：清水墙排砖时，为了使窗间墙、垛排成好活，把破活排在中间位置，在砌过梁上第一行砖时，不得随意变动破活位置。

5）砖墙鼓胀：外砖内模墙体砌筑时，在窗间墙上，抗震柱两边分上中下留出6 cm×12 cm通孔，抗震柱外墙面垫5 cm厚木板，用花篮螺栓与大模板连接牢固，混凝土要分层浇灌，振捣棒不可直接触及外墙。楼层圈梁外三皮12 cm砖墙也应认真加固。如在振捣

时发现砖墙已鼓胀，则应及时拆掉重砌。

6）混水墙粗糙：舌头灰未刮尽，半头砖集中使用造成通缝；一砖厚墙背面偏差较大；砖墙错层造成螺丝墙。半头砖要分散使用在较大的墙体上，首层或楼层的第一皮砖要查对皮数杆的标高及层高，防止到顶砌成螺丝墙，一砖厚墙采用外手挂线。

7）构造柱砌筑不符合要求：构造柱砖墙应砌成大马牙槎，设置好拉结筋从柱脚开始应先退后进，当齿深 12 cm 时上口一皮进 6 cm，再上一皮进 12 cm，以保证混凝土浇灌上角密实。构造柱内的落地灰、砖渣杂物应清理干净防止夹渣。

技术负责人：　　　　　　交底人：　　　　　　接交人：

任务 3.4　框架填充墙的施工

3.4.1　墙体填充材料

加气混凝土砌块以水泥、矿渣、砂、石灰等为主要原料，加入发气剂，经搅拌成型、蒸压养护而成的实心砌块。加气混凝土砌块的规格尺寸见表 3-7。

表 3-7　加气混凝土砌块的规格尺寸　（单位：mm）

砌块公称尺寸			砌块制作尺寸		
长度 L	宽度 B	高度 H	长度 L_1	宽度 B_1	高度 H_1
600	100 125 150 200 250 300	200 250	L-10	B	H-10
	120 180 240	300			

加气混凝土砌块按抗压强度分为：A1、A2、A2.5、A3.5、A5、A7.5、A10 七个强度等级。

加气混凝土砌块按其密度分为：B03、B04、B05、B06、B07、B08 六个密度级别。

加气混凝土砌块按尺寸偏差与外观质量、密度和抗压强度分为优等品、一等品和合格品。

加气混凝土砌块的尺寸允许偏差和外观质量应符合表 3-8 的规定。

表3-8 加气混凝土砌块尺寸允许偏差和外观质量

项目		指标		
		优等品	一等品	合格品
尺寸允许偏差/mm	长度 L_1	±3	±4	±5
	宽度 B_1	±2	±3	+3,-4
	高度 H_1	±2	±3	+3,-4
缺棱掉角	个数,不多于/个	0	1	2
	最大尺寸不得大于/mm	0	70	70
	最小尺寸不得大于/mm	0	30	30
平面弯曲不得大于/mm		0	3	5
裂纹	条数不多于(条)	0	1	2
	任一面上的裂纹长度不得大于裂纹方向的	0	1/3	1/2
	贯穿一棱二面的裂纹长度不得大于裂纹所在面的裂纹方向尺寸总和的	0	1/3	1/3
爆裂、粘模和损坏深度不得大于/mm		10	20	30
表面疏松、层裂		不允许	不允许	不允许
表面油污		不允许	不允许	不允许

加气混凝土砌块的抗压强度应符合表3-9的规定。

表3-9 加气混凝土砌块的抗压强度

强度等级	立方体抗压强度/MPa	
	15块平均值不小于	单块最小值不小于
A1	1.0	0.8
A2	2.0	1.6
A2.5	2.5	2.0
A3.5	3.5	2.8
A5	5.0	4.0
A7.5	7.5	6.0
A10	10.0	8.0

加气混凝土砌块的强度等级应符合表 3-10 的规定。

表 3-10 加气混凝土砌块的强度等级

密度级别		B03	B04	B05	B06	B07	B08
强度等级	优等品	A1	A2	A3.5	A5	A7.5	A10
	一等品	A1	A2	A3.5	A5	A7.5	A10
	合格品	A1	A2	A2.5	A3.5	A5	A7.5

加气混凝土砌块的密度应符合表 3-11 的规定。

表 3-11 加气混凝土砌块密度 (单位:kg/m³)

密度级别		B03	B04	B05	B06	B07	B08
强度等级	优等品	300	400	500	600	700	800
	一等品	330	430	530	630	730	830
	合格品	350	450	550	650	750	850

3.4.2 加气混凝土砌块砌筑

※知识链接※

加气混凝土砌块可砌成单层墙或双层墙体。单层墙是将加气混凝土砌块立砌,墙厚为砌块的宽度。双层墙是将加气混凝土砌块立砌两层中间夹以空气层,两层砌块间,每隔 500 mm 墙高在水平灰缝中放置 $\phi4\sim\phi6$ 的钢筋扒钉,扒钉间距为 600 mm,空气层厚度约 70~80 mm(图 3-43)。

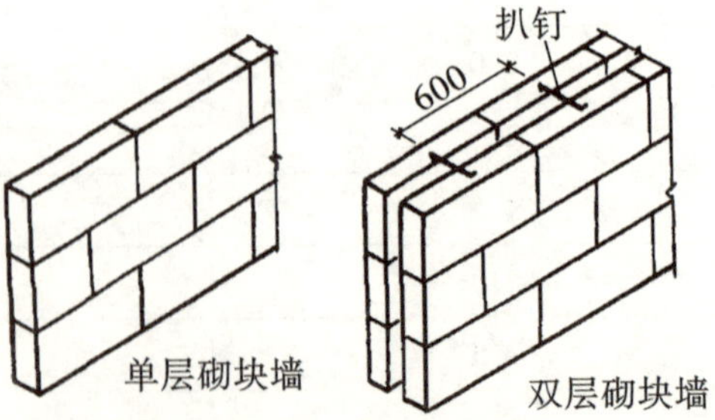

图 3-43 加气混凝土砌块墙

承重加气混凝土砌块墙的外墙转角处、墙体交接处,均应沿墙高 1 m 左右,在水平灰缝中放置拉结钢筋,拉结钢筋为 3ϕ6,钢筋伸入墙内不少于 1000 mm(图 3-44)。

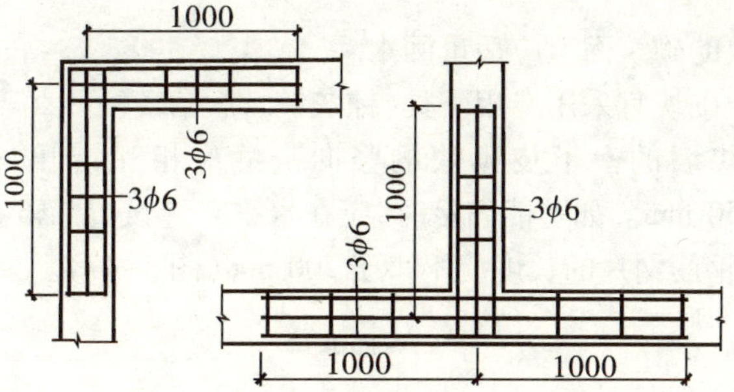

图 3-44 承重砌块墙的拉结钢筋

非承重加气混凝土砌块墙的转角处、与承重墙交接处，均应沿墙高 1 m 左右，在水平灰缝中放置拉结钢筋，拉结钢筋为 2ϕ6，钢筋伸入墙内不少于 700 mm（图 3-45）。

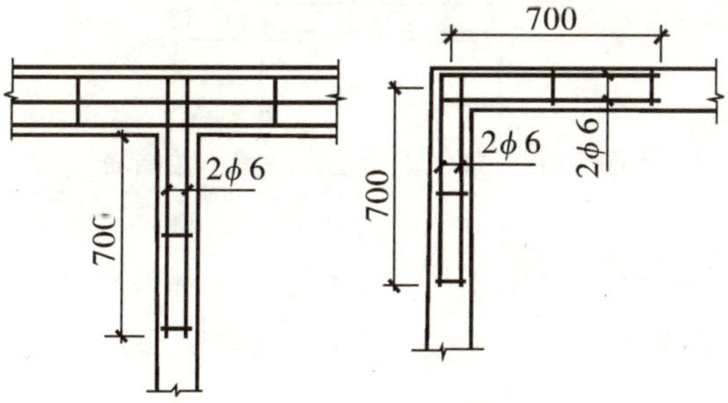

图 3-45 非承重砌块墙拉结钢筋

加气混凝土砌块外墙的窗口下一皮砌块下的水平灰缝中应设置拉结钢筋，拉结钢筋为 3ϕ6，钢筋伸过窗口侧边应不小于 500 mm（图 3-46）。

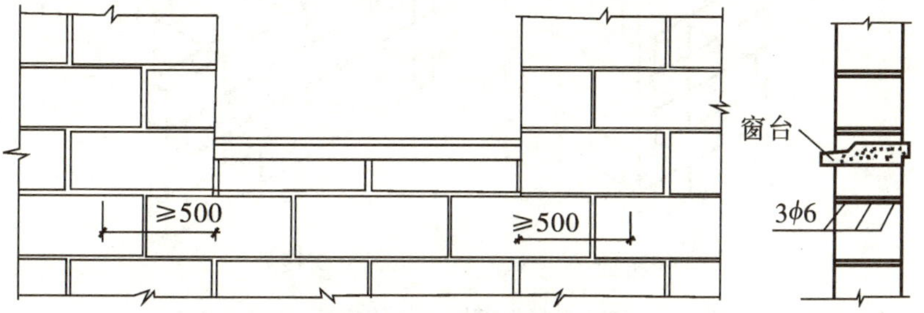

图 3-46 砌块墙窗口下配筋

3.4.2.1 加气混凝土砌块砌体施工

承重加气混凝土砌块砌体所用砌块强度等级应不低于 A7.5，砂浆强度不低于 M5。

加气混凝土砌块砌筑前，应根据建筑物的平面、立面图绘制砌块排列图。在墙体转角处设置皮数杆，皮数杆上画出砌块皮数及砌块高度，并在相对砌块上边线间拉准线，依准线砌筑。

加气混凝土砌块的砌筑面上应适量洒水。

砌筑加气混凝土砌块宜采用专用工具(铺灰铲、锯、钻、镂、平直架等)。

加气混凝土砌块墙的上下皮砌块的竖向灰缝应相互错开,相互错开长度宜为300 mm,并不小于150 mm。如不能满足时,应在水平灰缝设置2ϕ6的拉结钢筋或ϕ4钢筋网片,拉结钢筋或钢筋网片的长度应不小于700 mm(图3-47)。

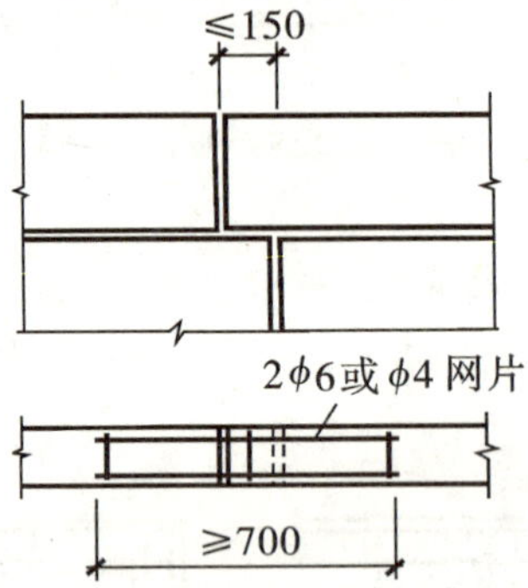

图3-47 加气混凝土砌块墙中拉结筋

加气混凝土砌块墙的灰缝应横平竖直,砂浆饱满,水平灰缝砂浆饱满度不应小于90%;竖向灰缝砂浆饱满度不应小于80%。水平灰缝厚度宜为15 mm,竖向灰缝宽度宜为20 mm。

加气混凝土砌块墙的转角处,应使纵横墙的砌块相互搭砌,隔皮砌块露端面。加气混凝土砌块墙的T字交接处,应使横墙砌块隔皮露端面,并坐中于纵墙砌块(图3-48)。

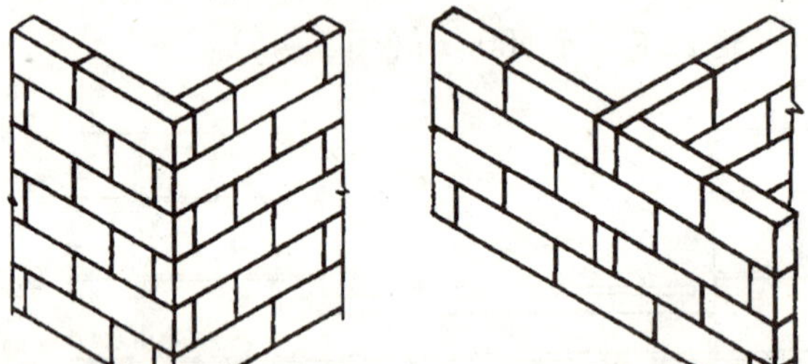

图3-48 加气混凝土砌块墙的转角处、交接处砌法

※知识链接※

加气混凝土砌块墙如无切实有效措施,不得使用于下列部位:

1)建筑物室内地面标高以下部位;

2)长期浸水或经常受干湿交替部位;

3)受化学环境侵蚀(如强酸、强碱)或高浓度二氧化碳等环境;

4)砌块表面经常处于80 ℃以上的高温环境;

5)加气混凝土砌块墙上不得留设脚手眼;

6)每一楼层内的砌块墙体应连续砌完,不留接槎。如必须留槎时应留成斜槎,或在门窗洞口侧边间断。

3.4.2.2　加气混凝土砌块砌体质量

加气混凝土砌块砌体质量分为合格和不合格两个等级。加气混凝土砌块砌体质量合格应符合以下规定:①主控项目应全部符合规定;②一般项目应有80%及以上的抽检处符合规定,或偏差值在允许偏差范围以内。

加气混凝土砌块砌体主控项目:

砌块和砌筑砂浆的强度等级应符合设计要求。

检验方法:检查砌块的产品合格证书、产品性能检测报告和砂浆试块试验报告。

加气混凝土砌块砌体一般项目:

1)砌体一般尺寸的允许偏差应符合表3-12的规定。

抽检数量:对表中1、2项,在检验批的标准间中随机抽查10%,但不应少于3间;大面积房间和楼道按两个轴线或每10延长米按一标准间计数。每间检验不应少于3处。对表中3、4项,在检验批中抽检10%,且不应少于5处。

2)加气混凝土砌块不应与其他块材混砌。

抽检数量:在检验批中抽检20%,且不应少于5处。

检验方法:外观检查。

表3-12　加气混凝土砌体一般尺寸允许偏差

项次	项目		允许偏差/mm	检验方法
1	轴线位移		10	用尺检查
	垂直度	小于或等于3 m	5	用2 m托线板或吊线、尺检查
		大于3 m	10	
2	表面平整度		8	用2 m靠尺和楔形塞尺检查
3	门窗洞口高、宽(后塞口)		±5	用尺检查
4	外墙上、下窗口偏移		20	用经纬仪或吊线检查

3)加气混凝土砌块砌体的灰缝砂浆饱满度不应小于80%。

抽检数量:每步架子不少于3处,且每处不应少于3块。

检验方法:用百格网检查砌块底面砂浆的黏结痕迹面积。

4)加气混凝土砌块砌体留置的拉结钢筋或网片的位置与砌块皮数相符合。拉结钢筋或网片应置于灰缝中,埋置长度应符合设计要求,竖向位置偏差不应超过一皮砌块高度。

抽检数量:在检验批中抽检20%,且不应少于5处。

检验方法:观察和用尺量检查。

5)砌块砌筑时应错缝搭接,搭接长度不应小于砌块长度的1/3;竖向通缝不应大于2皮。

抽检数量:在检验批的标准间中抽查10%,且不应少于3间。

检验方法:观察和用尺检查。

6)加气混凝土砌块砌体的水平灰缝厚度及竖向灰缝宽度分别宜为15 mm和20 mm。

抽检数量:在检验批的标准间中抽查10%,且不应少于3间。

检验方法:用尺量5皮砌块的高度和2 m砌体长度。

7)加气混凝土砌块墙砌至接近梁、板底时,应留一定空隙,待墙体砌筑完并应至少间隔7 d后,再将其补砌挤紧。

抽检数量:每验收批抽10%墙片(每两柱间的填充墙为一墙片),且不应少于3片墙。

检验方法:观察检查。

※特别提示※

填充墙在建筑工程中,主要起到分割和维护作用,承受的主要荷载就是本身的自重,因此在现实工程中,为避免墙体受到外来荷载的作用,填充墙最后一皮砖一般采用另一种材质的砖斜砌。

例3-3 根据教学楼框架结构设计总说明,该工程填充墙采用加气混凝土砌块砌筑,结合工程特点,试编制本工程加气混凝土砌块的技术施工方案。

解答 1.施工准备

1)主要机具设备。

塔机、人货电梯、龙门架、砂浆搅拌机、手推车、砂筛、磅秤、瓦刀、电动切割机、线锤、靠尺等。

2)材料要求。

①加气混凝土砌块:外墙砌体规格采用600×300×250(长×高×宽),密度为700 kg/m^3;内墙砌体规格采用600×300×200(长×高×宽),密度为600 kg/m^3;砌块龄期应超过28 d,有出厂合格证且进场复试合格。

②烧结煤矸石普通砖:规格为240×115×53(长×宽×高),有出厂合格证且进场复试合格。

③砂:采用中砂,使用前,经过5 mm孔径的砂筛,复试合格。

④水泥:采用32.5级水泥,有出厂合格证且复试合格。

⑤砌筑砂浆:M5混合砂浆,经有资质的实验室试配并出示配合比通知单。

⑥其他:钢筋(设计需要的钢筋,有合格证且复试合格)、石灰膏(熟化时间不少于7 d,无脱水和干结现象)等。

3)作业条件。

①楼层清理:将楼地面(基层)和混凝土柱(墙)面的灰渣清扫干净,基层高出的部分应剔除平整,基层轻微凹陷部分用水泥砂浆填补平整,基层应验收合格。

②在结构墙(柱)上弹好50水平线,基层表面弹出轴线、边线、门窗洞口位置线,自检

合格后报监理验收。

③砌筑前，加气混凝土砌块提前2天洒水湿润（水进砌块内8～12 mm为宜），烧结黏土砖提前1～2天洒水湿润（水进砖内15～20 mm为宜），砌块与混凝土交接处提前1天洒水湿润，保证砌体良好黏结。

④按砌块及楼层高度制作皮数杆，并竖立于柱（墙）的两端，并在皮数杆之间拉准线。

2. 施工工艺

1）砌筑前，按墙段实量尺寸和切块尺寸进行排列摆块，不足整块的可用电动切割机切成所需尺寸，但不得小于切块的1/3，采用满铺满挤法砌筑，上下皮错缝搭砌，砌块搭接长度为砌块长度的1/3，且不小于150 mm，加气混凝土砌块底部砌筑四皮普通黏土砖。

2）灰缝应横平竖直，砂浆饱满，水平灰缝厚度为8～12 mm，最大不得超过15 mm，竖直灰缝最大不超过20 mm，竖直灰缝内外用临时夹板夹住后灌缝，若出现大于30 mm的垂直灰缝，应用C20细石混凝土灌实。

3）铺砂浆：将搅拌好的砂浆运至砌筑地点，在砌筑部位前用灰勺进行分块铺灰，铺灰长度不超过150 cm。

4）墙体转角和纵横墙体交接处应同时砌筑，相互咬砌搭接，砌体砌至门窗洞口边非整块时，可用同品种的砌块加工切割成需要的规格，不得用其他砌块混砌。

5）砌块的就位与校正：砌块就位应先远后近、先下后上、先外后内，从转角处或定位处开始，吊一皮校正一皮，使砌块底面水平下落，就位时严格控制好下落位置，缓慢下落，拉线控制砌体标高和表面平整度，用托线板挂直校正为止。

6）内外墙体同时砌筑，每天砌筑高度不超过1.8 m。

7）砌到接近上层梁、板底部时，待砌体沉实7 d后，用烧结黏土砖斜砌挤紧，斜度为75°，砂浆饱满密实。

8）墙体拉结筋设置：本工程墙体拉结筋采用锚固植筋法，该工程抗震设防烈度为8度，按设计要求，从墙底部四皮黏土砖顶部开始，采用2ϕ6.5钢筋沿框架墙柱全高每隔31 cm设置，水平方向沿墙全长贯通。

9）墙长大于5 m时，墙顶与梁底设ϕ8@1000的拉筋。

10）门窗洞口过梁两端各伸入支座砌体内的长度≥墙厚且≥240，坐浆饱满。

11）墙长超过层高2倍时，设构造柱。

12）墙高超过4 m时，墙体半高度设置与柱（墙）连接且沿墙全长贯通的钢筋混凝土水平连系梁。

13）砂浆试块的取样和留置：在监理旁站下，每一楼层不超过250 m^3砌体留置1组标准养护试块。

3. 施工注意事项

1）不同品种、干密度和强度的砌块不得混合使用，墙顶与墙底部分采用烧结黏土砖，不视为混合砌筑。

2）加气混凝土砌块严禁受雨淋。

3）砌筑过程中，将砌体灰缝内多余的“舌头灰”刮干净；混合砂浆在3 h内用完，不得用隔夜砂浆。

4)切锯加气混凝土砌块应用专用工具(如手持电动切割机),不得用瓦刀随意砍劈。

5)当砌块与墙柱相接处漏放拉结筋时,用黏结砂浆[V(水泥):V(107胶):V(中砂)=1:0.2:2]在砌块端头与立墙接触面各涂抹5 mm厚,挤塞严密,将多余砂浆刮平。

4.质量标准

1)使用的加气混凝土砌块及原材料的品种、标号等必须符合设计要求,加气混凝土砌块的质量应满足JC-82有关材料技术性能指标,有出厂合格证并复试合格。

2)砂浆的品种、强度符合设计要求,砌体砂浆必须饱满密实,砂浆的平均强度不小于fm.k,其中任意一组试块强度不小于0.75 fm.k。

3)墙体上下错缝,搭接长度不宜小于砌块长度的三分之一,无四皮砌块高度的通缝,每道墙三皮砌块的通缝不超过三处。

4)砌体接槎处砂浆密实,砌块平顺,灰缝标准厚度为10 mm,过大或过小灰缝缺陷不大于五处。

5)拉结筋、构造柱、过梁、压顶和通长水平连系梁留设的间距、位置、长(高)度、配筋等符合设计要求,留置位置、间距偏差不超过一皮砌块。

6)加气混凝土砌块墙尺寸和位置的允许偏差及检测方法见表3-13。

表3-13 加气混凝土砌块墙尺寸和位置的允许偏差及检测方法

项次	项目	允许偏差/mm	检测方法
1	砌体厚度	±4	用尺量检查
2	基础顶面和楼面标高	±15	用水平仪、经纬仪复查
3	轴线位移	5	
4	墙面垂直度 每层 全高	 5 10	用吊线法检查 用经纬仪或吊线尺量检查
5	表面平整度	6	用2 m长直尺和塞尺检查
6	水平灰缝平直	7	灰缝上口处用10 m长的线拉直并用尺检查

任务3.5 混凝土空心砌块施工

3.5.1 材料准备

(1)普通混凝土小型空心砌块

普通混凝土小型空心砌块以水泥、砂、碎石或卵石、水等预制成的。普通混凝土小型空心砌块主规格尺寸为390 mm×190 mm×190 mm,有两个方形孔,最小外壁厚应不小于30 mm,最小肋厚应不小于25 mm,空心率应不小于25%(图3-49)。

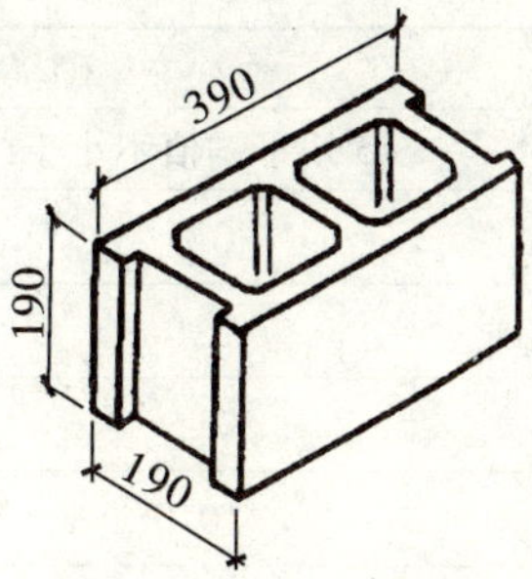

图3-49　普通混凝土小型空心砌块

普通混凝土小型空心砌块按其强度分为MU3.5、MU5、MU7.5、MU10、MU15、MU20六个强度等级。普通混凝土小型空心砌块按其尺寸偏差、外观质量分为优等品、一等品和合格品。普通混凝土小型空心砌块的尺寸允许偏差应符合表3-14的规定。

表3-14　普通混凝土小型空心砌块尺寸允许偏差　（单位：mm）

项目	优等品	一等品	合格品
长度	±2	±3	±3
宽度	±2	±3	±3
高度	±2	±3	+3，-4

普通混凝土小型空心砌块的外观质量应符合表3-15的规定。

表3-15　普通混凝土小型空心砌块外观质量

项目			优等品	一等品	合格品
弯曲/mm		不大于	2	2	3
掉角缺棱	个数	不大于	0	2	2
	三个方向投影尺寸的最小值/mm	不大于	0	20	30
裂纹延伸的投影尺寸累计/mm		不大于	0	20	30

普通混凝土小型空心砌块的抗压强度应符合表3-16的规定。

表 3-16　普通混凝土小型空心砌块强度

强度等级	砌块抗压强度/MPa	
	5 块平均值不小于	单块最小值不小于
MU3.5	3.5	2.8
MU5	5.0	4.0
MU7.5	7.5	6.0
MU10	10.0	8.0
MU15	15.0	12.0
MU20	20.0	16.0

(2)轻骨料混凝土小型空心砌块

轻骨料混凝土小型空心砌块以水泥、轻骨料、砂、水等预制成的。轻骨料混凝土小型空心砌块主规格尺寸为 390 mm×190 mm×190 mm。按其孔的排数有:单排孔、双排孔、三排孔和四排孔等四类。轻骨料混凝土小型空心砌块按其密度分为:500、600、700、800、900、1000、1200、1400 八个密度等级。轻骨料混凝土小型空心砌块按其强度分为:MU1.5、MU2.5、MU3.5、MU5、MU7.5、MU10 六个强度等级。轻骨料混凝土小型空心砌块按尺寸偏差、外观质量分为:优等品、一等品和合格品。轻骨料混凝土小型空心砌块的尺寸允许偏差应符合表 3-17 的规定。

表 3-17　轻骨料混凝土小型空心砌块尺寸允许偏差　(单位:mm)

项目	优等品	一等品	合格品
长度	±2	±3	±3
宽度	±2	±3	±3
高度	±2	±3	+3,-4

注:最小外壁厚和肋厚不应小于 20 mm。

轻骨料混凝土小型空心砌块的外观质量应符合表 3-18 的规定。

表 3-18　轻骨料混凝土小型空心砌块外观质量

<table>
<tr><th colspan="3">项目</th><th>优等品</th><th>一等品</th><th>合格品</th></tr>
<tr><td colspan="2">弯曲/mm</td><td>不大于</td><td>2</td><td>2</td><td>3</td></tr>
<tr><td rowspan="2">掉角缺棱</td><td>个数</td><td>不大于</td><td>0</td><td>2</td><td>2</td></tr>
<tr><td>三个方向投影尺寸的最小值/mm</td><td>不大于</td><td>0</td><td>20</td><td>30</td></tr>
<tr><td colspan="2">裂纹延伸的投影尺寸累计/mm</td><td>不大于</td><td>0</td><td>20</td><td>30</td></tr>
</table>

轻骨料混凝土小型空心砌块的密度应符合表3-19的规定,其规定值允许最大偏差为100 kg/m³。

表3-19 轻骨料混凝土小型空心砌块密度 (单位:kg/m³)

密度等级	砌块干燥表现密度的范围	密度等级	砌块干燥表现密度的范围
500	≤500	900	810~900
600	510~600	1000	910~1000
700	610~700	1200	1010~1200
800	710~800	1400	1210~1400

轻骨料混凝土小型空心砌块的抗压强度,符合表3-20要求者为优等品或一等品;密度等级范围不满足表3-20要求者为合格品。

表3-20 轻骨料混凝土小型空心砌块强度

强度等级	砌块抗压强度/MPa		密度等级范围不大于
	5块平均值不小于	单块最小值不小于	
MU1.5	1.5	1.2	800
MU2.5	2.5	2.0	
MU3.5	3.5	7.8	1200
MU5	5.0	4.0	
MU7.5	7.5	6.0	1400

3.5.2 一般构造要求

混凝土小型空心砌块砌体所用的材料,除满足强度计算要求外,还应符合下列要求:

1)对室内地面以下的砌体,应采用普通混凝土小砌块和不低于M5的水泥砂浆。

2)五层及五层以上民用建筑的底层墙体,应采用不低于MU5的混凝土小砌块和M5的砌筑砂浆。

3)在墙体的下列部位,应用C20混凝土灌实砌块的孔洞:

①底层室内地面以下或防潮层以下的砌体;

②无圈梁的楼板支承面下的一皮砌块;

③没有设置混凝土垫块的屋架、梁等构件支承面下,高度不应小于600 mm,长度不应小于600 mm的砌体;

④挑梁支承面下,距墙中心线每边不应小于300 mm,高度不应小于600 mm的砌体。

砌块墙与后砌隔墙交接处,应沿墙高每隔400 mm在水平灰缝内设置不少于2ϕ4、横筋间距不大于200 mm的焊接钢筋网片，钢筋网片伸入后砌隔墙内不应小于600 mm（图3-50）。

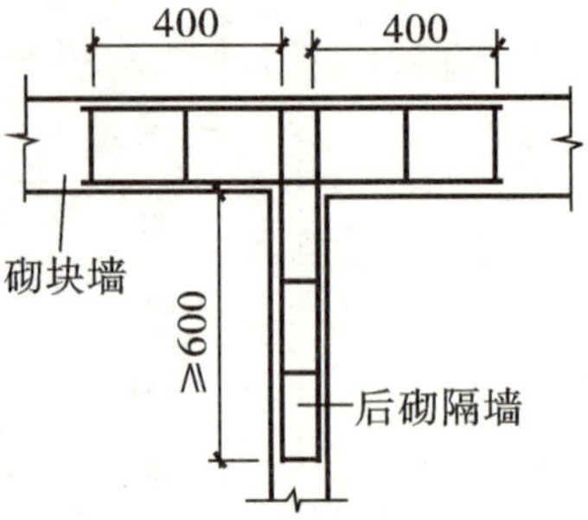

图3-50　砌块墙与后砌隔墙交接处钢筋网片

※知识链接※

1. 夹心墙构造

混凝土砌块夹心墙由内叶墙、外叶墙及其间拉结件组成（图3-51）。内外叶墙间设保温层。

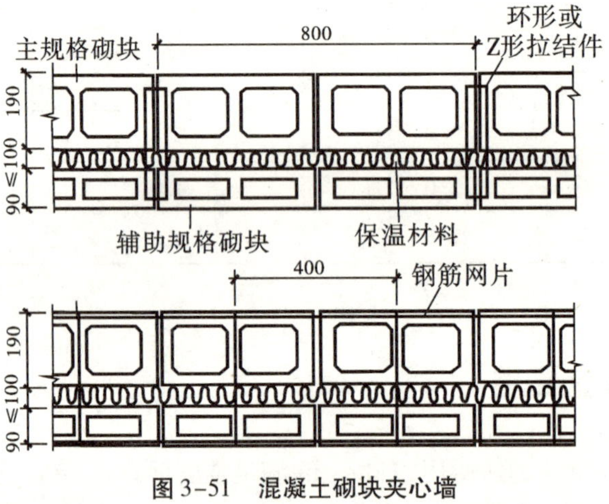

图3-51　混凝土砌块夹心墙

内叶墙采用主规格混凝土小型空心砌块，外叶墙采用辅助规格（390 mm×90 mm×190 mm）混凝土小型空心砌块。拉结件采用环形拉结件、Z形拉结件或钢筋网片。砌块强度等级不应低于MU10。

当采用环形拉结件时，钢筋直径不应小于4 mm；当采用Z形拉结件时，钢筋直径不应小于6 mm。拉结件应沿竖向梅花形布置，拉结件的水平和竖向最大间距分别不宜大于800 mm和600 mm；对有振动或有抗震设防要求时，其水平和竖向最大间距分别不宜大于800 mm和400 mm。

当采用钢筋网片作拉结件，网片横向钢筋的直径不应小于4 mm，其间距不应大于

400 mm；网片的竖向间距不宜大于600 mm，对有振动或有抗震设防要求时，不宜大于400 mm。

拉结件在叶墙上的搁置长度，不应小于叶墙厚度的2/3，并不应小于60 mm。

2. 芯柱设置

1）墙体的下列部位宜设置芯柱：

①在外墙转角、楼梯间四角的纵横墙交接处的三个孔洞，宜设置素混凝土芯柱；

②五层及五层以上的房屋，应在上述部位设置钢筋混凝土芯柱。

2）芯柱的构造要求如下：

①芯柱截面不宜小于120 mm×120 mm，宜用不低于C20的细石混凝土浇灌；

②钢筋混凝土芯柱每孔内插竖筋不应小于1ϕ10，底部应伸入室内地面下500 mm或与基础圈梁锚固，顶部与屋盖圈梁锚固；

③在钢筋混凝土芯柱处，沿墙高每隔600 mm应设ϕ4钢筋网片拉结，每边伸入墙体不小于600 mm（图3-52）；

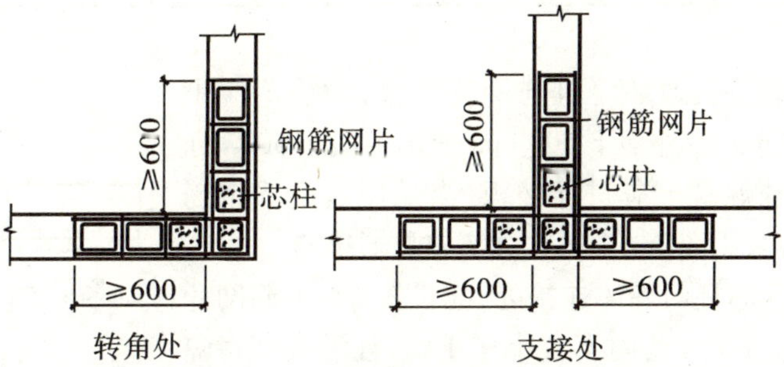

图3-52 钢筋混凝土芯柱处拉筋

④芯柱应沿房屋的全高贯通，并与各层圈梁整体现浇，可采用图3-53所示的做法。

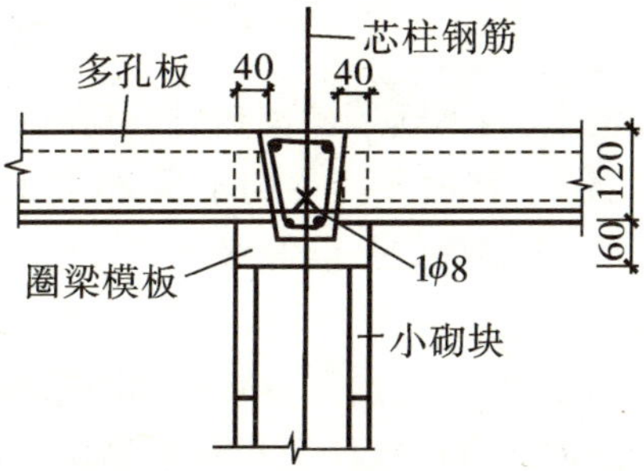

图3-53 芯柱贯穿楼板的构造

在6～8度抗震设防的建筑物中，应按芯柱位置要求设置钢筋混凝土芯柱；对医院、教学楼等横墙较少的房屋，应根据房屋增加一层的层数，按表3-20的要求设置芯柱。

表 3-20 抗震设防区混凝土小型空心砌块房屋芯柱设置要求

房屋层数			设置部位	设置数量
6 度	7 度	8 度		
四	三	二	外墙转角、楼梯间四角、大房间内外墙交接处	外墙转角灌实 3 个孔;内外墙交接处灌实 4 个孔
五	四	三		
六	五	四	外墙转角、楼梯间四角、大房间内外墙交接处,山墙与内纵墙交接处,隔开间横墙(轴线)与外纵墙交接处	
七	六	五	外墙转角,楼梯间四角,各内墙(轴线)与外墙交接处;8 度时,内纵墙与横墙(轴线)交接处和洞口两侧	外墙转角灌实 5 个孔;内外墙交接处灌实 4 个孔;内墙交接处灌实 4 个或 5 个孔;洞口两侧各灌实 1 个孔

芯柱竖向插筋应贯通墙身且与圈梁连接;插筋不应小于 1ϕ12。芯柱应伸入室外地下 500 mm 或锚入浅于 500 mm 基础圈梁内。芯柱混凝土应贯通楼板,当采用装配式钢筋混凝土楼板时,可采用图 3-54 的方式实施贯通措施。

抗震设防地区芯柱与墙体连接处,应设置 ϕ4 钢筋网片拉结,钢筋网片每边伸入墙内不宜小于 1 m,且沿墙高每隔 600 mm 设置。

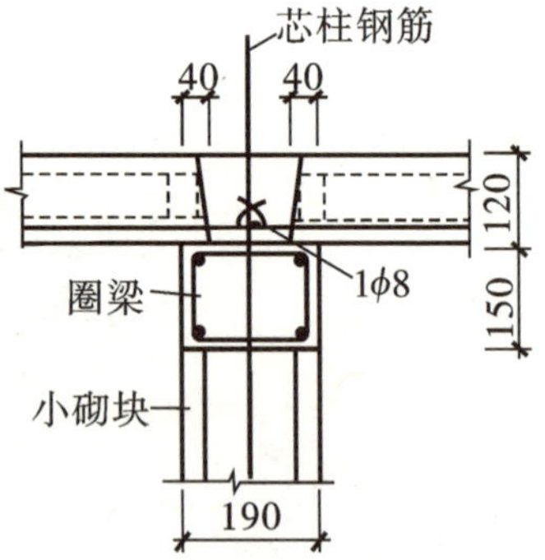

图 3-54 芯柱贯通楼板措施

3.5.3 施工工艺要点

(1)小砌块施工

普通混凝土小砌块不宜浇水;当天气干燥炎热时,可在砌块上稍加喷水润湿;轻集料混凝土小砌块施工前可洒水,但不宜过多。龄期不足 28 d 及潮湿的小砌块不得进行砌筑。应尽量采用主规格小砌块,小砌块的强度等级应符合设计要求,并应清除小砌块表面污物和芯柱用小砌块孔洞底部的毛边。

在房屋四角或楼梯间转角处设立皮数杆,皮数杆间距不得超过 15 m。皮数杆上应画出各皮小砌块的高度及灰缝厚度。在皮数杆上相对小砌块上边线之间拉准线,小砌块依准线砌筑。

小砌块砌筑应从转角或定位处开始,内外墙同时砌筑,纵横墙交错搭接。外墙转角处应使小砌块隔皮露端面;T 字交接处应使横墙小砌块隔皮露端面,纵墙在交接处改砌两块辅助规格小砌块(尺寸为 290 mm×190 mm×190 mm,一头开口),所有露端面用水泥砂浆抹平(图 3-55)。

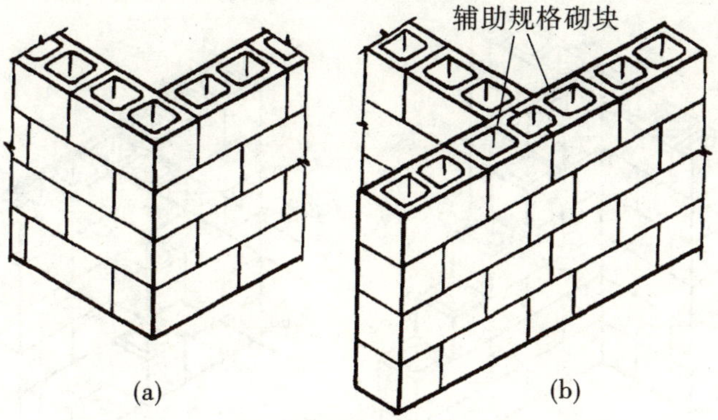

图 3-55　小砌块墙转角处及 T 字交接处砌法

(a)转角处;(b)交接处

小砌块应对孔错缝搭砌。上下皮小砌块竖向灰缝相互错开 190 mm。个别情况当无法对孔砌筑时,普通混凝土小砌块错缝长度不应小于 90 mm,轻骨料混凝土小砌块错缝长度不应小于 120 mm;当不能保证此规定时,应在水平灰缝中设置 2ϕ4 钢筋网片,钢筋网片每端均应超过该垂直灰缝,其长度不得小于 300 mm(图 3-56)。

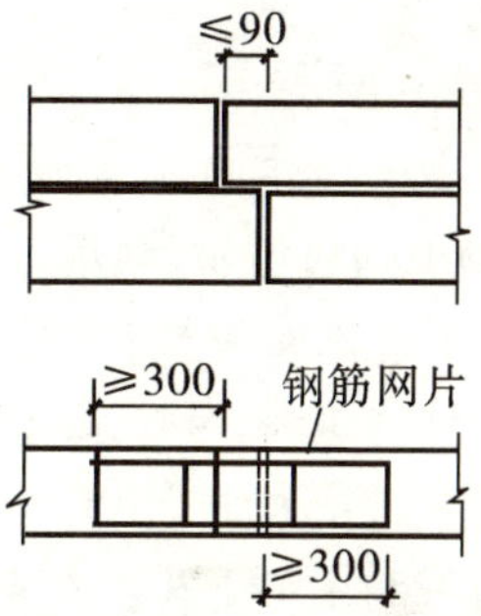

图 3-56　水平灰缝中拉结筋

小砌块砌体的灰缝应横平竖直,全部灰缝均应铺填砂浆;水平灰缝的砂浆饱满度不得低于 90%;竖向灰缝的砂浆饱满度不得低于 80%;砌筑中不得出现瞎缝、透明缝。水平灰缝厚度和竖向灰缝宽度应控制在 8 ~ 12 mm。当缺少辅助规格小砌块时,砌体通缝不应超过两皮砌块。

小砌块砌体临时间断处应砌成斜槎,斜槎长度不应小于斜槎高度的 2/3(一般按一步脚手架高度控制);如留斜槎有困难,除外墙转角处及抗震设防地区,砌体临时间断处不应留直槎外,可从砌体面伸出 200 mm 砌成阴阳槎,并沿砌体高每三皮砌块(600 mm),设拉结筋或钢筋网片,接槎部位宜延至门窗洞口(图 3-57)。

承重砌体严禁使用断裂小砌块或壁肋中有竖向凹形裂缝的小砌块砌筑;也不得采用小砌块与烧结普通砖等其他块体材料混合砌筑。

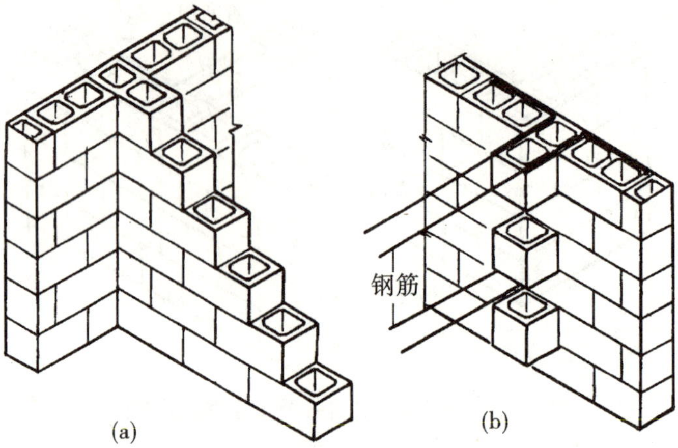

图 3-57　小砌块砌体斜槎和直槎

(a)斜槎;(b)直槎

※知识链接※

小砌块砌体内不宜设脚手眼,如必须设置时,可用辅助规格 190 mm×190 mm×190 mm小砌块侧砌,利用其孔洞作脚手眼,砌体完工后用 C15 混凝土填实。但在砌体下列部位不得设置脚手眼:

1)过梁上部,与过梁成 60°角的三角形及过梁跨度 1/2 范围内;

2)宽度不大于 800 mm 的窗间墙;

3)梁和梁垫下及左右各 500 mm 的范围内;

4)门窗洞口两侧 200 mm 内和砌体交接处 400 mm 的范围内;

5)设计规定不允许设脚手眼的部位。

小砌块砌体相邻工作段的高度差不得大于一个楼层高度或 4 m。

常温条件下,普通混凝土小砌块的日砌筑高度应控制在 1.8 m 内;轻骨料混凝土小砌块的日砌筑高度应控制在 2.4 m 内。

对砌体表面的平整度和垂直度,灰缝的厚度和砂浆饱满度应随时检查,校正偏差。在砌完每一楼层后,应校核砌体的轴线尺寸和标高,允许范围内的轴线及标高的偏差,可在楼板面上予以校正。

(2)芯柱施工

芯柱部位宜采用不封底的通孔小砌块,当采用半封底小砌块时,砌筑前必须打掉孔洞毛边。

在楼(地)面砌筑第一皮小砌块时,在芯柱部位,应用开口砌块(或 U 形砌块)砌出操作孔,在操作孔侧面宜预留连通孔,必须清除芯柱孔洞内的杂物及削掉孔内凸出的砂浆,用水冲洗干净,校正钢筋位置并绑扎或焊接固定后,方可浇灌混凝土。

芯柱钢筋应与基础或基础梁中的预埋钢筋连接,上下楼层的钢筋可在楼板面上搭接,搭接长度不应小于 $40d$(d 为钢筋直径)。

※特别提示※

砌完一个楼层高度后，应连续浇灌芯柱混凝土。每浇灌 400 ~ 500 mm 高度捣实一次，或边浇灌边捣实。二浇灌混凝土前，先注入适量水泥砂浆；严禁灌满一个楼层后再捣实，宜采用插入式混凝土振动器捣实；混凝土坍落度不应小于 50 mm。砌筑砂浆强度达到 1.0 MPa 以上方可浇灌芯柱混凝土。

小　结

本模块包括脚手架工程、砖砌体工程，加气混凝土小型砌块施工、混凝土空心砌块施工，砌体工程施工安全技术等内容。

脚手架工程包括脚手架的种类、作用、搭设要求，安全防护措施。

砌筑工程包括砖基础、砖墙的构造和砌筑工艺、中型砌块的砌筑方法和砌筑工艺、砌筑工程的质量标准和安全防护措施。

习　题

一、单项选择题

1. 砌筑 240 墙用脚手架，一步架高度以________较为适宜。(　　)

A. 1.5 m　　B. 1.2 m

C. 1.6 m　　D. 1.0 m

2. 下列垂直运输机械中，既可以运输材料和工具，又可以运输工作人员的是(　　)。

A. 塔式起重机　　B. 井架

C. 龙门架　　D. 施工电梯

3. 钢管扣件式脚手架杆件中承受并传递荷载给立杆的是(　　)。

A. 剪刀撑　　B. 水平斜拉杆

C. 纵向水平杆　　D. 横向水平扫地杆

4. 用作砂浆的掺合料时，生石灰熟化成石灰膏时，熟化时间不得少于(　　)。

A. 3 d　　B. 5 d

C. 7 d　　D. 14 d

5. 砌体工程中最常用的砂浆是(　　)。

A. 混合砂浆　　B. 防水砂浆

C. 水泥砂浆　　D. 石灰砂浆

6. 砂浆的保水性以________表示。(　　)

A. 坍落度　　B. 最佳含水率

C. 分层度　　D. 稠度

7. 烧结普通砖砌体中，一般 8 块砖长加上 8 个灰缝的长度为（　　）。

A. 1000 mm　　B. 1500 mm

C. 2000 mm　　D. 800 mm

8. 砖砌体水平灰缝的砂浆饱满度不得低于（　　）。

A. 60%　　B. 70%

C. 80%　　D. 90%

9. 砖砌体结构的水平缝厚度和竖缝宽度一般规定为（　　）。

A. 6 ~ 8 mm　　B. 8 ~ 12 mm

C. 8 mm　　D. 10 mm

10. 在浇筑芯柱混凝土时，砌筑砂浆的强度至少应达到（　　）。

A. 1.0 MPa　　B. 1.5 MPa

C. 2.5 MPa　　D. 5 MPa

11. 砌块砌体的组砌形式只有________一种。（　　）

A. 三顺一丁　　B. 一顺一丁

C. 梅花丁　　D. 全顺

二、多项选择题

1. 外脚手架的主要形式有（　　）。

A. 折叠式脚手架　　B. 多立杆式脚手架

C. 支柱式脚手架　　D. 门框式脚手架

E. 门架式脚手架

2. 下列部件中属于扣件式钢管脚手架的是（　　）。

A. 钢管　　B. 吊环

C. 扣件　　D. 底座

E. 脚手板

3. 下列有关砂浆流动性的叙述，正确的是（　　）。

A. 沉入度越大，稠度越小　　B. 沉入度越大，稠度越大

C. 稠度越大，流动性越差　　D. 稠度越大，流动性越好

E. 沉入度越大，流动性越好

4. 有关砌筑用砂浆，下列描述正确的是（　　）。

A. 砂宜用过筛中砂　　B. 配合比用质量比

C. 烧结普通砖墙用的砂浆稠度为 60 ~ 70 mm　　D. 砂浆拌制后 5 h 内用完

E. 拌制水泥砂浆时，砂的含泥量不大于 5%

5. 可用于承重墙体的块材有（　　）。

A. 烧结普通砖　　B. 烧结多孔砖

C. 烧结空心砖　　D. 加气混凝土砌块

E. 陶粒混凝土砌块

6. 用普通黏土砖砌筑 240 砖墙，当有抗震要求时，可采用的组砌形式有（　　）。

A. 两平一侧　　B. 全顺式

C. 三顺一丁　　　　　　　　　　　　D. 一顺一丁

E. 梅花丁

三、判断对错题

1. 砌筑砂浆有水泥砂浆、水泥混合砂浆和石灰砂浆，分别适用于不同的环境和对象。(　　)

2. 拌制好的水泥砂浆，尽量在拌成后 3 h 内使用完毕；当施工期间最高气温超过 30 ℃时，应在拌成后 2 h 内使用完毕。(　　)

3. 摆砖样(撂底)的目的是为使其符合模数排列和灰缝均匀。(　　)

4. 承重多孔砖可用于 6 层以下建筑物，但不宜用于地面或防潮层以下的砌体。(　　)

5. 圈梁的主要作用在于提高房屋结构的平整性。(　　)

6. 钢管脚手架的对接扣件是用于两根任意角度钢管相交的扣件。(　　)

7. 脚手架主节点处必须设置一根横向水平杆用旋转扣件扣接且严禁拆除。(　　)

四、简答题

1. 试述砌筑用脚手架的类型。

2. 对脚手架的基本要求有哪些？

3. 试述砌筑砂浆的类型及其各自的性能与用途。

4. 试述砖砌体的砌筑工艺。

5. 砖砌体的质量要求有哪些？

6. 对砖墙砌筑临时间断处的留槎与接槎的要求有哪些？

7. 对于混凝土小型空心砌块砌体所使用的材料，除强度满足计算要求外，还应该符合哪些要求？

模块 4 钢筋混凝土工程

知识目标

1. 了解模板工程、钢筋工程及混凝土工程的基本概念。
2. 掌握钢筋混凝土结构构件的施工工艺和质量标准。
3. 掌握大体积混凝土浇筑技术、养护方法及要求。
4. 掌握施工缝留设位置及处理方法。

能力目标

知识要点	能力要求	相关知识	权重
模板施工	1. 掌握模板构造、安装、拆除方法； 2. 能进行配板设计； 3. 会进行模板工程质量验收	1. 模板的作用、组成及基本要求； 2. 大模板、滑升模板、爬升模板和台模等各种模板构造； 3. 模板的配板设计； 4. 模板安装与拆除，模板工程质量控制	25%
钢筋施工	1. 掌握钢筋验收、加工、连接方法； 2. 会进行钢筋配料与代换计算	钢筋验收与存放、钢筋冷加工的控制与计算、钢筋切断、除锈、调直和常用机械，钢筋连接方法与规定、钢筋配料与代换计算	35%
混凝土施工	1. 会混凝土工程的配料计算； 2. 掌握大体积混凝土施工要点； 3. 掌握施工缝留设及处理方法； 4. 会处理混凝土施工质量通病以及冬、雨期施工	混凝土工程的配料、搅拌制度、运输要求、浇筑要求、大体积混凝土浇筑技术、养护方法及要求，施工缝留设位置及处理方法，混凝土施工质量标准、通病及防治方法、安全技术	40%

学习重点

模板安装及拆除；钢筋加工及配料计算；混凝土制作、浇筑、养护，施工缝留设及处理方法。钢筋配料与代换计算；模板配板设计；混凝土工程的配料计算。

工程引例

教学楼工程为二层现浇框架结构，建筑物南北方向的轴线宽度为17.4 m，东西方向的轴线长度为45 m；一层、二层层高均为3.6 m。抗震设防烈度为7度，框架抗震等级为二级。框架柱主要截面尺寸400 mm×400 mm，框架梁主梁断面尺寸300 mm×700 mm，框架梁次梁断面尺寸250 mm×600 mm；楼板厚度100 mm。基础及框架柱、梁、板及楼梯砼强度为C30；其他非承重构件如构造柱，连梁均为C20。

思考：(1)各构件模板如何配板施工？

(2)如何计算钢筋的下料长度？柱、梁受力钢筋的接长宜采用哪种连接方式？

(3)各构件混凝土如何浇筑？

随着经济发展，基建规模扩大，土地资源的稀缺，土建施工中钢筋混凝土结构使用得愈来愈多，应用越来越普遍。钢筋混凝土结构工程可划分为模板工程、钢筋工程、混凝土工程三个分项工程，其施工工艺流程如图4-1所示。

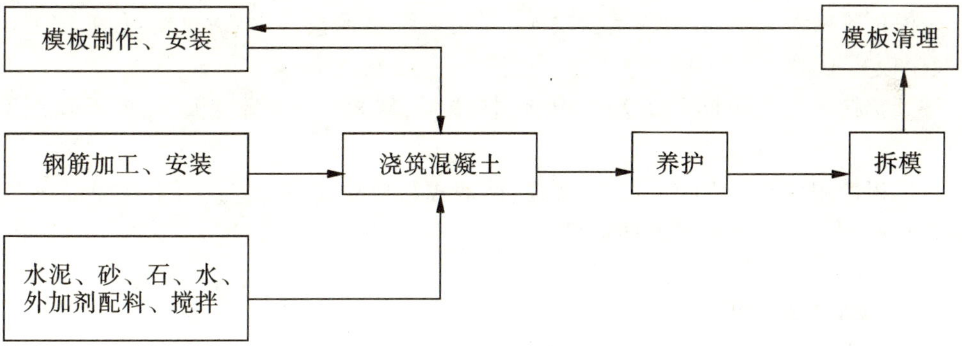

图4-1 钢筋混凝土结构工程施工工艺流程图

任务4.1 模板工程

4.1.1 模板作用及要求

模板作用是成型混凝土。模板又称模型板，是使新浇混凝土结构和构件按所要求的几何尺寸成型的模型板。

对于模板设计、制作和施工等方面的要求,应符合《混凝土结构工程施工质量验收规范》(GB 50204—2015)中关于模板工程的规定。对模板工程的基本要求:

1)应保证工程结构和构件各部分形状、尺寸和相互位置的正确;

2)要有足够的承载能力、刚度和稳定性,并能可靠地承受新浇筑混凝土的重量和侧压力,以及在施工中所产生的其他荷载;

3)构造要简单,装拆要方便,并便于钢筋的绑扎与安装,有利于混凝土的浇筑及养护;

4)模板接缝应严密,不得漏浆。

※知识链接※

根据相关统计,在一般工业与民用建筑中,平均每立方米混凝土需用模板7.4 m^2,模板工程的费用约占混凝土工程费用的34%。

4.1.2 模板分类

模板按所用的材料不同,分为木模板、钢模板、胶合板模板、钢木模板、钢竹模板、塑料模板、玻璃钢模板、铝合金模板等。

按模板的形状不同,分为平面模板和曲面模板。按施工工艺不同,分为组合式模板(如木模板、组合钢模板)、工具模板(如大模板、滑模、爬模、飞模、模壳等)、胶合板模板和永久性模板。

按模板规格形式不同,分为定型模板(即定型组合模板,如小钢模板)和非定型模板(散装模板)。

按其结构的类型不同分为基础模板、柱模板、楼板模板、墙模板、壳模板和烟囱模板等。

按模板使用特点分为固定式、拆移式、移动式和滑动式。固定式用于现浇特殊部位,不能重复使用。后三种都能重复使用。

4.1.3 模板构造

模板系统是临时性施工措施,由模板和支撑两部分构成。模板是指与混凝土直接接触,使混凝土具有设计所要求的形状和尺寸的部分;支撑是指支撑模板承受模板、构件及施工荷载的作用,并使模板保持所要求的空间位置的部分。下面介绍常用的木模板、组合钢模板以及其他类型模板的构造组成。

4.1.3.1 木模板

木模板的木材主要采用松木和杉木,其含水率不宜过高,以免干裂,一般含水率应低于19%,木模板的基本元件为拼板,由板条与拼条钉成,如图4-2所示。板条的宽度不宜大于200 mm,以免受潮翘曲。拼条的间距取决于板条面受荷大小以及板条厚度,一般为400~500 mm。

木模板的主要优点是制作拼装随意，尤适用于浇筑外形复杂、数量不多的混凝土结构或构件。此外，因木材导热系数低，混凝土冬期施工时，木模板有一定的保温养护作用，常用于阶梯形基础和楼梯模板。

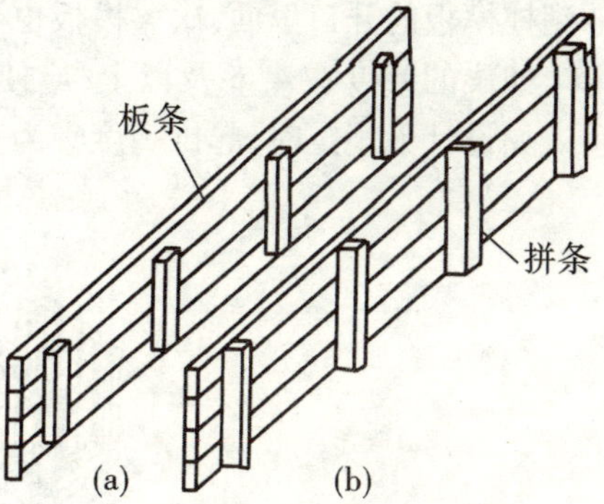

图 4-2 木拼板的构造

(a)一般拼板；(b)梁侧板的拼板

(1)基础模板

基础模板的特点是高度不高但体积较大。当土质良好时，可以不用侧模，采取原槽灌筑。但通常需要支模板。

阶梯基础模板，每一台阶模板由四块侧板拼钉而成，四块侧板用木档拼成方框。上台阶模板通过轿杠木，支撑在下台阶上，下层台阶模板的四周要设斜撑及平撑。杯形基础模板在杯口位置要装设杯芯模，如图 4-3 所示。

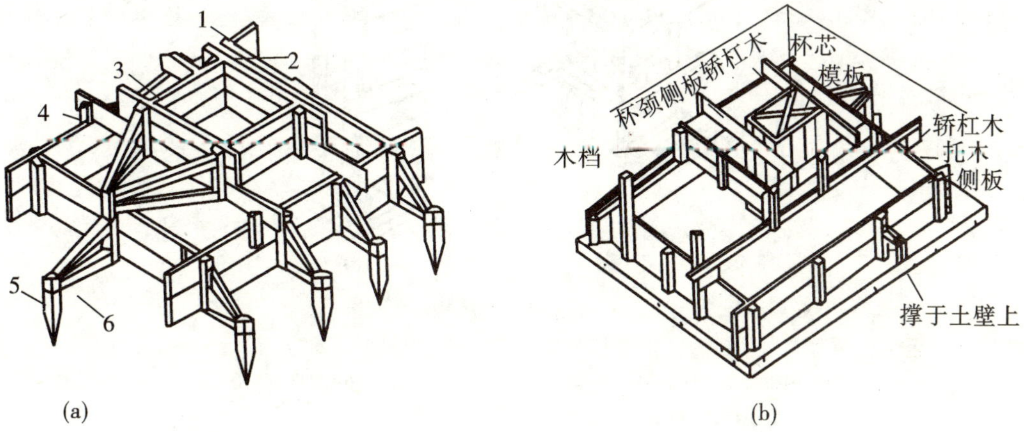

图 4-3 阶梯、杯口形基础模板

(a)阶梯形基础模板；(b)杯形基础模板

1-第一阶侧模；2-档木；3-第二阶侧模；4-轿杠木；5-木桩；6-斜撑

(2)柱模板

柱模板的特点是断面、尺寸不大而比较高。因此，柱模主要解决垂直度、柱模在施工时的侧向稳定及抵抗混凝土的侧压力的问题。同时也应考虑方便灌筑混凝土、清理垃圾与钢筋绑扎配合等问题，如图 4-4 所示。柱模板的底部开有清理孔，以便清理模板内的垃圾，沿高度每隔约 2 m 开有灌筑口(亦是振捣口)，柱底一般采用一个木框用以固定柱子的水平位置。

(3)梁模板

梁模板主要由底模、夹木及支架部分组成，如图 4-5 所示。梁模板的特点是跨度较大而宽度一般不大，为承受垂直荷载，在梁底模板下每隔一定间距(800 ~ 1200 mm)用顶撑顶住，并在顶撑下加铺垫板。

单梁的侧模板一般拆除较早。柱的模板与梁的侧板一样，也可早拆除，梁的模板不应伸到柱模板的开口里面,次梁模板也不应伸到主梁侧模板开口里面。

如梁的跨度在 4 m 及以上,应使梁横中部略为起拱,防止浇筑混凝土后跨中梁底下垂。如设计无规定时,起拱高度宜为全跨长度的 1‰~3‰。

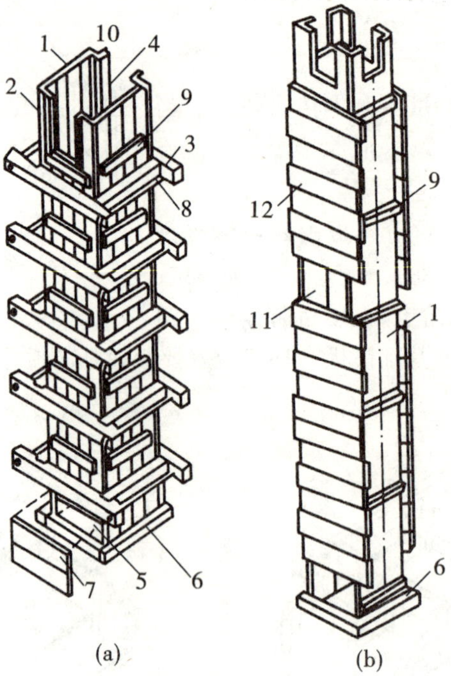

图 4-4 柱模板

(a)拼板柱模板;(b)短横板柱模板

1-内拼板;2-外拼板;3-柱箍;4-梁缺口;5-清理孔;6-木框;7-盖板;8-拉紧螺栓;9-拼条;10-三角木条

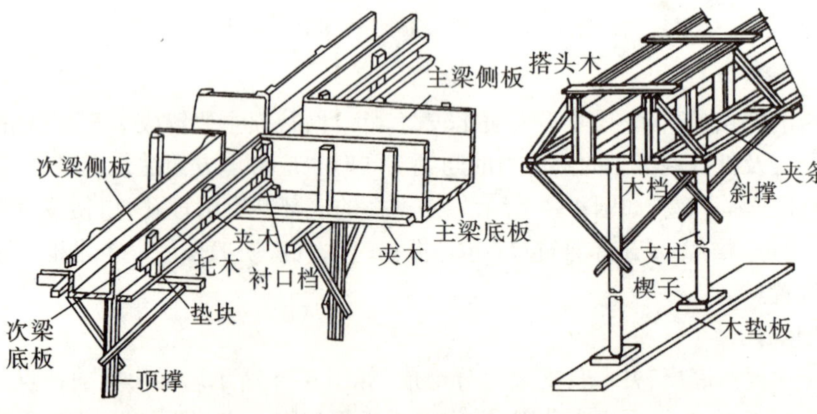

图 4-5 梁模板

(4)楼板模板

楼板模板的特点是面积大而厚度一般不大。因此横向侧压力很小,楼板模板及其支架系统主要用于抵抗混凝土的垂直荷载和其他施工荷载,使楼板不变形下垂见图 4-6。

楼板模板的安装顺序是在主次梁模板安装完毕后,首先安托板,然后安楞木,铺定型模板。铺好后核对楼板标高、预留孔洞及预埋铁等的部位和尺寸。

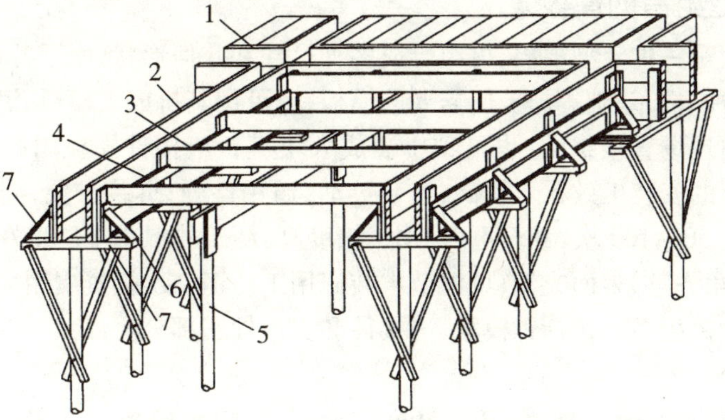

图 4-6　楼板模板

1-楼板模板;2-梁侧模板;3-搁栅;4-横档支撑;5-支撑;6-夹条;7-短撑木

(5)楼梯模板

楼梯模板的构造,与楼板模板相似,不同点是模板倾斜和做成踏步。楼梯端楼梯模板安装时,特别要注意每层楼梯第一级与最后一级踏步的高度,不要疏忽了装饰面层的厚度,造成高低不同的现象。楼梯模板如图 4-7 所示。

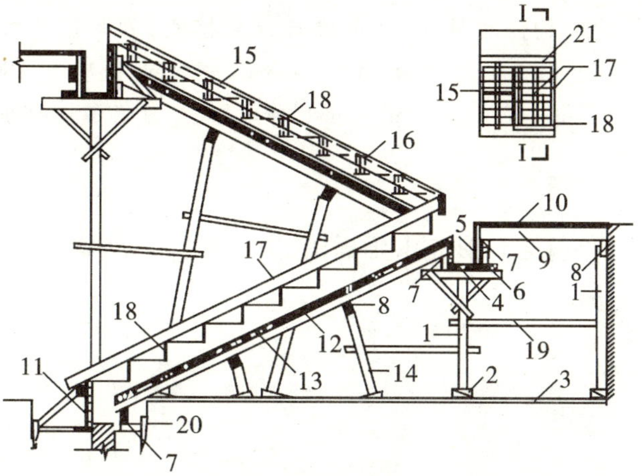

图 4-7　楼梯模板

1-支柱;2-木楔;3-垫板;4-平台梁底板;5-侧板;6-夹木;7-托木;8-杠木;9-楞木;10-平台底板;11-楼梯侧板;12-斜楞木;13-楼梯底板;14-斜向顶撑;15-外帮板;16-横档木;17-反三角板;18-踏步侧板;19-拉杆;20-木桩

另外，圈梁模板特点是断面小但很长，一般除窗洞口及其他个别地方是架空外，其他均搁在墙上。故圈梁模板主要是由侧板和固定侧板用的卡具所组成。底模仅在架空部分使用。

雨篷模板包括过梁和雨篷板两部分，它的模板构造与安装，同梁及楼板的模板基本相同。

4.1.3.2 定型组合钢模板

组合钢模板是一种定型模板，可组合成多种尺寸和几何形状，用于各种类型建筑物中钢筋混凝土梁、柱、板、基础等施工所需要的模板，也可用其拼成大模板、滑模、筒模和台模等。施工时可在现场直接组装，也可预拼装成大块模板或构件模板用起重机吊运安装。定型组合钢模板的安装工效比木模高；组装灵活，通用性强；拆装方便，周转次数多，每套钢模可重复使用50～100次，甚至更多；加工精度高，浇筑的混凝土质量好；成型后的混凝土尺寸准确，棱角齐整，表面光滑，可以节省装修用工。但一次投资费用大。

定型组合钢模板系列包括钢模板、连接件和支承件三部分。

(1)钢模板

组合钢模板包括：平面模板(P)、阳角模板(Y)、阴角模板(E)和连接角模(J)，如图4-8所示。

钢模板采用模数制设计，宽度模数以50 mm进级，长度为150 mm进级，其规格和型号已做到标准化、系列化。如P3015的钢模板，表示宽×长为300 mm×1500 mm的平面模板；E1015表示150 mm×100 mm×1500 mm的阴角模，E1515表示150 mm×150 mm×1500 mm的阴角模。如拼装出现不足模数的空隙时，用镶嵌木条补缺，用钉子或螺栓将木条与板块边框上的孔洞连接。

※特别提示※

在模板配板设计中，构件的阴角处(如梁与板交接处)须用阴角模；构件的阳角处一般不用阳角模，而采用平模板与连接角模组合。平模的长度有1800 mm、1500 mm、1200 mm、900 mm、750 mm、600 mm、450 mm七种规格，宽度有100～600 mm(以50 mm进级)十一种规格。

(2)模板连接件

组合钢模板连接件包括U形卡、L形插销、钩头螺栓、紧固螺栓、对拉螺栓和扣件等，如图4-9所示。

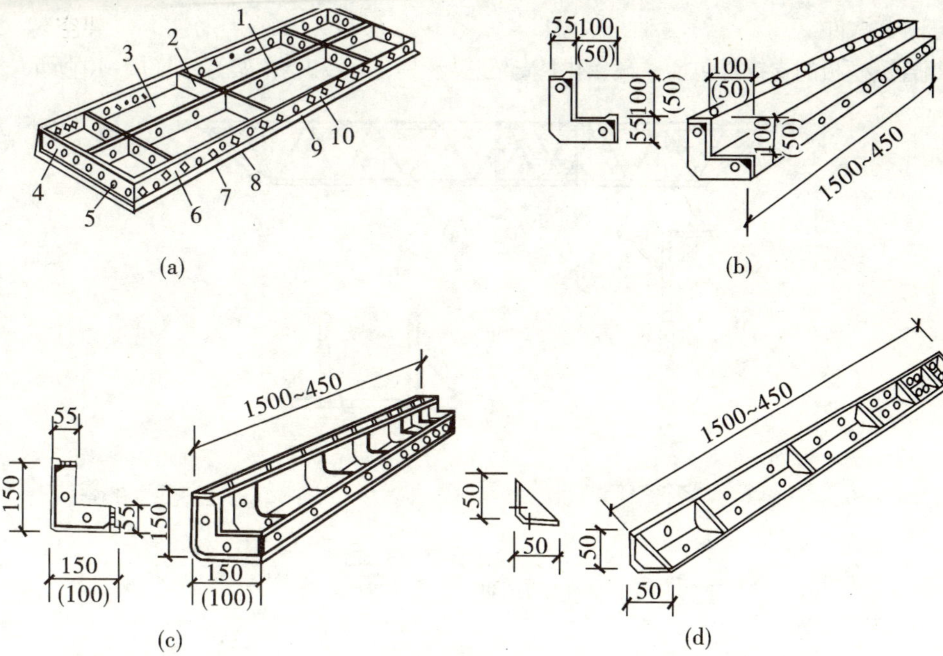

图 4-8　组合钢模板

(a)平面模板;(b)阳角模板;(c)阴角模板;(d)连接角模

1-中纵肋;2-中横肋;3-面板;4-横肋;5-插销孔;6-纵肋;7-凸棱;8-凸鼓;9-U 形卡孔;10-钉子孔

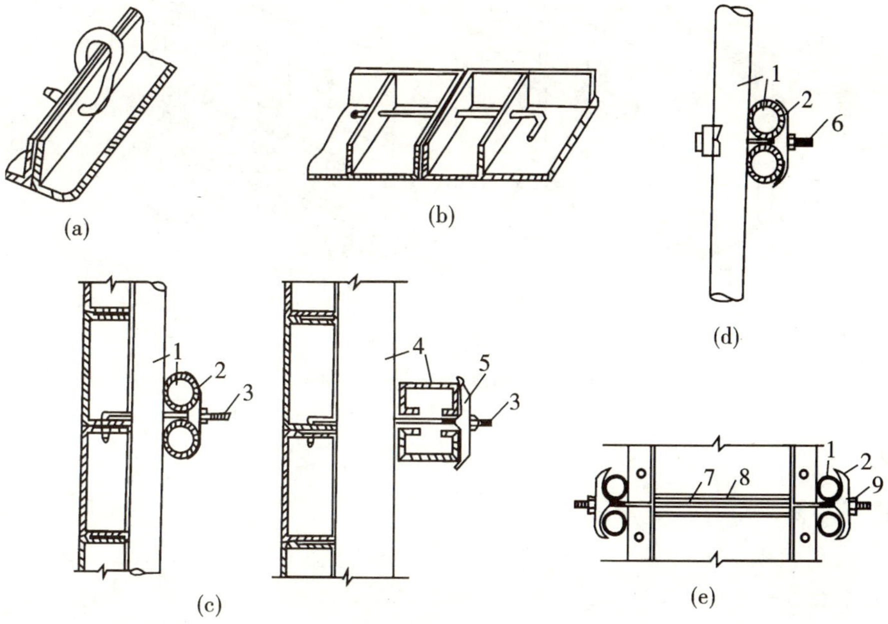

图 4-9　钢模板连接件

(a)U 形卡连接;(b)L 形插销连接;(c)钩头螺栓连接;(d)紧固螺栓连接;(e)对拉螺栓连接

1-圆钢管钢楞;2-“3”形扣件;3-钩头螺栓;4-内卷边槽钢钢楞;5-蝶形扣件;6-紧固螺栓;7-对拉螺栓;8-塑料套管;9-螺母

(3)支承件

组合钢模板的支撑件包括柱箍、钢楞、支架、梁卡具、斜撑和钢桁架等,如图4-10所示。

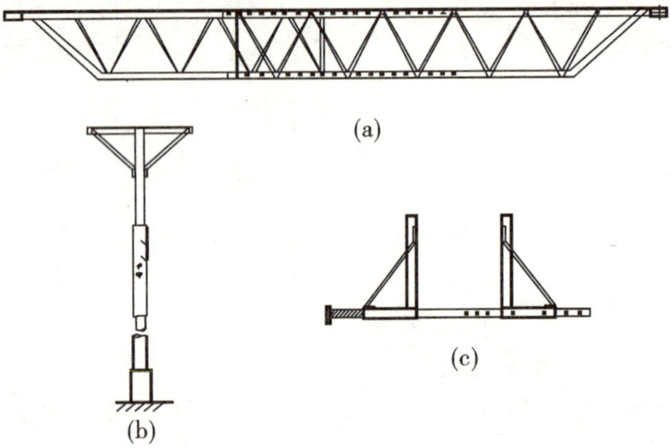

图4-10　定型组合模板的支撑

(a)钢桁架;(b)钢支架;(c)梁卡具

墙模板采用组合钢模板和胶合板模板,如图4-11所示。墙模板主要由侧模、主肋、次肋、斜撑、对拉螺栓和撑块等组成,其特点是竖向面积大而厚度一般不大。

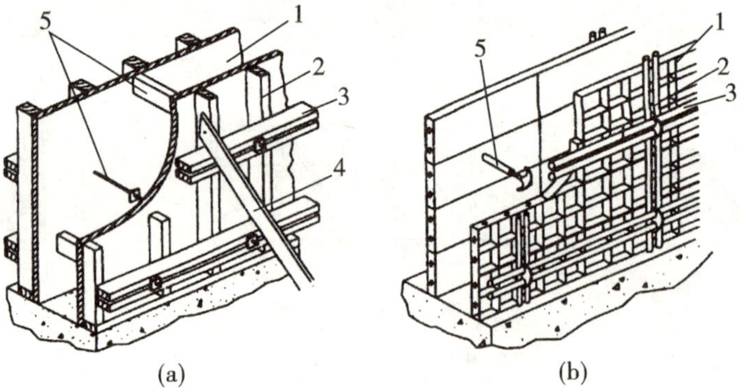

图4-11　墙模板

(a)胶合板模板;(b)组合钢模板

1-侧模;2-次肋;3-主肋;4-斜撑;5-对拉螺栓及撑块

※知识链接※

其他类型模板如下:

1. 大模板

大模板是指单块模板的高度相当于楼层的层高、宽度约等于房间的宽度或进深的大块定型模板,可用作现浇钢筋混凝土墙体的侧模,是一种大型工具式模板。

大模板简化了模板的安装和拆除工序,工效高、劳动强度低、墙面平整、质量好,因而在剪力墙结构的高层建筑(包括内、外墙全现浇体系和外墙用预制板、内墙现浇体系)中得到广泛的应用。

但是大模板的一次投资大、通用性较差。为了增加其利用率，在设计上应减少房间开间和进深尺寸的种类，并符合一定模数，层高和墙厚应固定。外墙预制、内墙现浇的建筑应力求体形简单，加强墙与墙及墙与板之间的连接，并采取加强建筑物整体性和提高其抗震能力的措施。

大模板由面板、次肋、主肋、支撑桁架、稳定机构及附件组成，其构造如图 4-12 所示。

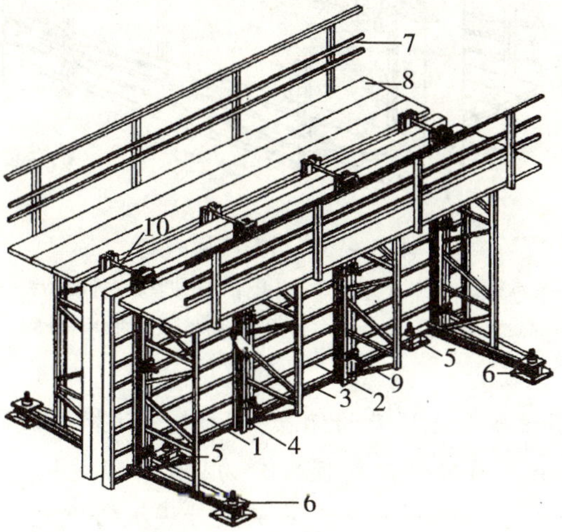

图 4-12　大模板构造

1-面板；2-水平加劲肋；3-支撑桁架；4-竖楞；5-调整水平用的螺旋千斤顶；6-调整垂直用的螺旋千斤顶；7-栏杆；8-脚手板；9-穿墙螺栓；10-卡具

2. 滑升模板

滑升模板施工原理是在构筑物或建筑物底部，沿其墙、柱、梁等构件的周边一次性组装高 1.2 m 左右的滑动模板，随着向模板内不断地分层浇筑混凝土，用液压提升设备使模板不断地向上滑动，直到需要浇筑的高度为止，是现浇钢筋混凝土结构机械化施工的一种施工方法。

滑升模板施工可以节约模板和支撑材料，加快施工速度和保证结构的整体性。但模板一次性投资大，耗钢量多，对建筑的立面造型和构件断面变化有一定限制。

液压滑升模板是由模板系统、操作平台系统和提升机具系统及施工精度控制系统等部分组成。模板系统包括模板、腰梁围檩（又叫围圈）和提升架等。模板又称围板，依赖腰梁带动其沿混凝土的表面滑动，主要作用是成型混凝土，承受混凝土的侧压力、冲击力和滑升时的摩阻力。操作平台系统包括操作平台、上辅助平台和内外吊脚手架等，是施工操作地点。提升机具系统包括支承杆、千斤顶和提升操纵装置等，是液压滑模向上滑升的动力。滑开模板构造如图 4-13 所示。

3. 爬升模板

爬升模板简称爬模，适用于现浇混凝土竖直或倾斜结构施工的模板，是施工剪力墙和筒体结构和桥墩、桥塔等的一种有效的模板体系。爬模既保持了大模板表面平整的优点，

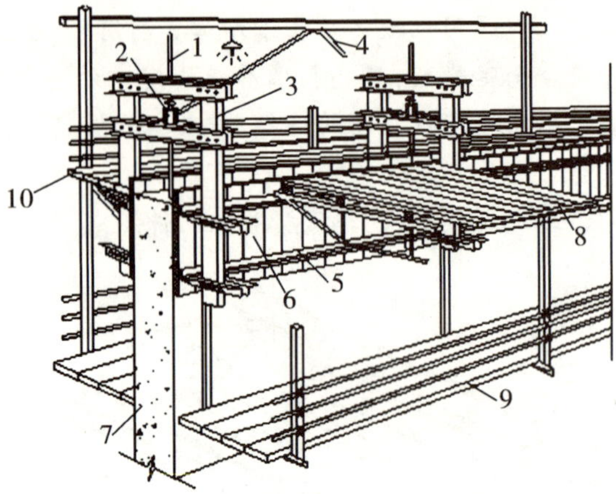

图 4-13 滑升模板构造

1-支承杆;2-液压千斤顶;3-提升架;4-油管;5-围圈;6-模板;
7-混凝土墙体;8-操作平台桁架;9-内吊脚手架;10-外脚手架

又保持了滑模利用自身设备向上提升的优点,不需起重运输机械吊运,能避免大模板受大风影响而停止工作,经济效益较好。爬模可分为“有架爬模”(即模板爬架子、架子爬模板)和“无架爬模”(即模板爬模板)两种。有架爬升模板的原理是以建筑物的混凝土墙体结构为支承主体,通过附着于已完成的混凝土墙体结构上的爬升支架或大模板,利用连接爬升支架与大模板的爬升设备使一方固定,另一方作相对运动,交替向上爬升,完成模板的爬升、下降、就位和校正等工作。

爬升模板由模板、爬架及动力装置组成。其模板形式与大模板类似,宜采用组合模板、胶合板等组成。无爬架爬模的构造如图 4-14 所示。

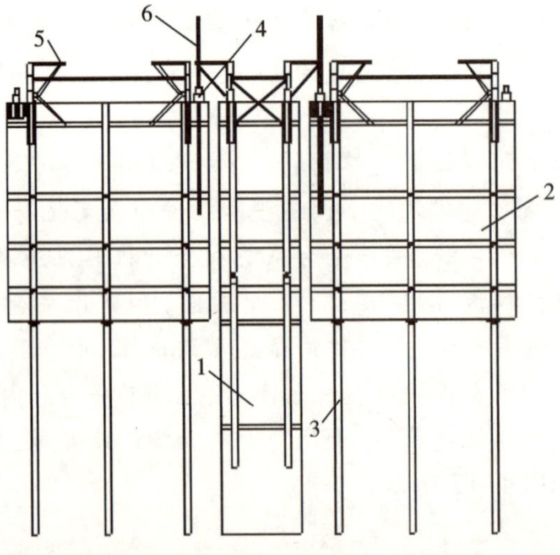

图 4-14 无爬架爬模的构造

1-甲型模板;2-乙型模板;3-背楞;4-液压千斤顶;5-三角爬架;6-爬杆;

4. 台模

台模是一个房间用一块台模,有时甚至更大,是一种大型工具式模板。它的外形像一张桌子,所以叫台模,也称桌模。施工时,利用塔式起重机将台模整体吊装就位。拆模后,又由塔式起重机将整个台模在空中直接吊运到下一个施工位置,因此又称飞模。台模主要用于浇筑平板式或带边梁的水平结构,如用于建筑施工的楼面模板,台模由面板、支撑框架、檩条等组成。台模构造如图4-15所示。

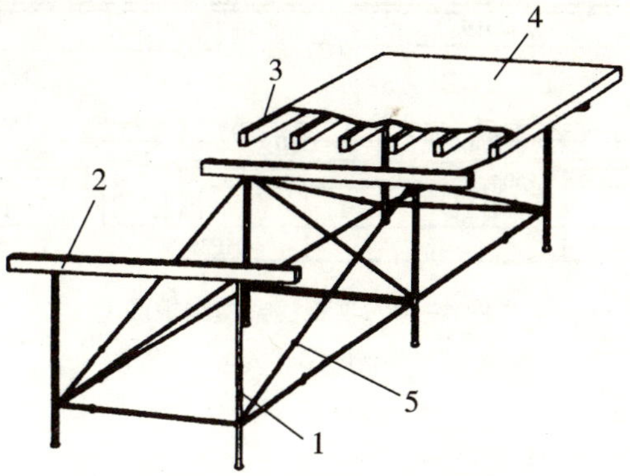

图4-15 台模的构造

1-支腿;2-可伸缩的横梁;3-檩条;4-面板;5-斜撑

4.1.4 模板配板设计

模板配板原则是:

1)组合钢模配板时应力求钢模板数量最少,应尽量采用规格最大的钢模板,木板镶补量最低,其他规格的钢模板只作为拼凑尺寸之用,以减少模板拼缝。支承件布置简单、受力合理,以节省支模材料。

2)构造上无特殊要求的转角,可以不用阳角模板而用连接角模代替。

3)进行配板时一般应将钢模板的长边沿着结构长向和柱子的高度方向排列。如果模板的宽度正好是钢模板的长边的倍数,也可以将钢模板长边沿结构的宽度方向排列,但同时应考虑钢楞等支承构件的合理布置。

4)钢模板的长向接缝应错开布置,以增加模板的整体刚度和平整度。直接支撑钢模板的钢楞间距可不受连接缝位置的影响,具体配板如图4-16所示。

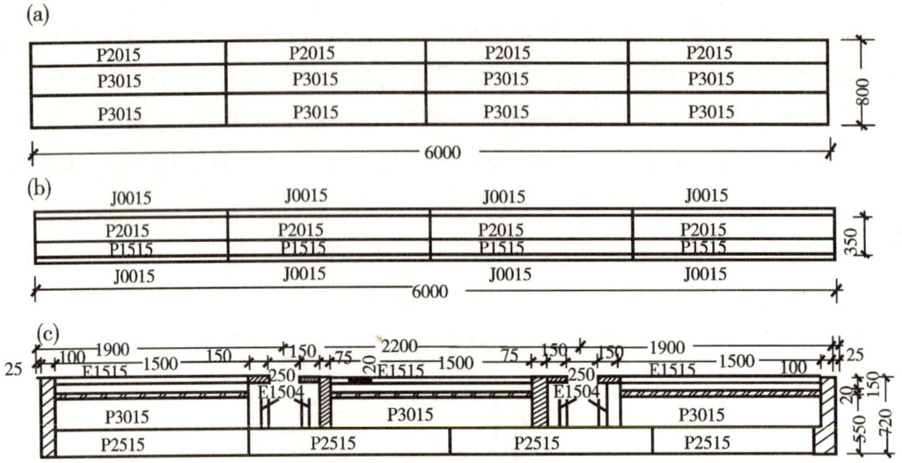

图 4-16　某工程梁模配板图

(a)梁外模;(b)梁底模;(c)梁侧模

例 4-1　组合钢模板配柱子模板

根据教学楼框架结构结构设计总说明和结施图 2、结施图 3,框架底层柱结构层高 3600 mm,二层柱结构层高 3600 mm,框架梁高度均为 700 mm。试用组合钢模板配柱模。

解答　本工程可采用柱与梁板混凝土分两次浇筑的方案,柱模板配至框架梁底。则:

柱下独立基础基顶标高为-1.100 m,底层柱模板从基顶配至梁底。

底层柱模长为:3600+1100-700-55=3945(mm)

二层柱模长为:3600-700-55=2845(mm)

式中 55 为梁底模高度。

图 4-17 为底层及二层柱模配板图,图中斜线部分为填补木模。

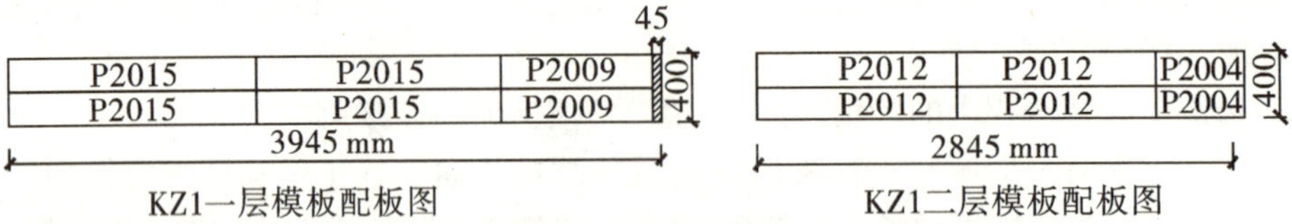

图 4-17　柱模配板图

4.1.5　模板安装与拆除

模板工程施工工艺流程:模板的选材→选型→设计→制作→安装→拆除→周转。

4.1.5.1　模板的安装

竖向模板和支撑部分当安装在地面上时,应加设垫板,且地面土层必须坚实并有排水措施。对湿陷性黄土,必须有防水措施;对冻胀土必须有防冻措施。

模板及支撑在安装过程中,必须设置防倾覆的临时固定措施。

现浇多层房屋和构筑物,应采取分层分段的支模方法。安装上层模板及支撑应符合以下规定:

1)下层模板应具有承受上层荷载的承载能力或加设支架支撑;

2)上层支撑的立柱应对准下层支撑的立柱,并铺设垫板;

3)当采用悬吊模板、桁架支模方法时,其支撑结构的承载能力和刚度必须符合要求。

当层间高度大于5 m,宜选用桁架支模或多层支架支模。当采用多层支架支模时,支架的横垫板应平整,支柱应垂直,上下层支柱应在同一竖向中心线上。

固定在模板上的预埋件和预留孔洞均不得遗漏,安装必须牢固,位置准确。

现浇混凝土结构模板安装的允许偏差应符合表4-1的规定。

表4-1 现浇混凝土结构模板安装的允许偏差及检验方法

项目		允许偏差/mm	检验方法
轴线位置		5	钢尺检查
底模上表面标高		±5	水准仪或拉线、钢尺检查
截面内部尺寸	基础	+10	钢尺检查
	柱、墙、梁	+4,-5	钢尺检查
层高垂直度	不大于5 m	6	经纬仪或吊线、钢尺检查
	大于5 m	8	经纬仪或吊线、钢尺检查
相邻两板表面高低差		2	钢尺检查
表面平整度		5	2 m靠尺和塞尺检查

4.1.5.2 模板的拆除

现浇结构的模板及支架拆除时的混凝土强度,应符合设计要求,当设计无要求时,侧模应在混凝土强度能保证其表面及棱角不因拆除而受损坏时拆除;底模板拆除应符合表4-2的规定。

表4-2 底模拆除时的混凝土强度要求

构件类型	构件跨度/m	达到设计的混凝土立方体抗压强度标准值的比例
板	≤2	≥50%
	>2,≤8	≥75%
	>8	≥100%
梁、拱、壳	≤8	≥75%
	>8	≥100%
悬臂构件	—	≥100%

拆模顺序一般是先支后拆，后支先拆，先拆除侧模板，后拆除底模板。重大复杂模板的拆除，事先应制订拆模方案。

肋形楼板的拆模顺序为柱模板→楼板底模板→梁侧模板→梁底模板。

多层楼板模板支架的拆除应按下列要求进行：上层楼板正在浇筑混凝土时，下一层楼板的模板支架不得拆除，再下一层楼板模板的支架仅可拆除一部分；跨度≥4 m 的梁下均应保留支架，其间距不得小于 3 m。

在拆除模板过程中，如发现混凝土影响结构安全质量时，应暂停拆除。经过处理后，方可继续拆除。

已拆除模板及支撑结构的混凝土，应在其强度达到设计强度标准值后才允许承受全部使用荷载。当承受施工荷载大于计算荷载时，必须通过核算加设临时支撑。

4.1.6 模板工程质量控制

模板及支撑应根据工程结构形式、荷载大小、地基土类别、施工设备和材料供应等条件进行设计。模板及支撑应具有足够的承载能力、刚度和稳定性，能可靠地承受浇筑混凝土的重量、侧压力以及施工荷载。根据施工质量验收规范，模板工程的质量控制有 6 项检查内容，见表 4-3。

表 4-3 模板工程质量控制项目表

序号	控制项目	检查内容	序号	控制项目	检查内容
1	模板力学性能检验	强度、刚度、稳定性、支承面积	4	模板拆除时	混凝土强度、计算荷载
2	防外界影响检验	防水、防冻	5	隔离剂	材料选用
3	消除施工挠度	起拱	6	预埋件	锚板、埋件外锚筋、锚固长度

任务 4.2 钢筋工程

钢筋是钢筋混凝土结构的骨架，在钢筋混凝土结构中与混凝土黏接在一起，共同承受荷载。

钢筋工程施工工艺流程：原材料验收→调直（除锈）→（冷拉）→切断→接长→弯曲→形成骨架。

4.2.1 钢筋种类和性能

钢筋混凝土结构及预应力混凝土结构常用的钢筋按照生产工艺不同可分为热轧钢

筋、冷拉钢筋、热处理钢筋、钢丝、钢绞线和冷轧扭钢筋。

钢筋混凝土结构常用热轧钢筋，按外形分为热轧圆钢筋和热轧带肋钢筋两种。热轧钢筋按其化学成分和强度分为 HPB300 级（用符号 ϕ 表示），HRB335 级（用符号 Φ 表示）、HRB 400 级（用符号 Φ 表示）、HRB400（用符号 $Φ^R$ 表示）。新规范增加 HRB500、HRBF500。其中：HPB300 级钢筋表面为光面，其余级别钢筋表面一般为带肋钢筋（月牙肋或等高肋）。为便于运输，$\phi6 \sim \phi9$ 的钢筋常卷成圆盘，大于 $\phi12$ 的钢筋轧成 6 ~ 12 m 的直条。

冷拉钢筋是将热轧钢筋在常温下进行强力拉伸，使它强度提高的一种钢筋。这种冷拉操作都在施工工地进行。热处理钢筋又称调质钢筋，是采用热轧螺纹钢筋经淬火及回火的调质热处理制成的。热处理钢筋按其外形，又可分为有肋和无肋两种。

预应力混凝土结构常用的钢绞线一般由多根高强圆钢丝捻成，一般为 7 根，也有 2 根、3 根及 19 根，直径为 9.53 ~ 17.8 mm，也有使用更粗直径钢绞线的。钢丝有碳素钢丝（有 $\phi4$、$\phi5$ 两种），主要是以钢丝束的形式用来作预应力筋；刻痕钢丝（只有 $\phi5$ 一种），通过刻痕可以使它与混凝土或水泥浆之间的黏结性能得到一定改善，在工程中只用作预应力筋；冷拔低碳钢丝（一般是用小直径的低碳光圆钢筋），分为甲级和乙级，甲级钢丝的质量要求较严，即要求对钢丝逐盘取样进行检验，它又分为Ⅰ、Ⅱ两组，主要用于一般民用建筑中小型预应力混凝土构件中作预应力筋用。

冷轧扭钢筋是用低碳盘圆钢筋经专用钢筋冷轧扭机调直、冷轧并冷扭一次成型，呈连续螺旋状，具有规定截面形状和节距。冷轧扭钢筋的直径以“标志直径”表示，指原材料（母材）轧制前的公称直径。直径有 6.5 mm、8 mm、10 mm、12 mm、14 mm 等五种。这种钢筋具有较高的强度，而且有足够的塑性，与混凝土黏结性能优异，代替 HPB300 级钢筋可节约钢材约 30%。一般用于预制钢筋混凝土圆孔板、叠合板中的预制薄板，以及现浇钢筋混凝土楼板等。

※知识链接※

在新规范《混凝土结构设计规范》（GB 50010—2010）中淘汰低强钢筋 HPB235，代之以 HPB300（光圆钢筋）。新规范强调应用高强、高性能钢筋，增加 500 MPa 级钢筋；推广 400 MPa、500 MPa 级高强钢筋作为受力主导钢筋；新增热轧光面钢筋 Q335，以后不再有一级钢、二级钢等说法，直接用 HRB335 表示。

4.2.2　钢筋验收和存放

4.2.2.1　钢筋的验收

钢筋进场时，应按现行国家标准 GB 1499.2—2007《钢筋混凝土用钢第 2 部分：热轧带肋钢筋》新标准的规定抽取试件做力学性能检验，其质量必须符合有关标准的规定。

验收内容：查对标牌（钢筋进场时应具有出厂证明书或试验报告单，每捆/盘钢筋应有标牌）。检查外观，并按有关标准的规定抽取试样进行力学性能试验。

钢筋的外观检查包括钢筋应平直、无损伤，表面不得有裂纹、油污、颗粒状或片状锈蚀。钢筋表面凸块不允许超过螺纹的高度；钢筋的外形尺寸应符合有关规定。《混凝土结构工程施工质量验收规范》(GB 50204—2015)第 5.2.1 规定“对有抗震设防要求的结构,其纵向受力钢筋的性能应满足设计要求;当设计无具体要求时,对按一、二、三级抗震等级设计的框架和斜撑构件(含楼梯)中的纵向受力钢筋应采用 HRB335E、HRB400E、HRB500E、HRBF335E、HRBF400E、HRBF500E 钢筋”。即钢筋进场时,三级以上抗震等级设计的框架和斜撑构件中的纵向受力钢筋表面必须扎有“E”专用标志。加“E”的钢筋,该类钢筋除了应满足特殊的要求外,其他要求与相对应的已有牌号钢筋相同。这种牌号钢筋的特殊要求就是指《钢筋标准》中规定的特殊技术要求,即:钢筋抗拉强度实测值与屈服强度实测值之比(强屈比)不小于 1.25,钢筋屈服强度实测值与规定的屈服强度标准值之比(超强比)不大于 1.30,钢筋最大力下总伸长率不应小于 9%。

《混凝土结构工程施工质量验收规范》(GB 50204—2015)自 2015 年 9 月 1 日起实施。强制性条文第 5.2.1 规定“钢筋进场时,应按国家现行相关标准的规定抽取试件作力学性能和重量偏差检验,检验结果必须符合有关标准的规定”的要求,钢筋进场质量检验应增加重量偏差检验(主要是防止瘦身钢筋的出现)。对于每批钢筋的检验数量,应按相关产品标准执行,《钢筋混凝土用钢第 1 部分:热轧光圆钢筋》(GB 1499.1—2008)和《钢筋混凝土用钢第 2 部分:热轧带肋钢筋》(GB 1499.2—2007)中规定每批抽取 5 个试件,先进行重量偏差检验,再取其中 2 个试件进行力学性能检验。钢筋内在指标(如屈服点、抗拉强度、伸长率和冷弯性能)通过力学性能试验检验。

※知识链接※

热轧光圆钢筋的检验如下:

每批钢筋由同一牌号,同一炉罐号,同一规格的钢筋组成,重量不大于 60 t。

对热轧光圆钢筋外观检查,从每批中抽取 5% 进行外观检查。要求钢筋表面不得有裂纹、结疤和折叠;钢筋表面凸块和它缺陷的深度和高度不得大于所在部位尺寸的允许偏差。

热轧光圆钢筋做机械性能试验,从每批钢筋中,任选两根钢筋,去掉钢筋端头 500 mm。一个试样做拉力试验,测定屈服点、抗拉强度和伸长率三项指标;另一个试样做冷弯试验。如有某一项试验结果不合格,应从同一批中再任取双倍数量的试样进行不合格项目的复验。如仍不合格,则评定该批钢筋为不合格品。

4.2.2.2 钢筋的存放

钢筋运至现场后,必须严格按批分等级、牌号、直径、长度等挂牌存放,并注明数量,不得混淆。钢筋应尽量堆入仓库或料棚内。条件不具备时,应选择地势较高,土质坚硬的场地存放。堆放时,应避免锈蚀和污染,下面要加垫木,离地至少 20 cm。

4.2.3 钢筋配料和代换

4.2.3.1 钢筋的配料

钢筋配料是根据《混凝土结构设计规范》(GB 50010—2010)及《混凝土结构工程施工质量验收规范》(GB 50204—2015)中对混凝土保护层、钢筋弯曲和弯钩等规定,按照结构施工图计算构件各钢筋的直线下料长度、根数及质量，然后编制钢筋配料单，作为钢筋备料加工的依据。具体指识读工程图→计算钢筋下料长度→编制钢筋表→申请加工。

结构施工图中注明的尺寸一般是钢筋外轮廓尺寸，即从钢筋外皮到外皮量得的尺寸，称为外包尺寸。在钢筋加工时，一般也按外包尺寸进行验收。

对弯曲的钢筋或端部有弯钩的钢筋，按外包尺寸总和下料是不准确的。这是由于钢筋弯曲时外皮伸长，内皮缩短。钢筋的外包尺寸和轴线长度之间存在一个差值，称为“量度差值”。计算下料长度时，量度差值应减去。对于端部有弯钩的钢筋，计算下料长度时应加上端部弯钩增长值。

钢筋的下料长度的计算公式应为：

钢筋下料长度 = $\sum$(各段外包尺寸) - 弯曲处的量度差值 + 两端弯钩的增长值。

(1)弯曲量度差值

根据理论推理和实践经验，弯曲量度差值列于表4-4。

表4-4　常用弯曲角度的量度差值

弯曲角度	30°	45°	60°	90°	135°
量度差值	$0.306d$	$0.543d$	$0.90d$	$2.29d$	$2.83d$
经验取值	$0.35d$	$0.5d$	$0.90d$	$2d$	$2.5d$

※特别提示※

弯曲调整值实用取值，在实际施工中，由于操作条件不同，理论计算值与实际操作的结果多少会有一些差距，主要是由弯曲处圆弧直径的变化所引起。因此，不能绝对地定出弯曲调整值是多少，而通常是要根据本施工单位的经验资料，预先确定符合自己实际需要的、实用的弯曲调整值表备用。

(2)钢筋末端弯钩或弯折时

规范规定：HPB300钢筋的末端需要做180°弯钩，其圆弧内弯曲直径 $D \geq 2.5d$；平直段长度 $\geq 3d$，见图4-18所示。

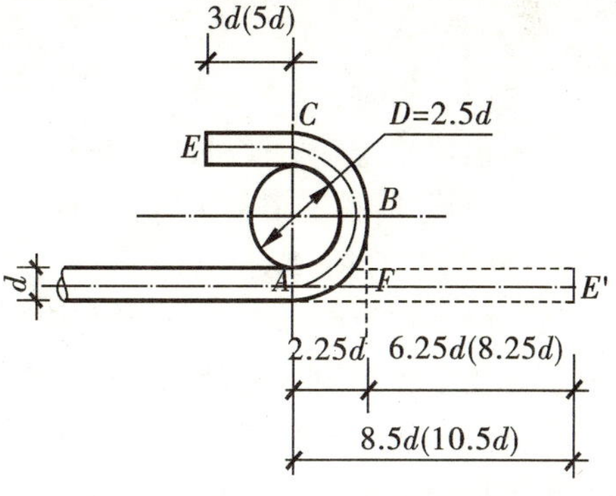

图4-18　钢筋的末端180°弯钩示意图

注：d 指弯曲钢筋的直径

受力钢筋的弯钩和弯折应符合下列要求：

1) HPB300钢筋末端应作180°弯钩，其弯弧内直径不应小于钢筋直径的2.5倍，弯钩的弯后平直部分长度不应小于钢筋直径的3倍。

2) 当设计要求钢筋末端需作135°弯钩时，HRB335、HRB400钢筋的弯弧内直径不应小于钢筋直径的4倍，弯钩的弯后平直部分长度应符合设计要求。

3) 钢筋作不大于90°的弯折时，弯折处的弯弧内直径不应小于钢筋直径的5倍。

钢筋末端弯钩或弯折时增长值见表4-5。

表4-5 钢筋末端弯钩或弯折时增长值

钢筋级别	弯钩角度	弯曲最小直径 D	平直段长度 lp	增加尺寸
HPB300	180°	2.5d	3d	6.25d
HRB335、HRB400	135°	4d	按设计(或规范)	3d+lp
HRB335、HRB400	90°	4d	按设计(或规范)	1d+lp

箍筋的下料长度计算分为不考虑抗震和考虑抗震两种情况。结构设计中,抗震设计越来越普遍,因此在实际施工中,箍筋下料长度计算以抗震为主。

不考虑抗震时,普通箍筋的下料长度,可按内包和外包两种形式计算,表4-6为不考虑抗震时箍筋调整值。

外包尺寸:箍筋下料长度=箍筋外包尺寸周长+箍筋外包调整值

内包尺寸:箍筋下料长度=箍筋内包尺寸周长+箍筋内包调整值。

表4-6 箍筋调整值

箍筋量度方法	箍筋直径/mm			
	4~5	6	8	10~12
量外包尺寸	40	50	60	70
量内包尺寸	80	100	120	150~170

考虑抗震时,

内包尺寸:箍筋下料长度=箍筋内包尺寸周长+26d(d:箍筋直径)

外包尺寸:箍筋下料长度=箍筋外包尺寸周长-3×90°量度差值+2×11.9d。

(3)箍筋弯钩增长值

一般结构如设计无要求时可按图4-19(a)加工;有抗震要求的结构,应按图4-19(b)加工。

箍筋弯钩的弯曲直径 D 应大于受力钢筋直径,且不小于箍筋直径的2.5倍。弯钩平直部分,一般结构不宜小于箍筋直径的5倍;有抗震要求的结构,不小于箍筋直径的10倍。箍筋一个弯钩增长值见表4-7。

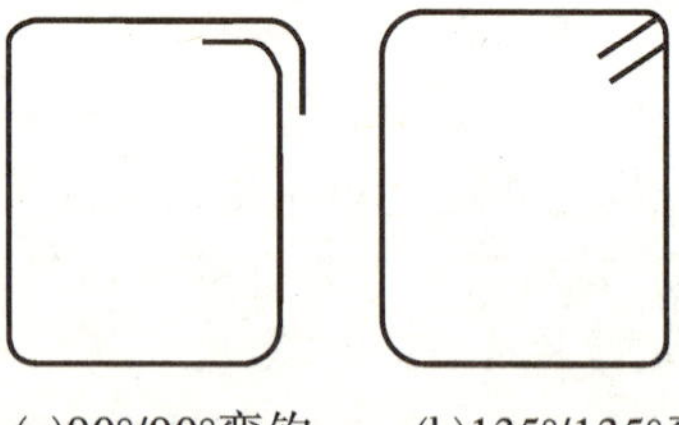

(a)90°/90°弯钩　(b)135°/135°弯钩

图4-19 箍筋加工示意图

表 4-7　箍筋一个弯钩增长值

箍筋弯钩	弯曲直径	平直段长度	增长值
90°/90°弯钩	2.5d	5d	5.5d
		10d	10.5d
135°/135°弯钩	2.5d	5d	6.5d
		10d	11.9d

※知识链接※

混凝土保护层厚度是从最外层钢筋算起离混凝土构建表面(即构件外表)的最小距离,其作用是保护钢筋在混凝土结构中不锈蚀。施工时混凝土保护层利用水泥砂浆垫块、塑料垫块或塑料圈环垫在钢筋与模板之间来控制。

《混凝土结构设计规范》(GB 50010—2010)规定:构件中受力钢筋的保护层厚度不应小于钢筋的直径 d。设计使用年限为 50 年的混凝土结构,最外层钢筋的保护层厚度应符合表 4-8 和表 4-9 的规定,与耐久性规范协调并适当简化。

表 4-8　混凝土保护层最小厚度　(单位:mm)

环境等级类别	板、墙、壳	梁、柱
一	15	20
二 a	20	25
二 b	25	35
三 a	30	40
三 b	40	50

注:1. 混凝土强度等级不大于 C25 时,表中保护层厚度数值应增加 5 mm;

2. 钢筋混凝土基础宜设置混凝土垫层,其受力钢筋的混凝土保护层应从垫层顶面算起,且不应小于 40 mm;当无垫层时不应小于 70 mm。

表 4-9　混凝土结构的环境类别

环境类别	条件
一	室内干燥环境、无侵蚀性水浸没环境
二 a	室内潮湿环境、非严寒和非寒冷地区的露天环境; 非严寒和非寒冷地区与无侵蚀性的水或土壤直接接触的环境; 严寒和寒冷地区冰冻线以下与无侵蚀性的水或土壤直接接触的环境
二 b	干湿交替环境、水位频繁变动环境、严寒和寒冷地区的露天环境; 严寒和寒冷地区冰冻线以上与无侵蚀性的水或土壤直接接触的环境
三 a	严寒和寒冷地区冬季水位变动区环境; 受冰盐影响环境;海风环境

续表 4-9

环境类别	条件
三 b	盐渍土环境、受除冰盐作用环境、海岸环境
四	海水环境
五	受人为或自然的侵蚀性物质影响的环境

例 4-2 教学楼为二层框架结构。一层框架梁 KL4 共 2 根。梁平法配筋如图4-20所示。建筑抗震设防烈度 7 度，框架结构抗震等级二级，框架梁混凝土强度等级 C30，钢筋 HRB400 级，HPB300 级，结构环境类别为一类。试计算该框架梁钢筋下料长度。

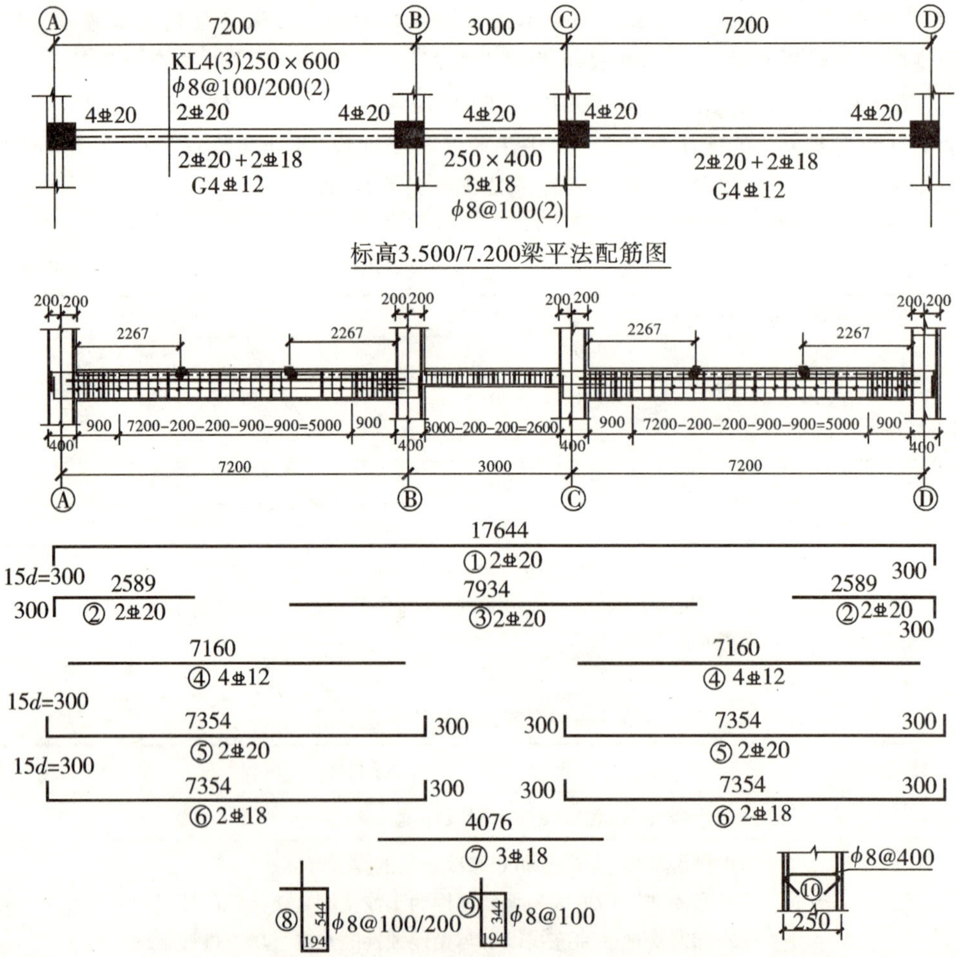

图 4-20 KL4 的平法标注图、计算简图、钢筋抽筋图

解答 框架梁和框架柱的钢筋保护层厚度从最外层钢筋（即箍筋）边缘算起取 20 mm。因箍筋直径为 8 mm，故有箍筋时受力钢筋单边实际保护层为：20+8＝28（mm）。

1. 第一跨和第三跨净跨度 $l_n=7200-2\times200=6800$(mm)　$l_n/3=6800/3=2267$(mm)

第二跨净跨度 $l_n=3000-2\times200=2600$(mm)

2. 判断是否采用直锚

直锚条件:伸入支座内的水平段长度≥ l_{aE} ,且 ≥ $0.5h_c+5d$

$l_{aE}=40d=40\times20=800$ mm(7 度设防烈度,二级抗震等级,C30 混凝土,HRB400 级钢筋,$d=20$ mm)

$0.5h_c+5d=0.5\times400+5\times20=500$

因此,伸入支座内的水平段长度应≥ $(l_{aE},0.5h_c+5d)_{max}=800$(mm)

而柱子宽度 400 mm<800 mm,不满足直锚条件,应采取弯锚。

3. 钢筋下料长度计算

①号钢筋下料长度:

$[300+(200+7200+3000+7200+200)-(28+25+25+25+25+28)+300]-2\times2\times20=18164$(mm)

在具体施工中,按照图纸规定的钢筋连接方式确定钢筋下料时需要增减的接头长度。

说明:第二个括号计算中的数据依次为:28 mm 为柱主筋保护层厚度,25 mm 为柱子主筋直径,25 mm 为钢筋净距。

②号钢筋下料长度:

$[300+2267+(400-28-25-25)]-2\times20=2567+322-40=2849$(mm)

说明:第一个括号计算中的数据依次为:400 mm 为柱子宽度,28 mm 为柱主筋保护层厚度,25 mm 为柱子主筋直径,25 mm 为柱子钢筋与梁钢筋净距。

③号钢筋下料长度:$2267+200+3000+200+2267=7934$(mm)

④号钢筋下料长度:$(7200-2\times200)++2\times15\ d=6800+30\times12=7160$(mm)

⑤号钢筋下料长度:$[(7200+2\times200)-2\times(28+25+25+20+25)+2\times300]-2\times2\times20=7354+600-80=7874$(mm)

说明:第二个括号计算中的数据依次为:28 mm 为柱主筋保护层厚度,25 mm 为柱子主筋直径,25 mm 为钢筋净距,20 mm 为梁上部主筋直径,25 mm 为柱子钢筋与梁钢筋净距。

⑥号钢筋下料长度:$7354+2\times300-2\times2\times18=7882$(mm)

⑦号钢筋下料长度:

$3000-2\times200+2\times l_{aE}=2600+2\times41\times18=4076$(mm)

⑧号箍筋钢筋下料长度:当考虑抗震时,箍筋钢筋下料长度:

内包尺寸 宽度:$250-2\times28=194$(mm)　　高度:$600-2\times28=544$(mm)

下料长度按内包尺寸计算为:$(194+544)\times2+26\times8=1476+208=1684$(mm)

外包尺寸 宽度:$250-2\times20=210$(mm)　　高度:$600-2\times20=560$(mm)

下料长度按外包尺寸计算为:$(210+560)\times2-3\times2\times8+2\times11.9\times8=1682.4$(mm)

可见:箍筋下料长度内包尺寸计算与外包尺寸计算差别很小,基本可以忽略不计。但按照内包尺寸计算更加简单,因此箍筋下料长度多采用内包尺寸计算。

$A\sim B$ 跨箍筋的数量计算:

$A \sim B$ 跨一侧加密区箍筋的数量：(900−50)/100＝8.5（个）

$A \sim B$ 跨跨非加密区箍筋数量：5000/200＝25（个）

$A \sim B$ 跨箍筋总数量：2×8.5+25+1＝43 个

根据对称，C～D 跨箍筋数量亦为 43 个。因此，⑧号箍筋总数量为 86 个。

⑨号箍筋下料长度：

内包尺寸 宽度：250−2×28＝194(mm)　　高度：400−2×28＝344(mm)

下料长度按内包尺寸计算为：(194+344)×2+26×8＝1476+208＝1284(mm)

箍筋的数量＝(2600−2×50)/100+1＝26(个)

⑩号拉筋下料长度：

根据构造规定：当 $b \leqslant 350$ mm 时，拉筋直径应为 6 mm，根据实际情况，取 8 mm，间距为非加密区箍筋间距 2 倍，即 400 mm。

拉筋下料长度计算按内包尺寸：$(b-2c+2d_{箍})+26d$＝(250−2×20)+26×8＝210+208＝418(mm)

拉筋数量计算：(7200−2×200−2×50)/400+1＝17.75≈18(道)

$A \sim B$ 跨与 $C \sim D$ 跨对称，因此，拉筋总数量为 36 道。

4. 绘出各种钢筋简图（见表 4-10）。

表4-10　钢筋配料单

构件名称	钢筋编号	简图	钢号	直径/mm	下料长度/mm	单榀根数	合计根数/长度/m	质量/kg
KL4（共2根）	①	300 17644 300	Φ	20	18214	2	4/72.856	179.95
	②	300 2589	Φ	20	2839	2	4/11.356	28.05
	③	7934	Φ	20	7934	2	4/31.736	78.39
	④	7160	Φ	12	7160	4	8/57.28	50.86
	⑤	300 7354 300	Φ	20	7874	2	4/31.496	77.80
	⑥	300 7354 300	Φ	18	7882	2	4/31.528	63.06
	⑦	4076	Φ	18	4076	3	6/24.456	48.91
	⑧	544 194	ϕ	8	1684	86	172/289.648	114.41
	⑨	344 194	ϕ	8	1284	26	52/66.768	26.37
	⑩		ϕ	8	418	36	72/30.096	11.89
	合计	ϕ8:152.67 kg;Φ12:50.68 kg;Φ18: 111.97 kg;Φ20:364.19						

注:ϕ8 钢筋的线密度为0.395 kg/m,直径12 mm的钢筋的线密度为0.888 kg/m,直径18 mm的钢筋的线密度为2.0 kg/m,直径20 mm的钢筋的线密度为2.47 kg/m。钢筋的理论重量为钢筋的线密度×钢筋总长度。

4.2.3.2　钢筋的代换

钢筋施工时应尽量按照施工图要求的钢筋的级别、种类和直径使用,但确实没有施工图中所要求的钢筋种类、级别或规格时,可以进行代换。代换时,必须充分了解设计意图和代换钢材的性能,严格依据规范的各项规定;必须满足构造要求(如钢筋的直径、根数、间距、锚固长度等);对抗裂性要求高的构件,不宜采用光圆钢筋代换螺纹钢筋;凡属重要的结构和预应力钢筋,在代换时应征得设计单位的同意;钢筋代换后,其用量不宜大于原设计用量的5%。钢筋代换的方法有两种:等强度代换和等面积代换。

(1)等强度代换

构件配筋受强度控制时或不同种类的钢筋代换,按代换前后强度相等的原则进行代换,称为等强度代换。代换时应满足下式要求:

$$A_{s2}f_{y2} \geqslant A_{s1}f_{y1} \quad 即:A_{s2} \geqslant A_{s1}f_{y1}/f_{y2}$$

式中 A_{s1}——原设计钢筋总面积;

A_{s2}——代换后钢筋总面积;

f_{y1}——原设计钢筋的设计强度;

f_{y2}——代换后钢筋的设计强度。

在设计图纸上钢筋都是以根数表示的,由于 $A_{s1}=n_1d_1^2\pi/4$,$A_{s2}=n_2d_2^2\pi/4$。所以:

$$n_2 \geqslant \frac{n_1 d_1^2 f_{y1}}{d_2^2 f_{y2}}$$

式中 n_1——原设计钢筋根数;

d_1——原设计钢筋直径;

n_2——代换后钢筋根数;

d_2——代换后钢筋直径。

(2)等面积代换

构件按最小配筋率配筋时或相同种类和级别的钢筋代换,按代换前后面积相等的原则进行代换,称为等面积代换。即

$$A_{s1} \leqslant A_{s2}$$

则

$$n_2 \geqslant n_1 \cdot \frac{d_1^2}{d_2^2}$$

(3)钢筋代换应注意的问题

1)钢筋代换后,应满足混凝土结构设计规范中所规定的钢筋间距、锚固长度、最小钢筋直径、根数的要求。

2)对重要受力构件如吊车梁、薄腹梁、屋架下弦等,不宜用 HPB300 级光面钢筋代换变形钢筋。

3)梁的纵向受力钢筋与弯起钢筋应分别进行代换。

4)当构件配筋受抗裂裂缝宽度或挠度控制时,钢筋代换后应进行抗裂裂缝宽度或挠度验算。

5)有抗震要求的框架,不宜以强度等级较高的钢筋代替原设计中的钢筋。如必须代换时,其代换的钢筋检验所得的实际强度,尚应符合下列要求:①钢筋的实际抗拉强度与实际屈服强度的比值应大于1.25;②当按 HPB300 级抗震等级设计时,钢筋的实际屈服强度与钢筋标准强度的比值不应大于1.25,当按 HRB335 级抗震等级设计时不应大于1.4。

6)预制构件吊环,必须采用未经冷拉的 HPB300 级热轧钢筋制作,严禁以其他钢筋代换。

7)不同种类钢筋的代换,应按钢筋受拉承载力设计值相等的原则进行。

4.2.4 钢筋场内加工

4.2.4.1 钢筋的冷加工

为了提高钢筋的强度,节约钢材,满足预应力钢筋的需要,工程上常采用冷拉、冷拔的方法对钢筋进行冷加工,用以获得冷拉钢筋和冷拔钢丝。

(1)钢筋冷拉

钢筋的冷拉就是在常温下拉伸钢筋,使钢筋的应力超过屈服点,钢筋产生塑性变形,强度提高,在工程中,一般可节约10% ~20%的钢材。冷拉时,钢筋被拉直,钢筋表面锈皮会脱落,还可同时完成调直、除锈的工作。钢筋冷拉后强度提高,塑性降低,但仍有一定的塑性。

钢筋的冷拉方法可采用控制冷拉应力或控制冷拉率的方法。

采用控制应力法能够保证冷拉钢筋的质量,用作预应力筋的冷拉钢筋宜用此法。当采用控制冷拉率方法冷拉钢筋时,冷拉率必须由试验确定。控制冷拉率方法的优点是设备简单。但当材质不均匀,冷拉率波动大时,不易保证冷拉应力,可采用逐根取样法。不能分清炉批号的热轧钢筋,不应采取冷拉率控制的方法。

冷拉钢筋的检查验收方法和质量要求应符合《混凝土结构工程施工及验收规范》(GB 50204—2015)中的有关规定。

冷拉设备由拉力设备、承力结构、测量设备和钢筋夹具等部分组成。拉力设备主要为卷扬机和滑轮组,如图4-21所示。

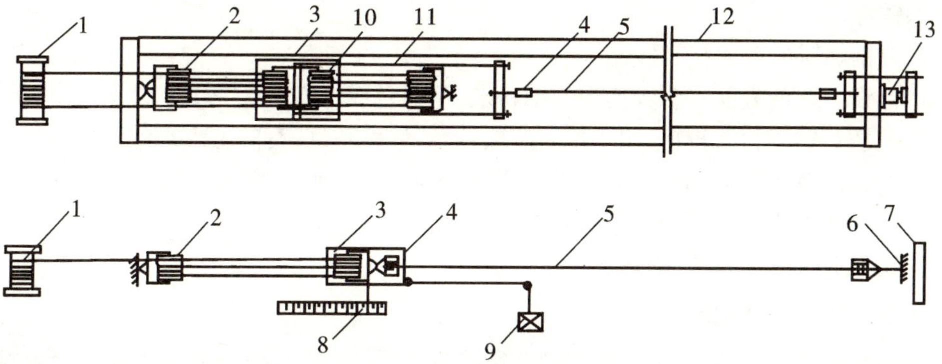

图4-21 冷拉设备

1-卷扬机;2-滑轮组;3-冷拉小车;4-夹具;5-被冷拉的钢筋;6-地锚;7-防护壁;8-标尺;9-回程荷重架;10-回程滑轮组;11-传力架;12-冷拉槽;13-液压千斤顶

(2)钢筋冷拔

冷拔是把$\phi6 \sim \phi8$的光面钢筋在常温下通过特制的钨合金拔丝模孔(模孔直径一般比钢筋直径小0.5 ~1.0 mm),进行强力拉拔,使钢筋产生较大塑性变形,强度提高,塑性降低，硬度提高。钢筋冷拔工艺比较复杂，钢筋冷拔并非一次拔成，而要反复多次，所以只有在加工厂才对钢筋进行冷拔。经过多次强力拉拔的钢筋，称为冷拔低碳钢丝。如钢筋需连接则在冷拔前用对焊连接。钢筋的冷拔见图 4-22。

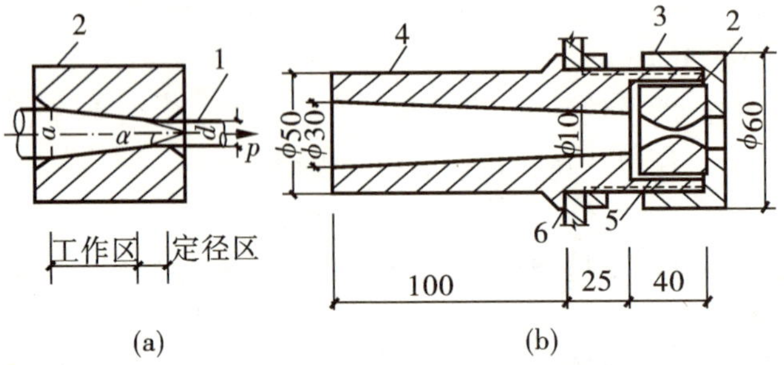

图 4-22　钢筋冷拔示意图

(a)拔丝模构造;(b)拔丝模装在喇叭管内

1-钢筋;2-拔丝模;3-螺母;4-喇叭管;5-排渣孔;6-存放润滑剂的箱壁

冷拔低碳钢丝呈硬钢特性，塑性降低，没有明显的屈服阶段，但抗拉强度提高(可提高 50% ~90%)，故能大量节约钢材。

冷拔低碳钢丝的质量应符合《混凝土结构工程施工及验收规范》(GB 50204—2002)(2011 版)中的有关规定。对用于预应力结构的甲级冷拔低碳钢丝，应逐盘取样检验。

4.2.4.2　钢筋的除锈

钢筋锈蚀程度可由锈迹分布状况、色泽变化以及钢筋表面平滑或粗糙程度等，凭肉眼外观确定，根据锈蚀轻重的具体情况采用除锈措施。常用除锈方法有手动钢丝刷除锈、电动机除锈等。

一般钢筋锈蚀现象有三种：

1)浮锈。钢筋表面附着较均匀的细粉末，呈黄色或淡红色。

2)陈锈。锈迹粉末较粗，用手捻略有微粒感，颜色转红，有的呈红褐色。

3)老锈。锈斑明显，有麻坑，出现起层的片状分离现象，锈斑几乎遍及整根钢筋表面；颜色变暗，深褐色，严重的接近黑色。

浮锈一般可不作处理；陈锈和老锈必须清除。

4.2.4.3　钢筋的调直

钢筋在使用前必须经过调直，否则会影响钢筋受力，甚至会使混凝土提前产生裂缝，如未调直钢筋直接下料，会影响钢筋的下料长度，并影响后续工序的质量。

钢筋调直方法可采用钢筋调直机、弯筋机、卷扬机等机械调直，也可采用冷拉方法方法调直。当采用冷拉方法调直钢筋时，HPB300 级钢筋的冷拉率不宜大于 4%，HRB335 级、HRB400 级和 RRB400 级钢筋的冷拉率不宜大于 1%。

目前常用的钢筋调直机有 GT16/4、GT3/8、GT6/12、GT10/16。此外，还有一种数控钢筋调直机，它具有自动调直、定位切断、除锈清垢等多种功能。

4.2.4.4 钢筋切断

钢筋切断有人工切断、机械切断、氧气切割三种方法。钢筋切断可采用手工切断器或钢筋切断机。手工切断器只用于切断直径小于16 mm的钢筋,机械切断机可切断直径为16~40 mm的钢筋。直径大于40 mm的钢筋一般用氧气切割。

钢筋切断机主要类型有机械式、液压式和手持式等。机械式钢筋切断机有偏心轴立式、凸轮式和曲柄连杆式等形式。

4.2.4.5 钢筋弯曲成型

钢筋的弯曲成型是将已切断、配好的钢筋,按图纸规定的要求,准确地加工成规定的形状尺寸。弯曲成型的顺序是:划线→试弯→弯曲成型。

弯曲钢筋有手工弯曲和机械弯曲两种弯曲方法。手工弯曲钢筋的方法设备简单,使用方便,工地经常采用。机械弯曲方法采用钢筋弯曲机,可将钢筋弯曲成各种形状和角度,成型准确、效率高。

※知识链接※

钢筋切断时按照下料长度切断,弯曲前应在直线钢筋上划线。将钢筋的各段长度尺寸划在钢筋上,要根据钢筋几种弯曲类型、弯曲角度伸长值,弯曲的曲率半径,板距等因素综合计算后,才能进行。弯曲钢筋的划线方法如图4-23所示。

1)根据不同的弯曲角度扣除弯曲调整值(量度差值),其扣法是从相邻两段长度中各扣一半。

2)钢筋末端作180°弯钩时,该段长度划线时,增加$0.5d$。

3)划线工作宜从钢筋中线开始向两边进行,两边不对称的钢筋,也可从钢筋的一端开始划线,如划到另一端有出入时,则应重复调整。

例:某钢筋,$\phi20$,$l=7180$ mm。

第一步:在钢筋中心点划第一道线;

第二步:取中段$4000/2-0.5d/2=1995$(mm),划第二道线;

第三步:取斜段$635-2\times0.5d/2=625$(mm),划第三道线;

第四步:取直段$850-0.5d/2+3.25d=877.5$(mm),划第四道线。

上述划线方法仅供参考。第一根钢筋成型后应与设计尺寸校对一遍,完全符合后再成批生产。

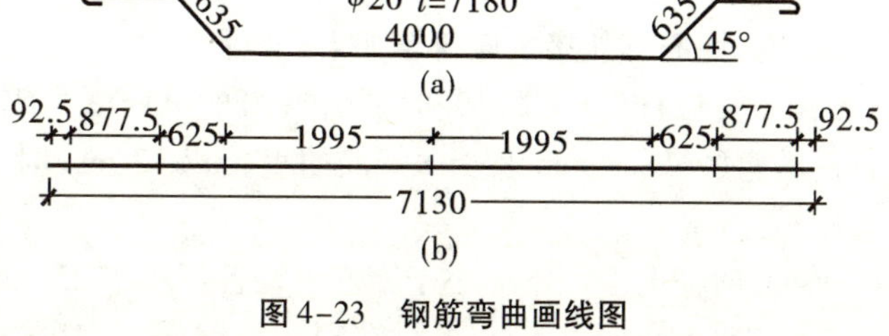

图4-23 钢筋弯曲画线图

4.2.4.6 钢筋加工的允许偏差

钢筋加工的形状、尺寸应符合设计要求,其偏差应符合表4-11的规定。

表4-11 钢筋加工的允许偏差

项目	允许偏差/mm
受力钢筋顺长度方向全长的净尺寸	±10
弯起钢筋的弯折位置	±20
箍筋内净尺寸	±5

4.2.5 钢筋连接

施工中钢筋往往因长度不足或施工工艺的要求等必须连接。钢筋的连接方式可分为三类:绑扎连接、焊接和机械连接。纵向受力钢筋的连接方式应符合设计要求。机械连接接头和焊接连接接头的类型及质量应符合国家现行标准的规定。

4.2.5.1 钢筋绑扎连接

钢筋绑扎安装前,应先熟悉施工图纸,核对钢筋配料单和料牌,研究钢筋安装和与有关工种配合的顺序,准备绑扎用的铁丝、绑扎工具、绑扎架等。

钢筋的绑扎连接就是将相互搭接的钢筋,用18~22号镀锌铁丝(其中22号铁丝只用于绑扎直径12 mm以下的钢筋)扎牢它的中心和两端,将其绑扎在一起。HPB235级光面钢筋绑扎接头的末端应作180°弯钩,弯钩平直段长度不应小于$3d$,但作受压钢筋时可不做弯钩。图4-24为钢筋绑扎连接示意图。

绑扎连接绑扎位置和搭接长度按《混凝土结构设计规范》(GB 50010—2010)的规定执行。

图4-24 钢筋绑扎连接

为确保结构的安全度,钢筋绑扎接头应符合如下规定:

1)轴心受拉及小偏心受拉杆件(如桁架和拱的拉杆)的纵向受力钢筋不得采用绑扎搭接接头;当受拉钢筋的直径d>28 mm及受压钢筋的直径d>32 mm时,不宜采用绑扎搭接接头。

2)绑扎接头中的钢筋的横向净距不应小于钢筋直径且不小于25 mm。

3)受力钢筋的接头宜设置在受力较小处。在同一根钢筋上宜少设接头。不宜设置两个或两个以上接头。接头末端至钢筋弯起点的距离不应小于钢筋直径的10倍。

4)同一构件中相邻纵向受力钢筋的绑扎搭接接头宜相互错开。钢筋绑扎搭接接头连接区段的长度为1.3倍搭接长度,凡搭接接头中点位于该连接区段长度内的搭接接头均属于同一连接区段,如图4-25所示。

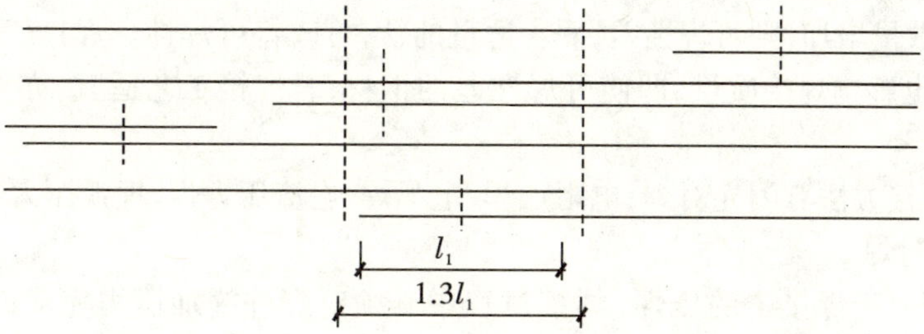

图4-25 钢筋绑扎搭接接头

注:图中所示同一连接区段内的搭接接头钢筋为两根,当钢筋直径相同时,钢筋搭接接头面积百分率为50%。

5)同一连接区段内纵向钢筋搭接接头面积百分率为该区段内有搭接接头的纵向受力钢筋截面面积与全部纵向受力钢筋截面面积的比值。位于同一连接区段内的受拉钢筋搭接接头面积百分率应符合设计要求,无设计要求时,应符合下列规定:

对梁类、板类及墙类构件,不宜大于25%;基础筏板,不宜大于50%;对柱类构件,不宜大于50%。当工程中确有必要增大受拉钢筋搭接接头面积百分率时,对梁类构件,不应大于50%;对板类、墙类及柱类构件,可根据实际情况放宽。

6)纵向受拉钢筋绑扎搭接接头的最小搭接长度应符合表4-12的规定。

表4-12 纵向受拉钢筋的最小搭接长度

钢筋类型		混凝土强度等级			
		C15	C20～C25	C30～C35	≥C40
光圆钢筋	HPB235级	45d	35d	30d	25d
带肋钢筋	HRB335级	55d	45d	35d	30d
	HRB400级、RRB400级	—	55d	40d	35d

注:1. 两根直径不同钢筋的搭接长度,以较细钢筋的直径计算。

2. 当纵向受拉钢筋的绑扎搭接接头面积百分率≤25%时,其最小搭接长度应符合表4-12的规定。

3. 当纵向受拉钢筋搭接接头面积百分率>25%,但≤50%时,其最小搭接长度应乘以系数1.2取用;当接头面积百分率>50%时,应乘以系数1.35取用。

4. 在任何情况下,受拉钢筋的搭接长度不应小于300 mm。

5. 纵向受压钢筋搭接时,其最小搭接长度应根据以上规定确定相应数值后,乘以系数0.7取用。在任何情况下,受压钢筋的搭接长度不应小于200 mm。

6. 在梁、柱类构件的纵向受力钢筋搭接长度范围内,应按设计要求配置箍筋。当设计无具体要求时,应符合下列规定:箍筋直径不应小于搭接钢筋较大直径的0.25倍;受拉搭接区段的箍筋间距不应大于搭接钢筋较小直径的5倍,且不应大于100 mm;受压搭接区段的箍筋间距不应大于搭接钢筋较小直径的10倍,且不应大于200 mm;当柱中纵向受力钢筋直径大于25 mm时,应在搭接接头两个端面外100 mm范围内各设置两个箍筋,其间距宜为50 mm。

4.2.5.2 钢筋焊接

混凝土结构设计规范规定,钢筋连接宜优先采用焊接连接。钢筋的焊接质量与钢材的可焊性、焊接工艺有关。钢材可焊性的好坏,受钢材所含化学元素种类及含量影响很大。含碳、锰数量增加,则可焊性差,而含适量的钛,可改善可焊性。焊接工艺(焊接工艺与操作水平)也影响焊接质量,即使可焊性差的钢材,若焊接工艺适宜,亦可获得良好的焊接质量。

常用的焊接方法有闪光对焊、电阻点焊、电弧焊、电渣压力焊、埋弧压力焊、气压焊等。

(1)闪光对焊

闪光对焊属于焊接中的压焊(焊接过程中必须对焊件施加压力完成的焊接方法)。钢筋的闪光对焊是利用对焊机,将两段钢筋端面接触,通过施加低电压强电流在钢筋接头处,产生高温,钢筋熔化,产生强烈的金属蒸汽飞溅,形成闪光,施加压力顶锻,使两根钢筋焊接在一起,形成对焊接头。闪光对焊是钢筋焊接中常用的方法。图 4-26 为钢筋闪光对焊原理图。

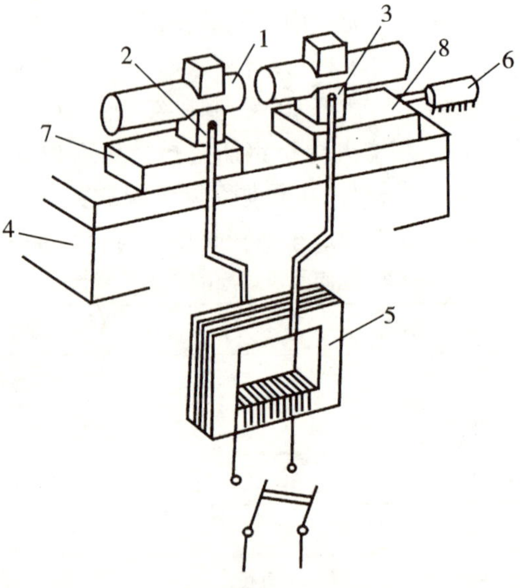

图 4-26　钢筋闪光对焊原理

1-焊接的钢筋;2-固定电极;3-可动电极;4-机座;5-变压器;6-平动顶压机构;7-固定支座;8-滑动支座

根据钢筋的品种、直径和选用的对焊机功率,闪光对焊分为连续闪光焊、预热闪光焊和闪光-预热-闪光焊三种工艺。对可焊性差的钢筋,对焊后采取通电热处理的方法,以改善对焊接头的塑性。

1)连续闪光焊连续闪光焊是自闪光一开始,就缓慢移动钢筋,形成连续闪光,接头处逐步被加热,形成对焊接头。连续闪光焊的工艺简单,适用于焊接直径 25 mm 以下的以内的 HPB300、HRB335 和 HRB400 钢筋。

2)预热闪光焊。预热闪光焊是在连续闪光焊前增加一次预热过程,使钢筋均匀加热。其工艺过程为预热—闪光—顶锻。即先闭合电源,使两根钢筋端面交替轻微接触和分开,发出断续闪光使钢筋预热,当钢筋烧化到规定的预热留量后,连续闪光,最后进行顶锻。适用于直径25 mm以上端部平整的钢筋。

3)闪光-预热-闪光焊。闪光-预热-闪光焊是在预热闪光焊前加一次闪光过程,使钢筋端面烧化平整,预热均匀。适用于直径25 mm以上端部不平整的钢筋。

4)焊后通电热处理。对于HRB400级钢筋对焊接头拉伸试验结果发生脆性断裂,或弯曲试验不能达到规范要求时,为改善其焊接接头的塑性,可在焊后进行通电热处理。焊后通电热处理在对焊机上进行。钢筋对焊完毕,当焊接接头温度降低至呈暗黑色(300 ℃以下),松开夹具将电极钳口调至最大距离,重新夹紧。然后进行脉冲式通电加热,钢筋加热至表面呈橘红色(750～850 ℃)时,通电结束。松开夹具,待钢筋稍冷后取下,在空气中自然冷却。

(2)电阻点焊

电阻点焊是将钢筋的交叉点放入点焊机两极之间,通电使钢筋加热到一定温度后,加压使焊点处钢筋互相压入一定的深度(压入深度为两钢筋中较细者直径的1/4-2/5),将焊点焊牢。

点焊机主要由加压机构、焊接回路电极组成,基本构造如图4-27所示。

混凝土结构中的钢筋骨架和钢筋网成型时优先采用电阻点焊。采用点焊代替绑扎,可以提高工效,便于运输。

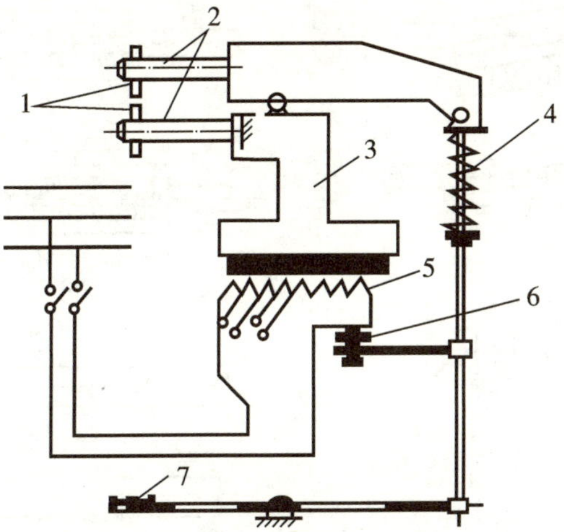

图4-27　点焊机的基本构造图

1-电极;2-电极臂;3-变压器的次级线圈;4-加压机构;5-变压器的初级线圈;6-断路器;7-踏板

(3)电弧焊

电弧焊是利用电弧焊机使焊条和焊件之间产生高温电弧,熔化焊条和高温电弧范围内的焊件金属,熔化的金属凝固后形成焊接接头。

电弧焊广泛用于钢筋的接长、钢筋骨架的焊接、装配式结构钢筋接头焊接及钢筋与钢板、钢板与钢板的焊接等。

电弧焊的主要设备是弧焊机,分为交流弧焊机和直流弧焊机两类。工地常用交流弧焊机。

钢筋电弧焊接头主要有三种形式:帮条焊、搭接焊和坡口焊。

1)帮条焊。帮条焊是用两根一定长度的帮条,将受力主筋夹在中间,用两端电焊定位,然后焊接一面或两面。帮条焊宜采用与主筋同级别、同直径的钢筋制作。它分为单面焊缝和双面焊缝,若采用双面焊,接头中应力传递对称、平衡,受力性能好;若采用单面焊,则受力情况差。因此,当不能进行双面焊时,才采用单面焊。

帮条焊适用于直径 10 ~ 40 mm 的 HPB300、HRB400 级钢筋和 10 ~ 25 mm 的余热处理 HRB400 级钢筋。

2)搭接焊。搭接焊是把钢筋端部弯曲一定角度叠合起来,在钢筋接触面上焊接形成焊缝,它分为双面焊缝和单面焊缝。如图 4-28 所示。搭接焊宜采用双面焊缝,不能进行双面焊时,也可采用单面焊。

搭接焊适用于焊接直径 10 ~ 40 mm 的 HPB300、HPB335 级钢筋。

3)坡口焊。钢筋坡口焊接头可分为坡口平焊接头和坡口立焊接头两种,见图 4-28 钢筋坡口焊接头。坡口焊适用于直径 16 ~ 40 mm 的 HPB300、HRB335、HRB400 级钢筋及 HRB400 级钢筋。

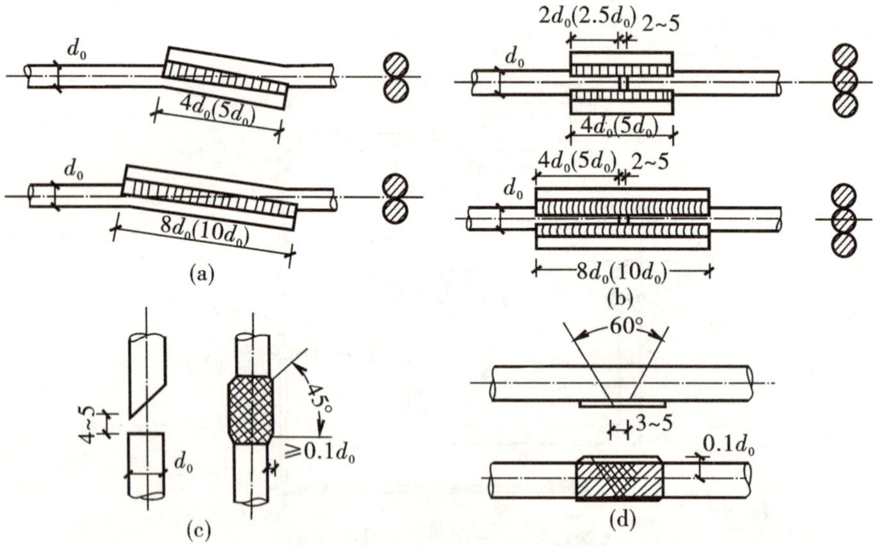

图 4-28 钢筋电弧焊的接头形式

(a)搭接焊接头;(b)帮条焊接头;(c)立焊的坡口焊接头;(d)平焊的坡口接头

(4)电渣压力焊

电渣压力焊是将钢筋安放成竖向对接形式,利用电流通过渣池所产生的热量来熔化母材,待到一定程度后施加压力,完成钢筋连接。图 4-29 为电渣压力焊示意图。这种钢筋接头的焊接方法与电弧焊相比，焊接效率高 5 ~ 6 倍，且接头成本较低，质量易保证。

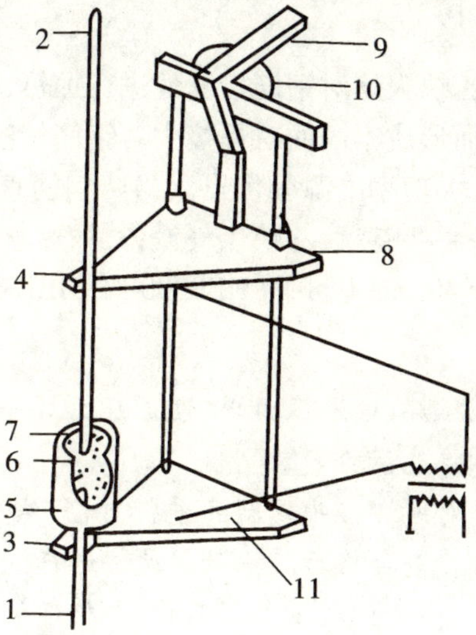

图 4-29　电渣焊构造

1、2-钢筋；3-固定电极；4-活动电极；5-药盒；6-导电剂；7-焊药；8-滑动架；9-手柄；10-支架；11-固定架

电渣压力焊适用于直径为 14 ~ 40 mm 的 HPB300、HRB335 级竖向或斜向钢筋的连接，可用手动电渣压力焊机或自动压力焊机。

(5) 埋弧压力焊

埋弧压力焊是利用焊剂层下的电弧燃烧将两焊件相邻部位熔化，然后加压顶锻使两焊件焊合。图 4-30 为埋弧压力焊示意图。这种焊接方法工艺简单，比电弧焊工效高、质量好（焊后钢板变形小、抗拉强度高）、成本低（不用焊条）。

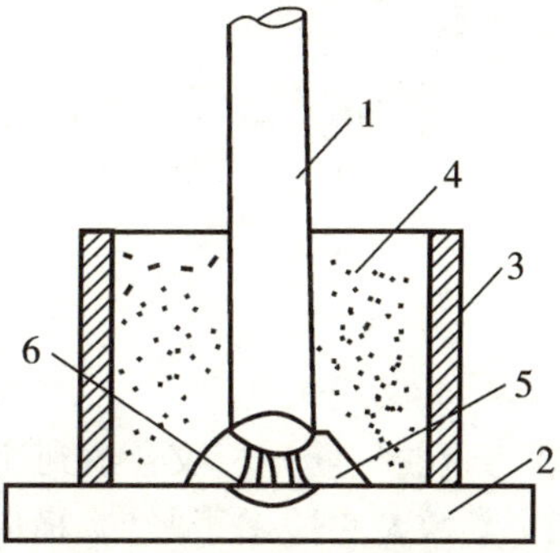

图 4-30　埋弧压力焊示意图

1-钢筋；2-钢板；3-焊剂盒；4-431 焊剂；5-电弧柱；6-弧焰

埋弧压力焊适用于钢筋与钢板作丁字形接头焊接,可用手工埋弧压力焊机和自动埋弧压力焊机。

(6)气压焊

钢筋气压焊是采用氧、乙炔火焰对钢筋接缝处进行加热,使钢筋端部加热达到高温状态,并施加足够的轴向压力而形成牢固的对焊接头。钢筋气压焊接方法具有设备简单、焊接质量高、效果好,且不需要大功率电源等优点。当两钢筋直径不同时,其直径之差不得大于7 mm,钢筋气压焊设备主要有氧、乙炔供气设备、加热器、加压器及钢筋卡具等。

钢筋气压焊可用于直径40 mm以下的HPB300级、HRB335级钢筋的纵向连接。

※特别提示※

闪光对焊、电阻点焊、电弧焊、电渣压力焊、埋弧压力焊等焊接接头,均应抽查一定数量的接头作外观检查和力学性能试验。

外观检查首先应由焊工对所焊接头或制品进行自检,然后再由质量检查人员进行检验。力学性能试验应在外观检查合格后随机抽取试件进行试验。钢筋焊接接头或焊接制品质量检验报告单中应包括下列内容:①工程名称、取样部位;②批号、批量;③钢筋级别、规格;④力学性能试验结果;⑤施工单位。

※知识链接※

1)在同一台班内,由同一焊工完成的300个同级别、同直径钢筋焊接接头应作为一批。当同一台班内焊接的接头数量较少,可在一周之内累计计算;累计仍不足300个接头,应按一批计算。

2)外观检查的接头数量,应从每批中抽查10%,且不得少于10个。

3)力学性能试验时,应从每批接头中随机切取6个试件,其中3个做拉伸试验,3个做弯曲试验。

4)焊接等长的预应力钢筋(包括螺丝端杆与钢筋)时,可按生产时同等条件制作模拟试件。

5)螺丝端杆接头可只做拉伸试验。

4.2.5.3 钢筋机械连接

机械连接是指通过机械手段将两根钢筋端头连接在一起。这种连接方法的接头区变形能力与母材基本相同,工效高,连接可靠,可全天候作业。机械连接主要有套筒挤压连接、直螺纹套筒连接。

(1)套筒挤压连接

套筒挤压连接是把两根待接钢筋的端头先插入一个优质钢套管,然后用挤压机在侧向加压数道,套筒塑性变形后即与带肋钢筋紧密咬合达到连接的目的(见图4-31)。压接顺序、压接力、压接道数为其三个参数。它适用于竖向、横向及其他方向的较大直径变形钢筋的连接。由于是在常温下挤压连接,所以也称为钢筋冷挤压连接,这种连接方法具有性能可靠、操作简便、施工速度快、施工不受气候影响、省电等优点。

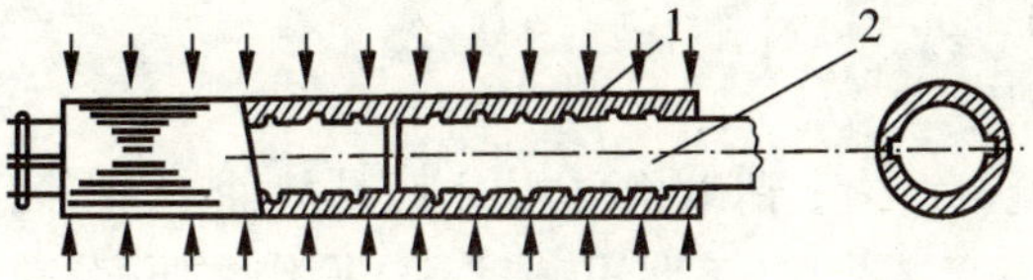

图 4-31 套筒挤压连接

1-钢套筒;2-被连接的钢筋

套筒挤压连接适用于钢筋混凝土结构中钢筋直径为 16 ~ 40 mm 的 HRB335 级、HRB400 级带肋钢筋连接。

(2)直螺纹套筒连接

直螺纹套筒连接是把两根待连接的钢筋端加工制成直螺纹,然后旋入带有直螺纹的套筒中,从而将两根钢筋连接成一体的钢筋接头。如图 4-32 为直螺纹套筒连接示意图。它施工速度快、不受气候影响。

直螺纹套筒连接适用于直径为 16 ~ 40 mm 的 HPB300 ~ HRB400 级同径或异径的钢筋连接。起连接作用的钢套管,内壁用专用机床加工螺纹,钢筋的连接端头亦在套螺纹机上加工有与套管匹配的螺纹。连接时,检查螺纹无油污和损伤后,先用手旋入钢筋,然后用扭矩扳手紧固至规定的数值,听到"嗒嗒"声,即可完成连接。

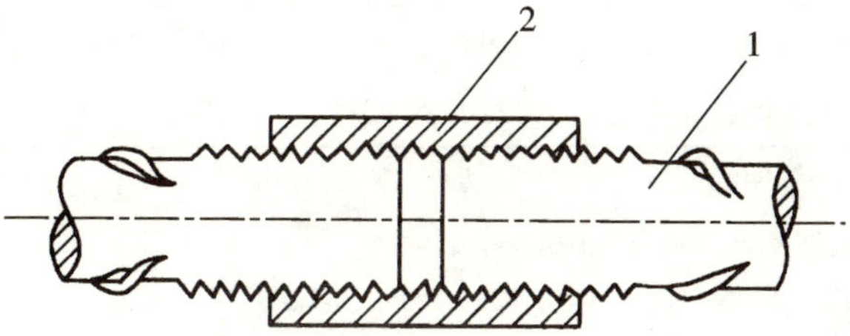

图 4-32 直螺纹套筒连接

1-待接钢筋;2-套筒

※特别提示※

直螺纹套筒连接是在锥螺纹连接基础上发展而来的。传统的锥螺纹套筒连接(如图 4-33)削弱了连接接头处钢筋的直径,受力时,易在接头处使钢筋断裂。在锥螺纹连接技术基础上,先墩粗钢筋,再进行套丝,使套丝后的钢筋截面没有削弱,由此形成的直螺纹套筒连接技术,早已在工地现场取代了锥螺纹套筒连接。

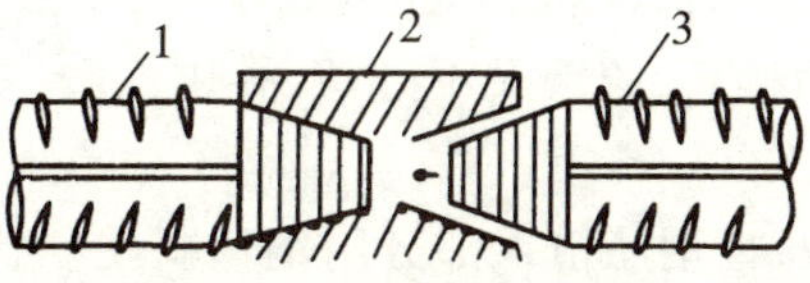

图 4-33 锥螺纹套筒连接

1-已连接钢筋;2-锥螺纹套筒;3-未连接钢筋

4.2.5.4 钢筋植筋

(1)定义及适用范围

植筋是在钢筋混凝土结构上钻出孔洞,注入胶黏剂,植入钢筋,待其固化,即完成植筋施工。“植筋”技术具有工艺简单、工期短、造价省、操作方便、劳动强度低、质量易保证等优点。可植入普通钢筋,也可植入螺栓式锚筋。植筋可广泛应用于已有建筑物的加固改造工程及解决新旧混凝土的连接。如:施工中漏埋钢筋或钢筋偏离设计位置的补救,构件加大截面加固的补筋,上部结构扩跨、顶升对梁、柱的接长,房屋加层接柱和高层建筑增设剪力墙的植筋等。

(2)植筋的工艺流程

弹线定位→钻孔→洗孔→注胶→植筋→固化养护→抗拔试验→扎筋、浇筑混凝土

1)弹线定位:根据设计图的配筋位置及数量,错开原结构钢筋位置,标注出植筋位置。请有关部门验线,合格后可钻孔。

2)钻孔:用冲击钻钻孔,钻头直径应比钢筋直径大 5 mm 左右。如 $\phi25$ 钢筋,钻头应选用 $\phi30$ 的合金钢钻头。孔深参考表 4-13。钻孔时,钻头始终与柱面保持垂直。

表 4-13 钢筋植筋深度表

混凝土强度等级	C15	C20	C25	≥C30
HPB300 级钢筋植筋深度	$20d$	$18d$	$16d$	$14d$
HRB335 级钢筋植筋深度	$22d$	$20d$	$18d$	$16d$

注:1. d 为钢筋直径;

2. 当植入钢筋密度较大时,宜适当增加植筋深度;

3. 当新增构件为其他结构构件时,其原构件混凝土强度等级不得低于 C20;

4. 当新增构件为悬挑结构构件时,其原构件混凝土强度等级不得低于 C25。

3)洗孔:因为钻孔后内部会有很多灰粉、灰渣,直接影响植筋的质量,所以一定要把孔内杂物清理干净。方法是用不掉毛的毛刷,套上加长棒,伸至孔底,来回反复抽动,把灰尘、碎渣带出,再用压缩空气,吹出孔内浮尘。吹完后再用脱脂棉沾酒精或丙酮擦洗孔内壁。但不能用水擦洗,因水不易挥发。钻孔清洗完后要请设计等有关单位验收,合格后方可注胶。

4)注胶:强力植筋胶是双组分专用成品。取一组植筋胶,装进套筒内,安置到专用手动注射器上,慢慢扣动扳机,排出铂包口处较稀的胶液废弃不用,然后将螺旋混合嘴伸入孔底,如长度不够可用塑料管加长,然后扣动扳机,动一次注射器后退一下,这样能排出孔内空气。为使植筋孔内胶液饱满,胶液又不外流,孔内注胶达到 80% 即可。注胶后应立即植筋。

5)植筋:支好梁底模板,把钢筋植入部分用钢丝刷反复刷,清除锈污,再用酒精或丙酮清洗。钻孔内注完胶后,把除锈处理过的钢筋立即放入孔口,然后慢慢单向旋入,不可中途逆向反转,直至钢筋伸入孔底。

6)固化养护:钢筋植入后,在梁底模板上定位,在强力植筋胶完全固化前不能振动钢筋。强力植筋胶在常温下就可完成固化,50 h 后便可进行下道工序施工。

7)检测试验:在植筋施工前,要对所用钢筋及植筋胶进行现场拉拔试验,以确定钢筋及植筋胶是否符合设计要求。具体方法是:制作与要植筋部位混凝土构件相同强度等级的混凝土试件,按植筋步骤,植入3组钢筋,待植筋胶完全固化后,进行拉拔实验。试验用专用的钢筋测力计,当加力达到Ⅱ级钢筋屈服强度(450 N/mm^2)时,出现颈缩现象,继而拉断。

测试时测力计施加于卡具的力应符合 $F_C \geqslant F_{YK}$(F_C:测力计施加的力,N/mm^2;F_{YK}:钢筋的屈服强度,N/mm^2)。当试验证明植筋用的植筋胶强度大于钢筋的屈服强度,这表明钢筋和植筋胶都是合格的。植筋后进行非破损性拉拔试验,检测的数量是植筋总数的10%。检测试验合格后就可进行下道工序。

8)扎筋、支模、浇筑混凝土:钢筋在抗拉拔试验合格后就可按施工图开始扎筋、支模、浇筑混凝土。

4.2.6　钢筋绑扎与安装

单根钢筋经过调直、配料、切断、弯曲、连接等加工后,即可成型为钢筋骨架或钢筋网。钢筋成型最好采用焊接,并在车间预制好后直接运至现场安装,当条件不具备时,可在施工现场绑扎成型。

钢筋在绑扎与安装前,应首先熟悉钢筋图纸,核对钢筋配料单和料牌,根据工程特点、工作量大小、施工进度、技术水平等,研究与有关工种的配合,确定施工方法。

4.2.6.1　钢筋绑扎的基本要求

(1)钢筋网片的绑扎

钢筋网片的交叉点应采用铁丝扎牢。对于板和墙的钢筋网,除靠近外围两行钢筋的相交点应全部扎牢外,中间部分交叉点可间隔交替扎牢,但必须保证受力钢筋不产生位置偏移,如图4-34所示。双向受力的钢筋网片须将所有相交点全部扎牢。

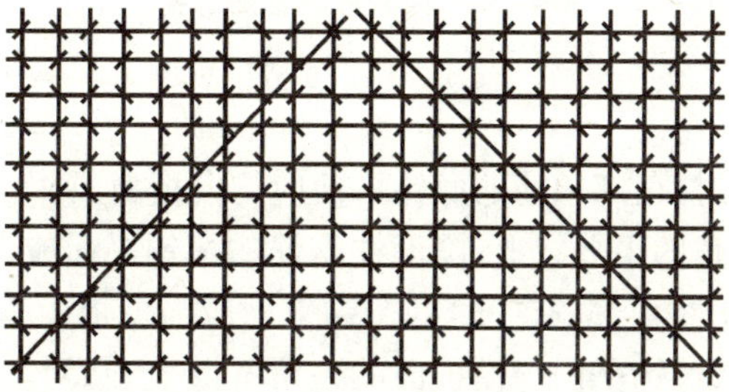

图4-34　钢筋网片的绑扎

※知识链接※

钢筋焊接网是相当成熟的工业化生产的钢筋制品之一，在工程实践中显示了其节省钢材，简化施工，提高工程质量和经济效益的特点。钢筋焊接网是20世纪初国外创造的一种在工厂中焊接形成的网状钢筋制品。焊接网是在欧洲产生的，经近百年的应用与发展，在国外已被建筑界广泛采用，尤其是在奥地利、意大利、德国、瑞士等欧洲国家早已普遍应用。钢筋焊接网除用来制作钢筋混凝土预制构件外，更多的是用于现浇混凝土结构，大量用于工业与民用建筑的墙板、楼板、屋面板等。在市政工程领域，如混凝土路面、桥面铺装、桥涵挡墙和基础混凝土以及污水处理池、水库等工程中也有广泛用途。一些焊接网应用较多的国家，如德国等已从早期采用冷拔光面钢筋焊接网过渡到主要采用冷轧带肋钢筋焊接网。焊接网的应用范围也从板类构件为主扩大到包括柱类构件的多种类型结构。焊接网可利用弯网机弯成各种不同的形状来适应不同构件的需要。

(2)梁和柱的箍筋

对梁和柱的箍筋，除设计有特殊要求(例如桁架端部节点采用斜向箍筋)之外，箍筋应与受力钢筋保持垂直；箍筋弯钩叠合处应沿受力钢筋方向错开放置，如图4-35所示。其中梁的箍筋弯钩应放在受压区，即不放在受力钢筋这一面，在个别情况下，例如连续梁支座处，受压区在截面下部，要是箍筋弯钩位于下面，有可能被钢筋压“开”，这时，只好将箍筋弯钩放在受拉区(截面上部，即受力钢筋那一面)，但应特别绑牢，必要时用电弧焊点焊几处。

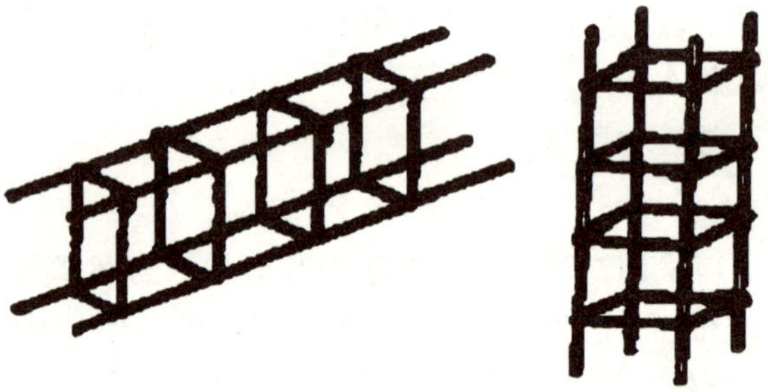

图4-35　梁和柱的箍筋绑扎

(3)弯钩朝向

绑扎矩形柱的钢筋时，角部钢筋的弯钩平面应与模板面成45°(多边形柱角部钢筋的弯钩平面应位于模板内角的平分线上，圆形柱钢筋的弯钩平面应朝向圆心)；矩形柱和多边形柱的中间钢筋(即不在角部的钢筋)的弯钩平面应与模板面垂直；当采用插入式振捣器浇筑截面很小的柱时，弯钩平面与模板面的夹角不得小于15°。

(4)构件交叉点钢筋处理

在构件交叉点，例如柱与梁、梁与梁以及框架和桁架节点处杆件交汇点，钢筋纵横交错，大部分在同一位置上发生碰撞，无法安装。在高层建筑中，这种情况尤为普遍，例如有的框架节点或基础底板，甚至有三四个方向的梁集聚在柱上，钢筋布置复杂，顺畅地安排几乎不可能。

遇到这种情况，必须在施工前的审图过程中就予以解决。处理办法一般是使一个方向的钢筋设置在规定的位置（按规定取保护层厚度），而另一个方向的钢筋则去避开它（常以调整保护层厚度来实现）。特别要注意对有关工人和质量检查员进行方案交底。

1）主梁与次梁交叉。

对于肋形楼板结构，在板、次梁与主梁交叉处，纵横钢筋密集，在这种情况下，钢筋的安装顺序自下至上应该为主梁钢筋、次梁钢筋、板的钢筋。

※特别提示※

为避免由于各方向钢筋互相重叠，甚至碰撞在一条线上，安装钢筋前应对施工图进行详细审阅，并且要纠正设计不周之处。当主梁钢筋放在次梁钢筋下面，次梁钢筋想要维持常规的混凝土保护层厚度，那么主梁上部混凝土保护层就必须加厚，加厚值为次梁钢筋的直径，亦即主梁箍筋高度应相应减小。

2）杆件交叉。

框架、桁架的杆件交叉点（节点）是钢筋交叠密集的部位，如果交叉件的截面高度（或宽度）一样，而按照同样的混凝土保护层厚度取用，两杆件的主筋就会碰到一起，这种现象通常发生在桁架的交叉杆、柱的牛腿与柱身交接处、框架节点处等。

纠正方法一般是将横杆（梁）的纵向钢筋弯折，插入竖杆（柱）的钢筋骨架内；也可以征得技术人员同意，将梁钢筋的保护层厚度加大，即将相应箍筋宽度改小（比原设计箍筋小两个柱筋的直径），使纵向钢筋能够直接插入柱的钢筋骨架内。

（5）钢筋位置的固定

为了使安装好的钢筋，不致因施工过程中被人踩、放置工具、混凝土浇捣等影响而位移，必要时需准备一些相应的支架、撑件或垫筋备用。

1）支架和撑件。

支架和撑件都可用钢筋弯折制成，上部钢筋使用支架，双层钢筋网上层使用撑件，如图4-36所示。

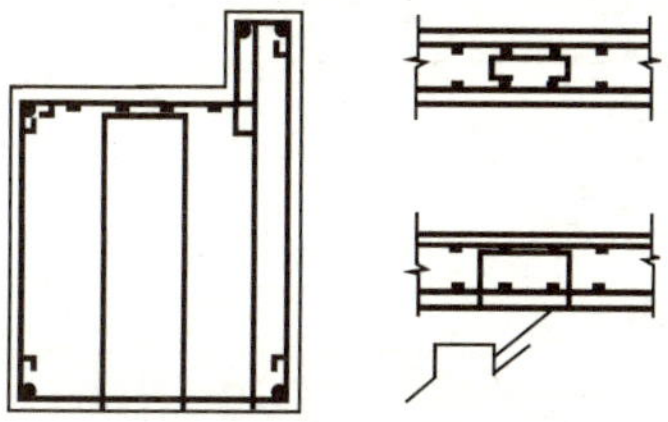

图4-36　支架和撑件示意图

2）垫筋。

梁的纵向钢筋布置两层时，为使上层钢筋保持准确位置，可在下层钢筋上放短钢筋头，以作为上层钢筋的垫筋（垫筋直径应符合设计要求的两层钢筋间的净距），如图4-37所示。

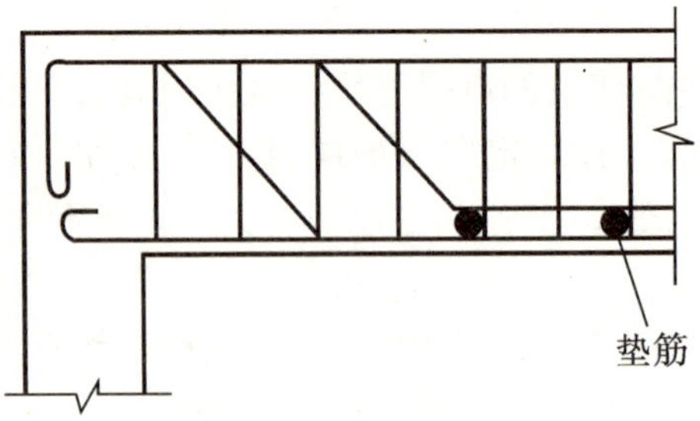

图 4-37　梁的垫筋

4.2.6.2　钢筋绑扎与安装质量验收

钢筋安装完毕后，浇筑混凝土之前，应根据施工质量验收规范对钢筋分项工程进行隐蔽工程验收，主要内容如下：

1）钢筋的品种、级别、规格和数量必须符合设计要求；

2）钢筋的连接方式、接头位置、接头数量、接头面积百分率等必须符合规定；

3）钢筋连接是否牢固，有无松动、移位和变形现象，钢筋骨架里有无杂物等；

4）预埋件的规格、数量、位置等要符合要求。

钢筋绑扎要求位置正确、绑扎牢固，钢筋安装位置的偏差应符合表 4-14 的规定。

表 4-14　钢筋安装位置的允许偏差和检验方法

项目		允许偏差/mm	检验方法
绑扎钢筋网	长、宽	±10	钢尺检查
	网眼尺寸	±20	钢尺量连续三挡，取偏差绝对值最大处
绑扎钢筋骨架	长	±10	钢尺检查
	宽、高	±5	钢尺检查
纵向受力钢筋	锚固长度	负偏差不大于 20	尺量检查
	间距	±10	钢尺量两端、中间各一点，取偏差绝对值最大处
	排距	±5	
纵向受力钢筋及箍筋保护层厚度	基础	±10	尺量检查
	其他	±5	尺量检查
绑扎箍筋、横向钢筋间距		±20	钢尺量连续三挡，取偏差绝对值最大处
钢筋弯起点位置		20	尺量检查
预埋件	中心线位置	5	尺量检查
	水平高差	+3,0	钢尺和塞尺检查

注：1. 检查预埋件中心线位置时，应沿纵、横两个方向量测，并取其中的较大值；

2. 表中梁类、板类构件上部纵向受力钢筋保护层厚度的合格率应大于或等于 90%，且不得有超过表中数值 1.5倍的尺寸偏差。

任务4.3　混凝土工程施工

混凝土工程可分为现浇混凝土和预制混凝土工程两类，它是混凝土结构工程重要组成部分。混凝土工程施工包括配料、搅拌、运输、浇筑、振捣和养护等工序，在整个混凝土工程施工中，各工序之间是紧密联系和相互影响的，任一工序出现问题，都会影响混凝土工程的最终质量。我们必须保证每一工序的施工质量，以确保混凝土结构的强度、刚度、密实性和整体性。

混凝土工程施工工艺流程如图4-38所示。

混凝土工程应确保达到设计要求的强度和耐久性。因此，施工时要达到下述要求：对原材料进行准确计量；搅拌均匀，达到设计要求的和易性；运输过程中混凝土不分层、不离析；严格按操作规程浇筑混凝土；浇筑完毕后，立即进行充分养护；混凝土达到一定强度后，按规定要求拆模。

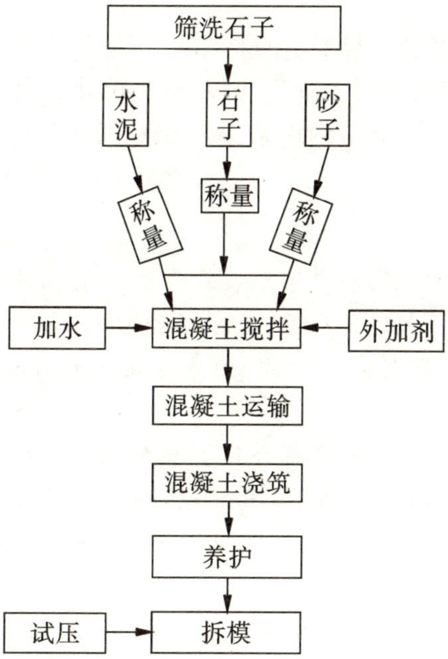

图4-38　混凝土工程工艺流程示意图

※知识链接※

混凝土是以胶凝材料、水、细骨料、粗骨料，需要时掺入外加剂和矿物掺合料，按适当比例配合，经过均匀拌制、密实成型及养护硬化而成的人工石材。

混凝土的和易性　和易性是指混凝土拌合物的施工操作难易程度和抵抗离析作用程度的性质。混凝土拌合物应具有良好的“和易性”。

和易性是一个综合性的技术指标，它包括流动性、黏聚性、保水性三个主要方面。

（1）流动性（即稠度）

流动性是指混凝土拌合物在本身自重或施工机械振捣的作用下，能产生流动并且均匀密实地填满模板中各个角落的性能。流动性好，操作方便，易于捣实、成型。

（2）黏聚性

黏聚性是指混凝土拌合物在施工过程中互相之间有一定黏聚力，不分层，能保持整体均匀的性能。混凝土拌合物是由密度和粒径不同的固体颗粒和水分组成。在外力作用下，各组成材料的沉降各有不同，如果混凝土拌合物中各材料配合比例不当，黏聚性差，则在施工中易发生分层（即混凝土拌合物各组分出现层状分离的现象）、离析（即混凝土拌合物内某些组分的分离、析出现象）、泌水（又称析水，从水泥浆中泌出部分拌合水的现象）等情况。致使混凝土硬化后产生“蜂窝”“麻面”等缺陷，影响混凝土的强度和耐久性

（3）保水性

保水性是指混凝土拌合物，保持水分不易析出的能力。

4.3.1　混凝土的制备

混凝土的制备应采用符合质量要求的原材料，按规定的配合比配料，混合物应拌和均匀，以保证结构设计所规定的混凝土强度等级，满足设计提出的特殊要求（如抗冻、抗渗等）和施工和易性要求，并应符合节约水泥、减轻劳动强度等原则。

※知识链接※

混凝土原材料要求如下：

1）水泥进场时应对品种、级别、包装或散装仓号、出厂日期等进行检查。当使用中对水泥质量有怀疑或水泥出厂超过3个月（快硬硅酸盐水泥超过1个月）时，应进行复验，并依据复验结果使用。钢筋混凝土结构、预应力混凝土结构中，严禁使用含氯化物的水泥。

2）混凝土中掺外加剂的质量应符合现行国家标准《混凝土外加剂》（GB 8076—2008）、《混凝土外加剂应用技术规程》（GB 50119—2011）等和有关环境保护的规定。混凝土中掺用矿物掺合料的质量应符合现行国家标准《用于水泥和混凝土中的粉煤灰》（GB 1596—2005）等的规定。

3）普通混凝土所用的粗、细骨料的质量应符合《普通混凝土砂石质量及检验方法标准》（JGJ 52—2006）的规定。

4）拌制混凝土宜采用饮用水；当采用其他水源时，水质应符合国家标准《混凝土拌和用水标准》（JGJ 63—2006）的规定。

4.3.1.1　混凝土施工配料

（1）混凝土配制强度

混凝土的施工配制强度可按下式确定，以达到95%的保证率。

$$f_{cu,o}=f_{cu,k}+1.645\sigma$$

式中　$f_{cu,o}$——混凝土的施工配制强度（N/mm^2）；

$f_{cu,k}$——混凝土立方体抗压强度标准值(N/mm^2);

σ——施工单位的混凝土强度标准差(N/mm^2)。

考虑到目前施工单位的质量管理水平,国家标准《混凝土结构工程施工及验收规范》(GB 50204—2002)规定了强度标准差,即计算值的下限值。当混凝土强度等级为 C20 和 C25 时,如果计算得到的 $\sigma<2.5\ N/mm^2$,则取 $\sigma=2.5\ N/mm^2$;当混凝土强度等级高于 C25 时,如计算得到的 $\sigma<3.0\ N/mm^2$,则取 $\sigma=3.0\ N/mm^2$。

当施工单位没有近期混凝土强度统计资料时,σ 可按表 4-15 取值。

表 4-15 混凝土强度标准差 σ 取值表

混凝土强度等级	<C25	C25 ~ C35	>C35
σ/MPa	4.0	5.0	6.0

注:该表中的数值反映了我国施工单位的混凝土施工技术和管理的平均水平,采用时可根据本单位情况作适当调整。

※知识链接※

混凝土的抗压强度是指标准试件在压力作用下直到破坏时单位面积所能承受的最大压力。根据国家标准《普通混凝土力学性能试验方法》规定制作边长为 150 mm 的立方体试件,在标准条件[温度(20±3)℃,相对湿度 90% 以上]下,养护到 28 d 龄期,测得的抗压强度值作为混凝土立方体抗压强度的标准值(单位 MPa)。

(2)混凝土施工配合比及施工配料

混凝土应按国家现行标准《普通混凝土配合比设计规程》(JGJ 55—2011)的有关规定,根据混凝土强度等级、耐久性和工作性等要求进行配合比设计。

混凝土的配合比是在实验室根据初步计算的配合比经过试配和调整而确定的,称为实验室配合比。实验室配合比所用的砂、石是完全干燥、不含水分的。而在现场施工中,砂、石两种材料都采用露天堆放,不可避免地含有一些水分,其含水量随气候变化而变化,配料时必须把这部分材料所含水量考虑进去,才能保证混凝土配合比的准确。因此在施工时应及时测量砂、石的含水率,并将混凝土的实验室配合比换算成施工配合比。

设实验室配合比为:m(水泥):m(砂子):m(石子)$=1:x:y$,并测得砂子的含水量为 W_x,石子的含水量为 w_y,则施工配合比应为 $1:x(1+W_x):y(1+W_y)$。

按实验室配合比 1 m^3 混凝土水泥用量为 C(kg),计算时确保混凝土水灰比(W/C)不变(W 为用水量),但工地现场的实际用水量要减去砂、石中的含水量。则换算后材料用量为:

水泥:$C'=C$

砂子:$C_{砂}=Cx(1+W_x)$

石子:$C_{石}=Cy(1+W_y)$

求出每立方米混凝土材料用量后,还必须根据工地现有搅拌机出料容量确定每次需用几袋水泥,然后按水泥用量来计算砂石的每次拌用量。

※图纸连接※

例4-3 根据图纸,教学楼工程为现浇框架结构,其柱、梁、楼板、楼梯、基础均采用C30混凝土,已知C30混凝土的实验室配合比为1∶1.96∶3.92,水灰比W/C=0.42,经测定砂的含水率为3%,石子的含水率为1%,每1 m^3混凝土的水泥用量430 kg,则施工配合比为:

m(水泥)∶m(砂)∶m(石)∶m(水)=1∶1.96(1+3%)∶3.92(1+1%)∶(0.42-1.96×3%-3.92×1%)=1∶2.019∶3.959∶0.322

每1 m^3混凝土材料用量如下:

水泥:430 kg　　砂子:430×2.019=868.2(kg)

石子:430×3.959=1702.4(kg)　　水:430×0.322=138.5(kg)

施工中往往以一袋或两袋水泥为下料单位,每搅拌一次叫做一盘。因此,求出每1 m^3混凝土材料用量后,还必须根据工地现有搅拌机出料容量确定每次需用几袋水泥,然后按水泥用量算出砂、石子的每盘用量。

应用本案例中,如采用JZ250型搅拌机(搅拌机的出料容量为0.25 m^3),若采用袋装水泥(一袋50 kg),求每搅拌一盘混凝土所需各种材料的用量。

水泥:430×0.25=107.5(kg)(取两袋水泥,即100 kg)

砂子:100×2.019=201.9(kg)　　石子:100×3.959=395.9(kg)

水:100×0.322=32.2(kg)

※特别提示※

施工配料是保证混凝土质量的重要环节之一,必须加以严格控制。施工配料时影响混凝土质量的主要因素有两个方面:一是称量不准;二是未按砂、石骨料实际含水率的变化进行施工配合比的换算。这样必然会改变原理论配合比的水灰比、砂石比(含砂率)及浆骨比。因此施工配料要求称量准确,各种衡量器具应定期校验。骨料含水量应经常测定,随时按砂、石骨料实际含水率的变化,调整施工配合比,雨天施工时,应增加测定次数。

4.3.1.2 混凝土的搅拌

混凝土的搅拌,就是将水、水泥和粗细骨料进行均匀拌和及混合的过程。同时,通过搅拌还可以使材料达到强化、塑化的效果。

(1)搅拌方法

混凝土搅拌方法主要有人工搅拌和机械搅拌两种。人工搅拌一般用"三干三湿"法:即先将水泥加入砂中干拌两遍,再加入石子翻拌一遍,此后,边缓慢地加水,边反复湿拌三遍。人工搅拌的拌和质量差,水泥耗量多,只有在工程用量很少时采用。目前工程中一般采用机械搅拌。

(2)混凝土搅拌机

混凝土搅拌机按搅拌原理分为自落式搅拌机和强制式搅拌机两类。自落式搅拌机多用于搅拌塑性混凝土和低流动性混凝土,适用于施工现场。强制式搅拌机主要用以搅拌干硬性混凝土和轻骨料混凝土,一般用于预制厂或混凝土集中搅拌站。

我国规定混凝土搅拌机以其出料容量(m^3)×1000为标定规格,故国内混凝土搅拌机的系列为:50、150、250、350、500、700、1000、1500 和 3000。

选择搅拌机的类型和规格时,要根据工程量大小、混凝土的坍落度、骨料品种及粒径而定。在满足技术要求的基础上,考虑节省能源,降低成本,提高经济效益。

(3)搅拌制度

为拌制出均匀优质的混凝土,除正确地选择搅拌机的类型外,还必须正确地确定搅拌制度,其内容包括进料容量、搅拌时间与投料顺序等。

1)进料容量。搅拌机的容量有三种表示方式,即出料容量、进料容量和几何容量。出料容量也即公称容量,是搅拌机每次从搅拌筒内可卸出的最大混凝土体积,几何容量则是指搅拌筒内的几何容积,而进料容量是指搅拌前搅拌筒可容纳的各种原材料的累计体积。出料容量与进料容量间的比值称为出料系数,其值一般为 0.60~0.70,通常取 0.67。进料容量与几何容量的比值称为搅拌筒的利用系数,其值一般为 0.22~0.40。我国规定以搅拌机的出料容量来标定其规格。

2)搅拌时间。搅拌时间应为全部材料投入搅拌筒起,到开始卸料为止所经历的时间。它是影响混凝土质量及搅拌机生产率的一个主要因素。搅拌时间过短,混凝土不均匀;搅拌时间过长,会降低搅拌机的生产效率,同时会使不坚硬的骨料破碎、脱角,有时还会发生离析现象,从而影响混凝土的质量。因此,应兼顾技术要求和经济合理,确定合适的搅拌时间。混凝土搅拌的最短时间可按表 4-16 确定。

表 4-16 混凝土搅拌的最短时间

混凝土坍落度/mm	搅拌机机型	搅拌机出料容量/L		
		<250	250~500	>500
≤30	自落式	90	120	150
	强制式	60	90	120
>30	自落式	90	90	120
	强制式	60	60	90

注:掺有外加剂时,搅拌时间应适当延长。

3)投料顺序。投料顺序应从提高搅拌质量,减少机械磨损、水泥飞扬,改善工作环境,提高混凝土强度,节约水泥等方面综合考虑确定。常用的方法有一次投料法、二次投料法和水泥裹砂法等。

①一次投料法是在料斗中先装入石子,再加入水泥和砂子,然后一次投入搅拌机。对自落式搅拌机应在搅拌筒内先加入水,对强制式搅拌机则应在投料的同时缓缓均匀分散地加水。

这种投料顺序是把水泥夹在石子和砂子之间,上料时水泥不致飞扬,而且水泥也不致粘在料斗底和鼓筒上。上料时水泥和砂先进入筒内形成水泥浆,缩短了包裹石子的过程,能提高搅拌机生产率。

②二次投料法分为预拌水泥砂浆法和预拌水泥净浆法。

预拌水泥砂浆法是先将水泥、砂和水加入搅拌筒内进行充分搅拌，成为均匀的水泥砂浆后，再加入石子搅拌成均匀的混凝土。

预拌水泥净浆法是将水泥和水充分搅拌成均匀的水泥净浆后，再加入砂和石子搅拌成混凝土。

国内外的试验表明，二次投料法搅拌的混凝土与一次投料法相比较，混凝土强度可提高约15%，在强度等级相同的情况下，可节约水泥15%～20%。

③水泥裹砂石法（简称SEC法），用这种方法拌制的混凝土称为SEC混凝土，也称为造壳混凝土。它是分两次加水，两次搅拌。先将全部砂、石子和部分水倒入搅拌机拌和，使骨料湿润，称之为造壳搅拌。搅拌时间以45～75 s为宜，再倒入全部水泥搅拌20 s，加入拌合水和外加剂进行第二次搅拌，60 s左右完成，这种搅拌工艺称为水泥裹砂法。

该法与一次投料法相比，混凝土强度可提高20%～30%，混凝土不易离析，泌水少，工作性能好。

※特别提示※

搅拌好的混凝土要卸尽，在混凝土全部卸出之前，不得再投入拌合料，更不得采取边出料边进料的方法。混凝土搅拌完毕或预计停歇1 h以上时，应将混凝土全部卸出，倒入石子和清水，搅拌5～10 min，把粘在料筒上的砂浆冲洗干净后全部卸出。料筒内不得有积水，以免料筒和叶片生锈，同时还应清理搅拌筒以外积灰，使机械保持清洁完好。

（4）混凝土搅拌站

当混凝土需要量较大时，可在施工现场设置混凝土搅拌站或订购商品混凝土搅拌站供应的商品（预拌）混凝土。大规模混凝土搅拌站采用自动上料系统，各种材料单独自动称量配料，卸入锥形料斗后进入搅拌机，粉煤灰、外加剂自动添加，如图4-39所示。

小型混凝土搅拌站常设在施工现场，大型混凝土搅拌站专门设置，搅拌好的混凝土通过搅拌运输车运输。

混凝土搅拌站制备工艺一般包括原料贮存、称量配料和搅拌等工序。

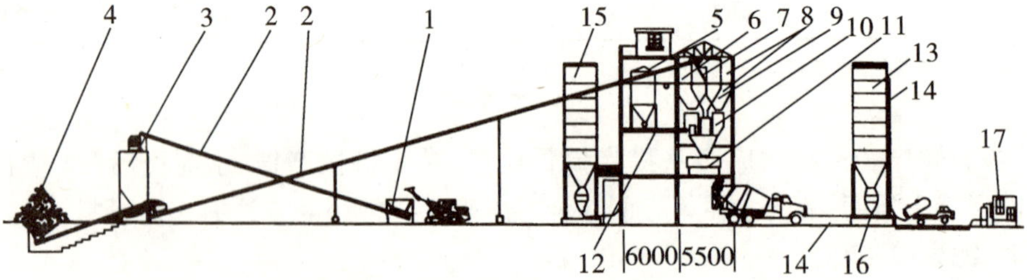

图4-39　大型搅拌站示意图

1-砂子上料斗；2-皮带机；3-砂子料仓；4-石子料坑；5-粉煤灰储料仓；6-石子储料仓；7-砂石分料斗；8-水泥储料仓；9-砂子储料仓；10-称量系统；11-搅拌机；12-粉煤灰螺旋输送机；13-水泥筒仓；14-气力输送管；15-粉煤灰筒仓；16-单仓泵；17-空压机房

集中预拌混凝土是混凝土拌制的发展方向，目前在国内一些大中城市发展得很快，一些城市已规定必须采用预拌混凝土（也称商品混凝土），不得现场拌制混凝土。

4.3.2 混凝土运输

4.3.2.1 混凝土运输要求

混凝土运输中应保持匀质性,不应产生分层离析现象,不应漏浆;如有离析现象,必须在浇筑前进行二次搅拌。运至浇筑地点应具有规定的坍落度,并保证混凝土在初凝前能有充分的时间进行浇筑。

混凝土运至浇筑地点开始浇筑时,应满足设计配合比所规定的坍落度,见表4-17。

表4-17 混凝土浇筑时的坍落度

项次	结构类型	坍落度/mm
1	基础或地面等垫层,无配筋的厚大结构(挡土墙、基础或厚大的块体等)或配筋稀疏的结构	10~30
2	板、梁和大型及中型截面的结构	30~50
3	配筋密列的结构(薄壁、斗仓、筒仓、细柱等)	50~70
4	配筋特密的结构	70~90

注:1. 本表系指采用机械振捣的混凝土坍落度,采用人工振捣时可适当增大混凝土坍落度;
2. 需要配置大坍落度混凝土时应加入混凝土外加剂;
3. 曲面、斜面结构的混凝土,其坍落度应根据需要另行选用;
4. 轻骨料混凝土的坍落度,宜比表中数值减少10~20 mm;
5. 自密实混凝土的坍落度另行规定。

混凝土的运输道路要求平坦,应以最少的运转次数、最短的时间从搅拌地点运至浇筑地点。运输中的全部时间不应超过混凝土的初凝时间。从搅拌机中卸出后到浇筑完毕的延续时间不宜超过表4-18规定。

表4-18 混凝土从搅拌机中卸出后到浇筑完毕的延续时间 (单位:min)

混凝土强度等级	气温/℃	
	≤25	>25
≤C30	120	90
>C30	90	60

注:1. 对掺加外加剂或快硬水泥拌制的混凝土,其延续时间应按试验确定;
2. 轻骨料混凝土的运输、浇筑时间应适当缩短。

4.3.2.2 混凝土运输机具的选择

混凝土运输设备的选择应根据建筑物的结构特点、运输的距离、运输量、地形及道路条件、现有设备情况等因素综合考虑确定。

混凝土运输分地面水平运输、垂直运输和楼面水平运输三种。

地面运输时，短距离多用双轮手推车、机动翻斗车；长距离宜用自卸汽车、混凝土搅拌运输车。

垂直运输可采用各种井架、龙门架和塔式起重机作为垂直运输工具。对于浇筑量大、浇筑速度比较稳定的大型设备基础和高层建筑，宜采用混凝土泵，也可采用自升式塔式起重机或爬升式塔式起重机运输。楼面水平运输可采用塔式起重机、手推车。

(1)手推车

双轮手推车容量为0.1～0.12 m^3，操作灵活、装卸方便，适用于楼地面混凝土水平运输。

(2)机动翻斗车

机动翻斗车车前装有容积为0.467 m^3的料斗，具有轻便灵活，结构简单，转弯半径小，速度快，能自动卸料等特点，适用于短距离混凝土水平运输。

(3)自卸汽车

自卸汽车是以载重汽车作驱动力，在其底盘上装置一套液压举升机构，使车箱举升和降落，以自卸物料，适用于远距离和混凝土需用量大的水平运输。

(4)混凝土搅拌运输车

混凝土搅拌运输车是在载重汽车或专用汽车的底盘上装置一个梨形反转出料的搅拌机，它兼有运载混凝土和搅拌混凝土的双重功能。它可在运送混凝土的同时，对其缓慢地搅拌，以防止混凝土产生离析或初凝，从而保证混凝土的质量，如图4-40所示。亦可在开车前装入一定配合比的干混合料，在到达浇筑地点前15～20 min加水搅拌，到达后即可使用。搅拌筒的容量为2～10 m^3，适用于混凝土远距离运输使用，是预拌(商品)混凝土必备的运输机械。

图4-40 混凝土搅拌运输车

(5)混凝土泵运输

混凝土泵运输又称泵送混凝土，是利用混凝土泵的压力将混凝土通过管道输送到浇筑地点，一次完成水平运输和垂直运输。混凝土泵运输具有输送能力大(最大水平输送距离可达800 m，最大垂直输送高度可达300 m)、效率高、连续作业、节省人力等优点，是施工现场运输混凝土的较先进的方法。

1)泵送混凝土设备由混凝土泵、输送管和布料装置组成。

混凝土泵按作用原理分为液压活塞式、挤压式和气压式三种。液压活塞式混凝土泵工作原理,详见图 4-41。

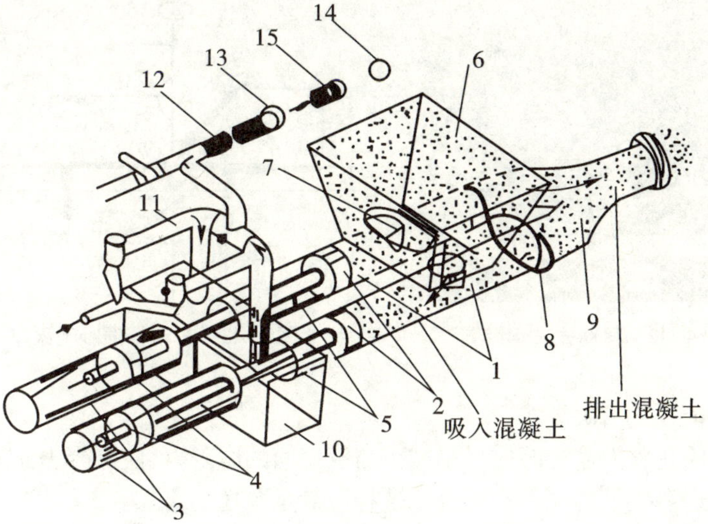

图 4-41 液压活塞式混凝土泵工作原理图

1-混凝土缸;2-混凝土活塞;3-液压缸;4-液压活塞;5-活塞杆;6-受料斗;7-吸入端水平片阀;8-排出端竖直片阀;9-Y 型输送管;10-水箱;11-水洗装置换向阀;12-水洗用高压软管;13-水洗用法兰;14-海绵球;15-清洗活塞

混凝土输送管有直管、弯管、锥形管和浇注软管等。直管、弯管的管径以 100 mm、125 mm和 150 mm 三种为主,直管标准长度以 4.0 m 为主,另有 3.0 m、2.0 m、1.0 m、0.5 m四种管长作为调整布管长度用。弯管的角度有 15°、30°、45°、60°、90°五种,以适应管道改变方向的需要。

锥形管长度一般为 1.0 m,用于两种不同管径输送管的连接。直管、弯管、锥形管用合金钢制成,浇筑混凝土软管用橡胶与螺旋形弹性金属制成。软管接在管道出口处,在不移动钢干管的情况下,可扩大布料范围。

布料装置混凝土泵连续输送的混凝土量很大,为使输送的混凝土直接浇筑到模板内,应设置具有输送和布料两种功能的布料装置(称为布料杆)。

※知识链接※

布料装置应根据工地的实际情况和条件来选择,布料装置放在楼面上使用,其臂架可回转 360°,可将混凝土输送到其工作范围内的浇筑地点。此外,还可将布料杆装在塔式起重机上;也可将混凝土泵和布料杆装在汽车底盘上,组成布料杆混凝土泵车(图 4-42、图 4-43),用于基础工程或多层建筑混凝土浇筑。

图 4-42　移动式布料装置

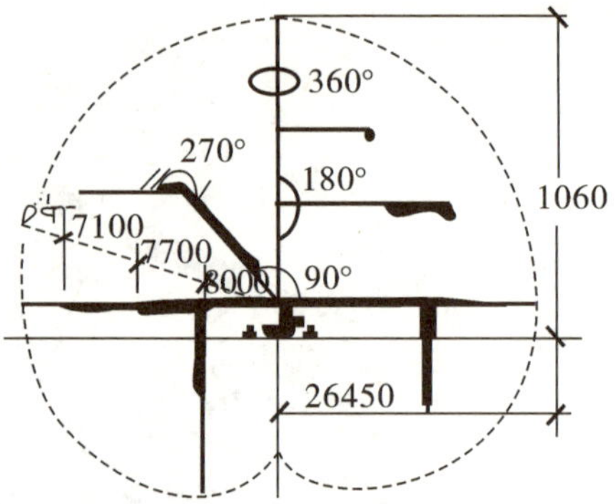

图 4-43　布料杆混凝土泵车

2）泵送混凝土的有关要求。

混凝土在输送管内输送时应尽量减少与管壁间的摩阻力，使混凝土流通通畅，不产生离析现象。泵送混凝土的原料和配合比选择应满足泵送的要求。

粗骨料宜优先选用卵石。当水灰比相同时卵石混凝土比碎石混凝土流动性好，与管道的摩阻力小。碎石最大粒径与输送管内径之比不宜大于 1∶3；卵石不宜大于 1∶2.5。砂以天然砂为宜，砂率宜控制在 40% ~50%，通过 0.315 mm 筛孔的砂不少于 15%。水泥的最少用量为 300 kg/m^3。泵送轻骨料混凝土的原材料选用及配合比，应通过试验确定。混凝土的流动性大小是影响混凝土与输送管内壁摩阻力大小的主要因素，泵送混凝土的坍落度宜为 80 ~180 mm。为了提高混凝土的流动性，减小混凝土与输送管内壁摩阻力，防止混凝土离析，宜掺入适量的外加剂。

3）泵送混凝土施工的有关规定。

泵送混凝土施工时，除事先拟定施工方案，选择泵送设备，做好施工准备工作外，在施工中应遵守如下规定：

混凝土的供应必须保证混凝土泵能连续工作；输送管线的布置应尽量呈直线状态，转弯宜少且缓，管与管接头严密；泵送前应先用适量的与混凝土内成分相同的水泥浆或水泥砂浆润滑输送管内壁；预计泵送间歇时间超过 45 min 或混凝土出现离析现象时，应立即用压力水或其他方法冲管内残留的混凝土；泵送混凝土时，泵的受料斗内应经常有足够的混凝土，防止吸入空气形成阻塞；输送混凝土时，应先输送远处混凝土，使管道随混凝土浇筑工作的逐步完成，逐段拆管。

4.3.3　混凝土浇筑与振捣

混凝土浇筑前，应对模板、钢筋、支架和预埋件进行检查。检查模板的位置、标高、尺寸、强度和刚度是否符合要求，接缝是否严密，预埋件位置和数量是否符合图纸要求；检查钢筋的规格、数量、位置、接头和保护层厚度是否正确；清理模板上的垃圾和钢筋上的油污，浇水湿润木模板；填写隐蔽工程记录。

4.3.3.1 混凝土的浇筑

（1）混凝土浇筑的一般规定

1）混凝土浇筑前不应发生初凝和离析现象。混凝土运至现场后，其坍落度应满足表4-17的要求。

2）控制混凝土自由倾落高度以防离析：混凝土倾倒高度一般不宜超过2 m；竖向结构（如墙、柱）不宜超过3 m，否则，应采用串筒、溜槽或振动串筒下料，如图4-44所示。

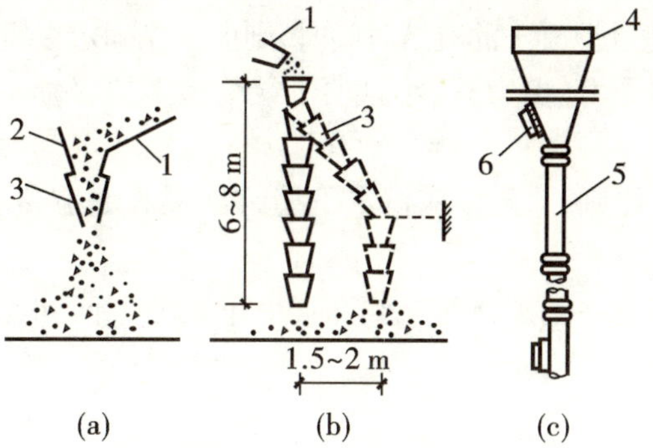

图4-44 溜槽与串筒

（a）溜槽；（b）串筒；（c）振捣串筒

1-溜槽；2-挡板；3-串筒；4-漏斗；5-节管；6-振动器

3）浇筑竖向结构前，应先在底部填筑一层50～100 mm厚与混凝土内砂浆成分相同水泥砂浆，然后再浇筑混凝土。

4）为了使混凝土振捣密实，必须分层浇筑，每层浇筑厚度与振捣方法、结构配筋有关，应符合表4-19的规定。

表4-19 混凝土浇筑层厚度

项次	捣实混凝土的方法		浇筑层的厚度/mm
1	插入式振捣器		振捣器作用部分长度的1.25倍
2	表面式振捣器		200
3	人工捣固	在基础、无配筋混凝土或配筋稀疏的结构中	250
		在梁、墙板、柱结构中	200
		在配筋密列的结构中	150
4	插入式振捣器		300
	表面振动（振动时需加压）		200

5）当浇筑与柱墙连成整体的梁和板时，应在柱和墙浇筑完毕后停歇1～1.5 h，使混凝土初步沉实后再继续浇筑梁和板。梁和板的混凝土宜同时浇筑，较大尺寸的梁（梁高

度大于 1 m)可单独浇筑。

6)混凝土应连续浇筑。当必须间歇时,间歇时间宜缩短,并应在下层混凝土初凝前,将上层混凝土浇筑完毕。混凝土从搅拌机中卸出,经运输、浇筑及间歇的全部时间不得超过有关规范的规定,否则应留置施工缝。

(2)施工缝的留设与处理

混凝土浇筑时由于施工技术(安装上部钢筋、重新安装模板和脚手架、限制支撑结构上的荷载等)或施工组织(工人换班、设备损坏、待料等)上的原因,不能连续将结构整体浇筑完成,且停歇时间可能超过混凝土的凝结时间时,则应预先确定在适当的部位留置施工缝。

施工缝宜留在结构受力(剪力)较小且便于继续施工的部位。

1)施工缝留设位置

根据施工缝留设的原则,一般柱应留水平缝,梁、板和墙应留垂直缝。施工缝留设具体位置如下:

①柱子的施工缝宜留在基础顶面、梁下面、吊车梁的上面和无梁楼盖柱帽下面,如图 4-45 所示。

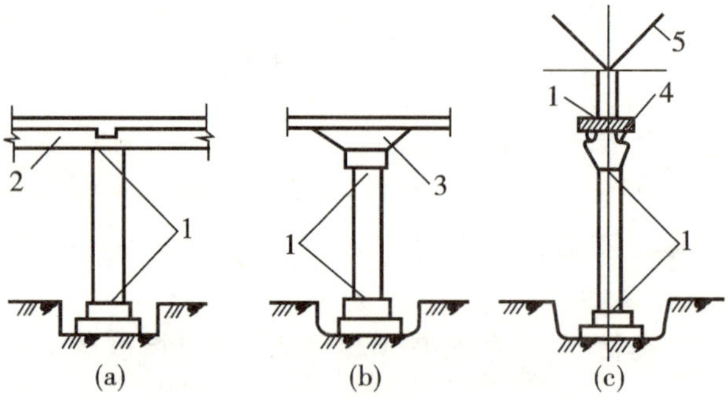

图 4-45　柱子施工缝的位置

(a)肋形楼板柱;(b)无梁楼板柱;(c)吊车梁柱

1-施工缝;2-梁;3-柱帽;4-吊车梁;5-屋架

②与板连接为一体的大截面梁,施工缝应留在板底面以下 20 ~ 30 mm。

③单向板留在平行于板短边的任何位置。

④有主次梁的楼盖,宜顺次梁方向浇筑,施工缝留在次梁跨度中间 1/3 范围内,如图 4-46 所示。

⑤楼梯的施工缝应留置在楼梯长度中间 1/3 范围内。

⑥墙的施工缝应留置在门洞过梁跨中的 1/3 范围内,也可留在纵横墙的交接处。

⑦双向受力楼板、大体积混凝土结构、拱、薄壳、蓄水池等复杂结构工程的施工缝应按设计要求留置。

2)施工缝的处理。

在施工缝处继续浇筑混凝土时,已浇筑的混凝土抗压强度应不小于 1.2 MPa,以抵抗继续浇筑混凝土时扰动。

施工缝处浇筑混凝土前,应除去施工缝表面的浮浆、松动的石子和软弱的混凝土层,洒水湿润冲刷干净，然后浇一层10～15 mm厚的水泥浆（水泥和水的体积比为1∶0.4）或与混凝土成分相同的水泥砂浆，以保证接缝的质量。混凝土浇筑过程中，施工缝处应细致捣实，使其紧密结合。

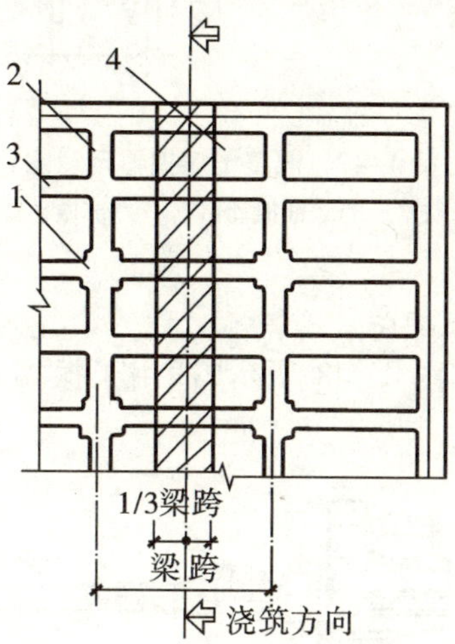

图4-46 有梁板的施工缝位置

1-柱；2-主梁；3-次梁；4-板

※特别提示※

与房屋的伸缩缝、沉降缝和抗震缝不同，施工缝是假缝。新浇混凝土浇筑后，缝已不存在。由于施工缝处“新”“老”混凝土连接处抗拉强度约为抗压强度的1/10，强度比整体混凝土强度低，是结构中的薄弱环节，如果位置不当或处理不好，就会引起质量事故，轻则开裂、漏水，影响使用寿命，重则危及安全，不能使用。

4.3.3.2 混凝土的振捣

混凝土浇入模板后，因含气泡和空气，混凝土不密实。对混凝土的强度、抗冻性、抗渗性以及耐久性都有较大影响。目前，常用人工或机械捣实混凝土。人工振捣是利用捣锤或插钎等工具的冲击力来使混凝土密实成型，其效率低、效果差，一般只有在采用塑性混凝土，而且是在缺少机械或工程量不大的情况下，才用人工振捣。机械振捣是将振捣器的振动力传给混凝土，使之发生强迫振动而密实成型，其效率高、质量好。因此，混凝土振捣主要采用机械振捣。

混凝土振动机械按其工作方式分为内部振捣器（插入式振捣器）、外部振捣器、表面振动器和振动台等，如图4-47所示。在施工工地主要使用内部振动器和表面振动器。

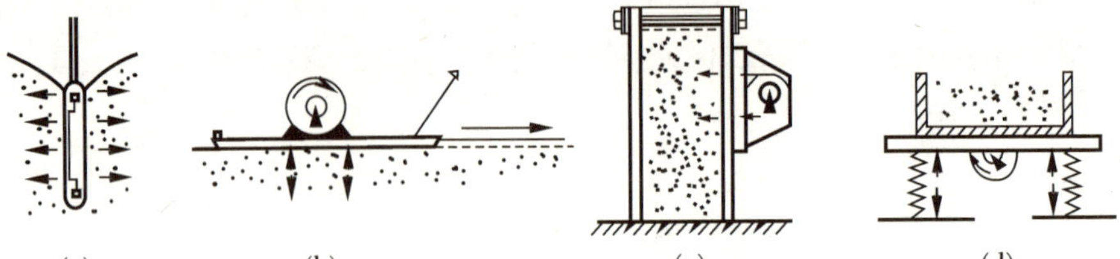

图 4-47　混凝土振捣器示意图

(a)插入式振动器;(b)表面振动器;(c)外部振动器;(d)振动台

(1)插入式振捣器(内部振动器)

插入式振动器,其构造如图 4-48 所示,适用于振捣梁、柱、墙等构件和大体积混凝土。

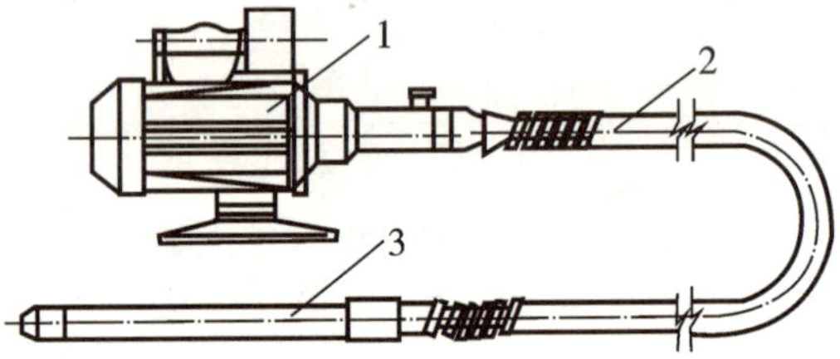

图 4-48　插入式振动器示意图

1-电动机;2-软轴;3-振动棒

插入式振动器操作要点:

插入式振动器的振捣方法有两种:一是垂直振捣,即振动棒与混凝土表面垂直;二是斜向振捣,即振动棒与混凝土表面成约为 40°~45°角。

振捣器的操作要做到快插慢拔,插点要均匀,逐点移动,顺序进行,不得遗漏,达到均匀振实。振动棒的移动,可采用行列式或交错式,如图 4-49 所示。

混凝土分层浇筑时,应将振动棒上下来回抽动 50~100 mm;同时,还应将振动棒深入下层混凝土中 50~100 mm 左右。

每一振捣点的振捣时间一般为 20~30 s。实际操作中,当混凝土表面不再明显下沉,不出现气泡;并在表面出现一层薄而均匀的水泥浆时,可判定混凝土已经振捣密实。振捣器的有效作用半径 R 与混凝土坍落度和振捣器性能有关,可经试验确定,一般为 30~50 cm。

使用振动器时,不允许将其支承在结构钢筋上或碰撞钢筋,不宜紧靠模板振捣。离模板距离也不要大于 20~30 cm,以免因漏振使混凝土表面出现蜂窝和麻面。

(2)表面振动器

表面振动器又称平板振动器,是在电动机轴上安装左右两个偏心块,与一钢制(或木制)平板固定在一起而成。其振动作用可直接传递于混凝土面层上。平板振捣器在每一位置上连续振动的时间,正常情况下约为 25~40 s,以混凝土表面均匀出现泛浆为准。移

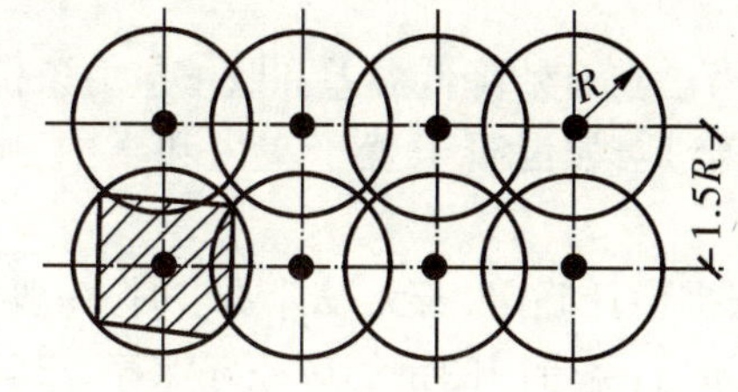

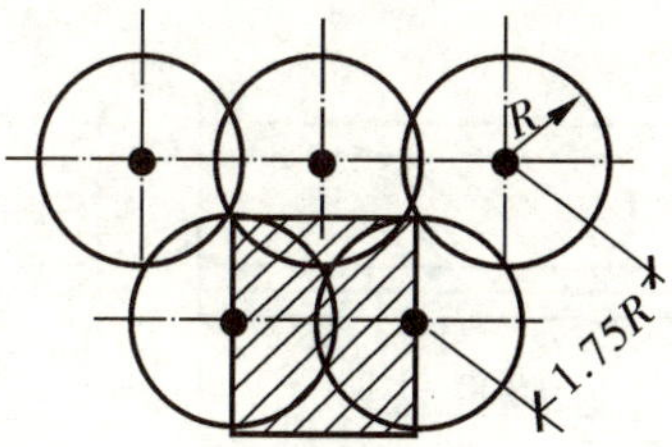

图4-49　振捣点的布置

(a)行列式;(b)交错式

动时应成排依次振捣前进,前后位置和排与排之间,应保证振捣器的平板覆盖已振实部分的边缘,一般重叠3~5 cm为宜,以防漏振。移动方向应与电动机转动方向一致。平板振捣器的有效作用深度,在无筋和单筋平板中为20 cm,在双筋平板中约为12 cm。因此,混凝土厚度一般不超过振捣器的有效作用深度。

这种振动器适用于振捣楼板、空心板、渠道衬砌、道路、地面和薄壳等薄壁结构。

(3)外部式振捣器

外部的振动器包括附着式、平板(梁)式两种类型。附着式振捣器是直接安装在模板外进行振捣,利用偏心块旋转时产生的振动力通过模板传给混凝土,达到振实的目的。一般适用于振捣断面较小或钢筋较密的柱子、梁、板等构件。附着式振捣器的有效作用深度约为25 cm左右,如构件较厚时,可在构件对应两侧安装振捣器,同时进行振捣。在同一模板上同时使用多台附着式振捣器时,各振捣器的频率须保持一致,两面的振捣器应错开位置排列。其位置和间距视结构形状、模板坚固程度、混凝土坍落度及振捣器功率大小,经试验确定,一般每隔1~1.5 m设置一台振捣器。

(4)振动台

振动台一般在预制厂或实验室用于振实干硬性混凝土和轻骨料混凝土。宜采用加压振动的方法,加压力为1~3 kN/m^2。其机架一般支撑在弹簧上,机架下装有激振器,机架上安置成型制品的钢模板,模板内装有混凝土拌合物。在激振器的作用下,机架连同模板及混合料一起振动,使混凝土拌合物密实成型。

4.3.3.3　后浇带的设置

后浇带是在现浇混凝土施工过程中,为克服由于温度、收缩而可能产生的有害裂缝而设置的临时施工缝。该缝需根据设计要求保留一段时间后再浇筑混凝土,将整个结构联结成整体。

后浇带的设置距离，应考虑在有效降低温差和收缩应力条件下，通过计算来获得。在正常的施工条件下，一般规定是，如混凝土置于室内和土中，则为 30 m；如在露天则为 20 m。

后浇带的保留时间应根据设计确定，若无设计要求时，一般应至少保留 28 d。后浇带的宽度一般为 800～1000 mm，后浇带内的钢筋应完好保存。其构造见图 4-50 所示。

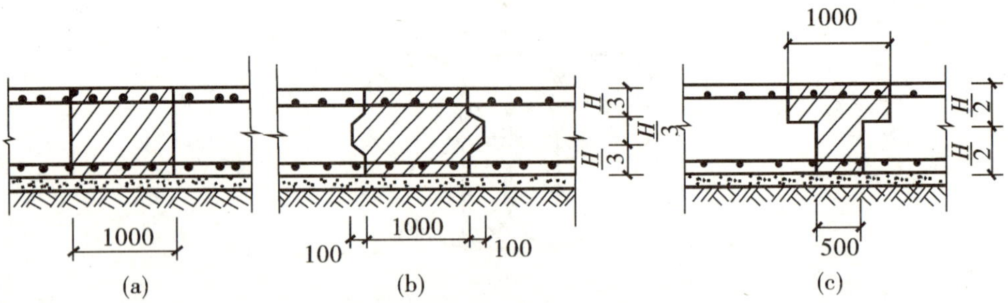

图 4-50　后浇带构造图

(a)平接式；(b)企口式；(c)台阶式

后浇带在浇筑混凝土前，必须将整个混凝土表面按照施工缝的要求进行处理。填充后浇带混凝土可采用微膨胀或无收缩水泥，也可采用普通水泥加入相应的外加剂拌制，但必须要求混凝土的强度等级比原结构提高一级，并保持至少 15 d 的湿润养护。

4.3.3.4　多层钢筋混凝土框架结构的浇筑

框架结构的主要构件包括基础、柱、梁、板等，一般按结构层分层施工，如果平面面积较大，还要划分施工段，以便各工序组织流水作业。而每一施工层的施工段划分，则要考虑工序数量、技术要求、结构特点等。

在每一施工层中，应先浇筑柱或墙。在每一施工段中的柱或墙应连续浇筑到顶。每排柱子由外向内按对称原则进行浇筑，以防柱子模板连续受侧推力而倾斜。柱、墙浇筑完毕后应停歇 1～1.5 h，使混凝土获得初步沉实后，再浇筑梁、板混凝土。

梁和板的混凝土应同时浇筑，以便结合成整体，浇筑时从一端开始向前推进。当梁的高度大于 1 m 时，可单独浇筑，施工缝可留在板底以下 20～30 mm 处。

4.3.3.5　大体积混凝土结构的浇筑

大体积混凝土是指结构尺寸已经大到必须采取相应技术措施，妥善处理温度差值，合理解决温度应力并控制裂缝开展的混凝土。大体积混凝土结构在工业建筑中多为大型设备基础和高层建筑中的厚大桩基承台或厚大基础底板等。由于承受的荷载大、整体性要求高，一般要求连续浇筑，不留施工缝。

大体积混凝土结构在混凝土浇筑后，水泥的水化热量大，水化热聚积在内部不宜散发，浇筑初期混凝土内部温度显著升高，而表面散热较快。这样就形成较大的内外温差，混凝土内部产生压应力，表面产生拉应力，如温差过大就会在混凝土表面产生裂纹。在浇筑后期，当混凝土内部逐渐散热冷却产生收缩时，由于受到基底或已浇筑的混凝土的约束，接触处将产生很大的剪应力，在混凝土正截面形成拉应力。当拉应力超过混凝土当时龄期的极限抗拉强度时，便会产生裂缝，甚至会贯穿整个混凝土构件，会造成严重的危害。在大体积混凝土结构的浇筑中，上述两种裂缝（尤其是后一种裂缝）都应设法防止其产生。

（1）大体积混凝土浇筑要求

要防止大体积混凝土结构浇筑后产生裂缝，就要减少浇筑后混凝土的内外温差，降低混凝土的温度应力。为此，可采取以下技术措施：

1）优先选用低水化热的矿渣水泥拌制混凝土，并适当使用缓凝减水剂。

2）在保证混凝土设计强度等级前提下，掺加粉煤灰，适当降低水灰比，减少水泥用量。

3）降低混凝土的入模温度，控制混凝土内外的温差（当设计无要求时，控制在 25 ℃以内），如降低拌合水温度（拌合水中加冰屑或用地下水）、骨料用水冲洗降温、避免暴晒。

4）及时对混凝土覆盖保温、保湿材料。

5）预埋冷却水管，通入循环水将混凝土内部热量带出，进行人工导热。大体积混凝土结构浇筑时，为保证结构的整体性和施工的连续性，可采用分层浇筑，在保证下层混凝土初凝前将上层混凝土浇筑完毕。

（2）大体积混凝土浇筑方案

大体积钢筋混凝土结构的浇筑方案，一般分为全面分层、分段分层和斜面分层三种，如图 4-51 所示。

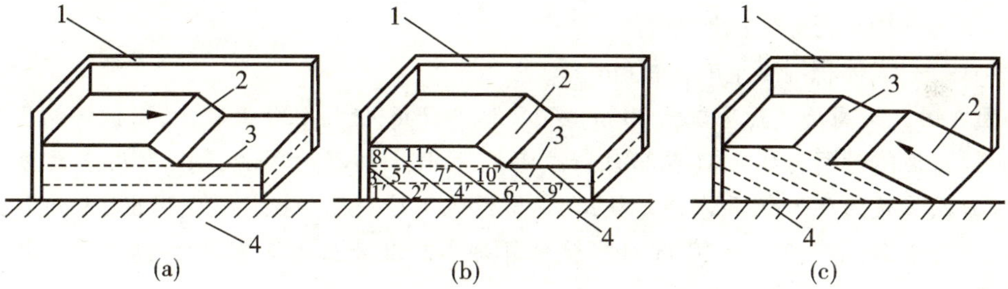

图 4-51　大体积混凝土结构浇筑方案

（a）全面分层；（b）分段分层；（c）斜面分层

1-模板；2-新浇筑的混凝土；3-已浇筑的混凝土；4-地基；

1）全面分层[图 4-51（a）]。适用于结构的平面尺寸不太大的情况，浇筑混凝土时从短边开始，沿长边方向进行浇筑，逐层进行浇筑。混凝土浇筑强度大。

2）分段分层[图 4-51（b）]。适用于结构厚度不大而面积或长度较大的情况。浇筑混凝土时结构沿长边方向分成若干段，浇筑工作从底层开始，当第一层混凝土浇筑一段长度（一般 2 ~ 3 m）后，便回头浇筑第二层，当第二层浇筑一段长度后，回头浇筑第三层，如此向前呈阶梯形推进，图中 1′ ~ 11′为混凝土的浇筑顺序。

3）斜面分层[图 4-51（c）]。要求斜坡坡度不大于 1/3，适用于结构长度大大超过厚度 3 倍的情况。混凝土一次浇筑到顶，由于混凝土自然流淌而形成斜面，混凝土振捣工作从浇筑层下端开始逐渐上移。

※特别提示※

不论采用何种混凝土浇筑方案，均应保证在层间或段间先后浇筑混凝土的间隔时间不超过混凝土的初凝时间。

为保证结构的整体性，混凝土浇筑工作需连续进行，应保证下层混凝土初凝前，上层混凝土振捣完毕。因此在组织施工时，首先要按下式计算每小时浇筑混凝土的数量。

$$Q=B\cdot L\cdot H/(t_1-t_2)$$

式中 Q——每小时混凝土的浇筑量，即浇筑速度(m^3/h)；

B、L——分别为浇筑层的宽度、长度(m)；

H——浇筑时分层厚度(m)；

t_1——混凝土初凝时间(h)；

t_2——混凝土运输时间(h)。

根据混凝土的浇筑量，可以计算所需要的搅拌机和运输工具的数量。

计算搅拌机台数或运输车辆数可用下式：

$$n=Q/P_i\text{（台数或车数）}$$

式中 n——所需搅拌机的台数或车数；

P_i——搅拌机的生产率或车辆的运输量(m^3/h)。

计算浇筑时间

$$t=V/Q(h)$$

式中 t——大体积混凝土浇筑时间(h)；

V——大体积混凝土的体积(m^3)。

例 4-4 某高层建筑基础长 20 m、宽 15 m、厚 2 m，使用 C30 混凝土，由搅拌站用汽车运至现场，运输时间为 0.5 h(包括装、运、卸)，混凝土初凝时间为 3 h，采用全面分层浇筑，浇筑层厚度为 0.3 m，要求连续施工，不留设施工缝。已知搅拌站使用 800 L 自落式搅拌机，每台实际生产能力为 10 m^3/h。试计算每小时混凝土浇筑量，搅拌站所需搅拌机台数和浇筑完混凝土所需时间。

解 $Q=B\cdot L\cdot H/(t_1-t_2)=20\times15\times0.3/(3-0.5)=36(m^3/h)$

$n=Q/P_i=36/10=3.6$(台)取 4 台

$t=V/Q=20\times15\times2/(4\times10)=15(h)$

该基础底板混凝土浇筑量应大于 36 m^3/h，共需有 4 台搅拌机同时工作，连续浇筑 15 h 完成。

4.3.3.6 水下混凝土的浇筑

在干地拌制而在水下浇注和硬化的混凝土，叫做水下浇注混凝土，简称水下混凝土。水下混凝土的应用范围很广，如沉井封底、钻孔灌注桩浇注、地下连续墙浇注、水中浇注基础结构以及一系列桥墩、水工和海工结构的施工等。

目前水下浇筑混凝土多用导管法，如图 4-52 所示。导管直径约 250 ~ 300 mm(不小于最大骨料粒径的 8 倍)，每节长 3 m，用快速接头连接，顶部装有漏斗。导管用起重设备升降。浇筑前，导管下口先用隔水塞（混凝土、木材等制成）堵塞，隔水塞用铁丝吊住。然后在导管内浇筑一定量的混凝土，保证开管前漏斗及管内的混凝土量能使混凝土冲出后足以封住并高出管口。将导管插入水下，在其下口距底面的距离（h_1）约 300 mm 时浇筑。距离太小易堵管，太大则漏斗及管内混凝土量需要较多。当导管内混凝土的体积及高度满足上述要求后，剪断吊住隔水塞的铁丝开管，使混凝土在自重作用下迅速推出隔水塞进入水中。以后一边均衡地浇混凝土，一边慢慢提起导管，导管下口必须始终保持在混凝土表面之下 1 ~1.5 m。下口埋得越深，混凝土顶面越平，质量越好，但浇筑也越困难。

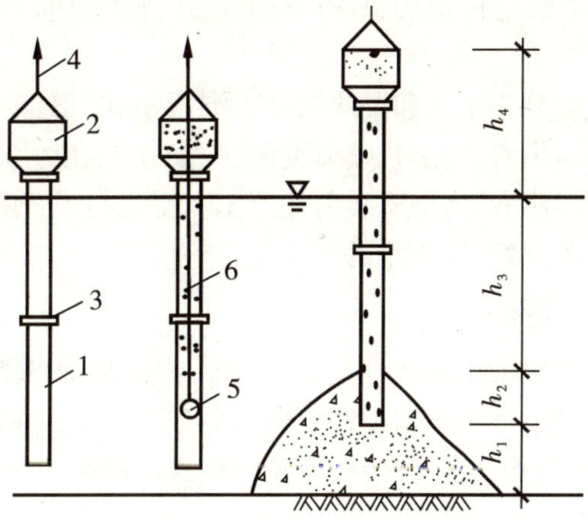

图 4-52　导管法水下浇筑混凝土

1-钢导管；2-漏斗；3-接头；4-吊索；5-隔水塞；6-铁丝

在整个浇筑过程中，一般应避免在水平方向移动导管，直到混凝土顶面接近设计标高时，才可将导管提起，换插到另一浇筑点。一旦堵管，如半小时内不能排除，应立即换插备用导管。待混凝土浇筑完毕，应清除顶面与水接触的厚约 200 mm 的松软部分。

一般导管的有效工作直径约 6 ~7 m，每根导管所灌混凝土能覆盖的面积约为 30 ~35 m^2，当面积过大时，可用数根导管同时工作，如图 4-53、图 4-54 所示。

图 4-53　导管浇注混凝土的步骤

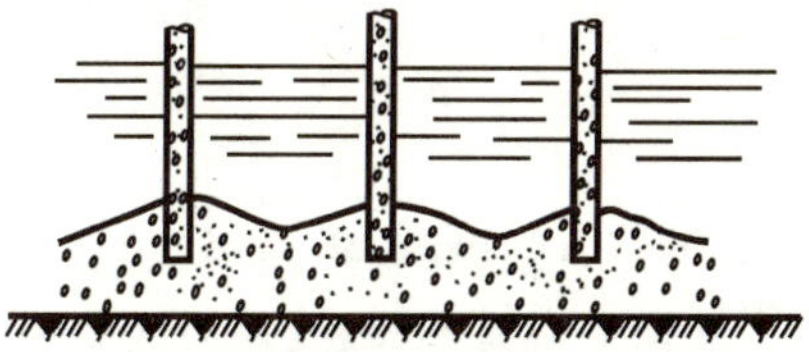

图 4-54　用数根导管同时浇注混凝土

导管法浇注水下混凝土，具有设备简单、整体性好、浇注速度快、不受水深和仓面大小限制等优点，是应用最广泛的一种浇注水下混凝土的方法。

※知识链接※

水下浇注混凝土一般不进行振捣，是依靠自重（或压力）和流动性进行摊平和密实。因此要求混凝土拌合物应该具有较好的和易性、良好的流动性保持能力、较小的泌水率和一定的表观密度。水下混凝土宜选用颗粒细、泌水率小、收缩性小的水泥,如硅酸盐水泥和普通水泥。对细骨料宜选用石英含量高,颗粒浑圆,具有平滑筛分曲线的中砂,砂率宜为40% ~47%。对粗骨料宜选用卵石,当需要增加水泥砂浆与骨料的胶结力时,可以掺入20% ~25%的碎石。水下混凝土浇筑前应进行配合比设计。

4.3.3.7 喷射混凝土

喷射混凝土是利用压缩空气把混凝土由喷射机的喷嘴以较高的速度(50 ~70 m/s)喷射到岩石、工程结构或模板的表面。在隧道、涵洞、竖井等地下建筑物的混凝土支护、薄壳结构和喷锚支护等都有广泛的应用,具有不用模板、施工简单、劳动强度低、施工进度快等优点。

喷射混凝土施工工艺分为干式和湿式两种。混凝土在"微潮"(水灰比0.1 ~0.2)状态下输送至喷嘴处加压喷出者,为干式喷射混凝土;将水灰比为0.45 ~0.50的混凝土拌合物输送至喷嘴处加压喷出者,为湿式喷射混凝土。湿式与干式喷射混凝土相比,湿式混凝土喷射施工具有施工条件好,混凝土的回弹量小等优点,应用较为广泛。

4.3.3.8 钢管混凝土结构

钢管混凝土即将普通混凝土填入薄壁圆形钢管内而形成的组合结构,如图4-55所示。钢管混凝土可借助内填混凝土增加钢管壁的稳定性,又可借助钢管对核心混凝土的约束作用,使核心混凝土处于三向受压状态,从而使核心混凝土具有更高的抗压强度和抗变形能力。

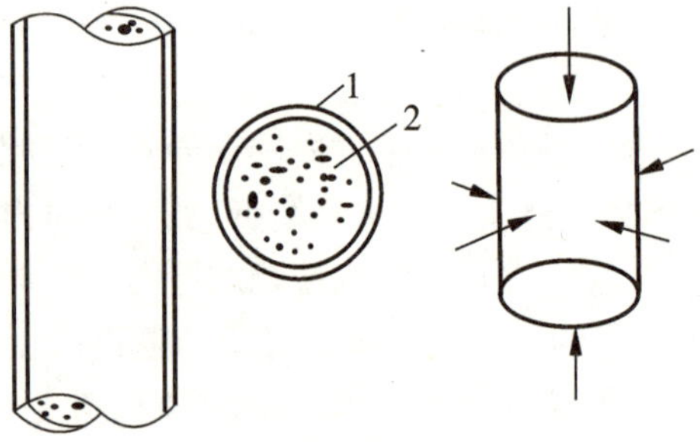

图4-55 钢管混凝土

1-钢管;2-混凝土

钢管混凝土具有强度高、重量轻、塑性好、耐疲劳、耐冲击等优点。在施工方面也具有一定的优点:钢管本身兼作模板,可省去支模和拆模的工作;钢管兼有钢筋和箍筋的作用,制作钢管比制作钢筋骨架省工省时;钢管即劲性承重骨架,可省去支撑,能缩短工期,施工不受季节限制。

钢管混凝土最适合大跨、高层、重载和抗震抗暴结构的受压杆件。钢管可用直缝焊接的钢管、螺旋形缝焊接钢管和无缝钢管。钢管直径不得小于100 mm,壁厚不宜小于4 mm。为减小变形和经济考虑,钢管混凝土结构的混凝土强度等级不宜低于C30。

钢管混凝土的特点是它的钢管即模板,有很好的强度和密封性。在一般情况下,钢管内部无钢管骨架,混凝土浇筑十分方便。混凝土自钢管上口浇筑,用振捣器振捣。管径大于350 mm都可用附着式捣动器捣实。对大直径钢管还可高空抛落振实混凝土,而无须振捣,抛落高度不应小于4 m。混凝土浇筑宜连续进行,需留施工缝时,应将管门封闭,以免杂物落入。

管内混凝土的浇筑质量,可用敲击钢管的方法进行初步检查,如有异常,可用超声脉冲检测。对不密实的部位,可用钻孔压浆法进行补强,然后将钻孔补焊封牢。

4.3.4　混凝土的养护

混凝土成型后,为保证水泥能充分进行水化反应,应及时进行养护。养护的目的就是为混凝土硬化创造必要湿度和温度条件,防止由于水分蒸发或冻结造成混凝土强度降低和出现收缩裂缝、剥皮、起砂和内部酥松等现象,确保混凝土质量。

混凝土养护的方法一般有自然养护、喷涂薄膜养护和蒸汽养护三种。

(1)自然养护

自然养护是指在室外平均气温高于5 ℃的条件下,选择适当的覆盖材料并适当浇水,使混凝土在规定的时间内保持湿润环境,自然养护应符合下列规定:

1)混凝土浇筑完毕后12 h以内应进行覆盖并浇水养护。

2)浇水养护日期与水泥品种有关。对于硅酸盐水泥和矿渣硅酸盐水泥拌制的混凝土,不得少于7昼夜;对于掺用缓凝型外加剂或有抗渗性要求的混凝土及火山灰质硅酸盐水泥和粉煤灰硅酸盐水泥拌制的混凝土,不得少于14昼夜。

3)浇水的次数以能保持混凝土湿润状态为准。水化初期水泥水化作用反应较快,水分应充足,故浇水次数多些,气温较高时也需多浇水。应避免因缺水造成混凝土表面硬化不良而松散粉化。

4)养护用水与拌制水相同。

5)如平均气温低于+5 ℃时,不得浇水,应按冬季施工要求保温养护。

(2)喷涂薄膜养护

喷涂薄膜养护是将过氯乙烯树脂养护剂用喷枪喷涂在混凝土表面上,溶剂挥发后在混凝土表面形成一层塑料薄膜,将混凝土与空气隔绝,阻止其中水分的蒸发以保证水泥水化作用的正常进行。有的薄膜在养护完成后能够自行老化脱落,否则,不能用于混凝土表面欲进行粉刷的墙面上。喷涂薄膜适用于不宜洒水养护的高耸构筑物和大面积混凝土结构。在夏季,薄膜成型后要防晒,否则易产生裂纹。

混凝土必须养护至其强度达到1.2 MPa以上,才准在上面行人和架设支架,安装模板,且不得冲击混凝土,以免振动和破坏正在硬化过程中混凝土的内部结构。不允许用悬挑构件作为交通运输通道,或作工具、材料的停放场。

(3)蒸汽养护

蒸汽养护就是将构件放置在有饱和蒸汽或蒸汽空气混合物的养护室内,在较高的温度和相对湿度的环境中进行养护,以加速混凝土的硬化,使混凝土在较短的时间内达到规定的强度标准值。蒸汽养护主要用于预制构件厂生产预制构件。

※知识链接※

常压蒸汽养护过程分为四个阶段:静停阶段、升温阶段、恒温阶段及降温阶段。

构件在浇灌成型后先在常温下放一段时间,称为静停。静停时间一般为2~6 h,以防止构件表面产生裂缝和疏松现象。

升温阶段是构件由常温升到养护温度的过程。升温温度不宜过快,以免由于构件表面和内部产生过大温差而出现裂缝。升温速度为:薄型构件不超过25 ℃/h,其他构件不超过20 ℃/h,用干硬性混凝土制作的构件,不得超过40 ℃/h。

恒温阶段是温度保持不变的持续养护时间。恒温养护阶段应保持90%~100%的相对湿度,恒温养护温度不得大于95 ℃。恒温养护时间一般为3~8 h。

降温阶段是恒温养护结束后,构件由养护最高温度降至常温的散热降温过程。其降温的速度不得超过10 ℃/h,构件出池后,其表面温度与外界温差不得大于20 ℃。

4.3.5 混凝土的质量检验

4.3.5.1 混凝土的质量检查

混凝土质量检查包括施工过程中的质量检查和养护后的质量检查。

(1)拌制与浇筑过程中的检查

影响混凝土质量的因素很多,除水泥、砂石、外加剂等原材料差异的因素外,施工质量也会影响混凝土强度质量。要保证混凝土的施工质量,在混凝土拌制与浇筑过程中应按下述要求进行检查:

1)混凝土组成材料的质量和用量,每一工作班至少检查两次,质量比和投料量偏差在允许范围之内。

2)在一个工作班内,如混凝土配合比由于外界影响而有变动时(如砂、石含水率的变化),应及时检查。

3)混凝土的搅拌时间应随时检查。

4)检查混凝土在拌制地点及浇筑地点的坍落度,每一工作班至少两次。

对于预拌(商品)混凝土,应在商定的交货地点进行坍落度检查,混凝土的坍落度与指定坍落度之间的允许偏差应符合表4-20的规定。

表4-20 混凝土坍落度与要求坍落度之间的允许偏差

混凝土要求坍落度/mm	允许偏差/mm
<50	±10
50~90	±20
>90	±30

(2)混凝土养护后的质量检查

混凝土养护后的质量检查,主要包括外观检查、实测检查和强度检查。现浇结构拆模后,应由监理(建设)单位、施工单位对外观质量和尺寸偏差进行检查,作出记录,并应及时按施工技术方案对缺陷进行处理。如设计上有要求,还需进行抗冻性、抗渗性等方面的检查。

1)外观检查。

当混凝土结构构件拆模后,应对构件逐一进行检查。现浇结构的外观质量不应有严重缺陷。对已经出现的严重缺陷,应由施工单位提出技术处理方案,并经监理(建设)单位认可后进行处理。对经处理的部位,应重新检查验收。现浇结构的外观不宜有一般缺陷。对已经出现的一般缺陷,应由施工单位按技术处理方案进行处理,并重新检查验收。

2)实测检查。

现浇的钢筋混凝土结构拆模后,应对构件的轴线、标高、垂直度、截面尺寸、表面平整度、预埋件和预留洞口位置进行实测检查。现浇结构尺寸允许偏差和检验方法见表4-21。现浇结构不应有影响结构性能和使用功能的尺寸偏差。对超过尺寸允许偏差且影响结构性能和使用功能的部位,应由施工单位提出技术处理方案,并经监理(建设)单位认可后进行处理。对经处理的部位,应重新检查验收。

表4-21 现浇结构位置和尺寸允许偏差和检验方法

<table>
<tr><th colspan="3">项目</th><th>允许偏差/mm</th><th>检验方法</th></tr>
<tr><td rowspan="3">轴线位置</td><td colspan="2">整体基础</td><td>15</td><td>经纬仪及尺量检查</td></tr>
<tr><td colspan="2">独立基础</td><td>10</td><td>经纬仪及尺量检查</td></tr>
<tr><td colspan="2">柱、墙、梁</td><td>8(剪刀墙5)</td><td>尺量检查</td></tr>
<tr><td rowspan="3">垂直度</td><td rowspan="2">柱、墙层高</td><td>≤5 m</td><td>8</td><td>经纬仪或吊线、尺量检查</td></tr>
<tr><td>>5 m</td><td>10</td><td>经纬仪或吊线、尺量检查</td></tr>
<tr><td colspan="2">全高(H)</td><td>H/1000且≤30</td><td>经纬仪、尺量检查</td></tr>
<tr><td rowspan="2">标高</td><td colspan="2">层高</td><td>±10</td><td>水准仪或拉线、尺量检查</td></tr>
<tr><td colspan="2">全高</td><td>±30</td><td>水准仪或拉线、尺量检查</td></tr>
<tr><td colspan="3">截面尺寸</td><td>+8,5</td><td>尺量检查</td></tr>
<tr><td rowspan="3">电梯井</td><td colspan="2">中心位置</td><td>10</td><td>尺量检查</td></tr>
<tr><td colspan="2">长、宽尺寸</td><td>+25,0</td><td>尺量检查</td></tr>
<tr><td colspan="2">全高(H)垂直度</td><td>H/1000且≤30</td><td>经纬仪、尺量检查</td></tr>
<tr><td colspan="3">表面平整度</td><td>8</td><td>2 m靠尺和塞尺检查</td></tr>
<tr><td rowspan="4">预埋件
中心位置</td><td colspan="2">预埋件</td><td>10</td><td>尺量检查</td></tr>
<tr><td colspan="2">预埋螺栓</td><td>5</td><td>尺量检查</td></tr>
<tr><td colspan="2">预埋管</td><td>5</td><td>尺量检查</td></tr>
<tr><td colspan="2">其他</td><td>10</td><td>尺量检查</td></tr>
<tr><td colspan="3">预留洞中心线位置</td><td>15</td><td>钢尺检查</td></tr>
</table>

注:检查轴线、中心线位置时,应沿纵、横两个方向量测,并取其中的较大值。

3)强度检查。

混凝土养护后,应对其抗压强度通过留置试块做抗压强度试验判定。

①取样:试块应在浇注现场,就地取样制作成边长 15 cm 的立方体。

②试块留置数量:试块的用途包括两个方面,其一是用于评定结构或构件的强度;其二是作为施工的辅助手段,用于检查结构或构件的强度以确定拆模、出池、吊装、张拉及临时负荷的允许时机,此种试块的留置数量,根据需要确定。

作为评定结构强度的试块应在混凝土的浇注地点随机取样制作。试件的留置应符合下列规定:(a)每拌制 100 盘且不超过 100 m^3 同配合比的混凝土其取样不得少于一次;(b)每工作班拌制的同配合比的混凝土不足 100 盘时,其取样不得少于一次;(c)现浇结构其试件的留置应符合以下要求:每一现浇楼层同配合比的混凝土其取样不得少于一次;同一单位工程每一验收项目中同配合比的混凝土,其取样不得少于一次。

每次取样应至少留置一组标准试件。同条件养护试件的留置组数,可根据实际需要确定。

③试块养护方法:用于评定结构的抗压强度,试块必须进行标准养护,即在温度为(20±3)℃和相对湿度为90%以上的潮湿环境或水中养护 28 d。

作为施工辅助用试块,应使用同条件养护,即将试块置于欲测定构件同等条件下养护。

④抗压强度试验:试验应分组进行,每组三块应在同盘混凝土中取样制作。其强度是以三个试块试验结果的平均值作为该组强度的代表值;当三个试块中出现过大或过小的强度值,其一与中间值相比超过15%时,以中间值作为该组的代表值;当过大或过小值与中间值之差均超过中间值的15%时,该组试块不应作为强度评定的依据。

⑤验收评定标准:验收应分批进行,每批由若干组试块组成,同一验收批由原材料和配合比基本一致的混凝土所制试块组成。同一验收批的混凝土强度,以该批全部试块的代表值来评定。

4)混凝土强度的其他检验方法。

①钻芯检验法。当需要对混凝土结构物的强度复验,或由于其他原因需要重新核对结构物的承载能力时,可以在混凝土结构物上钻取芯样,做抗压强度试验,以确定混凝土的强度等级。由于芯样是在结构物上直接钻取,因此所得结果能较真实地反映结构物的强度情况。

钻取混凝土芯样是采用内径为 100 mm 或 150 mm 的金刚石或人造金刚石薄壁钻头钻取高度和直径均为 100 mm 或 150 mm 的芯样。钻取芯样的数量视实际需要而定,芯样的两个端面须使用切割机切割平整,如表面不平可用硫磺、硫磺砂浆或环氧水泥等材料抹平。取芯部位应该是在结构或构件受力较小部位;避开主筋、预埋件和管线的位置;便于钻芯机的安装与操作的部位。钻芯检验法对薄壁构件不能采用。

②非破损检验方法。非破损检验方法有回弹法、超声法和超声回弹综合法。

回弹法是利用回弹仪根据事前预测好的硬度-强度曲线,来测定结构或构件的抗压强度。回弹仪可直接测得的是结构或构件已硬化的表层混凝土的硬度数据,因此,需要事先对混凝土表面的碳化深度准确地测定,只有确信表层和内部的质量一致时,所测得的强度才是该构件的平均强度。当混凝土存在内部缺陷或表层与内部质量有明显差别,遭受化学腐蚀或火灾,硬化期间遭受冻伤,长期处于高温、潮湿环境,粗骨料粒径大于6 cm;测试部位曲率半径小于25 cm等情况下不宜采用回弹法。

超声法是利用超声波在密实度不同的混凝土中的行进速度也不同的原理,将超声波检测仪发射器放出的超声波,经过混凝土后在接收器中记录下来,通过仪器读数,按事先建立的强度与速度的关系曲线,换算成所需要测定的混凝土强度的一种测试方法。

超声波测定混凝土强度时,因参数太多,难度较大。构件的几何尺寸、配筋情况、混凝土的配合比、浇灌方向、养护方法、测试时的含水量、温度、预加荷载的影响以及测试技术等都会影响测试结果。

超声波可以较准确地检测混凝土的缺陷位置、大小和性质,因而它是用来判断混凝土连续性、均匀性的一种常用方法。

超声回弹综合法是建立在超声波传播速度和回弹值同混凝土抗压强度之间相互联系的基础之上的,以声速和回弹值综合反映混凝土的抗压强度,因而可以较好地反映整个混凝土的质量情况。综合法与单一法相比可以抵消一些影响因素的干扰,互相弥补各自的不足,因此精度高、适应范围广,已在我国混凝土工程上广泛应用。

4.3.5.2 混凝土常见的质量问题与防治措施

(1)混凝土常见的质量问题

1)麻面。麻面是结构构件表面上呈现的无数的小凹点,无钢筋暴露现象。这一类问题一般是由于模板润湿不够,不严密,捣固时发生漏浆,或振捣不足,气泡未排出,以及捣固后没有很好养护。

2)露筋。露筋是钢筋暴露在混凝土外面。产生的主要原因是混凝土浇筑时垫块位移,钢筋紧贴模板,混凝土保护层厚度不够,或因缺边、掉角所致。

3)蜂窝。蜂窝是结构构件中形成有蜂窝状的窟窿,骨料间有空隙存在。这种现象主要是由于配合比不准确,砂少石多,或搅拌不匀、浇筑方法不当、振捣不合理,造成分层离析,或因模板严重漏浆等原因。

4)孔洞。孔洞是指混凝土结构内存在着空隙,局部地或全部地没有混凝土。这主要是由于混凝土捣空、砂浆严重分离、石子成堆、砂子和水泥分离而产生,或混凝土受冻,泥块杂物掺入等所致。

5)裂缝。结构构件产生裂缝的原因比较复杂,有温度裂缝、干缩裂缝和外力引起的裂缝。原因主要有模板局部沉陷,拆模时受到剧烈振动,温差过大,养护不良,水分蒸发过快等。

6)缝隙与夹层。缝隙与夹层将结构分隔成几个不相连的部分。产生的原因主要是因施工缝、温度缝和收缩缝处理不当以及混凝土中含有垃圾杂物所致。

7)缺棱掉角。缺棱掉角是指构件角边上的混凝土局部残损掉落。产生的主要原因是混凝土浇筑前模板未充分湿润,使棱角处混凝土中水分被模板吸去,水分不充分,强度降低,拆模时棱角损坏;另外,拆模过早或拆模后保护不好也会造成棱角损坏。

8)混凝土强度不足。产生混凝土强度不足的原因主要是由于混凝土配合比设计、搅拌、现场浇筑和养护四个方面造成的。

①配合比设计方面:有时不能及时测定水泥的实际活性,影响了混凝土配合比设计的正确性;另外套用混凝土配合比时选用不当;外加剂用量控制不准,都可能导致混凝土强度不足。

②搅拌方面:任意增加用水量;配合比以质量投料,称量不准;搅拌时颠倒投料顺序及搅拌时间过短等,造成搅拌不均匀,导致混凝土强度降低。

③现场浇筑方面:主要是施工中振捣不实及发现混凝土有离析现象时,未能及时采取有效措施来纠正。

④养护方面:主要是不按规定的方法、时间,对混凝土进行养护,以致造成混凝土强度降低。

(2)混凝土质量缺陷的防治和处理

当混凝土拆模后,如果发现缺陷,应该找出原因,采取措施加以修补。常见的混凝土质量缺陷及防治措施如下:

1)数量不多的小蜂窝、麻面或露石。其修补方法一般是先用钢丝刷、压力水或压缩空气清洗,再用体积比为1:2~1:2.5的水泥砂浆填满、抹平、并加强养护。

2)蜂窝或露筋。处理时应去掉附近不密实的混凝土和突出的骨料颗粒,然后用钢丝刷或压力水冲洗,抹水泥砂浆,再用比原强度等级高一级的细石混凝土填塞,仔细捣实,加强养护。

3)影响结构安全的孔洞和大蜂窝。应该会同有关单位研究处理,进行必要的结构检验。补救方法一般是在彻底清除软弱部分及清洗之后,用高压水泥喷枪或压力灌浆法补救。

4)裂缝。构件裂缝发生的原因比较复杂,当裂缝较细,数量又不多时,可将裂缝加以冲洗、用水泥浆抹补。如裂缝较大较深(宽1 mm以内),应沿裂缝凿去薄弱部分,用水冲洗,采用灌浆法灌缝或用体积比为1:2~1:2.5水泥砂浆或用环氧树脂抹补。

※知识链接※

关于混凝土的小百科

产生及应用 1849年法国人J. L. 朗·姆波和1867年法国人J. 莫尼埃先后在铁丝网两面涂抹水泥砂浆制作小船和花盆。1884年德国建筑公司购买了莫尼埃的专利,进行了第一批钢筋混凝土的科学实验,研究了钢筋混凝土的强度、耐火性能,钢筋与混凝土的黏结力。1887年德国工程师M. 科伦提出钢筋混凝土板的计算方法。与此同时,英国人W. D. 威尔森提出了钢筋混凝土楼板专利;美国人T. 海厄特对混凝土梁进行试验;法国人F. 克瓦涅出版了一本应用钢筋混凝土的专著。

高性能混凝土 高性能混凝土是一种新型混凝土。在性能上具备高耐久性、高工作性和能在各种腐蚀介质环境下长期服役的能力。其在配制上采用低水灰,选用优质原材料,且必须掺加足够数量的矿物掺合料和高性能减水剂。

与普通混凝土相比,高性能混凝土具有如下独特的性能:

1)使用寿命长。能够使混凝土结构安全可靠地工作50～100年,甚至更长时间。

2)具有良好的工作性,混凝土在施工过程中不分层、不离析,易充满模型

3)具有较高的体积稳定性,水化热低、混凝土收缩小、体积变形小。

4)良好的耐腐蚀性能。

纤维混凝土　在混凝土中加入纤维(所用纤维按其材料性质可分为:金属纤维、无机纤维、有机纤维)改善混凝土的断裂韧性、抗疲劳性,提高混凝土抗冲击性和延展性,减少混凝土裂缝;特殊的化学纤维还可以提高混凝土的耐火性能。

纤维混凝土主要用于机场跑道、道路、桥梁路面、水坝泄洪道、墙体、建筑物基础。

自密实混凝土(SCC)　在浇筑时仅靠自身的重力,不需任何振捣而达到自流平、自密实的一种高性能混凝土。其被称为近几十年中混凝土技术最具革命性的发展,施工速度快,减少人工成本和设备的费用,施工总成本降低;无需振捣,面层处理少,表面质量好;减少环境噪声,改善了员工和周围用户的环境,可昼夜施工;解决了使用普通混凝土无法解决的问题;施工质量可以得到保证。SCC给设计人员提供了更大的设计空间。

SCC在欧洲预拌混凝土中的比重:意大利大约30%,芬兰大约30%,西班牙25%～30%;美国10%～40%。

轻混凝土　密度小于1900 kg/m^3的混凝土称作为轻混凝土,它是用轻质的粗、细骨料和水泥配制成的混凝土。由于其自重轻,弹性模量低,因而抗震性能好;与普通烧结砖相比,不仅强度高、整体性好,而且保温性能好,还兼具隔热、隔声作用;由于结构自重小,特别适合高层和大跨度结构。轻混凝土是建造节能建筑必不可少的材料。

绿化混凝土　通过混凝土结构和配合比优化设计,采用特殊制备技术,现场浇注成混凝土地面(坡面),使该混凝土满足植物种植和生长要求。种植混凝土的绿化率可达到80%～100%,主要用于堤岸保护、护坡和水库绿化,也可用于庭院、公园、停车场、花园的地面。

再生骨料混凝土　城市改造拆除的混凝土结构经过破碎和加工,可以制成生产新鲜混凝土所需要的骨料,可用于各种强度等级的混凝土结构中,其性能与天然骨料没有显著区别。它可以有效减少建筑垃圾造成的污染,有效减少由于开采砂石造成的自然环境的破坏,对于保护自然环境、发展循环经济和可持续发展具有积极意义。

透水混凝土　透水混凝土也称作无砂混凝土,特别适合用于城市公园、居民小区、工业园区、体育场、学校、医院、停车场等的地面和路面。采用透水水泥混凝土具有下列优点:

1)增加城市可透水、透气面积,加强地表与空气的热量和水分交换,调节城市气候,降低地表温度,有利于缓解城市"热岛现象",改善地面植物的生长条件和调整生态平衡。

2)充分利用雨雪降水,增大地表相对湿度,补充城区日益枯竭的地下水资源,发挥透水性路基的"蓄水池"功能。

3)能够减轻降雨季节道路排水系统的负担,明显降低暴雨对城市水体的污染。

4)吸收车辆行驶时产生的噪音,创造安静舒适的生活和交通环境,雨天防止路面积水和夜间反光。

5)具有良好的耐磨性和防滑性,有效地防止行人和车辆打滑,改善车辆行驶及行人

的舒适性与安全性。

装饰混凝土 装饰混凝土是一种近年来欧美主要发达国家迅速推广的绿色环保地面材料。它能在原本普通的新旧混凝土表层，通过色彩、色调、质感、款式、纹理、机理和不规则线条的创意设计，图案与颜色的有机组合，创造出各种天然大理石、花岗岩、砖、瓦、木地板等天然石材铺设效果，具有图形美观自然、色彩真实持久、质地坚固耐用等特点，可广泛应用于住宅、社区、商业、市政及文娱康乐等各种场合所需的人行道、公园、广场、游乐场、高尚小区道路、停车场、庭院、地铁站台、游泳池等处的景观创造，具有极高的安全性和耐用性。

水下不分散混凝土 水下不分散混凝土也称为水下浇筑混凝土。通过使用特种添加剂，水下不分散混凝土可以直接在水下进行浇筑而不会导致集料与水泥浆分离，此外，它还具有优良的流动性和填充性，不仅可以在水下进行浇筑桥墩等大体积构件，还可以进行水下混凝土构筑物的抢修和补强。

防辐射混凝土 用于屏蔽X射线、γ射线和中子辐射作用的混凝土。根据技术要求不同可选用普通硅酸盐水泥、低热水泥或钡水泥；重质骨料，如重晶石、赤铁矿、磁铁矿以及钢铁碎块。为提高其防中子辐射能力，可在重骨料中掺入附加剂或含结晶水物质，以及硼酸、硼盐与锂盐等。混凝土表观密度>3000 kg/m^3，用于原子能反应堆、粒子加速器，以及工业、农业和科研部门的放射性同位素设备的防护。

自养护混凝土 自养护混凝土也称免养护混凝土，通过特殊配方设计及特殊添加剂，该混凝土在浇筑后不需要进行人工养护，而不会产生常见的收缩裂缝，从而提高混凝土建、构筑物质量，节约人工和养护成本，缩短施工周期。

低碳生态混凝土 水泥工业占世界CO_2排放量的10%，用于混凝土生产的原材料的CO_2的排放量为：普通混凝土：300～400 kg/m^3，；早强混凝土：>400 kg/m^3；低碳生态混凝土：150～200 kg/m^3。低碳生态混凝土：较低的水泥用量，充分发挥粉煤灰、矿粉在混凝土中的作用，为减少地球的大气污染作出贡献。

任务4.4 钢筋混凝土工程施工安全技术

4.4.1 模板工程安全技术

在现场安装模板时，所用工具应装在工具包内；当上下交叉作业时，应戴安全帽。垂直运输模板或其他材料时，应有统一指挥，统一信号。高空作业人员应经过体格检查，不合格者不得进行高空作业。模板在安全系统未钉牢固之前，不得上下交叉作业；未安装好的梁底板或挑檐等模板的安装与拆除，必须有可靠的技术措施，确保安全。非拆模人员不准在拆模区域内通行。拆除后的模板应将朝天钉向下，并及时运至指定的堆放地点，然后拔除钉子，分类堆放整齐。

4.4.2　钢筋工程安全技术

在高空绑扎和安装钢筋时，须注意不要将钢筋集中堆放在模板或脚手架的某一部分，以保证安全；特别是悬臂构件，还要检查支撑是否牢固。在脚手架上不要随便放置工具、箍筋或短钢筋，避免放置不稳滑下伤人。搬运钢筋的工人须带帆布垫角、围裙及手套；除锈工人应戴口罩及风镜；电焊工应戴防护镜并穿工作服。300 ~ 500 mm 的钢筋短头禁止用机器切割，应用长把钳子递送切割。在有电线通过的地方安装钢筋时，必须特别小心谨慎，勿使钢筋碰着电线。

4.4.3　混凝土工程安全技术

在进行混凝土施工前，应仔细检查脚手架、工作台和马道是否绑扎牢固，如有空头板、探头板应及时搭好，脚手架应设保护栏杆。搅拌机、卷扬机、皮带运输机和振动器等接电要安全可靠，绝缘接地装置良好，并应进行试运转。搅拌机应由专人操作，中途发生故障时，应立即切断电源进行修理；运转时不得将铁锹伸入搅拌筒内卸料；其机械传动外露装置应加保护罩。采用井字架和拔杆运输时，应设专人指挥；井字架上卸料人员不能将头或脚伸入井字架内，起吊时禁止在拔杆下站人。

小　结

本模块包括钢筋混凝土模板工程、钢筋工程、混凝土工程施工、钢筋混凝土工程冬雨期施工、钢筋混凝土工程施工安全技术等内容。

模板工程包括模板作用及要求、模板分类、模板构造、模板配板设计、模板安装与拆除、模板工程质量控制。钢筋工程包括钢筋种类和性能、钢筋验收和存放、钢筋配料和代换、钢筋场内加工、钢筋连接、钢筋绑扎与安装。混凝土工程包括混凝土的制备、混凝土运输、混凝土浇筑、混凝土的质量检查与缺陷防治、钢筋混凝土工程施工安全技术。

习　题

一、单项选择题

1. 对于现浇板，板的跨度>8 m时，拆模时所需混凝土强度应大于设计的混凝土立方体抗压强度标准值的(　　)。

A. 70%　　　　B. 80%

C. 90%　　　　D. 100%

2. 钢筋的配料是根据(　　)计算构件各钢筋的直线下料长度、总根数及钢筋总质量,然后编制钢筋配料单,作为备料加工的依据。

A. 构件配筋图　　B. 结构图

C. 结构施工图　　D. 钢筋表

3. 混凝土施工配制强度应达到的保证率为(　　)。

A. 80%　　B. 90%

C. 95%　　D. 97%

4. 裹砂石法混凝土搅拌工艺正确的投料顺序是:(　　)。

A. 全部水泥→全部水→全部骨料

B. 全部骨料→70%水→全部水泥→30%水

C. 部分水泥→70%水→全部骨料→30%水

D. 全部骨料→全部水→全部水泥

5. 单向板施工缝留在平行于板(　　)向的任何位置。

A. 长边　　B. 短边

C. 任意　　D. 长边或者短边

6. 在浇筑与柱和墙连成整体的梁和板时,应在柱和墙浇筑完毕后停歇(　　),使其获得初步沉实后,再继续浇筑梁和板。

A. 0.5 ~1 h　　B. 1.5 h

C. 1.5 ~3 h　　D. 3 ~5 h

7. 构件配筋受强度控制时,按(　　)的原则进行代换。

A. 代换前后刚度相等　　B. 代换前后变形相等

C. 代换前后强度相等　　D. 代换前后面积相等

8. 预制构件的吊环,必须采用(　　)钢筋制作,严禁以其他钢筋代换。

A. 未经冷拉的 HPB300 级　　B. 未经冷拉的 HRB335 级

C. 未经冷拉的 HRB400 级　　D. 未经冷拉的 RRB400 级

二、多项选择题

1. 模板按材料分类可分为(　　)。

A. 木模板　　B. 钢框木(竹)模板

C. 钢模板　　D. 塑料纸模板

E. 玻璃钢模板

2. 模板按结构类型可分为(　　)。

A. 基础模板　　B. 柱模板

C. 梁模板　　D. 移动式模板

E. 墙模板

3. 模板按施工方法可分为(　　)。

A. 现场拆装式模板　　B. 壳模板

C. 固定式模板　　D. 移动式模板

E. 楼梯模板

4. 木模板主要优点是(　　)。

A. 制作方便、拼装随意　　B. 导热系数小

C. 周转率高　　D. 对混凝土冬期施工有一定的保温作用

E. 适用于外形复杂或异形混凝土构件

5. 组合钢模板主要优点是(　　)。

A. 轻便灵活　　B. 导热系数小

C. 拆装方便　　D. 通用性较强

E. 周转率高

6. 钢筋的加工包括(　　)。

A. 调直　　B. 除锈

C. 下料切断　　D. 涂刷

E. 接长、弯曲成型

7. 钢筋的调直可采用(　　)。

A. 机械调直　　B. 冷拉调直

C. 温度调直　　D. 化学调直

E. 冷拔调直

8. 钢筋除锈可采用(　　)方法。

A. 电动除锈机除　　B. 喷砂除锈

C. 酸洗除锈或手工除锈　　D. 在冷拉过程中完成除锈工作

E. 在冷拔过程中完成除锈工作

9. 泵送混凝土的优点是(　　)。

A. 输送能力大　　B. 效率高

C. 降低成本　　D. 连续作业

E. 节省人力

10. 浇筑混凝土时,自由下落高度较大时,应使用(　　)装置。

A. 溜槽　　B. 串筒

C. 漏斗　　D. 隔板

E. 布料装置

三、判断对错题

1. 施工现场钢筋代换时,相同级别的钢筋只要代换后截面积不减少就可以满足要求。(　　)

2. 受力主筋采用对焊接头时,设置在构件在规定的区段内有接头受拉钢筋面积不宜超过50%。(　　)

3. 钢筋下料长度为施工图标注尺寸,对于光面钢筋还要加上弯钩增加长度。(　　)

4. 对混凝土拌合物运输的基本要求是混凝土不离析、保证规定的坍落度、在混凝土初凝前有充分时间进行浇筑施工。(　　)

5. 当梁的跨度≥4 m时,应使梁底模中部略为起拱,起拱高度为全跨长度的1/1000～3/1000,钢模板和支架系统选较大值。(　　)

6. 使用泵送商品混凝土可以节约施工用地、保证混凝土质量、保证混凝土供应量，减小混凝土垂直运输压力，是混凝土施工的发展方向。（　　）

7. 下料时把钢筋中心线长度与外包尺寸的差值称为“量度差”。（　　）

8. 钢筋混凝土板中配有受力钢筋和分布钢筋时，分布钢筋应布置在受力钢筋的外侧。（　　）

9. 大体积混凝土结构整体性要求较高，一般不允许留施工缝。（　　）

10. 跨度较大的梁模板下立柱支撑拆除的顺序是先拆两端后拆跨中。（　　）

四、简答题

1. 试述模板的作用和对模板的基本要求。

2. 简述钢模板包括哪些。

3. 为保证浇筑混凝土不离析，柱支模时，沿高度方向每隔约多少米开有浇筑口？

4. 什么是施工缝？留置位置怎样？如何处理？

5. 滑模组成包括哪四个系统？

6. 请述模板拆除的一般顺序。

7. 试述钢筋代换的原则及方法。

8. 什么叫量度差值？具体规定是什么？

9. 箍筋弯钩的弯曲直径 D 应大于受力钢筋直径，且不小于箍筋直径的多少倍。弯钩平直部分，一般结构不宜小于箍筋直径的多少倍；有抗震要求的结构，不小于箍筋直径的多少倍？

10. 冬期施工测定混凝土强度的方法有哪些？

五、计算题

1. 计算下列钢筋的下料长度：

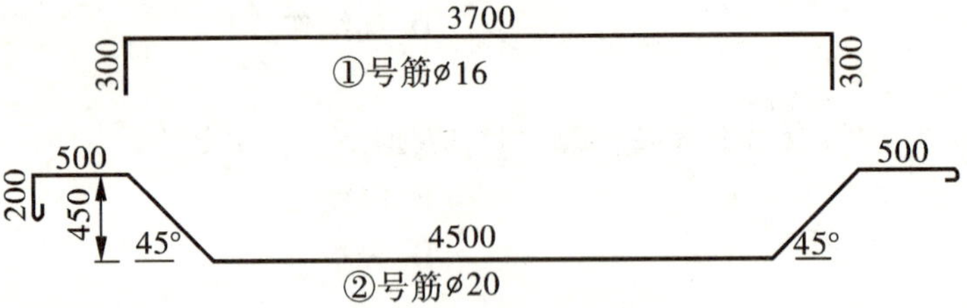

2. 某道梁设计主筋为 3 根 HRB335 级直径 20 钢筋，现场无 HRB335 级钢筋，拟采用 HPB300 级钢筋直径 25 代换，试计算需要几根直径 25 钢筋。

3. 混凝土实验室配合比 1 : 2.16 : 4.05，水灰比 0.5，每立方米混凝土的水泥用量 300 kg。现场实测砂的含水率 3%，石子的含水率 1%。现选用 J1-250 型搅拌机。

试计算：(1) 施工配合比。

(2) 当采用 JZ250 型搅拌机并使用袋装水泥（每袋 50 kg）时，搅拌机的一次投料量是多少？

模块5 预应力混凝土工程

知识目标

1. 了解预应力混凝土的概念及其在工程应用中的优点；了解预应力混凝土结构构件的受力特点，了解预应力混凝土的分类；了解预应力混凝土工程的先张法、后张法的机具设备和施工方法；了解电热张法、无黏结预应力混凝土施工原理及应用。

2. 理解先张法、后张法的施工工艺。

3. 掌握锚具、夹具和连接器的类型及选用；掌握预应力张拉应力的控制和放张，掌握后张法中的预应力筋的制作，掌握无黏结预应力筋的敷设和张拉锚固工艺。

能力目标

知识要点	能力要求	相关知识	权重
预应力混凝土	1. 能解释预应力混凝土的概念； 2. 在现场区别预应力混凝土构件与普通混凝土构件	预应力混凝土的原理，预应力混凝土结构构件的受力特点	10%
预应力混凝土所用材料	能正确选择预应力混凝土所需的钢筋及混凝土	预应力混凝土材料品种、规格及要求	10%
先张法	1. 能做好先张法施工的施工准备； 2. 会编制先张法施工方案； 3. 能控制先张法施工质量； 4. 能做好先张法施工验收	预应力混凝土先张法施工工艺、先张法台座、夹具的要求、质量保证措施、安全技术要求、先张法预应力张拉控制应力	30%
后张法	1. 能做好后张法施工的施工准备； 2. 会编制后张法施工方案； 3. 能控制后张法施工质量； 4. 能做好后张法施工验收	后张法预应力筋的控制应力、张拉程序和放张顺序的确定和注意事项、孔道留设、锚具选择、预应力筋的张拉顺序、孔道灌浆等施工工艺。 无黏结预应力施工工艺、无黏结预应力钢筋制作及锚固	50%

学习重点

预应力混凝土的原理,先张法、后张法的施工工艺流程及质量要求。

工程引例

某高层建筑有3层地下室,建筑面积约2.8万平方米,其中负三、负二层约1万平方米,负一层约0.8万平方米。楼盖采用了预应力无梁楼盖结构,楼盖厚度负三层为250 mm,负二、负一层为200 mm。地下室楼盖根据后浇带的设置分为六个区施工,区块内采用有黏结预应力,张拉端设置在两端后浇带加强带及外侧壁板。

什么是预应力?本工程为什么采用预应力楼盖?预应力楼盖有哪些优点?预应力如何施工?

预应力混凝土能充分发挥高强度钢材的作用,即在外荷载作用于构件之前,利用钢筋张拉后的弹性回缩,对构件受拉区的混凝土预先施加压力,产生预压应力,使混凝土结构在状态下充分发挥钢筋抗拉强度高和混凝土抗压能力强的特点,可以提高构件的承载能力。当构件在荷载作用下产生拉应力时,首先抵消预应力,然后随着荷载不断增加,受拉区混凝土受拉开裂,从而延迟了构件裂缝的出现,限制了裂纹的开展,提高了构件的抗裂度和刚度。这种利用钢筋对受拉区混凝土施加预压应力的钢筋混凝土,叫做预应力混凝土。

任务5.1　先张法预应力混凝土工程

先张法是在浇筑混凝土之前,先张拉预应力钢筋,并将预应力筋临时固定在台座或钢模上,待混凝土达到一定强度(一般不低于混凝土设计强度标准值的75%),混凝土与预应力筋具有一定的黏结力时,放松预应力筋,混凝土在预应力的反弹力作用下,使构件受拉区的混凝土承受预压应力。

工艺过程为:张拉固定钢筋→浇混凝土→养护(至75%强度)→放张钢筋。先张法适用于构件厂生产中、小型构件(楼板、屋面板、吊车梁、薄腹梁等)。先张法施工工艺如图5-1所示。

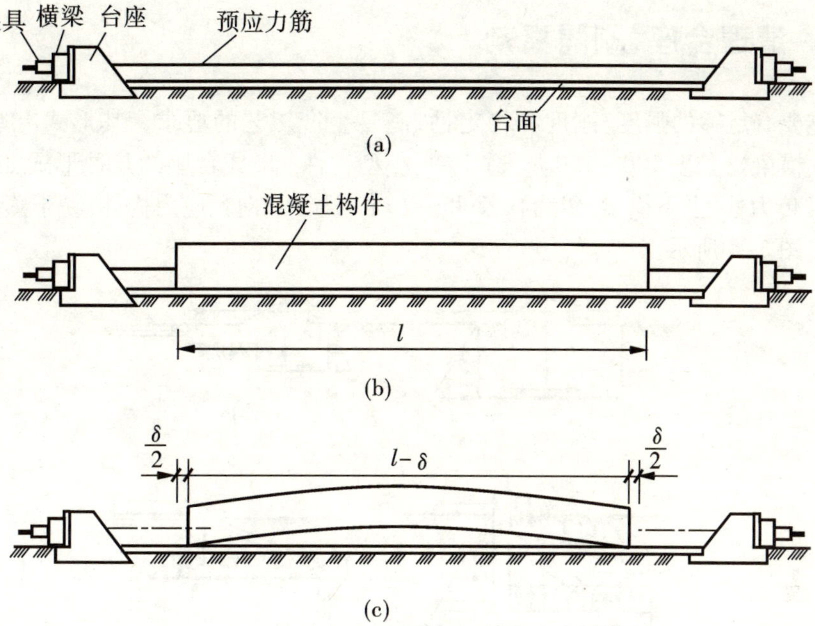

图 5-1　先张法施工工艺

(a)张拉预应力筋；(b)浇筑混凝土构件；(c)放张施加预应力

先张法的工艺流程如图 5-2 所示，其中关键是预应力筋的张拉与固定，混凝土浇筑以及预应力筋的放张。

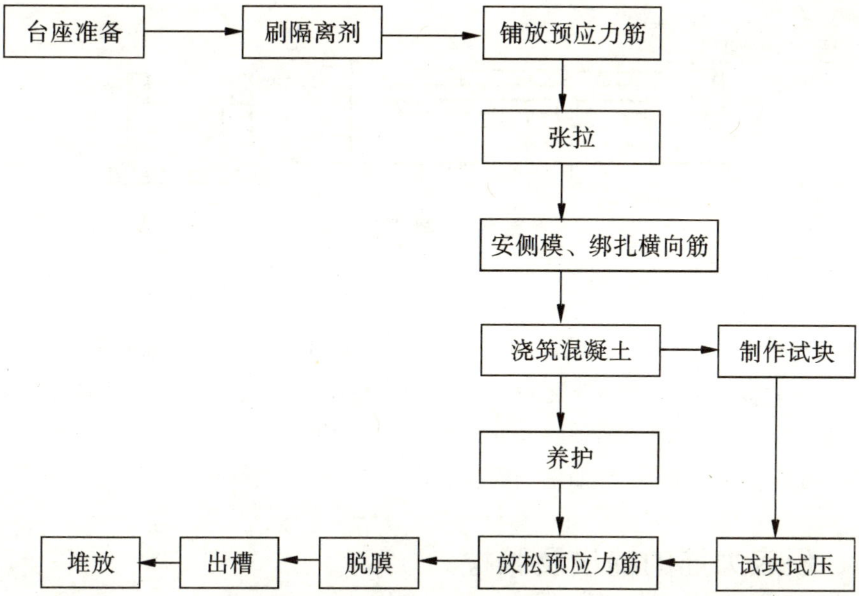

图 5-2　先张法施工工艺流程图

5.1.1 清理台座,刷隔离剂

台座要有足够的强度、刚度和稳定性,满足生产工艺的要求。其形式有墩式(传力墩、台面、横梁),长度 100 ~ 150 m,适于中、小型构件。墩式台座的几种形式如图 5-3 所示;槽式(传力柱、上下横梁、砖墙),长 45 ~ 76 m,适于双向预应力构件,易于蒸汽养护,槽式台座如图 5-4 所示。

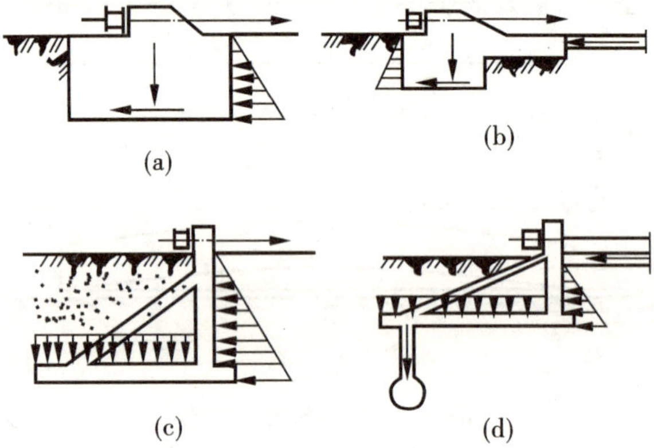

图 5-3 墩式台座的型式

(a)重力式;(b)与台面共同作用式;(c)构架式;(d)桩基构架式

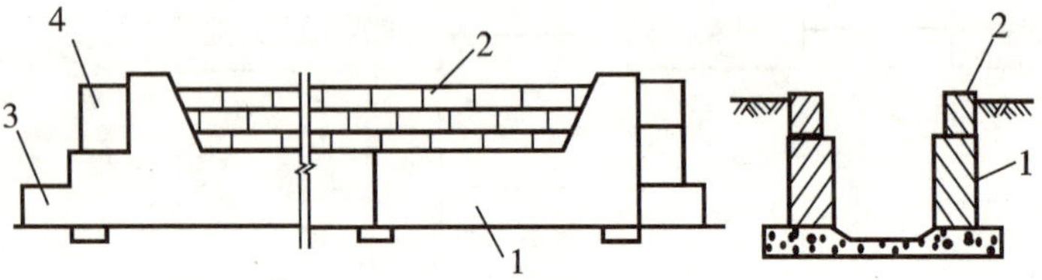

图 5-4 槽式台座

1-压杆;2-砖墙;3-下横梁;4-上横梁

长线台座台面(或胎膜)在铺放预应力筋前应涂刷隔离剂。涂刷的隔离剂不应玷污钢筋(丝),以免影响钢筋(丝)与混凝土的黏结。在浇筑混凝土前应防止雨水冲刷,破坏隔离剂。待隔离剂干后即可铺预应力筋(丝),预应力筋(丝)宜采用牵引车铺设。如遇钢筋接长时,可采用连接器接长,如钢丝需接长时,常借助于钢丝拼接器。

5.1.2 预应力筋的铺设及张拉

预应力混凝土先张法工艺的特点是:预应力筋在浇筑混凝土前张拉,预应力的传递依靠预应力筋与混凝土之间的黏结力,为了获得良好质量的构件,在整个生产过程中,除确保混凝土质量以外，还必须确保预应力筋与混凝土之间的良好黏结，使预应力混凝土构件获得符合设计要求的预应力值。

(1)张拉程序

超张拉法：$0 \to 1.05\sigma_{con}$(持荷 2 min)$\to \sigma_{con}$

一次张拉法：$0 \to 1.03\sigma_{con}$

其中，σ_{con}为预应力筋的张拉控制应力。为了减少应力松弛损失，预应力钢筋宜采用$0 \to 1.05\sigma_{con}$(持荷 2 min)$\to \sigma_{con}$的张拉程序。预应力钢丝张拉工作量大时，宜采用一次张拉程序$0 \to 1.03\sigma_{con}$。

采用超张拉工艺的目的是为了减少预应力筋的松弛应力损失，持荷 2 min 可以加速钢筋松弛的早期发展(第 1 min 内完成损失总值的 50%)。

所谓“松弛”即钢材在常温、高应力状态下具有不断产生塑性变形，导致钢筋应力下降的特性。

一次张拉到$1.03\sigma_{con}$后固定，是同样可以达到减少松弛效果的。且这种张拉程序施工简便，一般应用较广。

(2)控制应力及最大应力

张拉控制应力是指在张拉预应力筋时所达到的规定应力，控制应力的数值直接影响预应力的效果。施工中可采用超张拉工艺，使超张拉应力比控制应力提高 3% ~5%。但其最大张拉控制应力不得超过规范的规定。

《混凝土结构设计规范》(GB 50010—2010)中规定，预应力筋的张拉控制应力σ_{con}应符合下列规定：

1)消除应力钢丝、钢绞线：$\sigma_{con} \leqslant 0.75 f_{ptk}$；

2)中强度预应力钢丝：$\sigma_{con} \leqslant 0.70 f_{ptk}$；

3)预应力螺纹钢筋：$\sigma_{con} \leqslant 0.85 f_{pyk}$；

式中 f_{ptk}——预应力筋极限强度标准值；

f_{pyk}——预应力螺纹钢筋屈服强度标准值。

消除应力钢丝、钢绞线、中强度预应力钢丝的张拉控制应力值不应小于$0.4 f_{ptk}$；预应力螺纹钢筋的张拉控制应力值不宜小于$0.5 f_{pyk}$。

当符合下列情况之一时，上述张拉控制应力限值可相应提高$0.05 f_{ptk}$或$0.05 f_{pyk}$：

1)要求提高构件在施工阶段的抗裂性能而在使用阶段受压区内设置的预应力筋；

2)要求部分抵消由于应力松弛、摩擦、钢筋分批张拉以及预应力筋与张拉台座之间的温差等因素产生的预应力损失。

预应力筋张拉固定后实际预应力值与工程设计规定检验值的相对允许偏差为±5%。

※特别提示※

预应力筋进场时，应按现行国家标准《预应力混凝土用钢绞线》(GB/T 5224—2003)等的规定抽取试件作力学性能检验，其质量必须符合有关标准的规定。

(3)预应力张拉值的校核

预应力筋张拉后，一般应校核其伸长值。如实际伸长值与计算值的偏差超过±6%，应暂停张拉。

对于长线台座生产，构件的预应力筋为钢丝时，一般常用弹簧测力计直接测定钢丝的张拉力，伸长值可不作校核，钢丝张拉固定后，应采用钢丝测力计检查钢丝的预应力值，一般在张拉锚固后 1 h 进行，每工作班抽查检测数量为预应力筋总数的 1%，且不少于 3 根。预应力筋张拉锚固后实际建立的预应力值与工程设计规定检验值的相对允许偏差为 ±5%。

(4)张拉

多根预应力筋同时张拉时，应预先调整初应力，使其相互之间的应力一致。在张拉过程中预应力筋断裂或滑脱的数量，严禁超过结构同一截面预应力筋总根数的 3%，且严禁相邻两根断裂或滑脱。先张法构件在浇筑混凝土前发生断裂或滑脱的预应力筋必须予以更换。

预应力筋张拉锚固后，预应力筋位置与设计位置的偏差不得大于 5 mm，且不得大于构件截面最短边长的 4%。

施工中应注意安全。张拉时，正对钢筋两端禁止站人。敲击夹具的锥塞或楔块时，不应用力过猛，以免损伤预应力筋而断裂伤人，但又要固定可靠。

5.1.3　混凝土的浇筑与养护

预应力筋张拉完成后，钢筋绑扎、模板拼装和混凝土浇筑等工作应尽快进行。混凝土应振捣密实。混凝土浇筑时，振动器不得碰撞预应力筋。混凝土未达到强度前，不允许碰撞或踩动预应力筋。

混凝土的浇筑应一次完成，不允许留设施工缝。

混凝土的用水量和水泥用量必须严格控制，以减少混凝土由于收缩和徐变而引起的预应力损失。预应力混凝土构件浇筑时必须振捣密实(特别是在构件的端部)，以保证预应力筋和混凝土之间的黏结力。预应力混凝土构件混凝土的强度等级一般不低于 C30；当采用碳素钢丝、钢绞线、热处理钢筋做预应力筋时，混凝土的强度等级不宜低于 C40。

构件应避开台面的温度缝，当不可能避开时，在温度缝上可先铺薄钢板或垫油毡，然后再灌混凝土，浇筑时，振捣器不应碰撞钢筋。

采用平卧叠浇法制作预应力混凝土构件时，其下层构件混凝土的强度需达到 5 MPa 后，方可浇筑上层构件混凝土并应有隔离措施。

混凝土可采用自然养护或蒸汽养护。但应注意，在台座上用蒸汽养护时，温度升高后，预应力筋膨胀而台座的长度并无变化，因而引起预应力筋应力减小，这就是温差引起的预应力损失。为了减少这种温差应力损失，应保证混凝土在达到一定强度之前，温差不能太大(一般不超过 20 ℃)，故在台座上采用蒸汽养护时，其最高允许温度应根据设计要求的允许温差(张拉钢筋时的温度与台座温度的差)经计算确定，当混凝土强度养护至 7.5 MPa(配粗钢筋)或 10 MPa(钢丝、钢绞线配筋)以上时，则可不受设计要求的温差限制，按一般构件的蒸汽养护规定进行。这种养护方法又称为二次升温养护法。在采用机组流水法用钢模制作、蒸汽养护时，由于钢模和预应力筋同样伸缩，所以不存在因温差而引起的预应力损失，可以采用一般加热养护制度。

※知识链接※

先张法预应力混凝土常见的质量事故及处理办法如下：

1. 钢丝滑动

1）产生原因：钢丝表面被油污染；钢丝与混凝土之间的黏结力遭到破坏；放松钢丝的速度过快；超张拉值过大。

2）防止措施：保持钢丝表面洁净；振捣混凝土一定要密实；等混凝土的强度达80%以上才能放松钢丝。

2. 钢丝被拉断

1）产生原因：钢丝的强度过高；材质不均；超张拉值过大。

2）防止措施：一般不用高强钢丝；张拉时，施工人员不得在张拉台座的两边，以免高强钢丝裂而伤人。

3. 构件脆断或构件翘曲

1）产生原因：钢丝应力、应变性能差；配筋率低，张拉控制应力过高；台座不平，预应力位置不准；构件刚度差。

2）防止措施：控制冷拔钢丝截面的总压缩率，以改善应力、应变性能；避免过高的预应力值；不要用增加冷拔次数来提高钢丝的强度；增大混凝土构件的截面。

5.1.4　预应力筋的放张

5.1.4.1　预应力筋的放张

预应力筋放张过程是预应力的传递过程，是先张法构件能否获得良好质量的一个重要生产过程。应根据放张要求，确定合理的放张顺序、放张方法及相应的技术措施。

（1）放张要求

放张预应力筋时，混凝土强度必须符合设计要求。当设计无要求时，不得低于设计的混凝土强度标准值的75%。对于重叠生产的构件，要求最上一层构件的混凝土强度不低于设计强度标准值的75%时方可进行预应力筋的放张。过早放张预应力筋会引起较大的预应力损失或产生预应力筋滑动。预应力混凝土构件在预应力筋放张前要对混凝土试块（采用同条件养护）进行试压，以确定混凝土的实际强度。

（2）放张顺序

预应力筋的放张顺序，应符合设计要求。当设计无专门要求时，应符合下列规定：

1）对承受轴心预压力的构件（如压杆、桩等），所有预应力筋应同时放张；

2）对承受偏心预压力的构件，应先同时放张预压力较小区域的预应力筋，再同时放张预压力较大区域的预应力筋；

3）当不能按上述规定放张时，应分阶段、对称、相互交错地放张，以防止放张过程中构件发生翘曲、裂纹及预应力筋断裂等现象；

4）放张后预应力筋的切断顺序，宜从放张端开始，逐次切向另一端。

(3)放张方法

对于预应力钢丝混凝土构件,分两种情况放张。配筋不多的预应力钢丝放张采用剪切、割断和熔断的方法自中间向两侧逐根进行,以减少回弹量,利于脱模。配筋较多的预应力钢丝放张采用同时放张的方法,以防止最后的预应力钢丝因应力突然增大而断裂或使构件端部开裂。

对于预应力钢筋混凝土构件,放张应缓慢进行。配筋不多的预应力钢筋,可采用剪切、割断或加热熔断逐根放张。配筋较多的预应力钢筋,所有钢筋应同时放张,可采用楔块或砂箱等装置进行缓慢放张。

1)楔块放张。楔块装置放置在台座与横梁之间,放张预应力筋时,旋转螺母使螺杆向上运动,带动楔块向上移动,钢块间距变小,横梁向台座方向移动,便可同时放松预应力筋,见图 5-5(b)。楔块放张,一般用于张拉力不大于 300 kN 的情况。

2)砂箱放张。砂箱装置放置在台座和横梁之间,它由钢制的套箱和活塞组成,内装石英砂或铁砂。预应力筋张拉时,砂箱中的砂被压实,承受横梁的反力。预应力筋放张时,将出砂口打开,砂缓慢流出,从而使预应力筋缓慢地放张。砂箱装置中的砂应采用干砂并选定适宜的级配,防止出现砂子压碎引起流不出的现象或者增加砂的空隙率,使预应力筋的预应力损失增加。采用砂箱放张,能控制放张速度,工作可靠,施工方便,可用于张拉力大于 1000 kN 的情况,见图 5-5(c)。

混凝土强度达到设计规定的数值(一般不小于混凝土标准强度的 75%)后,才可放松预应力筋。

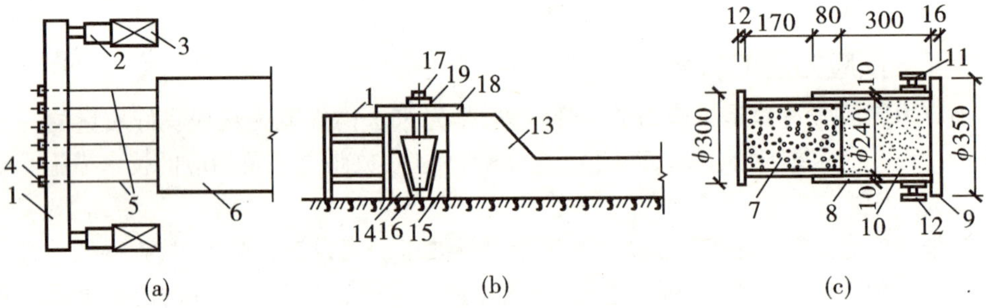

图 5-5　预应力筋放张装置

(a)千斤顶放张装置;(b)楔块放张装置;(c)砂箱放张装置

1-横梁;2-千斤顶;3-承力架;4-夹具;5-钢丝;6-构件;7-活塞;8-套箱;9-套箱底板;10-砂;11-进砂口;12-出砂口;13-台座;14、15-固定楔块;16-滑动楔块;17-螺杆;18-承力板;19-螺母

5.1.4.2　夹具

先张法中用来夹持预应力钢丝或钢筋的工具,统称为夹具。夹具是先张法构件施工时保持预应力筋拉力,并将其固定在张拉台座(或设备)上的临时性锚固装置。

(1)钢质锥形夹具

钢质锥形夹具主要用来锚固直径为 3 ~ 5 mm 的单根钢丝夹具,如图 5-6 所示。

(2)墩头夹具

如图 5-7 所示，采用镦头夹具时，将预应力筋端部热镦或冷镦，通过承力分孔板锚固。

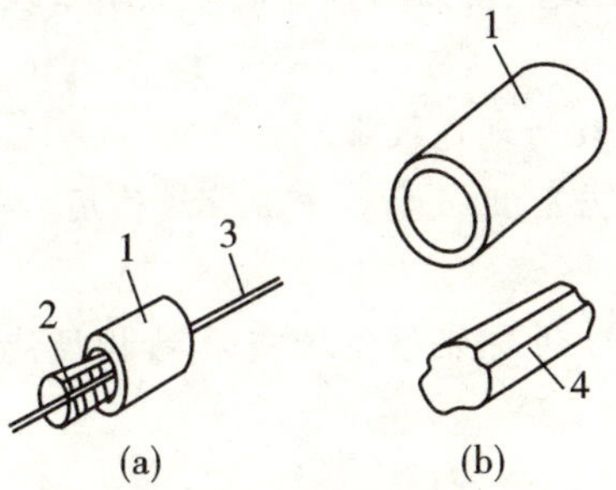

图 5-6　钢质锥形夹具

(a) 圆锥齿板式；(b) 圆锥槽式

1-套筒；2-齿板；3-钢丝；4-锥塞

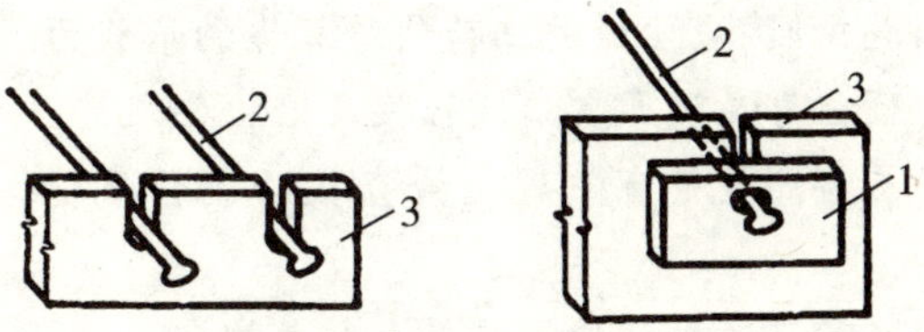

图 5-7　固定端墩头夹具

1-垫片；2-墩头钢丝；3-承力板

(3) 张拉夹具

张拉夹具是夹持住预应力筋后，与张拉机械连接起来进行预应力筋张拉的机具。

常用的张拉夹具有月牙形夹具、偏心式夹具、楔形夹具等，如图 5-8 所示，适用于张拉钢丝和直径 16 mm 以下的钢筋。

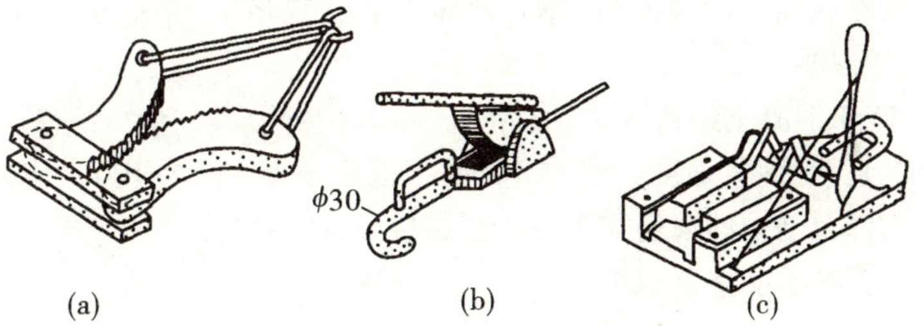

图 5-8　张拉夹具

(a) 月牙形夹具；(b) 偏心式夹具；(c) 楔形夹具

※图纸连接※

例 5-1　砖混结构结施图 3、4，两层楼面及屋面布置图中，均有预制空心楼板。预应力混凝土空心楼板如何制作？怎样安装施工？怎样进行质量和安全控制？

解答　1. 预应力混凝土空心板制作、运输、安装和施工注意事项

预应力混凝土空心板一般在预制场的长线台座上用先张法工艺生产，其制作、运输、安装和施工应规范、规程的有关规定进行，并注意下列事项：

1) 冷轧带肋钢筋采用一次张拉，单根钢筋张拉力应符合规范的规定。

2) 放松预应力钢筋时，混凝土强度等级应不小于设计的混凝土强度等级的 75%，板吊装及安装时的混凝土强度等级应达到设计混凝土强度等级的 100%。

3) 放松预应力钢筋时，应按对称的原则从两边同时向中间放松。

4) 板安装前，应按有关规定安装板孔洞两端堵头。

5）板在运输和堆放时，不得倒置，每垛不得超过 10 层，并在距板端 200～300 mm 处放置垫块，垫块应上下对齐，垫平垫实。

6）板安装时支座铺 10～20 mm 厚 M5 水泥砂浆找平坐浆。安装后应及时将板缝清理干净，用水充分湿润，用 C20 细石混凝土浇捣密实。

7）一般不应在预应力混凝土空心板开洞，如需留洞宜改为现浇板带。

8）施工时，应按照施工荷载验算板的承载力。施工中应防止板受到冲击荷载作用。

2. 预应力混凝土空心板验收及检验要求

1）应按照规范有关规定检查板的制作质量，并进行板的安装质量检查和结构性能检验。

2）板的尺寸允许偏差应符合相关规定。

3）钢筋预应力值检测。每一工作班抽查预应力筋总数的 1%，且不得少于 3 根；检测应在张拉完毕后 1 h 进行。

4）结构性能检验。采用荷重块均布荷载加荷；检验应在混凝土强度达到设计强度等级时（28 d）进行。

任务 5.2 后张法有黏结预应力混凝土工程

后张法有黏结预应力是先制作混凝土构件，并在预应力筋的位置预留出相应孔道，待混凝土强度达到设计规定的数值后，穿入预应力筋进行张拉，并利用锚具把预应力筋锚固，最后进行孔道灌浆。

工艺过程：浇筑混凝土结构或构件（留孔）→养护拆模→（达 75% 强度后）穿筋张拉→固定→孔道灌浆→（灌浆强度达到 15 N/mm^2，混凝土强度达到 100%）移动、吊装。

适用于大构件及结构的现场施工——预制拼装，结构张拉。其特点是不需台座，但工序多、工艺复杂，锚具不能重复利用。

后张法施工工艺如图 5-9 所示。

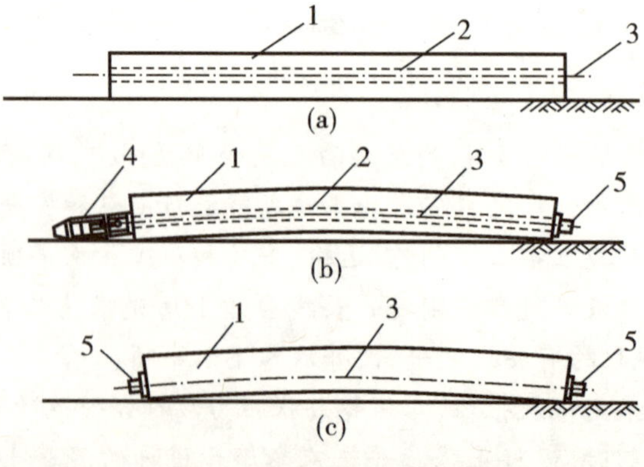

图 5-9　后张法施工示意图

（a）制作混凝土构架；（b）拉钢筋；（c）锚固和孔道灌浆

1-混凝土构件；2-预留孔道；3-预应力筋；4-千斤顶；5-锚具

后张法施工工艺与预应力施工有关的是孔道留设、预应力筋张拉和孔道灌浆三部分。其施工工艺流程如图 5-10 所示。

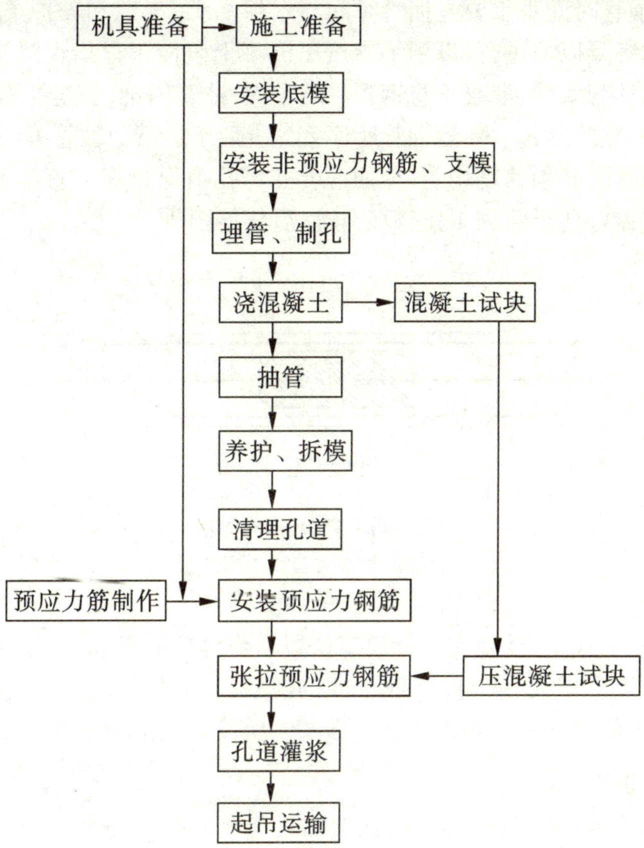

图 5-10　后张法施工工艺流程

5.2.1　制作构件、留设孔道

孔道留设是后张法预应力混凝土构件制作中的关键工序之一。预留孔道的尺寸与位置应正确，孔道应平顺；端部的预埋垫板应垂直于孔道中心线并用螺栓或钉子固定在模板上，以防止浇筑混凝土时发生走动；孔道的直径一般应比预应力筋的外径（包括钢筋对焊接头的外径或需穿入孔道的锚具外径）大 10 ~ 15 mm，以利于预应力筋穿入。孔道留设的方法有钢管抽芯法、胶管抽芯法和预埋波纹管法等。

5.2.1.1　钢管抽芯法

钢管抽芯法适用于留设直线孔道。钢管抽芯法是预先将钢管敷设在模板的孔道位置上，在混凝土浇筑后每隔一定时间慢慢转动钢管，防止它与混凝土粘住，待混凝土初凝后、终凝前抽出钢管形成孔道。选用的钢管要求平直、表面光滑，敷设位置准确；钢管用钢筋井字架固定，间距不宜大于 1.0 m。每根钢管的长度一般不超过 15 m，以便于转动和抽管。钢管两端应各伸出构件外 0.5 m 左右；较长时构件可采用两根钢管，中间用套管连接，其连接方法见图 5-11。

准确地掌握抽管时间很重要。抽管时间与水泥品种、气温和养护条件有关。抽管宜在混凝土初凝后、终凝以前进行，以用手指按压混凝土表面不显指纹时为宜。抽管过早，会造成坍孔事故；抽管太晚，混凝土与钢管黏结牢固，抽管困难，甚至抽不出来。常温下抽管时间约在混凝土浇筑后 3 ~5 h。抽管顺序宜先上后下进行。抽管方法可分为人工抽管或卷扬机抽管，抽管时必须速度均匀，边抽边转并与孔道保持在一直线上，抽管后应及时检查孔道情况，并做好孔道清理工作，以防止以后穿筋困难。

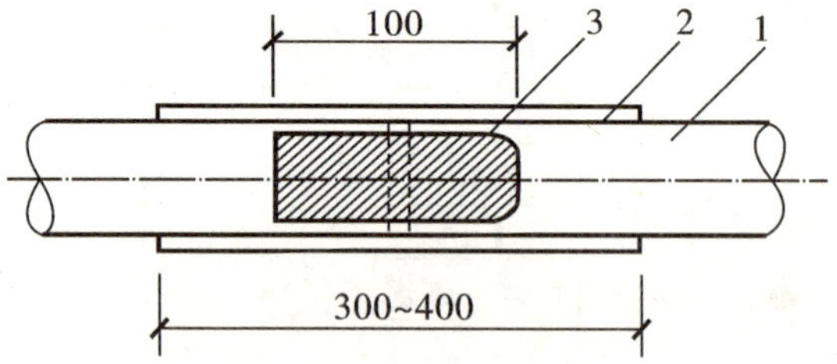

图 5-11　钢管连接方法

1-钢管；2-白铁皮套管；3-硬木塞

留设预留孔道的同时，还要在设计规定位置留设灌浆孔和排气孔。一般在构件两端和中间每隔 12 m 左右留设一个直径 20 mm 的灌浆孔，在构件两端各留一个排气孔。留设灌浆孔和排气孔的目的是方便构件孔道灌浆。留设方法是用木塞或白铁皮管。

5.2.1.2　胶管抽芯法

胶管抽芯法利用的胶管有 5 ~7 层的夹布胶管和钢丝网胶管，应将它预先敷设在模板中的孔道位置上，胶管每间隔不大于 0.5 m 距离用钢筋井字架予以固定。采用夹布胶管预留孔道时，混凝土浇筑前夹布胶管内充入压缩空气或压力水，工作压力 600 ~ 800 kPa，使管径增大 3 mm 左右，然后浇筑混凝土，待混凝土初凝后放出压缩空气或压力水，使管径缩小和混凝土脱离开，抽出夹布胶管。夹布胶管内充入压缩空气或压力水前，胶管两端应有密封装置（图 5-12）。采用钢丝网胶管预留孔道时，预留孔道的方法和钢管相同。由于钢丝网胶管质地坚硬，并具有一定的弹性，抽管时在拉力作用下管径缩小和混凝土脱离开，即可将钢丝网胶管抽出。胶管抽芯法预留孔道，混凝土浇筑后不需要旋转胶管，抽管的时间一般可以气温（单位：℃）和浇筑后的时间（单位：h）的乘积达 200 左右的时间作为控制时间，抽管时应先上后下，先曲后直。胶管抽芯法施工省去了转管工序，又由于胶管便于弯曲，所以胶管抽芯法既适用于直线孔道留设，也适用于曲线孔道留设。胶管抽芯法的灌浆孔和排气孔的留设方法同钢管抽芯法。

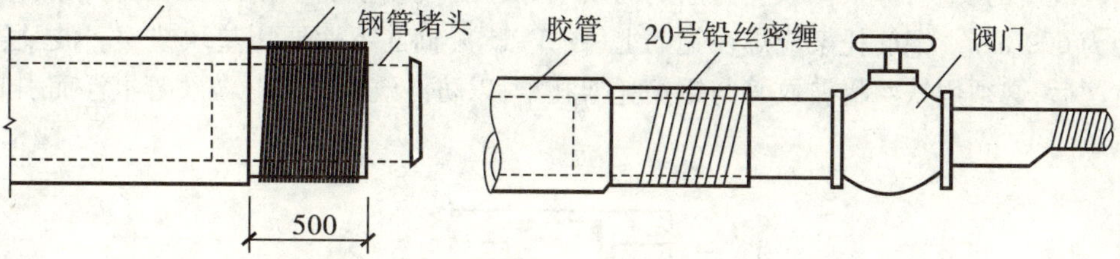

图 5-12　胶管封端以及与阀门连接

5.2.1.3　预埋波纹管法

预埋波纹管法就是利用与孔道直径相同的金属波纹管或塑料波纹管埋入混凝土构件中,无需抽出。

预埋波纹管法因省去抽管工序,且孔道留设的位置、形状也易保证,故目前应用较为普遍。波纹管是由薄钢带(厚 0.3 mm)经压波后卷成。它具有重量轻、刚度好、弯折方便、连接简单、摩阻系数小、与混凝土黏结良好等优点,可作成各种形状的孔道,是后张预应力筋孔道成型用的理想材料。

波纹管外形按照每两个相邻的折叠咬口之间凸出部(波纹)的数量分为单波纹和双波纹,见图 5-13 。

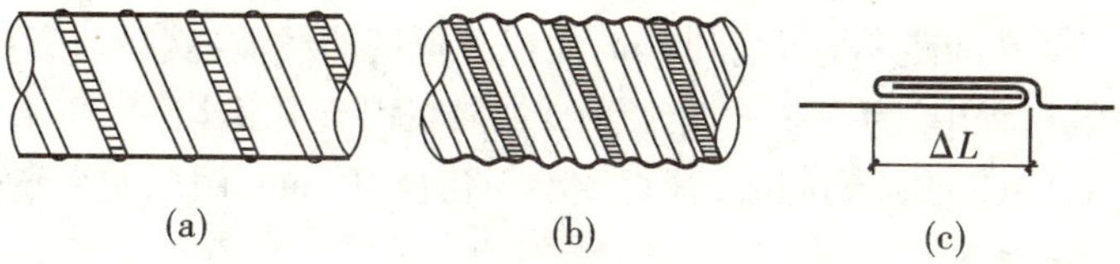

图 5-13　波纹管外形

(a)单波纹;(b)双波纹;(c)咬口

波纹管内径为 40 ~ 100 mm,每 5 mm 递增;波纹高度:单波为 2.5 mm,双波为 3.5 mm。波纹管长度,由于运输关系,每根为 4 ~ 6 m;波纹管用量大时,生产厂可带卷管机到现场生产,管长不限。对波纹管的基本要求一是在外荷载的作用下,有抵抗变形的能力;二是在浇筑混凝土过程中,水泥浆不得渗入管内。

波纹管的连接采用大一号同型波纹管。接头管的长度为 200 ~ 300 mm,用塑料热塑管或密封胶带封口,见图 5-14 。

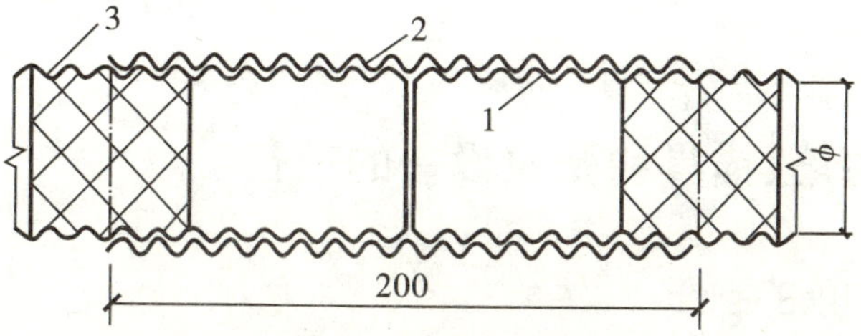

图 5-14　波纹管的连接

1-波纹管;2-接头管;3-密封胶带

波纹管的安装,应根据预应力筋的曲线坐标在侧模或箍筋上划线,以波纹管底为准。波距为 600 mm。钢筋托架应焊在箍筋上(图 5-15),箍筋下面要用垫块垫实。波纹管安装就位后,必须用铁丝将波纹管与钢筋托架扎牢,以防浇筑混凝土时波纹管上浮而引起质量事故。

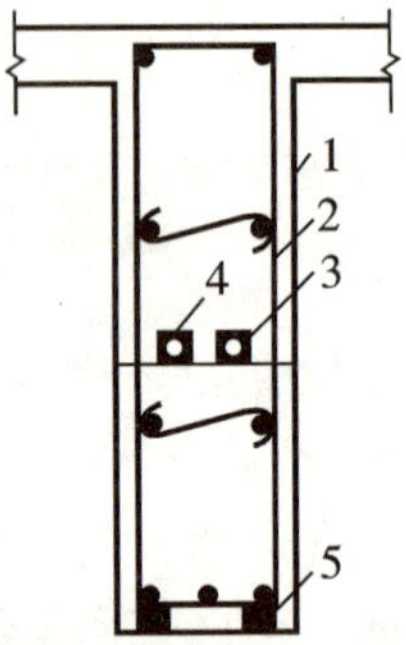

图 5-15　金属螺旋管(波纹管)的固定

1-梁侧模;2-箍筋;3-钢筋支托;4-波纹管;5-垫块

灌浆孔与波纹管的连接,见图 5-16。其做法是在波纹管上开洞,其上覆盖海绵垫片与带嘴的塑料弧形压板,并用铁丝扎牢,再用增强塑料管插在嘴上,并将其引出梁顶面 400 ~ 500 mm。灌浆孔间距不宜大于 30 m,曲线孔道的曲线波峰位置,宜设置泌水管。

在混凝土浇筑过程中,为了防止波纹管偶尔漏浆引起孔道堵塞,应采用通孔器通孔。通孔器由长 60 ~ 80 mm 的圆钢制成,其直径小于孔径 10 mm,用尼龙绳牵引。

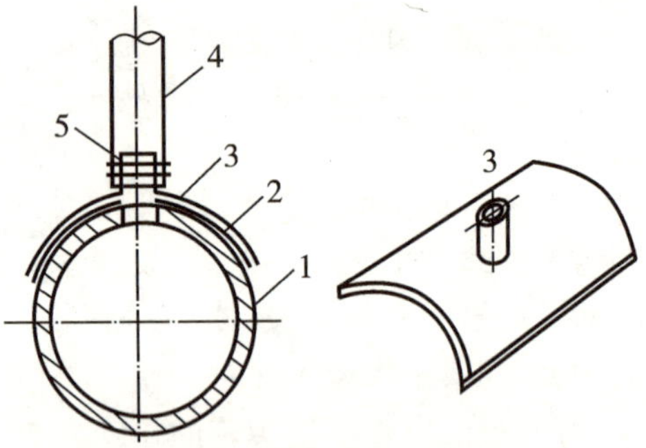

图 5-16　波纹管上灌浆孔的留设

1-波纹管;2-海绵垫;3-塑料弧形压板;4-塑料管;5-铁丝扎紧

5.2.2　预应力筋、锚具和张拉设备的准备

5.2.2.1　预应力筋的制作

预应力筋的制作与钢筋的直径、钢材的品种、锚具的类型、张拉设备和张拉工艺有关。目前常用的预应力筋有预应力螺纹钢筋、钢筋束或钢绞线束。

（1）单根预应力螺纹钢筋的制作

单根预应力螺纹钢筋的制作，一般包括配料、对焊、冷拉等工序，钢筋的下料长度应由计算确定，计算时应考虑锚具的特点、对焊接头的压缩量、钢筋的冷拉率和弹性回缩率、构件的长度等因素。

为了保证预应力筋下料长度有一定的精确度，在配料时，应根据钢筋的品种作冷拉率测定，作为计算钢筋下料长度的依据。若在一批钢筋中，冷拉率分散性较大时，尽可能把冷拉率相接近的钢筋对焊在一起，以保证预应力筋的质量。

对焊接头的压缩量，包括钢筋与钢筋、钢筋与螺丝端杆的对焊压缩，每个接头的压缩量根据在对焊时所需的闪光留量和顶煅留量而定，一般每个接头的压缩量约等于钢筋的直径。

预应力螺纹钢筋的锚具尺寸按设计规定采用或按规范选用，螺丝端杆外露在构件孔道外的长度，是根据垫板厚度、螺帽厚度和拉伸机与螺丝端杆连接所需长度来确定，一般可取 120 ~ 150 mm。帮条锚具长度，是由帮条长度和衬板厚度确定，一般取 70 ~ 80 mm。镦头锚具的长度，由镦头和衬板厚度确定，一般为 50 mm。

单根预应力螺纹钢筋，张拉端采用螺丝端杆锚具，固定端采用帮条或镦头锚具。根据预应力螺纹钢筋是一端张拉还是两端张拉的情况，锚具与预应力筋的组合形式基本上有三种：两端都用螺丝端杆锚具，一端螺丝端杆锚具另一端帮条锚具，一端螺丝端杆锚具另一端镦头锚具。

现以两端用螺丝端杆锚具预应力筋为例（图 5-17），其下料长度计算如下：

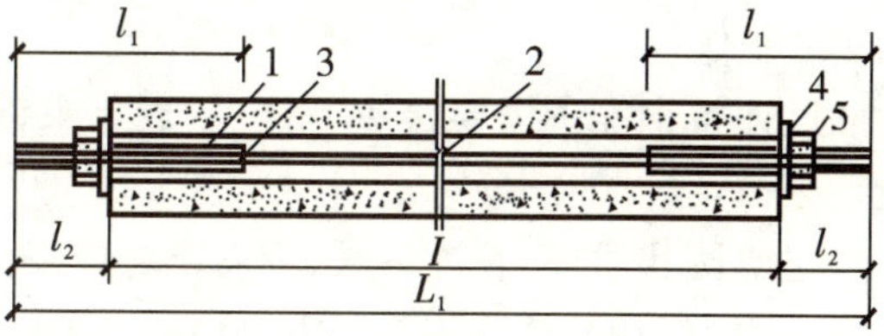

图 5-17　粗钢筋下料长度计算

1-螺丝端杆；2-预应力螺纹钢筋；3-对焊接头；4-垫板；5-螺母

预应力筋的成品长度（即预应力筋和螺丝端杆对焊并经冷拉后的全长）L_1

$$L_1 = l + 2l_2$$

预应力筋（不包括螺丝端杆）冷拉后需达到的长度 L_o：

$$L_0 = L_1 - 2l_1$$

预应力筋（不包括螺丝端杆）冷拉前的下料长度 L：

$$L = \frac{L_0}{1 + \gamma - \delta} + n\Delta$$

式中　l ——构件的孔道长度；

l_1——螺丝端杆长度，一般为 320 mm；

l_2——螺丝端杆伸出构件外的长度；

张拉端：$l_2 = 2H + h + 5$ mm；

锚固端：$l_2=H+h+10$ mm

γ——预应力筋的冷拉率(由试验确定)；

δ——预应力筋的冷拉弹性回缩率(一般为0.4%～0.6%)；

n——对焊接头数量；

Δ——每个对焊接头的压缩量(一般为20～30 mm)；

H——螺母高度；

h——垫板厚度。

例5-2 预应力混凝土屋架，采用机械张拉后张法施工。孔道长度为29.80 m，预应力筋为冷拉HRB400级钢筋(屈服强度标准值$f_{pyk}=500$ N/mm^2)，直径为20 mm，每根长度为8 m。实测钢筋冷拉率γ为3.5%，钢筋冷拉后的弹性回缩率δ为0.4%，螺丝端杆长度为320 mm，张拉控制应力为$0.85f_{pyk}$。计算预应力钢筋的下料长度和预应力筋的张拉力。

解 因屋架孔道长度大于24 m，宜采用螺丝端杆锚具，两端同时张拉，螺母厚度取36 mm，垫板厚度取16 mm，则螺丝端杆伸出构件外的长度$l_2=2H+h+5=2\times36+16+5=93$ mm，对焊接头数$n=3+2=5$，每个对焊接头的压缩量$\Delta=20$ mm，则预应力筋下料长度：

$$L=\frac{L_0}{1+\gamma-\delta}+n\Delta$$

$$=\frac{29800-2\times320+2\times93}{1+0.035-0.004}+5\times20=28564(\text{mm})$$

预应力筋的张拉力：

$$F_p=\sigma_{con}A_p=\sigma_{con}\times\pi d^2/4=0.85\times500\times314=133450(\text{N})$$

(2)钢筋束(钢绞线束)制作

由于其强度高，柔性好，而且钢筋不需要接头等优点，近年来钢筋束和钢绞线束预应力筋的应用越来越广泛。

钢筋束所用钢筋一般是盘圆状供应，长度较长，不需要对焊接长。钢筋束预应力筋的制作工艺一般是：开盘冷拉、下料和编束。冷拉RRB400级钢筋及钢绞线下料切断时，宜采用切断机或砂轮锯切断，不得采用电弧切割。钢绞线切断前，在切口两侧50 mm处应用铅丝绑扎，以免钢绞线松散。

钢筋束或钢绞线束的编束，主要是为了保证穿入构件孔道中的预应力筋束不发生扭结。钢筋束或钢绞线束必须进行编束工作。首先把钢丝理顺，然后用18～22号铅丝每隔1.0 m左右绑扎一道，形成束状。

(3)钢丝束的编束

预应力钢丝束的编束是为了防止钢丝互相扭结。编束前对同一束钢丝直径要进行测量，直径的相对误差不得超过0.1 mm，以保证成束钢丝与锚具的可靠连接。编束工作在平整的场地把钢丝理顺放平，然后在全长每隔1 m用铁线将钢丝编成帘子状。最后，每隔1 m放置一个直径与螺杆直径相一致的钢丝弹簧圈作为衬圈，将编好的钢丝帘绕衬圈形成束，再用铁线绑扎牢固。钢丝编束示意图如图5-18。

在张拉构件的两端应设置保护装置，如用麻袋、草包装土筑成土墙，以防止螺帽滑脱、钢筋断裂飞出伤人；在张拉操作中，预应力筋的两端严禁站人，操作人员应在侧面工作。

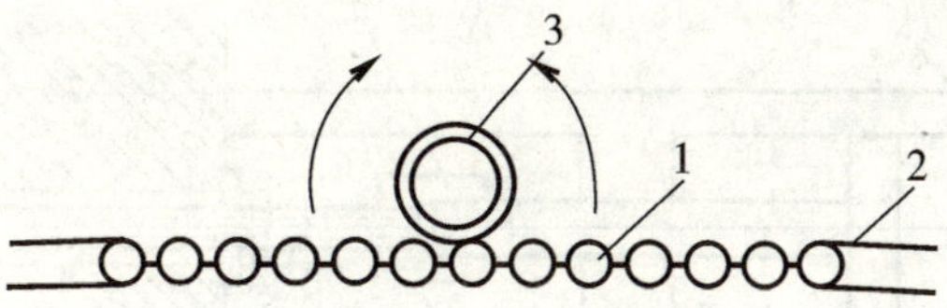

图5-18　钢丝编束示意图

1-钢丝；2-铁线；3-衬圈

5.2.2.2　锚具及预应力筋制作

在后张法中预应力筋的锚具与张拉机械是配套使用的，不同类型的预应力筋形式，采用不同的锚具。由于后张法构件预应力传递靠锚具，因此，锚具必须具有可靠的锚固性能，足够的刚度和强度储备，而且要求构造简单，施工方便，预应力损失小，价格便宜。

(1)单根粗钢筋的锚具

单根粗钢筋用作预应力筋时，张拉端采用螺丝端杆锚具，固定端采用帮条锚具或镦头锚具。

1)螺丝端杆锚具。螺丝端杆锚具适用于锚固直径不大于36 mm的冷拉HRB335级与HRB400级钢筋。它是由螺丝端杆、螺母和垫板组成，见图5-19、图5-20。螺丝端杆采用45号钢制作，螺母和垫板采用3号钢制作。螺丝端杆的长度一般为320 mm，当预应力构件长度大于24 m时，可根据实际情况增加螺丝端杆的长度，螺丝端杆的直径按预应力钢筋的直径对应选取。螺丝端杆与预应力钢筋的焊接应在预应力钢筋冷拉前进行。螺丝端杆与预应力筋焊接后，同张拉机械相连进行张拉，最后上紧螺母即完成对预应力钢筋的锚固。

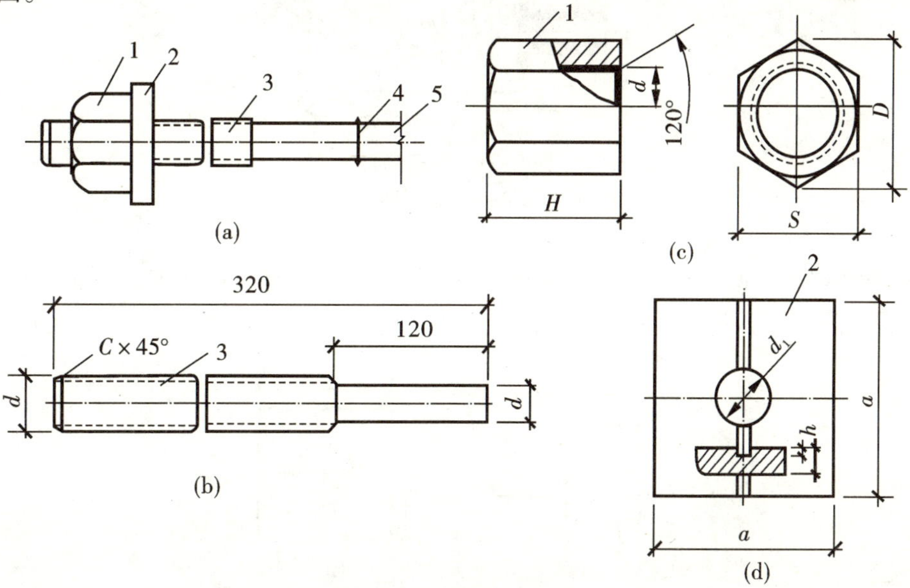

图5-19　螺丝端杆锚具

1-螺母；2-垫板；3-螺丝端杆；4-对焊接头；5-预应力筋

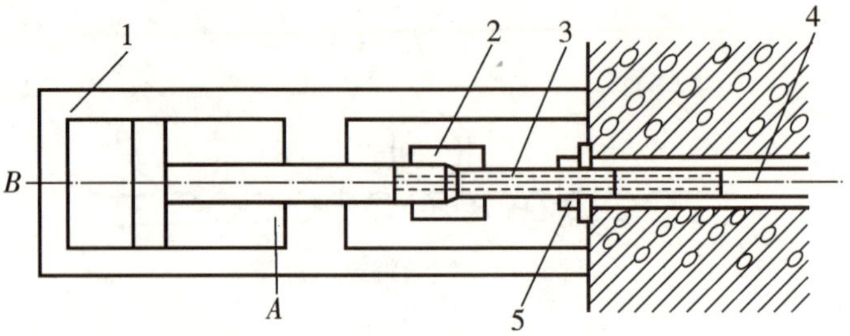

图 5-20　液压千斤顶与锚具组合示意图

1-千斤顶;2-连接器;3-螺丝端杆;4-预应力筋;5-螺母

2)帮条锚具。帮条锚具适用于冷拉 HRB335 级与 HRB400 级钢筋及冷拉 5 号钢钢筋,主要用于固定端。它是由帮条和衬板组成,见图 5-21。帮条采用与预应力筋同级别的钢筋,衬板采用普通低碳钢钢板。帮条施焊时,严禁将地线搭在预应力筋上并严禁在预应力筋上引弧,以防预应力筋咬边及温度过高,可将地线搭在帮条上。三根帮条与衬板相接触的截面应在一个垂直平面上,以免受力时产生扭曲,三根帮条互成 120°角。帮条的焊接可在预应力筋冷拉前或冷拉后进行。

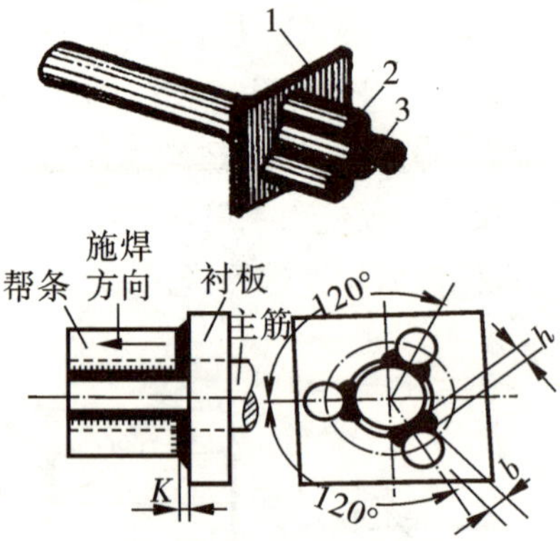

图 5-21　帮条锚具

1-衬板;2-帮条;3-预应力筋

3)镦头锚具。镦头锚具由镦头和垫板组成。镦头一般是直接在预应力筋端部热镦、冷镦或锻打成型,垫板采用 3 号钢制作,见图 5-22。

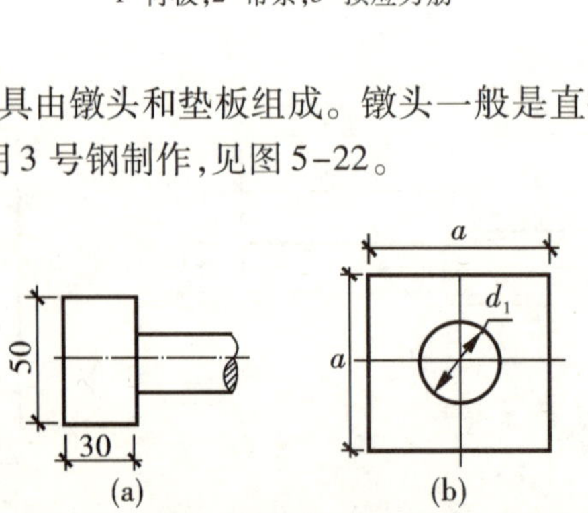

图 5-22　镦头锚具

(a)镦头;(b)垫板

(2)钢筋束(钢绞线束)锚具

钢筋束、钢绞线采用的锚具有JM型、XM型、QM型和镦头锚具等。其中镦头锚具用于非张拉端。

1)JM型锚具 。JM型锚具由锚环和夹片组成,夹片呈扇形,如图5-23所示,用两侧的半圆槽锚着预应力钢筋,为增加夹片与预应力钢筋之间的摩擦,在半圆槽内刻有截面为梯形的齿痕,夹片的背面的坡度与锚环一致。锚环分甲型和乙型,甲型锚环为一个具有锥形内孔的圆柱体,外形比较简单,使用时直接放置在构件端部的垫板上。乙型锚环在圆柱体外部增添正方形肋板,使用时直接放置在构件端部,不另设垫板。目前工地上常使用甲型锚环,因其加工和使用比较方便。

JM型锚具与YL60型千斤顶配套使用,适用于锚固3～6根直径为12 mm光面或螺纹钢筋束,也可用于锚固5根或6根直径为12 mm或15 mm的钢绞线束。根据夹片数量或锚固钢筋的根数,其型号分别有JM12-3、JM12 -4、JM12-5、JM12-6几种,可分别锚固3、4、5、6根直径12 mm的钢筋束或钢绞线束。

JM12型锚具具有良好的锚固性能,预应力筋滑移量比较小,施工方便,但其机械加工量大,成本较高。

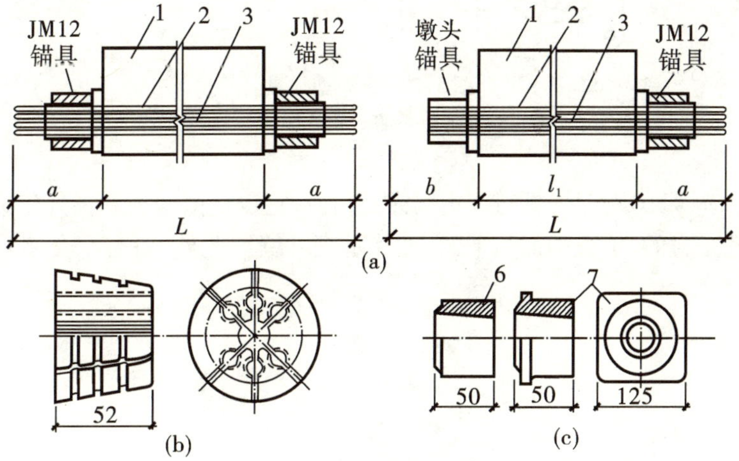

图5-23　JM12-6锚具

1-混凝土构件;2-孔道;3-钢筋束;4-JM12-6型锚具;5-镦头锚具;6-甲型锚环;7-乙型锚环

2)XM型锚具。XM型和QM型锚具是一种新型锚具,由锚环和夹片组成,如图5-24所示。利用楔形夹片,将每根钢绞线独立地锚固在带有锥形的锚环上,形成一个独立的锚固单元。XM型锚具的夹片为斜开缝。XM型锚具既可作为工作锚,又可兼作工具锚。

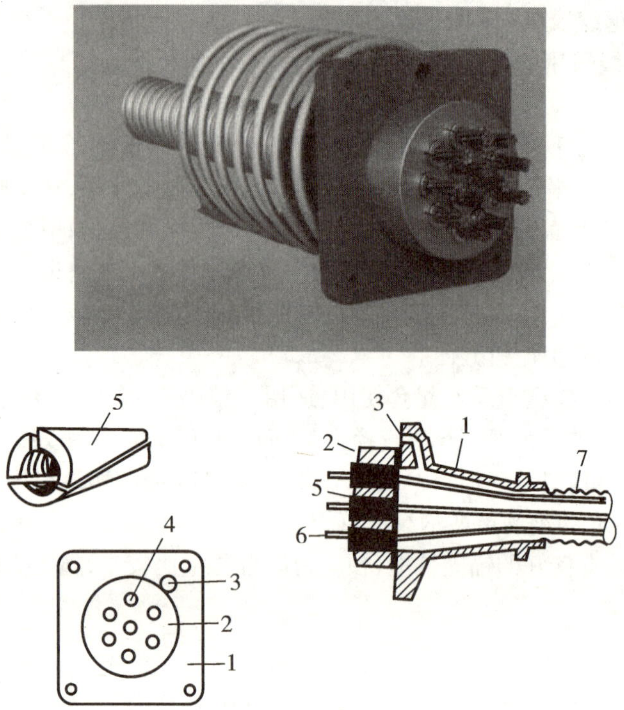

图 5-24　XM 型锚具

1-喇叭管;2-锚环;3-灌浆孔;4-圆锥孔;5-夹片;6-钢绞线;7-波纹管

3)QM 型锚具。QM 型锚具与 XM 型锚具相似,它也是由锚板和夹片组成,如图 5-25 所示。但锚孔是直的,锚板顶面是平的,夹片垂直开缝。此外,备有配套喇叭形铸铁垫板与弹簧等。

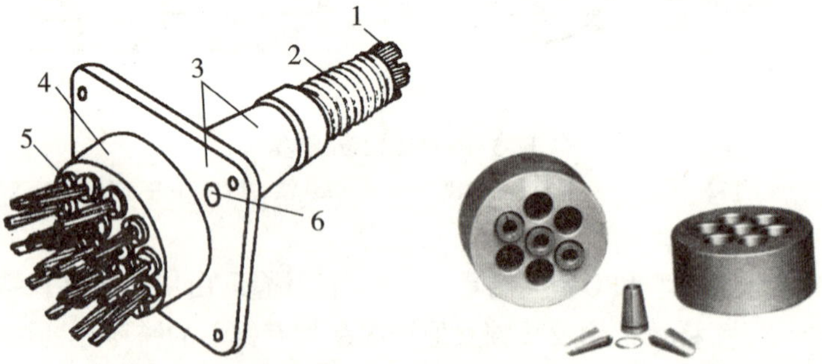

图 5-25　QM 型锚具

1-钢绞线;2-金属螺旋管;3-带预埋板的喇叭管;4-锚板;5-夹片;6-灌浆孔

4)镦头锚具。镦头锚具适用于预应力钢筋束固定端锚固用,由固定板和带镦头的预应力筋组成(图 5-26)。

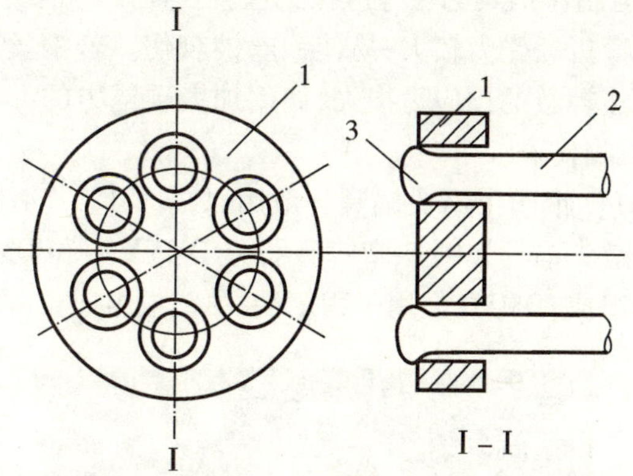

图5-26 镦头锚具

1-锚固板;2-预应力筋;3-镦头

(3)钢丝束预应力筋锚具

1)锥形螺杆锚具。锥形螺杆锚具适用于锚固24根以下直径5 mm的碳素钢丝束。锥形螺杆锚具由锥形螺杆、套筒、螺帽和垫板组成(图5-27)。

锥形螺杆锚具的安装方法:首先把钢丝套上锥形螺杆的锥体部分,使钢丝均匀整齐地贴紧锥体,然后戴上套筒,用手锤将套筒均匀地打紧,并使螺杆中心与套筒中心在同一直线上,最后用拉伸机使螺杆锥体通过钢丝挤压套筒,而使套筒发生变形从而使钢丝和锥形锚具的套筒、螺杆锚成一个整体。这个过程一般叫"预顶",预顶用的力应为张拉力的105%。因为锥形锚具外径较大,为了缩小构件孔道直径,所以一般仅在构件两端将孔道扩大。因此,钢丝束锚具一端可事先安装,另一端则要将钢丝束穿入孔道后进行。

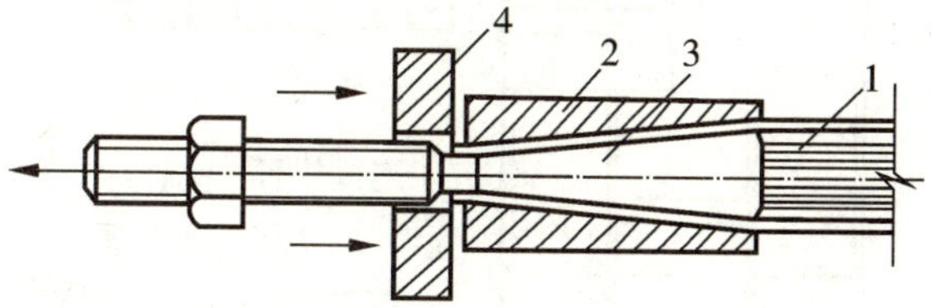

图5-27 锥形螺杆锚具

1-钢丝;2-套筒;3-锥形螺杆;4-垫板

2)钢质锥形锚具。钢质锥形锚具由锚环和锚塞组成(图5-28),锚塞表面刻有细齿槽,以防止被夹紧的预应力钢丝滑动。锚固时,将锚塞塞入锚环,顶紧,钢丝就夹紧在锚塞周围,锚塞上刻有细齿槽,夹紧钢丝后,可以防止滑动。

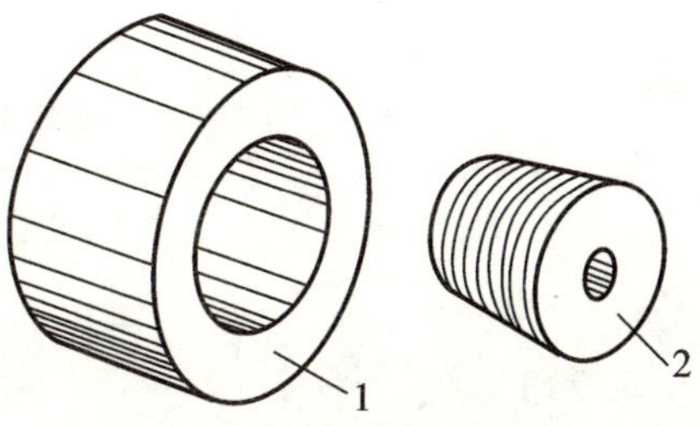

图5-28 钢质锥形锚具

1-锚环;2-锚塞

钢质锥形锚具适用于锚固以锥锚式千斤顶(即双作用或三作用千斤顶)张拉的钢丝束,每束由12~24根直径5 mm的碳素钢丝组成。还可锚固直径 4 mm 的碳素钢丝，但制作锚具的尺寸应按钢丝直径而定。钢质锥形锚具工作时，由于钢丝锚固呈辐射状态，弯折处受力较大，易使钢丝被咬伤。若钢丝直径误差较大，易产生单根钢丝滑动，引起无法补救的预应力损失，如用加大顶锚力的办法来防止滑丝，过大的顶锚力更容易使钢丝被咬伤。

3）钢丝束镦头锚具。钢丝束镦头锚具一般用以锚固 12～54 根直径 5 mm 的碳素钢丝，目前采用的 DM 型镦头锚具如图 5-29 所示，分 DM5A 型和 DM5B 型。DM5A 型用于张拉端，由锚杯和螺母组成；DM5B 型用于固定端，由锚板组成，如图 5-30 所示。

图 5-29　DM 型镦头锚具

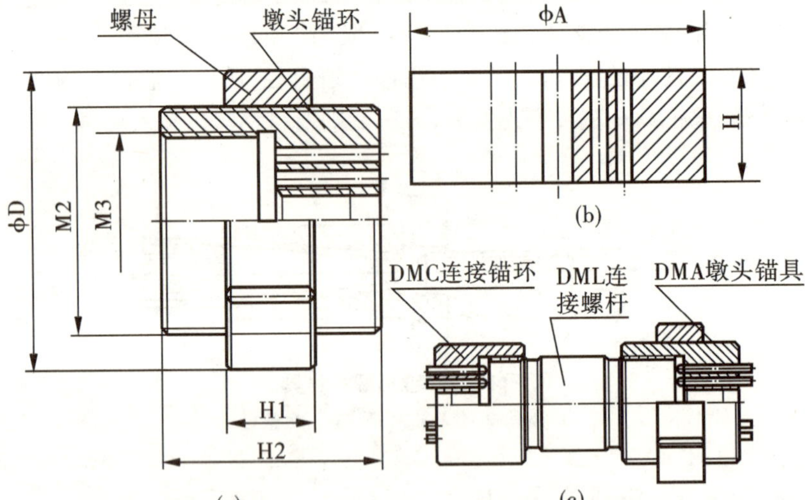

图 5-30　DM 型镦头锚具构造图

(a) DMA 型镦头锚具；(b) DMB 型镦头锚具构造图；(c) 锚环连接器接长预应力筋安装示意图

5.2.2.3　张拉设备

（1）拉杆式千斤顶

拉杆式千斤顶适用于张拉以螺丝端杆锚具为张拉锚具的粗钢筋，张拉以锥形螺杆锚杆为张拉锚具的钢丝束，张拉以 DM5A 型镦头锚具为张拉锚具的钢丝束；

拉杆式千斤顶的构造及工作过程见图 5-31。

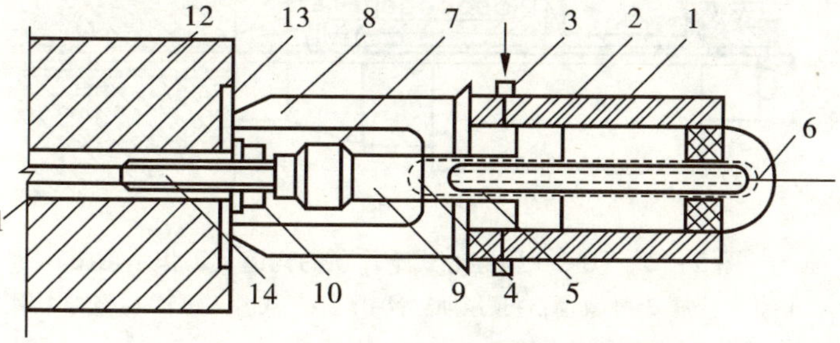

图 5-31　拉杆式千斤顶的构造及工作过程

1-主缸；2-主缸活塞；3-主缸油嘴；4-副缸；5-副缸活塞；6-副缸油嘴；7-连接器；8-顶杆；9-拉杆；10-螺母；11-预应力筋；12-混凝土构件；13-预埋钢板；14-螺丝端杆

拉杆式千斤顶张拉预应力筋时，首先使连接器与预应力筋的螺丝端杆相连接，千斤顶由传力架支承在构件端部的钢板上。张拉时，高压油进入主油缸、推动主缸活塞及拉杆，通过连接器和螺丝端杆，预应力筋被拉伸。千斤顶拉力的大小可由油泵压力表的读数直接显示。当张拉力达到规定值时，拧紧螺丝端杆上的螺母，此时张拉完成的预应力筋被锚固在构件的端部。锚固后回油缸进油，推动回油活塞工作，千斤顶脱离构件，主缸活塞、拉杆和连接器回到原始位置。最后将连接器从螺丝端杆上卸掉，卸下千斤顶，张拉结束。

拉杆式千斤顶构造简单，操作方便，应用范围较广。拉杆式千斤顶的张拉力有 400 kN、600 kN 和 800 kN 三级，张拉行程为 150 mm。

（2）YC-60 型穿心式千斤顶

YC-60 型穿心式千斤顶适用于张拉各种型式的预应力筋，是目前我国预应力混凝土构件施工中应用最为广泛的张拉机械。YC-60 型穿心式千斤顶加装撑脚、张拉杆和连接器后，就可以张拉以螺丝端杆锚具为张拉锚具的单根粗钢筋，张拉以锥形螺杆锚具和 DM5A 型镦头锚具为张拉锚具的钢丝束。

YC-60 型穿心式千斤顶的构造及工作过程见图 5-32。

YC-60 型穿心式千斤顶，沿千斤顶的轴线有一直通的穿心孔道，供穿过预应力筋之用。沿千斤顶的径向，分内外两层工作油缸，外层为张拉油缸，工作时张拉预应力筋，内层为顶压油缸，工作时进行锚具的顶压锚固。YC-60 型穿心式千斤顶既能张拉预应力筋，又能顶压锚具锚固预应力筋，故又称为穿心式双作用千斤顶。

YC-60 型穿心式千斤顶的张拉工作过程是：首先将安装好锚具的预应力筋穿过千斤顶的中心孔道，利用工具式锚具将预应力筋锚固在张拉油缸的端部。高压油进入张拉油室，张拉活塞顶住构件端部的垫板，使张拉油缸向左移动，从而对预应力筋进行张拉。

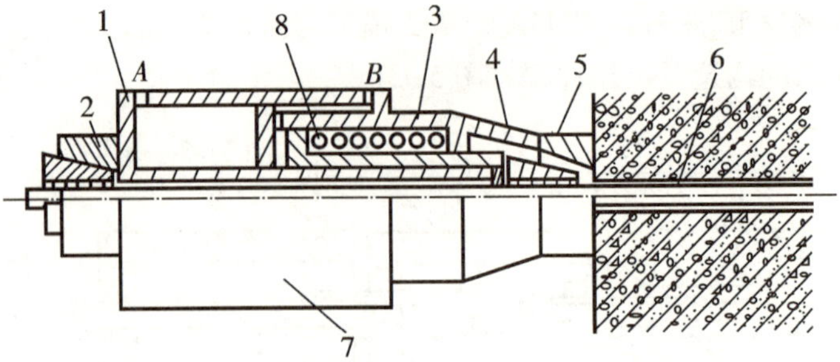

图 5-32　YC-60 型穿心式千斤顶的构造及工作示意图

1-张拉油缸;2-工具锚;3-顶压油缸;4-撑套;5-夹片式锚具;6-预应力钢筋;7-YC60 千斤顶;8-弹簧

YC-60 型穿心式千斤顶的顶压工作过程是:预应力筋张拉到规定的张拉力时,关闭张拉油缸油嘴,高压油由顶压油缸油嘴经油孔进入顶压工作油室,由于张拉活塞即顶压油缸顶住构件端部的垫板,使顶压活塞向右移动,顶住锚具的夹片或锚塞端面,将其压人到锚环内锚固预应力筋。

YC60 型穿心式千斤顶的回程是:张拉回程在完成张拉和顶压工作后进行,开启张拉油缸油嘴,继续向顶压油缸油嘴进油,使张拉工作油室回油。由于顶压活塞仍然顶压着夹片或锚塞,顶压工作油室容积不变,这样,张拉回程油室容积逐渐增大,使张拉油缸在液压回程力的作用下,向右移动恢复到原来的初始位置。张拉回程完成后即开始顶压回程,停止高压油泵工作,开启顶压油缸油嘴,在弹簧力的作用下,使顶压活塞回程,并使顶压工作油缸回油卸荷。

YC-60 型穿心式千斤顶张拉力为 600 kN,张拉行程 150 mm。

(3)锥锚式双作用千斤顶

锥锚式双作用千斤顶适用于张拉以 KT-Z 型锚具为张拉锚具的钢筋束和钢绞线束,张拉以钢质锥形锚具为张拉锚具的钢丝束。

锥锚式双作用千斤顶的构造和工作过程见图 5-33。

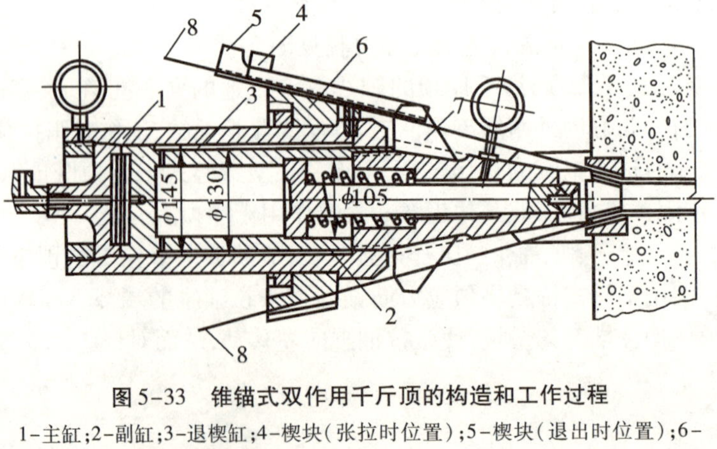

图 5-33　锥锚式双作用千斤顶的构造和工作过程

1-主缸;2-副缸;3-退楔缸;4-楔块(张拉时位置);5-楔块(退出时位置);6-锥形卡环;7-退楔翼片;8-预应力筋

锥锚式双作用千斤顶的主缸及主缸活塞用于张拉预应力筋，主缸前端缸体上有卡环和销片，用以锚固预应力筋，主缸活塞为一中空筒状活塞，中空部分设有拉力弹簧。副缸和副缸活塞用于顶压锚塞，将预应力筋锚固在构件的端部，设有复位弹簧。

锥锚式双作用千斤顶的张拉工作过程是：将预应力筋用楔块锚固在锥形卡环上，使高压油经主缸油嘴进入主缸，主缸带动锚固在锥形卡环上的预应力筋向左移动，进行预应力的张拉。

锥锚式双作用千斤顶的顶压工作过程是：张拉工作完成后，关闭主缸的油嘴，开启副缸油嘴使高压油进入副缸，由于主缸仍保持着一定的油压，故副缸活塞和顶压头向右移动，顶压锚塞锚固预应力筋。

锥锚式双作用千斤顶的回程是：预应力筋张拉锚固后，主、副缸回油，主缸通过本身拉力弹簧的回缩，副缸通过其本身压力弹簧的伸长，将主缸和副缸恢复到原来的初始位置。放松楔块即可拆移千斤顶。

锥锚式双作用千斤顶张拉力为 300 kN 和 600 kN，最大张拉力 850 N，张拉行程 250 mm。顶压行程 60 mm。

5.2.3　张拉预应力筋并锚固

(1)张拉条件

1)预应力筋张拉时，构件的混凝土强度应符合设计要求；如设计无要求时，混凝土强度不应低于设计强度等级的 75%。对于拼装的预应力构件，其拼缝处混凝土或砂浆强度如设计无要求时，不宜低于块体混凝土设计强度等级的 40%，且不低于 15 MPa。

后张法构件为了搬运需要，可提前施加一部分预应力，使构件建立较低的预应力值以承受自重荷载。但此时混凝土的立方强度不应低于设计强度等级的 60%。

2)做好各种准备工作。

(2)张拉程序

超张拉法：$0 \to 1.05\sigma_{con}$(持荷 2 min)$\to \sigma_{con}$

一次张拉法：$0 \to 1.03\sigma_{con}$

(3)张拉控制应力的确定

预应力筋的张拉控制应力按《混凝土结构设计规范》(GB 50010—2010)规定取值。参见先张法。

※知识链接※

为了了解预应力值建立的可靠性，需对预应力筋的应力及损失进行检验和测定，以便使张拉时补足和调整预应力值。检验应力损失最方便的办法是：在预应力筋张拉 24 h 后孔道灌浆前重拉一次，测读前后两次应力值之差，即为钢筋预应力损失(并非应力损失全部，但已完成很大部分)。预应力筋张拉锚固后，实际预应力值与工程设计规定检验值的相对允许偏差为±5%。

在测定预应力筋伸长值时，须先建立 $10\%\sigma_{con}$ 的初应力，预应力筋的伸长值，也应从建立初应力后开始测量，但须加上初应力的推算伸长值，推算伸长值可根据预应力弹性变形呈直线变化的规律求得。例如：某筋应力自 $0.2\sigma_{con}$ 增至 $0.3\sigma_{con}$ 时，其变形为 4 mm，即应力每增加 $0.1\sigma_{con}$ 变形增加 4 mm，故该筋初应力 $10\%\sigma_{con}$ 时的伸长值为 4 mm。对后张法尚应扣除混凝土构件在张拉过程中的弹性压缩值。预应力筋在张拉时，通过伸长值的校核，可以综合反映出张拉应力是否满足，孔道摩阻损失是否偏大，以及预应力筋是否有异常现象等。如实际伸长值与计算伸长值的偏差超过±6%时，应暂停张拉，分析原因后采取措施。

(4)张拉顺序

预应力筋的张拉顺序，应使混凝土不产生超应力、构件不扭转与侧弯、结构不变位等，因此，对称张拉是一条重要原则。图 5-34 所示是预应力混凝土屋架下弦杆与吊车梁的预应力筋张拉顺序。

图 5-35 所示是预应力混凝土吊车梁预应力筋采用两台千斤顶的张拉顺序，对配有多根不对称预应力筋的构件，应采用分批分阶段对称张拉。

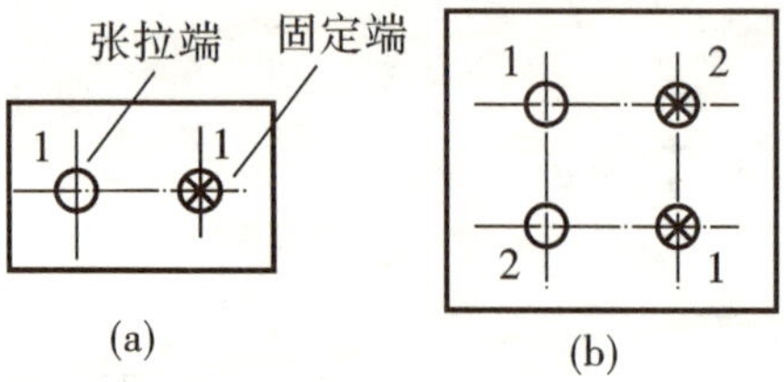

图 5-34　预应力混凝土屋架下弦杆与吊车梁的预应力筋张拉顺序

(a)两束；(b)四束

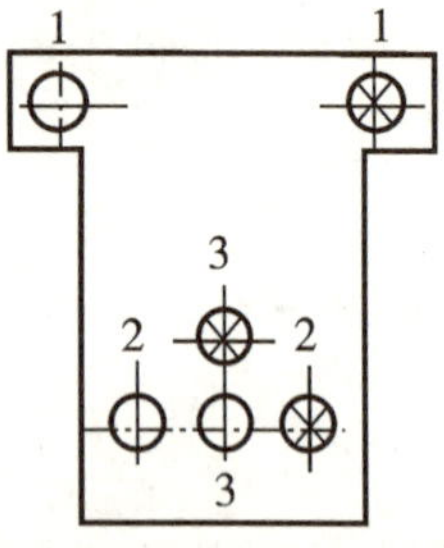

图 5-35　吊车梁预应力筋张拉程序

1、2、3-预应力筋的分批张拉顺序

对平卧叠浇的预应力混凝土构件，上层构件的重量产生的水平摩阻力，会阻止下层构件在预应力筋张拉时混凝土弹性压缩的自由变形，待上层构件起吊后，由于摩阻力影响消失会增加混凝土弹性压缩的变形，从而引起预应力损失。该损失值随构件型式、隔离剂和张拉方式而不同，其变化差异较大。目前尚未掌握其变化规律，为便于施工，在工程实践中可采取逐层加大超张拉的办法来弥补该预应力损失，但是底层张拉力不宜比顶层的张拉力大，具体规定是：

预应力筋为钢丝、钢绞线、热处理钢筋，应小于5%，其最大超张拉力应小于抗拉强度的75%；预应力筋为冷拉热轧钢筋，应小于9%，其最大超张拉力应小于标准强度的95%。

(5)张拉方法

为了减少预应力筋与预留孔道摩擦引起的损失，对于抽芯成形孔道，曲线形预应力筋和长度大于24 m的直线形预应力筋，应采取两端同时张拉的方法。长度小于或等于24 m的直线形预应力筋，可一端张拉。对预埋波纹管孔道：曲线形预应力筋和长度大于30 m的直线形预应力筋，宜采取两端同时张拉的方法。长度小于或等于30 m的直线形预应力筋，可一端张拉。同一截面中有多根一端张拉的预应力筋时，张拉端宜分别设置在构件的两端，当两端同时张拉同一根预应力筋时，为减少预应力损失，施工时宜采用先张拉一端锚固后，再在另一端补足张拉力后进行锚固。

5.2.4 孔道灌浆、封锚

预应力筋张拉锚固后，孔道应及时灌浆以防止预应力筋锈蚀，增加结构的整体性和耐久性。但采用电热法张拉预应力筋时孔道灌浆应在钢筋冷却后进行。

孔道灌浆水泥采用不低于42.5级的普通硅酸盐水泥或矿渣硅酸盐水泥配制的水泥浆；对空隙大的孔道可采用砂浆灌浆。水泥浆及砂浆强度均不应低于20 MPa。灌浆用水泥浆的水灰比不应大于0.45，搅拌后3 h泌水率宜控制在2%，最大不超过3%，泌水应能在24 h内全部重新被水泥浆吸收。纯水泥浆的收缩性较大，为了增加孔道灌浆的密实性，在水泥浆中可掺入约水泥用量0.2%的木质素磺酸钙或其他减水剂，但不得掺入氯化物或其他对预应筋有腐蚀作用的外加剂。

※知识链接※

为了增加孔道灌浆的密实性也可掺入占水泥质量0.05%的铝粉。

灌浆前混凝土孔道应用压力水冲刷干净并润湿孔壁。灌浆顺序应先下后上，以避免上层孔道漏浆而把下层孔道堵塞。孔道灌浆可采用电动灰浆泵，灌浆应缓慢均匀地进行，不得中断，灌满孔道并封闭排气孔后，宜再继续加压至0.5～0.6 MPa并稳压一定时间，以确保孔道灌浆的密实性。对于不掺外加剂的水泥浆可采用二次灌浆法，以提高孔道灌浆的密实性。灌浆后孔道内水泥浆及砂浆强度达到15 MPa时方能移动构件，灰浆强度达到100%设计强度时，才允许吊装。

最后把露在构件端部外面的预应力筋及锚具，用封端混凝土保护起来。

※知识链接※

后张法预应力混凝土常见的质量事故及处理如下：

1.孔道位置不正(即孔道位置偏斜，引起构件在施加应力时发生侧弯和开裂)

1)产生原因：芯管未与钢筋固定牢，井字架间距过大；浇筑混凝土时，振动棒的振动使芯管偏移。

2)防止措施：井架位置要正确，绑扎在钢筋骨架上，其间距不得大于1.0 m；灌注混凝土时,防止振动棒振动芯管偏移,需起拱的构件、芯管应同时起拱。

2.孔道塌陷、堵塞

1)现象:后张法构件预留孔道塌陷或堵塞,使预应力筋不能顺利穿过,不能保证灌浆质量。

2)产生原因:抽芯过早,混凝土尚未凝固;孔壁受外力和振动影响,如抽管时,因方向不正而产生的挤压和附加振动等;抽管的速度过快。

3)防止措施:抽芯在混凝土初凝后、终凝前;浇灌混凝土后,钢管每隔 10 ~ 15 min 同向转动一次,宜先上后下;抽管速度要均匀;抽出后及时检查孔道,塌陷处及时疏通。

3.预应力值不足

1)现象:重叠生产构件,如屋架等张拉后,常出现应力值不足情况,对冷拉钢筋的应力损失,最大可达 10% 以上。

2)产生原因:采用重叠方法生产构件,阻止上、下层构件张拉时的弹性压缩,当构件起吊后,层间摩阻力消除,从而产生附加预应力损失。

3)防止措施:做好隔离层;浇捣上层混凝土,防止振动棒触及下层构件。

4.孔道灌浆不密实

1)产生原因:水泥强度过低,灌浆顺序不当;灌浆压力过力过小;未设排气孔,部分孔道被空气阻塞;灌浆未连续进行,部分孔道被堵。

宜先灌下层后灌上层,避免将下层孔道堵住;

2)防止措施:水泥的强度不低于 42.5 级;水灰比宜控制在 0.4 左右;可掺入 0.01% 的铝粉或 0.25% 的减水剂;灌浆先下后上,直线孔道一端到另一端,曲线孔道应从最低点开始向两端进行;灌浆压力以 0.3 ~0.5 MPa 为宜,中途不应停顿。

5.孔道裂缝

1)产生原因:抽管、灌浆操作不当,产生裂缝;冬期施工灰浆受冻膨胀,将孔道胀裂。

2)防止措施:抽管、灌浆按规范操作,混凝土振捣密实;避免冬期灌浆,必须时在孔道通热气或热水而后加热和保温。

任务 5.3　后张法无黏结预应力混凝土工程

在后张法预应力混凝土构件中,预应力筋分为有黏结和无黏结两种。有黏结的预应力是后张法的常规做法,张拉后通过灌浆使预应力筋与混凝土黏结。无黏结预应力是近几年发展较快的一项新技术,其做法是在预应力筋表面刷涂油脂并包塑料带(管)后,如同普通钢筋一样先铺设在支好的模板内,再浇筑混凝土,待混凝土达到规定的强度后,进行预应力筋张拉和锚固。这种预应力工艺是借助两端的锚具传递预应力,无需留孔灌浆,施工简便,摩擦损失小,预应力筋易可成多跨曲线形状等,但对锚具锚固能力要求较高。无黏结预应力适用于大柱网整体现浇楼盖结构,尤其在双向连续平板和密肋楼板中使用最为合理经济。

5.3.1 铺设预应力筋

(1)无黏结预应力筋

无黏结预应力筋由无黏结筋、涂料层和外包层三部分组成,图5-36为钢绞线作为预应力筋的示意图。

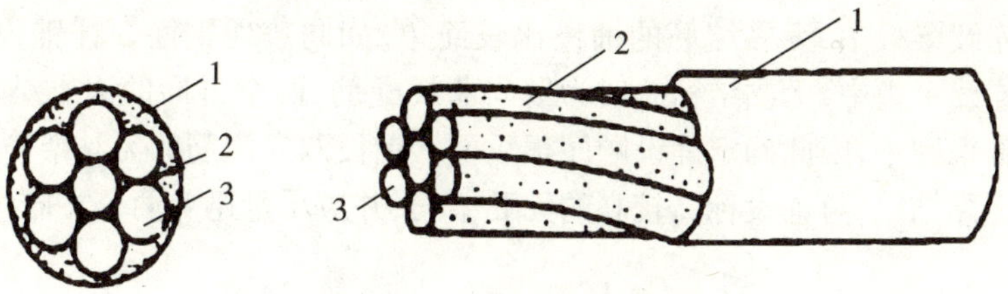

图5-36 无黏结预应力筋

1-塑料外包层;2-防腐润滑脂;3-钢绞线(或碳素钢丝束)

无黏结筋宜采用柔性较好的预应力筋制作,选用7Φs4或7Φs5钢绞线。无黏结筋的涂料层可采用防腐油脂或防腐沥青制作。涂料层的作用是使无黏结筋与混凝土隔离,减少张拉时的摩擦损失,防止无黏结筋腐蚀等。因此,要求涂料性能符合下列要求:

1)在-20~+70 ℃温度范围内,不流淌、不裂缝、不变脆,并有一定韧性;

2)使用期内化学稳定性高;

3)润滑性能好,摩擦阻力小;

4)不透水、不吸湿;

5)防腐性能好。

无黏结筋的外包层可用高压聚乙烯塑料带或塑料管制作。外包层的作用是使无黏结筋在运输、储存、铺设和浇筑混凝土等过程中不会发生不可修复的破坏,因此要求外包层应符合下列要求:

1)在-20~+70 ℃温度范围内,低温不脆化,高温化学稳定性好;

2)必须具有足够的韧性,抗破损性强;

3)对周围材料无侵蚀作用;

4)防水性强。

制作单根无黏结筋时,宜优先选用防腐油脂做涂料层,其塑料外包层应用塑料注塑机注塑成型,防腐油脂应填充饱满,外包层应松紧适度。成束无黏结筋可用防腐沥青或防腐油脂作涂料层,当使用防腐沥青时,应用密缠塑料带作外包层,塑料带各圈之间的搭接宽度应不小于带宽的1/2,缠绕层数不小于4层。要求防腐油脂涂料层无黏结筋的张拉摩擦系数不应大于0.12;防腐沥青涂料层无黏结筋的张拉摩擦系数不应大于0.25。

(2)无黏结筋的制作

无黏结筋的制作一般采用挤压涂层工艺和涂包成型工艺两种。

1)挤压涂层工艺。挤压涂层工艺主要是无黏结筋通过涂油装置涂油,涂油无黏结筋通过塑料挤压机涂刷塑料薄膜，再经冷却筒槽成型塑料套管。这种挤压涂层工艺的特点是效率高，质量好，设备性能稳定，与电线、电缆包裹塑料套管的工艺相似。

2)涂包成型工艺。涂包成型工艺是无黏结筋经过涂料槽涂刷涂料后，再通过归束滚轮成束并进行补充涂刷，涂料厚度一般为 2 mm，涂好涂料的无黏结筋随即通过绕布转筒自动地交叉缠绕两层塑料布，当达到需要的长度后进行切割，成为一根完整的无黏结预应力筋。这种涂包成型工艺的特点是质量好，适应性较强。

(3)无黏结预应力筋的铺设

在单向连续梁板中，无黏结筋的铺设比较简单，如同普通钢筋一样铺设在设计位置上。在双向连续平板中，无黏结筋一般为双向曲线配筋，两个方向的无黏结筋互相穿插，给施工操作带来困难，因此确定铺设顺序很重要。铺设双向配筋的无黏结筋时，应先铺设标高较低的无黏结筋，再铺设标高较高的无黏结筋，并应尽量避免两个方向的无黏结筋相互穿插编结。

无黏结筋应严格按设计要求的曲线形状就位并固定牢靠。铺设无黏结筋时，无黏结筋的曲率可垫铁马凳控制。铁马凳高度应根据设计要求的无黏结筋曲率确定，铁马凳间隔不宜大于 2 m 并应用铁丝将其与无黏结筋扎紧。也可以用铁丝将无黏结筋与非预应力钢筋绑扎牢固，以防止无黏结筋在浇筑混凝土过程中发生位移，绑扎点的间距为 0.7 ~ 1 m。无黏结筋控制点的安装偏差：矢高方向±5 mm，水平方向±30 mm。

5.3.2 预应力筋的张拉、锚固

由于无黏结预应力筋一般为曲线配筋，故应两端同时张拉。

无黏结筋的张拉顺序应与其铺设顺序一致，先铺设的先张拉，后铺设的后张拉。成束无黏结筋正式张拉前，宜先用千斤顶往复抽动 1 次或 2 次以降低张拉摩擦损失。无黏结筋的张拉过程中，当有个别钢丝发生滑脱或断裂时，可相应降低张拉力，但滑脱或断裂的数量不应超过结构同一截面无黏结预应力筋总量的 2%。

5.3.3 预应力筋端部处理

无黏结筋端部锚头的防腐处理应特别重视。采用 XM 型夹片式锚具的钢绞线，张拉端头构造简单，无须另加设施，端头钢绞线预留长度不小于 150 mm，多余部分切断并将钢绞线散开打弯，埋设在混凝土中以加强锚固，如图 5-37 所示。

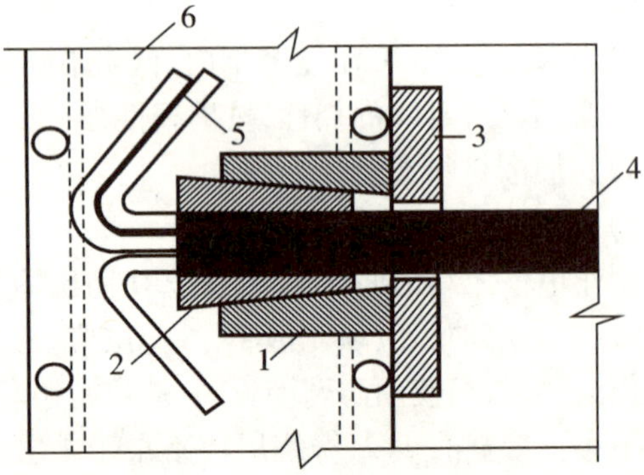

图 5-37 钢绞线端部锚头处理

1-锚环；2-夹片；3-埋件；4-钢绞线；5-散开打弯钢丝；6-圈梁

小 结

预应力钢筋混凝土与普通混凝土相比，具有提高构件的抗裂度、刚度和耐久性，节约钢材，减轻结构自重等优点，预应力混凝土是当前最有发展前途的结构材料之一。

先张法施工中主要讲述台座类型及作用，夹具及张拉设备的正确选用，先张法的工艺及特点，预应力值的建立和传递原理，预应力筋张拉后对张拉力进行检验的方法。预应力筋放张时，应根据预应力混凝土构件类型和配筋情况，正确地选用放张顺序和方法，以保证先张法构件制作的质量。这里必须强调指出：先张法与后张法控制应力和超张拉最大应力取值是不同的。先张法构件，由于混凝土是在预应力筋放松后才受到弹性压缩，预应力值的建立应考虑混凝土弹性压缩等而降低的影响，所以先张法的控制应力和超张拉应力值，均比后张法大。

后张法施工中，锚具是预应力筋张拉后建立预应力值和确保结构安全的关键。。

后张法用的预应力筋、锚具和张拉千斤顶是配套的。预应力筋的种类不同，采用的锚具类型不同，则所用的张拉千斤顶也不同。如穿心式千斤顶适用于张拉配有JM-12型锚具的钢筋束与钢绞线束；锥锚式千斤顶适用于张拉配有钢质锥形锚具的钢丝束等。不能用锥锚式千斤顶去张拉配有JM-12型锚具的钢绞线束。

为了准确地获得实际张拉力，预应力筋张拉时，对张拉千斤顶、压力表等必须进行配套校验。

预应力混凝土施工时预应力值的建立与所用的材料性能、锚夹具类型与性能、张拉设备及施加预应力的方法等因素有关。

预应力筋张拉是预应力施工中的关键工作。张拉控制应力应严格按设计规定取值，因为若张拉控制应力取值过大，预应力筋易断裂，构件反拱也会过大。同时，为减少预应力筋的应力松弛损失，一般多采用超张拉，如果控制应力值取值过高，再加超张拉，就可能出现预应力筋的应力值超过屈服点应力，这是不允许的。龙其是张拉平卧叠浇的下层预应力构件时，更得注意其超张拉值不得超过最大超张拉力的值。反之，若张拉中控制应力过低，则建立的有效预应力值就不够，构件可能过早出现裂缝，这也不符合设计和使用要求。

习 题

一、填空题

1. 后张法中，孔道留设方法有：________、________和________。
2. 先张法时为了减少应力松弛损失，预应力钢筋采用超张拉程序：________
3. 后张法施工时，预应力钢筋张拉锚固后进行的孔道灌浆目的是________。
4. 无需留孔和灌浆，适用于曲线配筋的预应力施工方法属于________。
5. 预应力混凝土是在结构或构件的________预先施加压应力而成。

6. 先张法施工时，当混凝土强度至少达到设计强度标准值的________时，方可放张。

7. 单根粗钢筋作预应力筋时，张拉端用________锚具，固定端用________锚具 。

二、判断题

1. 预应力混凝土后张法施工适用于预制厂生产中、小型构件。（　　）

2. 预应力混凝土先张法施工适用于现场生产大型构件。（　　）

3. 螺栓端杆锚具既可用于张拉端，又可用于固定端。（　　）

4. 预应力混凝土构件生产时，建立预应力筋张拉程序的目的是为了减少预应力筋的应力松弛损失。（　　）

5. 先张法所使用的夹具永久地留在构件上，不能取下重复使用。（　　）

6. 对于平卧叠浇的预应力钢筋混凝土构件，宜先下后上逐层进行张拉。（　　）

三、选择题

1. 预应力混凝土同种钢筋的最大张拉控制应力（　　）。

A. 先张法高于后张法　　B. 先张法低于后张法

C. 先张法与后张法相同

2. 预应力筋放张时，混凝土应达到设计规定放张强度，设计没有规定时应（　　）。

A. 不低于 75% 设计强度　　B. 不高于 75% 设计强度

C. 不低于 50% 设计强度　　D. 不高于 50% 设计强度

3. 预应力受力钢筋接头位置应相互错开，允许钢筋闪光对焊接头面积占受拉钢筋总面积（　　）。

A. 25%　　B. 50%

C. 不限制　　D. 施工单位自行确定

4. 无黏结预应力混凝土属（　　）。

A. 先张法　　B. 后张法

C. 先张法与后张法均可

5. 预应力混凝土的预压应力是利用钢筋的弹性回缩产生的，一般施加在结构的（　　）。

A. 受拉区　　B. 受压区

C. 受力区

6. 后张法预应力混凝土，当预应力钢筋采用单根粗钢筋时，配套锚具宜采用（　　）。

A. 螺丝端杆锚具　　B. 镦头锚具

C. JM 型锚具　　D. XM 型锚具

7. 后张法预应力混凝土，当曲线预应力钢筋或长度大于 30 m 的直线预应力钢筋，一般采用（　　）。

A. 一端张拉　　B. 两端张拉

C. 一端张拉或两端张拉均可

8. 后张法平卧叠浇预应力混凝土构件，张拉（　　）进行。

A. 宜先上后下　　B. 宜先下后上

C. 可不考虑顺序

9. 后张法平卧重叠浇筑的预应力混凝土构件，宜先上后下张拉，为了减小上下层之间因摩阻力引起的预应力损失，张拉应力应(　　)。

A. 加大一个恒定值　　　B. 逐层减小

C. 逐层加大

10. 由于孔道摩阻力影响，一端张拉一端固定的预应力筋有效预应力值自张拉端至固定端(　　)。

A. 逐渐减小　　　B. 逐渐加大

C. 为恒定值

四、问答题

1. 何为松弛？如何建立张拉程序以减少预应力筋的松弛损失？

2. 后张法预应力筋张拉完后，为何要及时灌浆？

3. 重叠生产的预应力构件如何弥补其应力损失？

4. 后张法孔道留设有几种方法？孔道灌浆有何作用？

5. 施加预应力的方法有几种？其预应力值是如何建立和传递的？

模块6 结构安装工程

知识目标

1. 了解结构安装施工的主要内容，了解结构安装工程中常用的起重机械和索具。
2. 熟悉单层厂房结构安装工艺。
3. 掌握单层工业厂房构件的主要吊装工艺，并能编制一般单层厂房结构安装方案。
4. 熟悉钢结构安装、网架结构安装等施工工艺。

能力目标

知识要点	能力要求	相关知识	权重
起重机械与索具	根据实际情况选择结构安装施工机械和索具	主要施工机械和索具的种类和特点，自行起重机的安全稳定验算，塔式起重机的种类和特点，索具及锚碇的种类和特点	20%
单层工业厂房安装	1. 做好单层工业厂房结构安装的准备工作； 2. 选择单层工业厂房构件吊装工艺； 3. 编制单层厂房结构安装施工方案	单层厂房结构安装前的准备工作内容，单层厂房结构吊装工艺特点，柱子、屋架等构件吊装工艺要求，结构安装方法，起重机的开行路线选择方法，结构构件的平面布置要求	40%
钢结构安装	1. 编制一般轻钢结构安装施工方案； 2. 编制一般网架结构安装施工方案	轻钢结构安装工艺及施工要点，网架结构安装工艺及施工要点	40%

学习重点

单层工业厂房安装,钢结构安装工艺及施工要点。

工程引例

场馆名称:国家体育场

地点:奥林匹克公园

场地类型:新建比赛场馆

奥运会期间的用途:开闭幕式、田径、男子足球

残奥会期间的用途:开闭幕式、田径

建筑面积(10^4 m^2):25.8

固定座位数:80000 个

临时座位数:11000 个

建设开工时间:2003 年 12 月 24 日

计划完工时间:2008 年 3 月

赛后功能:将用于国际国内体育比赛和文化、娱乐活动

国家体育场位于北京奥林匹克公园中心区南部,为 2008 年第 29 届奥林匹克运动会的主体育场。工程总占地面积 21 公顷,建筑面积 258000 m^2。场内观众坐席约为 91000 个,其中临时坐席约 11000 个。将举行奥运会、残奥会开闭幕式、田径比赛及足球比赛决赛。奥运会后将成为北京市民广泛参与体育活动及享受体育娱乐的大型专业场所,并成为具有地标性的体育建筑和奥运遗产。

国家体育场工程为特级体育建筑,主体结构设计使用年限 100 年,耐火等级为一级,抗震设防烈度 8 度,地下工程防水等级 1 级。工程主体建筑呈空间马鞍椭圆形,南北长 333 m、东西宽 294 m,高 69 m。主体钢结构形成整体的巨型空间马鞍形钢桁架编织式“鸟巢”结构,钢结构总用钢量为 4.2 万吨,混凝土看台分为上、中、下三层,看台混凝土结构为地下 1 层,地上 7 层的钢筋混凝土框架-剪力墙结构体系。钢结构与混凝土看台上部完全脱开,互不相连,形式上呈相互围合,基础则坐在一个相连的基础底板上。国家体育场屋顶钢结构上覆盖了双层膜结构,即固定于钢结构上弦之间的透明的上层 ETFE 膜和固定于钢结构下弦之下及内环侧壁的半透明的下层 PTFE 声学吊顶。

北京城建集团技术人员通过工况分析计算,结合工程实践,总结出一套包括重心确定、吊耳设计、稳固措施及接口偏差调整措施等内容的异型复杂钢构件综合安装技术。

在高空安装方面,经过反复研究,最终确定采用高空散装方案,而合龙和卸载则是检验搭建能否成功的关键两步。国家体育场钢结构工程结构跨度大,传力体系复杂。有关部门协调并经过国家气象、规划等部门的研究论证,确定合龙温度为(19±4)℃。在合龙温度确定下来后,经过反复择优比选并通过设计复核,主桁架、立面结构及顶面次结构的合龙线确定为四条。采取了先进行主桁架的合龙,再进行立面结构的合龙顺序。

随后又确定合龙方式和合龙口做法、合龙温度监测等。为确切掌握整个屋盖钢结构

的温度场分布情况,测试点的布设尽量分布于整个屋盖区域。温度监测点设了60个,即顶面36个,立面24个。

历经2006年8月25至26日、8月28至29日、8月30至31日三个夜晚,顺利完成国家体育场钢结构工程合龙工作。600延米合龙焊缝自检探伤和第三方探伤一次合格率100%,所有合龙口焊缝质量满足规范和设计要求。

接下来就是安装支撑体系及卸载技术研究与应用。由于"鸟巢"钢结构屋盖面积大,支撑点分布广,最优的卸载方式是78个支撑整体同时同步卸载。

卸载中,城建集团技术人员结合78个支撑点,分成外、中、内三圈。最终,卸载工人从最外圈的所有千斤顶上撤下钢垫片,"鸟巢"钢结构完全靠自身站立起来了,这一刻令全国人民为之激动。卸载结果完全满足结构设计要求和相关验收标准。最终实测卸载最大变形平均值为271 mm,比设计允许值286 mm还要少15 mm。

在"鸟巢"钢结构施工技术创新中,钢结构施工测量测控技术研究及应用、焊接综合技术研究与应用成果卓著。北京城建集团在测量控制手段上应用全站仪、数字水准仪以及结合GPS控制测量手段等建立高精度三维工程控制网,应用基于智能化全站仪及相关工业三维测量系统等集成式精密空间放样测设技术。应用三维激光扫描测量技术对钢结构构件拼装、安装的空间形态进行实时或准实时的精确检测和完整记录。

国家体育场工程为全焊接钢结构,总用钢量4.2万吨,焊缝总长度30万米,焊缝折算总长度280万米。针对国家体育场钢结构工程焊接特点,北京城建集团课题组人员围绕厚板焊接技术、低温焊接技术、焊接残余应力控制及仰焊技术等方面进行了研究。

在厚板焊接技术上,研究人员率先进行低温焊接技术研究,通过低温焊接试验研究低温焊接工作的可行性,经过工程应用研究总结出一套低温焊接管理制度。

2006年11月30日,国家体育场工程钢结构全部焊接完成,30万米长焊缝成形良好,自检及第三方探伤合格率达到100%,符合国家规范及设计文件的有关要求。

思考:(1)简单列举鸟巢吊装施工时用到哪些施工机械?

(2)搜集资料,了解鸟巢钢结构安装施工方案。

任务6.1 起重机械与索具

6.1.1 索具与锚碇

结构安装工程中常用的索具设备有钢丝绳、滑轮组、卷扬机、吊钩、卡环、横吊梁和锚锭等。

(1)钢丝绳

钢丝绳是吊装工艺中的主要绳索,具有强度高、韧性好、耐磨等特点。同时,钢丝绳被磨损后,外表面产生许多毛刺,易被发现,便于防止事故的发生。

常用的钢丝绳是用若干根钢丝搓捻成股,再由6股围绕绳芯搓捻成绳,其规格有6×

19、6×37、6×61 三种(6 股,每股分别由 19、37、61 根钢丝捻成)。

在绳的直径相同的情况下,6×19 钢丝绳钢丝粗,比较耐磨,但较硬,不易弯曲,多用作缆风绳;6×37 钢丝绳钢丝细,比较柔软,一般用于穿滑车组和吊索;6×61 钢丝绳质地软,主要用于重型起重机械中。

(2)滑轮组

所谓滑轮组,即由一定数量的定滑轮和动滑轮组成,并由绕过它们的绳索联系成为整体,从而达到省力和改变力的方向的目的。

由于滑轮的起重能力大,同时又便于携带,所以滑轮是吊装工程中常用的工具。

(3)卷扬机

结构安装中的卷扬机,有手动和电动两类,其中电动卷扬机又分快速和慢速两种。快速电动卷扬机又有单筒和双筒之分,其钢丝绳牵引速度为 25 ~ 50 m/min,单头牵引力为 40 ~ 80 kN,主要用于垂直运输和打桩作业,慢速电动卷扬机多为单筒式,钢丝绳牵引速度为 6.5 ~ 22 m/min,单头牵引力为 5 ~ 100 kN,主要用于结构吊装、钢筋冷拉和预应力筋张拉等作业。

另外,卷扬机在使用过程中必须用地锚予以固定,以防止工作时产生滑动或倾覆。根据受力大小,固定卷扬机有四种方法:螺栓锚固法、水平锚固法、立桩锚固法和压重锚固法。如图 6-1 所示。

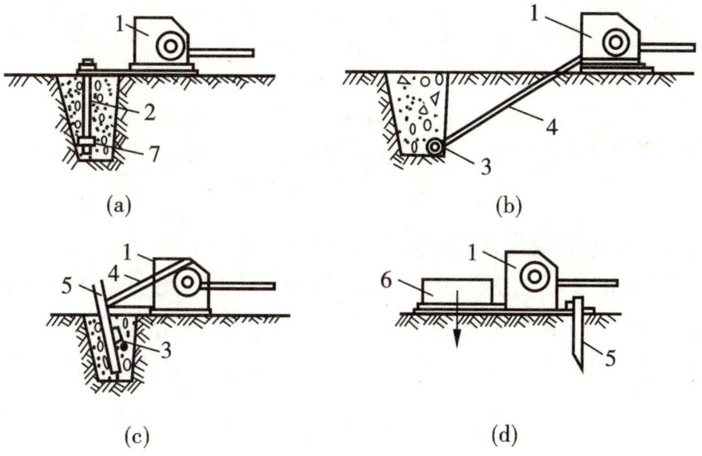

图 6-1　卷扬机的固定方法

(a)螺栓锚固法;(b)水平锚固法;(c)立桩锚固法;(d)压重锚固法

1-卷扬机;2-地脚螺栓;3-横木;4-拉索;5-木桩;6-压重;7-压板

(4)吊具

在构件吊装过程中,常用的吊具有吊钩、吊索、卡环和横吊梁等。

1)吊钩。起重吊钩常用优质碳素钢材锻造后经退火处理而成,吊钩表面应光滑,不得有剥裂、刻痕、锐角、裂缝等缺陷存在,并不准对磨损或有裂缝的吊钩进行补焊修理。吊钩在钩挂吊索时要将吊索挂至钩底;直接钩在吊环中时,不能使吊环硬别或歪扭,以免吊钩产生变形或使吊索脱钩。

2）吊索。吊索又称千斤绳，主要用于绑扎构件以便起吊，分为环形吊索和开口吊索两种，如图6-2(a)所示。吊索是用钢丝绳做成的，因此，钢丝绳的允许拉力即为吊索的允许拉力。在工作中，吊索拉力不应超过其允许拉力。

3）卡环。卡环又称卸甲（由弯环和销子两部分组成），主要用于吊索之间或吊索与构件吊环之间的连接，分为螺栓式卡环和活络式卡环两种，如图6-2(b)所示。

4）横吊梁。横吊梁又称铁扁担，常用形式有钢板横吊梁和钢管横吊梁两种，如图6-2(c)、(d)所示。采用直吊法吊柱时，用钢板横吊梁，可使柱直立，垂直入杯；吊装屋架时，用钢管横吊梁，可减小吊索对构件的横向压力并减少索具高度。

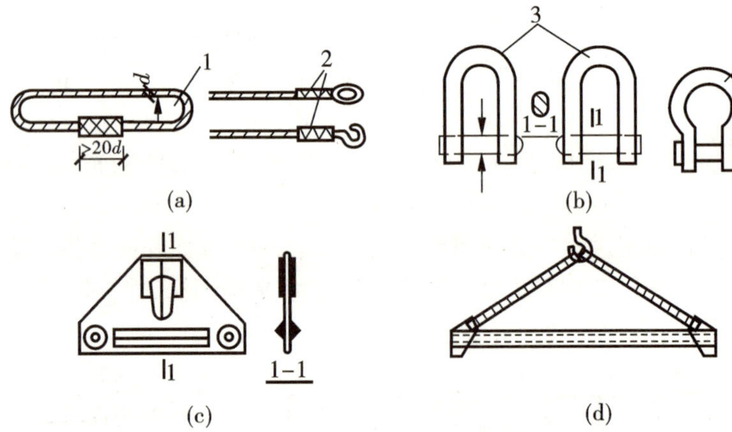

图6-2　吊具

(a)吊索；(b)卡环；(c)钢板横吊梁；(d)钢管横吊梁

1-环形吊索；2-开口吊索；3-螺栓式卡环；4-活络式卡环

(5)锚碇

锚碇又称地锚，用来固定缆风绳、卷扬机、导向滑轮等。

锚碇有桩式锚碇和水平锚碇两种。桩式锚碇适用于固定受力不大的缆风绳，结构吊装中很少采用。吊装工程中常用水平锚碇，将一根或几根圆木捆绑在一起，横放在挖好的坑底上，用钢丝绳系在横木的一点或两点，成30°～45°斜度引出地面，然后用土石回填夯实，如图6-3所示。

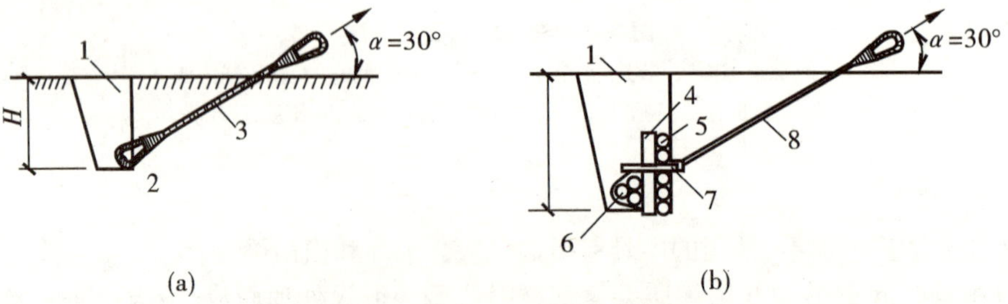

图6-3　水平锚碇构造示意图

(a)拉力30 kN以下的；(b)拉力100～400 kN

1-回填土逐层夯实；2-地龙木1根；3-钢丝绳或钢筋；4-柱木；5-档木；6-地龙木3根；7-压板；8-钢丝绳圈或钢筋环

6.1.2　起重机械

起重机械是建筑施工中广泛采用的起重运输设备，它的合理选择与使用，对于减轻劳动强度、提高劳动生产率、加速工程进度、降低工程造价等，起着十分重要的作用。

结构安装工程中常用的起重机械有桅杆式起重机、自行杆式起重机和塔式起重机三大类。

6.1.2.1　桅杆式起重机

桅杆式起重机具有制作简单，装拆方便，起重量较大（可达 100 t 以上），受地形限制小，能用于其他起重机械不能安装的一些特殊结构设备等优点；但也有其缺点：服务半径小，移动困难，需要拉设较多的缆风绳等。

桅杆式起重机按其构造不同，可分为独脚拔杆、人字拔杆、悬臂拔杆和牵缆式起重机等。

（1）独脚拔杆

独脚拔杆由拔杆、滑轮组、卷扬机、缆风绳和锚碇等组成（图 6-4）。使用时，拔杆应保持不大于 10°的倾角。缆风绳数量一般为 6 ~ 12 根，与地面夹角为 30° ~ 45°。独脚拔杆木起重高度为 15 m 以内，起重量 10 t 以下。钢管独脚拔杆，一般起重高度在 30 m 以内，起重量可达 30 t。格构式独脚拔杆起重高度达 70 ~ 80 m，起重量可达 100 t 以上。

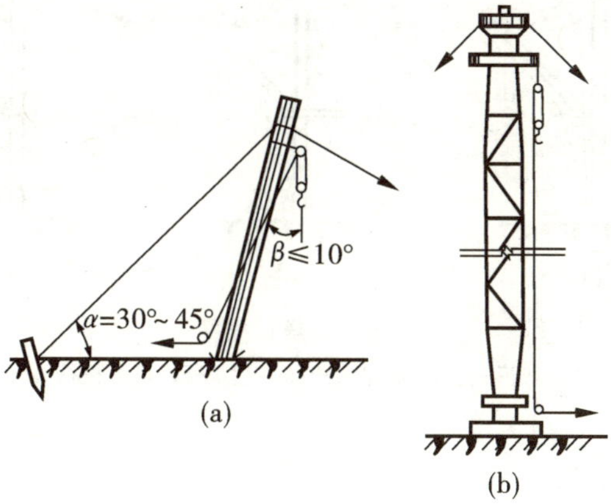

图 6-4　独脚拔杆

（a）木拔杆；（b）格构式金属拔杆

（2）人字拔杆

人字拔杆由两根圆木或钢管或格构式截面的独脚拔杆在顶部相交成 20° ~ 30°夹角，以钢丝绳绑扎或铁件铰接而成（图 6-5）。拔杆下端两脚距离约为高度的 1/2 ~ 1/3。人字拔杆的优点是侧向稳定性好，缆风绳较少（一般不少于 5 根）；缺点是构件起吊后活动范围小，一般仅用于安装重型构件或作为辅助设备以吊装厂房屋盖体系上的轻型构件。

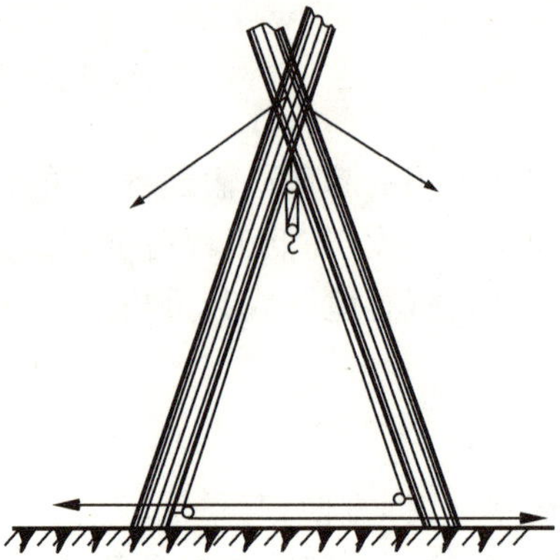

图 6-5　人字拔杆

(3)悬臂拔杆

在独脚拔杆的中部 2/3 高度处装上一根起重臂,即成悬臂拔杆。起重杆可以回转和起伏,可以固定在某一部位,亦可根据需要沿杆升降(图 6-6)。为了使起重臂铰接处的拔杆部分得到加强,可用撑杆和拉条(或钢丝绳)进行加固。其特点是有较大的起重高度和相应的起重半径;悬臂起重杆左右摆动角度大(120° ~170°),使用方便。但因起重量较小,故多用于轻型构件的吊装。

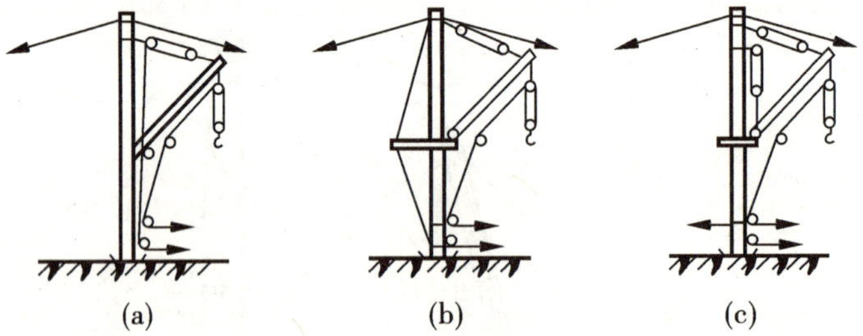

图 6-6　悬臂拔杆

(a)一般形式;(b)带加劲杆;(c)起重臂杆可沿拔杆升降

(4)牵缆式拔杆起重机

牵缆式拔杆起重机是在独脚拔杆的下端装上一根可以回转和起伏的起重臂而组成(图 6-7)。整个机身可作 360°回转,具有较大的起重半径和起重量,并有较好的灵活性。该起重机的起重量一般为 15 ~60 t,起重高度可达 80 m,多用于构件多、重量大且集中的结构安装工程。其缺点是缆风绳用量较多。

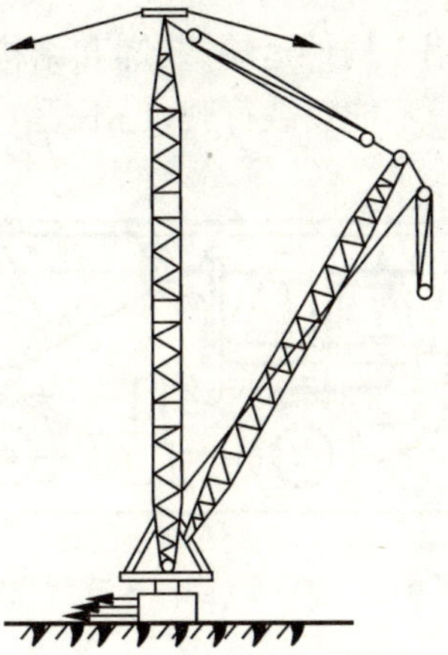

图6-7 牵缆式拔杆起重机

6.1.2.2 自行式起重机

常用的自行式起重机有履带式起重机、汽车式起重机和轮胎式起重机三种。

(1)履带式起重机

履带式起重机(图6-8)在行走的履带底盘上装有起重装置的起重机械,是自行式、全回转的一种起重机,它具有操作灵活,使用方便,有较大的起重能力,在平坦坚实的道路上还可负载行走。但履带式起重机行走速度慢,对路面破坏性大,在进行长距离转移时,应用平板拖车或铁路平板车运输。

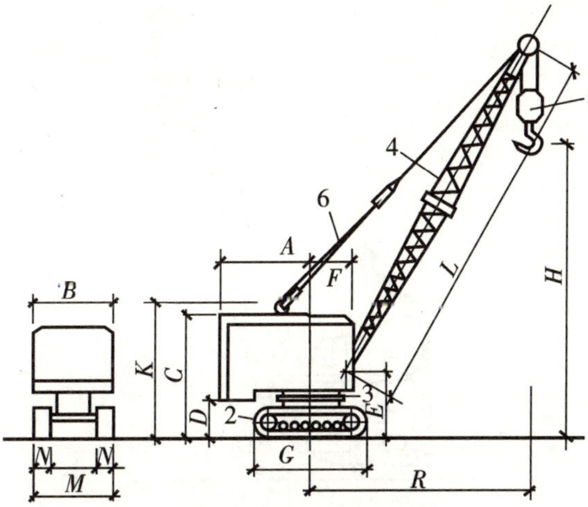

图6-8 履带式起重机

1-机身;2-行走机构;3-回转机构;4-起重臂;5-起重滑轮组;6-变幅滑轮组

(2)汽车式起重机

汽车式起重机(图6-9)常用于构件运输、装卸和结构吊装,其特点是转移迅速,对路面损伤小;但吊装时需使用支腿,不能负载行驶,也不适于在松软或泥泞的场地上工作。

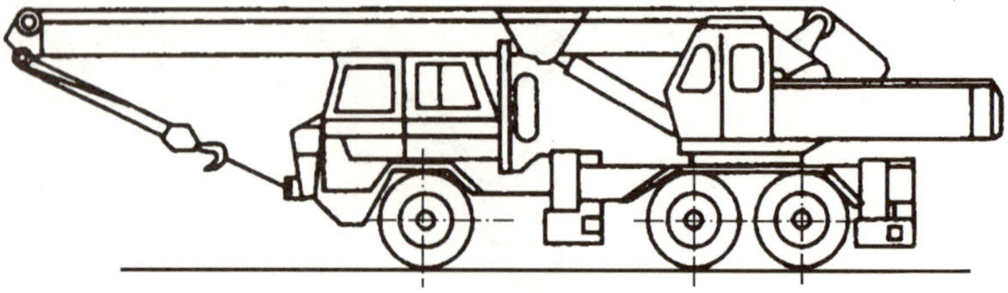

图6-9　QY-16型汽车式起重机

我国生产的汽车式起重机有Q系列、QY系列等。如QY-32型汽车式起重机,臂长32 m,最大起重量32 t,起重臂分四节,外面一节固定,里面三节可以伸缩,可用于一般工业厂房的结构安装。目前,国产汽车式起重机最大起重量已达65 t。引进的大型汽车式起重机有日本的NK系列,如NK-800型起重机起重量可达80 t,而德国的GMT型汽车式起重机最大起重量达120 t,最大起重高度可达75.6 m,均能满足重型构件的安装。

(3)轮胎式起重机

轮胎式起重机在构造上与履带式起重机基本相似,但其行走装置采用轮胎。起重机构及机身装在特制的底盘上,能全回转。随着起重量的大小不同,底盘上装有若干根轮轴,配有4～10个或更多个轮胎,并有可伸缩的支腿(图6-10);起重时,利用支腿增加机身的稳定,并保护轮胎。必要时,支腿下可加垫块,以扩大支承面。

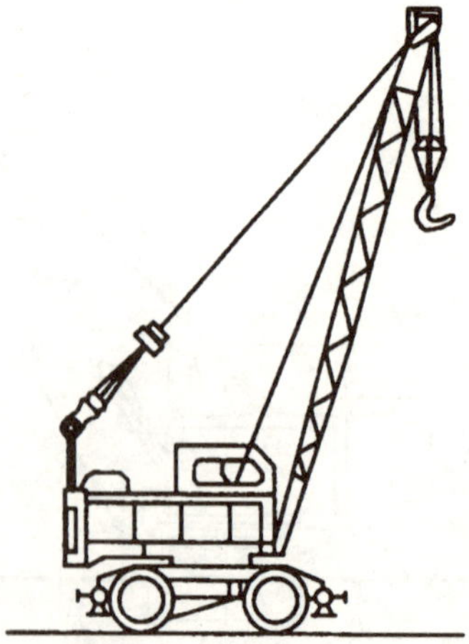

图6-10　QL3-16型轮胎式起重机

轮胎式起重机的特点与汽车式起重机相同。我国常用的轮胎式起重机有QL3系列及QYL系列等,均可用于一般工业厂房结构安装。

6.1.2.3　塔式起重机

塔式起重机的塔身直立，起重臂安在塔身顶部可作 360°回转。它具有较高的起重高度、工作幅度和起重能力，工作速度快、生产效率高，机械运转安全可靠，操作和装拆方便等优点，在多层、高层房屋结构安装中应用最广。

塔式起重机按行走机构、变幅方式、回转机构位置及爬升方式的不同而分成若干类型。现仅就轨道式、爬升式和附着式塔式起重机的性能予以介绍。

(1)轨道式塔式起重机

轨道式塔式起重机能负荷行走，能同时完成水平运输和垂直运输，且能在直线和曲线轨道上运行，使用安全，生产效率高，起重高度可按需要增减塔身、互换节架。但因需要铺设轨道，装拆及转移耗费工时多，台班费较高。常用的型号有 QT1-2、QT1-6、QT60/80、QT20 型等。

1)QT1-2 型塔式起重机。该起重机由塔身、起重臂、底盘组成，回转机构位于塔身下部。该机塔身与起重臂可折叠，能整体运输(图 6-11)。起重量 1～2 t，起重力矩 160 kN·m。

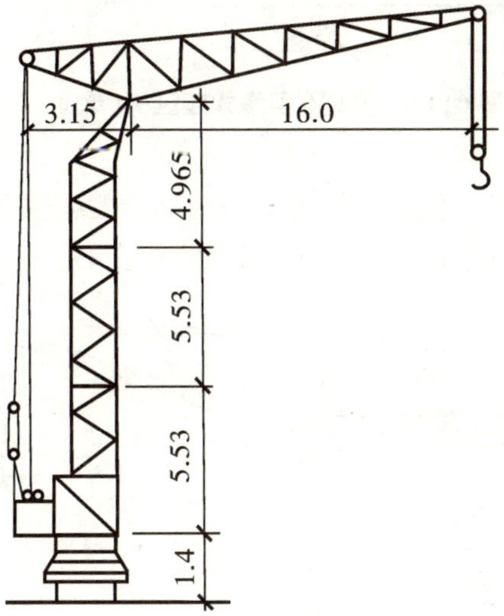

图 6-11　QT1-2 型塔式起重机(单位:m)

2)QT1-6 型塔式起重机。该起重机由底盘、塔身、起重臂、塔顶及平衡臂组成，为上回转动臂变幅塔式起重机(图 6-12)。起重量为 2～6 t，起重半径 8～20 cm，最大起重高度 40 m，起重力矩 400 kN·m。

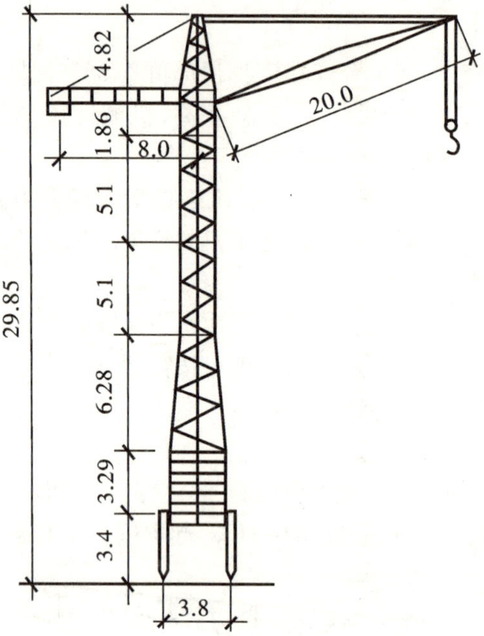

图 6-12　QT1-6 型塔式起重机(单位:m)

3)QT60/80 塔式起重机。该起重机为上回转动臂变幅式起重机(图 6-13)。起重量 10 t,起重力矩 600 ~800 kN · m,起升高度可达 70 m 左右。

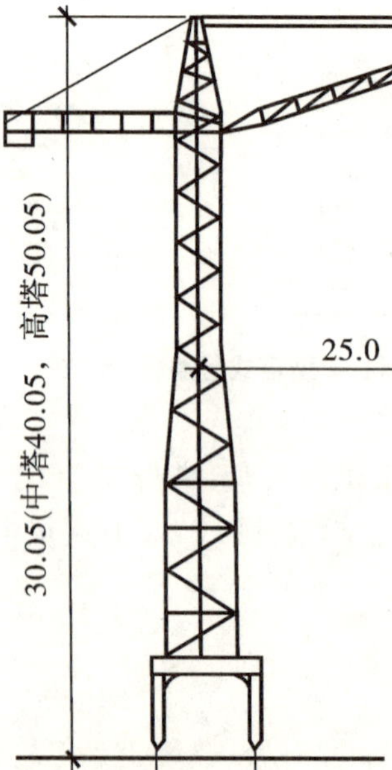

图 6-13　QT60/80 型塔式起重机(单位:m)

(2)爬升式塔式起重机

爬升式塔式起重机是安装在建筑物内部电梯井或特设开间的结构上,借助爬升机构随建筑物的升高而向上爬升的起重机械(图6-14)。一般每隔1层或2层楼便爬升一次。其特点是塔身短,不需轨道和附着装置,不占施工场地,但全部荷载均由建筑物承受,拆卸时需在屋面架设辅助起重设备。

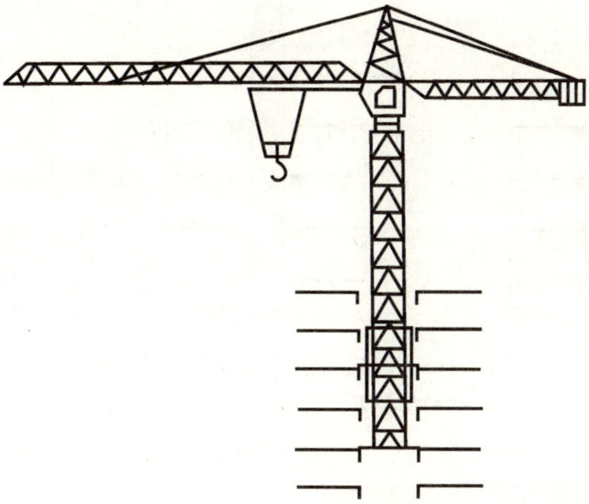

图6-14 爬升式塔式起重机

爬升式塔式起重机由底座、套架、塔身、塔顶、起重臂和平衡臂等组成。其主要型号有QT5-4/40型、QT5-4/60型和QT3-4型,其性能见表6-1。

表6-1 爬升式塔式起重机起重性能

型号	起重量/t	幅度/m	起重高度/m	一次爬升高度/m
QT5-4/40	4	2~11	110	8.6
	4~2	11~20		
QT3-4	4	2.2~15	80	8.87
	3	15~20		

塔式起重机的爬升过程如图6-15所示,先用起重钩将套架提升到一个塔位处予以固定[图6-15(b)],然后松开塔身底座梁与建筑物骨架的连接螺栓,收回支腿,将塔身提至需要位置[图6-15(c)];最后旋出支腿,扭紧连接螺栓,即可再次进行安装作业[图6-15(a)]。

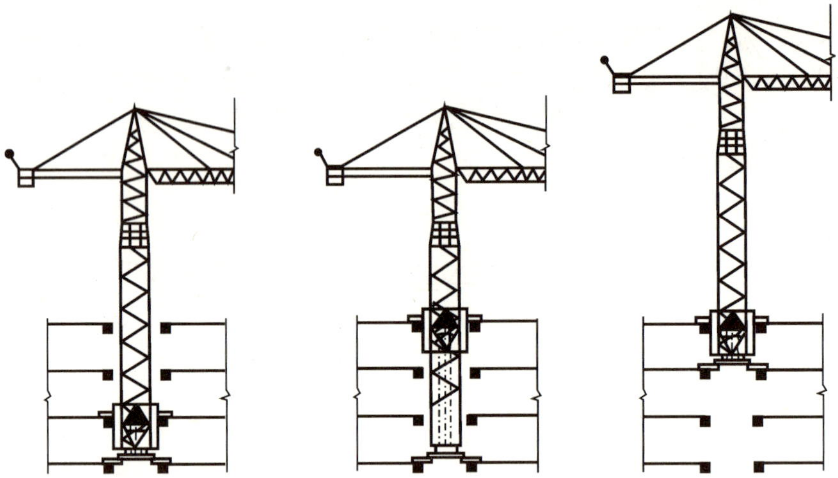

图6-15　塔式起重机爬升过程示意图

(a)原位置;(b)爬升;(c)新位置

(3)附着式塔式起重机

附着式塔式起重机是紧靠拟建的建筑物布置,塔身可借助顶升系统自行向上接高,随着建筑物和塔身的升高,每隔20 m左右采用附着支架装置,将塔身固定在建筑物上,以保持稳定,常用的附着式塔式起重机型号有QT4-10型等。如图6-16所示。

QT4-10型起重机的自升系统包括顶升套架、长行程液压千斤顶、承座、顶升横梁及定位销等。液压千斤顶的缸体安装在塔顶底部的承座上,其顶升过程可分为五个步骤(图6-17)。

1)将标准节吊到摆渡小车上,并将过渡节与塔身标准节相连的螺栓松开,准备顶升。

2)开动液压千斤顶,将塔式起重机上部结构包括顶升套架向上升到超过一个标准节的高度,然后用定位销将套架固定,这时,塔式起重机的重量便通过定位销传给塔身。

3)将液压千斤顶回缩,形成引进空间,此时便将装有标准节的摆渡车推入。

4)用千斤顶顶起接高的标准节,退出摆渡小车,将待接的标准节平稳地落到下面的塔身上,用螺栓拧紧。

5)拔出定位销,下降过渡节,使之与已接高的塔身联成整体。

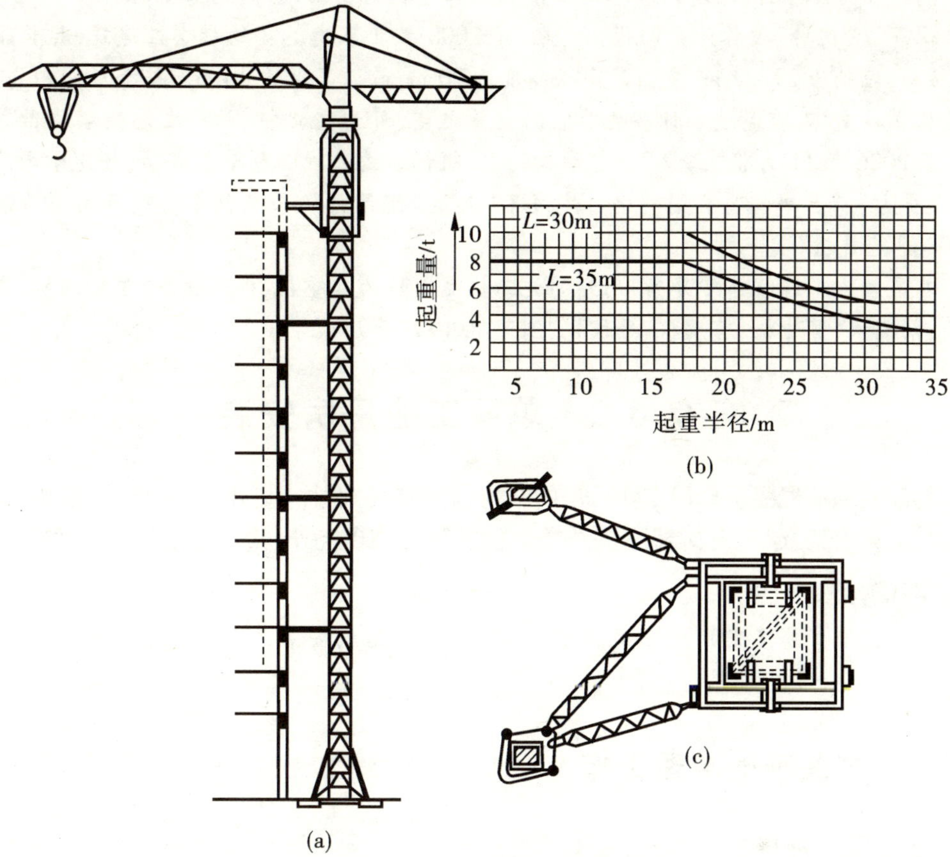

图6-16　QT4-10型塔式起重机

(a)全貌图;(b)性能曲线;(c)锚固装置图

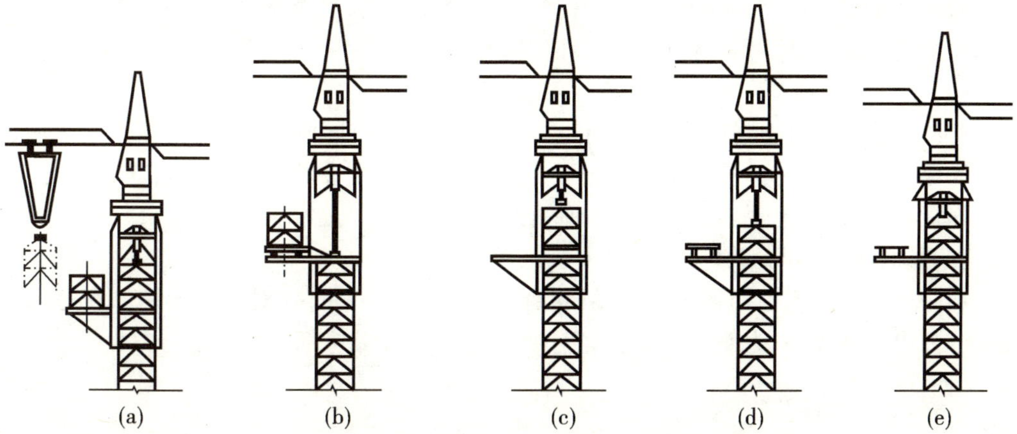

图6-17　QT4-10型附着式塔式起重机的自升过程

(a)准备状态;(b)顶升塔顶;(c)推入标准节;(d)安装标准节;(e)塔顶与塔身连成整体

例 6-1 针对引例,请列举本工程吊装施工可能需要用到哪些施工机械?

解答 "鸟巢"被称为第四代体育场,是2008年北京奥运会的标志性建筑,其长轴为332.3 m,短轴为297.3 m,屋面最高点高度近70 m,最低高度达40 m。整个屋面由24组钢结构立柱支撑,重量达800多吨。它的重量之重、外形之奇特、结构之复杂堪称世界之最。于2006年11月将"鸟巢"外部结构的12组钢结构立柱顺利吊装成功,领先于国际吊装"大哥大"荷兰玛姆特公司一个月完成了"鸟巢"钢结构的吊装任务。项目大件吊装获"2008卓越贡献"奖。

其吊装施工过程非常复杂,用到的施工机械大致为起重机、电焊机、金属切削机、手工割枪、切割机、剪冲机、剪切机、平板机、刨边机、液压千斤顶等。

任务6.2 单层工业厂房安装

装配式钢筋混凝土单层工业厂房的结构构件有基础、柱、基础梁、吊车梁、连系梁、托架、屋架、天窗架、屋面板、墙板及支撑等。除杯形基础现浇外,其余构件都是在现场吊装。

※特别提示※

单层工业厂房多采用装配式钢筋混凝土结构,结构安装工程是单层其施工的主导工程。

6.2.1 吊装前的准备工作

(1)场地清理与道路的修筑

构件吊装之前,按照现场施工平面布置图,标出起重机的开行路线,清理场地上的杂物,将道路平整压实,并做好排水工作。如遇到松软土或回填土,应铺设枕木或厚钢板。

(2)构件的检查与清理

为保证工程质量,对现场所有的构件要进行全面检查,检查构件的型号、数量、外形、截面尺寸、混凝土强度、预埋件位置、吊环位置等。

(3)构件的运输

构件运输时混凝土强度应满足设计要求,不应低于设计强度等级的75%。在运输过程中为保证构件受力合理,防止构件变形、倾倒、损坏,一定要将构件固定可靠,各构件间应有隔板和垫木,且上下垫木应在同一垂直线。

(4)构件的弹线与编号

1)柱子。在柱身三面弹出中心线(可弹两小面、一个大面),对工字形柱除在矩形截面部分弹出中心线外,为便于观察及避免视差,还需要在翼缘部分弹一条与中心线平行的线。(图6-18)

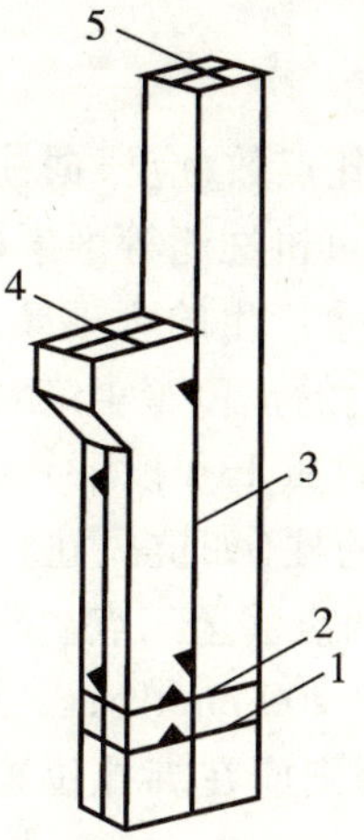

图6-18　柱的准线

1-基础顶面线;2-地坪标高线;3-柱子中心线;4-吊车梁对位线;5-柱顶中心线

2)屋架。屋架上弦顶面上应弹出几何中心线,并将中心线延至屋架两端下部,再从跨度中央向两端分别弹出天窗架、屋面板的安装定位线。

3)吊车梁。在吊车梁的两端及顶面弹出安装中心线。

(5)杯形基础的准备

柱基施工时,杯底标高一般比设计标高低(通常低5 cm),柱在吊装前需对基础杯底标高进行一次调整(或称找平)。调整方法是测出杯底原有标高(小柱测中间一点,大柱测四个角点),再量出柱脚底面至牛腿面的实际长度,计算出杯底标高调整值,并在杯口内标出,然后用1∶2水泥砂浆或细石混凝土将杯底找平至标志处。例如,测出杯底标高为-1.20 m,牛腿面的设计标高是+7.80 m,而柱脚至牛腿面的实际长度为8.95 m,则杯底标高调整值 $h=(7.80+1.20)-8.95=0.05(\mathrm{m})$。

此外,还要在基础杯口面上弹出建筑的纵、横定位轴线和柱的吊装准线,作为柱对位、校正的依据(图6-19)。柱子应在柱身的三个面上弹出吊装准线。柱的吊装准线应与基础面上所弹的吊装准线位置相适应。对矩形截面柱可按几何中线弹吊装准线;对工字形截面柱,为便于观测及避免视差,则应靠柱边弹吊装准线。

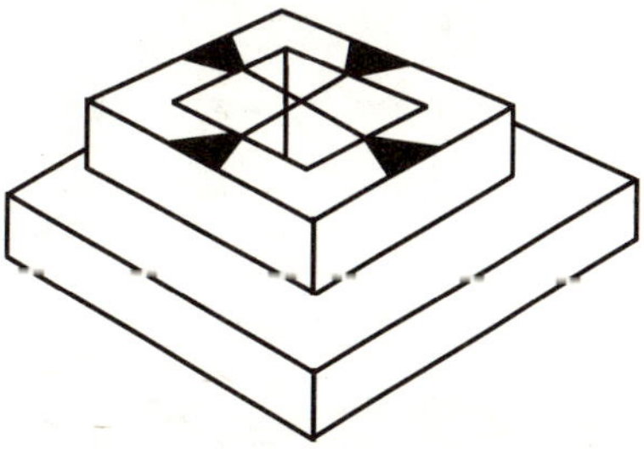

图6-19　基础的准线

6.2.2　构件的吊装

构件的吊装工艺有绑扎、吊升、对位、临时固定、校正、最后固定等工序。

6.2.2.1 柱的吊装

(1)柱的绑扎

柱的绑扎方法、绑扎位置和绑扎点数,应根据柱的形状、长度、截面、配筋、起吊方法和起重机性能等因素确定。由于柱起吊时吊离地面的瞬间由自重产生的弯矩最大,其最合理的绑扎点位置,应按柱子产生的正负弯矩绝对值相等的原则来确定。一般中小型柱(自重 13 t 以下)大多数绑扎一点;重型柱或配筋少而细长的柱(如抗风柱),为防止起吊过程中柱的断裂,常需绑扎两点甚至三点。对于有牛腿的柱,其绑扎点应选在牛腿以下 200 mm 处;工字形断面和双肢柱,应选在矩形断面处,否则应在绑扎位置用方木加固翼缘,防止翼缘在起吊时损坏。

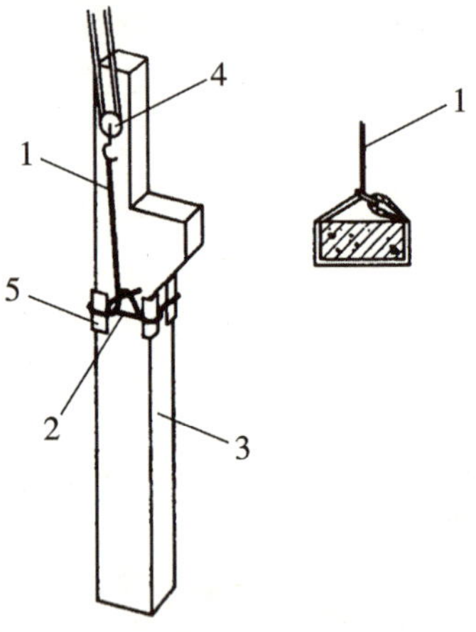

图 6-20　柱的斜吊绑扎法

1-吊索;2-活络卡环;3-柱;4-滑车;5-方木

根据柱起吊后柱身是否垂直,分为斜吊法和直吊法,相应的绑扎方法有如下两种。

1)吊绑扎法。当柱平卧起吊的抗弯强度满足要求时,可采用斜吊绑扎法(图 6-20)。此法的特点是柱不需翻身,起重钩可低于柱顶,当柱身较长,起重机臂长不够时,用此法较方便,但因柱身倾斜,就位对中比较困难。

2)直吊绑扎法。当柱平卧起吊的抗弯强度不足时,吊装前需先将柱翻身后再绑扎起吊,这时就要采取直吊绑扎法(图 6-21)。此法吊索从柱子两侧引出,上端通过卡环或滑轮挂在铁扁担上,柱身成垂直状态,便于插入杯口,就位校正。但由于铁扁担高于柱顶,须用较长的起重臂。

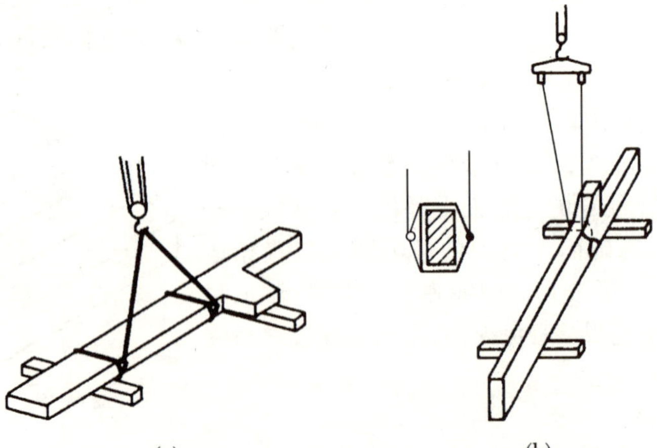

(a)　　(b)

图 6-21　柱的翻身及直吊绑扎法

(a)柱翻身绑扎法;(b)柱直吊绑扎法

此外，当柱较重较长、需采用两点起吊时，也可采用两点斜吊和直吊绑扎法（图 6-22）。

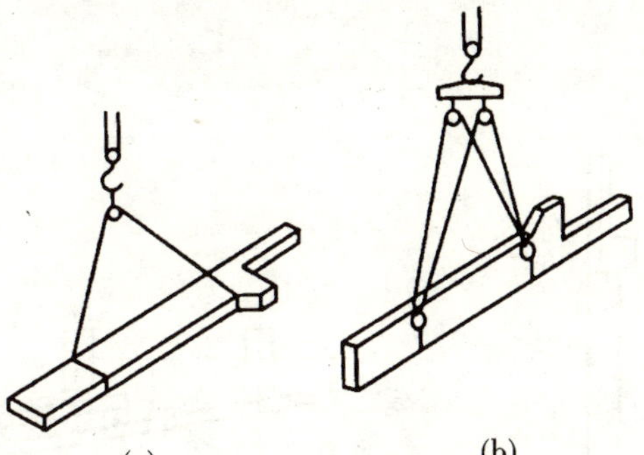

图 6-22　柱的两点绑扎法

（a）斜吊；（b）直吊

（2）柱的吊升方法

根据柱在吊升过程中的特点，柱的吊升可分为旋转法和滑行法两种。对于重型柱还可采用双机抬吊的方法。

1）旋转法。采用旋转法吊柱时（图 6-23），柱脚宜近基础，柱的绑扎点、柱脚与基础中心三者宜位于起重机的同一起重半径的圆弧上。在起吊时，起重机的起重臂边升钩、边回转，使柱绕柱脚旋转而成直立状态，然后将柱吊离地面插入杯口（图 6-24）。此法要求起重机应具有一定回转半径和机动性，故一般适用于自行杆式起重机吊装。其优点是柱在吊装过程中振动小、生产率较高。

图 6-23　旋转法吊柱的平面布置

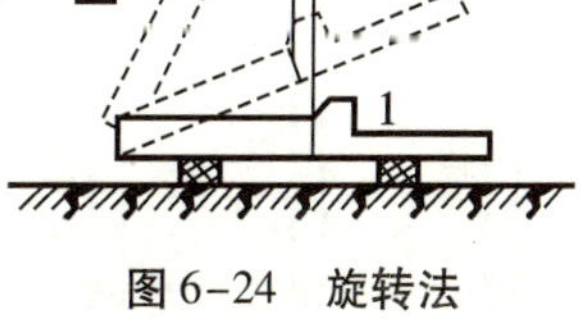

图 6-24　旋转法

采用旋转法吊柱，若受施工现场的限制，柱的布置不能做到三点共弧时，则可采用绑扎点与基础中心或柱脚与基础中心两点共弧布置，但在吊升过程中需改变回转半径和起重机仰角，工效低，且安全度较差。

2）滑行法。柱吊升时，起重机只升钩，起重臂不转动，使柱脚沿地面滑升逐渐直立，然后吊离地面插入杯口(图6-25)。采用此法吊柱时,柱的绑扎点布置在杯口附近,并与杯口中心位于起重机同一起重半径的圆弧上(图6-26)。

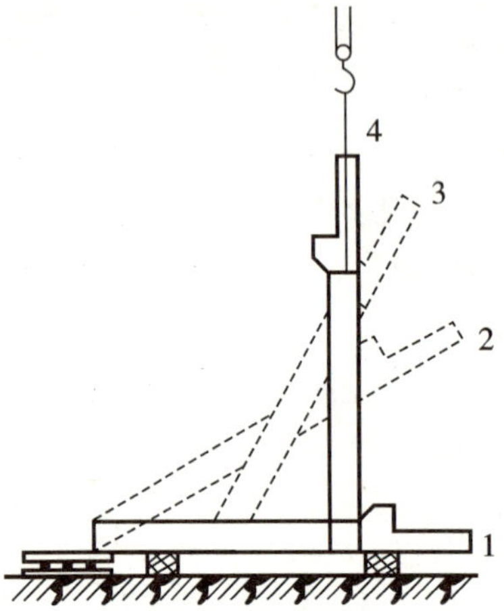

图6-25　滑行法

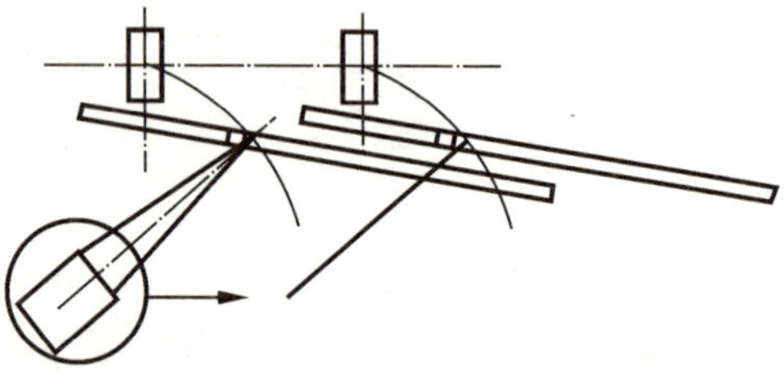

图6-26　滑行法吊柱的平面布置

滑行法的特点是柱的布置较灵活;起重半径小,起重杆不转动,操作简单;可以起吊较重、较长的柱子;适用于现场狭窄或采用桅杆式起重机吊装。但是柱在滑行过程中阻力较大,易受振动产生冲击力,致使构件、起重机引起附加内力;而且当柱子刚吊离地面时会产生较大的"串动"现象。为此,采用滑行法吊柱时,宜在柱的下端垫一枕木或滚筒,拉一溜绳,以减小阻力和避免"串动"。

3)双机抬吊。当柱的重量较大,使用一台起重机无法吊装时,可以采用双机抬吊。双机抬吊仍可采用旋转法(两点抬吊)和滑行法(一点抬吊)。

双机抬吊旋转法,是用一台起重机抬柱的上吊点,另一台抬柱的下吊点,柱的布置应使两个吊点与基础中心分别处于起重半径的圆弧上,两台起重机并列于柱的一侧(图6-27)。起吊时,两机同时同速升钩,将柱吊离地面为0.3 m,然后两台起重机起重臂同时向杯口旋转,此时,从动起重机A只旋转不提升,主动起重机B则边旋转边升钩直至柱直立,双机以等速缓慢落钩,将柱插入杯口中。

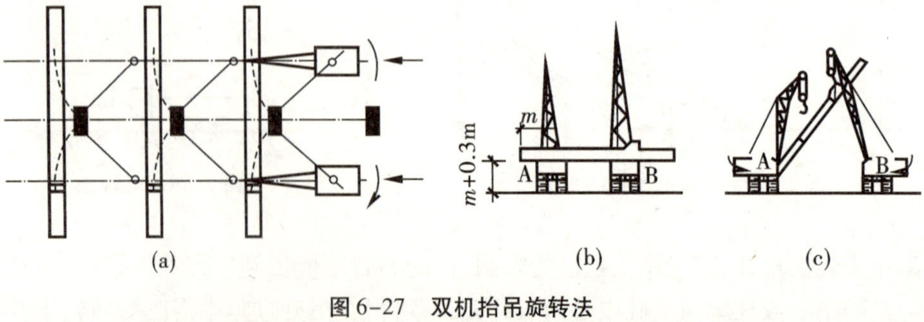

图6-27　双机抬吊旋转法

(a)柱的平面布置;(b)双机同时提升吊钩;(c)双机同时向杯口旋转

(3)柱的对位与临时固定

如用直吊法时,柱脚插入杯口后,应悬离杯底 30 ~ 50 mm 处进行对位。若用斜吊法时,则需将柱脚基本送到杯底,然后在吊索一侧的杯口中插入两个楔子,再通过起重机回转使其对位。对位时,应先从柱子四周向杯口放入 8 只楔块,并用撬棍拨动柱脚,使柱的吊装准线对准杯口上的吊装准线,并使柱基本保持垂直。

柱子对位后,应先将楔块略为打紧,待松钩后观察柱子沉至杯底后的对中情况,若已符合要求即可将楔块打紧,使之临时固定(图 6-28)。当柱基杯口深度与柱长之比小于 1/20,或具有较大牛腿的重型柱,还应增设带花兰螺丝的缆风绳或加斜撑措施来加强柱临时固定的稳定性。

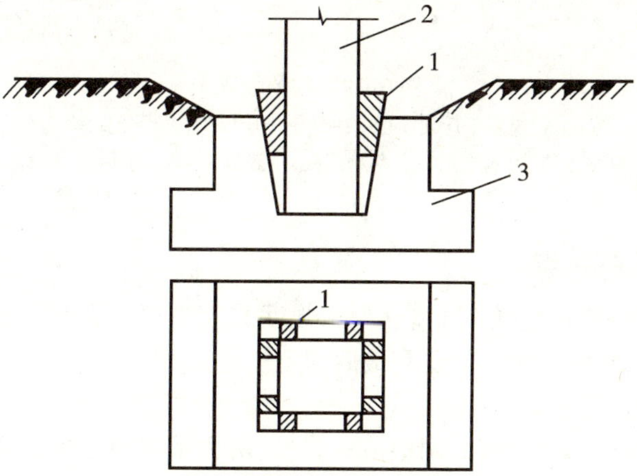

图 6-28　柱的临时固定

1-楔子;2-柱子;3-基础

(4)柱的校正与最后固定

柱的校正包括平面位置、垂直度和标高。标高的校正应在与柱基杯底找平时同时进行。平面位置校正,要在对位时进行。垂直度的校正,则应在柱临时固定后进行。

垂直度的校正直接影响吊车梁、屋架等吊装的准确性,必须认真对待。要求垂直偏差的允许值:一般柱高为 5 m 或小于 5 m 时为 5 mm;大于 5 m 时为 10 mm;当柱高为 10 m 及大于 10 m 的多节柱时为 1/1000 柱高,但不得大于 20 mm。

柱垂直度的校正方法有敲打楔块法、千斤顶校正法、钢管撑杆斜顶法及缆风校正法等,如图 6-29 所示。

对于中小型柱或偏斜值较小时,可用打紧或稍放松楔块进行校正。若偏斜值较大或重型柱,则用撑杆、千斤顶或缆风等校正。

柱校正后,应将楔块以每两个一组对称、均匀、分次地打紧,并立即进行最后固定。其方法是在柱脚与杯口的空隙中浇筑比柱子混凝土标号高一级的细石混凝土。混凝土的浇筑应分两次进行,第一次浇至楔块底面,待混凝土强度达到 25% 时,即可拔去楔块,再将混凝土浇满杯口,进行养护,待第二次浇筑混凝土强度达到 70% 后,方能安装上部构件。

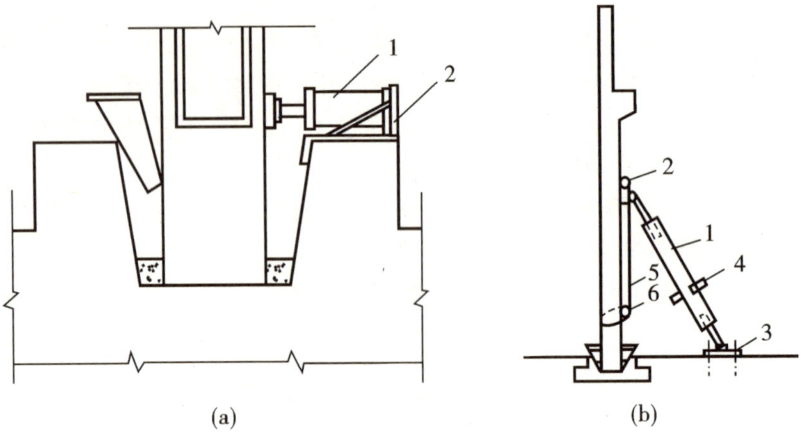

图6-29 柱的校正

(a)螺旋千斤顶校正 1-螺旋千斤顶;2-千斤顶支座

(b)钢管撑杆斜顶法 1-钢管;2-头部摩擦板;3-底板;4-转动手柄;5-钢丝绳;6-卡环

6.2.2.2 吊车梁的吊装

当杯口内二次浇筑的混凝土强度达要求强度的75%时,即可进行吊车梁的安装。其安装内容包括绑扎、起吊、就位、校正和最后固定。

(1)绑扎、起吊和就位。

绑扎点应对称设在梁的两端,两根吊索等长,吊钩垂线对准梁的重心,吊车梁起吊后能基本保持水平。并在梁的两端设溜绳来控制梁的转动。

对位时应缓慢降钩,使梁端的安装准线与柱牛腿面的吊装定位线对准。一般吊车梁不需采取临时固定措施。但当梁的高宽比大于4时,可用铁丝临时将吊车梁绑在柱上,以防倾倒。

(2)校正和最后固定。

吊车梁的校正工作可在屋盖结构吊装前进行,但最好在屋盖吊装后进行,并应考虑屋架、支撑等构件安装时可能引起的柱的变位,而使吊车梁移动。

吊车梁的校正主要包括标高校正、垂直度校正和平面位置校正等。

吊车梁的标高主要取决于柱子牛腿的标高(这在杯底抄平时已进行调整,如仍有误差,可在安装轨道时进行调整)。

吊车梁的垂直度一般可用靠尺、线锤进行测量,如偏差超过规定值,可在支座处加铁片垫平。

吊车梁平面位置的校正,包括纵轴线直线度和跨距两项,实际上就是对吊车梁吊装中心线的校正。常用的方法有通线法和平移轴线法、边吊边校三种。

1)通线法。首先应根据车间的定位轴线,定出吊车梁吊装中心线在地面上的位置,并检查两列吊车梁的跨距是否与设计相符。其次,用经纬仪自车间两端将地面上的吊车梁吊装中心线投影到两端的柱上,据此检查、校正两端吊车梁的吊装偏差。然后再在已校正的两端吊车梁上设约200 mm高的支架,拉钢丝通线,根据此通线校正吊车梁的吊装中心线的偏差。如图 6-30 所示。

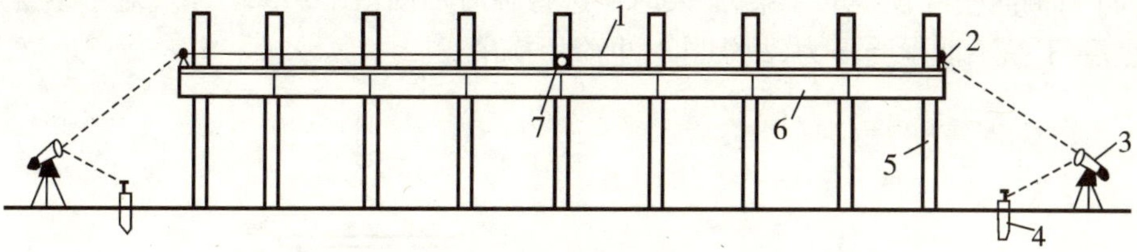

图 6-30 通线法校正吊车梁示意图

1-通线;2-支架;3-经纬仪;4-木桩;5-柱;6-吊车梁;7-圆钢

2)平移轴线法。在厂房结构吊装完毕后,用经纬仪逐根将柱子的吊装中心线投影到吊车梁顶面处的柱身上,并做标志线。若标志线至定位轴线的距离为 α,柱定位轴线到吊车梁定位轴线距离为 λ,则标志线据吊车梁定位轴线的距离为 $\lambda-\alpha$,据此按设计规定的吊车梁吊装中心线的距离来逐根校正。(图 6-31)

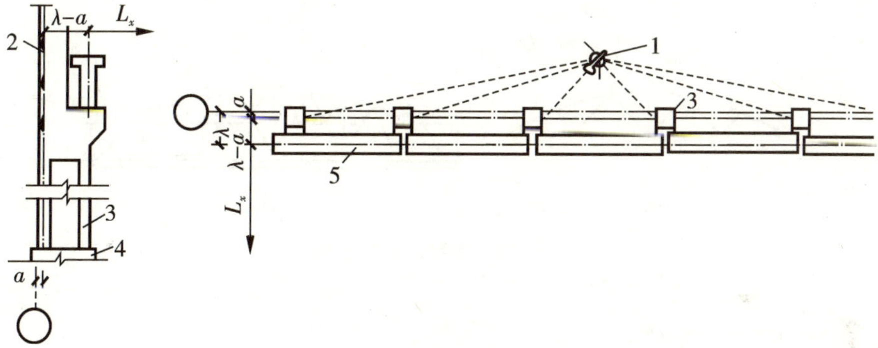

图 6-31 平移轴线法校正吊车梁

1-经纬仪;2-标志;3-柱;4-柱基础;5-吊车梁

纠正吊车梁吊装中心线偏差的办法,可用撬杠来拨动吊车梁。

3)边吊边校法。重型吊车梁校正时撬动困难,可在吊装吊车梁时借助于起重机,采用边吊装边校正的方法。吊车梁校正后,用连接钢板等与柱侧面、吊车梁顶端的预埋铁相焊接,并在接头空隙处浇筑细石混凝土。

6.2.2.3 屋架的吊装

(1)屋架的绑扎

屋架的绑扎点应选在上弦节点处,左右对称,并高于屋架重心,使屋架起吊后基本保持水平,不晃动、倾翻。吊索与水平线的夹角不宜小于 45°,以免屋架承受过大的横向压力;必要时,为了减少绑扎高度和所受的横向压力,可采用横吊梁。吊点的数目及位置与屋架的形式和跨度有关,一般应经吊装验算确定。在屋架两端应加溜索,以控制屋架的转动。

当屋架跨度小于或等于 18 m 时,采用两点绑扎[图 6-32(a)];屋架跨度为 18 ~ 24 m

时,采用四点绑扎[图6-32(b)];当跨度为30~36 m时,采用9 m横吊梁,四点绑扎[图6-32(c)];侧向刚度较差的屋架,必要时应进行临时加固[图6-32(d)];对于组合屋架,因刚性差、下弦不能承受压力,故绑扎时也应用横吊梁。

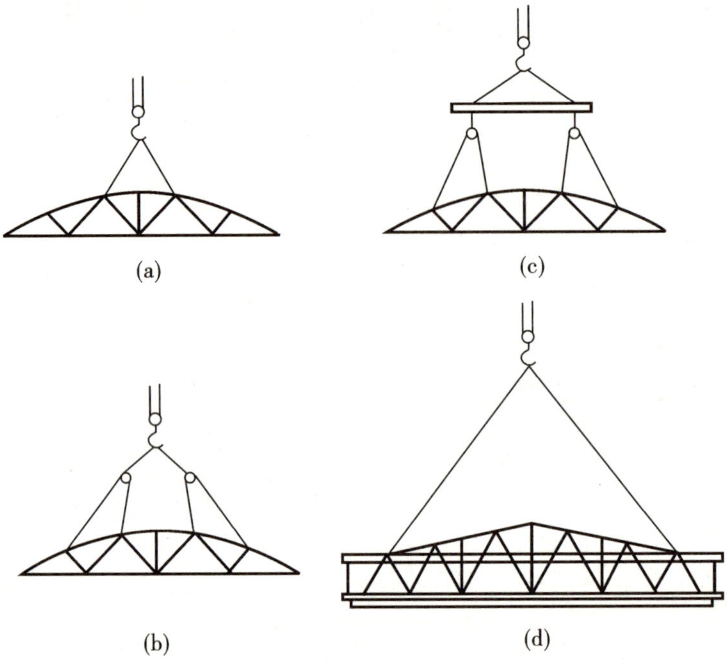

图6-32 屋架的绑扎方法

(2)屋架的扶直与就位

钢筋混凝土屋架一般在施工现场平卧浇筑,吊装前应将屋架扶直就位。因屋架的侧向刚度差,扶直时由于自重影响,改变了杆件受力性质,容易造成屋架损伤。因此,应事先进行吊装验算,以便采取有效措施,保证施工安全。

按照起重机与屋架相对位置不同,屋架扶直可分为正向扶直与反向扶直。

1)正向扶直。起重机位于屋架下弦一边,首先以吊钩对准屋架上弦中心,收紧吊钩,然后略略起臂使屋架脱模,随即起重机升钩升臂使屋架以下弦为轴缓缓转为直立状态[图6-33(a)]。

2)反向扶直。起重机位于屋架上弦一边,首先以吊钩对准屋架上弦中心,接着升钩并降臂,使屋架以下弦为轴缓缓转为直立状态[图6-33(b)]。

正向扶直与反向扶直的最大区别在于扶直过程中,一为升臂,一为降臂。升臂比降臂易于操作且较安全,故应尽可能采用正向扶直。

屋架扶直后,立即进行就位。就位的位置与屋架安装方法、起重机的性能有关,应少占场地,便于吊装,且应考虑到屋架安装顺序、两端朝向等问题。一般靠柱边斜放或以3~5榀为一组平行柱边纵向就位。屋架就位后,应用8号铁丝、支撑等与已安装的柱或已就位的屋架相互拉牢,以保持稳定。

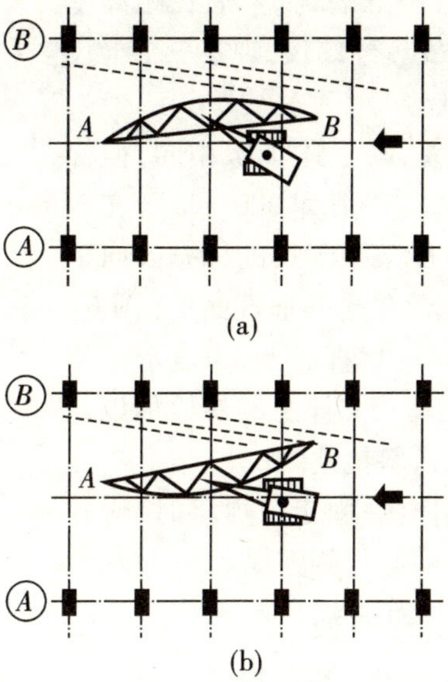

图6-33　屋架扶直

(a)正向扶直;(b)反向扶直

(3)屋架的吊升、对位与临时固定

屋架的吊升是先将屋架吊离地面约300 mm,然后将屋架转至吊装位置下方,再将屋架吊升超过柱顶约300 mm,随即将屋架缓缓放至柱顶,进行对位。

屋架对位应以建筑物的定位轴线为准。如柱顶截面中心线与定位轴线偏差过大时,可逐步调整纠正。

屋架对位后,立即进行临时固定,第一榀屋架用四根缆风绳从屋架两边拉牢,或将屋架与抗风柱连接;第二榀以后的屋架均是用两根工具式支撑撑牢在前一榀屋架上(图6-34)。临时固定稳妥后,起重机才能脱钩。当屋架经校正、最后固定,并安装了若干块大型屋面板后,才能将支撑取下。

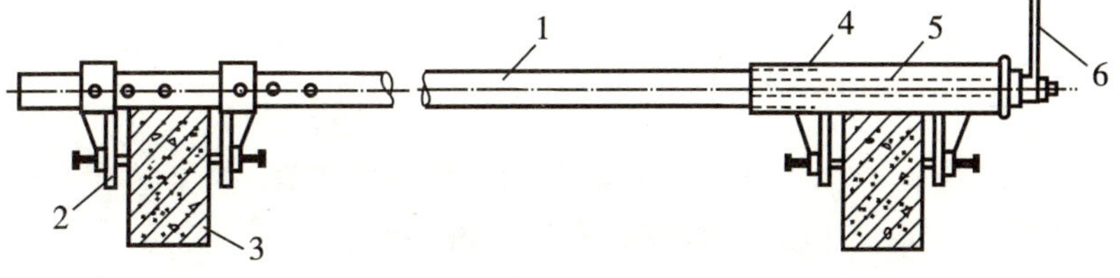

图6-34　屋架校正器

1-钢管;2-撑脚;3-屋架上弦;4-螺母;5-螺杆;6-摇把

(4)屋架的校正与固定

屋架的竖向偏差可用锤球或经纬仪检查。用经纬仪检查方法是在屋架上安装三个卡尺,一个安在上弦中点附近,另两个分别安在屋架两端。自屋架几何中心向外量出一定距离(一般为500 mm),在卡尺上作出标志,然后在距离屋架中线同样距离(500 mm)处安置经纬仪,观察三个卡尺上的标志是否在同一垂直面上。

用锤球检查屋架竖向偏差,与上述步骤相同,但标志距屋架几何中心距离可短些(一般为300 mm),在两端卡尺的标志间连一通线,自屋架顶卡尺的标志处向下挂锤球,检查三卡尺的标志是否在同一垂直面上(图6-35)。若发现卡尺标志不在同一垂直面上,即表示屋架存在竖向偏差,可通过转动工具式支撑上的螺栓加以纠正,并在屋架两端的柱顶上嵌入斜垫铁。

屋架校正垂直后,立即用电焊固定。焊接时,应在屋架两端同时对角施焊,避免两端同侧施焊。

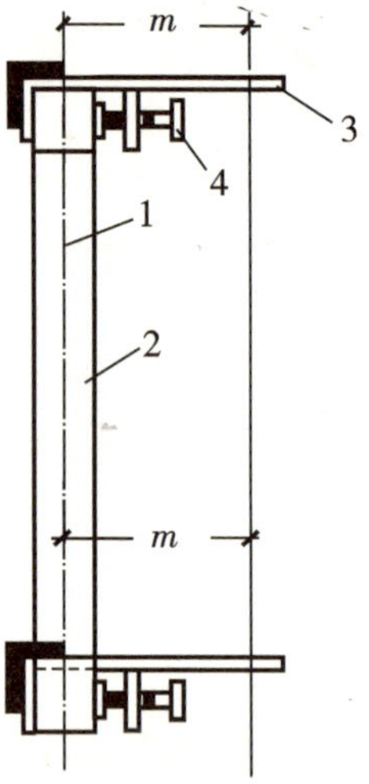

图6-35 屋架垂直度校正

1-屋架轴线;2-屋架;3-标尺;4-固定螺杆

6.2.2.4 天窗架及屋面板的吊装

天窗架常采用单独吊装;也可与屋架拼装成整体同时吊装,以减少高空作业,但对起重机的起重量和起重高度要求较高。天窗架单独吊装时,需待两则屋面板安装后进行,并应用工具式夹具或绑扎圆木进行临时加固(图6-36)。

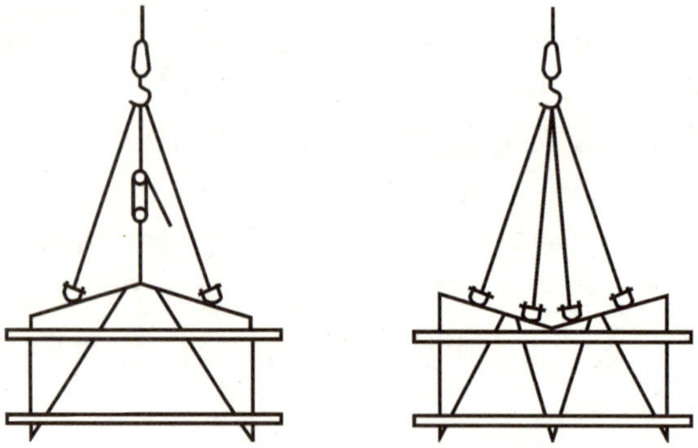

图6-36 天窗架的绑扎

屋面板的吊装,一般多采用一钩多块迭吊或平吊法(图6-37),以发挥起重机的效能,提高生产率。吊装顺序,应由两边檐口左右对称逐块吊向屋脊,避免屋架承受半跨荷载。屋面板对位后,应立即焊接牢固,并应保证有三个角点焊接。

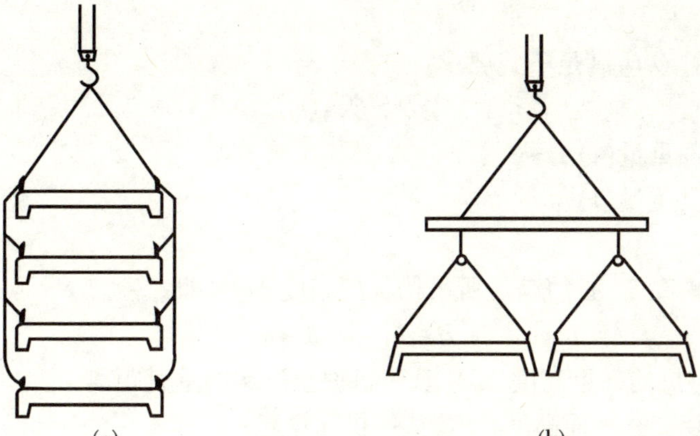

图6-37 屋面板吊装

(a)多块迭吊;(b)多块平吊

6.2.3 结构的吊装方案

在拟定单层工业厂房结构吊装方案时,应着重解决起重机的选择、结构吊装方法、起重机开行路线与构件的平面布置等问题。

6.2.3.1 起重机的选择

起重机的选择直接影响构件的吊装方法、起重机开行路线与停机点位置、构件平面布置等问题。首先应根据厂房跨度、构件重量、吊装高度以及施工现场条件和当地现有机械设备等确定机械类型。一般中小型厂房结构吊装多采用自行杆式起重机;当厂房的高度和跨度较大时,可选用塔式起重机吊装屋盖结构。在缺乏自行杆式起重机或受地形限制自行杆式起重机难以到达地方,可采用拔杆吊装。对于大跨度的重型工业厂房,则可选用自行杆式起重机、牵缆式起重机、重型塔吊等进行吊装。

对于履带式起重机型号的选择,应使起重量、起重高度、起重半径均能满足结构吊装的要求(图6-38)。

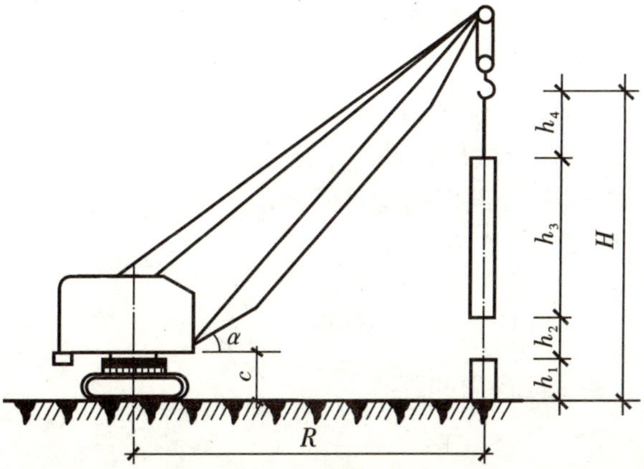

图6-38 起重机参数选择

(1)起重量

起重机起重量 Q 应满足下式要求:

$$Q \geqslant Q_1 + Q_2 \tag{6-1}$$

式中 Q_1——构件重量(t);

Q_2——索具重量(t)。

(2)起重高度

起重机的起重高度,必须满足所吊构件的高度要求,即:

$$H \geqslant h_1 + h_2 + h_3 + h_4 \tag{6-2}$$

式中 H——起重机的起重高度(m),从停机面至吊钩的垂直距离;

h_1——安装支座表面高度(m),从停机面算起;

h_2——安装间隙,应不小于 0.3 m;

h_3——绑扎点至构件吊起后底面的距离(m);

h_4——索具高度(m),自绑扎点至吊钩面,不小于 1 m。

(3)起重半径

在一般情况下,当起重机可以不受限制地开到构件吊装位置附近吊装时,对起重半径没有要求,在计算起重量及起重高度后,便可查阅起重机起重性能表或性能曲线来选择起重机型号及起重臂长度,并可查得在此起重量和起重高度下相应的起重半径,作为确定起重机开行路线及停机位置的参考。

当起重机不能直接开到构件吊装位置附近去吊装构件时,需根据起重量、起重高度和起重半径三个参数,查起重机起重性能表或曲线来选择起重机型号及起重臂长。

当起重机的起重臂需要跨过已安装好的结构去吊装构件时(如跨过屋架或天窗架吊屋面板),为了避免起重臂与已安装结构相碰,使所吊构件不碰起重臂,则需求出起重机的最小臂长及相应的起重半径。其方法有数解法和图解法。

1)数解法求所需最小起重臂长(图 6-39)。

$$L \geqslant L_1 + L_2 = \frac{h}{\sin\alpha} + \frac{f+g}{\cos\alpha} \tag{6-3}$$

式中 L——起重臂长度(m);

h——起重臂底铰到屋面板吊装支座的高度(m);

$$h = h_1 - E$$

h_1——停机面至屋面板吊装支座的高度(m);

f——起重钩需跨过已安装好构件的距离(m);

g——起重臂轴线与已安装好的构件间水平间隙(不小于 1m);

α——起重臂的仰角,计算公式为

$$\alpha = \arctan\sqrt[3]{\frac{h}{f+g}} \tag{6-4}$$

E——起重臂底铰到停机面的距离(m)。

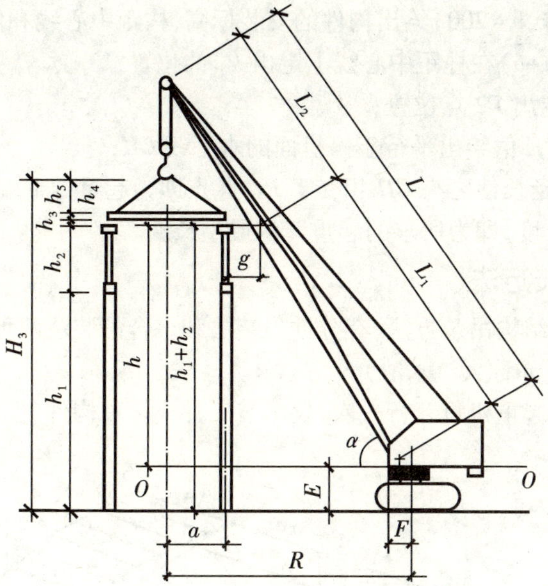

图 6-39 数解法求最小起重臂长

※特别提示※

从上式可知，为使 L 为最小，需对公式进行一次微分，并令 $\mathrm{d}L/\mathrm{d}\alpha=0$，即：

$$\frac{\mathrm{d}L}{\mathrm{d}\alpha}=\frac{-h\cos\alpha}{\sin^2\alpha}+\frac{(f+g)\sin\alpha}{\cos^2\alpha}=0$$

解上式得：

$$\alpha=\arctan\sqrt[3]{\frac{h}{f+g}}$$

以 α 值代入公式，即可求得起重臂最小长度 L，据此，可选用实际采用的起重臂长度，计算起重半径 R，根据尺子便可确定吊装屋面板时的停机位置。

2）图解法。作图方法及步骤如下（图 6-40）：

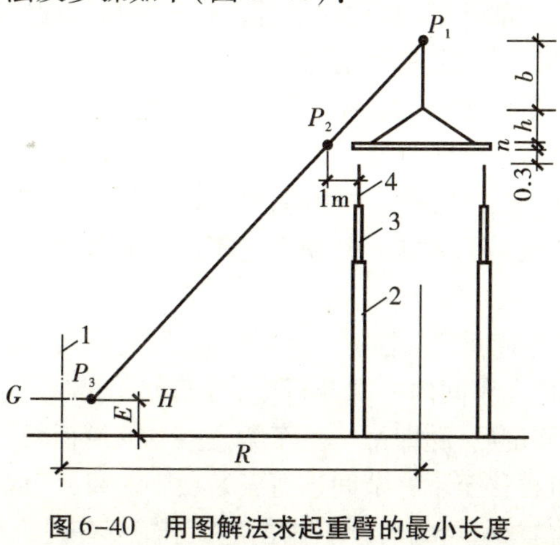

图 6-40 用图解法求起重臂的最小长度

1-起重机回转中心线；2-柱子；3-屋架；4-天窗架；5-屋面板

①按比例（不小于1∶200）绘出构件的安装标高，柱距中心线和停机地面线；

②根据$(0.3+n+h+b)$在柱距中心线上定出P_1的位置；

③根据$g=1$ m定出$P2$点位置；

④根据起重机的E值绘出平行于停机面的水平线GH；

⑤连接P_1P_2，并延长使之与GH相交于P_3（此点即为起重臂下端的铰点）；

⑥量出P_1P_2的长度，即为所求的起重臂的最小长度。

6.2.3.2 结构吊装方法

单层工业厂房的结构吊装方法，有分件吊装法和综合吊装法两种。

（1）分件吊装法（亦称大流水法）

分件吊装法是指起重机每开行一次，仅吊装一种或两种构件（图6-41）

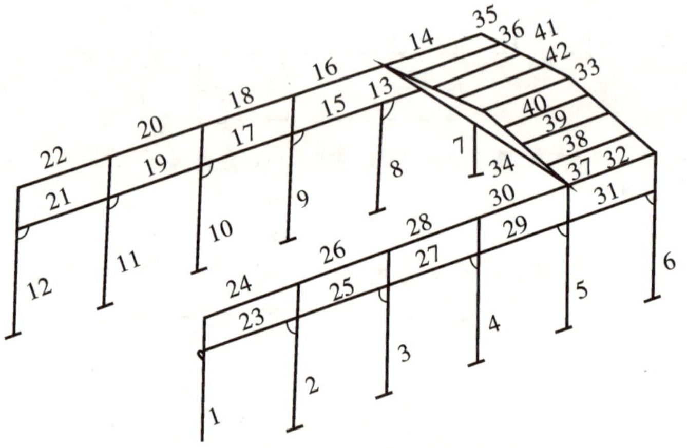

图6-41 分件安装时的构件吊装顺序

图中数字表示构件吊装顺序，其中：1～12-柱；13～32-单数是吊车梁，双数是连系梁；33、34-屋架；35～42-屋面板

第一次开行，吊装完全部柱子，并对柱子进行校正和最后固定；

第二次开行，吊装吊车梁、连系梁及柱间支撑等；

第三次开行，按节间吊装屋架、天窗架、屋面板及屋面支撑等。

分件吊装的优点是：构件便于校正；构件可以分批进场，供应亦较单一，吊装现场不致拥挤；吊具不需经常更换，操作程序基本相同，吊装速度快；可根据不同的构件选用不同性能的起重机，能充分发挥机械的效能。其缺点是不能为后续工作及早提供工作面，起重机的开行路线长。

（2）综合吊装法（又称节间安装法）

综合吊装法是起重机在车间内一次开行中，分节间吊装完所有各种类型构件。即先吊装4～6根柱子，校正固定后，随即吊装吊车梁、连系梁、屋面板等构件，待吊装完一个节间的全部构件后，起重机再移至下一节间进行安装（图6-42）。综合吊装法的优点是起重机开行路线短，停机点位置少，可为后续工作创造工作面，有利于组织立体交叉平行流水作业，以加快工程进度。其缺点是要同时吊装各种类型构件，不能充分发挥起重机的效能；构件供应紧张，平面布置复杂，校正困难；必须要有严密的施工组织，否则会造成施工混乱，故此法很少采用。只有在某些结构（如门式结构）必须采用综合吊装时，或当采用桅杆式起重机进行吊装时，才采用综合吊装法。

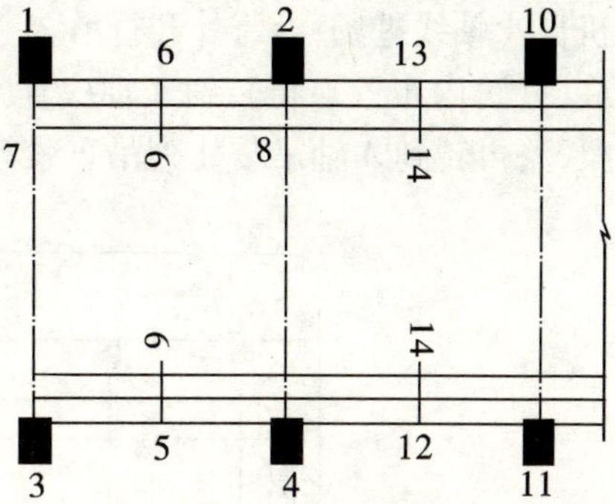

图6-42 综合吊装

1，2，3，…为吊装顺序

6.2.3.3 起重机的开行路线及停机位置

起重机开行路线与停机位置和起重机的性能、构件尺寸及重量、构件平面布置、构件的供应方式、吊装方法等有关。

当吊装屋架、屋面板等屋面构件时，起重机大多沿跨中开行；当吊装柱时，则视跨度大小、构件尺寸、重量及起重机性能，可沿跨中开行或跨边开行（图6-43）。

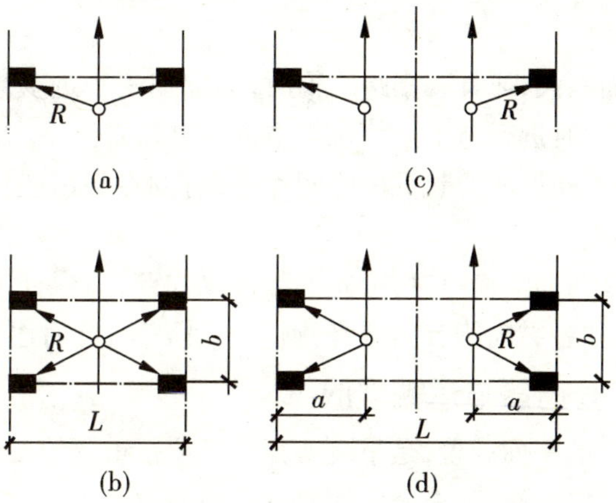

图6-43 起重机吊装柱时的开行路线及停机位置

当 $R \geqslant L/2$ 时，起重机可沿跨中开行，每个停机位置可吊两根柱子［图6-43（a）］；

当 $R \geqslant \sqrt{\left(\frac{L}{2}\right)^2 + \left(\frac{b}{2}\right)^2}$，则可吊装4根柱子［图6-43（b）］。

当 $R < L/2$ 时，起重机沿跨边开行，每个停机位置吊装一根柱子［图6-43（c）］；

当 $R \geqslant \sqrt{a^2 + \left(\frac{b}{2}\right)^2}$，则可吊装两根柱子［图6-43（d）］。

式中 R——起重机的起重半径（m）；

L——厂房跨度（m）；

b——柱的间距（m）；

a——起重机开行路线到跨边轴线的距离（m）。

当柱布置在跨外时，起重机一般沿跨外开行，停机位置与跨边开行相似。

图6-44是一个单跨车间采用分件吊装时，起重机的开行路线及停机位置图。起重

机自 A 轴线进场,沿跨外开行吊装 A 列柱(柱跨外布置);再沿 B 轴线跨内开行吊装 B 列柱(柱跨内布置);再转到 A 轴扶直屋架及将屋架就位;再转到 B 轴吊装 B 列连系梁、吊车梁等;再转到 A 轴吊装 A 列吊车梁等构件;再转到跨中吊装屋盖系统。

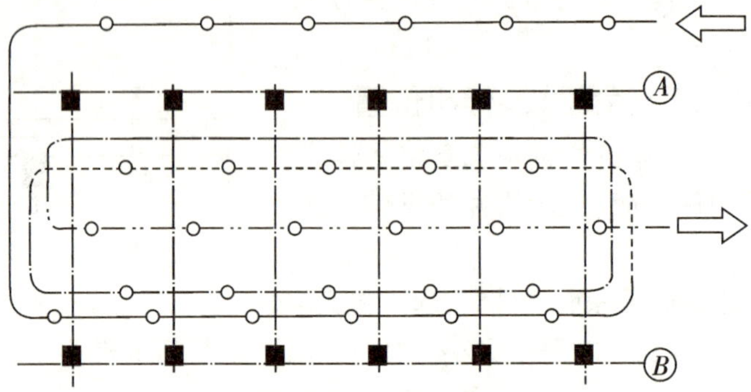

图 6-44　起重机开行路线及停机位置

当单层工业厂房面积大,或具有多跨结构时,为加速工程进度,可将建筑物划分为若干段,选用多台起重机同时进行施工。每台起重机可以独立作业,负责完成一个区段的全部吊装工作,也可选用不同性能的起重机协同作业,有的专门吊装柱子,有的专门吊装屋盖结构,组织大流水施工。

当厂房具有多跨并列和纵横跨时,可先吊装各纵向跨,以保证吊装各纵向跨时,起重机械、运输车辆畅通。如各纵向跨有高低跨,则应先吊高跨,然后逐步向两侧吊装。

6.2.3.4　构件的平面布置与运输堆放

单层工业厂房构件的平面布置,是吊装工程中一项很重要的工作。构件布置得合理,可以避免构件在场内的二次搬运,充分发挥起重机械的效率。

构件的平面布置与吊装方法、起重机性能、构件制作方法等有关。故应在确定吊装方法、选择起重机械之后,根据施工现场的实际情况,会同有关土建、吊装施工人员共同研究确定。

(1)构件布置的要求

构件布置时应注意以下问题:

1)每跨构件尽可能布置在本跨内,如确有困难时,才考虑布置在跨外而便于吊装的地方;

2)构件布置方式应满足吊装工艺要求,尽可能布置在起重机的起重半径内,尽量减少起重机负重行驶的距离及起重臂的起伏次数;

3)应首先考虑重型构件的布置;

4)构件布置的方式应便于支模及混凝土的浇筑工作,预应力构件应考虑有足够的抽管、穿筋和张拉的操作场地;

5)构件布置应力求占地最少,保证道路畅通,当起重机械回转时不致与构件相碰;

6)所有构件应布置在坚实的地基上;

7)构件的平面布置分预制阶段构件平面布置和吊装阶段构件就位布置,但两者之间有密切关系,需同时加以考虑,做到相互协调,有利吊装。

(2)柱的预制布置

需要在现场预制的构件主要是柱和屋架,吊车梁有时也在现场制作。其他构件均在构件厂或场外制作,运到工地就位吊装。

柱的预制布置,有斜向布置和纵向布置两种。

1)柱的斜向布置。柱如以旋转法起吊,应按三点共弧斜向布置,其步骤如下(图6-45):

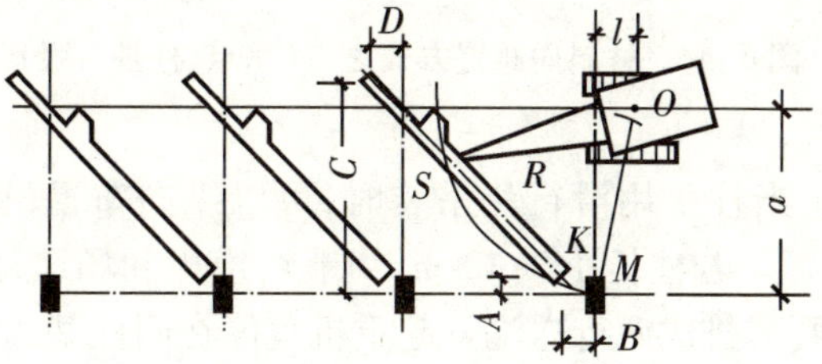

图6-45　柱子斜向布置方式之一(三点共弧)

首先,确定起重机开行路线到柱基中线的距离 a,其值不得大于起重半径,也不宜太靠近基坑边,以免起重机产生失稳现象。此外,还应注意起重机回转时,其尾部不得与周围构件或建筑物相碰。综合考虑以上条件后,即可划出起重机的开行路线。

其次,确定起重机停机位置。以柱基中心 M 为圆心,吊装该柱的起重半径 R 为半径画弧与开行路线交于 O 点,O 点即为吊装该柱的停机点。再以 O 点为圆心、R 为半径画弧,然后在靠近柱基的弧上选一点 K 为柱脚中心位置。又以 K 为圆心,以柱脚到吊点距离为半径画弧,两弧相交于 S,以 KS 为中心画出柱的模板图,即为柱的预制位置图。标出柱顶、柱脚与柱到纵横轴线的距离(A、B、C、D),作为预制时支模依据。

布置柱时,尚应注意牛腿的朝向问题,当柱布置在跨内,牛腿应朝向起重机;柱布置在跨外,牛腿则应背向起重机。

有时由于受场地或柱长的限制,柱的布置很难做到三点共弧,则可按两点共弧布置。其方法有两种。

一种是将柱脚与柱基安排在起重半径 R 的圆弧上,而将吊点放在起重半径 R 之外(图6-46)。吊装时先用较大的起重半径 R' 吊起柱子,并升起重臂。当起重臂由 R' 变为 R 后,停升起重臂,再按旋转法吊装柱。

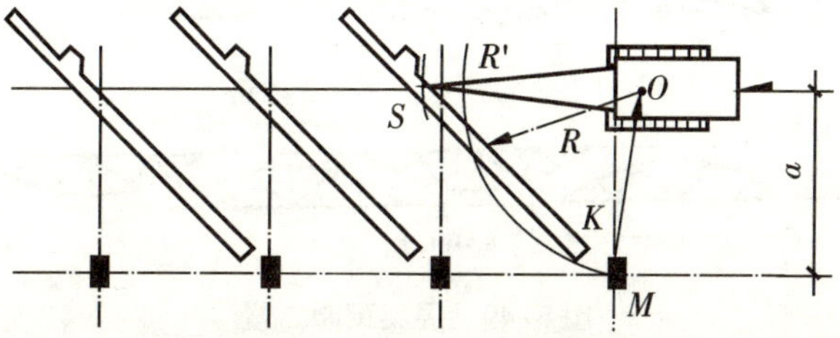

图6-46　柱子斜向布置方式之二(柱脚、基础两点共弧)

另一种是将吊点与柱基安排在起重半径 R 的同一圆弧上，两柱脚可斜向任意方向（图 6-47）。吊装时，柱可用旋转法或滑行法吊升。

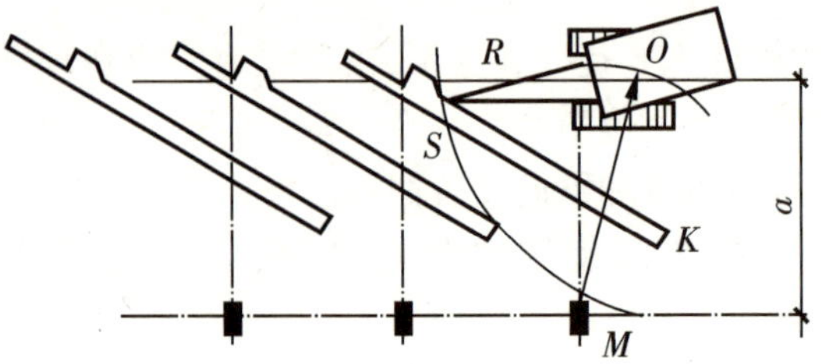

图 6-47　柱斜向布置方式之三（吊点、柱基共弧）

2）柱的纵向布置。当柱采用滑行法吊装时，可以纵向布置（图 6-48），吊点靠近基础，吊点与柱基两点共弧。若柱长小于 12 m，为节约模板和场地，两柱可以迭浇，排成一行；若柱长大于 12 m，则可排成两行迭浇。起重机宜停在两柱基的中间，每停机一次可吊两根柱子。

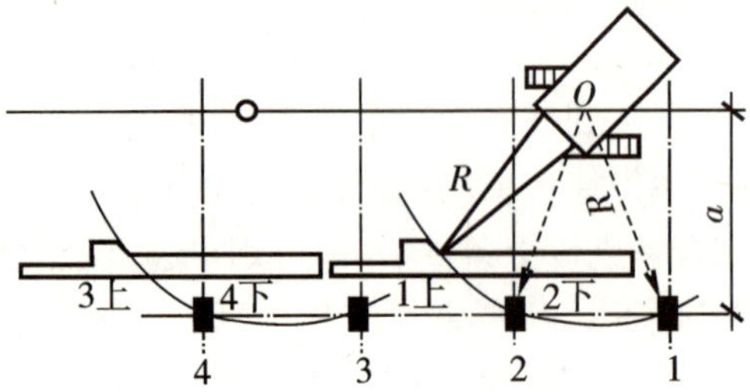

图 6-48　柱的纵向布置

（3）屋架的预制布置

屋架一般在跨内平卧迭浇预制，每迭 3 榀或 4 榀，布置方式有三种：斜向布置、正反斜向布置及正反纵向布置（图 6-49）。

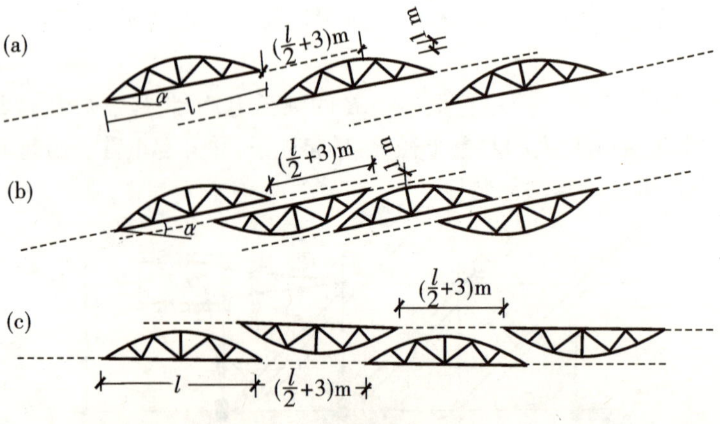

图 6-49　屋架预制布置

（a）斜向布置；（b）正反斜向布置；（c）正反纵向布置

在上述三种布置形式中，应优先考虑斜向布置，因此种布置方式便于屋架的扶直就位。只有当场地受限制时，才采用其他两种形式。

在屋架预制布置时，还应考虑屋架扶直就位要求及扶直的先后顺序，应将先扶直后吊装的放在上层。同时也要考虑屋架两端的朝向，要符合吊装时对朝向的要求。

(4)吊车梁的预制布置

当吊车梁安排在现场预制时，可靠近柱基顺纵向轴线或略作倾斜布置，也可插在柱的空档中预制。如具有运输条件，也可在场外预制。

(5)屋架的扶直就位

屋架扶直后立即进行就位，按就位的位置不同，可分为同侧就位和异侧就位两种(图6-50)。同侧就位时，屋架的预制位置与就位位置均在起重机开行路线的同一边。异侧就位时，需将屋架由预制的一边转至起重机开行路线的另一边就位，此时，屋架两端的朝向已有变动。因此，在预制屋架时，对屋架的就位位置应事先加以考虑，以便确定屋架两端的朝向及预埋件的位置。

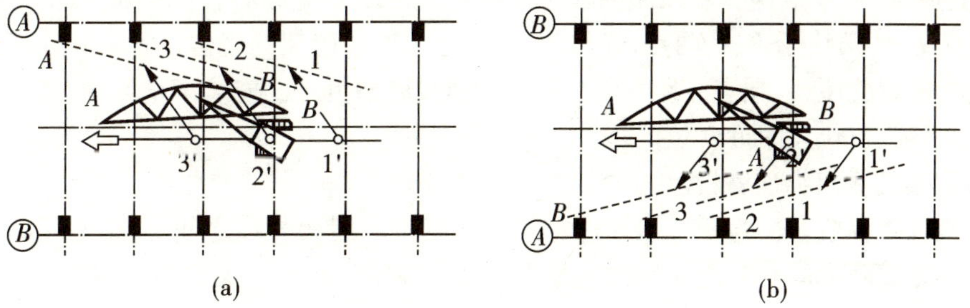

图6-50 屋架就位示意图

(a)同侧就位；(b)异侧就位

屋架就位方式有两种：一种是靠柱边斜向就位；另一种是靠柱边成组纵向就位。

1)屋架的斜向就位(图6-51)。

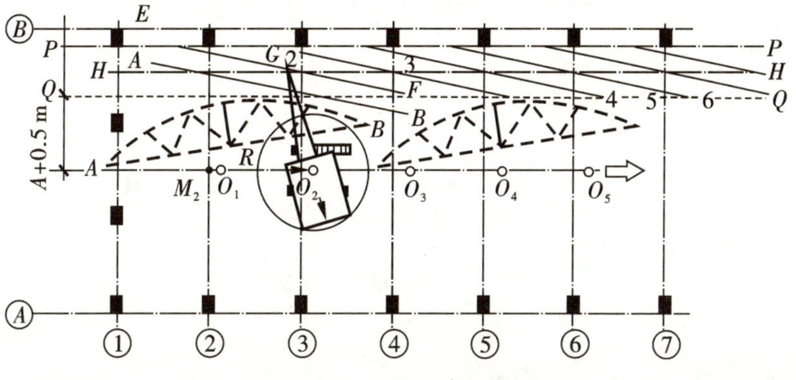

图6-51 屋架斜向就位

可按下述步骤确定其就位位置。

第一步:确定起重机吊屋架时的开行路线及停机位置。

起重机吊屋架时沿跨中开行,在图上画出开行路线。然后以欲吊装的某轴线(例如②轴线)的屋架中点 M_2 为圆心,以所选择吊装屋架的起重半径为半径画弧交开行路线于 O_2,O_2 即为吊②轴线屋架的停机位置。

第二步:确定屋架就位的范围。

屋架一般靠柱边就位,但屋架离开柱边的净距不小于 200 mm,并可利用柱作为屋架的临时支撑。这样,可定出屋架就位的外边线 $P-P$。另外,当起重机尾部至回转中心距离为 A,则在开行路线 $A+0.5$ m 范围内均不宜布置屋架或其他构件,据此画出虚线 $Q-Q$。在 P、Q 两虚线间即为屋架的就位范围。但屋架就位宽度不一定需要这样大,应根据实际需要定 $Q-Q$。

第三步:确定屋架就位位置。

当确定屋架实际就位范围 P、Q 后,便可画出中心线 $H-H$,屋架就位后的中点均在此 $H-H$ 线上。以吊②轴线屋架的停机点 O_2 为圆心,以吊屋架的起重半径 R 为半径画弧交 $H-H$ 线于 G 点,则 G 点即②轴线屋架就位之中点。再以 C 为圆心,以屋架跨度的一半为半径画弧交 P、Q 两线于 E、F 两点,连接 E、F 即为②轴线屋架的就位位置。其他屋架的就位位置均平行此屋架,端点相距 6 m。只有①轴线屋架由于已安装了抗风柱,需向后退至②轴线屋架就位位置附近就位。

2)屋架的成组纵向就位。

一般以 4 榀或 5 榀为一组靠柱边顺轴纵向就位。屋架与柱之间、屋架与屋架之间的净距不小于 200 mm,相互之间用铁丝及支撑拉紧撑牢。每组屋架之间应留 3 m 左右的间距作为横向通道。应避免在已吊装好的屋架下面去绑扎吊装屋架。屋架吊装时不能与已吊装好的屋架相碰。因此,每组屋架就位的中心线应位于该组屋架倒数第二榀吊装轴线之后约 2 m 处(图 6-52)。

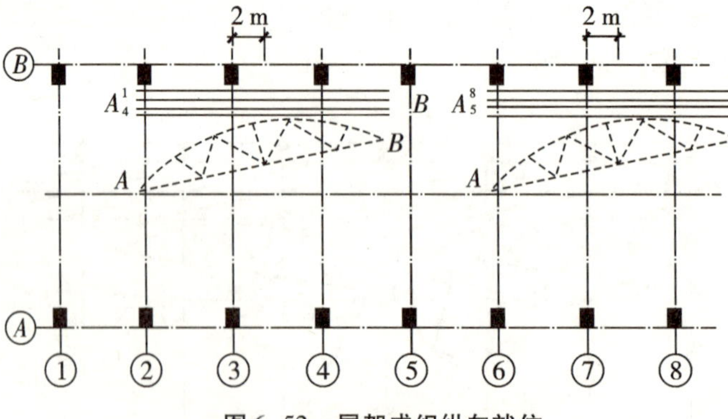

图 6-52　屋架成组纵向就位

(6)吊车梁、连系梁、屋面板的就位

单层工业厂房除了柱和屋架一般在施工现场制作外,其他构件如吊车梁、连系梁、屋面板等均在预制厂或附近的预制场制作,然后运至工地吊装。

构件运至现场后,应按施工组织设计所规定位置,按构件吊装顺序及编号,进行就位或集中堆放。梁式构件叠放不宜过高,常取2层或3层;大型屋面板不超过6~8层。

※特别提示※

结构安装方案重要内容之一就是结构安装平面图的设计,包括预制阶段和安装阶段的平面图设计。

吊车梁、连系梁的就位位置,一般在其吊装位置的柱列附近,跨内跨外均可。屋面板的就位位置,可布置在跨内或跨外(图6-53),当在跨内就位时,应向后退3个或4个节间开始堆放;若在跨外就位,应向后退1个或2个节间开始堆放。此外,也可根据具体条件采取随吊随运的方法。

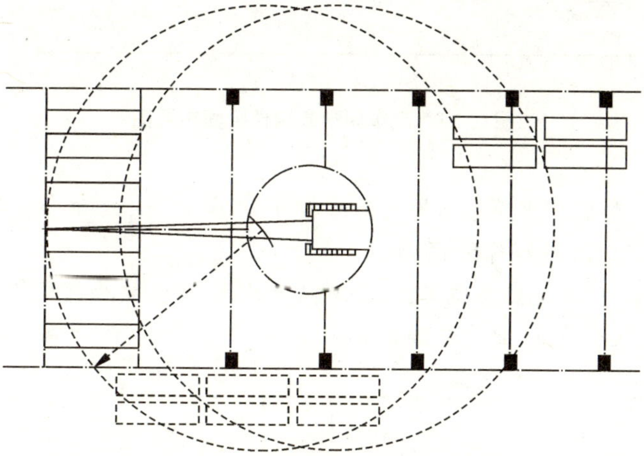

图6-53　屋面板吊装就位布置

图6-54为某车间预制构件布置图。柱的屋架均采用迭层预制,*A*列柱跨外预制,*B*列柱跨内预制,屋架在跨内靠*A*轴线一侧预制,采用分件吊装方式,柱子吊升采用旋转法。起重机自*A*轴线跨外进场,自①~⑩先吊*A*列柱,然后转至*B*轴线,自⑩~①吊装*B*列柱,再吊装两根抗风柱。然后自①~⑩吊装*A*列吊车梁、连系梁、柱间支撑等。然后自⑩~①扶直屋架、屋架就位、吊装*B*列吊车梁、连系梁、柱间支撑以及屋面板卸车就位等。最后起重机自①~⑩吊装屋架、屋面支撑、天沟和屋面板,然后退场。

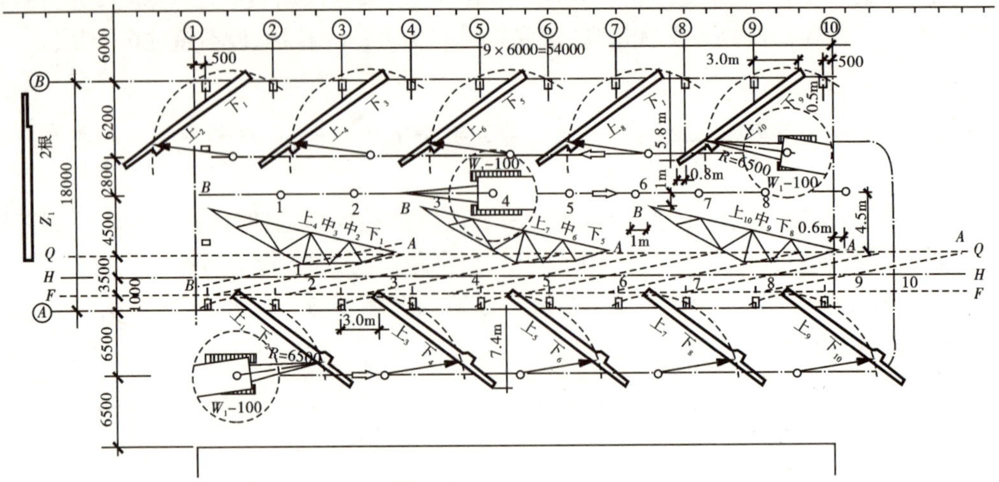

图 6-54　某车间预制构件平面布置图

例 6-2　某厂单层工业厂房结构的金工车间，跨度 18 m，长 66 m，柱距 6 m，共 11 个车间，厂房平面图、剖面图如图 6-55 所示。

制定安装方案前，应先熟悉施工图，了解设计意图，将主要构件数量、重量、长度、安装标高分别算出，见表 6-2，以便计算时查阅。

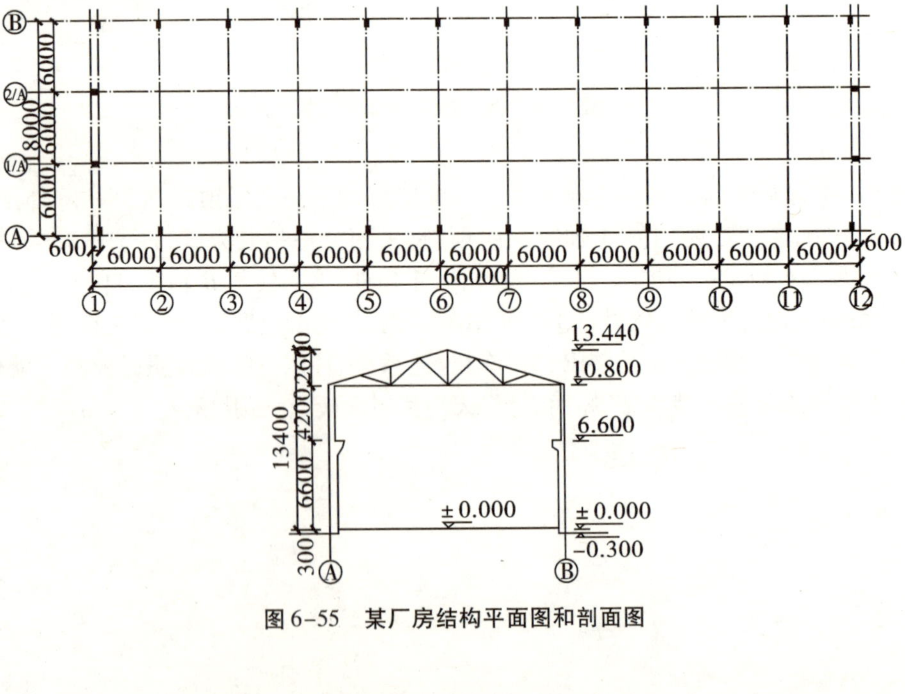

图 6-55　某厂房结构平面图和剖面图

表6-2 主要构件一览表

厂房轴线	构件名称及编号	构件数量	构件质量(t)	构件长度(m)	安装标高(m)
AB114	基础梁 JL	28	1.51	5.95	
A、B	连系梁 LL	22	1.75	5.95	+6.60
A、B	柱 Z_1	4	6.95	12.05	-1.25
A、B	柱 Z_2	20	6.95	12.05	-1.25
A/1 A/2	柱 Z_3	4	5.6	13.74	-1.25
1、14	屋架 YWJ18-1	12	4.8	17.70	+10.80
A、B	吊车梁 DL-8Z	18	3.85	5.95	+6.60
A、B	DL-8B	4	3.85	5.95	+6.60
	屋面板 YWB	132	1.16	5.97	+13.80
A、B	天沟板 TGB	22	0.86	5.97	+11.40

解答 1.起重机的选择及工作参数计算

根据厂房基本概况及现有起重设备条件，初步选用 W_1-100 型履带式起重机进行结构吊装。主要构件吊装的参数计算如下：

1)柱。

柱子采用一点绑扎斜吊法吊装。

柱 Z_1、Z_2 要求起重量：$Q=Q_1+Q_2=7.03+0.2=7.23$(t)

柱 Z_1、Z_2 要求起升高度(如图6-56所示)：$H=h_1+h_2+h_3+h_4=0+0.3+7.05+2.0=9.35$(m)

柱 Z_3 要求起重量：$Q=Q_1+Q_2=5.8+0.2=6.0$(t)

柱 Z_3 要求起升高度：$H=h_1+h_2+h_3+h_4=0+0.30+11.5+2.0=13.8$(m)

2)屋架。

屋架要求起重量：$Q=Q_1+Q_2=4.95+0.2=5.15$(t)

屋架要求起升高度(如图6-57所示)：$H=h_1+h_2+h_3+h_4=10.8+0.3+1.14+6.0=18.24$(m)

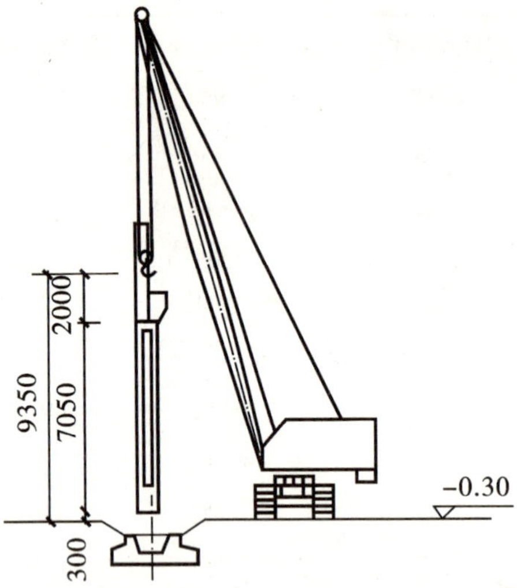

图 6-56　Z_1、Z_2 起重高度计算简图

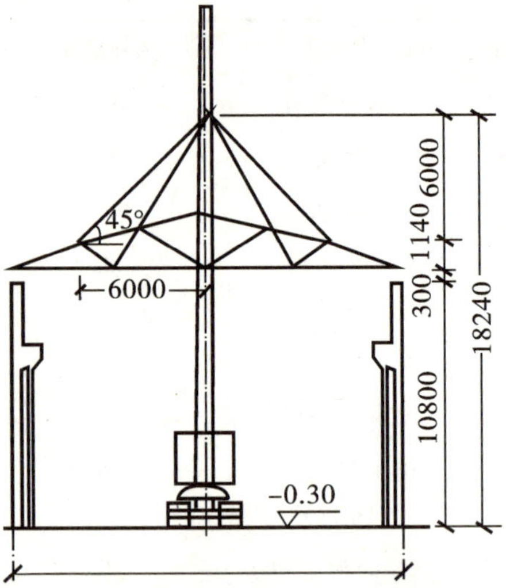

图 6-57　屋架起升高度计算简图

3）屋面板。

吊装跨中屋面板时，起重量：　$Q=Q_1+Q_2=1.3+0.2=1.5(\text{t})$

起升高度（如图 6-58 所示）：　$H=h_1+h_2+h_3+h_4=(10.8+2.64)+0.3+0.24+2.5=16.48(\text{m})$

起重机吊装跨中屋面板时，起重钩需伸过已吊装好的屋架上弦中线 f=3 m，且起重臂中心线与已安装好的屋架中心线至少保持 1 m 的水平距离。

根据上述计算，选 W1-100 型履带式起重机吊装屋面板，起重臂长 L 取 23 m，起重仰角 $\alpha=55°$，则实际起重半径为 $R=F+L\cos\alpha=1.3+23\times\cos55°=14.5(\text{m})$

查 W1-100 型 23 m 起重臂的性能曲线或性能表知，$R=14.5$ m 时，$Q=2.3$ t>1.5 t，$H=17.3$ m>16.48 m，所以选择 W1-100 型 23 m 起重臂符合吊装跨中屋面板的要求。

2. 现场预制构件的平面布置与起重机的开行路线

1）A 列柱预制。

在场地平整及杯形基础浇筑后即可进行柱子预制。先确定起重机开行路线，吊装 A 列柱时，跨内、跨边开行，距 A 轴线的距离为 4.8 m。以各杯口中心为圆心，以 $R=6.5$ m 为半径画弧，与开行线路交点即为起重机的停机点。再以停机点为圆心，以 $R=6.5$ m为半径画弧，该弧通过各杯口中心，并在杯口附近的圆弧上定出一点为柱脚中心，然后以柱脚中心为圆心，以柱脚至绑扎点的距离 7.05 m 为半径作弧与以停机点为圆心，以 $R=6.5$ m为半径的圆弧相交，此交点即柱的绑扎点。如图 6-59(a)所示。

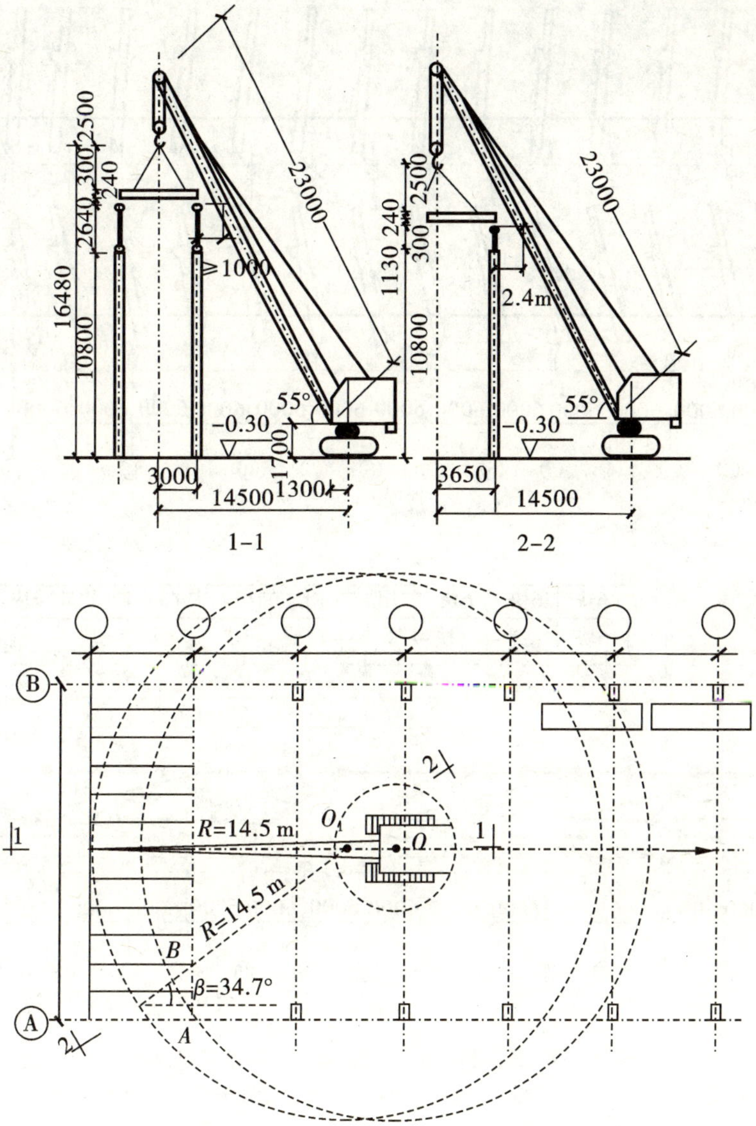

图 6-58　屋面板吊装工作参数计算简图

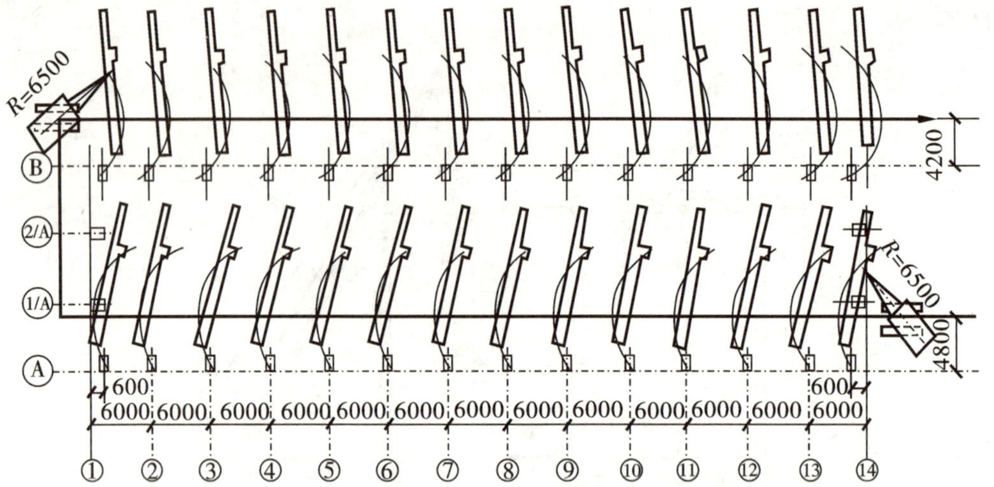

(a)

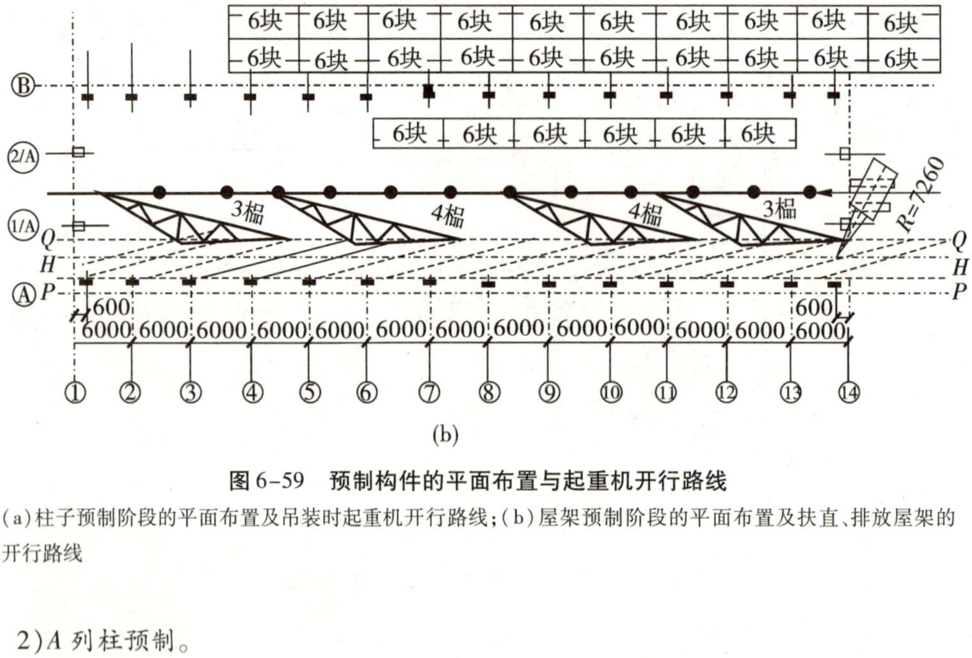

(b)

图 6-59　预制构件的平面布置与起重机开行路线

(a)柱子预制阶段的平面布置及吊装时起重机开行路线;(b)屋架预制阶段的平面布置及扶直、排放屋架的开行路线

2)*A* 列柱预制。

据施工现场情况,确定 *B* 列柱跨外预制,距 *B* 轴线距离为 4.2 m,定出起重机开行路线,然后按上述同样的方法确定停机点及柱子的布置位置。如图 6-59(a)所示。

3)抗风柱的预制

抗风柱在①轴-⑭轴跨外布置,其预制位置不能影响起重机的开行。

4)屋架的预制。

屋架的预制安排在柱子吊装完后进行;屋架以 3 榀或 4 榀为一叠安排在跨内叠浇。在确定屋架的预制位置之前,先定出各屋架排放的位置,据此安排屋架的预制位置。屋架的预制位置及排放布置如图 6-59(b)所示。

按图6-59的布置方案,起重机的开行路线及构件的安装顺序如下:

起重机首先自A轴跨内进场,按⑭→①的顺序吊装A列柱;

其次,转至B轴线跨外,按①→⑭的顺序吊装A列柱;

第三,转至A轴线跨内,按⑭→①的顺序吊装A列柱的吊车梁、连系梁、柱间支撑;

第四,转至B轴线跨内,按①→⑭的顺序吊装B列柱的吊车梁、连系梁、柱间支撑;

第五,转至跨中,按⑭→①的顺序扶直屋架,使屋架、屋面板排放就位后,吊装①轴线的两根抗风柱;

第六,按①→⑭的顺序吊装屋架、屋面支撑、大型屋面板、天沟板等;最后,吊装⑭轴线的两根抗风柱后退场。

任务6.3 钢结构的安装

※知识链接※

1. 钢构件制作工艺

按设计图纸放样,号料→钢材下料切割(剪切、冲切、锯切、气割等)→矫正和弯曲成型→钢构件边缘加工(铲边、刨边、铣边、切割等)→制孔(冲孔或钻孔)→钢构件组装→摩擦面处理及构件成品防腐涂装

常用工具有:测量、划线工具,主要包括钢卷尺、直角尺、卡钳、划针、划规及地规、样冲。

切割、切削机具,主要包括半自动切割机、风动砂轮机、电动砂轮机、风铲、砂轮锯、龙门剪板机、联合冲剪机、锉刀、凿子、型锤。

其他机具,主要包括钢尺、游标卡尺、手锯、锤、自动气体切割机、等离子切割机、铣边机、矫正机、数据冲床、冲剪机等。

生产好的钢构件经过组装后形成钢结构。工业厂房中的变截面门式刚架、多高层建筑中的多跨多层框架,属于平面结构体系。大跨度房屋中的平板网架、网壳、高层建筑中钢框架-支承结构、核心筒钢框架结构、钢管混凝土结构、型钢混凝土结构等均属于空间结构体系。

2. 钢结构涂装工程

钢结构在常温大气环境中易受大气中水分、氧和其他污染物的作用而被腐蚀。不仅造成经济损失,还直接影响到结构安全。另外,钢材由于其导热快,比热小,极不耐火,未加防火处理的钢结构构件在火灾温度作用下,温度上升很快,只需十几分钟,自身温度就可达540 ℃以上,此时钢材的力学性能都将急剧下降;达到600 ℃时,强度则几乎为零,钢构件不可避免地扭曲变形,最终导致整个结构的垮塌毁坏。目前国内外主要采用涂料涂装的方法进行钢结构的防腐与防火。

3. 钢材除锈

国家标准《涂装前钢材表面锈蚀等级和除锈等级》(GB 8923—1988)将除锈等级分成

喷射或抛射除锈、手工和动力工具除锈、火焰除锈三种类型。

1)喷射或抛射除锈。

用字母“Sa”表示,分四个等级:Sa1(轻度的喷射或抛射除锈),Sa2(彻底的喷射或抛射除锈),Sa21/2(非常彻底的喷射或抛射除锈),Sa3(使钢材表观洁净的喷射或抛射除锈)。

手工和动力工具除锈用字母“St”表示,分两个等级:St2(彻底手工和动力工具除锈),St3(非常彻底手工和动力工具除锈)。

2)火焰除锈。

以字母“F1”表示,钢材表面应无氧化皮、铁锈和油漆涂层等附着物,任何残留的痕迹应仅为表面变色(不同颜色的暗影)。

目前国内各大、中型钢结构加工企业一般都具备喷、抛射除锈的能力,所以应将喷、抛射除锈作为首选的除锈方法。

4. 钢结构防腐涂料

钢结构防腐涂料是一种含油或不含油的胶体溶液,涂料分底漆和面漆两种。

底漆是直接涂在钢材表面上的漆。面漆是涂在底漆上的漆,含粉料少,基料多,成膜后有光泽,主要功能是保护下层底漆。面漆对大气和湿气有高度的不渗透性,并能抵抗有腐蚀介质、阳光紫外线所引起风化分解。

钢结构的防腐涂层,可由几层不同的涂料组合而成。涂料的层数和总厚度是根据使用条件来确定的,一般室内钢结构要求涂层总厚度为 125 μm,即底漆和面漆各两道。高层建筑钢结构一般处在室内环境中,而且要喷涂防火涂层,所以通常只刷两道防锈底漆。

常用的防腐涂装的施工方法有刷涂法和喷涂法两种。

刷涂法应用较广泛,适宜于油性基料刷涂。一些形状复杂的构件,使用刷涂法也比较方便。

喷涂法施工工效高,适合于大面积施工,对于快干和挥发性强的涂料尤为适合。喷涂的漆膜较薄,为了达到设计要求的厚度,有时需要增加喷涂的次数。喷涂施工比刷涂施工涂料损耗大,一般要增加20%左右。

钢结构防火涂料按涂层的厚度分为两类:B 类(即薄涂型钢结构防火涂料),涂层厚度一般为 2 ~7 mm,耐火极限一般为 0.5 ~2 h,故又称为钢结构膨胀防火涂料。室内裸露钢结构、轻型屋盖钢结构及有装饰要求的钢结构,当规定其耐火极限在 1.5 及以下时,宜选用薄涂型钢结构防火涂料。应注意不应把薄涂型钢结构防火涂料用于保护耐火极限为 2 h 以上的钢结构。

H 类(厚涂型钢结构防火涂料),涂层厚度一般为 8 ~50 mm,耐火极限为 0.5 ~3 h,又称为钢结构防火隔热涂料。室内隐蔽钢结构、多层及高层全钢结构、多层厂房钢结构,当规定其耐火极限在 2.0 及以上时,宜选用厚涂型钢结构防火涂料。

露天钢结构,如石油化工企业、油(汽)罐支撑、石油钻井平台等钢结构,应选用符合室外钢结构防火涂料产品规定的厚涂型或薄涂型钢结构防火涂料。不得将室内钢结构防火涂料,未加改进和采取有效的防火措施直接用于喷涂保护室外的钢结构。

6.3.1　吊装前的准备工作

(1)基础准备

钢柱基础的顶面通常设计为一平面，通过地脚螺栓将钢柱与基础连成整体。施工时应保证基础顶面标高及地脚螺栓位置准确。其允许偏差为：基础顶面高差为±2 mm，倾斜度1/1000；地脚螺栓位置允许偏差，在支座范围内为5 mm。施工时可用角钢做成固定架，将地脚螺栓安置在与基础模板分开的固定架上。

为保证基础顶面标高的准确，施工时可采用一次浇筑法或二次浇筑法。

1)一次浇筑法。先将基础混凝土浇灌到低于设计标高约40～60 mm处，然后用细石混凝土精确找平至设计标高，以保证基础顶面标高的准确。这种方法要求钢柱制作尺寸十分准确，且要保证细石混凝土与下层混凝土的紧密黏结，如图6-60所示。

2)二次浇筑法。钢柱基础分两次浇筑。第一次浇筑到比设计标高低40～60 mm处，待混凝土有一定强度后，上面放钢垫板，精确校正钢板标高，然后吊装钢柱。当钢柱校正完毕后，在柱脚钢板下浇灌细石混凝土，如图6-61所示。这种方法校正柱子比较容易，多用于重型钢柱吊装。

当基础采用二次浇筑混凝土施工时，钢柱脚应采用钢垫板或座浆垫板作支承。垫板应设置在靠近地脚栓的柱脚底板加劲板或柱脚下，每根地脚螺栓侧应设1组或2组垫块，每组垫板不得多于5块。垫板与基础面和柱底面的接触应平整、紧密。当采用成对斜垫板时，其叠合长度不应小于垫板长度的2/3。采用坐浆垫板时，应采用无收缩砂浆。柱子吊装前砂浆试块强度应高于基础混凝土强度一个等级。

(2)构件的检查与弹线

在吊装钢构件之前，应检查构件的外形和几何尺寸，如有偏差应在吊装前设法消除。

在钢柱的底部和上部标出两个方向的轴线，在底部适当高度标出标高准线，以便校正钢柱的平面位置、垂直度、屋架和吊车梁的标高等。

对不易辨别上下、左右的构件，应在构件上加以标明，以免吊装时搞错。

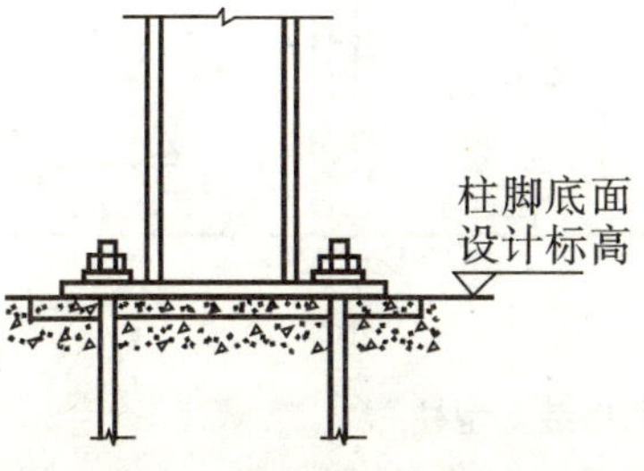

图6-60　钢柱基础的一次浇筑法

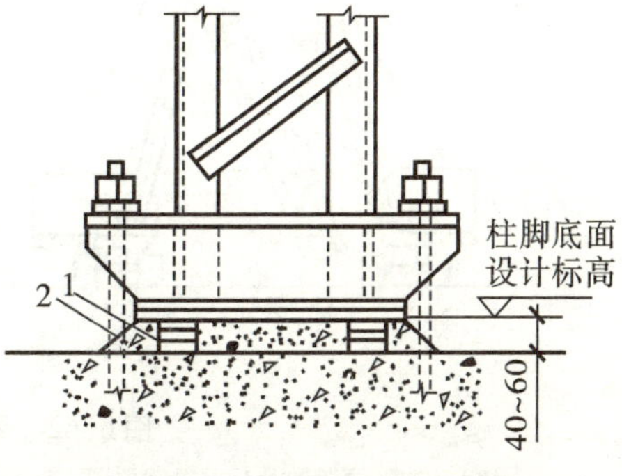

图6-61　钢柱基础的二次浇筑法

1-调整柱子用的钢垫板；2-柱子安装后浇筑的细石混凝土

(3)构件的运输、堆放

钢构件应根据施工组织设计要求的施工顺序,分单元成套供应。运输时,应根据构件的长度、重量选择车辆,钢构件在运输车辆上的支点、两端伸出的长度及绑扎方法均应保证构件不产生变形,不损伤涂层。

钢构件堆放的场地应平整坚实,无积水。堆放时应按构件的种类、型号、安装顺序分区存放。钢结构底层应设有垫枕,并且应有足够的支承面,以防支点下沉。相同型号的钢构件叠放时,各层钢构件的支点应在同一垂直线上,并应防止钢构件被压坏和变形。

6.3.2 钢结构吊装工艺

(1)钢柱的吊装

1)钢柱的吊升。钢柱的吊升可采用自行式或塔式起重机,用旋转法或滑行法吊升。当钢柱较重时,可采用双机抬吊,用一台起重机抬柱的上吊点,一台起重机抬下吊点,采用双机并立相对旋转法进行吊装,如图 6-62 所示。

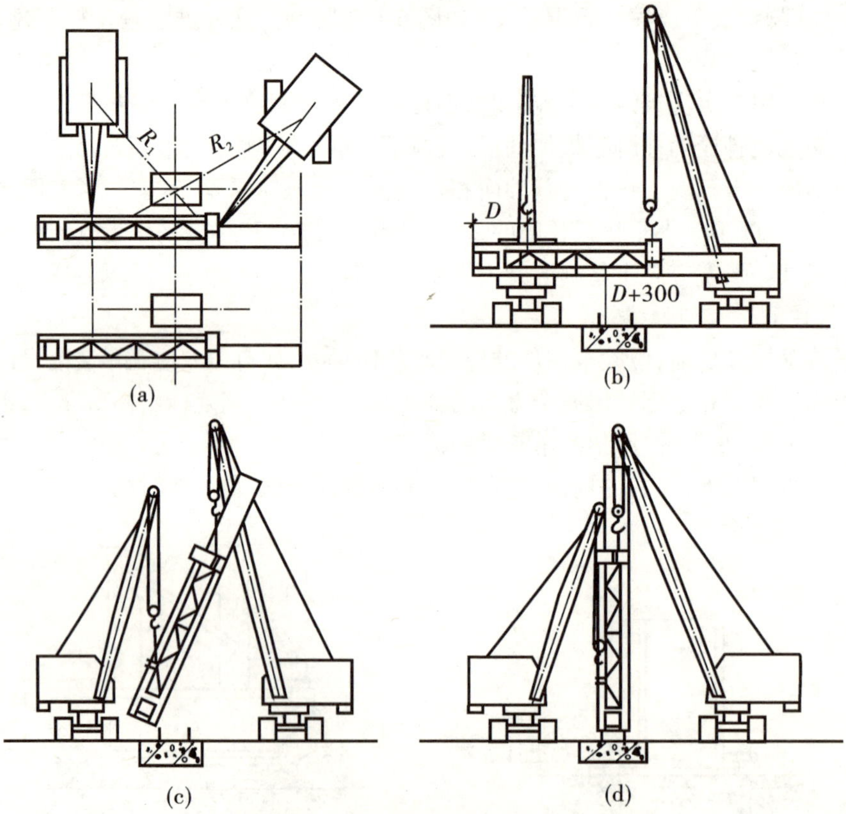

图 6-62 两点抬吊吊装重型柱

(a)柱的平面布置及起重机就位图;(b)两机同时将柱吊升;(c)两机协调旋转,并将柱调直;(d)将柱插入杯口

2)钢柱的校正与固定。钢柱的校正包括平面位置、标高、垂直度的校正。平面位置

的校正应用经纬仪从两个方向检查钢柱的安装准线。在吊升前应安放标高控制块以控制钢柱底部标高。垂直度的校正用经纬仪检验，如超过允许偏差，用千斤顶进行校正。在校正过程中，随时观察柱底部和标高控制块之间是否脱空，以防校正过程中造成水平标高的误差。

为防止钢柱校正后的轴线位移，应在柱底板四边用 10 mm 厚钢板定位，并电焊牢固。钢柱复校后，紧固地脚螺栓，并将承重块上下点焊固定，防止走动。

(2)钢吊车梁的吊装

1)吊车梁的吊升。钢吊车梁可用自行式起重机吊装，也可以用塔式起重机、桅杆式起重机等进行吊装，对重量很大的吊车梁，可用双机抬吊。

吊车梁吊装时应注意钢柱吊装后的位移和垂直度的偏差，认真做好临时标高垫块工作，严格控制定位轴线，实测吊车梁搁置处梁高制作的误差。钢吊车梁均为简支梁，梁端之间应留有 10 mm 左右的间隙并设钢垫板，梁和牛腿用螺栓连接，梁与制动架之间用高强螺栓连接。

2)钢吊车梁的校正与固定。吊车梁校正的内容包括标高、垂直度、轴线、跨距的校正。标高的校正可在屋盖吊装前进行，其他项目校正可在屋盖安装完成后进行，因为屋盖的吊装可能引起钢柱变位。

吊车梁标高的校正，用千斤顶或起重机对梁作竖向移动，并垫钢板，使其偏差在允许范围内。

吊车梁轴线的校正可用通线法和平移轴线法，跨距的检验用钢尺测量，跨度大的车间用弹簧秤拉测(拉力一般为 100 ~ 200 N)，如超过允许偏差，可用撬棍、钢楔、花篮螺丝、千斤顶等纠正。

(3)钢屋架的吊装与校正

钢屋架的翻身扶直，吊升时由于侧向刚度较差，必要时应绑扎几道杉木杆，作为临时加固措施。

屋架吊装可采用自行式起重机、塔式起重机或桅杆式起重机等。根据屋架的跨度、重量和安装高度不同，选用不同的起重机械和吊装方法。

屋架的临时固定可用临时螺栓和冲钉。

钢屋架的侧向稳定性差，如果起重机的起重量及起重臂的长度允许时，应先拼装两榀屋架及其上部的天窗架、檩条、支撑等成为整体，然后再一次吊装。这样可以保证吊装稳定性，同时也提高吊装效率。

钢屋架的校正内容主要包括垂直度和弦杆的正直度，垂直度用垂球检验，弦杆的正直度用拉紧的测绳进行检验。

屋架的最后固定用电焊或高强螺栓。

6.3.3 钢结构的连接与固定

钢结构连接方法通常有三种：焊接、铆接和螺栓连接等。钢构件的连接接头应经检查合格后方可紧固或焊接。焊接和高强度螺栓并用的连接，当设计无特殊要求时，应按先栓后焊的顺序施工。螺栓连接有普通螺栓和高强度螺栓两种。高强度螺栓有大六角头高强度螺栓和扭剪型高强度螺栓。钢结构用的扭剪型高强度螺栓连接副包括一个螺栓、一个螺母和一个垫圈，如图 6-63 所示。扭剪型高强度螺栓具有施工简单，受力好，可拆换，耐疲劳，能承受动力荷载，可目视判定是否终拧，不易漏拧，安全度高等优点。下面主要讲述焊接施工和高强度螺栓的施工。

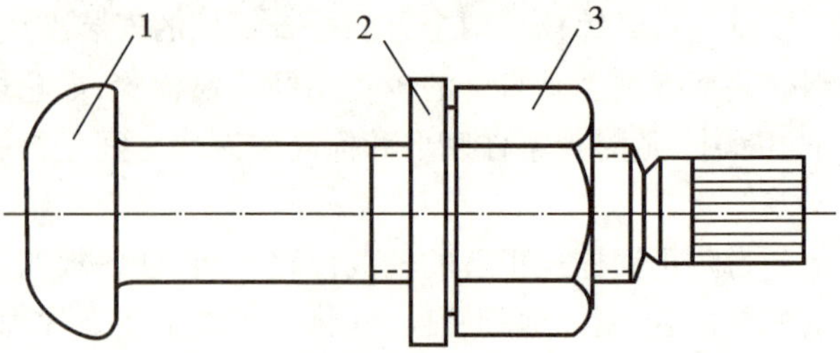

图 6-63　高强度螺栓连接副

1-螺栓；2-垫圈；3-螺母

(1)焊接施工

1)焊接方法选择。焊接是钢结构最主要的连接方式之一，任何形状的结构都可以用焊缝连接，构造简单，省工省料，而且大部分工作能实现自动化操作，生产效率高。在钢结构制作和安装领域中，广泛使用的是电弧焊。在电弧焊中又以药皮焊条手工焊、自动埋弧焊、半自动与自动 CO_2 气体保护焊为主。在某些特殊场合，则必须使用电渣焊。焊接的类型、特点和适用范围见表 6-3。

表 6-3　钢结构焊接方法选择

焊接的类型			特点	适用范围
电弧焊	手工焊	交流焊机	利用焊条与焊件之间产生的电弧热焊接，设备简单，操作灵活，可进行各种位置的焊接，是建筑工地应用最广泛的焊接方法	焊接普通钢结构
		直流焊机	焊接技术与交流焊机相同，成本比交流焊机高，但焊接时电弧稳定	焊接要求较高的钢结构
	埋弧自动焊		利用埋在焊剂层下的电弧热焊接，效率高，质量好，操作技术要求低，劳动条件好，是大型构件制作中应用最广的高效焊接方法	焊接长度较大的对接、贴角焊缝，一般是有规律的直焊缝
	半自动焊		与埋弧自动焊基本相同，操作灵活，但使用不够方便	焊接较短的或弯曲的对接、贴角焊缝
	CO_2 气体保护焊		用 CO_2 或惰性气体保护的实芯焊丝或药芯焊接，设备简单，操作简便，焊接效率高，质量好	用于构件长焊缝的自动焊
电渣焊			利用电流通过液态熔渣所产生的电阻热焊接，能焊大厚度焊缝	用于箱型梁及柱隔板与面板全焊透连接

2)焊接工艺要点。

①焊接工艺设计。确定焊接方式、焊接参数及焊条、焊丝、焊剂的规格型号等。

②焊条烘烤。焊条和粉芯焊丝使用前必须按质量要求进行烘焙,低氢型焊条经过烘焙后,应放在保温箱内随用随取。

③定位点焊。焊接结构在拼接、组装时要确定零件的准确位置,要先进行定位点焊。定位点焊的长度、厚度应由计算确定。电流要比正式焊接提高10%~15%,定位点焊的位置应尽量避开构件的端部、边角等应力集中的地方。

④焊前预热。钢构件预热可降低热影响区冷却速度,防止焊接延迟裂纹的产生。预热区在焊缝两侧,每侧宽度均应大于焊件厚度的1.5倍以上,且不应小于100 mm。在钢结构安装过程中,为防止焊接时夹渣、未焊透、咬肉,焊条应在300 ℃下烘2 h。

⑤焊接顺序确定。一般从焊件的中心开始向四周扩展;先焊收缩量大的焊缝,后焊收缩小的焊缝;尽量对称施焊;焊缝相交时,先焊纵向焊缝,待冷却至常温后,再焊横向焊缝;钢板较厚时分层施焊。常见焊缝位置见图6-64。常见钢结构焊接变形有线性缩短、扭曲变形、角变形。

⑥焊后热处理。焊后热处理主要是对焊缝进行脱氢处理,以防止冷裂纹的产生。焊后热处理应在焊后立即进行,保温时间应根据板厚按每25 mm板厚1 h确定。预热及后热均可采用散发式火焰枪进行。

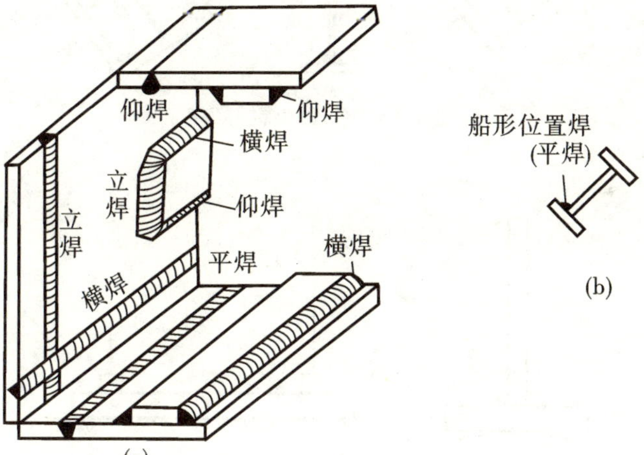

(a) (b)

图6-64 焊缝位置示意图

※知识链接※

1. 形成焊接残余变形的不利因素及对策

形成焊接残余变形的不利因素有焊缝尺寸大、焊缝数量多、焊缝交叉等。为了减少和限制焊接残余应力和焊接变形,可以采取以下措施:

1)在设计中不得任意加大焊缝,避免焊缝立体交叉和在一处集中大量焊缝。焊缝布置应尽可能对称于构件重心。

2)采用合理的焊接顺序。例如钢板对接,当焊缝较长时可采用分段退焊[图6-65

(a)];厚度较大时可采用分层焊[图 6-65(b)];钢板分块拼接合理安排施焊顺序[图 6-65(c)];工字形顶接采用对角跳焊[图 6-65(d)]。

3)施焊前使构件有一个和焊接变形相反的预变形。如图 6-66(a)中将翼缘预弯,在(b)图中将平接的接缝处预弯,使与焊接变形相抵消,但此法不能去除焊接应力。

4)对于小尺寸的焊件可焊前预热或焊后进行退火处理。退火是将构件加热至600 ℃后,使其缓慢冷却,可消除焊接应力。也可以在焊后锤击,以减小焊接应力和焊接变形。

5)机械校正法和局部加热法矫正焊接变形,如弯曲变形可用机械顶压冷矫正,也可以在凸面局部加热,利用热后的冷缩进行热矫正。

钢结构焊接的连接形式按钢材的相互位置划分,其中有对接、搭接、T 形连接、角部连接。较厚的钢结构构件通常要开坡口,其目的是提高焊接质量、使根部能够焊透、易于清除熔渣。

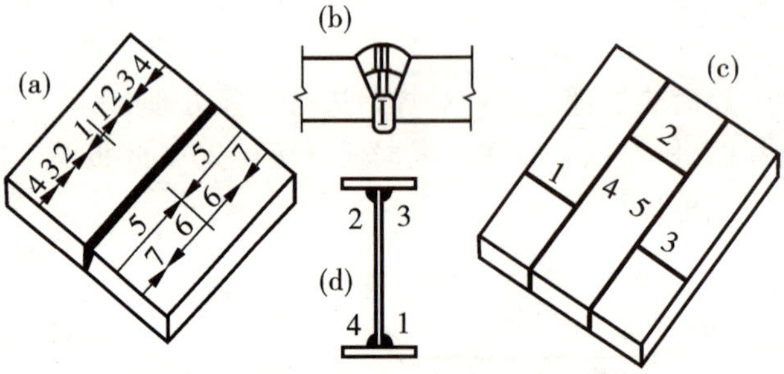

图 6-65　合理的焊接顺序

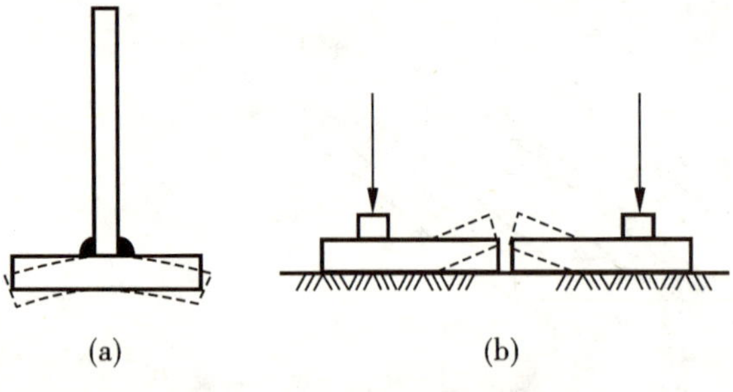

图 6-66　减小焊接变形的措施

2. 焊缝质量检查

焊缝缺陷将削弱焊缝面积,引起应力集中,对连接的强度、连接的冷弯性等会造成不利影响。

外观无损检查:检查外观缺陷和几何尺寸;

内部无损检验:检验内部缺陷。内部检验主要采用超声波,有时还用磁粉检验、荧光检验等辅助方法,还可以采用 X 射线或 γ 射线透照或拍片等无损探伤或致密性检验。

(2)高强度螺栓安装

1)安装要求。

①钢结构拼装前,应清除飞边、毛刺、焊接飞溅物。螺栓摩擦面应保持干燥、整洁,不得在雨中作业。

②高强度螺栓连接副应按批号分别存放,并应在同批内配套使用。在储存、运输、施工过程中不得混放,要防止锈蚀、沾污和碰伤螺纹等可能导致扭矩系数变化的情况发生。

③选用的高强度螺栓的形式、规格应符合设计要求。施工前,高强度大六角头螺栓连接副应按出厂批号复验扭矩系数;扭剪高强度螺栓连接副应按出厂批号复验预拉力,复验合格后方可使用。

选用螺栓长度时应考虑构件的被连接厚度,螺母厚度、垫圈厚度和紧固后要露出的3扣螺纹的余长,如图6-67所示。

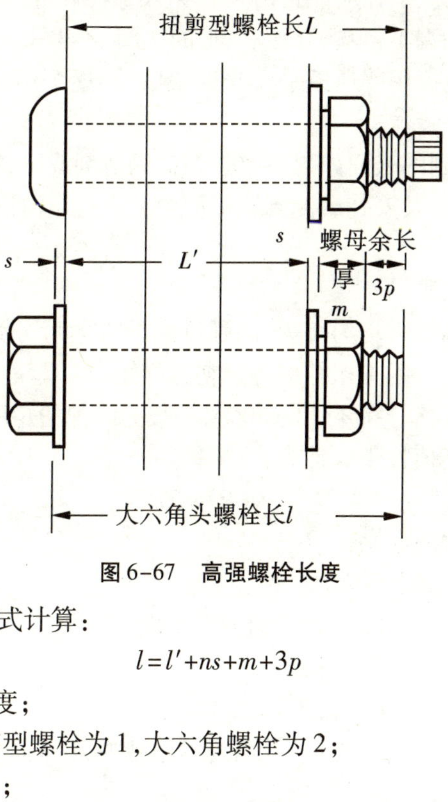

图6-67 高强螺栓长度

一般螺栓长度 l 按下式计算:

$$l=l'+ns+m+3p \tag{6-5}$$

式中 l'—构件被连接厚度;

n—垫圈个数,扭剪型螺栓为1,大六角螺栓为2;

s—垫圈厚度(mm);

m—螺母厚度(mm);

p—螺纹的螺距(mm),见表6-4。

按上式计算所得数值应调整为5的倍数。

表6-4 高强度螺栓螺纹的螺距

螺纹直径	M12	M16	M20	M22	M24	M27	M30
规格/mm	1.76	2	2.5	2.5	3	3	3.5

④高强度螺栓连接面的抗滑移系数试验结果应符合设计要求，构件连接面与试件连接面表面状态相符。

2）安装方法。

①高强度螺栓接头应采用冲钉和临时螺栓连接。临时螺栓的数量应为接头上螺栓总数的1/3，并不少于两个，冲钉使用数量不宜超过临时螺栓数量的30%。安装冲钉时严禁强行击打，避免造成螺孔变形从而形成飞边。严禁使用高强度螺栓代替临时螺栓，以防因损伤螺纹造成扭矩系数增大。

对于错位的螺栓孔应用铰刀或粗锉刀进行处理规整，处理时应先紧固临时螺栓主板至迭间无间隙，以防切屑落入。螺栓孔也不得采用气割扩孔。

钢结构应在临时螺栓连接状态下进行安装精度校正。

②钢结构安装精度调整达到校准规定后便可安装高强螺栓。首先安装接头中那些未装临时螺栓和冲钉的螺孔。螺栓应能自由垂直穿入螺栓和冲钉的螺孔，穿入方向应该于其保持一致。每个螺栓一端不得垫两个及以上的垫圈，不得采用大螺母代替垫圈。

已安装上的高强度螺栓用普通扳手充分拧紧后，再逐个用高强度螺栓换下冲钉和临时螺栓。

在安装过程中，连接副的表面如果涂有过多的润滑剂或防锈剂时，应使用干净的布轻轻揩拭掉多余的涂脂，防止其安装后流到连接面中。不得用清洗剂清洗，否则会造成扭矩系数变化。

（3）高强度螺栓的紧固

为了使每个螺栓的预拉力均匀相等，高强度螺栓拧紧可分为初拧和终拧。对于大型节点应分初拧、复拧和终拧，复拧扭矩应等于初拧扭矩。

初拧扭矩值不得小于终拧扭矩值的30%，一般为终拧扭矩的60%～80%。

高强度螺栓终拧扭矩值按下式计算：

$$T_c = K(P + \Delta P)d \tag{6-6}$$

式中 T_c——终拧扭矩（N·m）；

P——高强度螺栓设计预拉力（kN）；

ΔP——预拉力损失值（kN），取设计预拉力的10%；

d——高强度螺栓螺纹直径（mm）；

K——扭矩系数，扭剪型螺栓取 $K=0.13$。

高强度螺栓的安装应按顺序旋拧，宜由螺栓群中央顺序向外拧紧。并应在当天终拧完毕，其外露丝扣不得少于3扣。

高强度螺栓多用电动扳手进行紧固，如图6-68所示。

电动扳手不能使用的场合，用测力扳手进行紧固。紧固后用色彩鲜明的涂料在螺栓尾部涂上终拧标记备查。

对已紧固的高强度螺栓，应逐个检查验收。对于终拧时用电动扳手紧固的扭剪型高强度螺栓，应以目测尾部梅花头拧掉为合格。对于用测力扳手紧固的高强度螺栓，仍用测力扳手检查是否紧固到规定的终拧扭矩值。

采用转角法施工时，初拧结束后应在螺母与螺杆端面同一处刻划出终拧角的起始线

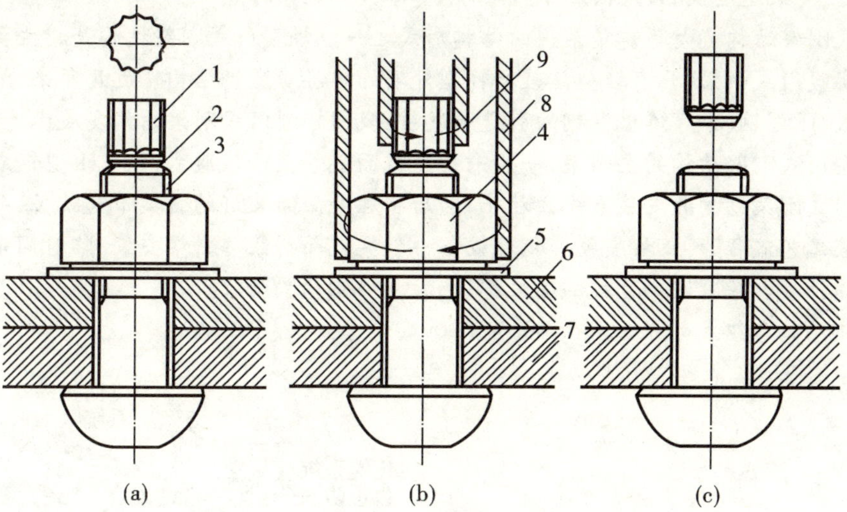

图6-68　扭剪型高强螺栓终拧过程示意图

(a)终拧前;(b)终拧中;(c)终拧后

1-尾部梅花卡头;2-螺栓尾部切口;3-螺栓;4-六角螺母;5-垫圈;6-被连接件;8-螺母套筒;9-梅花卡头筒

和终止线以待检查。

大六角头高强度螺栓采用扭矩法施工后,检查时应将螺母回退30°～50°再拧至原位,来测定终拧扭矩值,其偏差不得大于±10%。

欠拧漏拧者应及时补拧、超拧者应予更换。欠拧、漏拧宜用0.3～0.5 kg的小锤逐个敲检。

※知识链接※

由于钢结构构件自重轻,钢结构与混凝土结构建筑比较,自重减少70%～80%,大大减轻了对地基的压力,降低了基础的造价;用钢量也仅为20～30 kg/m^2,投资少,故广泛应用于建造各类轻型工业厂房、仓储、公共设施、大商场、娱乐场所和体育场所等建筑。下面简单介绍下轻型门式刚架结构工程施工要点。

1.轻型门式刚架结构工程

钢结构通常是指由下列钢材所构成的结构:①冷弯薄壁型钢结构;②热轧轻型钢结构;③焊接或高频焊接轻型钢结构;④轻型钢管结构;⑤板壁较薄的焊接组合梁及焊接组合柱而构成的结构。其中由薄壁型钢组成的轻钢结构近年来发展非常迅速,而且是轻钢结构发展的主要方向。

薄壁轻钢结构由薄钢板或型钢焊接成主要框架的柱、梁以及薄壁冷弯屋面、墙面檩条(也有称墙梁、墙筋)等组装而成,外盖以轻质、高强、美观耐久的彩色钢板组成墙体和屋面围护结构。这类建筑的构件轻质高强,结构抗震性能好,可建造大跨度(9～50 m)、大柱距(6～15 m)的房屋,并且建筑美观、屋面排水流畅、防水性能好;由于构件在工厂制造,成品精确度高;构件采用高强螺栓或电焊连接在现场吊装拼接,具有施工简单方便、产品质量好、安装速度快、占地面积小、施工不受季节限制等特点。

门式刚架结构是大跨建筑常用的结构形式之一。轻型门式刚架结构是指主要承重结构采用实腹门式刚架、具有轻型屋盖和轻型外墙的单层房屋钢结构。近几年来,随着彩色压型钢板、H 型钢、冷弯薄壁型钢的引进和发展,我国轻型门式刚架结构发展迅速。

轻型门式刚架结构的主刚架,一般采用变截面或等截面实腹式焊接 H 型钢或轧制 H 型钢。门式刚架结构的安装宜先立柱子,然后将在地面组装好的斜梁吊起就位,并与柱连接。安装工艺流程为:钢柱安装→钢柱校正→斜梁地面拼装→斜梁安装、临时固定→钢柱重校→高强度螺栓紧固→复校→安装檩条、拉杆→钢结构验收。

轻钢结构各组成部分如图 6-69 所示。

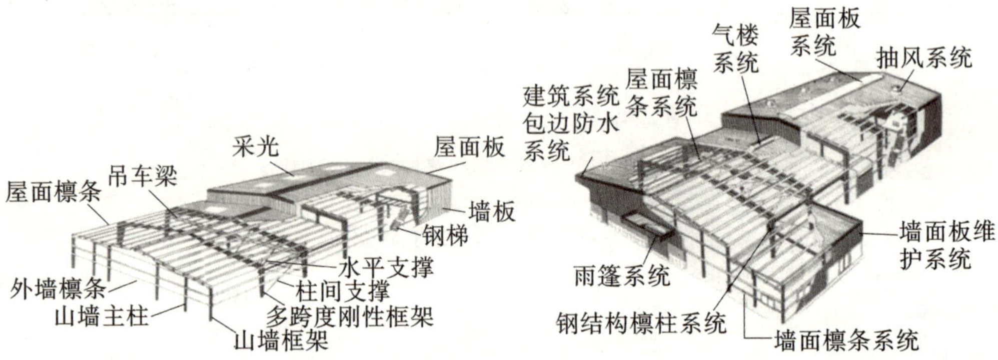

图 6-69 轻钢结构示意图

2. 轻型门式刚架结构工程施工

1) 安装施工准备。

轻钢构件须有质量保证书及详细的验收记录;应按构件的种类、型号及安装顺序在指定区域堆放。构件底层垫木要有足够的支撑面以防止支点下沉;相同型号的构件叠放时,每层构件的支点要在同一直线上;对变形的构件应及时矫正,检查合格后方可安装。

钢柱基础施工时,应做好地脚螺栓的定位和保护工作,控制基础顶面标高和地脚螺栓顶面标高。构件在吊装前应根据《钢结构工程施工质量验收规范》(GB 50205—2001)中的有关规定进行检验构件的外形和截面几何尺寸,其偏差不允许超出规范规定值之外;构件应根据设计图纸要求进行编号,弹出安装中心标记。钢柱应弹出两个方向的中心标记和标高标记;标出绑扎位置;丈量柱长,其长度误差应详细记录,并用油笔写在柱子下部中心标记旁的平面上,以备在基础顶面标高二次灌浆层中调整。(建议增加混凝土基础的两种找平方法)

2) 安装机械选择。

轻型门式刚架结构构件重量较轻,且一般单层建筑安装标高为 10 m 左右,所以起重机选择以大跨度斜梁起重高度(包括索具高度)为主,可采用履带式起重机、汽车式起重机,多跨可采用轻便式小型塔式起重机。

根据现场条件和构件大小,可采用单机起吊或双机抬吊;根据工期要求也可采用多机流水作业。对有些重量比较轻的小型构件,如檩条、彩钢板等,也可直接由人力吊升安装。

起重机械的数量,可根据工程规模、安装工程量大小及工期要求合理确定。

3)刚架柱的安装。

轻型门式刚架钢柱的安装顺序是:吊装单根钢柱→柱标高调整→纵横十字线位移→垂直度校正。

刚架柱一般采用一点起吊,吊耳放在柱顶处。为防止钢柱变形,也可两点或三点起吊。对于大跨轻型门式刚架变截面H型钢柱,由于柱根小、柱顶大,头重脚轻,且重心是偏心的,因此安装固定后,为防止倾倒,必要时需加临时支撑。

4)刚架斜梁的拼接与安装。

轻型门式刚架斜梁的特点是跨度大(即构件长)、侧向刚度小,为确保安装质量和安全施工,提高生产效率,减小劳动强度,应根据场地和起重设备条件,最大限度地将扩大拼装工作在地面完成。

刚架斜梁一般采用立放拼接,拼装程序是:将要拼接的单元放在拼装平台上→找平→拉通线→安装普通螺栓定位→安装高强度螺栓→复核尺寸(图6-70)。

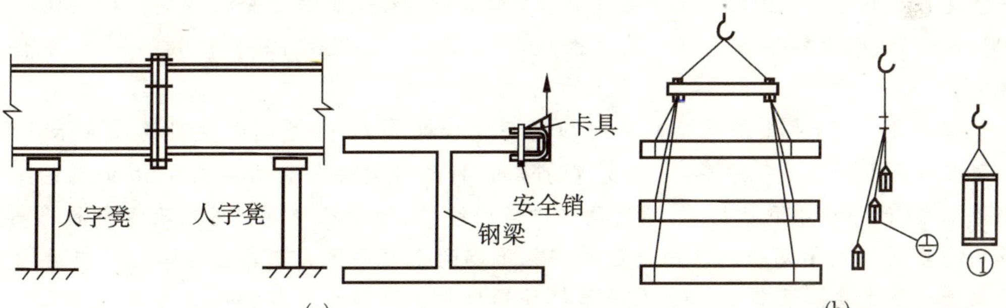

图6-70 斜梁拼接示意图

(a)卡具设置示意图;(b)钢梁吊装

斜梁的安装顺序是:先从靠近山墙的有柱间支撑的两榀刚架开始,刚架安装完毕后将其间的檩条、支撑、隅撑等全部装好,并检查其垂直度;然后以这两榀刚架为起点,向建筑物另一端顺序安装。除最初安装的两榀刚架外,所有其余刚架间的檩条、墙梁和檐檩的螺栓均应在校准后再拧紧。

斜梁的起吊应选好吊点,大跨度斜梁的吊点须经计算确定。斜梁可选用单机两点或三点、四点起吊,或用铁扁担以减小索具对斜梁产生的压力。对于侧向刚度小、腹板宽厚比大的斜梁,为防止构件扭曲和损坏,应采取多点起吊或双机抬升。

5)檩条和墙梁的安装

轻型门式刚架结构的檩条和墙梁,一般采用卷边槽形、Z型冷弯薄壁型钢或高频焊接轻型H型钢。檩条和墙梁通常与焊于刚架斜梁和柱上的角钢支托连接。檩条和墙梁端部与支托的连接螺栓不应少于两个。

6)彩钢板的安装

彩色钢板是用高强优质薄钢卷材(热镀锌钢板、镀铝锌钢板),经连续热浸合金化镀层处理和特殊工艺的连续烘涂各彩色涂层,再经机器辊压而制成。彩钢板的长度可根据实际尺寸而定。彩钢板厚度有0.5 mm,0.7 mm,0.8 mm,1.0 mm,1.2 mm几种。

屋面檩条、墙梁安装完毕就可进行屋面、墙面彩钢板的安装。一般是先安装墙面彩钢板,后安装屋面彩钢板,以便于檐口部位的连接。

彩钢板安装有隐藏式连接和自攻螺丝连接两种。隐藏式连接是将彩钢板通过支架将其固定在檩条上,彩钢板横向之间用咬口机将相邻彩钢板搭接口咬接,或用防水黏结胶黏结(这种做法仅适用于屋面)。自攻螺丝连接是将彩钢板直接通过自攻螺丝固定在屋面檩条或墙梁上,在螺丝处涂防水胶封口,这种方法可用于屋面或墙面彩钢板的连接。

彩钢板在纵向需要接长时,其搭接长度不应小于100 mm,并用自攻螺丝连接、防水胶封口。

3. 质量验收

轻型门式刚架结构的安装施工,可按变形缝或空间刚度单元等划分成一个或若干个检验批进行。压型金属板安装工程质量验收,可按变形缝、施工段或屋面、墙面等划分成一个或若干个检验批进行。具体要求详见《钢结构工程施工质量验收规范》(GB 50205—2001)、《门式刚架轻型房屋钢结构技术规程》(CECS102:2002)及其他相关规范、规程的规定。

例6-3 图6-71所示为北京西郊机场波音机库72 m长刚架主梁的吊装示意图。刚架梁采用了如下吊装方案:在有支撑的跨间,将两榀梁都在地面拼装成36 m长的半跨刚性单元(两半榀梁立放拼装,所有高强度螺栓终拧,除吊点处檩条外所有檩条和跨间支撑均安装到位),由两台汽车吊通过铁扁担吊起两个左半榀梁与各自轴线柱连接后,2号吊机使两个左半榀梁空中定位,1号吊机摘钩后与3号吊机吊起两个右半榀梁与各自轴线柱对接,最后对接中间节点,形成整体刚架。

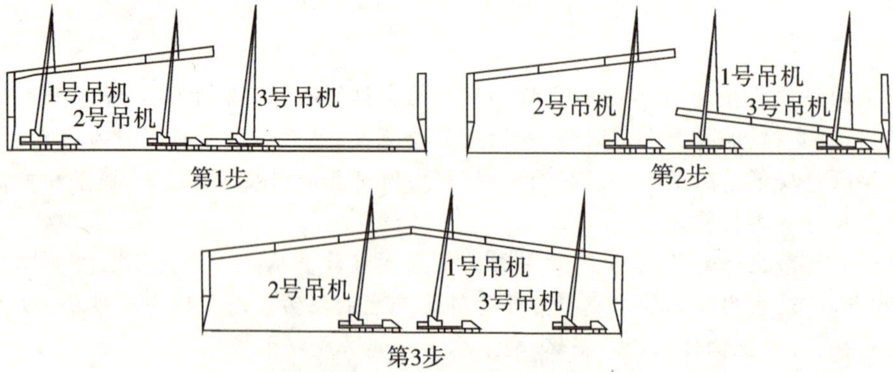

图6-71 刚架梁吊装示意图

6.3.4 网架结构的安装

(1)网架结构的特点

网架结构是许多杆件沿平面或立面按一定规律组成的高次超静定空间网状结构。网架结构最早出现在20世纪40年代,因计算困难而无法推广。近年来,由于电子计算机和计算技术的迅速发展,网架结构才得到了广泛应用。

网架结构改变了一般桁架的平面受力状态,由于杆件之间互相支撑,所以结构的稳定性好、空间刚度大,能承受来自各方面的荷载。网架结构的种类很多,按其外形可分为平面网架与曲面网壳。

(2)网架结构的安装

网架安装是网架结构施工中最重要的一项,方法有整体安装、悬挑拼装、地面部分拼装然后高空总装的分条分块安装法等。

1)整体安装。整体安装是将在地面上拼装成的网架整体滑升或提升到高空中的设计位置。在现场拼装时,通常是在地面上先砌筑一定数量的砖墩。这些砖墩的标高,应符合网架各相应点的高差。地面拼装时,从中心开始,逐渐向四周扩接,每拼接一套经反复测量检查并考虑再焊接收缩量后固定,直至地面工作全部完成。网架的整体安装方法主要有整体提升法和整体顶升法。

①整体提升法。整体提升法是指在结构柱上安装提升设备直接提升网架,或在提升网架的同时用滑模施工法进行柱子施工的方法。此法适用于支点较多的周边支撑网架,利用升板、滑升模板等小型机具便可进行提升,但高空不能移位,适用于场地窄小的施工环境,提升点的位置和数量的选择应与网架结构使用时的受力状况尽量接近。随着我国施工技术的发展,现已广泛采用升板机和液压千斤顶作为网架整体提升设备,并创造了升梁抬网、升网提模、滑模升网等新工艺。

例6-4 某网架为44 m×60.5 m的斜放四角锥网架,重116 t,采用升梁抬网的施工方案。该网架支承在38根钢筋混凝土柱的框架上[图6-72(a)],事先将框架梁按结构平面位置分间在地面架空预制,网架支承于梁的中央,每根梁的两端各设置一个提升吊点,梁与梁之间用10#槽钢横向拉接,升板机安放在柱顶,通常吊杆与梁端吊点连接,在升梁的同时,梁也抬着网架上升[图6-72(b)]。

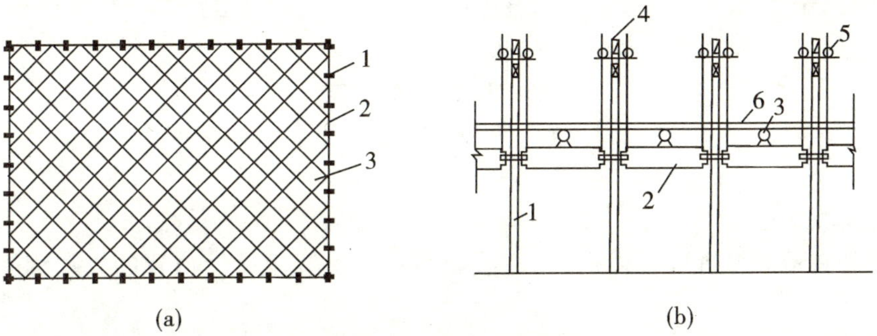

图6-72 升梁抬网法

(a)网架平面图;(b)升梁抬网工艺

1-柱;2-框架梁;3-网架;4-工具柱;5-升板机;6-屋面板

②整体顶升法。整体顶升法是在设计位置的地面上将网架拼装成整体，然后利用千斤顶和支撑结构（如预制混凝土柱块）的轮番填塞，将网架逐步顶升到设计标高的施工方法。将各柱块连接起来，即成为支撑网架结构的柱子。这种安装方法适用于支点较少的支撑网架，所需设备简单，顶升能力大，但有时由于顶升施工的需要使得柱子断面尺寸较大。顶升时由于千斤顶的起重能力较大，一般还可以将屋面构件先放在网架上一起顶升，以减少垂直运输。整体顶升法应尽量利用网架的永久支撑柱作为顶升用的支撑结构，否则要在原支点处或其附近设置临时顶升支架。

顶升法在顶升过程中的同步问题非常重要。顶升所用的螺旋式千斤顶或液压千斤顶，要求起冲程和起升速度要一致，顶升时要同步。所用的预制混凝土柱块的高度应为千斤顶有效冲程的整倍数。为了保证柱块间的接头平整和各柱的垂直度，应尽量用钢模板制作规格划一的混凝土柱块。

采用顶升法时要特别注意风力对网架和网架支撑柱的影响。此外，顶升点的位置和数量的选择应与网架结构使用时的受力状况尽量接近。

根据千斤顶放置的位置不同，顶升法可分为上顶升法和下顶升法。

网架在顶升过程中，一般用结构柱作临时支承，但也有另设专门支架或枕木垛的。图6-73所示为用结构柱作临时支承的顶升顺序，图（a）用千斤顶顶起搁置于十字架的网架；图（b）移去十字架下的垫块，装上柱的缀板；图（c）将千斤顶及横梁移至柱的上层缀板，便可进行下一顶升循环。

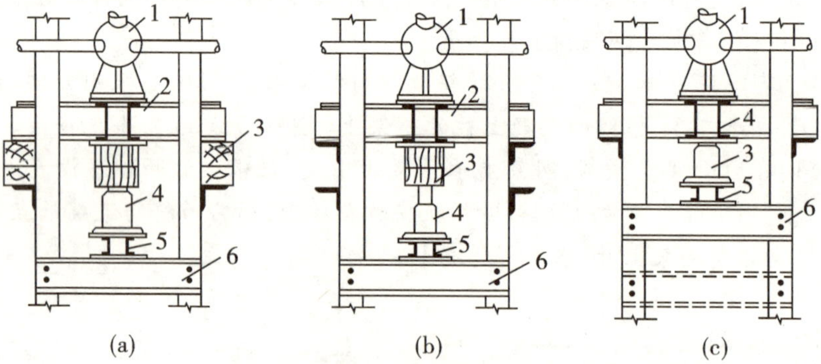

图6-73 网架顶升工艺

1-网架；2-十字架；3-垫块；4-千斤顶；5-横梁；6-柱的缀板

2）整体吊装法。

将网架在地面总拼成整体后，用起重设备将其吊装至设计位置的方法称为整体吊装法。

用整体吊装法安装网架时，可以就地与柱错位总拼或在场外总拼，此法适用于焊接连接网架。地面总拼易于保证焊接质量和几何尺寸的准确性。其缺点是需要较大的起重能力。整体吊装法往往由若干桅杆或自行式起重机（履带式、汽车式等）进行抬吊。因此大致上可分为桅杆吊装法和多机抬吊法两类。由于桅杆机动性差，当用桅杆吊装时，网架只能就地与柱错位总拼，待网架抬吊至高空后，再进行旋转或平移到设计位置。桅杆的起重量大,大型网架多用此法,但需要大量的钢丝绳、大型卷扬机及劳动力,因而成本较高。用多根中小型钢管桅杆整体吊装网架,可使成本较低。

网架在设计位置地面错位拼装时,如支撑柱身有凸出的构造(如小牛腿等),应采用措施以防止网架在吊升过程中被凸出的物体卡住;必要时,应征得设计单位的同意,暂不拼装,在网架就位后再补上。在吊装过程中,要采取措施使各吊点在吊升时能同步,同时要考虑风力对网架施工的影响。

例 7-5 图 6-74 为上海体育馆圆形三向网架示意图,直径为 124.6 m,重 600 t,支承在周边 36 根钢筋混凝土柱上,采用 6 根扒杆整体吊装。

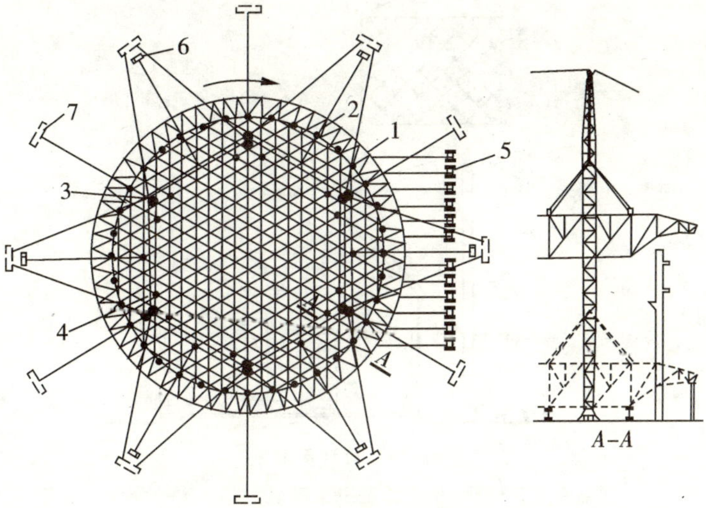

图 6-74 用 6 根扒杆整体吊装

1-柱;2-网架;3-扒杆;4-吊点;5-起重卷扬机;6-校正卷扬机;7-地锚

3)悬吊拼装。

将网架的杆件和节点先拼成小拼单元,再在高空网架设计位置进行拼装的一种方法。此方法对施工场地、起重设备的能力要求不高,但要大量脚手架或部分的拼装架,高空作业量大。因网架结构采用焊接节点时,应考虑防火。因此,此法更适用于螺栓连接(包括螺栓球、高强螺栓等)的非焊接节点的各种类型网架。

搭设拼装时,架上支撑点的位置应设在下弦节点处,在拼装架底部用垫木或脚手架板分布荷载,使其受力小于地面的允许荷载。在拼装过程中应随时检查杆件的轴线位置、标高,如发现大于施工工艺允许偏差时,应及时纠正。

此法可将网架一次拼装完成,但网架几何尺寸的总调整较麻烦,特别是拼装架发生移动、沉降时,影响网架几何尺寸的精确性。

例 7-6 图 6-75 所示为某体育馆斜放四角锥网架采用分块吊装的实例。该网架平面尺寸为 45 m×36 m,从中间十字对开分为四块(每块之间留出一节间),每个单元尺寸为 15.75 m×20.25 m,重约 12 t,用一台悬臂式扒杆在跨外移动吊装就位。就位时,利用网架中央搭设的井字架作临时支撑。

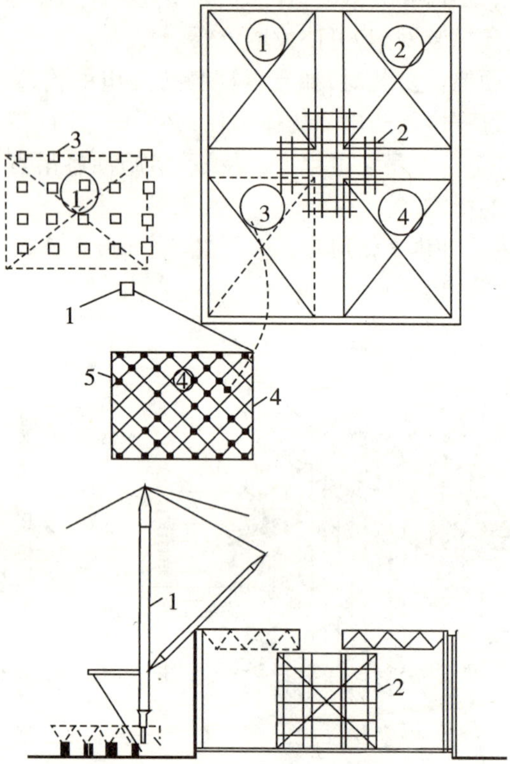

图 6-75　分块吊装法

1-悬臂扒杆；2-井字架；3-拼装砖墩　①～④-网架分块编号；4-临时封闭杆；5-吊点

(3)网架结构安装质量要求

钢网架结构安装的允许偏差要求及检验方法见表 6-5。

表 6-5　钢网架结构安装的允许偏差　(单位:mm)

项目	允许偏差	检验方法
纵向、横向长度	$L/2000$，且不应大于 30.0 $-L/2000$，且不应大于-30.0	用钢尺实测
支座中心偏移	$L/3000$，且不应大于 30.0	用钢尺和经纬仪实测
周边支承网架相邻支座高差	$L/400$，且不应大于 15.0	用钢尺和水准仪实测
支座最大高差	30.0	
多点支承网架相邻支座高差	$L_1/800$，且不应大于 15.0	

注：1. L 为纵向、横向长度；2. L_1 为相邻支座间距。

※知识链接※

钢与混凝土组合结构主要分为两类,钢管与混凝土组合结构、劲性混凝土结构(即型钢结构)。这两种结构在工程上应用也比较广泛。

1. 钢管混凝土结构

钢管混凝土是指在钢管中填充混凝土而形成、且钢管及其核心混凝土能共同承受外荷载作用的结构构件,按截面形式不同,可分为圆钢管混凝土,方、矩形钢管混凝土和多边形钢管混凝土等。

众所周知,混凝土的抗压强度高。但抗弯能力很弱,而钢材,特别是型钢的抗弯能力强,具有良好的弹塑性,但在受压时容易失稳而丧失轴向抗压能力。而钢管混凝土在结构上能够将二者的优点结合在一起,可使混凝土处于侧向受压状态,其抗压强度可成倍提高。同时由于混凝土的存在,提高了钢管的刚度,两者共同发挥作用,从而大大地提高了承载能力。钢管混凝土作为一种新兴的组合结构,主要以轴心受压和作用力偏心较小的受压构件为主,被广泛使用于框架结构中(如厂房和高层)。钢管混凝土结构的迅速发展是由于它具有良好的受力性能和施工性能,具体表现为以下几个方面:

1)承载力高、延性好,抗震性能优越;

2)施工方便,工期大大缩短;

3)有利于钢管的抗火和防火;

4)耐腐蚀性能优于钢结构。

2. 劲性混凝土结构

劲性混凝土(又称型钢混凝土或劲钢混凝土)组合结构构件由混凝土、型钢、纵向钢筋和箍筋组成,基本构件为梁和柱。劲性混凝土组成结构分为全部结构构件采用劲性混凝土的结构和部分结构构件采用劲性混凝土的结构。劲性混凝土具有强度高、构件截面尺寸小、与混凝土握裹力强、节约混凝土、增加使用空间、降低工程造价、提高工程质量等优点。

总之,劲性混凝土工程可解决高层建筑的特殊问题,可减少梁柱截面,调节轴压比,提高结构的承载力,具有广阔的应用和发展前景。

小　结

本模块从工程实例入手,介绍结构安装工程常用起重机械和索具,按单层装配厂房施工过程介绍了单层工业厂房结构安装工艺,单层工业厂房构件主要吊装工艺、结构安装工程施工方案编制,使学生初步具备编制和选择一般单层厂房结构安装的能力,并掌握结构安装工程的施工质量和安全技术要求,让学生熟悉轻钢结构安装、网架架构安装等常见的钢结构安装施工工艺。

习　题

一、填空题

1. 结构安装工程中,常用的起重机械有:________、________和________。

2. 履带式起重机的三个工作参数为:________、________和________。

3. 吊车梁平面位置的校正包括:________和________。

4. 吊装阶段屋架的平面布置方式有:________和________。

5. 吊车梁的校正内容包括:________、________和________。

6. 预制阶段屋架的平面布置方式有:________、________和________。

7. 单层工业厂房屋架预制时的布置方式有________、________和________三种。

二、选择题

1. 吊车梁的校正包括(　　)。

A. 平面位置　　B. 标高

C. 垂直度　　D. 尺寸

2. 下列关于屋架正向扶直与反向扶直叙述正确的是(　　)。

A. 正向扶直升钩升臂　　B. 反向扶直升钩降臂

C. 正向扶直升臂降钩　　D. 两者都降臂

3. 下列哪些内容与柱的吊装有关(　　)。

A. 旋转法　　B. 平移轴线法

C. 柱标高的校正　　D. 正向扶直

4. 下列哪些内容与屋架的吊装有关(　　)。

A. 平移轴线法　　B. 垂直度的校正

C. 正向扶直　　D. 临时固定

5. 分件吊装法与综合吊装法相比,其主要优点是(　　)。

A. 效率高　　B. 停机点少

C. 开行路线短　　D. 能充分发挥起重机性能

三、简答题

1. 常用的索具设备有哪些?各适用于哪些范围?

2. 常用的起重机械有几种类型?各有何特点?各适用于哪些范围?

3. 试述履带式起重机回转半径、起重高度和起重量之间的关系。

4. 单层工业厂房吊装前应做哪些准备工作?为什么要做这些准备工作?

5. 柱子的起吊方法有哪几种?各有什么特点?适用于什么情况?

6. 柱子的绑扎方法有哪几种?其适用条件是什么?

7. 如何校正吊车梁的安装位置?

8. 屋架的扶直就位有哪些方法?应注意哪些问题?

9. 试分析分件安装法和综合安装法的优缺点。

模块7 防水工程

知识目标

1. 了解建筑防水的分类和等级，熟悉防水材料的种类、基本性能及适用范围。
2. 掌握屋面防水工程施工的技术。
3. 掌握地下防水工程施工的技术。
4. 掌握室内及其他部分防水工程施工的知识。

能力目标

知识要点	能力要求	相关知识	权重
屋面防水工程施工	1. 能编制刚性防水屋面施工方案； 2. 能编制卷材防水屋面施工方案； 3. 能编制涂膜防水屋面施工方案	屋面防水等级和设防要求，屋面防水一般构造做法、施工工艺	40%
地下防水工程	1. 能编制地下结构自防水施工方案； 2. 能编制地下结构外防水施工方案	地下防水等级，地下结构自防水的一般构造做法，地下结构外防水的一般构造做法、施工工艺	40%
室内及其他部分防水工程	能根据实际情况编制厕浴间防水工程施工方案	厕浴间防水工程的一般构造做法、施工工艺	20%

学习重点

屋面防水工程施工工艺、地下防水工程施工工艺。

工程引例

根据图纸，办公楼和教学楼工程的屋面防水等级为Ⅱ级，防水层合理使用年限为15

年，设防做法为铺两道 3 mm 厚 SBS 高聚物改性沥青防水卷材。其构造做法详见砖混结构建施图 3。屋面工程作为重要的分部工程，其质量直接影响到建筑的使用功能和使用安全，在住房和城乡建设部组织的对各地区竣工房屋调查中，发现屋面存在不同程度渗漏的占 35%。正确规范的施工作业在防治屋面工程质量问题中起到关键作用。

思考：(1)常用防水材料有哪些？

(2)屋面防水工程如何进行施工质量控制？

(3)除屋面防水工程外，房屋的其他哪些部位需要进行防水工程施工，如何进行施工质量控制？

任务 7.1 屋面防水工程

《屋面工程技术规范》(GB 50345-2012)根据建筑物的类别、重要程度、使用功能要求将屋面防水分为两个等级，并规定了不同等级的设防要求，如表 7-1 所示。

表 7-1 屋面防水等级和设防要求

防水等级	建筑类别	设防要求
Ⅰ级	重要建筑和高层建筑	两道防水设防
Ⅱ级	一般建筑	一道防水设防

屋面工程应根据建筑物的建筑造型、使用功能、环境条件，对下列内容进行设计：

(1)屋面防水等级和设防要求；

(2)屋面构造设计；

(3)屋面排水设计；

(4)找坡方式和选用的找坡材料；

(5)防水层选用的材料、厚度、规格及其主要性能；

(6)保温层选用的材料、厚度、燃烧性能及其主要性能；

(7)接缝密封防水选用的材料及其主要性能。

屋面防水层设计应采取下列技术措施：

(1)卷材防水层易拉裂部位，宜选用空铺、点粘、条粘或机械固定等施工方法；

(2)结构易发生较大变形、易渗漏和损坏的部位，应设置卷材或涂膜附加层；

(3)在坡度较大和垂直面上粘贴防水卷材时，宜采用机械固定和对固定点进行密封的方法；

(4)卷材或涂膜防水层上应设置保护层；

(5)在刚性保护层与卷材、涂膜防水层之间应设置隔离层。

7.1.1 卷材防水屋面施工

施工过程:屋面基层施工 →隔汽层施工→保温层施工→找平层施工→刷冷底子油→铺贴卷材附加层→铺贴卷材防水层 →保护层施工

※知识链接※

卷材防水屋面是用胶结材料粘贴卷材进行防水的屋面。这种屋面具有重量轻、防水性能好的优点,其防水层的柔韧性好,能适应一定程度的结构振动和胀缩变形。所用卷材有传统的沥青防水卷材、高聚物改性沥青防水卷材和合成高分子防水卷材三大系列。

卷材防水屋面的构造如图7-1所示。

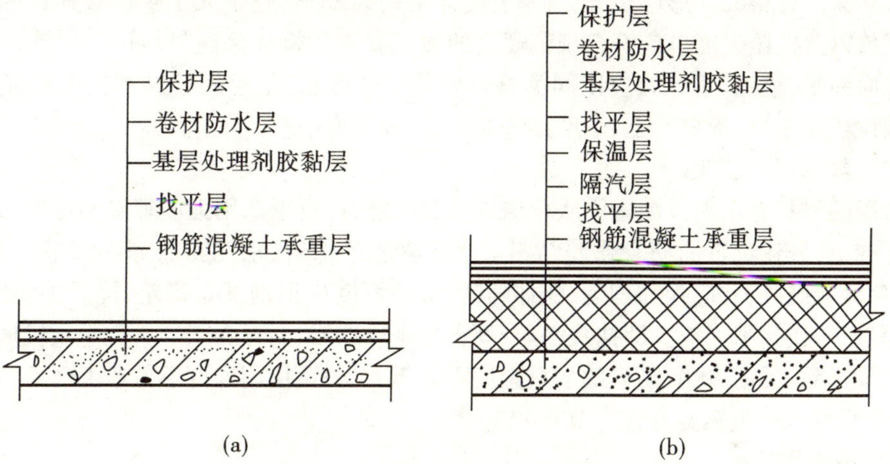

图7-1 卷材屋面构造层次示意图

(a)不保温卷材屋面;(b)保温卷材屋面

※特别提示※

不保温卷材屋面与保温卷材屋面相比,只是没有隔汽层和保温层,施工时以设计为施工依据。常见保温屋面的构造做法还有倒置式屋面、种植屋面等。

(1)基层施工

现浇钢筋混凝土屋面板应连续浇筑,不宜留施工缝,振捣密实,表面平整,并符合规定的排水坡度;预制楼板则要求安放平稳牢固,板缝间应嵌填密实。结构层表面应清理干净并平整。

(2)隔汽层施工

隔汽层可采用气密性好的卷材或防水涂料。一般是在结构层(或找平层)上涂刷冷底子油一道和热沥青两道,或铺设一毡两油。

隔汽层必须是整体连续的。在屋面与垂直面衔接的地方,隔汽层还应延伸到保温层顶部并高出150 mm,以便与防水层相接。采用卷材隔汽层时,卷材的搭接宽度不得小于70 mm。采用沥青基防水涂料时,其耐热度应比室内或室外的最高温度高出20~25 ℃。

(3)保温层施工

根据所使用的材料,保温层可分为松散、板状和整体三种形式。

1)松散材料保温层施工。

施工前应对松散保温材料的粒径、堆积密度、含水率等主要指标抽样复查,符合设计或规范要求时方可使用。施工时,松散保温材料应分层铺设,每层虚铺厚度不宜大于150 mm,边铺边适当压实,使表面平整。压实程度与厚度应经试验确定,压实后不得直接在保温层上行车或堆放重物。保温层施工完成后应及时进行下道工序——抹找平层。铺抹找平层时,可在松散保温层上铺一层塑料薄膜等隔水物,以阻止找平层砂浆中水分被保温材料吸收。

2)板状保温层施工。

板状保温材料的外形应整齐,其厚度允许偏差为±5%,且不大于4 mm,其表观密度、导热系数以及抗压强度也应符合规范规定的质量要求。板状保温材料可以干铺,应紧靠基层表面铺平、垫稳,接缝处应用同类材料碎屑填嵌饱满;也可用胶黏剂粘贴形成整体。多层铺设或粘贴时,板材的上、下层接缝要错开,表面要平整。

3)整体保温层施工。

常用的材料有水泥或沥青膨胀珍珠岩及膨胀蛭石,分别选用强度等级不低于32.5级的水泥或10号建筑石油沥青作胶结料。水泥膨胀珍珠岩、水泥膨胀蛭石宜采用人工搅拌,避免颗粒破碎,并应拌和均匀,随拌随铺,虚铺厚度应根据试验确定,铺后拍实抹平至设计厚度,压实抹平后应立即抹找平层;沥青膨胀珍珠岩、沥青膨胀蛭石宜采用机械搅拌,拌至色泽一致、无沥青团,沥青的加热温度不高于240 ℃,使用温度不低于190 ℃,膨胀珍珠岩、膨胀蛭石的预热温度宜为100 ~120 ℃。

(4)找平层施工

找平层位于卷材屋面的屋面板或保温层之上,防水层之下,是在填充层或结构层上进行抹平的构造层,以便于卷材铺贴平整,黏结牢固,使基层与卷材层连成整体而共同工作。找平层一般采用1∶3水泥砂浆、细石混凝土或1∶8沥青砂浆,其表面应平整、粗糙,按设计留置坡度,屋面转角处设半径不小于100 mm的圆角或斜边长100 ~150 mm的钝角垫坡。为了防止由于温差和结构层的伸缩而造成防水层开裂,顺屋架或承重墙方向留设20 mm左右的分格缝,缝的最大间距不宜大于6 m。

水泥砂浆找平层的铺设应由远而近,由高到低;每分格内应一次连续铺成,用2 m左右长的木条找平;待砂浆稍收水后,用抹子压实抹平。完工后尽量避免踩踏。

沥青砂浆找平层施工时,基层必须干燥,然后满涂冷底子油1道或2道,待冷底子油干燥后,可铺设沥青砂浆,其虚铺厚度约为压实后厚度的1.3 ~1.4倍,刮干后,用火滚进行滚压至平整、密实、表面不出现蜂窝和压痕为止。滚筒应保持清洁,表面可涂刷柴油。滚压不到之处,可用烙铁烫压平整,沥青砂浆铺设后,当天应铺第一层卷材,否则要用卷材盖好,防止雨水、露水浸入。

(5)刷冷底子油

冷底子油是利用30% ~40%的石油沥青加入70%的汽油或者加入60%的煤油熔融而成。冷底子油渗透性强,喷涂在表面上,可使基层表面具有憎水性并增强沥青胶结材料与基层表面的黏结力。

刷冷底子油之前，先检查找平层的表面。冷底子油可以涂刷或喷涂，涂刷应薄而均匀，不得有空白、麻点或气泡。涂刷时间应待找平层干燥、铺卷材前1～2天进行，使油层干燥而又不沾染灰尘。

※特别提示※

冷底子油用于增强沥青胶结材料与基层表面的黏结力。高聚物改性沥青防水卷材及合成高分子防水卷材有专用的基层处理剂。

(6)卷材附加层施工

屋面防水层施工时应对屋面排水比较集中的檐沟墙、女儿墙、天墙壁、变形缝、烟囱根、管道根与屋面交接处及檐口、天沟、斜沟、雨水口、屋脊等部位按设计要求先做附加层。附加层在排汽屋面排汽道、排汽帽等处必须单面点贴，以保证排汽通道畅通。

(7)卷材防水层施工

1)施工前的准备工作。

卷材防水层施工应在屋面上其他工程完工后进行。施工前应先在阴凉干燥处将卷材打开，清除云母片或滑石粉，然后卷好直立放于干净、通风、阴凉处待用；准备好熬制、拌和、运输、刷油、清扫、铺贴卷材等施工操作工具以及安全和灭火器材；设置水平和垂直运输的工具、机具和脚手架等，并检查是否符合安全要求。

2)卷材铺贴的一般要求。

铺贴多跨和高、低跨的房屋卷材防水层时，应按先高后低、先远后近的顺序进行；铺贴同一跨房屋防水层时，应先铺排水比较集中的水落口、檐口、斜沟、天沟等部位及卷材附加层，按标高由低到高向上施工；坡面与立面的卷材，应由下开始向上铺贴，使卷材按流水方向搭接。如图7-2所示。

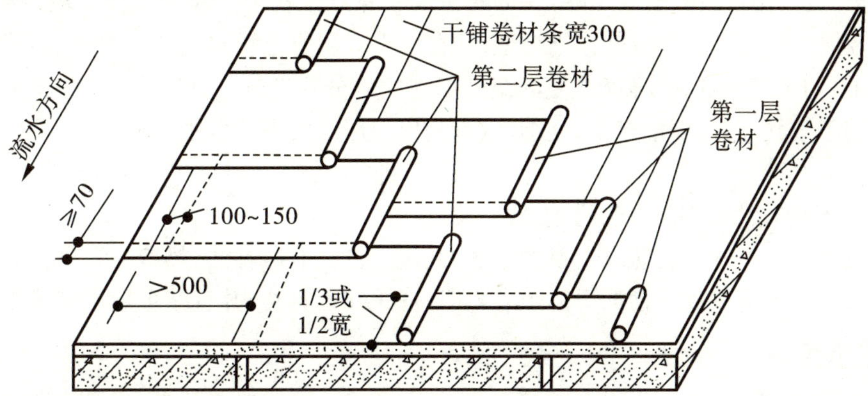

图7-2　卷材平行层脊铺贴搭接要求

卷材铺贴的方向应根据屋面坡度或屋面是否存在振动而确定。当坡度小于3%时，卷材宜平行屋脊方向铺贴；坡度在3%～15%时，卷材可平行或垂直屋脊方向铺贴，坡度大于15%或屋面受振动时，应垂直屋脊铺贴。卷材防水屋面坡度不宜超过25%。卷材平行于屋脊铺贴时，长边搭接不小于 70 mm；短边搭接平屋顶不应小于 100 mm，坡屋顶不宜小于 150 mm。当第一层卷材采用条粘、点粘或空铺时，长边搭接不应小于 100 mm，短边不应小于 150 mm，相邻两幅毡短边搭接缝应错开不小于 500 mm，上、下两层卷材应错开 1/3 或 1/2 幅宽；上、下两层卷材不宜相互垂直铺贴；垂直于屋脊的搭接缝应顺主导风向搭接；接头顺水流方向，每幅卷材铺过屋脊的长度应不小于 200 mm。为保证卷材搭接宽度和铺贴顺直，铺贴卷材时应弹出标线。卷材铺贴前，找平层应干燥。现场检验找平层干燥程度的简易方法是：将 1 m^2卷材平坦地干铺在找平层上，静置 3～4 h 后掀开卷材，检查找平层覆盖部位与卷材上有无水印，如果未见水印即可铺设隔汽层或防水层。

3）沥青防水卷材施工。

沥青防水卷材一般为叠层铺设，采用热铺贴法施工。该法分为满贴法、条粘法、空铺法和点粘法四种。满贴法是将卷材下满涂玛蹄脂（即沥青胶结材料），使卷材与基层全部黏结。铺贴卷材时，如保温层和找平层干燥有困难，需在潮湿的基层上铺贴卷材时，常采用空铺法、条铺法、点粘法与排气屋面相结合。空铺法是指铺贴防水卷材时，卷材与基层仅四周一定宽度内黏结、其余部分不黏结的施工方法。点粘法是铺贴防水卷材时，卷材或打孔卷材与基层采用点状黏结的施工方法，每 1 m^2 黏结不少于 5 个点，每点面积为 100 mm×100 mm。条粘法铺贴卷材时，卷材与基层黏结面不少于两条，每条宽度不少于 150 mm。

排汽屋面的施工：卷材应铺设在干燥的基层上。当屋面保温层或找平层干燥有困难而又急需铺设屋面卷材时，则应采用排汽屋面。排汽屋面是整体连续的，在屋面与垂直面连接的地方，隔汽层应延伸到保温层顶部，并高出 150 mm，以便与防水层相连，要防止房间内的水蒸气进入保温层，造成防水层起鼓破坏，保温层的含水率必须符合设计要求。在铺贴第一层卷材时，采用条粘、点粘、空铺等方法，使卷材与基层之间留有纵横相互贯通的空隙作排汽道，排汽道的宽度 30～40 mm，深度一直到结构层。对于有保温层的屋面，也可在保温层上的找平层上留槽作排汽道，并在屋面或屋脊上设置一定的排汽孔（每 36 m^2 左右一个）与大气相通，这样就能使潮湿基层中的水分蒸发排出，防止了卷材起鼓。排汽屋面适用于气候潮湿，雨量充沛，夏季阵雨多，保温层或找平层含水率较大，且干燥有困难地区。

4）高聚物改性沥青防水卷材施工。

依据高聚物改性沥青防水卷材的特性，其施工方法有冷粘法、热熔法和自粘法。在立面或大坡面铺贴高聚物改性沥青防水卷材时，应采用满粘法，并宜减少短边搭接。

※知识链接※

1. 冷粘法施工

冷粘法施工是利用毛刷将胶黏剂涂刷在基层或卷材上，然后直接铺贴卷材，使卷材与基层、卷材与卷材黏结的方法。施工时，胶黏剂涂刷应均匀、不露底、不堆积。空铺法、条粘法、点粘法应按规定的位置与面积涂刷胶黏剂。铺贴卷材时应平整顺直，搭接尺寸准确，接缝应满涂胶黏剂，辊压黏结牢固，不得扭曲，溢出的胶黏剂随即刮平封口；也可采用热熔法接缝。接缝口应用密封材料封严，宽度不应小于 10 mm。

2. 热熔法施工

热熔法施工是指利用火焰加热器熔化热熔型防水卷材底层的热熔胶进行粘贴的方法。基层处理剂涂刷后,必须干燥8 h后方可进行热熔施工,以防发生火灾。施工时,在卷材表面热熔后(以卷材表面熔融至光亮黑色为度)应立即滚铺卷材,使之平展,并辊压黏结牢固。搭接缝处必须以溢出热熔的改性沥青胶为度,并应随即刮封接口。加热卷材时应均匀,不得过分热或烧穿卷材。

3. 自粘法施工

自粘法施工是指采用带有自粘胶的防水卷材,不用热施工,也不需涂胶结材料,而进行黏结的方法。铺贴前,基层表面应均匀涂刷基层处理剂,待干燥后及时铺贴卷材。铺贴时,应先将自粘胶底面隔离纸完全撕净,排除卷材下面的空气,并辊压黏结牢固,不得空鼓。搭接部位必须采用热风焊枪加热后随即粘贴牢固,溢出的自粘胶随即刮平封口。接缝口用不小于10 mm宽的密封材料封严。对厚度小于3 mm的高聚物改性沥青防水卷材,严禁采用热熔法施工。

5)合成高分子防水卷材施工。

施工方法一般有冷粘法、自粘法和热风焊接法三种。

冷粘法、自粘法施工要求与高聚物改性沥青防水卷材基本相同,但冷粘法施工时搭接部位应采用与卷材配套的接缝专用胶黏剂,在搭接缝黏合面上涂刷均匀,并控制涂刷与黏合的间隔时间,排除空气,辊压黏结牢固。

热风焊接法是利用热空气焊枪进行防水卷材搭接黏合的方法。焊接前卷材铺放应平整顺直,搭接尺寸正确;施工时焊接缝的结合面应清扫干净,应无水滴、油污及附着物。先焊长边搭接缝,后焊短边搭接缝,焊接处不得有漏焊、缺焊、焊焦或焊接不牢的现象,也不得损害非焊接部位的卷材。

※知识链接※

1. 沥青胶结材料

沥青胶结材料又称沥青玛蹄脂。沥青玛蹄脂的标号有:S60、S65、S70、S75、S80、S85六级,标号的选择是根据历年极端最高气温和屋面坡度确定。气温高时选用标号高的沥青玛蹄脂,反之则选标号低的。屋面坡度大时,选用标号高的沥青玛蹄脂,反之,则选用低的。为了提高沥青的耐热度、韧性、黏结力和抗老化性能,可在熔化后的沥青中掺入10%~25%的粉状填充料或掺入5%~10%的纤维填充料。沥青玛蹄脂的加热温度不得超过240 ℃,也不得低于190 ℃。太高加速老化,太低黏度加大,不易涂刷均匀。

2. 橡胶改性沥青胶黏剂

橡胶改性沥青胶黏剂适用于常温下施工的各种类型的石油沥青和高聚物改性沥青防水卷材冷粘法施工。橡胶改性沥青胶黏剂,一般使用橡胶和再生橡胶改性沥青及汽油熔融而成。它有专业厂家生产,其黏结力大于0.2 MPa,耐热度大于85 ℃。常用胶黏剂为氯丁橡胶改性胶黏剂。

3. 合成高分子防水卷材胶黏剂

可选用以氯丁橡胶和丁基酚醛树脂为主要成分的胶黏剂或以氯丁橡胶乳液制成的胶

黏剂，其黏结剥离强度不应小于15 N/10 mm，其用量为0.4～0.5 kg/m²。胶黏剂均由卷材生产厂家配套供应。

(8)保护层施工

为了减少阳光辐射对沥青老化的影响，降低沥青表面的温度，防止暴雨和冰雪对防水层的侵蚀，卷材铺设完毕，经检查合格后，应立即进行保护层的施工，常用的保护层做法有：

1)绿豆砂保护层。

在卷材铺设完毕，经检查合格后，应立即进行绿豆砂保护层施工，以免卷材表面遭受损坏。施工时，应选用色浅、耐风化、清洁、干燥，粒径为3～5 mm的绿豆砂，在锅内或钢板上加热至100 ℃左右后均匀撒铺在涂刷过2～3 mm厚的沥青胶结材料的卷材防水层上，并使其1/2的粒径嵌入到沥青中，未黏结的绿豆砂应随时清扫干净。

2)预制板块保护层。

一般采用砂或水泥砂浆作为结合层。当采用砂结合层时，铺砌块体前应将砂洒水压实刮平；块体应对接铺砌，缝隙宽度为10 mm左右；板缝用1∶2水泥砂浆勾成凹缝。为防止砂子流失，保护层四周500 mm范围内，应改用低强度等级水泥砂浆作结合层。

※图纸连接※

例7-1 框架结构建施图3和结施图7，教学楼工程的屋面防水等级为Ⅱ级，防水层合理使用年限为15年，设防做法为两道3 mm厚SBS高聚物改性沥青防水卷材。设计为不上人倒置保温屋面，其构造做法如图7-3所示，本屋面工程如何施工？怎样进行质量和安全控制？

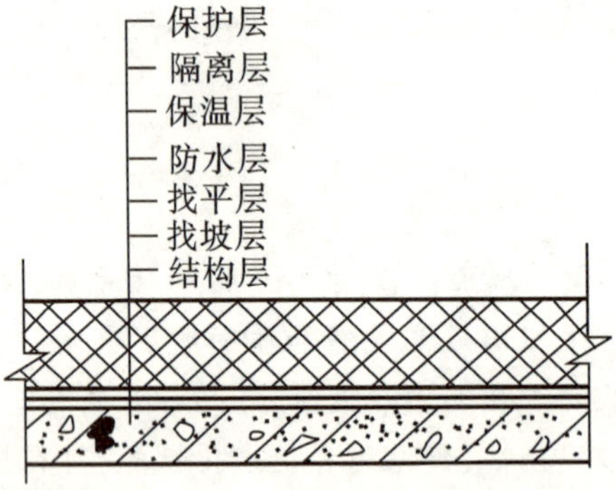

图7-3 保温倒置式防水屋面构造图

解答 1.不上人保温倒置式防水屋面构造做法

1)保护层：40厚C20细石混凝土表面压光，内配ϕ4钢筋@150双向，分缝1500，密封膏密封。雨水口附近找1%坡。

2)隔离层：干铺无纺聚氨酯纤维布一层。

3)保温层：50厚挤塑聚苯板。

4)防水层：3+3厚SBS防水卷材。

5)找平层:1∶3 水泥砂浆,砂浆中掺聚丙烯或锦纶6纤维0.75~0.9 kg/m^3。

6)找坡层:1∶8 水泥膨胀珍珠岩找2%坡。最薄处20 mm。

7)钢筋混凝土屋面板,表面清扫干净。

2. 平屋面主要施工方法及措施

1)基层处理:基层处理必须将结构表面的渣土、油污、杂物等全部剔除清理干净。同时,结构有渗漏的部位以及穿屋面的管口,必须先进行封闭处理,并做闭水试验,确认不漏后才能进行下道工序施工。以上工作必须经过技术人员的验收。

2)水泥砂浆找平层施工:水泥砂浆的配合比施工时必须严格按此配比进行。水泥砂浆与结构之间先满刷一道素浆结合层。如结构未设计坡度者,则须用防水砂浆先找坡。同时,为防止砂浆层因面积较大而引起空鼓开裂,施工时按6×6 m分缝,缝宽10 mm。此缝在做防水时一并填平。

3)防水卷材的铺贴:双道热熔焊施工。铺贴卷材前,基层表面应涂刷基层处理剂。在施工时要处理好屋面水落管周边,女儿墙与屋面交接处及水管周围等特殊部位,具体做法为大面积施工前,在上述部位增加一道防水层。卷材施工过程注意以下施工要点:

①卷材表面应平整,不允许有孔洞、裂纹、疙瘩等缺陷存在。

②所选用的防水卷材的各次技术性能指标,应符合标准规定或设计要求,并应附有现场取样进行复核验证的质量检测报告或其他有关材料质量的证明文件。

③卷材铺贴应平行于屋脊方向,上下两层卷材应错开1/2幅宽。卷材的搭接宽度和附加补强胶条的宽度,均应符合设计要求,一般搭接宽度不宜小于100 mm,附加补强胶条的宽度不宜小于250 mm。

④卷材的搭接缝以及附加补强胶条之间的黏结,必须牢固,封闭严密,不允许有皱折,孔洞、翘边、脱层、滑移或存在渗漏水隐患的其他外观缺陷。

⑤施工用的材料和配套、辅助材料多属易燃物质,故存放材料的仓库以及施工现场必须通风良好,严禁烟火,同时要备有消防器材。

4)现浇细石混凝土保护层的施工:施工前防水层应进行蓄水试验,隐蔽验收合格后即可进行现浇细石砼保护层的施工。按设计要求留置施工缝,铺设钢筋网片。在浇捣砼前,应将卷材表面浮渣、杂物清除干净,并支好分隔缝模板。随后可按先远后近,先高后低的原则进行砼的浇捣,一个分格缝范围内的砼须一次浇捣完成,不得留施工缝。现浇砼防水层须注意砼养护。

3. 注意事项

1)在屋面结构和女儿墙结构完成后,清除杂物,结构层清除干净后用水冲洗,并检查有无渗漏,一旦发现要认真处理,直到不渗水为止,然后再作找平层、保温层、找平层、柔性防水层、保护层和面层。

2)找坡保温层要保证配比及坡度符合设计要求,防止产生积水。含水量小于12%才能进行防水层施工。

3)防水层施工前找平层必须符合要求,特别是天沟及转折处要按标准图认真施工。

4)管道洞口处,砼要填补密实,并泡水检查无渗漏后,再做防水层。

5)防水层必须严格按操作规程施工,组织专人操作,做到不空鼓、不起皮,粘贴牢固。

6)在防水层施工后,必须作蓄水试验,蓄水时间不少于24小时,合格后才能进行下道工序。做完保护层后还应进行二次蓄水试验,达到最终无渗漏和排水通畅后,方可进行正式验收。

7)屋面与女儿墙交接处应做成圆弧形,排水沟必须有坡度,确保屋面工程质量合格。

7.1.2 涂膜防水屋面施工

施工过程:基层表面清理、修整→喷涂基层处理剂(底涂料)→板缝嵌填密封材料施工→特殊部位附加增强处理→涂布防水涂料→保护层施工。

※知识链接※

在屋面基层上涂刷防水涂料,经固化后形成一定厚度的弹性整体涂膜层的柔性防水屋面其典型的构造层次如图7-4所示。这种屋面具有施工操作简便,无污染,冷操作,无接缝,能适应复杂基层,防水性能好,温度适用性强,容易修补等特点。

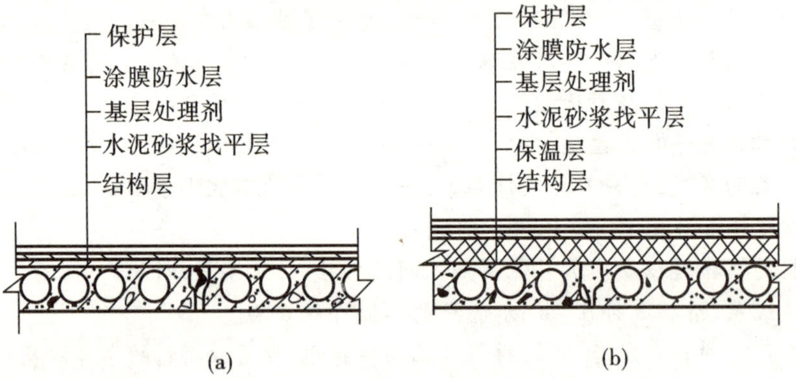

图7-4 涂膜防水屋面构造图

(a)无保温层涂膜屋面;(b)有保温层涂膜屋面

※特别提示※

该类防水屋面主要适用于防水等级为Ⅲ、Ⅳ级的屋面防水,也可作为Ⅰ、Ⅱ级屋面多道防水设防中的一道防水层。

(1)基层清理

涂膜防水屋面的基层表面清理、修整与卷材防水屋面基本相同。

(2)喷涂基层处理剂

基层处理剂应与上部涂料的材性相容,常用防水涂料的稀释液进行刷涂或喷涂。喷涂前应充分搅拌,喷涂均匀,覆盖完全,干燥后方可进行涂膜防水层施工。

(3)板缝嵌填密封材料施工

涂膜防水屋面防水层施工前应先对屋面板的板端缝、板边缝或找平层的分格缝、变形缝等防水部位进行修补清理,干燥后涂刷与密封材料基层处理相配套的基层处理剂。改性石油沥青密封材料基层处理剂应现场配制。配比符合设计要求,搅拌应均匀。合成高分子多组分反应固化型材料配制时,先读懂产品说明书再根据固化前的有效时间确定一次使用量,用多少配多少,未用完的不得下次使用。基层处理剂涂刷前在接缝处底部应填放与基层处理剂不相容的背衬材料(如泡沫棒或油毡条)。然后再涂刷基层处理剂,涂刷应均匀,不得漏刷,干燥后应立即嵌填密封材料。

(4)特殊部位附加增强处理

在管道根部、阴阳角等部位,应做不少于一布二涂的附加层;在天沟、檐沟与屋面交接处以及找平层分格处均应空铺宽度不小于200~300 mm的附加层,构造做法应符合设计要求。

(5)涂布防水涂料

防水涂料可采用手工抹压、涂刷和喷涂分层施工。涂层厚度应均匀一致,表面平整,防水涂膜应由两层及以上涂层组成,一道涂层完毕并待干燥结膜后,方可涂布下一遍涂料,总厚度应符合设计要求或规范规定。为了加强防水涂料层对基层开裂、房屋伸缩变形和结构较小沉陷的抵抗能力,可铺设胎体增强材料,边涂刷防水涂料边铺设,并刮平粘牢,排出气泡。其搭接宽度:长边不少于50 mm,短边不少于70 mm,上、下层及相邻两幅的搭接缝应错开1/3幅度,上下两层不得相互垂直铺贴;天沟、檐沟、檐口、泛水等特殊部位必须加铺胎体增强材料附加层,以提高防水层适应变形的能力。涂膜防水层的收头应用防水涂料多遍涂刷或用密封材料封严。

(6)保护层施工

为了防止涂料过快老化,涂膜防水层应设置保护层。保护层材料可采用细石、云母、蛭石、浅色涂料、水泥砂浆或块材等。在涂刷最后一道涂料时,如采用细石、云母作保护层,可边涂刷边均匀地撒布,不得露底,待涂料干燥后,将多余的撒布材料清除。当采用浅色涂料作保护层时,应在涂膜固化后进行。

※特别提示※

遇雨、雪、五级风及以上天气或预计涂膜固化前可能下雨时,严禁进行防水涂膜施工。水乳型涂料的施工环境气温为5~35 ℃,溶剂型涂料宜为-5~35 ℃。

7.1.3 刚性防水屋面

施工过程:屋面基层施工→找坡、找平层施工→隔离层施工→分格缝的设置→防水层配筋→防水层施工。

※知识链接※

刚性防水屋面是指利用刚性防水材料作防水层的屋面,主要有普通细石混凝土防水屋面、补偿收缩混凝土防水屋面、块体刚性防水屋面、预应力混凝土防水屋面等。与卷材及涂膜防水屋面相比,刚性防水屋面所用材料易得,价格便宜,耐久性好,维修方便,但刚性防水层材料的表观密度大,抗拉强度低,极限拉应力变小,易受混凝土或砂浆的干湿变形、温度变形和结构变位而产生裂缝。其主要适用于防水等级为Ⅲ级的屋面防水,也可用作Ⅰ、Ⅱ级屋面多道防水设防中的一道防水层，不适用于设有松散材料保温层的屋面以及受较大震动或冲击和坡度大于15%的建筑屋面。

刚性防水屋面的一般构造形式如图7-5所示。其防水层的细石混凝土宜用强度等级不低于32.5级的普通硅酸盐水泥或硅酸盐水泥，不得使用火山灰质水泥。防水层的细石混凝土和砂浆中，粗骨料的最大粒径不宜超过15 mm，含泥量不应大于1%；细骨料应采用中砂或粗砂，含泥量不应大于2%；拌和用水应采用不含有害物质的洁净水。混凝土水灰比不应大于0.55，每立方米混凝土水泥最小用量不应小于330 kg，含砂率宜为35%～40%，灰砂比应为1∶2～1∶2.5，并宜掺入外加剂；混凝土强度不得低于C20。普通细石混凝土、补偿收缩混凝土的自由膨胀率应为0.05%～0.1%。块体刚性防水层使用的块体应无裂纹、无石灰颗粒、无灰浆泥面、无缺棱掉角，质地密实，表面平整。

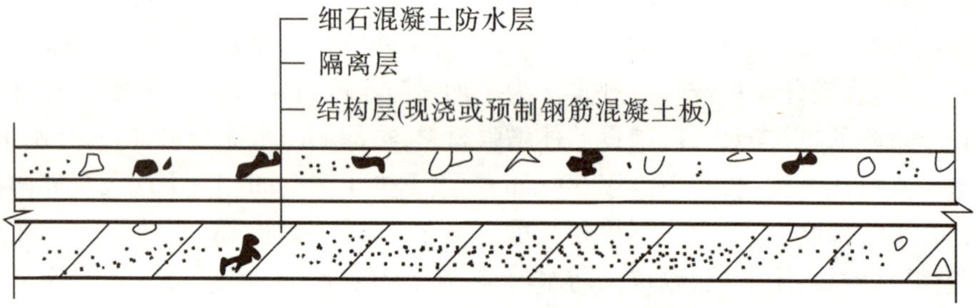

图7-5　刚性防水屋面构造

(1)基层施工要求

刚性防水屋面的结构层宜为整体现浇的钢筋混凝土。当屋面结构层采用装配式钢筋混凝土板时，应用强度等级不小于C20的细石混凝土灌缝，灌缝的细石混凝土宜掺膨胀剂。当屋面板板缝宽度大于40 mm或上窄下宽时，板缝内必须设置构造钢筋，板端缝应进行密封处理。

(2)找坡、找平层施工

为了保证刚性防水屋面排水流畅，要按设计要求对屋面进行找坡，通常的做法有结构找坡和找平层找坡。找平层应平整、压实、抹光，使其具有一定的防水能力。

(3)隔离层施工

在结构层与防水层之间宜增加一层低强度等级砂浆或卷材、塑料薄膜等材料，起隔离作用，使结构层和防水层变形互不受约束，以减少防水混凝土产生拉应力而导致混凝土防水层开裂。

1)石灰黏土砂浆(或石灰砂浆)隔离层施工。

找平层表面应清扫干净，洒水湿润，但不得有积水，将石灰膏、砂、黏土配比为1∶2.4∶3.6(或石灰膏、砂配比为1∶4)配制的材料拌和均匀，砂浆以干稠为宜，铺抹厚度约10～20 mm。要求表面平整、压实、抹光，待砂浆基本干燥、手压无痕后，即可进行下一道工序。

2)纸筋灰(或麻刀灰)隔离层施工。

施工前找平层应清扫干净，洒水润湿晾干无明水时，将纸筋灰（或麻刀灰）均匀抹在找平层上，抹平压光，厚度为 5 ~ 7 mm。这类隔离层在基本干燥后，应进行防水层施工，以免隔离层遇水被冲走。

3）卷材隔离层施工。

在干净干燥的找平层上铺 3 ~ 8 mm 干砂滑动层（或在找平层上刷两道石灰水和一道加 10% 水泥的石灰浆滑动层），在其上铺一层卷材，搭接缝用沥青胶黏剂；也可以在找平层上直接铺一层塑料薄膜作隔离层，其效果也十分理想。

※特别提示※

做好隔离层继续施工时，要注意对隔离层加强保护。混凝土运输不能直接在隔离层表面进行，应采取垫板等措施；绑扎钢筋时不得扎破表面。

（4）分格缝的设置

为防止大面积的刚性防水层因温差、混凝土收缩等影响而产生裂缝，应按设计要求设置分格缝。其位置一般设在结构应力变化较突出的部位，如结构层屋面板的支撑端、屋面转折处、防水层与突出屋面结构的交接处，并应与板缝对齐。分格缝的纵横间距一般不大于 6 m。

分格缝的一般做法是在施工刚性防水层前，先在隔离层上定好分格缝位置，再安放分格条，分格缝用的木条应制成上宽下窄，上口一般为 25 mm，下口为 20 mm。然后按分隔板块浇筑混凝土，待混凝土初凝后，将分格条取出即可。分格缝处可采用嵌填密封材料并加贴防水卷材的办法进行处理，以增加防水的可靠性。

（5）防水层配筋

防水层中钢筋网片应绑扎或点焊。绑扎前钢筋要调直不得有弯曲现象，也不应有锈蚀和油污。绑扎钢筋的搭接长度大于 30 倍钢筋直径，且不小于 250 mm。同一截面内接头不得超过钢筋面积的 1/4。钢筋网片应放在防水层混凝土的中上部，绑扎钢筋丝收口应向下弯，不得露出防水层表面。钢筋的保护层厚度不小于 10 mm。

※特别提示※

钢筋网片要保证位置的正确性，并且必须在分格缝处断开，使防水层在该处能自由伸缩。为保证分格缝位置正确，可采用先布满钢筋，再绑扎成型，其后在分格缝的位置剪断并弯钩的操作方法；宜可将分格条开槽穿筋，使冷拔低碳钢丝调直拉伸并固定在屋面周边设置的临时支座上，待混凝土初凝后取出来木条，修补缺陷，待混凝土强度大于 50%，剪断分格缝处钢丝，然后拆除支座。

（6）防水层施工

1）普通细石混凝土防水层施工。

混凝土浇筑应按先远后近、先高后低的原则进行，一个分格缝内的混凝土必须一次浇筑完毕，不得留施工缝。细石混凝土防水层厚度不小于 40 mm，应配双向钢筋网片，间距 100 ~ 200 mm，但在分隔缝处应断开，钢筋网片应放置在混凝土的中上部，其保护层厚度不小于 10 mm。混凝土的质量要严格保证，加入外加剂时，应准确计量，投料顺序得当，搅拌均匀。混凝土搅拌应采用机械搅拌，搅拌时间不少于 2 min，混凝土运输过程中应防止漏浆和离析。混凝土浇筑时，先用平板振动器振实，再用滚筒滚压至表面平整、泛浆，然后用铁抹子压实抹平，并确保防水层的设计厚度和排水坡度。抹压时严禁在表面洒水、加水泥浆或撒干水泥。待混凝土初凝收水后，应进行二次表面压光，或在终凝前三次压光成活，以提高其抗渗性。混凝土浇筑 12 ~ 24 h 后应进行养护，养护时间不应少于 14 d。养护初期屋面不得上人。施工时的气温宜在 5 ~ 35 ℃，以保证防水层的施工质量。

2）补偿收缩混凝土防水层施工。

补偿收缩混凝土防水层是在细石混凝土中掺入膨胀剂拌制而成，硬化后的混凝土产生微膨胀，以补偿普通混凝土的收缩。在配筋情况下，由于钢筋限制其膨胀，从而使混凝土产生自应力，起到致密混凝土、提高混凝土抗裂性和抗渗性的作用。其施工要求与普通细石混凝土防水层大致相同。当用膨胀剂拌制补偿收缩混凝土时应按配合比准确称量，搅拌投料时膨胀剂应与水泥同时加入。混凝土连续搅拌时间不应少于 3 min。

任务 7.2　地下防水工程

7.2.1　防水层防水

当地下结构的标高低于地下正常水位时，必须考虑结构的防水、抗渗能力。通过选择合理的防水方案，采取有效措施以确保地下结构的正常使用。目前，常用的有以下几种防水方案：

1）混凝土结构自防水。它是以地下结构本身的密实性（即防水混凝土）实现防水功能，使结构承重和防水合为一体。

2）防水层防水。它是在地下结构外表面加设防水层防水，常用的有砂浆防水层、卷材防水层、涂膜防水层等。

3）“防排结合”防水。采用防水加排水措施，排水方案可采用盲沟排水、渗排水、内排水等。防水加排水措施适用于地形复杂、受高温影响、地下水为上层滞水且防水要求较高的地下建筑。

地下防水根据使用要求的不同，分为四个等级，如表 7–2 所示。

表 7–2　地下防水等级和设防要求

防水等级	标准
1 级	不允许漏水，结构表面无湿渍
2 级	不允许漏水，结构表面可有少量湿渍； 工业与民用建筑：湿渍总面积不大于总防水面积的 1‰，单个湿渍面积不大于 0.1 m^2，任意 100 m^2 防水面积不超过 1 处； 其他地下工程：湿渍总面积不大于总防水面积的 6‰，单个湿渍面积不大于 0.2 m^2，任意 100 m^2 防水面积不超过 4 处

续表 7-2

防水等级	标准
3 级	有少量漏水点,不得有线流和漏泥砂; 单个湿渍面积不大于 0.3 m^2,单个漏水点的漏水量不大于 2.5 L/d,任意 100 m^2 防水面积不超过 7 处
4 级	有漏水点,不得有线流和漏泥砂; 整个工程平均漏水量不大于 2 L/(m^2 · d),任意 100 m^2 防水面积的平均漏水量不大于 4 L/(m^2 · d)

※特别提示※

防水层防水又称构造防水,是通过结构内外表面加设防水层来达到防水效果。常用的做法有卷材防水层防水、掺防水剂水泥砂浆防水、多层抹面水泥砂浆防水。

7.2.1.1 多层抹面水泥砂浆防水

施工过程:墙面基层处理 →刷水泥素浆→抹底层砂浆→刷水泥素浆 →抹面层砂浆→刷水泥砂浆→养护

(1)基层处理

混凝土墙面如有蜂窝及松散的混凝土,要剔掉,用水冲刷干净,然后用 1∶3 水泥砂浆抹平或用 1∶2 干硬性水泥砂浆捻实。表面油污应用 10% 火碱水溶液刷洗干净,混凝土表面应凿毛。

※知识链接※

1. 材料

水泥:宜用 32.5 级以上的普通硅酸盐水泥、膨胀水泥或矿渣硅酸盐水泥。如遇有侵蚀介质作用时应按设计要求选用。

砂:宜用中砂,不得含有杂物,含泥量不得超过 3%。粒径大于 3 mm 的砂在使用前应筛除。

外加剂:宜采用减水剂、早强剂等外加剂外,亦可掺入有机硅防水剂和水玻璃矾类防水促凝剂。

2. 灰浆的配合比

灰膏:水灰比为 0.37 ~0.4,标准圆锥体沉入深度为 70 mm。

水泥浆:水灰比为 0.55 ~0.60。

水泥砂浆:灰砂比 1∶1.5 ~2.5,水灰比为 0.40 ~0.50,标准圆锥体沉入深度为 75 ~80 mm。

3. 灰浆的拌制

灰浆的拌制以机械搅拌为宜,亦可用人工搅拌。拌和时要严格按照配合比加料,拌和要均匀一致,存放时间控制为:普通硅酸盐水泥砂浆,当气温为 5 ~200 ℃时,不应超过 60 min;当气温为 20 ~350 ℃时,不应超过 45 min。矿渣硅酸盐水泥和火山灰硅酸盐水泥砂浆，相应温度情况下分别不应超过90 min和50 min。

(2)刷水泥素浆：

配合比为m(水泥)：m(水)：m(防水油)=1：0.8：0.025，先将水泥与水拌和，然后再加入防水油搅拌均匀，再用软毛刷在基层表面涂刷均匀，随即抹底层防水砂浆。

(3)刷水泥素浆

在底灰抹完后，常温时隔1 d，再刷水泥素浆，配合比及做法与第一层相同。

(4)抹面层砂浆

刷过素浆后，紧接着抹面层，配合比同底层砂浆，抹灰厚度在5～10 mm，凝固前要用木抹子搓平，用铁抹子压光。

(5)刷水泥素浆

面层抹完后1 d刷水泥素浆一道，配合比为m(水泥)：m(水)：m(防水油)=1：1：0.03，做法和第一层相同。

(6)养护

环境阴凉、潮湿的地下室，地下沟道等，可以不必浇水养护。一般情况，防水层终凝后，每隔4 h浇水一次，保持防水层表面经常湿润。防水层的养护一般为14 d，在通风良好及有阳光照射的地方，应在防水层上覆盖湿草席、麻袋等。

※知识链接※

抹灰程序，一般先抹立墙后抹地面。槎子不应甩在阴阳角处，各层抹灰槎子不得留在一条线上，底层与面层搭槎在15～20 cm，接槎时要先刷水泥防水素浆。所有墙的阴角都要做半径50 mm的圆角，阳角做成半径为10 mm的圆角。

水泥砂浆防水层的五层做法总厚度应控制在20 mm左右。多层做法宜连续施工，各层紧密结合，不留或不少留施工缝，如必须留时应留成阶梯槎，接槎要依照层次顺序操作，层层搭接紧密，接槎位置均需离开阴角处200 mm。

7.2.1.2 卷材防水层的施工

地下卷材防水层是一种柔性防水层，是用胶黏剂将几层卷材粘贴在地下结构基层的表面上而形成的多层防水层。它具有良好的可变性，能适应振动和微小变形，应用较广；但耐久性差、机械强度低，不易操作，防水性能要求高，出现漏洞不易修补。

(1)基本要求

卷材防水层是依靠结构的刚度由多层卷材铺贴而成的，因此基层要坚固、平整而干燥。卷材防水层不耐油脂和溶解沥青的溶剂，也不宜承受超过0.5 MPa的压力和大于0.01 MPa的侧压力。

为保证正常施工，卷材铺贴温度应不低于50 ℃，在冬期施工中应有保温措施。

(2)卷材防水层的施工

将卷材防水层铺贴在建筑物的外侧(迎水面)称外防水。这种铺贴方法可借助土的侧压力将贴面压紧，并与承重结构一起抵抗有压地下水的浸渗作用，防水效果较好，应用较广。卷材防水层的施工方法，按其与地下结构施工的先后顺序分为外防水外贴法(简称外贴法)和外防水内贴法(简称内贴法)。

1）外贴法。

外贴法是先在垫层上抹水泥砂浆找平，然后刷冷底子油，再将底面防水层贴在找平层上。为了防止伸出的卷材接头受损，要先在垫层周围砌保护墙，保护墙的下部为永久性保护墙，高度不少于底板厚再加200～500 mm，上部用混合砂浆砌临时性保护墙，高为150×（油毡层数+1）mm；在保护墙上抹1∶3水泥砂浆找平，然后将卷材防水层牢固粘贴在保护墙和垫层上。卷材接头应保护好，不被损坏和沾污，等墙体和底板结构施工完毕抹平后，再将卷材接头分开，依次将接头逐层搭接好，并牢固地粘贴在墙体上。接着砌永久保护墙，分段留伸缩缝，在保护墙和防水层间用砂浆填实，最后及时填土，并做好防水坡，如图7-6所示。

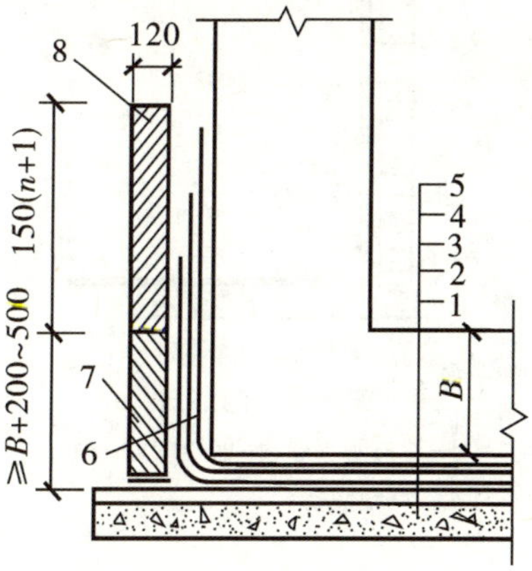

图7-6　外贴法

1-垫层；2-找平层；3-卷材防水层；4-保护层；5-构筑物；
6-卷材；7-永久性保护墙；8-临时性保护墙

铺贴时应注意底板铺贴宜平行于长边，减少搭接。在墙面应按垂直方向铺贴，自下向上进行，沥青胶厚约为1.5～2.5 mm，最厚不要超过3 mm，一层铺后再铺贴第二层。卷材相邻间搭接宽度：高聚物改性沥青卷材为150 mm，合成高分子卷材为100 mm。上、下接缝应错开1/3卷材宽。转角、平面交角处和阴阳角等是防水层的薄弱部位，转角处找平层应做成圆弧形，立面与底面转角处，卷材接缝应留在距墙根不小于600 mm的底面上。转角处应增贴附加层，附加层一般用两层相同油毡或沥青玻璃布油毡贴紧。

外贴法的优点是建筑物与保护墙有不均匀沉陷时，对防水层影响较小；防水层做好后即进行漏水试验，修补也方便。缺点是工期长，占地面积大；底板与墙身接头处卷材容易受损。在施工现场条件允许时，多采用此法施工。

2）内贴法。

内贴法是在混凝土底板垫层做好以后，在垫层四周干铺一层油毡并在上面砌一砖厚的保护墙；在内侧用1∶3水泥砂浆抹找平层，待找平层干燥后刷冷底子油一遍，然后铺卷材防水层。铺贴时应先贴垂直面，后贴水平面；先贴转角，后贴大面。在全部转角处应铺贴卷材附加层，附加层可用两层同类油毡或一层抗拉强度较高的卷材，并应仔细粘贴紧密。卷材防水层铺完经验收合格后即应做好保护层。立面可抹水泥砂浆、贴塑料板,或用氯丁系胶贴剂粘铺石油沥青纸胎油毡;平面可抹水泥砂浆,或浇筑不少于 50 mm 厚的细石混凝土。如为混凝土结构,则永久保护墙可作为一侧模板,结构顶板卷材防水层上的细石混凝土保护层厚度应不小于 70 mm,防水层如为单层卷材,则其与保护层之间应设置隔离层。结构完工后,方可回填土,如图 7-7 所示。

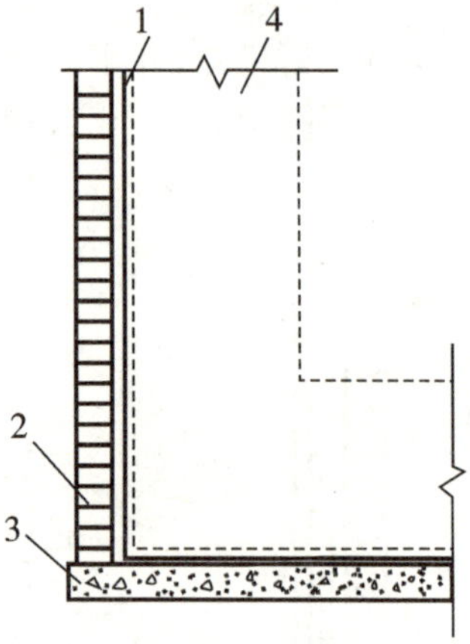

图 7-7 内贴法

1-卷材防水层;2-保护墙;3-垫层;4-建筑物

※特别提示※

1)卷材的点粘、条粘及空铺。卷材防水层是黏附在具有足够刚度的结构层或结构层上的找平层上面的。当结构层因种种原因产生变形裂缝时,要求卷材具有一定的延伸率来适应这种变形。采用点粘、条粘、空铺的措施可以充分发挥卷材的延伸性能,有效地减少卷材被拉裂的可能性。具体做法是:点粘法,每 1 m^2 卷材下粘五点(100 mm×100 mm),粘贴面积不大于总面积的 6%;条粘法,每幅卷材两边各与基层粘贴 150 mm 宽;空铺法,卷材防水层周边与基层粘贴 800 mm 宽。

2)增铺卷材附加层。对变形较大、易遭破坏或易老化部位,如变形缝、转角、三面角以及穿墙管道周围、地下出入口通道等处,均应铺设卷材附加层。

3)做密封处理。为使卷材防水层增强适应变形的能力,提高防水层整体质量,在分格缝、穿墙管道周围、卷材搭接缝以及收头部位应做密封处理。

4)施工中,应重视对卷材防水层的保护。

7.2.2 结构本身自防水

(1)普通防水混凝土

普通防水混凝土是通过调整混凝土的配合比来提高混凝土的密实度,以达到提高其抗渗能力的一种混凝土。由于混凝土是一种非均质材料,它的渗水是通过孔隙和裂缝进行的，因此，通过控制混凝土的水灰比、水泥用量和砂率来保证混凝土中砂浆的质量和数量，以控制孔隙的形成，切断混凝土毛细管渗水通路，从而提高混凝土的密实性和抗渗性能。

(2)掺外加剂的防水混凝土

掺外加剂的防水混凝土，是在混凝土中掺入适量的外加剂，以改善混凝土的密实度，提高其抗渗能力。目前常用的有：

1)三乙醇胺防水混凝土。这种防水混凝土是在混凝土中掺入水泥质量0.05%的三乙醇胺配制而成的。三乙醇胺防水剂能加快水泥的水化作用，使水泥结晶变细、结构密实。所以，三乙醇胺防水混凝土抗渗性好，早期强度高，施工简单，质量稳定。

2)加气剂防水混凝土。加气剂防水混凝土是在普通混凝土中掺加微量的加气剂配制而成的。混凝土中掺入加气剂后会产生许多微小均匀的气泡，增加了黏滞性，不易松散离析，显著地改善了混凝土的和易性，减少了沉降离析和泌水作用。硬化后的混凝土，形成了一个封闭的水泥浆壳，堵塞了内部毛细管通道，从而提高了混凝土的抗渗性。

※知识链接※

常用的加气剂有：

1)松香热聚物，其掺量为水泥质量的0.005%~0.015%。

2)松香酸钠，其掺量为水泥质量的0.01%~0.03%，搅拌均匀后，再加入水泥质量0.075%的氯化钙。

另外，还有氢氧化铁防水混凝土和用特种水泥配制的防水混凝土(如加气水泥、塑化水泥、膨胀水泥等)，都具有良好的抗渗效果。

(3)材料要求

一般采用火山灰水泥、粉煤灰水泥或普通水泥，掺外加剂时可采用矿渣水泥，水泥不得受侵蚀性介质和冻融的破坏，强度等级不宜低于42.5级。

砂、石的各项技术指标除应符合有关质量标准规定外，还必须符合下列规定：石子最大粒径不宜大于40 mm，不得含有泥土等杂质，含水率不大于1.5%。

防水混凝土的配合比设计应根据设计要求和实际使用材料通过试验选定，设计要求的抗渗强度应提高0.2~0.4 MPa，每立方米混凝土的水泥用量不少于320 kg，含砂率以35%~40%为宜，灰砂比应为1∶2~1∶2.5，水灰比不大于0.55，坍落度不大于5 cm。

(4)防水混凝土的施工

结构自防水混凝土的施工顺序：模板安装→钢筋绑扎→混凝土浇筑和振捣→混凝土的养护

其施工过程不再叙述，仅就其注意事项介绍如下：

1)防水混凝土所用模板，除满足一般要求外，应特别注意模板拼缝严密，支撑牢固。有足够的刚度、强度和稳定性，固定模板的铁件不能穿过防水混凝土，结构用钢筋不得触击模板，避免形成渗水路径。如若两侧模板需用对拉螺栓固定时，应在螺栓或套管中间加焊止水环、螺栓堵头，如图7-8所示。

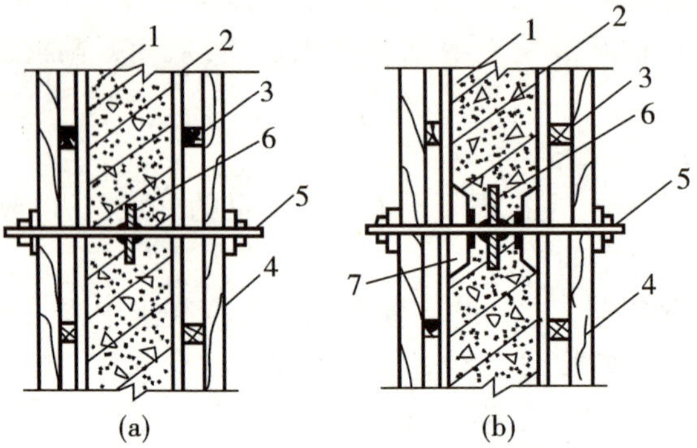

图 7-8　穿墙对拉螺栓的止水作法

(a)螺栓加焊止水环；(b)止水螺栓加堵头

1-防水结构；2-模板；3-横楞木；4-立楞木；5-螺栓；6-止水环；7-挡环

2)防水混凝土应用机械搅拌，搅拌时间不得少于 2 min。掺外加剂的混凝土，外加剂应用拌合水均匀稀释，不得直接投入，搅拌时间应延长至 3 min。搅拌掺加气剂防水混凝土时，搅拌时间应控制在 1.5 ~2 min。

3)防水混凝土施工时，底板混凝土应连续浇筑，不得留施工缝。墙体一般只允许留水平施工缝，其位置应留在高出底板上表面不小于 200 mm 的墙身上，不得留在剪力与弯矩最大处或底板与侧壁的交接处。如必须留垂直施工缝时，应留在结构的变形缝处。施工缝的位置和接缝形式如图 7-9 所示。

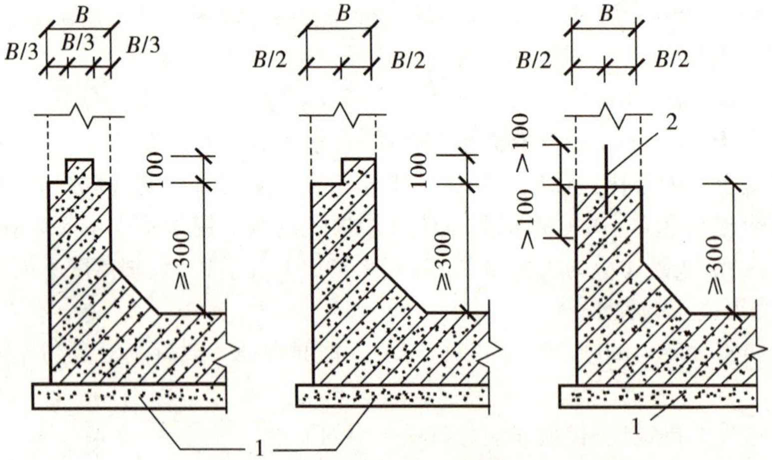

图 7-9　施工缝位置和接缝形式

1-底板；2-金属(或塑料)止水条

※特别提示※

为了使接缝严密，在继续浇筑混凝土前，应将施工缝处的混凝土凿毛，然后清除杂质，用水冲洗干净，并保持湿润，再铺一层厚 20 ~ 50 mm 与混凝土成分相同的水泥砂浆，然后继续浇筑混凝土。

混凝土初凝后应覆盖浇水，养护 14 d 以上。凡掺早强型外加剂或微膨胀水泥配制的防水混凝土，应加强早期养护。拆模时，结构表面温度与周围气温的温差不得超过 15 ℃，地下结构应及时回填土，不应长期暴露，以免产生干缩和温差裂缝。

7.2.3 防水工程补漏技术

防水工程结构层出现的漏水有孔洞漏水、裂缝漏水、防水面渗水等，这是由于结构层出现孔洞、裂缝和毛细孔造成的。因此，在补漏前应查明原因，确定位置，根据不同情况采取相应措施。补漏的原则是先将大漏变成小漏、片漏变成孔漏，最后堵住漏水。

对防水混凝土工程的修补堵漏，通常采用的方法是用促凝剂和水泥拌制而成的快凝水泥胶浆，进行快速堵漏或大面积修补。近年来，采用膨胀水泥（或掺膨胀剂）作为防水修补材料，其抗渗堵漏效果更好。对混凝土的微小裂缝，则采用化学灌浆堵漏技术。

7.2.3.1 快硬性水泥胶浆堵漏法

（1）水泥胶浆的拌制

1）促凝水泥胶浆。它是在水灰比为 0.55 ~ 0.6 的水泥浆中，掺入相当水泥质量 1% 的促凝剂，经拌和而成。

2）快凝水泥砂浆。这种砂浆是将水泥和砂按 1∶1 的比例干拌均匀后，再将促凝剂和水按 1∶1 的比例混合起来，使用时以其代替拌合水，然后可把干拌均匀的水泥和砂按水灰比 0.45 ~ 0.5 拌和调制成快硬水泥砂浆，应随拌随用。

3）快凝水泥胶浆。它是直接用水泥和促凝剂拌和而成的。根据使用条件不同，分别为 m（水泥）∶m（促凝剂）= 1∶0.5 ~ 0.6 或 1∶0.8 ~ 0.9。这种胶浆凝固快，从开始拌和到使用完毕以 1 ~ 2 min 为宜。因其在水中同样可以凝固，所以施工时必须随拌随用。

（2）孔洞漏水修堵方法

当水压不大（水位在 2 m 以下）、孔洞较小时，可采用“直接堵塞法”。这种方法是首先将漏水处洗刷干净，用 1∶0.6 的水泥胶浆搓成与孔洞直径相似的圆锥体，待胶浆开始凝固时，直接堵塞孔洞，并向四周挤压，使其与孔壁紧密结合 0.5 min 后即可。完毕后如无渗漏现象，再抹一层水泥砂浆或素灰作为保护层。

当水压较大（水位在 2 ~ 4 m）、漏水孔洞较大时，可采用下管堵漏法。这种方法是先将漏水处剔成上、下基本垂直的孔洞，洞底铺碎石一层，上盖一层油毡或铁皮；再用一根胶管穿透油毡插入碎石中，用胶浆或干硬性混凝土将胶管四周封严压实，待达到强度后将胶管拔出，如图 7-10 所示。

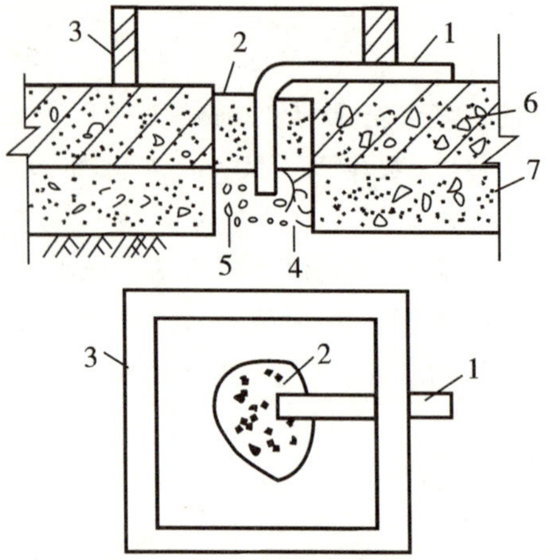

图 7-10　下管堵漏法

1-胶皮管;2-快凝胶浆;3-挡水墙;4-油毡一层;5-碎石;6-构筑物;7-垫层

(3)裂缝漏水的修堵方法

裂缝漏水的处理方法有裂缝直接堵塞法和下绳堵漏法。裂缝直接堵塞法适用于水压较小的裂缝漏水,操作时沿裂缝剔成八字形坡的沟槽,刷洗干净后,用快凝水泥胶浆直接堵塞,经检查无渗水再做保护层和防水层。当水压力较大,裂缝较长时,可采用下绳堵漏法,在凿开缝的沟底嵌一根小绳(长 150 ~ 120 mm),胶浆快凝固时及时将其压入放绳的沟槽内,然后将小绳拉出,使水顺绳流出,如图 7-11 所示。

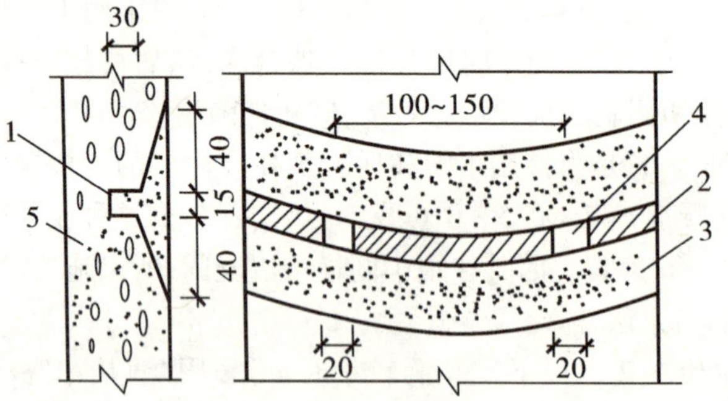

图 7-11　下绳堵漏法

1-小绳(导水用);2-快凝胶浆填缝;3-砂浆层;4-暂留小孔;5-构筑物

7.2.3.2　化学灌浆堵漏法

(1)灌浆材料

1)氰凝。氰凝的主体成分是以多异氰酸酯与含羟基的化合物(聚酯、聚醚)制成的预聚体。使用前,在预聚体内掺入一定量的副剂(表面活性剂、乳化剂、增塑剂、溶剂与催化剂等)，搅拌均匀即配制成氰凝浆液。氰凝浆液不遇水不发生化学反应，稳定性好；当浆液灌入漏水部位后，立即与水发生化学反应，生成不溶于水的凝胶体；同时释放二氧化碳气体，使浆液发泡膨胀，向四周渗透扩散直至反应结束。

2)丙凝。丙凝由双组分(甲溶液和乙溶液)组成。甲溶液是丙烯酰胺和N-N′-甲基双丙烯酰胺及β-二甲铵基丙腈的混合溶液。乙溶液是过硫酸铵的水溶液。两者混合后很快形成不溶于水的高分子硬性凝胶，这种凝胶可以密封结构裂缝，从而达到堵漏的目的。

(2)灌浆施工

灌浆堵漏施工，可分为对混凝土表面处理、布置灌浆孔、埋设灌浆嘴、封闭漏水部位、压水试验、灌浆、封孔等工序。灌浆孔的间距一般为1 m左右，并要交错布置。灌浆嘴的埋设如图7-12所示。灌浆结束，待浆液固结后，拔出灌浆嘴并用水泥砂浆封固灌浆孔。

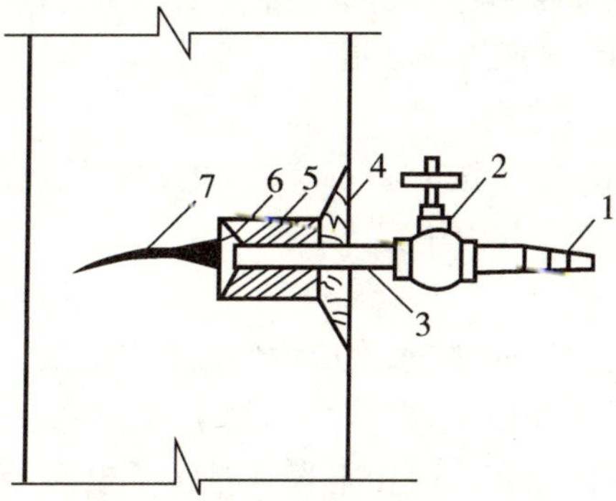

图7-12　埋入式灌浆嘴埋设方法

1-进浆嘴；2-阀门；3-灌浆嘴；4-一层素灰一层砂浆找平；5-快硬水泥浆；6-半圆铁片；7-混凝土墙裂缝

任务7.3　室内及其他部分防水工程

目前，卫生间、厨房间楼地面防水主要选用高弹性的聚氨酯涂膜防水或弹塑性的氯丁胶乳沥青涂料防水等涂膜防水新工艺，可在卫生间、厨房的地面和墙面形成一个没有接缝、封闭严密的整体防水层，从而提高其防水工程质量。

7.3.1　聚氨酯涂膜防水施工

施工过程：卫生间、厨房间楼地面基层处理→涂布底胶→配制聚氨酯涂膜防水涂料→涂膜防水层施工→做好保护层

※知识链接※

聚氨酯涂膜防水材料是双组分化学反应固化型的高弹性防水涂料，多以甲、乙双组分形式使用。主要材料有聚氨酯涂膜防水材料甲组分、聚氨酯涂膜防水材料乙组分和无机

铝盐防水剂等。施工用辅助材料有二甲苯、醋酸乙酯、磷酸等。

(1)基层处理

卫生间的防水基层用1∶3的水泥砂浆找平,要求抹平压光无空鼓,表面要坚实,不应有起砂、掉灰现象。在抹找平层时,在管道根部的周围,应使其略高于地面,在地漏的周围,应做成略低于地面的洼坑。找平层的坡度以1% ~2%为宜,坡向地漏。凡遇到阴、阳角处,要抹成半径不小于10 mm的小圆弧。与找平层相连接的管件、卫生洁具、排水口等,必须安装牢固,收头圆滑,按设计要求用密封膏嵌固。

基层必须基本干燥,一般在基层表面均匀泛白无明显水印时,才能进行涂膜防水层施工。施工前要把基层表面的尘土和杂物彻底清扫干净。

(2)涂布底胶

将聚氨酯甲、乙两组分和二甲苯按1∶1.5∶2的比例(质量比,以产品说明为准)配合搅拌均匀,再用小滚刷或油漆刷均匀涂布在基层表面上。涂刷量约0.15 ~0.2 kg/m^2,涂刷后应干燥固化4 h以上,才能进行下道工序施工。

(3)配制聚氨酯涂膜防水涂料

将聚氨酯甲、乙组分和二甲苯按1∶1.5∶0.3的比例配合,用电动搅拌器强力搅拌均匀备用。应随配随用,一般在2 h内用完。

(4)涂膜防水层施工

用小滚刷或油漆刷将已配好的防水涂料均匀涂布在底胶已干固的基层表面上。涂完第一遍涂膜后,一般需固化5 h以上,在基本不粘手时,再按上述方法涂布第二、三、四遍涂膜,并使后一遍与前一遍的涂布方向相垂直。对管子根部、地漏周围以及墙转角部位,必须认真涂刷,涂刷厚度不小于2 mm。在涂刷最后一遍涂膜固化前及时稀撒少许干净的粒径为2 ~3 mm的小豆石,使其与涂膜防水层黏结牢固,作为与水泥砂浆保护层黏结的过渡层。

(5)做好保护层

当聚氨酯涂膜防水层完全固化和蓄水试验合格后,即可铺设一层厚度为15 ~25 mm的水泥砂浆保护层,然后按设计要求铺设饰面层。

※特别提示※

聚氨酯涂膜防水材料的技术性能应符合设计要求或材料标准规定,并应附有质量证明文件和现场取样进行检测的试验报告以及其他有关质量的证明文件。聚氨酯的甲、乙料必须密封存放,甲料开盖后,吸收空气中的水分会起反应而固化,如在施工中混有水分,则聚氨酯固化后内部会有水泡,影响防水能力。涂膜厚度应均匀一致,总厚度不应小于1.5 mm。涂膜防水层必须均匀固化,不应有明显的凹坑、气泡和渗漏水的现象。

※图纸连接※

例7-2 砖混结构建施图2,楼工程的楼面卫生间防水构造做法采用图集05YJ1l楼28,本卫生间工程如何进行防水施工?怎样进行质量和安全控制?

解答 1.施工准备

1)作业条件。

①厨厕间楼面垫层采用50厚C15细石混凝土找坡0.5%～1%，最薄处不小于30厚，穿过厨厕间地面及楼面的所有立管、套管已完成，并已固定牢固，经过验收。

②厨厕间楼面采用15厚1：2水泥砂浆找平，标高符合要求，表面应抹平压光、坚实。平整，无空鼓、裂缝、起砂等缺陷，含水率符合要求。

③找平层不得局部积水，与墙交接处及转角处、管根部，均要抹成半径为100 mm的均匀一致、平整光滑的小圆角，要用专用抹子。凡是靠墙的管根处均要抹出5%(1：20)坡度，避免此处积水。

④涂刷防水层的基层表面，应将尘土、杂物清扫干净，表面残留灰浆硬块及高出部分应刮平。

⑤厨厕间墙面按设计要求及施工规定(四周至少上卷300 mm)有防水的部位，墙面基层抹灰要压光，要求平整，无空鼓、裂缝、起砂等缺陷。穿过防水层的管道及固定卡具应提前安装，并在距管50 mm范围内凹进表层5 mm，管根做成半径为10 mm的圆弧。

⑥环境温度保持在5 ℃以上。

⑦操作人员应经过专业培训，持证上岗。

2)材质要求。

聚氨酯涂膜防水材料是双组分化学反应固化型的高弹性防水涂料，是一种常用的楼地面防水材料。该材料能在潮湿或干燥的各种基面上直接施工，对基层伸缩或开裂的适应性强，抗拉强度高。耐候性好，高温不流淌，低温不龟裂，有优异的抗老化性能，能耐油、耐磨、耐臭氧、耐酸碱侵蚀。其性能指标如表7-3：

表7-3　聚氨酯涂膜防水材料性能参数

性能	参数
拉伸强度/MPa	≥1.9
断裂伸长率	≥450%
撕裂强度/(N/mm)	≥12
低温弯折性/℃	≤-35
不透水性(0.3 MPa,30 min)	不透水
固体含量	≥92%
表干时间/h	≤8
实干时间/h	≤24

3)工器具。

主要机具：电动搅拌器、搅拌桶、小漆桶、塑料刮板、铁皮小刮板、橡胶刮板、弹簧秤、毛刷、滚刷、小抹子、油工铲刀、笤帚等。

2. 工艺流程

聚氨酯涂膜防水涂料施工工艺流程：

基层清理→细部附加层施工→刷基层处理剂→第一层涂膜→第二层涂膜→第三层涂膜→第一次试水→保护层施工→第二次试水→工程质量验收

3. 操作工艺

1)基层清理。

涂膜防水层施工前，先将基层表面上的灰皮用铲刀除掉，用笤帚将尘土、砂粒等杂物清扫干净，尤其是管根、地漏和排水口等部位要仔细清理。如有油污时，应用钢丝刷和砂纸刷掉。基层表面必须平整，凹陷处要用水泥腻子补平。

2)细部附加层施工。

用油漆刷蘸搅拌好的涂料在管根、地漏、阴阳角等容易漏水的薄弱部位均匀涂刷，不得漏涂(地面与墙角交接处，涂膜防水上卷墙上300 mm 高)。常温4 h 表干后，再刷第二道涂膜防水涂料，24 h 实干后)即可进行大面积涂膜防水层施工，每层附加层厚度宜为0.6 mm。

3)刷基层处理剂。

将聚氨酯甲、乙两组分和二甲苯按1∶1.5∶2的比例(质量比)配合搅拌均匀，再用小滚刷或油漆刷均匀涂布在基层表面上。涂刷量约0.15～0.2 kg/m^2，涂刷后应干燥固化4 h 以上，才能进行下道工序施工。

4)涂膜防水层施工。

聚氨酯涂膜防水涂料厚度为1.5 mm，根据设计厚度，可分成三遍进行涂膜施工。

①打开包装桶先搅拌均匀。

②第一遍涂膜：将已搅拌好的防水涂料用塑料或橡胶刮板均匀涂刮在已涂好底胶的基层表面上，厚度为0.6 mm，要均匀一致，刮涂量以0.6～0.8 kg/m^2为宜，操作时先墙面后地面，从内向外退着操作。

③第二遍涂膜：第一遍涂膜固化到不粘手时，按第一遍材料施工方法，进行第二遍涂膜防水施工。为使涂膜厚度均匀，刮涂方向必须与第一遍刮涂方向垂直，刮涂量比第一遍略少，厚度以0.5 mm 为宜。

④第三遍涂膜：第二遍涂膜固化后，按前述两遍的施工方法，进行第三遍刮涂，刮涂量以0.4～0.5 kg/m^2为宜(如设计厚度为1.5 mm 以上时，可进行第四遍涂刷)。

⑤撒黄砂结合层：为了保护防水层，地面的防水层施工完后，在最后一遍涂膜施工完毕尚未固化时，在其表面均匀撒上干净黄砂，以增加其与即将覆盖的水泥砂浆保护层之间的黏结。

⑥保护层或饰面层施工。

4. 涂膜防水层的验收

根据防水涂膜施工工艺流程，对每道工序进行认真检查验收，做好记录，须合格后方可进行下道工序施工。防水层完成并实干后，对涂膜质量进行全面验收，要求满涂，厚度均匀一致，封闭严密，厚度达到设计要求。防水层无起鼓、开裂、翘边等缺陷。经检查验收合格后可进行蓄水试验(蓄水高度在最高处为20～30 mm)，24 h 无渗漏，做好记录，可进行保护层施工。

5. 成品保护

1)涂膜防水层操作过程中,操作人员要穿平底鞋作业,穿肌面及墙面等处的管件和套管、地漏、固定卡子等,不得碰损、变位。涂防水涂膜施工时,不得污染其他部位的墙地面、门窗、电气线盒、暖卫管道、卫生器具等。

2)涂膜防水层每层施工后,要严格加以保护,在厨卫间门口要设醒目的禁入标志,在保护层施工之前,任何人不得进入,也不得在上面堆放杂物,以免损坏防水层。

3)地漏或排水口在防水施工之前,应采取保护措施,以防杂物进入,确保排水畅通,蓄水合格,将地漏内清理干净。

4)防水保护层施工时,不得在防水层上拌砂浆,铺砂浆时铁锹不得触及防水层,要精工细做,不得损坏防水层。

7.3.2 氯丁胶乳沥青防水涂料施工

氯丁胶乳沥青防水涂料是以氯丁橡胶和沥青为基料,经加工合成的一种水乳型防水涂料。它兼有橡胶和沥青的双重优点,具有防水、抗渗、耐老化、不易燃、无毒、抗基层变形能力强等优点,冷作业施工,操作方便。

(1)基层处理

同聚氨酯涂膜防水施工要求。

(2)施工工艺及要点

二布六油防水层的工艺流程:基层找平处理→满刮一遍氯丁胶沥青水泥腻子→满刮第一遍涂料→做细部构造加强层→铺贴玻璃布,同时刷第二遍涂料→刷第三遍涂料→铺贴玻纤网格布,同时刷第四遍涂料→涂刷第五遍涂料→涂刷第六遍涂料并及时撒砂粒→蓄水试验→按设计要求做保护层和面层→防水层二次试水,验收。

在清理干净的基层上满刮一遍氯丁胶乳沥青水泥腻子,管根和转角处要厚刮并抹平整,腻子的配制方法是将氯丁胶乳沥青防水涂料倒入水泥中,边倒边搅拌至稠浆状即可刮涂于基层,腻子厚度为2~3 mm,待腻子干燥后,满刷一遍防水涂料,但涂刷不能过厚,不得漏刷,表面均匀不流淌,不堆积,立面刷至设计标高。在细部构造部位,如阴阳角、管道根部、地漏、大便器蹲坑等处分别附加一布二涂附加层。附加层干燥后,大面铺贴玻纤网格布同时涂刷第二遍防水涂料,使防水涂料浸透布纹渗入下层,玻纤网格布搭接宽度不小于100 mm,立面贴到设计高度,顺水接槎,收口处贴牢。

所刷涂料实干后(约24 h),满刷第三遍涂料,表干后(约4 h)铺贴第二层玻纤网格布同时满刷第四遍防水涂料。第二层玻纤布与第一层玻纤布接槎要错开,涂刷防水涂料时,应均匀,将布展平无折皱。上述涂层实干后,满刷第五遍、第六遍防水涂料,整个防水层实干后,可进行第一次蓄水试验,蓄水时间不少于24 h,无渗漏才合格,然后做保护层和饰面层。工程交付使用前应进行第二次蓄水试验。

小　结

本模块对屋面工程、地下工程、卫生间等分部分项工程防水施工作了详细的阐述，包括施工方法、施工工艺及质量控制要求。

屋面防水工程包括卷材防水屋面施工、涂膜防水屋面施工及刚性防水屋面施工。其中，卷材防水屋面施工主要是沥青防水卷材施工、高聚物改性沥青防水卷材施工和合成高分子防水卷材施工。涂膜防水屋面主要是高聚物改性沥青防水涂料施工和合成高分子防水涂料施工。刚性防水屋面施工主要是普通细石混凝土防水层施工和补偿收缩混凝土防水层施工。

地下工程防水主要形式有防水层防水、结构本身自防水等施工方法。

卫生间工程防水较多采用聚氨酯涂膜防水施工。

本模块教学目标是使学生学会基本防水工程施工方法，能根据施工图和实际条件，选择和制定常规工程的防水施工方案。

习　题

一、单项选择题

1. 当屋面坡度小于3%时，沥青防水卷材的铺贴方向宜(　　)。

A. 平行于屋脊　　B. 垂直于屋脊

C. 与屋脊呈45°角　　D. 下层平行于屋脊，上层垂直于屋脊

2. 当屋面坡度大于15%或受震动时，沥青防水卷材的铺贴方向应(　　)。

A. 平行于屋脊　　B. 垂直于屋脊

C. 与屋脊呈45°角　　D. 上下层相互垂直

3. 粘贴高聚物改沥青防水卷材使用最多的是(　　)。

A. 热黏结剂法　　B. 热熔法

C. 冷粘法　　D. 自粘法

4. 屋面沥青防水卷材满粘法铺贴时，卷材短边搭接宽度不应小于(　　)。

A. 50 mm　　B. 100 mm

C. 150 mm　　D. 200 mm

5. 冷粘法是指用(　　)粘贴卷材的施工方法。

A. 喷灯烘烤　　B. 胶黏剂

C. 热沥青胶　　D. 卷材上的自粘胶

6. 防水涂膜可在(　　)进行施工。

A. 气温为20 ℃的雨天　　B. 气温为-5 ℃的雪天

C. 气温为38 ℃的无风晴天　　D. 气温为25 ℃且有三级风的晴天

7. 屋面刚性防水层的细石混凝土最好采用(　　)拌制。

A. 火山灰土泥　　B. 矿渣硅酸盐水泥
C. 普通硅酸盐水泥　　D. 粉煤灰水泥
8. 地下工程的防水卷材的设置与施工宜采用(　　)法。
A. 外防外贴　　B. 外防内贴
C. 内贴外防　　D. 内防内贴
9. 地下卷材防水层未作保护结构前,应保持地下水位低于卷材底部不少于(　　)。
A. 200 mm　　B. 35 mm
C. 50 mm　　D. 1000 mm
10. 防水混凝土迎水面的钢筋保护层厚度不得小于(　　)。
A. 25 mm　　B. 35 mm
C. 50 mm　　D. 100 mm
11. 防水混凝土养护时间不得少于(　　)。
A. 7 d　　B. 14 d
C. 21 d　　D. 28 d
12. 防水混凝土底板与墙体的水平施工缝应留在(　　)。
A. 底板下表面处
B. 底板上表面处
C. 距底板上表面不小于 300 mm 的墙体上
D. 距孔洞边缘不少于 100 mm 处
二、简答题
1. 简述卷材防水屋面各构造层的作用和构造。
2. 试述密封材料的种类及其适用范围。
3. 试述卷材防水屋面各构造层的做法及施工工艺。
4. 简述涂膜防水层施工要点。
5. 试述地下防水工程卷材贴法的施工步骤。
6. 试述防水工程的补漏技术。
7. 简述卫生间聚氨酯涂膜防水的施工要点。

模块 8 装饰工程

知识目标

1. 掌握一般抹灰及常见装饰抹灰的施工工艺。
2. 掌握楼地面整体面层、板块面层的施工工艺，了解其他面层的施工方法。
3. 掌握大理石（花岗岩、预制水磨石板）饰面板安装方法，掌握内外墙瓷砖饰面方法。
4. 掌握吊顶、轻质隔墙施工工序。
5. 掌握木门窗、铝合金门窗的施工方法，了解塑料门窗的施工工艺。
6. 掌握常见涂料的施工方法。
7. 掌握裱糊工程的施工要点。
8. 了解幕墙工程的分类及施工要点。
9. 掌握建筑节能工程施工要点。

能力目标

知识要点	能力要求	相关知识	权重
抹灰工程	1. 掌握一般抹灰工程施工方法； 2. 掌握常见装饰抹灰的施工方法； 3. 能根据规范进行质量验收	不同抹灰材料适用的建筑部位；抹灰工程一般构造做法、施工工艺	20%
楼地面工程	1. 掌握常用的楼地面的施工方法； 2. 能根据规范进行质量验收；	常见楼地面的一般构造做法、施工工艺	15%
饰面工程	1. 掌握常见饰面工程的施工方法； 2. 能根据规范进行质量验收	常见饰面材料的特点及适用位置；常见饰面工程的构造做法、施工要点	15%
吊顶与轻质隔墙工程	1. 掌握常见吊顶、轻质隔墙的施工方法； 2. 能根据规范进行质量验收	常见吊顶、轻质隔墙的材料选择、施工方法；有关防火知识	10%
门窗工程	1. 掌握常见门窗的施工方法； 2. 能根据规范进行质量验收	各类门窗的特点	10%

知识要点	能力要求	相关知识	权重
涂料工程	掌握常见涂料的施工方法	各种涂料的分类及材料特性	5%
裱糊工程	掌握裱糊工程的施工方法	各种裱糊材料的特点	5%
幕墙工程	掌握常见幕墙的施工要点	熟悉幕墙施工及验收规范	5%
建筑节能工程	掌握建筑节能施工要点	建筑节能基本概念;外墙保温系统、门窗节能工程	15%

学习重点

一般抹灰及常见装饰抹灰的施工工艺;楼地面整体面层、板块面层的施工工艺;饰面板、内外墙瓷砖施工工艺;木门、铝合金门窗施工工艺。

工程引例

根据图纸,办公楼和教学楼工程内外墙面、顶棚、楼地面、踢脚、隔断、楼梯栏杆等的做法采用图集“05YJ1”、“05YJ3”、“05YJ12”的做法,详见办公楼和教学楼的建施2、建施3、建施4;门采用木门,窗采用断热铝合金窗,详见建施2、建施8。

装饰工程作为重要的分部工程,其特点是施工项目多、工程量大,对工程质量及造价影响较大,因此合理安排施工顺序、精心组织施工就显得非常必要,在实际使用过程中,装饰工程往往由于施工方案不合理造成存在问题较多。

思考:(1)一般抹灰、装饰抹灰施工时如何找规矩?

(2)楼地面、墙面、顶棚施工时采用什么顺序比较合理?

(3)门窗框、扇什么时候安装比较合理?

(4)卫生间地面如何做才能避免积水?

※知识链接※

《中华人民共和国建筑法》第四十九条规定:涉及建筑主体和承重结构变动的装修工程,建设单位应当在施工前委托原设计单位或者具有相应资质条件的设计单位提出设计方案;没有设计方案的,不得施工。这一条规定限制了建筑装饰施工中随意凿墙开洞等野蛮施工行为,保证了建筑主体结构安全适用。另外,装饰施工中的一切工艺操作和工艺处理,均应遵循国家颁布的有关施工和验收规范;所用材料及其应用技术,应符合国家及行业颁布的相关标准。对于一些重要的工程和常见大规模的装饰项目,均应实行招标、投标制;确认装饰施工企业和施工队伍的资质水平与施工能力;在施工过程中应由建设监理部门进行监理;工程竣工后应通过质量监督部门及有关方面的严格验收。

※特别提示※

室内装修工程施工顺序,应符合下列规定:

1)应待隔墙、钢木门、窗框、暗装的管道、电线管和电器预埋件、预制钢筋混凝土楼板灌缝等完工后,进行抹灰、饰面、吊顶和隔断工程。

2)钢木门窗及其玻璃工程,根据地区气候条件和抹灰工程的要求,可在湿作业前进行;铝合金、塑料、涂色镀锌钢板门窗及其玻璃工程,宜在湿作业完工后进行,否则,必须加强保护。

3)有抹灰基层的饰面板工程、吊顶及轻型花饰安装工程,应待抹灰工程完工后进行。

4)涂料、刷浆工程以及吊顶、隔断、罩面板的安装,应在塑料地板、地毯、硬质纤维板等地(楼)面的面层和明装电线施工前,管道设备试压后进行;应待裱糊工程完工后,进行木地(楼)板面层的最后一遍涂料。

任务 8.1　抹灰工程

抹灰是将各种砂浆、装饰性石屑浆、石子浆涂抹在建筑物的墙面、顶棚、地面等表面,除了保护建筑物外,还可以作为饰面层起到装饰作用。

抹灰工程按材料和装饰效果分为一般抹灰和装饰抹灰两大类。一般抹灰适用于石灰砂浆、水泥砂浆、混合砂浆、聚合物水泥砂浆、膨胀珍珠岩水泥砂浆、麻刀灰、纸筋灰、石膏灰等抹灰工程。装饰抹灰的底层和中层与一般抹灰做法基本相同,其面层做法主要有水刷石、斩假石、干粘石、喷涂、滚涂、弹涂、仿石和彩色抹灰等。

8.1.1　一般抹灰施工

抹灰一般分三层:底层、中层和面层(或罩面),如图 8-1 所示。

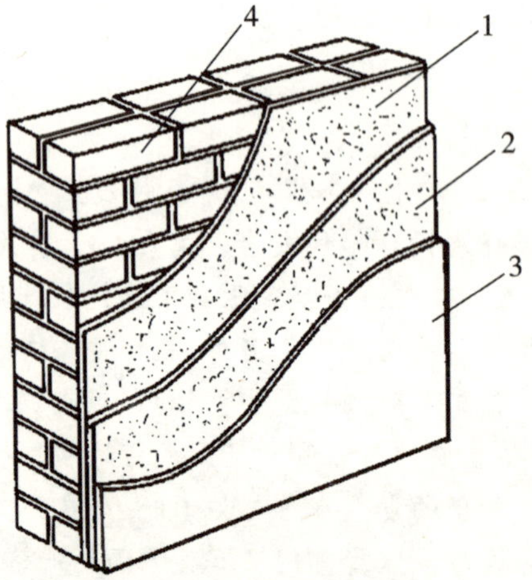

图 8-1　抹灰层的组成

1-底层;2-中层;3-面层;4-基层

底层主要起与基层黏结的作用,厚度一般为5~9 mm。底层砂浆的强度不能高于基层强度,以免抹灰砂浆在凝结过程中产生较强的收缩应力,破坏强度较低的基层,从而产生空鼓、裂缝、脱落等质量问题。中层起找平的作用,中层应分层施工,每层厚度应控制在5~9 mm。面层起装饰作用,要求涂抹光滑、洁净。

抹灰层的平均总厚度,不得大于以下规定:

1)顶棚:板条、空心砖、现浇混凝土15 mm,预制混凝土18 mm,金属网20 mm;

2)内墙:普通抹灰18~20 mm,高级抹灰25 mm;

3)外墙20 mm,勒脚及突出墙面部分25 mm;

4)石墙35 mm;

5)当抹灰厚度≥35 mm时,应采取加强措施。

涂抹水泥砂浆每遍厚度宜为5~7 mm,涂抹石灰砂浆和水泥混合砂浆每遍厚度宜为7~9 mm。面层抹灰经赶平压实后的厚度,麻刀石灰不得大于3 mm,纸筋石灰、石膏灰不得大于2 mm。

(1)组成及质量要求

一般抹灰按质量要求分为普通抹灰和高级抹灰两个等级。

普通抹灰为一道底层和一道面层或一道底层、一道中层和一道面层组成,要求表面光滑、洁净、接槎平整、分格缝应清晰。

高级抹灰为一道底层、数层中层和一道面层组成,要求表面光滑、洁净、颜色均匀无抹纹、分格缝和灰线应清晰美观。

抹灰层与基层之间及各抹灰层之间必须黏结牢固,抹灰层应无脱层、空鼓,面层应无爆灰和裂缝。

(2)抹灰材料要求

一般抹灰所用材料的品种和性能应符合设计要求。水泥的凝结时间和安定性复验应合格。石灰浆应在储灰池中常温熟化不少于15天,罩面用的磨细石灰粉的熟化期不应少于3天,同时应防止冻结和污染。生石灰不宜长期存放,保质期不宜超过一个月。

(3)抹灰用的工具

抹灰用的工具包括各种抹子及木制工具等,如图8-2所示。

(4)抹灰前基层处理

抹灰前应检查门、窗框位置是否正确,与墙连接是否牢固。连接处的缝隙应用水泥砂浆或水泥混合砂浆(加少量麻刀)分层嵌塞密实。

为了使抹灰砂浆与基体表面黏结牢固,防止抹灰层产生空鼓现象,抹灰前对凹凸不平的基层表面应剔平,或用1∶3水泥砂浆补平。孔、洞及缝隙处均应用1∶3水泥砂浆或水泥混合砂浆(加少量麻刀)分层嵌塞密实。基层表面的尘土、污垢、油渍等应清除干净,并应洒水润湿。过光的墙面应予以凿毛,或涂刷一层界面剂,以加强抹灰层与基层的黏结力。凡室内管道穿越的墙洞和楼板洞,凿剔墙后安装的管道,墙面的脚手孔洞均应用1∶3水泥砂浆填嵌密实。

在内墙的阳角和门洞口侧壁的阳角、柱角等易于碰撞之处,应按设计要求施工,设计无要求时,应采用1∶2水泥砂浆制作护角,其高度应不低于2 m,每侧宽度不小于

50 mm，如图 8-3 所示。

对外墙窗台、窗楣、雨篷、阳台、压顶和突出腰线等，上面应做成流水坡度，下面应做滴水线或滴水槽，滴水槽的深度和宽度均应不小于 10 mm，要求整齐一致。

为控制抹灰层的厚度和墙面的平整度，在抹灰前应先检查基层表面的平整度，并用与抹灰层相同砂浆设置 50 mm×50 mm 的标志或宽约 100 mm 的标筋。

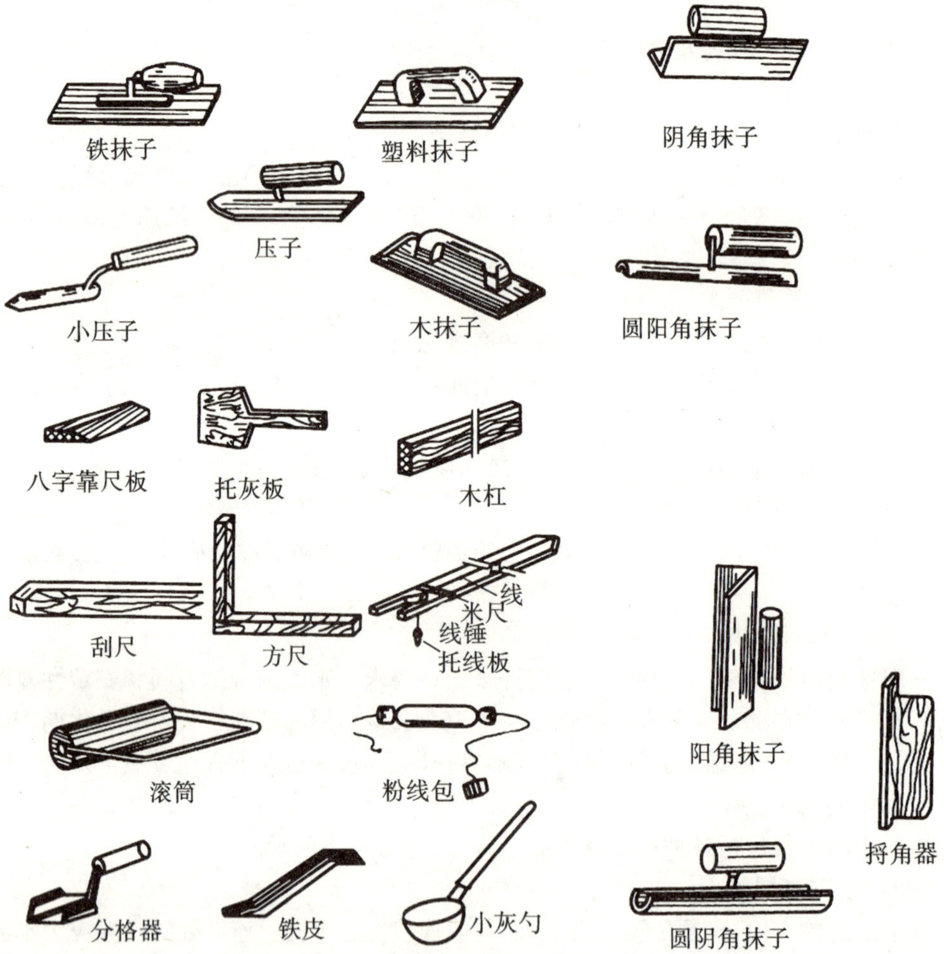

图 8-2　抹灰工具

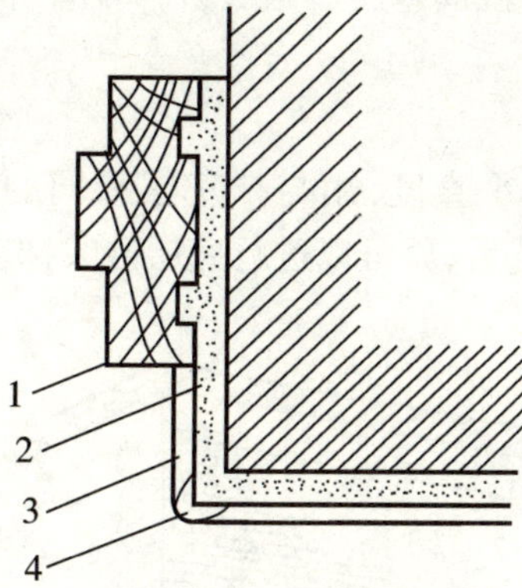

图 8-3 护角做法示意图

1-窗口;2-墙面抹灰;3-面层;4-水泥砂浆护角

不同材料基体交接处表面的抹灰,如砖墙与木隔墙、混凝土墙与轻质隔墙等表面,应采取加强措施,当采用加强金属网时,搭接宽度从缝边起两侧均不小于 100 mm(图 8-4),以防抹灰层因基体温度变化胀缩不一而产生裂缝。

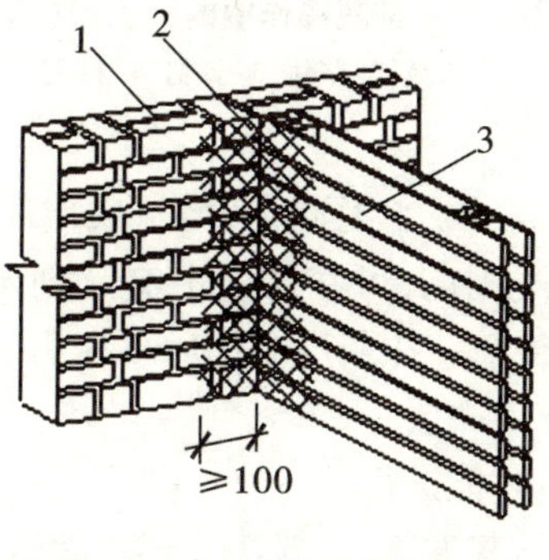

图 8-4 砖木交接处基体处理

1-砖墙;2-钢丝网;3-板条

预制混凝土楼板顶棚在抹灰前应检查其板缝大小,若板缝较大,应用细石混凝土灌实;板缝较小,可用 1∶0.3∶3 的水泥石灰混合砂浆勾实,否则抹灰后将顺缝产生裂缝。预制混凝土板或钢模现浇混凝土顶棚拆模后,构件表面较为光滑、平整,并常黏附一层隔离剂。当隔离剂为滑石粉或其他粉状物时,应先用钢丝刷刷除,再用清水冲干净,当隔离剂为油脂类时,先用浓度为 10% 的火碱溶液洗刷干净,再用清水冲洗干净。

板条顶棚(单层板条)抹灰前,应检查板条缝是否合适,一般要求间隙为 7 ~ 10 mm。

(5)抹灰施工

抹灰一般遵循先外墙后内墙,先上面后下面,先顶棚、墙面后地面的顺序,也可根据具体工程的不同而调整抹灰先后顺序。

一般抹灰施工过程为:浇水湿润基层→做灰饼→设置标筋→阳角护角→抹底层灰→抹中层灰→抹面层灰→清理。

1)墙面抹灰。

为控制抹灰层厚度和墙面平直度,用与抹灰层相同的砂浆先做出灰饼和标筋(图8-5),待标筋砂浆有七至八成干后,就可以进行底层砂浆抹灰。

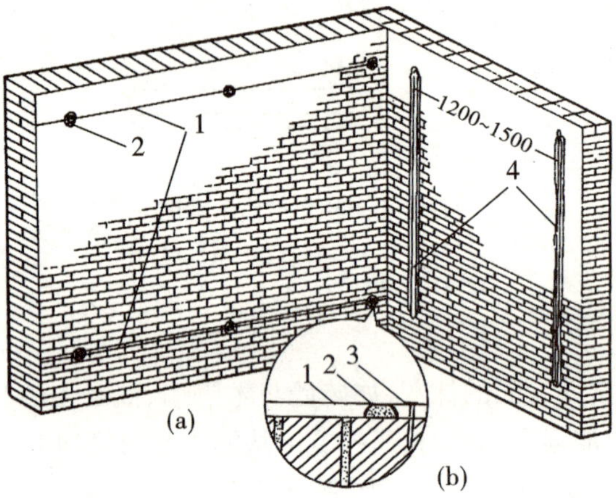

图 8-5 抹灰操作中的标识和标筋

1-引线;2-灰饼;3-铁钉;4-标筋

中层砂浆抹灰应待水泥砂浆(或水泥混合砂浆)底层凝结后或石灰砂浆底层灰七、八成干后,方可进行。中层砂浆凝固前,可在层面上交叉划出斜痕,以增强与面层的黏结。如用水泥砂浆或混合砂浆,应待前一抹灰层凝结后再抹后一层。如用石灰砂浆,则应待前一层达到七、八成干后,方可抹后一层。

面层灰应待中层灰凝固后才能进行。

两墙面相交的阴角、阳角抹灰方法,一般按下述步骤进行:

①先用阴角方尺检查阴角的直角度,用阳角方尺检查阳角的直角度,用线锤检查阴角或阳角的垂直度,根据直角度及垂直度的误差,确定抹灰层厚薄。阴、阳角处洒水湿润。

②将底层抹于阴角处,用木阴角器压住抹灰层并上下搓动,使阴角的抹灰基本上达到直角。如靠近阴角处有已结硬的标筋,则木阴角器应沿着标筋上下搓动,基本搓平后,再用阴角抹子上下抹压,使阴角线垂直。

③将底层灰抹于阳角处,用木阳角器压住抹灰层并上下搓动,使阳角处抹灰基本上达到直角。再用阳角抹子上下抹压,使阳角线垂直。

④在阴角、阳角处底层灰凝结后,洒水湿润,将面层灰抹于阴角、阳角处,分别用阴角抹、阳角抹上下抹压,使中层灰达到平整光滑。

阴阳角找方应与墙面抹灰同时进行,即墙面抹底层灰时,阴、阳角抹底层找方。

2)顶棚抹灰。

顶棚抹灰不用做标志、标筋,只要在顶棚周围的墙面(梁)上弹出顶棚抹灰层的面层标高控制线,此控制线应从已弹的+50 cm 线量起,不得从顶棚底向下量。顶棚抹灰宜从房间里面开始,向门口进行,最后从门口退出。顶棚抹灰应搭设满堂脚手架,脚手板面至顶棚的距离以操作方便为准。

抹底层灰前,应扫尽钢筋混凝土楼板底的浮灰、砂浆残渣,去除油污及隔离剂剩料,并喷水湿润楼板底。

在钢筋混凝土楼板底抹底层灰时,铁抹子抹压方向应与模板纹路或预制板拼缝相垂直。板条、金属网顶棚上抹底层灰,铁抹子抹压方向应与板条长度方向相垂直,在板条缝处要用力压抹,使底层灰压入板条缝或网眼内。底层灰要求表面平整。

抹中层灰时,铁抹子抹压方向宜与底层灰抹压方向相垂直。高级顶棚抹灰,应加钉长度 350 ~ 450 mm 的麻束,间距为 400 mm,并交错布置,分遍按放射状梳理抹进中层灰内。中层灰要求表面平整、光洁。

抹面层灰时,铁抹子抹压方向宜平行于房间进光方向。面层灰表面要求平整、光滑,不显抹痕。顶棚抹灰应待前两层灰凝结后才能抹上后一层灰,不可紧接进行。顶棚面积较小时,整个顶棚抹上灰后再进行压平、压光;顶棚面积较大时,可分段分块进行抹灰、压平、压光,但接合处必须理顺。底层灰全部抹压后,才能抹中层灰,中层灰全部抹压后,才能抹面层灰。

※特别提示※

在《建筑装饰装修工程质量验收规范条文说明》(GB 50201—2001)中指出:经调研发现现浇混凝土(包括预制混凝土)顶棚基体抹灰由于各种因素的影响,抹灰层脱落的质量事故时有发生,严重危及人身安全,引起了有关部门的重视,故规范要求顶棚的抹灰与基层之间及各抹灰层之间必须黏结牢固。

※图纸链接※

例 8-1 办公楼建施 3,内墙 1 采用标准图集 05YJ1 内墙 4、涂 24 做法,具体构造做法是底层灰,15 厚 1 : 1 : 6(体积比)的水泥石灰砂浆;中层灰,5 厚 1 : 0.5 : 3(体积比)的水泥石灰砂浆;面层,满刮腻子一遍,刷底漆一遍,乳胶漆两遍,颜色为白色。该做法适用于办公楼的楼梯间和走道部分。

问题:内墙 1 如何组织施工?

解答 1. 室内抹灰的施工顺序

根据前面内容知道,内墙一般抹灰的施工过程为:浇水湿润基层→做灰饼→设置标筋→阳角护角→抹底层灰→抹中层灰→抹面层灰→清理。

室内抹灰组织施工时,为保证施工进度,一般采用顶棚→墙面→地面的顺序,这样组织施工的优点是前一个工序施工完毕即可开始后一个工序,缺点是前一个工序施工时可能污染后一个工序的基层,如顶棚抹灰、墙面抹灰均会污染地面,因此地面施工时必须做好基层清理工作。如果采用地面→墙面→顶棚的施工顺序,施工时间会相对较长,因为地面做好以后需养护一定时间才能上人进行墙面、顶棚的施工,而且要求在施工墙面和顶棚时要注意对地面的保护,以免损坏已经做好的地面。

2. 内墙抹灰的主要施工方法及注意事项

1)浇水湿润基层前先清理墙面。

2)浇水湿润基层。一般采用软皮管向墙面浇水,其目的一是湿润基层,二是能够把墙面浮灰冲刷掉。基层浇水是为了保证底层灰与基层的黏结牢固,留在基层上的水分对底层灰中的水泥硬化有重要作用。

3)做灰饼、设置标筋。做控制标志时要先测量墙的砌筑情况,根据实际情况确定灰饼的厚度。灰饼的厚度是底层灰和中层灰的厚度之和。

4)阳角护角。阳角护角采用比墙面砂浆强度高的材料制作,这样做在使用过程中不易损坏。阳角护角还是一道标筋,对墙面平整度起控制作用。阳角施工时由于面积较小,且材料组成水泥较多,可适当洒水养护。

5)抹底层灰。底层灰抹灰时表面要抹成鱼鳞状,以增加和中层灰的接触面积,使其更好地连成整体。本工程底层灰厚度为15厚,要分两次抹灰。

6)抹中层灰。中层砂浆抹灰应待底层灰七、八成干后方可进行。中层灰抹灰时与标筋抹平。

7)抹面层灰。本工程面层灰采用满刮腻子一遍,刮腻子要在中层灰干燥后进行。腻子干燥后用砂纸打磨,清理浮灰,为刷乳胶漆做好准备。

8)清理。清理落地灰。

9)室内抹灰施工时要求安装好门窗,避免形成穿堂风,以免砂浆上墙以后失水过快,造成抹灰层开裂。

8.1.2 装饰抹灰施工

装饰抹灰与一般抹灰的区别在于两者具有不同的装饰面层,其底层和中层的做法与一般抹灰基本相同。装饰抹灰种类很多,其底层多为1∶3水泥砂浆打底,面层主要有水刷石、斩假石、干粘石、假面砖等。

(1)水刷石

水刷石饰面是将水泥石子浆罩面中尚未干硬的水泥用水冲刷掉,使各色石子外露,形成具有“绒面感”的表面。水刷石是石粒材料饰面的传统做法,这种饰面耐久性强,具有良好的装饰效果,造价相对较低。

水刷石面层施工的操作方法及施工要点:

1)抹石子浆。水泥石子浆大面积施工前,为防止面层开裂,需在中层砂浆六七成干时,按设计要求弹线、分格,钉分格条时木分格条应事先在水中浸透。分隔条两侧斜角做法如图8-6所示。

水刷石面层施工前,应根据中层抹灰的干燥程度浇水湿润,紧接着用铁抹子满刮水灰比为0.3~0.4的水泥浆(内掺3%~5%水重的108胶)一道,随即抹水泥石子浆面层。面层厚度视石子粒径而定,通常为石子粒径的2.5倍。水泥石子浆的稠度以50~70 mm为宜,用铁抹子一次抹平、压实。

每一块分格范围内抹灰顺序应自下而上进行,同一平面的面层要求一次完成,不宜留

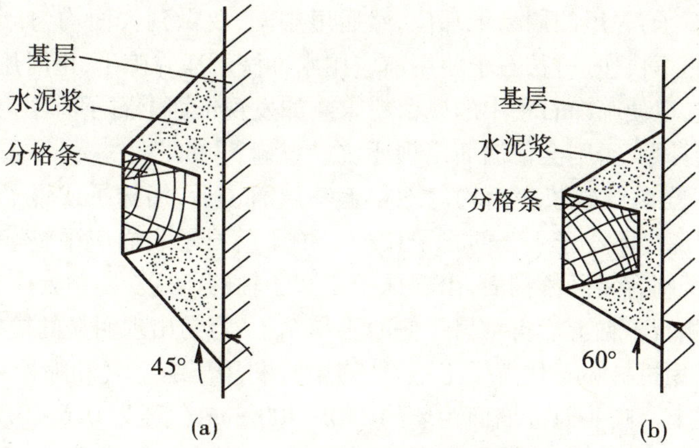

图8-6 分隔条两侧斜角做法

(a)当日起条做法;(b)隔日起条做法

缝。如必须留施工缝时,应留在分格条位置上。

2)修整。罩面灰收水后,先用铁抹子溜一遍,将遗留的孔隙抹平,然后用软毛刷蘸水刷去表面灰浆,再拍平,阳角部位要往外刷。水刷石罩面应分遍拍平压实,石子应分布均匀、紧密。

3)喷刷、冲洗。喷刷、冲洗是水刷石施工的重要工序,喷刷、冲洗不净会使水刷表面色泽灰暗或明暗不一致。

罩面灰浆初凝后,达到刷不掉石子程度时,即可开始喷刷。喷刷时可以两人配合操作,一人用毛刷蘸水轻轻刷掉罩面灰浆,另一人用喷雾器,或用手压喷浆机紧跟着喷刷。施工时,先将分格条四周喷湿,然后由上向下喷水,喷水要均匀,喷头至罩面距离10～20 cm;不仅要将表面的水泥浆冲掉,还要将石碴间的水泥冲出来,使得石碴露出灰浆表面1～2 mm,甚至露出石子粒径的1/2,使石子清晰可见,均匀密布;然后用清水从上往下全部冲洗干净。

4)起分格条。喷刷后,即可用抹子柄敲击分格条,用抹尖扎入木条上下活动,轻取出分格条,然后修饰分格缝隙,待干燥后在缝内描好涂料。

水刷石是一项传统工艺,由于其操作技术要求较高,洗刷浪费水泥,墙面污染后不易清洗,故目前较少采用。

(2)干粘石

干粘石是将干石子直接粘在砂浆层上的一种装饰抹灰做法。装饰效果与水刷石差不多,但湿作业量小,节约水泥,施工工效较高。

干粘石面层操作方法和施工要点如下:

1)抹黏结层。待中层水泥砂浆干至七成左右,洒水湿润后,粘分格条,待分格条粘牢后,在墙面刷水泥浆一遍,随后按格抹砂浆黏结层(1∶3水泥砂浆,厚度4～6 mm,砂浆稠度不大于80 mm)。黏结层砂浆一定要抹平,不能显抹纹,按分格大小,一次抹一块或数块,应避免在块中甩槎。

2)甩石子。干粘石所选石子的粒径比水刷石要小些,一般为4～6 mm。黏结砂浆抹平后，应立即甩石子，先甩四周易干部位，然后甩中间，要做到大面均匀，边角和分格条两侧不漏粘，由上而下快速进行，石子使用前应用水冲洗干净并晾干，甩时用托盘盛装，托盘底部用窗纱钉成，以便筛净石子中的残留粉末。如发现饰面上石子有不匀或过稀现象，应用抹子或手直接补贴，否则会使墙面出现死坑或裂缝。

3）压石子。当黏结砂浆表面均匀地粘上一层石子后，用抹子或辊子轻轻压一下，使石子嵌入砂浆的深度不小于1/2的石子粒径。拍压后石子表面应平整坚实，注意拍压时用力不宜过大，否则容易翻糨糊面，出现抹子或滚子轴的印迹。阳角处应在角的两侧同时操作，否则当一侧石子粘上后再粘另一侧时不易粘上，容易出现明显的接槎黑边。

干粘石也可用机械喷石代替手工甩石，施工时利用压缩空气和喷枪将石子均匀有力地喷射到黏结层上。喷头对准墙面距墙约300～400 mm，气压以0.6～0.8 MPa为宜。在黏结层硬化期间，应洒水养护，保持湿润。

4）起分格条与修整。当干粘石墙面达到表面平整、石子饱满时，即可将分格条取出，取分格条应注意不要掉石子，如局部石子不饱满，可立即刷108胶水溶液，再甩石子补齐。将分格条取出后，随即用小溜子和素水泥浆将分格缝修补好，要求分格缝顺直清晰，待干燥后在缝内描好涂料。

（3）斩假石施工

斩假石又称剁斧石，是在水泥砂浆基层上涂抹水泥石子浆，待硬化后，用剁斧及各种凿子等工具剁出有规律的石纹，使其类似天然花岗石、玄武石、青条石的表面。

斩假石面层施工要点如下：

1）在凝固的底层灰上弹分格线，洒水润湿，按分格线将木分格条用稠水泥浆粘贴在墙面上。

2）待分格条粘牢后，在各个分格区内刮一道水灰比为0.37～0.4的水泥浆（内掺水重3%～5%的108胶），随即抹上1∶1.25（水泥∶石子）水泥石子浆，并压实抹平。间隔24 h后，开始洒水养护。

3）待面层水泥石子浆养护到试剁不掉石屑时，就可开始斩剁。斩剁采用各式剁斧，从上而下进行。边角处应斩剁成横向纹道或留出窄条不剁，其他中间部位宜斩剁成竖向纹道。剁的方向应一致，剁纹要均匀，一般要斩剁两遍。已剁好的分格就可起出周围的分格条。

4）全部斩剁完后，清扫斩假石表面。

（4）假面砖

假面砖又称仿面砖，适用于装饰外墙面，远看像镶贴的面砖，实际是在彩色砂浆抹灰层上进行分格处理。

假面砖抹灰层由底层灰、中层灰、面层灰组成。底层灰宜用1∶3水泥砂浆，中层灰宜用1∶1水泥砂浆，面层灰宜用5∶1∶9的水泥石灰砂浆（水泥∶石灰膏∶细砂），按色彩需要掺入适量矿物颜料，搅拌成为彩色砂浆。面层灰厚3～4 mm。

待中层灰凝固后，洒水湿润，抹上面层彩色砂浆，要求压实抹平。待面层灰收水后，用铁梳或铁辊顺着靠尺由上而下划出竖向纹，纹深约1 mm，竖向纹划完后，再按假面砖设计尺寸，弹出水平线，将靠尺靠在水平线上，用铁刨或铁勾顺着靠尺划出横向沟，沟深约3～4 mm。全部划好纹沟后，清扫假面砖表面。

(5)仿石

仿石适用于装饰外墙立面。仿石抹灰层由底层灰、结合层及面层灰组成。底层灰用12 mm厚1∶3水泥砂浆,结合层用水泥浆(内掺水重3% ~5%的108胶),面层用10 mm厚1∶0.5∶4水泥石灰砂浆。

仿石施工要点如下:

1)底层灰凝固后,在墙面上弹出分块线,分块线按设计图案而定,使每一分块呈不同尺寸的矩形或多边形。

2)洒水湿润墙面,按照分块线,将木分格条用稠水泥浆粘贴在墙面上。

3)在各分块涂刷水泥浆结合层,随即抹上水泥石灰砂浆面层灰,用刮尺沿分格条刮平,再用木抹子搓平。

4)待面层稍收水后,用短直尺紧靠在分格条上,用竹丝帚将面灰扫出清晰的条纹。各分块之间的条纹应一块横向、一块竖向,竖横交替。若相邻两块条纹方向相同时,则其中一块可以留白不扫条纹。

(6)聚合物水泥砂浆的喷涂、滚涂与弹涂施工

1)喷涂施工。喷涂是用砂浆泵或喷斗将砂浆喷涂于外墙面形成的装饰抹灰。

聚合物砂浆应用砂浆搅拌机进行拌和。先将水泥、颜料、细骨料干拌均匀,再边搅拌边按顺序加入木质素磺酸钠(先溶于少量水中)、108胶和水,直至全部拌匀为止。如是水泥石灰砂浆,应先将石灰膏用少量水调稀,再加入水泥与细骨料的干拌料中。拌和好的聚合物砂浆,宜在2 h内用完。

喷涂聚合物砂浆的主要机具设备有:空气压缩机(0.6 m^3/min)、加压罐、灰浆泵、振动筛(5 mm筛孔)、喷枪、喷斗、胶管(25 mm)、输气胶管等。喷枪(图8-7)适用于坡面喷涂,喷斗(图8-8)适用于粒状喷涂。

2)滚涂施工。滚涂是将2 ~3 mm厚带色的聚合物水泥砂浆均匀地涂抹在底层上,用平面或刻有花纹的橡胶、泡沫塑料滚子在罩面层上直上直下施滚涂拉,并一次成活滚出所需花纹。

滚涂饰面的底、中层抹灰与一般抹灰相同。中层一般用1∶3水泥砂浆,表面搓平实。然后根据图纸要求,将尺寸分匀以确定分格条位置,弹线后贴分格条。

抹灰面干燥后,喷涂有机硅溶液一遍。滚涂操作有干滚和湿滚两种。干滚法是滚子不蘸水,滚子上下来回后再向下滚一遍,达到表面均匀拉毛即可,滚出的花纹较粗,但工效高;湿滚法为滚子蘸水上墙,并保持整个表面水量一致,滚出的花纹较细,但比较费工。

3)弹涂施工。弹涂是利用弹涂器(图8-9)将不同色彩的聚合物水泥砂浆弹在色浆面层上,形成有类似于干粘石效果的装饰面。

弹涂基层除砖墙基体应先用1∶3水泥砂浆抹找平层并搓平外,一般混凝土等表面较为平整的基体,可直接刷底色浆后弹涂。基体应干燥、平整、棱角规矩。

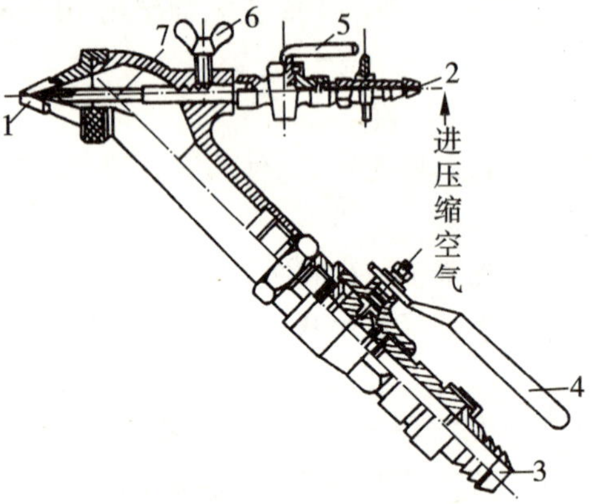

图 8-7　喷枪

1-喷嘴;2-压缩空气接头;3-砂浆皮管接头;4-砂浆控制阀;5-压缩空气控制阀;6-顶丝;7-喷气管

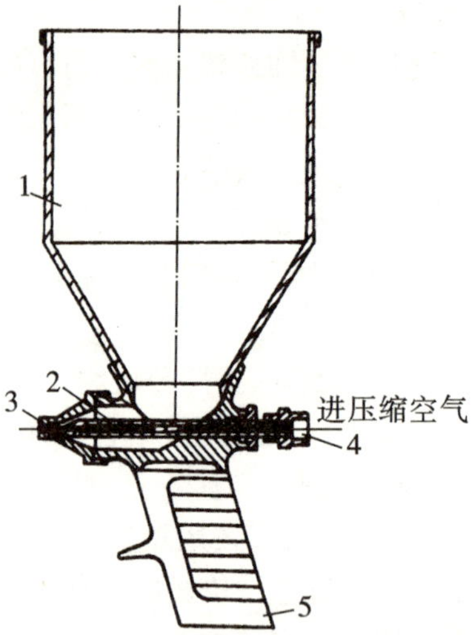

图 8-8　喷斗

1-砂浆斗;2-喷管;3-喷嘴;4-压缩空气接头;5-手柄

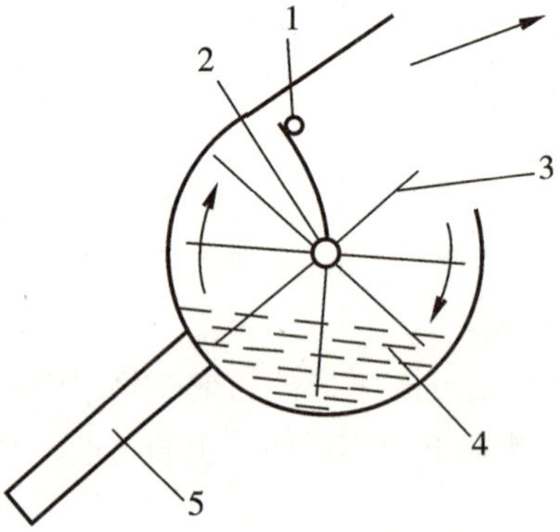

图 8-9　弹涂器工作原理示意图

1-挡棍;2-中轴;3-弹棒;4-色浆;5-把手

弹涂时,先将基层湿润刷(喷)底色浆,然后用弹涂器将色浆弹到墙面上,形成直径为1～3 mm 大小的图形花点,弹涂面层厚为 2～3 mm,一般 2 遍或 3 遍成活,每遍色浆不宜太厚,不得流坠,第一遍应覆盖 60%～80%,最后罩一遍甲基硅醇钠憎水剂。

弹涂应自上而下,从左向右进行;先弹深色浆,后弹浅色浆。

喷涂、滚涂、弹涂饰面层,要求颜色一致,花纹大小均匀,不显接槎。

※特别提示※

装饰抹灰的种类较多,随着历史的变迁,一些施工方法适用范围逐渐缩小,因此在《建筑装饰装修工程质量验收规范》(GB 50201—2001)中仅保留了水刷石、斩假石、干粘石、假面砖等项目,删除了墙面水磨石、拉条灰、拉毛灰、洒毛灰、仿石和彩色抹灰等抹灰项目。

8.1.3 施工质量验收与安全技术

(1)抹灰工程施工质量验收

普通抹灰表面应光滑、洁净、接槎平整,分格缝应清晰;高级抹灰表面则应光滑、洁净、颜色均匀、无抹纹,分格缝和灰线应清晰美观。

护角、孔洞、槽、盒周围的抹灰表面应整齐、光滑;管道后面的抹灰表面应平整。

水刷石的质量要求是石粒清晰、分布均匀、色泽一致、平整密实,不得有掉粒和接槎的痕迹。

干粘石的质量要求是色泽一致、不露浆、不漏粘,石粒应黏结牢固、分布均匀,阳角处应无明显黑边。

斩假石表面剁纹应均匀顺直、深浅一致,应无漏剁处,阳角处应横剁并留出宽窄一致的不剁边条,棱角应无损坏。

假面砖表面应平整、沟纹清晰、留缝整齐、色泽一致,应无掉角、脱皮、起砂等缺陷。

仿石应表面密实,线条、纹理清晰。

喷涂、滚涂、弹涂应颜色、花纹、色点大小均匀,无漏涂。

一般抹灰工程质量的允许偏差和检验方法应符合表8-1的规定。

装饰抹灰工程质量的允许偏差和检验方法应符合表8-2的规定。

表8-1 一般抹灰的允许偏差和检验方法

项次	项目	允许偏差/mm		检验方法
		普通抹灰	高级抹灰	
1	立面垂直度	4	3	用2 m垂直检测尺检查
2	表面平整度	4	3	用2 m靠尺和塞尺检查
3	阴阳角方正	4	3	用直角检测尺检查
4	分格条(缝)直线度	4	3	拉5 m线,不足5 m拉通线,用钢直尺检查
5	墙裙、勒脚上口直线度	4	3	拉5 m线,不足5 m拉通线,用钢直尺检查

表 8-2　装饰抹灰的允许偏差和检验方法

项次	项目	允许偏差/mm				检验方法
		水刷石	斩假石	干粘石	假面砖	
1	立面垂直度	5	4	5	5	用 2 m 垂直检测尺检查
2	表面平整度	3	3	5	4	用 2 m 靠尺和塞尺检查
3	阴阳角方正	3	3	4	4	用直角检测尺检查
4	分格条(缝)直线度	3	3	3	3	拉 5 m 线,不足 5 m 拉通线,用钢直尺检查
5	墙裙、勒脚上口直线度	3	3	—	—	拉 5 m 线,不足 5 m 拉通线,用钢直尺检查

(2)抹灰工程安全技术

1)操作中必须正确使用防护措施,严格遵守各项安全规定,进入高空作业和有坠落危险施工现场的人员必须戴好安全帽;在高空作业的人员必须系好安全带;上下交叉作业,要有隔离设施,出入口搭防护棚,距地面 4 m 以上作业要有防护栏杆、挡板或安全网;高层建筑工程的安全网,要随墙逐层上升。

2)施工现场坑、井、沟和各种孔洞,易燃易爆场所,变压器四周应指派专人设置围栏或盖板,并设置安全标志,夜间要设置红灯示警。

3)脚手架未经验收不准使用,验收后不得随意拆除及自搭跳板。

4)做水刷石、喷涂石,挪动水管、电缆线时,应注意不要将跳板、水桶、灰盆等物拖动,避免造成物体坠落伤人。

5)层高 3.6 m 以下抹灰架子,应由抹灰工自己搭设。如采用脚手凳时,其间距不应大于 2 m,不准搭设探头板,也不准支搭在暖气片或管道上,必须按照有关规定搭设,使用前应检查,确实牢固可靠,方可上架操作。

6)在搅拌灰浆和操作中,尤其在抹顶棚灰时,要注意防止灰浆入眼造成伤害。

7)冬期施工采用热作业时应防止煤气中毒和火灾;外架上要经常扫雪,采取防滑措施,春暖开冻时要注意防止外架沉陷。

8)高空作业中如遇恶劣天气或风力 5 级以上影响安全时,应停止施工。大风大雨以后要进行检查,检查架子有无问题,发现问题应及时处理,处理后才能继续使用。

任务 8.2　楼地面工程

楼地面工程是建筑物底层地面和楼层地面(楼面)的总称,包括室外散水、明沟、踏步、台阶、坡道等附属工程。

建筑地面的构成层次及其作用如下。

面层:直接承受各种物理和化学作用的表面层。

结合层:面层与下一构造层相联结的中间层,也可作为面层的弹性基层。

找平层:在垫层上、楼板上或填充层上起整平、找坡或加强作用的构造层。

隔离层:防止地面上各种液体或地下水、潮气渗透地面作用的构造层,也称作防水(潮)层。

垫层:承受并传递地面荷载于基土上的构造层。

基土:地面垫层下的土层。

※知识链接※

地面的分类一般按面层的组成材料或面层结构来进行,按面层材料分有菱苦土、混凝土、水磨石、马赛克、陶瓷地砖、大理石和花岗岩板材、木竹和塑料地面等;按面层结构分有整体面层(如菱苦土、水泥砂浆、混凝土、现浇水磨石、沥青砂浆和沥青混凝土等)和板块面层(如塑料地板、木竹地板、马赛克、陶瓷地砖、预制水磨石板块、大理石板材和花岗岩板材等)。

8.2.1 垫层、找平层、隔离层、填充层施工

(1)垫层

1)灰土垫层。

灰土垫层是将石灰和黏土拌和均匀,然后分层夯实而成,施工时应分层随铺随夯,夯实的密实度应符合设计要求。灰土的土料,宜采用就地挖出的土,但不得含有有机杂质,使用前应过筛,其粒径不得大于15 mm。用作灰土的熟石灰应过筛,其粒径不得大于5 mm。灰土的体积配合比是3∶7或2∶8,常用3∶7(一般称为“三七灰土”)。三七灰土垫层具有就地取材、造价低廉、施工简便等优点,一般适用于地下水位较低处。灰土垫层的厚度不应小于100 mm。

灰土垫层施工完毕后,应及时进行后续工序施工,并迅速回填土,或作临时遮盖,防止日晒雨淋。

2)砂垫层和砂石垫层。

砂垫层厚度不得小于60 mm,砂石垫层厚度不宜小于100 mm。砂垫层和砂石垫层材料,宜采用颗粒级配良好、质地坚硬的中砂、粗砂、砾砂、卵石和碎石,也可采用细砂,但宜掺入一定数量的卵石或碎石,其掺量应符合有关规定。所用砂石材料都不应含有草根、垃圾等杂质,含泥量要低于3%,石子最大粒径不得大于垫层厚度的2/3。压实前应洒水湿润,并宜采用机械碾压。砂石垫层应注意级配必须良好,人工级配的砂、石(体积比为1∶1~1∶2)拌和均匀后方可铺填捣实。

垫层底面宜铺设在同一标高上,如深度不同,基底土层的面应挖成踏步搭接,施工时,应先深后浅,搭接处应注意捣实。分段施工接头也应做成斜坡,每层错开0.5~1.0 m,并充分捣实。砂石垫层捣实方法根据不同条件,可选用振实、夯实、压实或水冲等方法。砂、石垫层具有施工简便,压缩模量较大,变形小,造价较低等优点。

3)混凝土垫层。

混凝土垫层厚度不得小于 60 mm,混凝土强度等级不应小于 C15。水泥混凝土垫层应分区段进行浇筑,浇筑前,垫层的下一层表面应浇水湿润。垫层混凝土浇筑时宜采用平板振动器进行捣实,表面整平。

此外还有碎石垫层、碎砖垫层、三合土垫层和炉渣垫层等,应根据当地情况由设计选用。

(2)找平层

找平层应采用水泥砂浆或水泥混凝土铺设而成,其厚度应符合设计要求。水泥砂浆体积比不宜小于 1∶3,水泥混凝土强度等级不应小于 C15。

在铺设找平层前,应将下一基层表面清理干净,当找平层下有松散填充料时,应予铺平振实。在预制楼板上铺设找平层前,必须认真做好板缝间的灌缝填嵌这一重要工序,并确保灌缝的施工质量。

(3)隔离层

隔离层也称防潮层。厕浴间和有防水(潮)要求的楼地面必须铺设防水隔离层。在铺设隔离层时,其下一层的表面应平整、干燥。防水材料铺设应粘实、平整,不得有皱折、空鼓、翘边或封口不严等缺陷。在穿过楼板面管道四周处,防水材料应向上铺涂,并应超过套管的上口;在靠近墙面处,防水材料应向上铺涂,并应高出面层 200 ~ 300 mm。铺设完毕后,应作蓄水试验,蓄水深度宜 20 ~ 30 mm,24 h 内无渗漏为合格,并应做好记录。

(4)填充层

填充层是当地面、垫层和基土(或结构层)尚不能满足使用上或构造上的要求而增设的填充层,在建筑地面上起隔声、保温、找坡或敷设暗线等作用。

填充层采用松散板块、整体保温材料和吸声材料等铺设而成。填充层厚度应按设计要求确定。松散保温材料可采用膨胀蛭石、膨胀珍珠岩、炉渣等。整体保温材料可用膨胀蛭石、膨胀珍珠岩等材料加水泥、沥青等胶凝材料混合而成。板状保温材料可采用泡沫塑料板、膨胀珍珠岩板、膨胀蛭石板和加气混凝土板等。材料的密度和导热系数、强度等级均应符合设计要求。

采用松散保温材料作填充层时,应分层铺平拍实;采用整体保温材料作填充层时,应用机械搅拌,分层铺平压实;板状保温材料应分层错缝铺贴,每层应选用同一厚度的板。材料铺设厚度应符合要求。

8.2.2 整体面层施工

面层的铺设宜在室内装饰工程基本完成后进行,并做好楼地面工程的基层处理工作。面层的种类很多,概括起来有以下两类:

整体面层：
- 水泥混凝土面层
- 水泥砂浆面层
- 水磨石面层
- 防油渗面层
- 水泥钢(铁)屑面层
- 不发火(防爆的)面层

块料面层：
- 砖面层
- 大理石和花岗石面层
- 预制板块面层
- 料石面层
- 塑料板面层
- 活动地板面层
- 地毯面层

现介绍几种常用面层的施工。

(1)水泥砂浆面层

水泥砂浆面层厚度不应小于20 mm。水泥砂浆面层所用的砂，一般应采用中砂或粗砂，含泥量不应大于3%，水泥强度等级不应低于42.5，不同强度等级的水泥严禁混用。水泥砂浆的体积比应为1∶2，强度等级不应小于M15。水泥砂浆应随铺随拍实，抹平工作应在初凝前完成，压光工作应在终凝前完成。终凝后要立即洒水养护，以防面层开裂。面层的压光工作不应少于两次，并做好养护工作，其强度达到5 MPa时才可允许上人行走。

(2)水磨石面层

水磨石面层是采用水泥与石粒的拌合料在1∶3水泥砂浆基层上铺设而成的。其制作过程是：在基层上洒水湿润，刮水泥素浆一层(厚1～1.5 mm)作为黏结层，找平后按设计的图案镶嵌嵌条，如图8-10所示。嵌条有铜条、铝条或玻璃条，安设时两侧用水泥砂浆黏结，抹成八字形镶嵌固定。分格条对缝应严密，表面要平直。分格条镶嵌后应经过适当的养护(3～4 d)后，将不同色彩的水泥石子浆[V(水泥)∶V(石粒)=1∶1～1∶2.5]填入分格网中，石粒粒径为6～15 mm，面层铺设厚度一般为12～18 mm。铺设面层前应在基层表面上刷一遍与面层颜色相同的水泥浆(水灰比为0.4～0.5)做结合层，随刷随铺。按设计要求将水泥石子浆摊铺在分格网中，抹平压实，使石子大面外露，厚度要比嵌条稍高1～2 mm，为使表面石子均匀，可补洒一些小石子，待收水后用滚筒滚压，再浇水养护。根据气温和水泥品种不同，一般养护2～5 d后可以开磨，开磨前应先试磨，以石子不松动、不脱落，表面不过硬为宜，然后用磨石机正式浇水磨平，直至露出嵌条，表面光滑为止。磨石由粗至细，普通水磨石面层磨光不应少于3遍，高级水磨石面层应适当增加磨光遍数。每次研磨后用同色水泥浆擦一遍，以填补砂眼，并养护2 d。磨光后用草酸清洗，使石子表面残存的水泥浆全部分解，石子显露清晰。面层干燥后打蜡，使其光亮如镜。

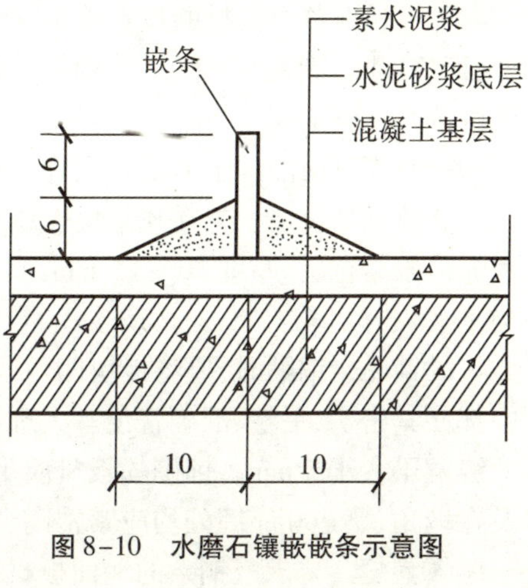

图8-10　水磨石镶嵌嵌条示意图

现浇水磨石面层的质量要求是：表面平整光滑；无明显裂纹、砂眼和磨纹；石粒密实，显露均匀；颜色图案一致，不混色；分格条牢固、顺直和清晰。

(3)细石混凝土面层

细石混凝土面层可以克服水泥砂浆地面干缩较大的弱点。这种地面强度高,干缩值小。与水泥砂浆面层相比,它的耐久性更好,但厚度较大,一般为 30 ~ 40 mm。混凝土强度等级不低于 C20,所用粗骨料要求级配适当,粒径不大于 15 mm,且不大于面层厚度的 2/3,应用干净的中砂或粗砂配制。

细石混凝土面层施工的基层处理和找规矩的方法与水泥砂浆面层施工相同。

铺细石混凝土时,应先刷水泥浆一道,然后由里向门口方向进行铺设,按标志筋厚度刮平拍实后,稍待收水,即用钢抹子预压一遍,待进一步收水后,即用铁滚筒滚压 3 ~ 5 遍后用表面振动器振捣密实,直到表面泛浆为止,然后进行抹平压光。细石混凝土面层与水泥砂浆基本相同,必须在水泥初凝前完成抹平工作,终凝前完成压光工作。要求其表面色泽一致,光滑无抹子印痕。

钢筋混凝土现浇楼板或强度等级不低于 C15 的混凝土垫层兼作面层时,可用随捣随抹的方法施工,在混凝土楼地面浇捣完毕,表面略有吸水后即进行抹平压光。混凝土面层的压光、养护时间和方法与水泥砂浆面层相同。

8.2.3 板块面层施工

板块地面面层是在基层上用水泥砂浆铺设块料面层(如花岗岩板、大理石板、地板砖、陶瓷马赛克等)形成的地面。

(1)花岗岩板、大理石板面层铺贴

1)铺贴前准备工作。

铺贴前,应先挂线检查地面垫层的平整度,弹出房间中心“十”字线,然后由中央向四周弹出分块线,同时在四周墙壁上弹出水平控制线。按照设计要求进行试拼试排,并在块材背面编号,以便安装时对号入座。根据试排结果,在房间的主要部位弹上互相垂直的控制线并引至墙上,用以检查和控制板块的位置。

2)施工程序:基层处理→做找平层→弹线→抹结合层→铺贴→灌缝→上蜡。

①板材准备。板材的技术等级、光泽度和外观质量等应符合设计要求,板材不应有裂缝、掉角、翘曲等表面缺陷。大理石板和花岗岩板应根据石材的颜色、花纹、图案、纹理等试拼编号。施工前应将板材(特别是预制水磨石板)浸水湿润,并阴干码好备用,铺贴时,板材的底面以内潮外干为宜。大理石不得用于室外地面面层。

②摊铺结合层。先在找平层上刷水灰比为 0.4 ~ 0.5 的水泥浆一道,随刷随铺 1 ∶ 2 水泥砂浆结合层,厚度 10 ~ 15 mm,每次铺 2 ~ 3 块板材的面积为宜,并对照拉线将砂浆刮平。

③铺贴。铺贴时,要将板块四角同时着浆,四角平稳下落,对准纵横缝后,用木槌敲击中部使其密实、平整、准确就位。大理石、花岗岩的板缝宽度不大于 1 mm,预制水磨石板的缝宽不大于 2 mm。铺砌的板材应平整,线路顺直,镶嵌正确;板材间、板材与结合层以及在墙角、镶边和靠墙处均应紧密砌合,不得有空隙。

④灌缝。要求嵌铜条的地面板材铺贴,应先将相邻两块板铺贴平整,留出嵌条缝隙,

然后向缝内灌水泥砂浆，将铜条敲入缝隙内，使其外露部分略高于板面即可，然后擦净挤出的砂浆。对于不设嵌条的地面，应在铺完24 h后洒水养护，2 d后进行灌缝，灌缝力求达到紧密。

⑤打蜡。板块铺贴完工，待结合层砂浆强度达到60% ~70%即可打蜡抛光，3 d内禁止上人走动。

(2)地板砖面层铺贴。

1)基层清理。将基层(找平层)上的杂物清理干净，并用扁铲剔除楼地面超高部分及落地灰，用钢丝刷刷净浮层。

2)排砖弹线。根据施工铺砖大样图结合房间具体尺寸，在房间中弹十字控制线，从纵横两个方向排尺寸，并尽量避免使用非整砖。当尺寸不足整砖倍数时，将非整砖用于边角处，横向平行于门口的第一排应为整砖，纵向(垂直门口)应在房间内分中，非整砖对称排放在两墙边处，尺寸不小于整砖边长的1/4。

3)铺砖。

①选砖。在铺砌前应根据砖的规格尺寸、外观质量、色泽等进行预选。陶瓷地砖还应浸水湿润，晾干后表面无明水时方可使用。

②涂素水泥浆。找平层上洒水湿润，均匀涂刷素水泥浆(水灰比为0.4 ~0.5)，涂刷面积不要过大，铺多少刷多少。

③铺结合层。在涂刷素水泥浆的找平层上铺设20 ~30 mm厚半干硬性水泥砂浆作为结合层，其配合比宜为1 : 2.5。用木抹子找平、拍实，将地板砖先铺在水泥砂浆结合层上，用橡皮锤均匀敲实，手搬开地板砖检查结合层是否完全符实，如不符实局部应重新找平。

半干硬性水泥砂浆应随拌随用，初凝前用完，防止影响黏结质量。

④铺贴地板砖。在干硬性水泥砂浆结合层上浇素水泥浆，浇透浇匀(水灰比为0.4 ~0.5)，用铁抹子轻划数道划痕，将地板砖原位铺回，用橡胶锤均匀敲实即可，边敲击边检查砖边是否符线，地板砖四角是否平齐。

4)勾缝擦缝。面层铺贴应在24 h内进行擦缝、勾缝工作，并应采用同品种、同强度等级、同颜色的水泥，先用浆壶往缝内浇水泥浆，然后用干水泥撒在缝上，再用棉纱团擦揉，将缝隙擦满，最后将面层上的水泥浆擦干净。

5)养护。铺完砖24 h后，洒水养护，时间不应少于7 d。

8.2.4 塑料面层施工

塑料面层按材料的外形分为块材和卷材两种；按材质来分有软质、半硬质和硬质三种。它是利用胶黏剂粘贴在牢固、坚实和平整的基层上形成的地面。

(1)半硬质聚氯乙烯塑料面层施工

1)施工准备。

①材料准备：材料进场应按相应技术标准进行检查。一般用丙酮、汽油体积比为1 : 8混合溶液进行脱脂除蜡，即用棉丝蘸丙酮汽油混合溶液先擦塑料板背面，以提高板材的黏

结强度。

②胶黏剂:氯丁胶、202 胶、聚醋酸乙烯胶、JY-7 胶、405 聚氨酯胶、6101 环氧胶、立时得胶、VA 黄胶。

③操作工具:梳形刮刀、滚筒、橡胶榔头、橡胶压力滚筒、裁切刀等,如图 8-11 所示。

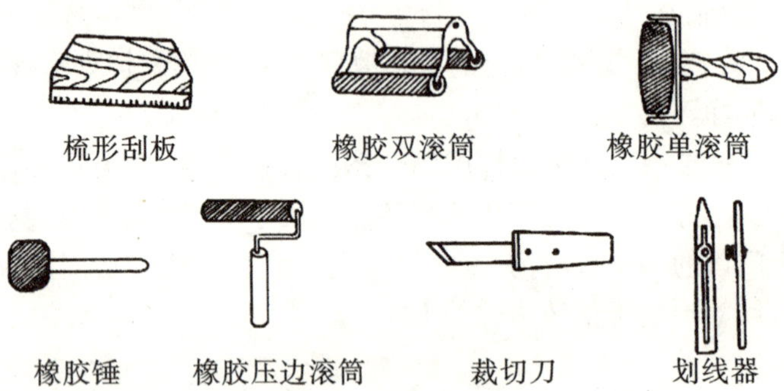

图 8-11　塑料地板铺贴常用工具

2)施工程序。

半硬质聚氯乙烯塑料面层的施工程序为:基层清理→弹线分格→裁切试铺→刮胶→铺贴→清理。

3)施工要点。

①弹线分格。以房间中心点为基准,弹出相互垂直的两条定位线。定位线有丁字、十字和对角等形式,如图 8-12 所示。然后根据板块尺寸和房间的长度尺寸,弹出分格线和四周加条边线。

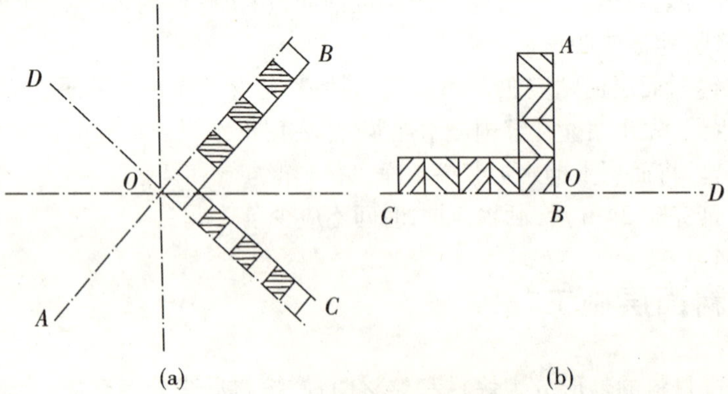

图 8-12　塑料地板铺贴示意图

1-对角定位;2-直角定位

②裁切。按分格尺寸用裁切工具进行裁切。

③刮胶。采用乳型黏结剂时,在塑料地板背面和地面上同时涂胶黏剂;如采用溶剂型

胶黏剂,不需在塑料地板背面涂胶,只在地面上均匀涂胶即可。

胶黏剂涂刮后,在室温下暴露于空气中,让溶剂挥发到胶层表面无粘感时,即可铺贴。一般室温在 10 ~ 35 ℃,暴露时间为 5 ~ 15 min,低于或高于此温度,不宜铺贴。

④铺贴。铺贴时应先将边角对齐黏合,轻轻地用橡胶滚筒将地板粘贴在地面上,准确就位后,用橡胶滚筒压实赶气,如图 8-13、图 8-14 所示。

⑤清理。铺完后,由于从接缝中挤出胶或手触摸留下的胶印,对溶剂型胶黏剂用棉纱蘸少量松节油或溶剂汽油擦去;对水乳型胶用湿布擦去,最后上地板蜡,养护 1 ~ 3 d。

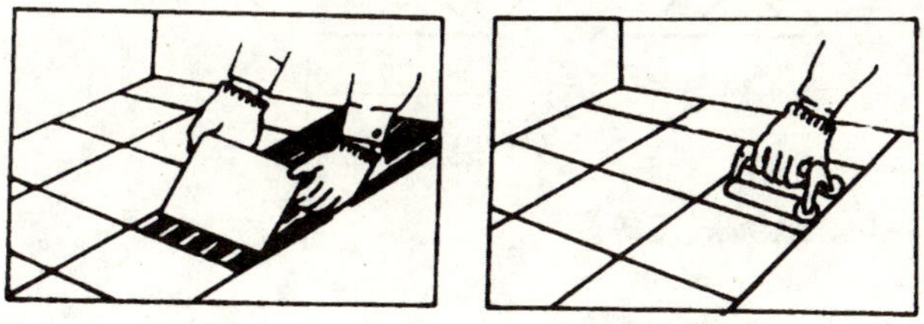

(a)　　(b)

图 8-13　塑料地板铺贴示意图(一)

(a)地板一端对齐黏合;(b)赶平压实

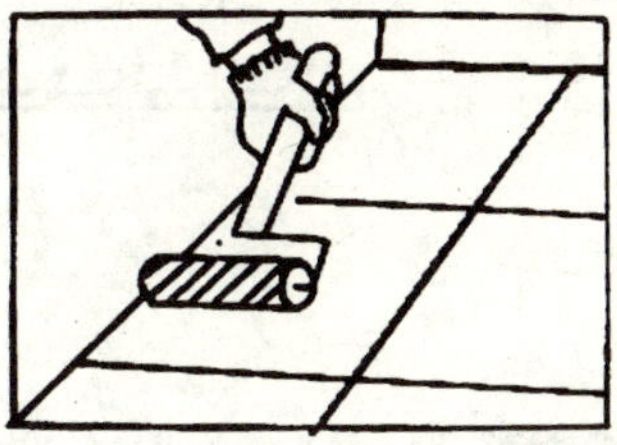

图 8-14　塑料地板铺贴示意图(二)

(2)软质聚氯乙烯卷材面层施工

软质聚氯乙烯卷材铺贴前应放入 75 ℃左右热水中浸泡 10 ~ 20 min,至板面全部变软并伸平后取出晾干待用。

塑料卷材应根据幅宽、每卷长度、花饰、设计要求和房间尺寸决定纵铺或横铺,一般以缝少为好。在地面弹好搭接线,根据实际尺寸下料。下料时将塑料卷材铺在地面上用刀裁割,然后进行预拼铺贴。接缝如需焊接,边缘应割成平滑坡口,两边拼合的坡口角度约 55°,一般需在铺贴后经 48 h 方可施焊,空气压力应控制在 0.08 ~ 0.1 MPa,温度控制在 18 ~ 25 ℃,焊条宜选择等边三角形或圆形截面。焊缝应以斜槎搭接,焊缝凸起部分应予以修平。

8.2.5　地毯面层施工

地毯按材质分类有纯毛地毯、混纺地毯、化纤地毯、塑料地毯、剑麻地毯等。其中,纯毛地毯主要原料为粗绵羊毛,为我国传统手工艺品,图案优美,色彩鲜艳,质地厚实,经久耐用,广泛用于宾馆、会堂、舞台及其他公共建筑物的地面上。

地毯的铺设方法分活动式和固定式两种。

1)活动式是将地毯裁边,黏接缝成整片,直接摊铺于地面上,不与地面黏结,四周沿墙角修齐即可。

比较厚实的方块地毯可直接铺在地面上,铺设时要注意纤维的方向,并把方块地毯相互挤紧。

2)固定式是将地毯裁边,黏接缝成一整片,四周用压条或黏结剂加以固定。

压条固定操作方法如下：

①基层处理。基层应洁净、干燥，含水率不大于8%；若有油污等物，须用丙酮或松节油擦揩干净。

②在室内四周钉倒刺条。倒刺条有铝条、木条等，进门口处钉铝合金等材料制作的压条，如图8-15所示。

图8-15 地毯卡、压条

木条宽20～25 mm，厚7～8 mm，一般木条厚度应比铺垫材料厚度小1～2 mm。在木压条上先钉好倒刺钉，钉尖凸出木条3～4 mm，钉子间距40～50 mm。在离墙5～7 mm处，将倒刺木条用水泥钉固定在地面上，如图8-16所示。

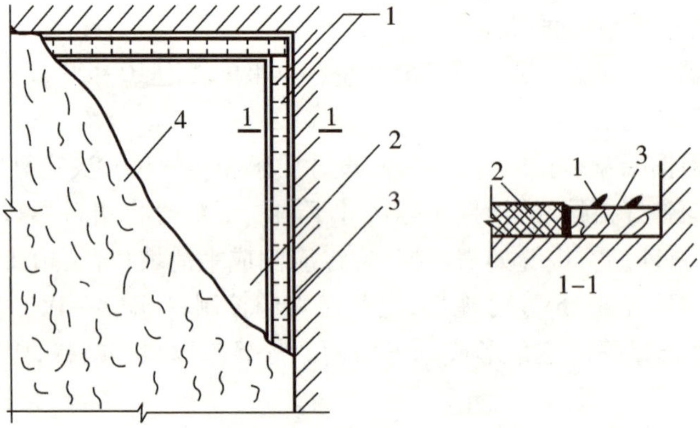

图8-16 固定式满铺地毯

1-倒刺钉；2-泡沫塑料衬垫厚10 mm；3-木条25×8；4-地毯

③将地毯平铺在宽阔平整之处，按房间净面积放线裁剪，应注意地毯的伸长率，裁剪时要扣除伸长量。

④地毯的拼缝，可用尼龙线缝合或用接缝带黏合。

⑤用泡沫塑料或橡胶作铺垫材料，铺垫材料应在倒刺木条之内。

⑥从房间的一边开始，将裁好的地毯卷向另一边展开，注意不要使衬垫起皱移位。用张拉器双向撑开地毯，在墙边用木槌敲打，使木条上的倒刺钉尖刺入地毯。四周钉好后，将地毯边掖入木条与墙的间隙内，使地毯不致卷曲翘边。

⑦门口处地毯的敞边装上门口压条。

⑧打扫清理，用吸尘器清扫地毯上的灰尘。

8.2.6　木地板面层施工

木地板面层按其施工方法分为两种：一种是钉固法施工，即先在地面上固定木搁栅，然后用钉子将硬木地板固定在搁栅上或搁栅上的毛地板上；另一种是胶黏法施工，即将硬木地板直接粘牢于混凝土或水泥砂浆的基层上。木地板按木条拼接形式分为正方形地板、芦席纹地板、人字纹地板和直条地板等，如图 8-17 所示。

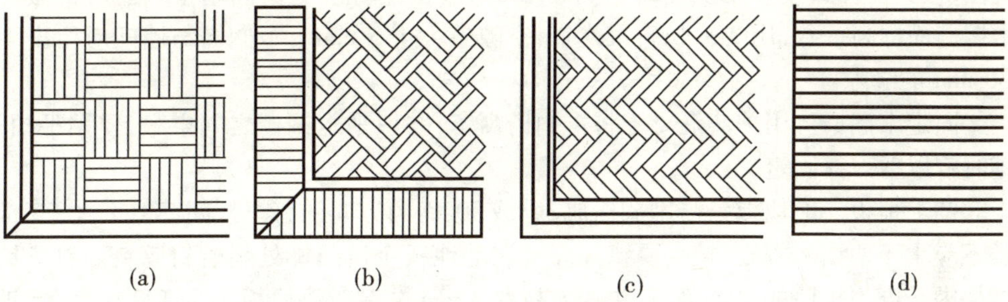

图 8-17　木、竹地面拼接形式

(a)正方形地板；(b)芦席纹地板；(c)人字纹地板；(d)直条地板

(1)钉固法施工

木地板面层有单层和双层两种。单层木地板面层是在木搁栅上直接铺钉直条企口板(宽度不大于 120 mm)；双层木地板是在木搁栅上先钉一层毛地板，再钉一层企口板。木搁栅有空铺和实铺两种形式，空铺式是将搁栅两头搁于墙内的垫木上，木搁栅之间加设剪刀撑；实铺式是将木搁栅铺于钢筋混凝土楼板上或混凝土垫层上，木搁栅之间填以炉渣混凝土窝牢，并加钢筋或铁丝固定，如图 8-18 所示。

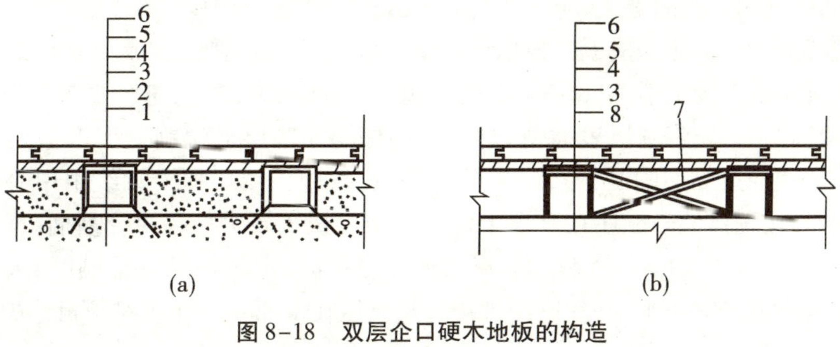

图 8-18　双层企口硬木地板的构造

(a)实铺法；(b)空铺法

1-混凝土基层；2-预埋铁(铁丝或钢筋)；3-木搁栅；4-防腐剂；5-毛地板；6-企口硬木地板；7-剪力撑；8-垫木

1)材料要求。

木搁栅要求采用含水率在 15% 以内变形小的木材，常用红松和白松等，呈梯形，上面要刨平,规格和间距按设计图纸规定,要涂刷防腐剂(通常采用刷1道或2道水柏油)。毛地板常用红松、白松和杉木等,宽度100~150 mm,厚度15~20 mm,侧边有企口,底面要涂刷防腐剂。硬木地板常用水曲柳、核桃木、柞木等质地优良、不易腐朽开裂的木材,其含水率不大于12%,木条板厚18~25 mm,宽40~50 mm,侧边做成企口,要求板条的厚度、宽度、企口尺寸和颜色相同。

2)施工工艺。

①安装木搁栅。在混凝土基层上弹出木搁栅中心线,并弹出标高控制线,将木搁栅逐根就位,接头要顶头接。用预埋的ϕ4钢筋或8号铁丝将木搁栅固定牢。要严格做到整间木搁栅面标高一致,用2 m长直尺检查,空隙不大于3 mm。木搁栅与墙间应留出不小于30 mm的缝隙。

②固定木搁栅。用炉渣混凝土将木搁栅窝牢,并填平木搁栅之间空隙,要拍平拍实。空铺时钉以剪刀撑固定。

③铺毛地板。毛地板条与木搁栅成30°或50°斜角方向铺钉。板间缝隙不大于3 mm,板长不应小于两档木搁栅,接头要错开。要在毛地板企口凸榫处斜着钉暗钉。钉子钉入木搁栅内长度为板厚的2.5倍,钉头送入板中2 mm左右。每块板不少于2个钉,毛地板与墙之间应留8~12 mm的缝隙。

④铺钉硬木地板。铺硬木地板先由中央向两边进行,后铺镶边。直条硬木地板相邻接头要错开200 mm以上,钉子长度为板厚的2.5倍。相邻两块地板边缘高差不应超过0.5 mm,木板与墙之间应留8~12 mm的缝隙,并用踢脚板封盖。

⑤刨平、刨光、磨光硬木地板。硬木地板铺钉完后,即可用刨地板机先斜着木纹将表面刨平刨光,再用木工细刨刨光,达到无刨刀痕迹。然后,用磨砂皮机将地板表面磨光。

⑥刷涂料、打蜡。一般做清漆罩面,涂刷完毕后养护3~5 d打蜡。蜡要涂抹得薄而匀,并用打蜡机擦亮,隔1 d后即可上人。

(2)胶黏法施工

胶黏剂应采用具有耐老化、防水和防菌、无毒等性能的材料。

木地板铺贴前,拼花木地板应根据设计图案和尺寸进行弹线。成块制作好的木地板块材,应按所弹施工线试铺,以检查其拼缝高低、平整度和对缝等,符合要求后进行编号。

木地板铺贴时,先将基层表面清扫干净,用棕刷在基层上涂刷一层薄而匀的底层胶(底层胶应采用原胶黏剂配制),待底层胶干燥后,按施工线位置沿轴线由中央向四面铺贴。其方法是按预排编号顺序在基层上涂刷一层厚约1 mm左右的胶黏剂,再在木地板背面涂刷一层厚约0.5 mm的胶黏剂,待表面不粘手时,即可铺贴。铺贴时,人员随铺贴随往后退,要用力推紧压平,并立即用砂袋等重物压在上面4~6 h。对于板缝中挤出的胶黏剂要及时擦除。

8.2.7 施工质量验收与安全技术

(1)施工质量验收

地面工程的施工质量,应符合《建筑地面工程施工质量验收规范》(GB 50209—2010)

的规定。整体面层、板块面层、木竹面层的允许偏差见表 8-3、表 8-4、表 8-5。

表 8-3　整体面层允许偏差和检验方法

项次	项目	允许偏差/mm							检验方法
		水泥混凝土面层	水泥砂浆面层	普通水磨石面层	高级水磨石面层	硬化耐磨面层	防油渗混凝土和不发火(防爆)面层	自流平面层涂料面层塑胶面层	
1	表面平整度	5	4	3	2	4	5	2	用 2 m 靠尺和楔形塞尺检查
2	踢脚线上口平直	4	4	3	3	4	4	3	拉 5 m 线和用钢尺检查
3	缝格平直	3	3	3	2	3	3	2	

表 8-4　板块面层允许偏差和检验方法

项次	项目	允许偏差/mm				检验方法
		陶瓷锦砖面层 陶瓷地砖面层 高级水磨石板	水磨石板块面层	大理石面层 花岗石面层	塑料板面层	
1	表面平整度	2	3	1	2	用 2 m 靠尺和楔形塞尺检查
2	缝格平直	3	3	2	3	拉 5 m 线和用钢尺检查
3	接缝高低差	0.5	1	0.5	0.5	用钢尺和楔形塞尺检查
4	踢脚线上口平直	3	4	1	2	拉 5 m 线和用钢尺检查
5	板块间隙宽度	2	2	1	—	用钢尺检查

表 8-5　木竹面层允许偏差的和检验方法

项次	项目	允许偏差/mm				检验方法
		实木地板面层			竹地板面层	
		松木地板	硬木地板	拼花地板	实木复合地板面层中密度(强化)复合地板面层	
1	板面缝隙宽度	1	0.5	0.2	0.5	用钢尺检查
2	表面平整度	3	2	2	2	用 2 cm 靠尺和楔形塞尺检查
3	踢脚线上 1∶3 平齐	3	3	3	3	拉 5 m 线和用钢尺检查
4	板面拼缝平直	3	3	3	3	
5	相邻板材高差	0.5	0.5	0.5	0.5	用钢尺和楔形塞尺检查
6	踢脚线与面层的接缝	1	1	1	1	楔形塞尺检查

(2)安全技术

1)木地面板材备料时,操作人员必须熟练掌握切割机具的操作运用方法,成品料、原材料以及废弃木料都应合理分别堆放,严禁接近火源、电源。

2)塑料地面材料应储存在干燥洁净的仓库内,防止变形,距热源 3 m 以外,温度一般不超过 32 ℃,在使用过程中不应使烟火、开水壶、炉子等与地面直接接触,以防发生火灾。

3)采用倒刺固定法固定地毯时,要注意避免倒刺伤人。

4)在进行木地板粘贴以及水磨石地面酸洗打蜡等施工中,由于会产生一定的有毒气体,所以操作人员施工时应注意通风,必要时要穿工作服、戴口罩以及配备防酸护具,如防酸手套、防酸靴等。

任务 8.3　饰面工程

饰面工程是指将块料面层镶贴(或安装)在墙柱表面以形成装饰层。块料面层的种类基本可分为饰面砖和饰面板两大类。饰面砖分有釉和无釉两种,饰面板包括天然石饰面板(如大理石、花岗石和青石板等)、人造石饰面板(如预制水磨石板,合成石饰面板等)、金属饰面板(如不锈钢板、涂层钢板、铝合金饰面板等)、玻璃饰面、木质饰面板(如胶合板、木条板)等。

※知识链接※

饰面砖分有釉和无釉两种,包括:釉面瓷砖、外墙面砖、陶瓷锦砖、玻璃锦砖以及耐酸砖等。

饰面板包括:天然饰面板(如大理石、花岗岩、青石板等)、人造饰面板(如预制水磨石版,合成石饰面板等)、金属饰面板(如不锈钢板、涂层钢板、铝合金饰面板等)、玻璃饰面、木质饰面(如胶合板、木条板)、裱糊墙纸饰面板等。

※特别提示※

饰面砖属于烧成类,由于生产工艺和材料特性,决定了烧成类产品会出现大小不一的现象,故饰面砖在镶贴前要进行大小分类,一般分为大、中、小三种。釉面瓷砖一般尺寸大小一致性好的采用对缝镶贴,否则采用错缝镶贴。外墙面砖一般采用离缝镶贴。

8.3.1 大理石(花岗岩、预制水磨石板)饰面板安装

(1)小规格饰面板的安装

小规格大理石板、花岗石板、青石板、预制水磨石板,板材尺寸小于300 mm×300 mm,板厚8~12 mm,粘贴高度低于1 m的踢脚线板、勒脚、窗台板等,可采用水泥砂浆粘贴的方法安装。

(2)大规格饰面板的安装

大规格大理石板、花岗石板、青石板、预制水磨石板,可采用以下方法进行安装。

1)湿法铺贴工艺。

湿法铺贴工艺适用于板材厚为20~30 mm的大理石、花岗石或预制水磨石板,墙体为砖墙或混凝土墙。

湿法铺贴工艺是传统的铺贴方法,即在竖向基体上预挂钢筋网(图8-19),用铜丝或镀锌铁丝绑扎板材并灌水泥砂浆粘牢。这种方法的优点是牢固可靠,缺点是工序繁琐,卡箍多样,板材上钻孔易损坏,特别是灌注砂浆易污染板面、使板材移位。

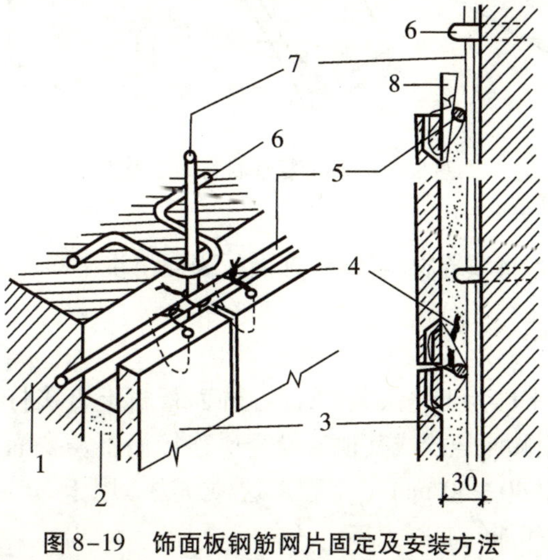

图8-19 饰面板钢筋网片固定及安装方法

1-墙体;2-水泥砂浆;3-大理石板;4-钢丝;5-横筋;6-铁环;7-立筋;8-定位木楔

采用湿法铺贴工艺，墙体应设置锚固体。砖墙体应在灰缝中预埋 $\phi6$ 钢筋钩，钢筋钩中距为 500 mm 或按板材尺寸，当挂贴高度大于 3m 时，钢筋钩改用 $\phi10$ 钢筋，钢筋钩埋入墙体内深度应不小于 120 mm，伸出墙面 30 mm，混凝土墙体可射入 $\phi3.7\times62$ 的射钉，中距亦为 500 mm 或按板材尺寸，射钉打入墙体内 30 mm，伸出墙面 32 mm。

挂贴饰面板之前，将 $\phi6$ 钢筋网焊接或绑扎于锚固件上。钢筋网双向中距为 500 mm 或按板材尺寸。

在饰面板上、下边各钻不少于两个 $\phi5$ 的孔，孔深 15 mm，并清理饰面板的背面。用双股 18 号铜丝穿过钻孔，把饰面板绑牢于钢筋网上。饰面板的背面距墙面应不小于 50 mm。

饰面板的接缝宽度可垫木楔调整，应确保饰面板外表面平整、垂直及板的上沿平顺。每安装好一行横向饰面板后，即进行灌浆。灌浆前，应浇水将饰面板背面及墙体表面湿润，在饰面板的竖向接缝内填塞 15～20 mm 深的麻丝或泡沫塑料条以防漏浆（光面、镜面和水磨石饰面板的竖缝，可用石膏灰临时封闭，在缝内填塞泡沫塑料条）。

拌和好 1∶2.5 水泥砂浆，将砂浆分层灌注到饰面板背面与墙面之间的空隙内，每层灌注高度为 150～200 mm，且不得大于板高的 1/3，并插捣密实。待砂浆初凝后，应检查板面位置，如有移动错位应拆除重新安装；若无移位，方可安装上一行板。施工缝应留在饰面板水平接缝以下 50～100 mm 处。

突出墙面的勒脚饰面板安装，应待墙面饰面板安装完工后进行。

饰面板打眼做法见图 8-20。

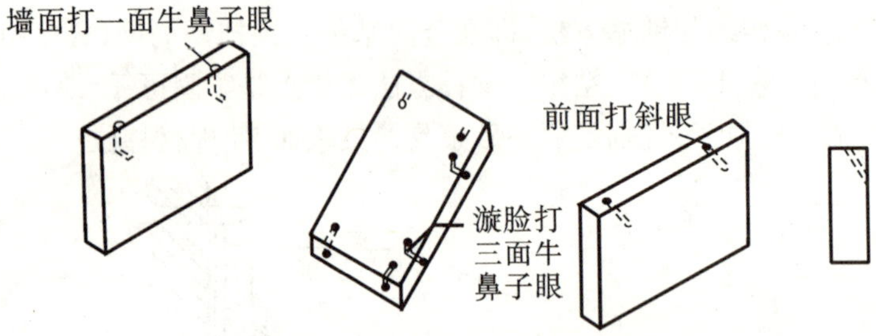

图 8-20　饰面板块材打眼示意图

待水泥砂浆硬化后，将填缝材料清除，饰面板表面清洗干净。光面和镜面的饰面经清洗晾干后，方可打蜡擦亮。

2）干法铺贴工艺。

干法铺贴工艺，通常称为干挂法施工，即在饰面板材上直接打孔或开槽，用各种形式的连接件与结构基体用膨胀螺栓或其他架设金属连接而不需要灌注砂浆或细石混凝土，饰面板与墙体之间留出 40～50 mm 的空腔。这种方法适用于 30 m 以下的钢筋混凝土结构基体，不适用于砖墙和加气混凝土墙。

干法铺贴工艺主要采用扣件固定法，如图 8-21 所示。

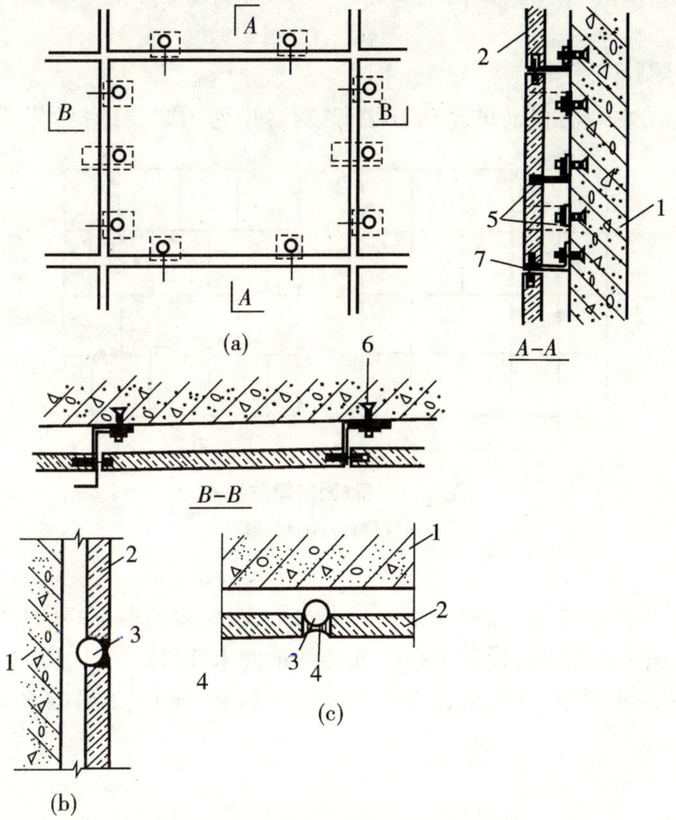

图 8-21　用扣件固定大规格石材饰面板的干作业做法

(a)板材安装立面图;(b)板块水平接缝剖面图;(c)板块垂直接缝剖面图

1-混凝土外墙;2-饰面石板;3-泡沫聚乙烯嵌条;4-密封硅胶;5-钢扣件;6-胀铆螺栓;7-销钉

扣件固定法的安装施工步骤如下:

板材切割→ 磨边→钻孔→ 开槽→涂防水剂→墙面修整→弹线→墙面涂刷防水剂→板材安装→板材固定→板材接缝的防水处理。

8.3.2　内外墙瓷砖饰面

饰面砖镶贴的一般工序:底层找平→弹线→镶贴饰面砖→勾缝→清洁面层。

(1)施工准备

饰面砖的基层处理和找平层砂浆的涂抹方法与装饰抹灰基本相同。

饰面砖镶贴前应进行预排,预排时应注意同一墙面的横竖排列,均不得有一行以上的非整砖。非整砖应排在最不醒目的部位或阴角处,用接缝宽度调整。

外墙面砖预排时应根据设计图纸尺寸,进行排砖分格并绘制大样图。一般要求水平缝应与旋脸、窗台齐平,竖向要求阴角及窗口处均为整砖,分格按整块分匀,并根据已确定的缝子大小做分格条和划出皮数杆。墙、墙垛等处要求先测好中心线、水平分格线和阴阳角垂直线。

(2)釉面砖镶贴

1)墙面镶贴方法。釉面砖的排列方法有“对缝排列”和“错缝排列”两种(图8-22)。

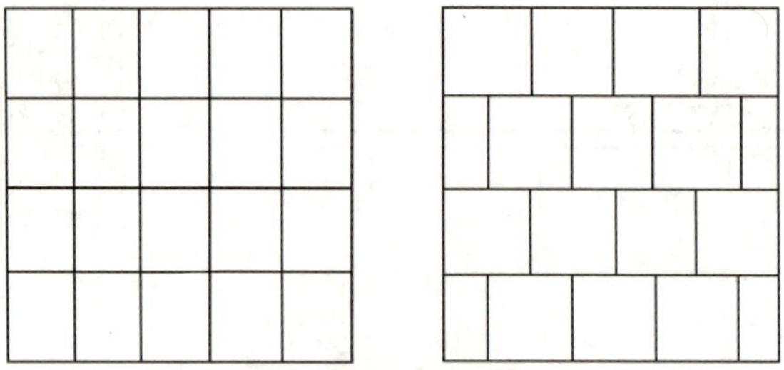

(a)　　(b)

图8-22　釉面砖镶贴形式

(a)对缝排列;(b)错缝排列

①在清理干净的找平层上,依照室内标准水平线,校核地面标高和分格线。

②以所弹地平线为依据,设置支撑釉面砖的地面木托板。

③调制糊状的水泥浆,其配合比为 V(水泥):V(砂)=1:2另掺水泥质量3%~4%的108胶。

④镶贴。

⑤清理。

2)顶棚镶贴方法。镶贴前,应把墙上的水平线翻到墙顶交接处(四边均弹水平线),校核顶棚方正情况,阴阳角应找直,并按水平线将顶棚找平。如果墙与顶棚均贴釉面砖时,则房间要求规方,阴阳角都须方正,墙与顶棚成90°直角,排砖时,非整砖应留在同一方向,使墙顶砖缝交圈。镶贴时应先贴标识块(用有三个边的废釉面砖,用石灰砂浆镶贴,便于拆除),间距一般为1.2 m,其他操作与墙面镶贴相同。

(3)外墙釉面砖镶贴

外墙釉面砖镶贴由底层灰、中层灰、结合层及面层组成。

外墙釉面砖的镶贴形式由设计而定。矩形釉面砖宜竖向镶贴。釉面砖的接缝宜采用离缝,缝宽不大于10 mm。

(4)外墙锦砖(马赛克)镶贴

外墙贴锦砖可采用陶瓷锦砖或玻璃锦砖。锦砖镶贴由底层灰、中层灰、结合层及面层等组成。

锦砖的品种、颜色及图案选择由设计而定。锦砖是成联供货的,所镶贴墙面的尺寸最好是砖联尺寸的整倍数,尽量避免将联拆散。

※图纸连接※

例8-2　办公楼建施3、7,外墙3采用标准图集05YJ1外墙12做法,具体构造做法:15厚1:3水泥砂浆;刷素水泥浆结合层一道;5厚1:1水泥砂浆黏结层,加水重20%的建筑胶；粘贴5厚面砖。该做法适用于办公楼外立面，颜色参见建施7说明部分。

问题：外墙3如何组织施工？

外墙釉面砖镶贴由底层灰、中层灰、结合层及面层组成。

解答 1. 外墙面砖的施工顺序

基层处理→浇水湿润基层→底层灰→抹中层灰→抹黏结层、镶贴面砖→清理。

2. 外墙面砖的主要施工方法及注意事项

1）准备工作。

饰面砖在镶贴前，应根据设计对釉面砖和外墙面砖进行选择，要求挑选规格一致，形状平整方正，不缺棱、掉角，不开裂和脱釉，无凹凸扭曲，颜色均匀的面砖及各种配件。按标准尺寸检查面砖，分出符合标准尺寸和大于或小于标准尺寸三种规格的饰面砖，同一类尺寸应用于同一层间或同一面墙上，以做到接缝均匀一致。

外墙面砖则需隔夜浸泡、取出晾干，以饰面砖表面有潮湿感，手按无水迹为准。

饰面砖镶贴前应进行预排，预排时应注意同一墙面的横竖排列，均不得有一行以上的非整砖。非整砖应排在最不醒目的部位或阴角处，用接缝宽度调整。外墙面砖预排时应根据设计图纸尺寸，进行排砖分格并绘制大样图，一般要求水平缝应与旋脸、窗台齐平，竖向要求阴角及窗口处均为整砖，分格按整块分匀，并根据已确定的缝子大小做分格条和划出皮数杆。对墙、墙垛等处要求先测好中心线，水平分格线和阴阳角垂直线。

2）基层处理。

对砖石、混凝土表面，清除灰尘、污垢、油渍和碱膜等，并洒水湿润。表面凹凸明显的部位，应事先剔平或用1∶3水泥砂浆补平，对于平整光滑的混凝土表面拆模时随即作凿毛处理，或用铁抹子满刮水灰比为0.37～0.4（内掺水质量3%～5%的108胶）水泥浆一遍，或用混凝土界面处理剂处理。

浇水湿润基层、抹底层灰、抹中层灰做法同一般抹灰。

3）面砖镶贴。

外墙釉面砖的镶贴形式由设计而定。矩形釉面砖宜竖向镶贴；釉面砖的接缝宜采用离缝，缝宽不大于10 mm；釉面砖一般应对缝排列，不宜采用错缝排列。

①外墙面贴应从上而下分段，每段内应自下而上镶贴。

②在整个墙面两头各弹一条垂直线，如墙面较长，在墙面中间部位再增弹几条垂直线，垂直线之间距离应为面砖宽的整倍数（包括接缝宽），墙面两头垂直线应距墙阳角（或阴角）为一块釉面砖的宽度。垂直线作为竖行标准。

③在各分段分界处各弹一条水平线，作为贴釉面砖横行标准。各水平线的距离应为釉面砖高度（包括接缝）的整倍数。

④清理底层灰面，并浇水湿润，刷一道素水泥浆，紧接着抹上水泥石灰砂浆，随即将釉面砖对准位置镶贴上去，用橡胶锤轻敲，使其贴实、平整。

⑤每个分段中宜先沿水平线贴横向一行砖，再沿垂直线贴竖向几行砖，从下往上第二横行开始，应在垂直线处已贴的面砖上口间拉上准线，横向各行面砖依准线镶贴。

⑥阳角处正面的釉面砖应盖住侧面的釉面砖的端边，即将接缝留在侧面，或在阳角处留成方口，以后用水泥砂浆勾缝。阴角处应使面砖的接缝正对阴角线。

⑦镶贴完一段后，立即把面砖的表面擦洗干净，用水泥细砂浆勾缝，待其干硬后，再擦洗一遍面砖表面。

⑧墙面上如有突出的预埋件时；此处面砖的镶贴应根据具体尺寸用整砖裁割后贴上去，不得用碎块砖拼贴。

⑨同一墙面应用同一品种、同一色彩、同一批号的面砖。

8.3.3 金属饰面施工

金属饰面板主要有彩色压型钢板复合墙板、铝合金板和不锈钢板等。

(1)彩色压型钢板复合墙板

彩色压型钢板复合墙板，是以波形彩色压型钢板为面板，以轻质保温材料为芯层，经复合而成的轻质保温墙板，适用于工业与民用建筑物的外墙挂板。

彩色压型钢板复合板的安装，是用吊挂件把板材挂在墙身檩条上，再把吊挂件与檩条焊牢；板与板之间连接，水平缝为搭接缝，竖缝为企口缝。所有接缝处，除用超细玻璃棉塞缝外，还需用自攻螺钉钉牢，钉距为200 mm。门窗洞口、管道穿墙及墙面端头处，墙板均为异型复合墙板，用压型钢板与保温材料按设计规定尺寸进行裁割，然后按照标准板的做法进行组装。女儿墙顶部、门窗周围均设防雨泛水板，泛水板与墙板的接缝处，用防水油膏嵌缝。压型板墙转角处，用槽形转角板进行外包角和内包角，转角板用螺栓固定。

(2)铝合金板

铝合金板墙面装饰，主要用在同玻璃幕墙或大玻璃窗配套，或商业建筑的入口处的门脸、柱面及招牌的衬底等部位，或用于内墙装饰，如大型公共建筑的墙裙等。

1)铝合金板的固定。

铝合金板的固定方法较多，按其固定原理可分为两类：一类是配合特制的带齿形卡脚的金属龙骨，安装时将板条卡在龙骨上面，不需使用钉件；另一种固定方法是将铝合金板用螺栓或自攻螺钉固定于型钢或木骨架上。

①铝合金扣板的固定。铝合金扣板多用于建筑首层的入口及招牌衬底等较为醒目的部位，其骨架可用角钢或槽钢焊成，也可用方木铺钉。骨架与墙面基层多用膨胀螺栓固定，扣板与骨架用自攻螺丝固定。

扣板的固定特点是螺钉头不外露，扣板的一边用螺钉固定，另一块扣板扣上后，恰好将螺钉盖住。

②铝合金蜂窝板的固定。铝合金蜂窝板与骨架用连接板固定，连接件断面如图8-23所示。

③铝合金成型板的简易固定。在铝合金板的上下各留两个孔，然后与内架上焊牢的钢销钉相配。安装时，只需将铝合金板的孔眼穿入销钉上即可，上下板之间的缝隙内，填充聚氯乙烯泡沫，然后在其外侧注入硅酮密封胶。

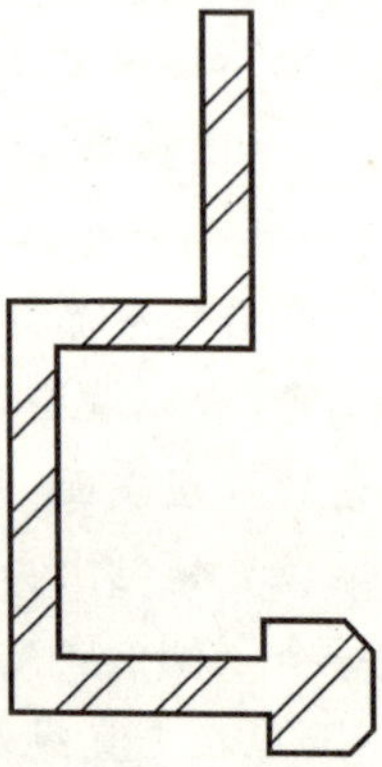

图8-23 连接件断面

④铝合金条板与特制龙骨的卡接固定。

在图8-24中所示的铝合金条板同以上介绍的几种板的固定方法截然不同。该条板卡在特制的龙骨上，龙骨与墙基层固定牢固。龙骨由镀锌钢板冲压而成，安装条板时，将条板卡在龙骨的顶面。此种固定方法简便可靠，拆换也较为方便。安装铝合金板的龙骨形式比较多，条板的断面也多种多样，在实际工程中应着重注意的是，龙骨与铝合金墙板应配套使用。

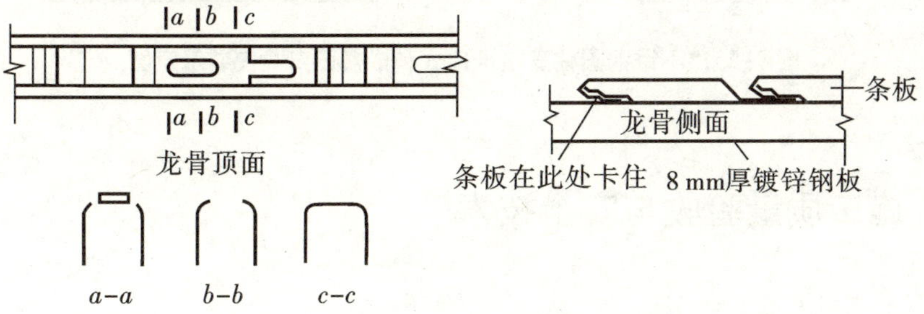

图8-24 铝合金条板与特制龙骨的卡接固定

2）铝合金板墙面施工。

铝合金板墙面施工顺序为：放线→固定骨架连接件→固定骨架→安装铝合金板。

（3）不锈钢饰面板

不锈钢饰面板主要用于墙柱面装饰，具有强烈的金属质感和抛光的镜面效果。

1）圆柱体不锈钢板包面焊接工艺

主要施工工艺为：柱体成型→柱体基层处理→不锈钢板滚圆→不锈钢板定位安装→焊接和打磨修光。

2）圆柱体不锈钢板镶包饰面施工。

这种包柱镶固不锈钢板做法的主要特点是不用焊接，比较适宜于一般装饰柱体的表面装饰施工，操作较为简便快捷。通常用木胶合板作柱体的表面，也是不锈钢饰面板的基层。其饰面不锈钢板的圆曲面加工，可采用手工滚圆或卷板机于现场加工制作，也可由工厂按所需曲度事先加工完成。其包柱圆筒形体的组合，可以由两片或三片加工好拼接而成。但安装的关键在于片与片之间的对口处理，其方式有直接卡口式和嵌槽压口式两种，如图8-25所示。

①直接卡口式安装。直接卡口式是在两片不锈钢板对口处安装一个不锈钢卡口槽，将其用螺钉固定于柱体骨架的凹部。安装不锈钢包柱板时，将板的一端弯后勾入卡口槽内；再用力推板的另一端，利用板材本身的弹性使其卡入另一卡口槽内，即完成了不锈钢板包柱的安装。

②嵌槽压口式安装。先把不锈钢板在对口处的凹部用螺钉或铁钉固定，再将一条宽度小于接缝凹槽的木条固定于凹槽中间，两边空出的间隙相等，宽均为1 mm左右。在木条上涂刷万能胶或其他黏结剂，即在其上嵌入不锈钢槽条。不锈钢槽条在嵌前应用酒精或汽油等将其内侧清洁干净，而后刷涂一层胶液。

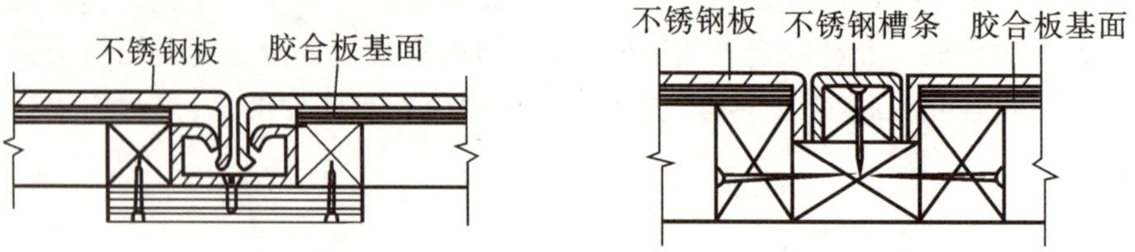

图 8-25　不锈钢圆柱直接卡口式和嵌槽压口式安装示意图

8.3.4　施工质量验收与安全技术

(1)施工质量验收

1)石材饰面。

①饰面板的品种、规格、颜色和性能应符合设计要求。饰面板孔、槽的数量、位置和尺寸应符合设计要求。

②饰面板表面应平整、洁净、色泽一致,无裂痕和缺损。石材表面应无泛碱等污染。

③石材饰面工程质量验收标准见表 8-6。

2)瓷砖饰面

①饰面瓷砖品种、规格、图案、颜色和性能应符合设计要求,粘贴必须牢固。

③瓷砖表面应平整、洁净、色泽一致,无裂痕和缺损。

④瓷砖饰面工程质量验收标准见表 8-7。

(2)安全技术

1)开始工作前应检查外架子是否牢靠,护身栏、挡脚板是否安全,水平运输道路是否平整。

2)采用外用吊篮进行外饰面施工时,吊篮内材料、工具应放置平稳。

3)室内施工光线不足时,应采用 36 V 低压电灯照明。

4)操作场地应经常清理干净,做到“活完料净脚下净”。

5)施工作业人员必须戴安全帽。

6)外饰面施工时不允许在操作面上砍砖,以防坠砖伤人。

表8-6　石材饰面板安装的允许偏差和检验方法

项次	项目	允许偏差/mm							检验方法
		石材			瓷板	木材	塑料	金属	
		光面	剁斧石	蘑菇石					
1	立面垂直度	2	3	3	2	1.5	2	2	用2 m垂直检测尺检查
2	表面平整度	2	3	—	1.5	1	3	3	用2 m靠尺和塞尺检查
3	阴阳角方正	2	4	4	2	1.5	3	3	用直角检测尺检查
4	接缝直线度	2	4	4	2	1	1	1	拉5 m线,不足5 m拉通线,用钢直尺检查
5	墙裙、勒脚上口直线度	2	3	3	2	2	2	2	拉5 m线,不足5 m拉通线,用钢直尺检查
6	接缝高低差	0.5	3	—	0.5	0.5	1	1	用钢直尺和塞尺检查
7	接缝宽度	1	2	2	1	1	1	1	用钢直尺检查

表8-7　瓷砖饰面工程的允许偏差和检验方法

项次	项目	允许偏差/mm		检验方法
		外墙面砖	内墙面砖	
1	立面垂直度	3	2	用2 m垂直检测尺检查
2	表面平整度	4	3	用2 m靠尺和塞尺检查
3	阴阳角方正	3	3	用90°角检测尺检查
4	接缝直线度	3	2	拉5 m线,不足5 m拉通线,用钢直尺检查
5	接缝高低差	1	0.5	用钢直尺和塞尺检查
6	接缝宽度	1	1	用钢直尺检查

任务8.4　吊顶与轻质隔墙工程

8.4.1　吊顶工程

吊顶是采用悬吊方式将装饰顶棚支承于屋顶或楼板下面。

※知识链接※

1. 支承

吊顶支承由吊杆(吊筋)和主龙骨组成。

1)木龙骨吊顶的支撑。木龙骨吊顶的主龙骨又称为大龙骨或主梁,传统木质吊顶的主龙骨,多采用50 mm×70 mm～60 mm×100 mm方木或薄壁槽钢、L60×6 mm～L70×7 mm角钢制作。龙骨间距按设计设置,如设计无要求,一般按1 m设置。主龙骨一般用8～10 mm的吊顶螺栓或8号镀锌铁丝与屋顶或楼板连接。木吊杆和木龙骨必须作防腐和防火处理。

2)金属龙骨吊顶的支撑部分。轻钢龙骨与铝合金龙骨吊顶的主龙骨截面尺寸取决于荷载大小,其间距尺寸应考虑次龙骨的跨度及施工条件,一般采用1～1.5 m。其截面形状较多,主要有U形、T形、C形、L形等。主龙骨与屋顶结构或楼板结构多通过吊杆连接,吊杆与主龙骨用特制的吊杆件或套件连接,金属吊杆和龙骨应作防锈处理。

2. 基层

基层用木材、型钢或其他轻金属材料制成的次龙骨组成。吊顶面层所用材料不同,其基层部分的布置方式和次龙骨的间距大小也不一样,但一般不应超过600 mm。

吊顶的基层要结合灯具位置、风扇或空调透风口位置等进行布置,留好预留洞穴及吊挂设施等,同时应配合管道、线路等安装工程施工。

3. 面层

木龙骨吊顶,其面层多用人造板(如胶合板、纤维板、木丝板、刨花板)面层或板条(金属网)抹灰面层。轻钢龙骨、铝合金龙骨吊顶,其面板多用装饰吸声板(如纸面石膏板、钙塑泡沫板、纤维板、矿棉板、玻璃丝棉板等)制作。

(1)木质吊顶施工

1)弹水平线。首先将楼地面基准线弹在墙上,并以此为起点,弹出吊顶高度水平线。

2)主龙骨的安装。主龙骨与屋顶结构或楼板结构连接主要有三种方式:用屋面结构或楼板内预埋铁件固定吊杆;用射钉将角铁等固定于楼底面固定吊杆;用金属膨胀螺栓固定铁件再与吊杆连接(图8-26)。

主龙骨安装后,沿吊顶标高线固定沿墙木龙骨,木龙骨的底边与吊顶标高线齐平。一般是用冲击电钻在标高线以上10 mm处墙面打孔,孔内塞入木楔,将沿墙龙骨钉固于墙内木楔上。然后将拼接组合好的木龙骨架托到吊顶标高位置,整片调正调平后,将其与沿墙龙骨和吊杆连接(图8-27)。

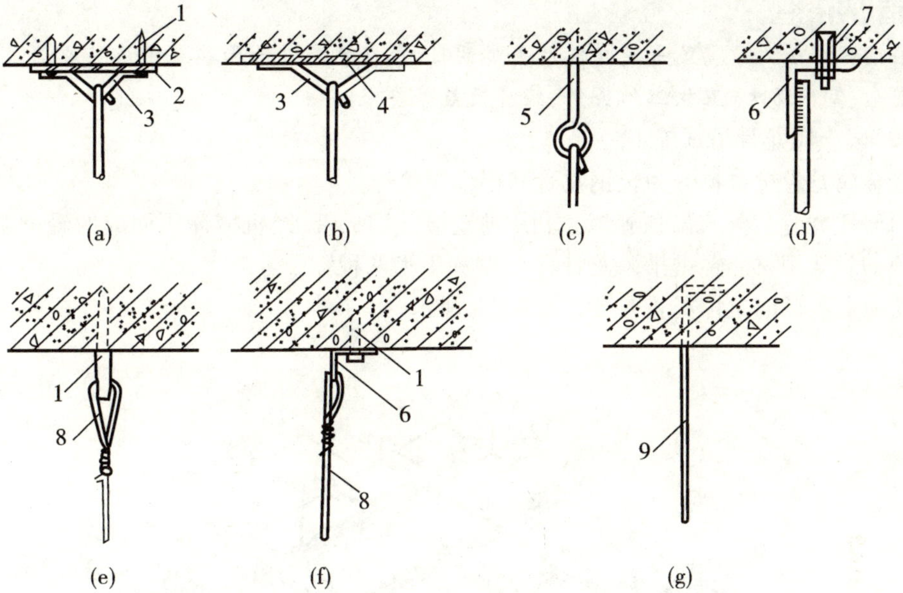

图 8-26　吊杆固定

(a)射钉固定；(b)预埋件固定；(c)预埋 ϕ6 钢筋吊环；(d)金属膨胀螺丝固定；(e)射钉直接连接钢丝(或 8 号铁丝)；(f)射钉角铁连接法；(g)预埋 8 号镀锌铁丝

1-射钉；2-焊板；3-ϕ10 钢筋吊环；4-预埋钢板；5-ϕ6 钢筋；6-角钢；7-金属膨胀螺丝；8-镀锌铁丝(6 号、12 号、14 号)；9-8 号镀锌铁丝

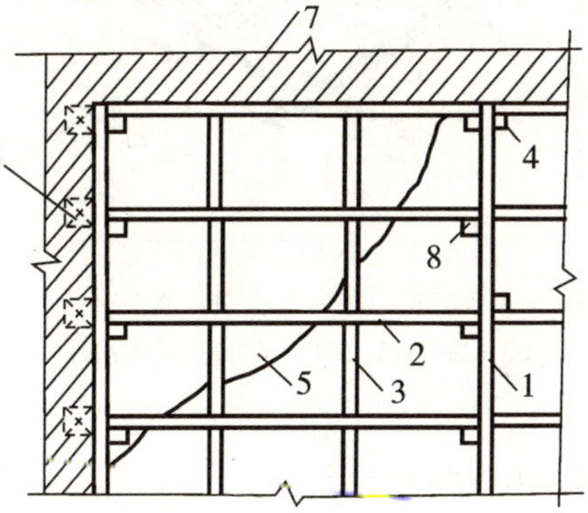

图 8-27　木龙骨吊顶

1-吊筋横梁；2-纵撑横龙骨；3-横撑龙骨；4-吊筋；5-罩面板；6-木砖；7-砖墙；8-吊木

3)罩面板的铺钉。罩面板多采用人造板，应按设计要求切成方形、长方形等。板材安装前，按分块尺寸弹线，安装时由中间向四周呈对称排列，顶棚的接缝与墙面交圈应保持一致。面板应安装牢固且不得出现折裂、翘曲、缺棱掉角和脱层等缺陷。

※特别提示※

吊顶装饰是为了满足一定功能及美观的目的，在装饰设计和施工中应满足空间舒适、使用安全、室内防火、卫生工作条件、经济效益等要求。

(2)轻金属龙骨吊顶施工

轻金属龙骨按材料分为轻钢龙骨和铝合金龙骨。

1)轻钢龙骨装配式吊顶施工。利用薄壁镀锌钢板带，经机械冲压而成的轻钢龙骨即为吊顶的骨架型材。轻钢吊顶龙骨有U型和T型两种。

U型上人轻钢龙骨安装方法如图8-28所示。

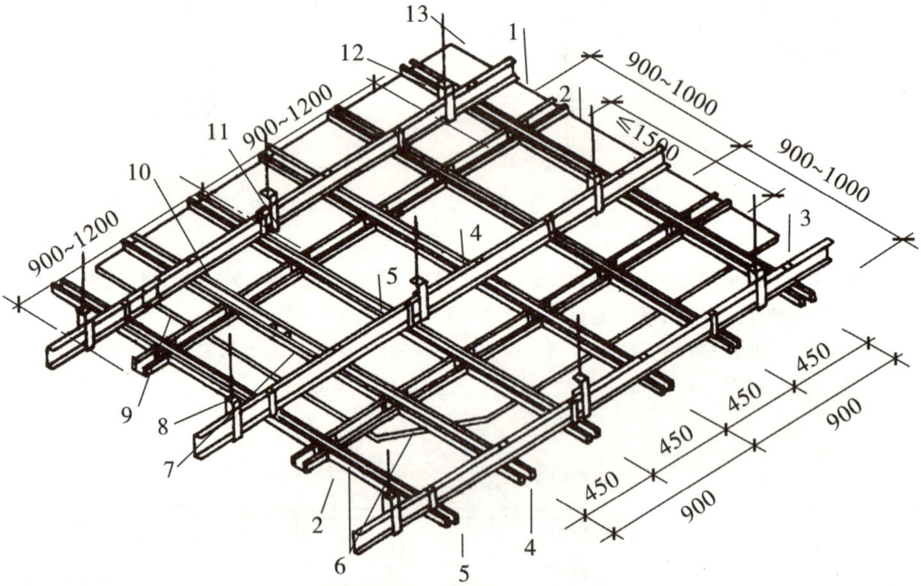

图8-28 U型龙骨吊顶示意图

1-BD大龙骨；2-UZ横撑龙骨；3-吊顶板；4-UZ龙骨；5-UX龙骨；6-UZ3支托连接；7-UZ2连接件；8-UZ2连接件；9-BD2连接件；10-UX1吊挂；11-UX2吊件；12-BD1吊件；13-UX3吊杆 $\phi 8 \sim \phi 10$

施工前，先按龙骨的标高在房间四周的墙上弹出水平线，再根据龙骨的要求按一定间距弹出龙骨的中心线，找出吊点中心，将吊杆固定在埋件上。吊顶结构未设埋件时，要按确定的节点中心用射钉固定螺钉或吊杆，吊杆长度计算好后，在一端套丝，丝口的长度要考虑紧固的余量，并分别配好紧固用的螺母。

主龙骨的吊顶挂件连在吊杆上校平调正后，拧紧固定螺母，然后根据设计和饰面板尺寸要求确定的间距，用吊挂件将次龙骨固定在主龙骨上，调平调正后安装饰面板。

饰面板的安装方法有以下几种。

①搁置法：将饰面板直接放在T型龙骨组成的格框内。有些轻质饰面板，考虑刮风时会被掀起(包括空调口、通风口附近)，可用木条、卡子固定。

②嵌入法：将饰面板事先加工成企口暗缝，安装时将T型龙骨两肢插入企口缝内。

③粘贴法:将饰面板用胶黏剂直接粘贴在龙骨上。

④钉固法:将饰面板用钉、螺丝,自攻螺丝等固定在龙骨上。

⑤卡固法:多用于铝合金吊顶,板材与龙骨直接卡接固定。

2)铝合金龙骨装配式吊顶施工。铝合金龙骨吊顶按罩面板的要求不同分龙骨底面不外露和龙骨底面外露两种形式,按龙骨结构型式不同分T型和TL型。TL型龙骨属于安装饰面板后龙骨底面外露的一种(图8-29、图8-30)。

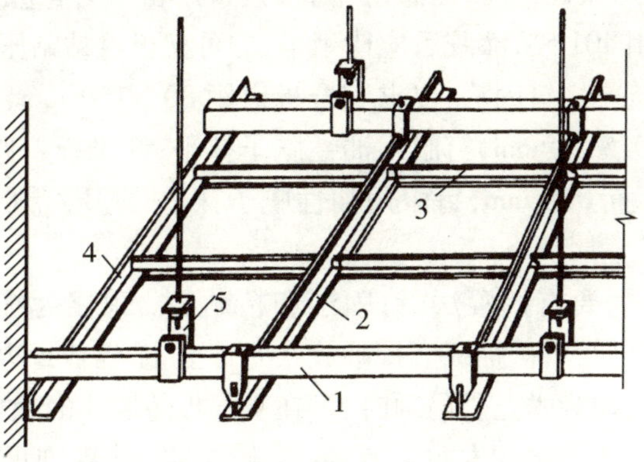

图8-29　TL型铝合金吊顶

1-大龙骨;2-大T;3-小T;4-角条;5-大吊挂件

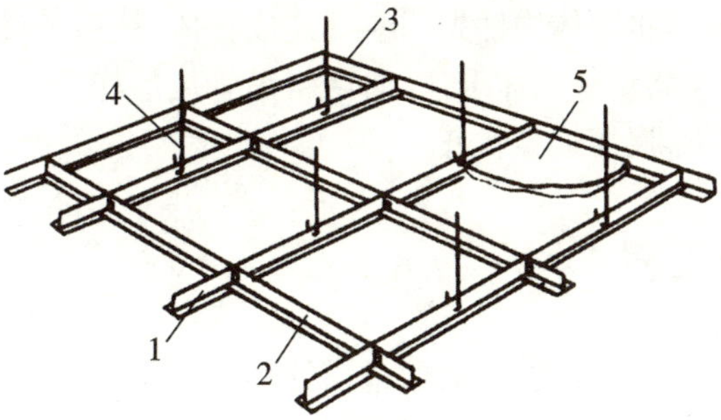

图8-30　TL型铝合金不上人吊顶

1-大T;2-小T;3-吊件;4-角条;5-饰面板

铝合金吊顶龙骨的安装方法与轻钢龙骨吊顶基本相同。

3)常见饰面板的安装。常见的饰面板有石膏饰面板、钙塑泡沫板、胶合板与纤维板、矿棉板、金属饰面板等,它们的安装方法各有不同。

石膏饰面板的安装可采用钉固法、粘贴法和暗式企口胶接法。U型轻钢龙骨采用钉固法安装石膏板时,使用镀锌自攻螺钉与龙骨固定。钉头要求嵌入石膏板内0.5~1 mm,钉眼用腻子刮平,并用与石膏板同色的色浆腻子涂刷一遍。螺钉规格为M5×25或M5×

35。螺钉与板边距离应不大于15 mm，螺钉间距以150～170 mm为宜，均匀布置，并与板面垂直。石膏板之间应留出8～10 mm的安装缝。待石膏板全部固定好后，用塑料压缝条或铝压缝条压缝。

钙塑泡沫板的主要安装方法有钉固和粘贴两种。钉固法即用圆钉或木螺丝，将面板钉在顶棚的龙骨上，要求钉距不大于150 mm，钉帽应与板面齐平，排列整齐，并用与板面颜色相同的涂料装饰。钙塑板的交角处，用木螺丝将塑料小花固定，并在小花之间沿板边按等距离加钉固定。用压条固定时，压条应平直，接口严密，不得翘曲。钙塑泡沫板用粘贴法安装时，胶黏剂可用401胶，涂胶后应待稍干，方可把板材粘贴压紧。

胶合板、纤维板安装应用钉固法：要求胶合板钉距80～150 mm，钉长25～35 mm，钉帽应打扁，并进入板面0.5～1 mm，钉眼用油性腻子抹平；纤维板钉距80～120 mm，钉长20～30 mm，钉帽进入板面0.5 mm，钉眼用油性腻子抹平；硬质纤维板应用水浸透，自然阴干后安装。

矿棉板安装的方法主要有搁置法、钉固法和粘贴法。顶棚为轻金属T型龙骨吊顶时，在顶棚龙骨安装放平后，将矿棉板直接平放在龙骨上，矿棉板每边应留有板材安装缝，缝宽不宜大于1 mm。顶棚为木龙骨吊顶时，可在矿棉板每四块的交角处和板的中心用专门的塑料花托脚，用木螺丝固定在木龙骨上；混凝土顶面可按装饰尺寸做出平顶木条，然后再选用适宜的粘胶剂将矿棉板粘贴在平顶木条上。

金属饰面板主要有金属条板、金属方板和金属格栅。板材安装方法有卡固法和钉固法。卡固法要求龙骨形式与条板配套，钉固法采用螺钉固定时，后安装的板块压住前安装的板块，将螺钉遮盖，拼缝严密。方形板可用搁置法和钉固法，也可用铜丝绑扎固定。格栅安装方法有两种，一种是将单体构件先用卡具连成整体，然后通过钢管与吊杆相连接；另一种是用带卡口的吊管将单体物体卡住，然后将吊管用吊杆悬吊。金属板吊顶与四周墙面空隙，应用同材质的金属压缝条找齐。

8.4.2 轻质隔墙工程

隔墙和隔断是由于使用功能的需要，通过设计手段并采用一定的材料来分割房间和建筑物内部大空间，对空间进行更深入、更细致的划分，使装饰空间更丰富，功能更完善。现代室内隔墙、隔断要求隔断物自身质量轻，厚度薄，拆移方便，并具有一定刚度及隔声能力。

※特别提示※

隔墙与隔断都是分隔建筑内外空间的非承重墙，两者的区别如下：

1）隔墙高度是到顶的，而隔断高度可到顶或不到顶。

2）隔墙在很大程度上限定空间，即完全分隔空间；而隔断限定空间的程度弱，使相邻空间有似隔非隔的感觉。

3）隔墙在一定程度上满足隔声、阻隔视线的要求，并可分隔有防潮、防火要求的房间；而隔断在隔声、阻隔视线方面无要求，并具有一定的空透性，使两个空间有视线的交流。

4)隔墙一经设置,往往具有不可更改性,至少是不能经常变动;而隔断则有时比较容易移动和拆除,具有灵活性,可随时连通和分隔相邻空间。

(1)隔墙

隔墙按构造方式可分为砌块隔墙、骨架隔墙、板材隔墙三种。

1)砌块隔墙。

砌块隔墙是指用加气混凝土砌块、空心砌块及各种小型砌块等砌筑而成的非承重墙,具有防潮、防火、隔声、取材方便、造价低等特点。传统砌块隔墙由于自重大、墙体厚、需现场湿作业、拆装不方便,在工程中已逐渐少用。目前,装饰工程中多采用玻璃砖砌筑隔墙。

2)骨架隔墙。

骨架隔墙是由骨架(龙骨)和饰面材料组成的轻质隔墙。常用的骨架有木骨架和金属骨架,饰面有抹灰饰面和板材饰面。

抹灰饰面骨架隔墙,是在骨架上加钉板条、钢板网、钢丝网,然后做抹灰饰面,还可在此基础上另加其他饰面。目前,这种抹灰饰面骨架隔墙已很少采用。

板材饰面骨架隔墙具有自重轻、材料新、厚度薄、干作业、施工灵活方便等特点,目前室内采用较多。其主要包括木骨架隔墙和金属骨架隔墙,前者由上槛、下槛、立柱(墙筋)、横档或斜撑组成骨架,然后在立柱两侧铺钉饰面板,这种隔墙质轻、壁薄、拆装方便,但防火、防潮、隔声性能差,并且耗用木材较多;后者一般采用薄壁轻型钢、铝合金钢板作骨架,两侧铺钉饰面板,这种隔墙因其材料来源广泛、强度高、质轻、防火、易于加工和大批量生产等特点,近几年得到了广泛的应用。

3)板材隔墙

板材隔墙是用各种板状材料直接拼装而成的隔墙,这种隔墙一般不用骨架,有时为了提高其稳定性也可设置竖向龙骨。隔墙所用板材一般为等于房间净高的条形板材,通常分为复合板材、单一材料板材、空心板材等类型,常见的有金属夹芯板、石膏夹芯板、石膏空心板、泰柏板、增强水泥聚苯板(GRC板)、加气混凝土条板、水泥陶粒板等。板材式隔墙墙面上均可做喷浆、油漆、贴墙纸等多种饰面。

(2)隔断

传统建筑隔断分为隔扇和罩两类。

隔扇又称碧纱橱,多数是用硬木精工制作骨架,隔心镶嵌玻璃或裱糊纱纸。裙板多数镂雕图案或以玉石、贝壳等作装饰,如图8-31所示。

罩是一种附着于柱和梁的空间分隔物,常用细木制作,如图8-32所示。两侧落地称为“落地罩”,两侧不落地称为“飞罩”。用罩分隔空间能增加空间的层次,造成一种有分有合、似分似合的空间环境。

上述传统隔断大量应用于现代建筑中,只是工艺、材料更加先进多样,形式更接近功能要求和人们的欣赏趣味。

图 8-31　隔扇

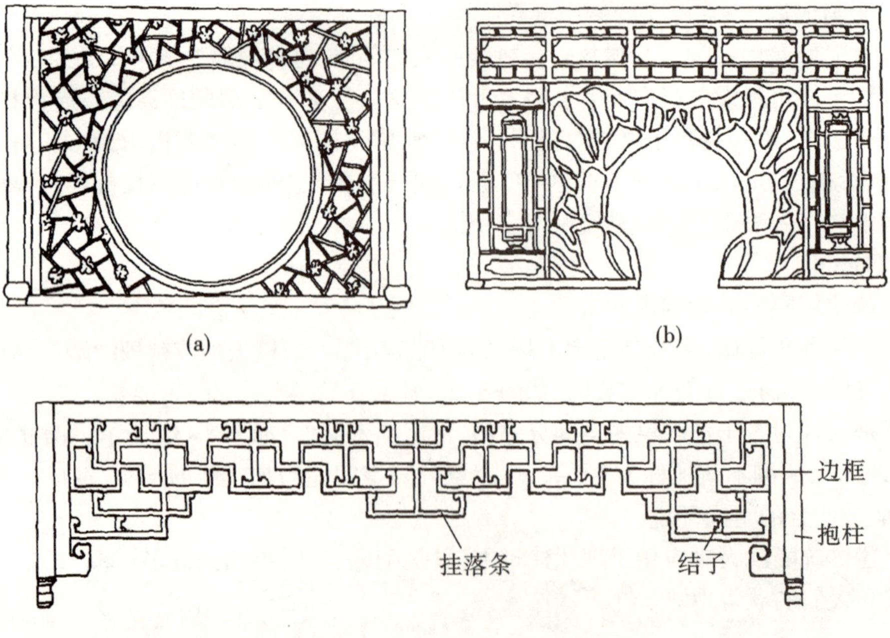

图 8-32　罩的形式

(a)梅花冰纹月洞式落地罩;(b)灯笼框莲叶莲瓣洞式落地罩;(c)飞罩

※知识链接※

现代建筑隔断的类型很多,按隔断的固定方式分为固定式隔断和活动式隔断;按隔断的开启方式分为推拉式隔断、折叠式隔断、直滑式隔断、拼装式隔断;按隔断的材料分为木隔断、竹隔断、玻璃隔断、金属隔断等。另外,还有硬质隔断、软质隔断、家具式隔断、屏风式隔断等。下面按固定方式介绍隔断构造。

1.固定式隔断

固定式隔断所用材料有木制、竹制、玻璃、金属及水泥制品等,可做成花格、落地罩、飞罩、博古架等各种形式,俗称空透式隔断。常见的固定式隔断有木隔断和玻璃隔断等。

1)木隔断。

木隔断通常有两种,一种是木饰面隔断,另一种是硬木花格隔断。前者一般采用木龙骨上固定木板条、胶合板、纤维板等面板,做成不到顶的隔断。木龙骨与楼板、墙应有可靠的连接,面板固定在木龙骨上后,用木压条盖缝,最后按设计要求罩面或贴面。另外,还有一种开放式办公室的隔断,高度为1.3~1.6 m,用高密度板作骨架,防火装饰板罩面,用金属(镀铬铁质、铜质、不锈钢等)连接件组装而成,如图8-33所示。这种隔断便于工业化生产,壁薄体轻,面板色泽淡雅、易擦洗、防火性好,并且能节约办公用房面积,便于内部业务沟通,是一种流行的办公室隔断。其常用的木材多为硬质杂木,它自重轻,加工方便,制作简单,可以雕刻成各种花纹,做工精巧、纤细。硬木花格隔断一般用板条和花饰组合,花饰镶嵌在木质板条的裁口中,可采用榫接、销接、钉接和胶接等方法固定,外边钉有木压条,为保证整个隔断具有足够的刚度,隔断中立有一定数量的板条贯穿隔断的全高和全长,其两端与上下梁、墙应有牢固的连接。

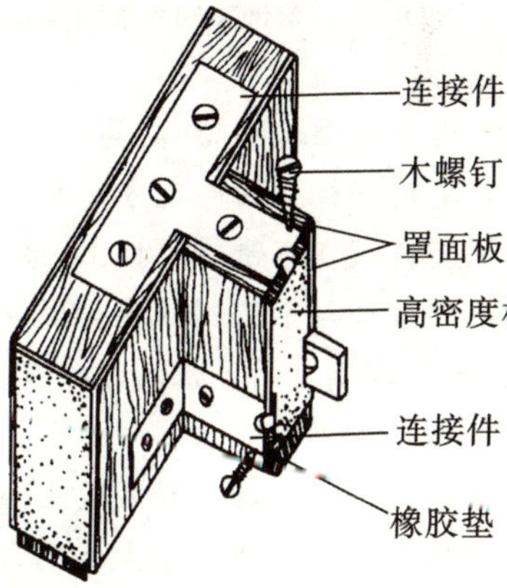

图8-33 开放式办公木隔断

2)玻璃隔断。

玻璃隔断是将玻璃安装在框架上的空透式隔断。这种隔断可到顶或不到顶,其特点是空透、明快,而且在光的作用下色彩有变化,可增强装饰效果。

玻璃隔断按框架的材质不同有落地玻璃木隔断、铝合金框架玻璃隔断、不锈钢圆柱框玻璃隔断。

落地玻璃木隔断是直接在隔断的相应位置安装竖向木骨架，并与墙、柱及楼板连接，然后固定上、下槛，最后固定玻璃。对于大面积玻璃板，玻璃放入木框后，应在木框的上部和侧边留3 mm左右的缝隙，以免玻璃受热开裂，如图8-34所示。

铝合金框架玻璃隔断是用铝合金作骨架，将玻璃镶嵌在骨架内所形成的隔断，如图8-35所示。

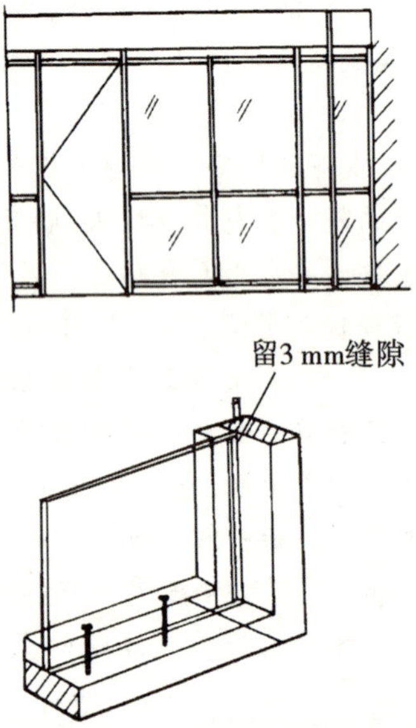

图8-34 落地玻璃木隔断构造

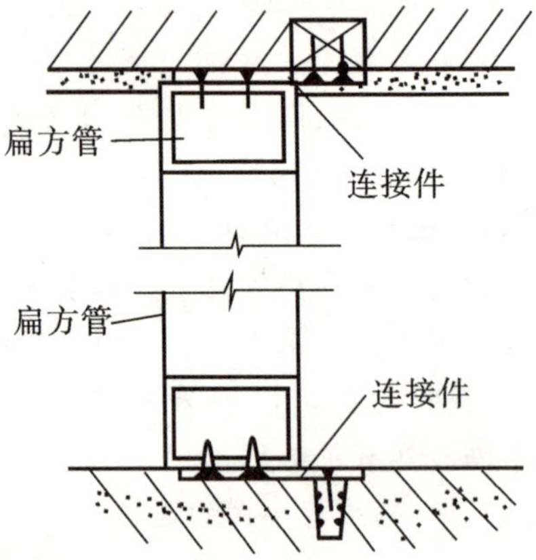

图8-35 铝合金框架玻璃隔断构造

不锈钢柱框玻璃隔断，其构造关键是要解决好玻璃板与不锈钢柱框的连接固定。玻璃板与不锈钢柱框的固定方法有三种：第一种是将玻璃板用不锈钢槽条固定；第二种是将玻璃板直接镶在不锈钢立柱上；第三种是根据设计要求用专用的不锈钢紧固件将相应部位打孔的玻璃与不锈钢柱连接固定，如图8-36所示，此种固定方法要求玻璃必须是安全玻璃，而且玻璃上的孔位尺寸精确。这种玻璃隔断现代感强、装饰效果好。

2. 活动式隔断

活动式隔断又称移动式隔断，其特点是使用时灵活多变，可以随时打开和关闭，使相邻空间根据需要成为一个大空间或几个小空间，关闭时能与隔墙一样限定空间，阻隔视线和声音。也有一些活动式隔断全部或局部镶嵌玻璃，其目的是增加透光性，不强调阻隔人们的视线。活动式隔断有拼装式、直滑式、折叠式、卷帘式和起落式五大类，其构造较为复杂。

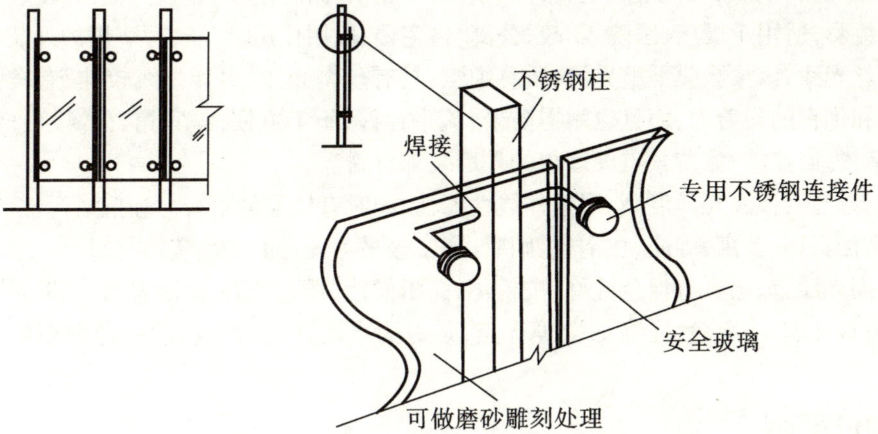

图8-36 不锈钢柱框玻璃隔断构造

任务8.5 涂料工程

8.5.1 乳胶漆施工

(1)油漆的特点与分类

涂料分为油性和水性两种。油漆是油性涂料的俗称,以有机溶剂为分散介质;水性涂料以水为分散介质,根据分散方式的不同,水性涂料又可分为水溶性和水分散性两种。乳胶漆是水分散性涂料,它是以合成树脂乳液为基料,填料经过研磨分散后加入各种助剂精制而成的涂料。依照特点及适用范围,乳胶漆分为内墙乳胶漆、外墙乳胶漆、其他特种漆等。

1)内墙乳胶漆系列

①亚光漆:该漆具有无毒、无味、较高的遮盖力、良好的耐洗刷性、附着力强、耐碱性好、安全环保、施工方便、流平性好等特点,适用于工矿企业、机关学校、安居工程、民用住房等。

②丝光漆:该漆涂膜平整光滑、质感细腻,具有丝绸光泽、高遮盖力、强附着力、极佳的抗菌及防霉性能,优良的耐水耐碱性能,涂膜可洗刷,光泽持久,适用于医院、学校、宾馆、饭店、住宅楼、写字楼、民用住宅等。

③有光漆:该漆具有色泽纯正、光泽柔和漆膜坚韧、附着力强、干燥快、防霉耐水、耐候性好、遮盖力高等特点,是各种内墙漆首选之品。

④高光漆:该漆具有超卓遮盖力,坚固美观,光亮如瓷,很高的附着力,高防霉抗菌性能,耐洗刷、涂膜耐久且不易剥落,坚韧牢固等特点,是高档豪华宾馆、寺庙、公寓、住宅楼、写字楼等理想的内墙装饰材料。

2)外墙乳胶漆系列

①亚光漆：该产品耐候性、耐紫外线较佳、干燥快、涂膜坚韧、遮盖力强、防霉、防水、具有时尚色彩，适用于饭店、医院、学校、公寓、住宅楼、民用住房、寺庙、写字楼的外装饰。

②丝光漆：该漆涂膜平整光滑、质感细腻、具有丝绸光泽、耐紫外线较佳、有较强的耐沾污性和优良的附着力，而且也耐霉防藻、流平性好，施工方便，是宾馆、公寓、住宅楼、寺庙、写字楼、商业楼、旅游景点等理想的外墙装饰材料。

③有光漆：该漆光泽度高、耐紫外线性能佳、同时有较强的附着力和抗沾污性，防霉防藻，是高档宾馆、公寓、寺庙、住宅楼、别墅、写字楼最为理想的外墙装饰材料。

④高光漆：该漆具有保色性好、抗粉化，高耐候性，强遮盖力、高附着力，高防霉抗菌性能，耐雨水冲刷，不变色，光亮如瓷等优点，是专为水泥基墙面研制的一种理想的外墙用面漆。

※知识链接※

常用的特种漆有以下几种。

1）高弹漆：该漆有卓越的抗裂性能，涂膜表面交联后，具有优良的弹性和延伸率，可遮盖墙壁表面已有的或将产生的裂纹，同时具有超强的抗沾污性和涂膜耐洗刷性，防水防潮、抗菌防霉、耐碱，是一种高档的外墙装饰材料。

2）彩石漆：该漆涂层立体感强，庄重典雅、美观大方，耐老化，造价低，经济实惠，适用于机关团体、宾馆饭店、民用住宅、公共场所等外墙建筑喷涂装饰。

3）固底漆：该漆具有超强的渗透力，可有效地封固墙面，耐碱防霉的涂膜能有效地保护墙壁，极强的附着力可有效防止面漆咬底龟裂，适用于各种墙体基层使用。

4）高光防水罩面漆：该漆涂膜光亮如镜，耐老化，极耐污染，内外墙均可使用，污点一洗即净，擦洗次数可达 10000 次以上，适用于厨房、卫生间等易污染的场所。

（2）工艺流程

基层处理→满刮腻子两遍→底层涂料→中层涂料两遍→乳胶漆面层喷涂→清扫

（3）施工工艺

1）基层处理。

先将装修表面上的灰块、浮渣等杂物铲除，如表面有油污，应用清洗剂和清水洗净，干燥后再用棕刷将表面灰尘清扫干净。表面清扫后，用水与界面剂（配合比为 10：1）的稀释液滚刷一边，再用底层石膏或嵌缝石膏将底层不平处填补好，石膏干透后局部需贴牛皮纸或专用墙布进行防裂处理，待干透后进行下一步施工。

2）满刮两遍腻子。

第一遍应用胶皮刮板满刮，要求横向刮抹平整、均匀、光滑，密实平整，线角及边棱整齐。尽量刮薄，不得漏刮，接头不得留槎，注意不要沾污门窗框及其他部位，否则应及时清理。待第一遍腻子干透后，用粗砂纸打磨平整。注意操作要平衡，保护棱角，磨后用棕扫帚清扫干净。

第二遍满刮腻子方法同第一遍，但刮抹方向与前一遍相垂直。然后用粗砂纸打磨平整，否则必须进行第三遍、第四遍刮抹，用 300 W 太阳灯侧照墙面或天棚面，再用粗砂纸打磨平整，最后用细砂纸打磨平整光滑。

3)底层涂料。

底层涂料施工应在干燥、清洁、牢固的层表面上进行,喷涂一遍,涂层需均匀,不得漏涂。

4)中层涂料施工

涂刷第一遍中层涂料前如发现有不平整之处,应用腻子补平磨光。涂料在使用前应用手提电动搅拌枪充分搅拌均匀。如稠度较大,可适当加清水稀释,但每次加水量需一致,不得稀稠不一。然后将涂料倒入托盘,用涂料滚子醮料涂刷第一遍。滚子应横向涂刷,然后再纵向滚压,将涂料赶开,涂平。滚涂顺序一般为从上到下,从左到右,先远后近,先边角棱角、小面后大面,要求厚薄均匀,防止涂料过多流坠;滚子涂不到有阴角处,需用毛刷补充,不得漏涂;要随时剔除沾在墙上的滚子毛;一面墙要一气呵成,避免接槎刷迹重叠现象,沾污到其他部位的涂料要及时用清水擦净。第一遍中层涂料施工后,一般需干燥4 h以上,才能进行下道磨光工序。如遇天气潮湿,应适当延长间隔时间。然后,用细砂纸进行打磨,打磨时用力要轻而匀,并不得磨穿涂层,磨完将表面清扫干净。第二遍中层涂刷与第一遍相同,但不再磨光。涂刷后,应达到一般乳胶漆高级刷浆的要求(如果前面腻子和涂料底层处理得好可以不进行本层的深刷)。

5)乳胶漆面层喷涂。

由于基层材质、齿期、碱性、干燥程度不同,面层喷涂应预先在局部墙面上进行试喷,以确定基层与涂料的相容情况,并同时确定合适的涂布量。乳胶漆涂料在使用前要充分摇动容器,使其充分混合均匀,然后打开容器,用木棍充分搅拌。喷涂时,嘴应始终保持与装饰面垂直(尤其在阴角处),距离约为0.3~0.5 m(根据装修面大小调整),喷嘴压力为0.2~0.3 MPa,喷枪呈Z字形向前推进,横纵交叉进行。喷枪移动要平衡,涂布量要一致,不得时停时移,跳跃前进,以免发生堆料、流挂或漏喷现象。为提高喷涂效率和质量,喷涂顺序应为:墙面部位→柱部位→预面部位→门窗部位,该顺序应灵活掌握,以不增重复遮挡和不影响已完成的饰面为准。

6)清扫清除遮挡物,清扫飞溅物料。

(4)注意要点

1)涂料施工前将相邻玻璃隔断及外墙玻璃幕框等保护遮挡好。

2)涂料墙体未干前不得清刷地面,以免粉尘沾污墙面。

3)同一房间的墙面应用相同的材料,并且批号相同。

4)与其他做法交接处应清晰无相互污染。

(5)材料要求

1)涂料的存放要防止灰尘、有色液体的污染。

2)当日未用完的涂料要完好封存防止风干。

(6)安全、环境保护与文明施工

1)操作架子。室内常用高凳作为操作架子,当在高凳上铺设架板时应不少于两块,高凳要支稳,间距不超过2 m;采用人字梯时,梯脚应设防滑橡皮垫和保险链,梯子挪动时,人员必须下来,严禁踩高跷或挪动梯子,当层高超过3.6 m时应由架子工搭设架子或活动架子。

2)室内作业应通风良好。

3)夜间作业,照明应用低压行灯,应用无接头橡皮电缆,闸刀、插板不得随意拖在地上。

4)操作人员应认真使用安全防护用品,如工作服、手套、口罩、风镜等。操作人员不准穿硬底鞋、高跟鞋、拖鞋。

5)清洗机具的污水应按指定地方倾倒排放,不得随意乱倒。

6)进入现场应戴好安全帽、着装统一,遵守项目部的规章制度,听从主管工长的指挥,严格按交底完成工作。

7)随时做到工完场清。

例 8-3 根据教学楼和办公楼建筑施工图设计总说明,两个工程的屋面中都采用乳胶漆顶棚,试编制乳胶漆顶棚的施工技术交底。

解答

工程名称	××学校办公楼(教学楼)	交底部位	装饰工程
工程编号	×××	日期	××年××月××日

交底内容:

1. 适用范围

顶棚抹灰的乳胶漆饰面层施工。

2. 施工准备

1)材料准备。

①乙酸乙烯乳胶漆。

②腻子用料:大白粉、石膏粉、羟甲基纤维素、聚醋酸乙烯乳液、108 建筑胶水。

2)机具准备。

应配备的主要机具包括:电动搅拌器、盛料桶、天平、磅秤、刷子、排笔、开刀、钢片刮板、滚筒、腻子板、鸡毛帚等。

3)作业条件。

①墙面已基本干燥,基层含水率不大于 8%。

②墙面的裂缝、空鼓等修补完成,过墙管道、洞口等处已提前抹灰找平。

③门窗安装完毕,地面施工完毕,过墙管道、洞口等处已提前抹灰找平。

④保证施工及干燥过程中环境湿度<85%,温度>10 ℃,有良好的通风条件。

⑤已做好样板间并通过验收合格。

3. 施工工艺

1)工艺流程。

主要工艺流程:基层处理→填补缝隙、局部刮腻子→满刮腻子第一遍→清整阴阳角→满刮腻子第二遍→砂纸打磨→刷第一遍乳胶漆→复找腻子→砂纸打磨→刷第二遍乳胶漆。

2)操作工艺。

①基层处理：砼墙及表面上浮沙、灰尘、疙瘩等要清理干净，黏附着的油污彻底清除。新建建筑物的混凝土或抹灰基层在喷涂前应涂刷抗碱防潮封闭底漆。

②填补缝隙、局部刮腻子、将墙面缝隙及坑洼不平处找平，操作时要横平竖直，填实抹平，并将多余腻子收净，待腻子干燥后用砂纸磨平，并将浮尘扫净。

③配腻子。抹灰面常用室内腻子配合比：m[聚醋酸乙烯乳胶液(白乳胶)]：m[滑石粉或大白粉]：m[2%羟甲基纤维素溶液]=1：5：3.5。

④满刮腻子第一遍。刮腻子遍数可由墙面平整度决定，一般情况下为两遍。第一遍横向满刮，一铁板紧接着一铁板，接头不得留槎，最后收头要干净利落。所有微小砂眼及收缩裂缝均需满刮，以密实、平整线角棱边整齐为度。腻子干透后，用1号砂纸裹着平整小木板，将腻子渣及高低不平处打磨整齐，注意用力均匀，保护棱角，确保暖卫主管及门窗口开启时不受影响。另外在排砖时还要考虑在门窗口上边的砖墙合拢时也不出现破活，所以排砖时必须有个全盘考虑。即前后檐墙排每一皮砖时，要考虑甩窗口后砌条砖，窗角上必须是七分头才是好活。

⑤刮腻子第二遍应竖向满刮，先批顶棚腻子，并调整好阴、阳角。材料应始终保持同一种品牌，同一配比，以免出现色差；墙面施工应待空鼓修补完毕后进行，待腻子干后用细砂纸磨平、磨光，不得将腻子磨穿。

⑥第一遍乳胶漆。先将顶板、墙面清扫干净，将粉灰扫掉。涂刷顺序是先刷天棚，墙面是先上后下，先横后竖，先边角、棱角、小面后大面，阴阳处不得有残积涂料，阳角处不得裹棱；如墙面一次涂刷不能从上到底，应多层次上下同时作业，互相配合协作、避免接槎、涂刷重叠现象。独立面应每遍用同一批涂料，并一次完成。

⑦复找腻子。第一遍乳胶漆干透后，对墙面上的麻点、坑洼、刮痕等用腻子重新复找刮平，干透后用细砂纸轻磨，并把粉尘扫净，达到表面光滑平整。

⑧刷第二遍乳胶漆。涂刷磨光方法与第一遍相同，由于乳胶漆干燥较快，应连续迅速操作，涂刷时以一头开始，逐渐向另一头涂刷，要上下涂刷相衔接，避免干燥后出现接头。

⑨涂刷分色线。对于所有出墙、天棚部位的管道，构件乳胶漆交接处应贴胶带纸刷出10 mm宽分色带。

4. 质量标准

1)主控项目。

①涂饰工程所用涂料的品种、型号和性能应符合设计要求。

检验方法：检查产品合格证、性能检测报告和进场验收记录。

②涂饰工程的颜色、图案应符合设计要求。

③基层处理应符合本作业指导书的要求。

检验方法：观察和手模检查，检查施工记录。

2)一般项目。

①室内乳胶漆工程的涂饰质量和检验方法应符合表8-8的规定：

表 8-8 室内乳胶漆工程质量和验收方法

项次	项目	中级涂刷	高级涂刷	检查方法
1	颜色	均匀一致	均匀一致	观察
2	刮腻、咬色	允许少量轻微	不允许	观察
3	流坠、疙瘩	允许少量轻微	不允许	观察
4	砂眼、划痕	允许少量轻微砂眼、刷纹通顺	无砂眼、划痕	观察
5	装饰线、分色直线允许偏差	2 mm	1 mm	拉 5 m 线,不足 5 m 拉通线用钢直尺检查

5. 施工注意事项

1)遮盖力差、透底。涂刷多道,仍可见基底的颜色或整体颜色不均匀,其主要原因及解决方法是:鲜红、鲜黄材料本身遮盖力差,应适当增加面漆涂刷层数;涂料被过度稀释,漆膜太薄,应控制稀释比例,按产品说明书调整。涂刷带颜色的乳胶漆,配料要合适,保证独立面每遍用同一批涂料,并宜一次用完,保证颜色一致。

2)流坠。涂膜部分呈下垂状态,主要原因是:涂料过度稀释,涂膜一次施工过厚、滚筒、刷子蘸料太多,涂料干燥速度太慢。其解决方法是:铲除流坠涂膜,提高施工技术,确保涂膜一次施工不要太厚,减少加水量,保证颜色一致。

3)粉化。涂膜表面有一薄层粉化物,触拭立即掉落,主要原因是:过度稀释,薄膜太薄,底层太疏松,施工时基底温度过低,成膜不佳;基底及环境温度过高,刷涂时间短,通风差,无法完成成膜;基底碱性过高,涂膜被破坏。其解决方法是:铲除粉化层、遵循施工规范、防止过度稀释,保证施工环境符合施工要求。

4)分色线不齐。两种不同材料交界处的分色线不齐的主要原因是未粘胶带纸;解决方法:施工时认真贴实分色纸带,排笔蘸漆量要适当,用力均匀,起落要轻,从前向后刷,刷好成品后及时撤掉纸带。

6. 成品保护

1)室内乳胶漆工序与其他工序需合理安排,避免涂刷后再有其他工序施工或进行修补工作。

2)成品墙面、天棚应加强管理,认真保护。

3)涂刷涂料时室内门窗、玻璃、水暖管线、电气开关盒、插座和灯座及其他设备不刷部位应及时做好挡护及清理。

4)涂刷前应对已完成的地面面层进行保护,严禁落浆造成污染。

5)移动梯、凳及拆架时应注意保护好已刷的墙面。

6)油漆墙面未干前室内不得清扫地面,以免尘土污染墙面,干燥后不得靠近墙面泼水,以免沾染墙面。

7. 安全环保措施

1)加强对作业人员的安全、环境意识教育,严格遵守公司关于《环境、职业健康、安全作业指导书》的有关规定。

2)高空作业超过2 m应按规定搭设脚手架。施工前要进行检查其是否牢固。使用人字梯应四角落地,摆放平稳,梯脚应设防滑橡皮垫和保险拉杆。人字梯上铺设脚手架,脚 手板两端搭设长度不得小于200 mm,脚手板中间不得同时两人操作。梯子顶部铰轴不得站人,不准铺设脚手板。人字梯应当经常检查,发现开裂、腐朽、榫头松动、缺档等不得使用。

3)禁止穿硬底鞋、拖鞋、高跟鞋在架子上工作;架子上的工具、材料要搁置稳定,以防止坠落伤人。

4)在两层以上脚手架上操作时,应尽量避免在同一垂直线上工作;必须同时作业时,应设有效的挡护。

5)涂刷作业时,操作工人应佩戴相应安全劳动保护用品。

6)每天收工后应尽量不剩油漆材料,如有剩余,不准乱倒,应集中处理,废弃物(如废油桶、油刷等)按环境要求分类处理。

技术负责人: 交底人: 接交人:

8.5.2 外墙涂料施工

(1)材料准备

1)柔性腻子、涂料按设计要求及样板颜色选用,所用材料应一次备齐。涂料应有出厂合格证、出厂日期及使用说明书。选用的材料应符合设计要求及国家、行业现行规范规定的标准。

2)底材要求。基层抹灰已完成并保养了20天左右,基层的碱度pH值在9以下,同时基层已干燥(至少已干燥15天),湿度低于8%;基层表面平整,阴阳角及角线密实,轮廓分明;墙面无渗水、无裂缝、空鼓、起泡孔洞等结构问题,没有粉化松脱物,没有油、脂和其他黏附物。

3)外墙预留的缝已进行防水密闭处理。

4)所用涂料经业主同意,同时样板墙经业主、监理及设计单位同意。

5)吊篮已搭设完毕。

6)基层外露铁件已做好相应的防锈处理(镀锌或刷防锈漆)。

7)施工条件。外墙涂料由于是水性涂料,对施工保养条件要求较高。施工保养要求温度高于5 ℃,环境湿度低于85%,以保证成膜良好。低温将引起涂料的漆膜粉化开裂等问题,环境湿度大使漆膜长时间不干,并最终导致成膜不良。外墙施工必须考虑天气因素,在涂刷涂料前,12 h未下雨,以保证基层干燥;涂刷后,24 h不能下雨,避免漆膜被雨水冲坏。

(2)作业条件

1)基层抹灰完成后进行检查,合格后方可进行施工。

2)基层涂刷涂料时,含水率不得大于10%。在施工时若没有测含水率的手段,可以在基层表面放一块 1 m^2卷材，静置 3～4 h 以后掀开检查，基层覆盖部位与卷材上未见水印即可铺设。

3）门窗安装已完成，并经检查合格，门窗框四周与墙之间的缝隙堵抹应符合规范要求。

4）墙面的设备管洞已处理完毕，为确保墙干燥，各种穿墙孔洞应提前抹灰补齐，墙面基层及女儿墙处出水口防水节点应处理完毕，雨落水管卡、设备穿墙管道等安装预埋件工作已完成，并将洞口用水泥砂浆堵实、抹平、晾干。

5）外用吊篮已安装调试完毕。

6）根据工程量及施工进度计划安排，已准备好相应的机械设备，并接通电源试机。

7）正式施工前应根据设计要求先做样板墙，经监理人员确认质量符合设计要求和施工规范规定后，方可进行大面积的施工。

8）施工现场环境温度不得低于 5 ℃，也不能在阴雨霏霏的天气情况下进行施工。

（3）操作工艺

1）工艺流程。

施工工艺流程：基层修补、清扫处理→填补缝隙→腻子打底找平→打磨→封底漆→第一遍面涂→细部处理→第二遍面涂→检查验收→涂料清理。

2）施工操作。

①基层修补、清扫处理。

施涂前对于基体的缺棱掉角处、孔洞等缺陷采用 1∶3 抗裂砂浆修补。下面为具体做法：细小裂缝采用腻子进行修补（修补时要求薄批而不宜厚刷），干后用砂纸打平；对于大的裂缝，可将裂缝部位凿成“V”字形缝隙，清扫干净后做一层防水层，再嵌填1∶3 抗裂砂浆，干后用水泥砂纸打磨平整。

基层表面 3 mm 以下的孔洞，采用聚合物水泥腻子进行找平，大于 3 mm 的孔洞采用水泥砂浆进行修补，待干后磨平。

此外对于新的水泥砂浆表面，如急需进行涂刷时，可采用 15%～20% 浓度的硫酸锌或氧化锌溶液涂刷于水泥砂浆基层表面数次，待干燥后除去表面析出的粉末和浮砂即可进行涂刷。

尘土、粉末可使用扫帚、毛刷清扫；灰浆用铲刀、除去。

②腻子打底找平。

为了修补不平整的现象，防止表面的毛细孔及裂缝。腻子的要求除了易批易打磨外，还应具备较好的强度和持久性，在进行填补、局部刮腻子施工时要求宜薄批而不宜厚刷。

※知识链接※

选用外墙专用柔性腻子，刮腻子时的施工技术如下：

1）掌握好刮涂时工具的倾斜度，用力均匀，以保证腻子饱满。

2）为避免腻子收缩过大，出现开裂和脱落，一次刮涂不要过厚，根据不同腻子的特点，厚度以 0.5 mm 为宜。不要过多地往返刮涂，以免出现卷皮脱落或将腻子中的胶料挤出封住表面不易干燥。

3)用刮板刮涂要用力均匀,将四周的腻子收刮干净,使腻子的痕迹尽量减少。

4)腻子施工应自上而下,先阴阳角部位后大面墙部位施工,墙面阴阳角、装饰线条、造型梁等部位应找垂直。

用砂布磨平做到表面平整、粗糙程度一致,纹理质感均匀。此工序要求重复检查、打磨直到表面观感一致时为止,砂纸的粗细要根据被磨表面的硬度来定,砂纸粗了会产生砂痕,影响涂层的最终装饰效果。

※特别提示※

砂布打磨要求如下:

1)不能湿磨,打磨必须在基层或腻子干燥后进行,以免黏附砂纸影响操作。

2)手工打磨应将砂纸包在打磨垫块上,往复用力推动,不能只用一两个手指压着砂纸打磨,以免影响打磨的平整度。

3)表面不平时,可将凸出部分铲平,再用腻子进行填补,等干燥后再用砂纸进行打磨。要求打磨后基层的平整度达到在侧面光照下无明显批刮痕迹、无粗糙感,表面光滑。

4)打磨后,应立即清除表面灰尘,以利于下一道工序的施工。

3)底漆施工。

在干净的基层上,滚涂一遍封底漆,增加与基层的结合力,防止浮碱。底漆要涂刷均匀,不得漏涂。

①基层表面处理后,从细部大面积仔细检查,确认符合要求后在进行封闭底漆施工。

②基层封底前对门窗、空调支架金属部位进行保护避免涂料掺入。

③基层封闭底漆施工前要严格按照规定的稀释比例进行稀释,并要求稀释时应对底漆充分搅拌保证均匀。

④基层封闭底漆施工时应先小面后大面,从上而下均匀涂刷施工一遍。

⑤基层封底涂饰确保无漏涂、流挂、涂刷均匀。

⑥底漆施工完毕后,应及时对施工工具清洗,避免溶剂挥发后施工工具硬干,清洗后于阴凉处保存。

4)第一遍面涂施工。

①在底漆施工完毕 24 h 后可以进行第一遍面涂施工。

②面涂应严格按照规定稀释,稀释剂采用厂家指定的材料和稀释比,并充分搅拌均匀。

③涂料施工时应先小面后大面,自上而下施工。

④面涂施工时,不同颜色应使用不同施工工具,避免混色。

⑤施工时涂饰料应按分隔线或窗套等处,避免结合处出现色差。

5)第二遍面涂施工。

①第一遍面涂施工结束 24 h 后方可进行第二遍面涂施工。

②第二遍面涂要求涂刷均匀,施工后应达到色泽一致,无流挂、漏底,阴阳角无积料。

③涂料稀释比例大体与第一遍相同。

④如果漆面需要施工修补，应在第二遍面涂施工前尽量采用与以前批号相同的产品，避免色差。

⑤施工间隙或施工完毕后，应盖紧桶盖，以防结皮。

6)划分隔条粘胶条。

首先根据设计要求进行吊垂直、套方找规矩，弹分割线，宽度为 2 cm，此项工作必须严格按标高控制好，必须保证建筑物四周交圈，分隔必须平直、光滑、粗细一致等。

7)施工缝与施工段。

由上往下进行施工，根据墙体的特点每一垂直面为一个施工段，水平缝留在分隔缝上，垂直缝留在阴阳角处。

(4)质量要求

1)主控项目。

①涂料工程所用涂料的品种、型号和性能应符合设计要求。

检验方法:检查产品合格证书、性能检测报告和进场验收记录。

②涂料工程的颜色、图案应符合设计要求。

检验方法:观察。

③涂料工程应涂饰均匀、黏结牢固，不得漏涂、透底、起皮和掉粉。

检验方法:观察;手摸检查。

④涂料工程的基层腻子应平整、坚实、牢固，无粉化、起皮和裂缝。

检验方法:观察;手摸检查;检查施工记录。

2)一般项目。

涂料工程的一般项目质量检查应符合表 8-9 要求。

表 8-9 涂料的涂饰质量和检验方法

序号	项目	普通涂饰	高级涂饰	检验方法
1	颜色	均匀一致	均匀一致	观察
2	泛碱、咬色	允许少量轻微	不允许	
3	流坠、疙瘩	允许少量轻微	不允许	
4	砂眼、刷纹	允许少量轻微砂眼、刷纹通顺	无砂眼，无刷纹	
5	装饰线、分色线直线度允许偏差	2 mm	1 mm	拉 5 m 线，不足 5 m 拉通线，用钢直尺检查

(5)成品保护措施

1)成品保护的组织管理。

①在准备工作阶段，由项目施工领导，配合土建、安装、分包单位对施工进行统一协调。合理安排工序，加强工种的配合，正确划分施工段，避免因工序不当或工种配合不当

造成成品损坏。

②建立成品保护责任制，责任到人，派专人负责成品保护工作的监督管理。

③加强职工的质量和成品保护教育及成品保护人岗前教育，树立工人的配合及保护意识，建立各种保护临时交接制，做好各道工序有人负责。

2）施工过程成品保护。

①涂料施工过程中，工完场清，及时对散落的、污染到门窗、玻璃的涂料加以清理。

②认真组织涂刷的先后顺序，避免交叉污染。及时清理外立面上积存的建筑垃圾灰土，不要在涂料刷完后清理而造成污染。

3）装饰成品保护。

①不得在装饰成品上涂写、敲击、划痕。

②作业时应避免碰撞墙及墙角。

③严禁施工现场生火、泼水、以防墙面脱皮及霉变。

④雨天禁止施工。

⑤墙面油漆涂料施工时，应对门窗进行覆盖保护。

⑥外墙装饰尽量避免雨天施工，刚刷好的外墙涂料遇雨时需在墙顶覆盖防雨布。

（6）工程质量控制及检测

1）注意事项。

①涂料应避免阳光直射，并储存在阴凉、干燥、无冻处；底漆、面漆以及面料不同颜色应分开、分类堆放。

②施工严格按照施工说明进行，每层之间要达到规定的干燥时间，涂料均匀，厚薄一致，避免露底漏涂、多涂，控制单位耗量。

③涂料施工应在晴好天气进行，避免大风、大雾、阴雨施工。

④在雨前6 h或雨后24 h内严禁施工。

⑤涂料作业结束后，应注意对饰面进行必要的保护，防止外用吊篮拆除时污染涂料面，影响涂刷效果。

2）工程验收。

①涂料工程应待涂层完全干燥后，方可进行验收。检查数量为按面积抽查10%。

②验收时，应检查所用的材料品种、颜色是否符合设计和选定的样品要求。

③施涂薄层涂料表面的质量要求：无掉粉、起皮；无漏刷、透底；无流坠、疙瘩；无泛碱、咬色；颜色一致，无砂眼、气孔；装饰线、分色线平直（拉5 m线检查，偏差不大于1 mm）；墙面平整，无波纹2 m靠尺检测，偏差不大于2 mm；阴阳角方正、平直；门窗、灯具洁净。

（7）质量保证措施

外墙涂料的质量如何取决于三个方面：

①产品本身的质量。只有建设单位、监理单位、施工单位三方考察选定具有质量保证的产品，按照样板开路，产品品质方可以得到保证。

②施工质量。编制详细的施工方案及工艺要求标准，经监理工程师批准后，组织所有施工人员（包括管理人员及职工）进行两个层次的技术交底，即书面学习交底，现场作业交底，让每个管理人员及职工明白施工的详细作业过程及最终要求标准；严把过程控制

关，每道工序施工时，相关技术人员，质检人员必须紧随工作面，不间断巡查指导，遇见问题及时整改纠正，确保工序施工质量；严格采用分期工序层层验收的办法，加强自检；重点加强油漆系统学习，对产品的性能及操作方法要牢记心中。

③防偷工减料措施。按预算用量进料至施工现场指定仓库，经监理、建设单位代表查后封存；按使用说明用量配漆，不定期检查；加强对操作工人的交底及加大巡视力度，严格按照配比施工，并要求涂刷均匀不得漏涂。

例 8-4 根据框架结构和砖混结构建筑施工图设计总说明和建施图 8，教学楼和办公楼工程的外墙装饰部分采用外墙涂料，试根据工程特点，编制外墙涂料装饰施工技术方案。

解答 根据图纸设计及建设单位工作联系单×××号要求：采用“嘉利来”牌，W9917 亚光型丙烯酸精品外墙乳胶面漆、D9930 外墙抗碱封闭底漆、J9951 耐水性外墙乳胶漆专用腻子粉。

1. 施工准备

1）材料要求。

与建设单位认定的材料厂家签订购货合同，积极采购。进场材料经自检合格后报监理单位检验，申报材料必须附合格证、检验报告、自检记录以及相关材料复试报告。材料进场后必须注意防水和防潮。

2）主要机具。

江苏神驰 ZLD630 电动吊篮 6 m 四台、空中滑板 10 套、电动喷浆机、大浆桶、小浆桶、刷子、排笔、开刀、胶皮刮板、塑料刮板、0 号及 1 号木砂纸、浆罐、大小水桶、胶皮管、钳子、铅丝、腻子槽、腻子托板、笤帚、擦布、棉丝等。

3）作业条件。

①施工要求基层含水率不得大于 10%，pH 值小于 9，表面干燥相对湿度不高于 85%（24 h 计），干燥、无油腻和疏松。

②大面积施工前应事先做好样板间，经有关质量部门检查鉴定合格后，方可组织进行大面积施工。

2. 工艺流程

基层聚合物砂浆找平、修整→满刮腻子→打磨→涂刷底漆→复找腻子→打磨→刷、喷第一遍浆→刷、喷第二遍浆。

3. 施工要求

1）基层处理：本工程为外墙外保温墙面涂料施工，涂料刮腻子前必须先用同保温施工的面层聚合物砂浆进行基层找平、棱角修整等。

2）满刮腻子：本工程为厂家直供成品专用腻子，腻子粉直接加适量水调至适合黏度即可使用，一般刮涂 1 ~ 2 遍，参考用量 1.2 ~ 1.5 kg/m^2，腻子加水配好须当天用完。每遍腻子干后应磨砂纸，将腻子磨平磨完后将浮尘清理干净。面层涂刷带颜色的浆料时，腻子亦要掺入适量与面层所带颜色相协调的颜料。

3）涂刷抗碱封闭底漆。

底漆为配套油漆，涂刷一遍，参考用量 7 ~ 8 kg/m^2（一遍），使用前需将底漆充分搅拌均匀。刷、喷浆前应先将门窗口圈用排笔刷好，如墙面为两种颜色时应在分色线处用排笔齐线并刷 20 cm 宽以利接槎，然后再大面积制喷浆。刷、喷顺序应先上后下顺序进行。喷浆时喷头距墙面宜为 20 ~ 30 cm，移动速度要平稳，使涂层厚度均匀。

4）刷、喷乳胶面层漆。

使用的 W9917 丙烯酸精品外墙乳胶漆可刷涂、滚涂、喷涂，黏稠时可加 10% ~ 15% 自来水，参考用量 5 ~ 6 kg/m^2（两遍）。两次重涂间隔时间 4 h。

5）飘窗上下底板、分户板、阳台窗台板、东西墙窗户套线及楼层腰线等部位的涂料涂刷颜色以建设单位出具的效果图为准。

4. 质量标准

1）保证项目。

①选用刷（喷）浆的品种、质量等级、图案与颜色，必须符合设计和选定样品的要求及有关标准的规定。

②刷（喷）工程严禁起皮、掉粉、漏刷和透底。

2）基本项目（表 8–10）。

表 8–10　室内、外刷（喷）浆工程基本项目

项次	项目	中级标准	检验方法
1	颜色	均匀一致	观察
2	光泽、光滑	光泽基本均匀，光滑无手感	观察、手摸
3	刷纹	刷纹通顺	观察
4	流坠、裹棱、皱皮	明显处不允许	观察
5	装饰线、分色线平直	误差 2 mm	偏差不大于 2 mm（拉 5 m 线检查，不足 5 m 拉通线检查）

5. 成品保护

1）已完成的刷（喷）浆成品应做好成品保护工作，防止其他工序对产品的污染和损坏。

2）为减少污染，应事先将门窗口圈用排笔刷好后，再进行大面积浆活的施涂工作。

3）刷（喷）浆前应对已完成的地面面层进行保护，严防落浆造成污染。

4）使用吊篮喷浆机等施工工具时严禁在地面上拖拉，防止损坏地面的面层。

6. 应注意的质量问题

1）混凝土和抹灰表面施涂水性和乳液浆时，含水率不得大于 10%，以防止脱皮。

2）刷（喷）装工程使用的腻子，应坚实牢固，不得粉化、起皮和裂纹。

3）浆皮开裂。主要原因是基层粉尘没清理干净，墙面凸凹不平，腻子超厚或前道腻子未干透紧接着刮二道腻子，这是腻子干后收缩形成裂缝结果把浆皮拉裂。

4）脱皮。刷（喷）浆层过厚，面层浆内胶量过大，基层胶量少强度低，干后，面层浆形成硬壳使之开裂脱皮。因此，应掌握浆内胶的用量，为增加浆与基层的黏结强度，可在刷

(喷)浆前先刷(喷)一道胶水。

5)掉粉。主要原因是面层浆液中胶的用量少,为解决掉粉的问题,可在原配好的浆液内多加一些乳液使其胶量增大,用新配之浆液在掉粉的面层上重新刷(喷)一道,此道胶俗语叫"来一道扫胶"即可。

6)泛碱、咬色。主要原因是墙面潮湿,或墙面干湿不一致;或因赶工期浆活每遍跟得太紧,前道浆没干就喷刷下道浆;或因冬施室内生火炉后墙面泛黄;还有的由于室内跑水、漏水后形成的水痕。解决办法是,冬施取暖采用暖气或电炉,将墙面烘干,浆活遍数不能跟得太紧,应遵循合理的施工顺序。

7)流坠。主要原因是墙面潮湿,浆内胶多不易干燥,喷刷浆过厚等。应待墙面干后再刷(喷)浆,刷(喷)浆时最好设专人负责,喷头要均匀移动。配浆要设专人掌握,保证配合比正确。

8)透底。主要原因是基层表面太光滑或表面有油污没清洗干净,浆刷(喷)上去固化不住,或由于配浆时稠度掌握不好,浆过稀,喷几遍也不盖底。预防措施是要求喷浆前将混凝土表面油污清刷干净,浆料稠度要合适,刷(喷)浆时设专人负责,喷头距墙20~30 cm,移动速度均匀,不漏喷等。

9)室外刷(喷)浆与油漆或涂料接槎处分色线不清晰。主要原因是技术素质差,施工时不认真。

10)皱折、开裂。主要原因是浆刷后未干遇雨造成浆皮皱折,应加强成品保护,并密切注意天气变化,尤其是雨施期间更要引起重视。

11)表面划痕或腻子斑痕明显。主要原因是刮腻子后没认真磨砂纸找平,又不二次复找腻子所致。

7. 施工安全

1)本工程涂料施工为高空作业,所以必须遵行有关高空作业的规范要求。

2)施工中使用的吊篮、滑板必须符合安全要求。吊篮在使用过程中,严禁上下人员及物料,以防坠人坠物。严禁交叉作业。

3)上篮人员必须系好安全带,当吊篮上下运行及停在空中作业时,作业人员必须将安全带扣在自锁器上,自锁器扣在保险绳上(自锁器由吊篮租赁公司提供)。

4)吊篮操作人员应严格按照《电动吊篮技术交底兼安全操作规程》进行施工。

5)在雨季,将吊篮的提升机、电箱用防水布遮盖,并在电缆和电控箱的各个承插接口处用防水胶布密封住以便尽可能地防止雨水进入。吊篮使用前,必须打开各承插接口,通风凉干,以免发生电器事故。

6)雷雨天绝对禁止施工,并在雷雨到来之前彻底检查吊篮的接地情况。

7)六级以上大风天气里,必须将吊篮下降到地面或施工面的最低点并固定好。

8)安装悬臂机构时应做好成品保护工作,对安装好的门窗及做好的防水层不得损坏,搬运配重及悬臂机构应轻拿轻放,前、后支架下垫木板,不得损坏防水层,对安装人员要做到技术安全交底。

9)吊篮要距墙面200 mm左右,操作人员面向墙遇到突起物用力推开,以避免对墙体的碰撞。

10)电缆线及安全绳在女儿墙上转角处应当由使用方采取软材料(如塑料布、麻袋片等)包裹,防止电缆线和安全绳的磨损及女儿墙角的损坏。

8.5.3 溶剂型涂料施工

(1)一般规定

※知识链接※

溶剂性涂料(俗称油漆)是一种含有颜料或不含有颜料的胶体溶液,涂于物体表面干结后呈固体薄膜,有阻滞空气、水分、日光、微生物、化学药品等物质侵蚀物体表面的性能,同时可填平造型,着色增光,隔电杀菌及保护被涂物件。因此,溶剂性涂料被广泛施用于金属、木材等材料表面,使金属防锈,使木材增加硬度和防腐,并使被涂物品变得美观。

1)本过程适用于硝基清漆、聚酯清漆以及各种调和漆的室内油漆工程。

2)油漆基层的表面质量应符合有关标准规定,施工前先对基体或基层认真检查,发现问题妥善处理后再进行施工。

3)油漆基层必须干燥,应在顶棚、墙面、地面管道等工程完工后进行,应保持现场清洁。

(2)木料表面施涂丙烯酸清漆

1)材料要求:涂料,光油、清油、醇酸清漆、丙烯酸清漆(1 号、2 号)、黑漆、漆片等;填充料,石膏粉、钛白粉、地板黄、红土粉、黑烟脂、立德粉、纤维素等;稀释剂,二甲苯、汽油、煤油、醇酸稀料、酒精等;抛光剂,上光蜡、砂蜡等。

2)主要机具:开刀、刮腻子板、排笔、毛笔、腻子槽、半截大桶、油桶、小油桶、油勺、油提(200~300 g)、铜箩、纱箩(窗纱)、小笤帚、油刷、麻绳、棉丝、白布、牛角板、油画笔、指套、砂纸砂布、钳子、小锤子、安全带、人字梯、高凳、脚手板等。

3)作业条件。施工时环境温度一般不宜低于 10 ℃,相对湿度不宜大于 60%。施工地点要通风良好未安玻璃前,应有防风措施,否则遇刮大风天气不得进行施工。顶板、墙面、地面等湿作业完成并具备一定强度,环境比较干燥和干净。施工前先做样板,经有关质量部门鉴定验收合格后,再组织班组进行大面积施工。操作前应认真进行交接检查工作,并对遗留问题进行妥善处理。

(3)施工工艺

1)工艺流程:如图 8-37 所示。

2)基层处理。首先清除木料表面的尘土和油污。如木料表面沾污机油,可用汽油或稀料将油污擦洗干净。清除尘土、油污后用砂纸打磨,大面可用砂纸包 5 cm 见方的短木垫着磨。要求磨平、磨光,并清扫干净。

3)润油粉。油粉是根据样板颜色用钛白粉、红土粉、黑漆、地板黄、清油、光油等配制而成。油粉调得不可太稀,以调成粥状为宜。润油粉刷擦均可,擦时用麻绳断成 30~40 cm长的麻头来回揉擦,包括边、角等都要擦润到并擦净。线角用牛角板刮净。

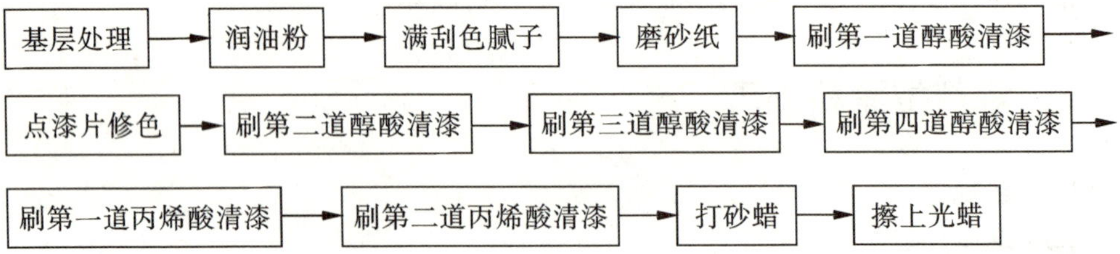

图 8-37　溶剂型涂料施工工艺流程图

4）满刮色腻子。色腻子由石膏、光油、水和石性颜料调配而成。色腻子要刮到、收净，不应漏刮。

5）磨砂纸。待腻子干透后，用 1 号砂纸打磨平整，磨后用干布擦抹干净。再用同样的色腻子满刮第二道，要求和刮头道腻子相同。刮后用同样的色腻子将钉眼和缺棱掉角处补抹腻子，抹得饱满平整。干后磨砂红，打磨平整，做到木纹清，不得磨破棱角，磨完后清扫，并用湿布擦净、晾干。

6）刷第一道醇酸清漆。涂刷时要横平竖直、厚薄均匀、不流不坠 、刷纹通顺，不许漏刷，干后用 1 号砂纸打磨，并用湿布擦净、晾干。以后每道工序间隔时间，一般夏季 6 h，春、秋季约 12 h，冬季为 24 h 左右，时间稍长一些更好。

7）点漆片修色。漆片用酒精溶解后，加入适量的石性颜料配制而成。对已刷过头道漆的腻子疤、钉眼等处进行修色，漆片加颜料要根据当时颜色深浅灵活掌握，修好的颜色与原来的颜色要基本一致。

8）刷第二道醇酸清漆。先检查点漆片修好，如符合要求便可刷第二道清漆，待清漆干透后，用 1 号砂纸打磨，用湿布擦干净，再详细检查一次，如有漏抹的腻子和不平处，需要复抹色腻子，干后局部磨平，并用湿布擦净。

9）刷第三道醇酸清漆。待第二道醇酸清漆干后，用 280 号水砂纸打磨，磨好后擦净，其余操作方法同上。

10）刷第四道醇酸清漆。刷完第四道醇酸清漆后，要等 4 ~6 d 后用 280 ~320 号水砂纸进行打磨，磨光、磨平，磨后擦干净。

11）刷第一道丙烯酸清漆。丙烯酸清漆分甲乙两组，一号为甲组，二号为乙组，配合比为一号 40%，二号 60%（质量比），根据当时气候加适量稀释剂二甲苯。由于这种漆挥发较快，要用多少配制多少，最好按半天工作量计算。刷时要求动作快、刷纹通顺、厚薄均匀一致、不流不坠，不得漏刷，干后用 320 号水砂纸打磨，磨完后用湿布擦净。

12）刷第二道丙烯酸清漆。待第一道刷后 4 ~6 h，可刷第二道丙烯酸清漆，刷的方法和要求同第一道。刷后第二天用 320 ~380 号水砂纸打磨，磨砂纸用力要均匀，从有光磨至无光直至"断斑"，不得磨破棱角，磨后擦抹干净。

13）打砂蜡。首先将原砂蜡掺煤油调成粥状，用双层呢布头蘸砂蜡往返多次揉擦，力量要均匀，边角线都要揉擦，不可漏擦，棱角不要磨破，直到不见亮星为止，最后用干净棉丝蘸汽油将浮蜡擦净。

14)擦上光蜡。用干净白布将上光蜡包在里面,收口扎紧,用手揉擦,擦匀、擦净直至光亮为止。如果木料表面做清漆磨退而不做丙烯酸清漆磨退,其操作工艺同上述1)~10),再加擦清漆面,即在第四道醇酸清漆刷完干透后,进行理擦醇酸清漆(醇酸清漆加10~15的醇酸稀料),用白布(最好是豆包布)包棉花蘸清漆理擦5遍或6遍,这样使棕眼更加平整;在常温下干燥3~4 d后,用400号水砂纸磨去亮光的50%以上,俗称"断斑",但要注意不得磨破末道漆面和线条、棱角等,磨后清理擦抹干净;接着按照上述操作工艺打砂蜡、擦上光蜡出亮即可成活。

※特别提示※

冬期施工:室内油漆工程应在采暖条件下进行,室温保持均衡,不宜低于10 ℃,且不得突然变化。应设专人负责测量和开关门窗,以利通风排除湿气。

(4)质量标准及验收

1)适用于丙烯酸酯涂料、聚氨酯丙烯酸涂料等溶剂型涂料涂饰工程的质量验收。

①主控项目。溶剂型涂料涂饰工程所选用涂料的品种、型号和性能应符合设计要求,检验方法:检查产品合格证书、性能检测报告和进场验收纪录。溶剂型涂料涂饰工程的颜色、光泽、图案应符合设计要求,检验方法:观察。溶剂型涂料涂饰工程应涂饰均匀、黏结牢固,不得漏涂、透底、起皮和返锈,检验方法:视察、手摸检查。溶剂型涂料涂饰工程的基层处理应符合本规范的要求,检验方法:观察、手摸检查、检查施工记录。

②一般项目。清漆的涂饰质量和检验方法应符合表8-11的规定;涂层与其他装修材料和设备衔接处应吻合,界面应清晰,检验方法:观察。

表8-11　清漆的涂饰质量和检验方法

项次	项目	普通涂饰	高级涂饰	检验方法
1	颜色	均匀一致	均匀一致	观察
2	木纹	棕眼刮平、木纹清楚	棕眼刮平、木纹清楚	观察
3	光泽、光滑	光泽基本均匀、光滑无挡手感	光泽均匀一致、光滑	观察、手摸检查
4	刷纹	无刷纹	无刷纹	观察
5	裹棱、流坠、皱皮	明显处不允许	不允许	观察

2)工程质量验收。

①溶剂型涂料涂饰工程所选用涂料的品种、型号和性能应符合设计要求。

检验方法:检查产品合格证书、性能检测报告和进场验收记录。

②溶剂型涂料涂饰工程的颜色、光泽、图案应符合设计要求。

检验方法:观察。

③溶剂型涂料涂饰工程应涂饰均匀、黏结牢固,不得漏涂、透底、起皮。

检验方法:观察;手摸检查。

④溶剂型涂料涂饰工程的基层处理应符合:新建筑物的混凝土或抹灰基层在涂饰涂料前应涂刷抗碱封闭底漆;旧墙面在涂饰涂料前应清除疏松的旧装修层,并涂刷界面剂;混凝土或抹灰基层涂刷溶剂型涂料时,含水率不得大于8%;涂刷乳液型涂料时,含水率不得大于10%;木材基层的含水率不得大于12%;基层腻子应平整、坚实、牢固,无粉化、起皮和裂缝;内墙腻子的黏结强度应符合《建筑室内用腻子》(JG/T 3049—1998)的规定。

(5)安全生产、现场文明施工要求

1)高空作业超过2 m应按规定搭设脚手架。施工前要进行检查是否牢固;使用的人字梯应四角落地,摆放平稳,梯脚应设防滑橡皮垫和保险链;人字梯上铺设脚手板,脚手板两端搭设长度不得少于20 cm,脚手板中间不得同时两人操作;梯子挪动时,作业人员必须下来,严禁站在梯子上踩高跷式挪动,人字梯顶部铰轴不准站人,不准铺设脚手板;人字梯应当经常检查,发现开裂、腐朽、楔头松动、缺档等,不得使用。

2)油漆施工前应集中工人进行安全教育,并进行书面交底。

3)施工现场严禁设油漆材料仓库,场外的油漆仓库应有足够的消防设施。

4)施工现场应有严禁烟火的安全措施,现场应设专职安全员监督确保施工现场无明火。

5)每天收工后应尽量不剩油漆材料,剩余油漆不准乱倒,应收集后集中处理。废弃物(如废油桶、油刷、棉纱等)按环保要求分类处置。

6)现场清扫设专人洒水,不得有扬尘污染。打磨粉尘用湿布擦净。

7)施工现场周边应根据噪声敏感区域的不同,选择低噪声设备或其他措施,同时应按国家有关规定控制施工作业时间。

8)涂刷作业时操作工人应佩戴相应的防毒面具、口罩、手套等,以免危害肺、皮肤等。

9)严禁在民用建筑工程室内用有机溶剂清洗施工用具。

10)油漆使用后,应及时封闭存放,废料应及时清出室内,施工时室内应保持良好通风但不宜过堂风。

11)民用建筑工程室内装修中,进行饰面人造木板拼接施工时,除芯板为A类外,应对其断面及无饰面部位进行密封处理(如采用环保胶类腻子等)。

(6)成品保护

1)刷油前首先清理好周围环境,防止尘土飞扬,影响油漆质量。

2)在涂刷每道油漆时要注意环境卫生,刮大风天气和清理地面时不得涂刷。刷完每道油漆后,要把门窗扇用梃钩或木楔固定,避免粘坏油皮。

3)注意不得磕碰和弄脏门窗扇,掉在地面上的油迹要及时清擦干净。

4)油漆涂料完成后应派专人负责看管。

(7)主要工程质量通病治理措施

1)棱角腻子不平整。

原因:腻子抹得不饱满,以及收缩引起。

防治措施:重补腻子,直至达到平整为止,干后用砂纸打磨平整。

2)磨破棱角。

原因:门窗棱角容易磨穿、磨破,磨水砂纸和打砂蜡时不要用力过猛。

防治措施:要轻磨轻打,保持棱角完整。

3)流坠。

原因:涂刷不均,涂层过厚,刷时蘸油过多,施涂不匀或温度过低等造成。

防治措施:刷涂时注意油漆浓度适当,刷子带漆均匀。发现流坠处,应及时用水砂纸磨平。

4)五金污染。

原因:操作粗或未及时将小五金等污染处清擦干净。

防治措施:应尽量后装门锁、拉手和插销等(但可以事先把位置和门锁孔眼钻好),注意清洁卫生,确保五金洁净美观。

5)漏涂。

原因:操作不认真、不仔细。

防治措施:门窗扇安装刷漆时,注意刷涂质量和边缘地方,保证不漏涂。

任务8.6 裱糊工程

8.6.1 裱糊的施工工艺及要点

(1)工艺流程(图8-38)

图8-38 裱糊施工的工艺流程

(2)施工要点

1)基层处理。

根据基层不同材质,采用不同的处理方法。

①混凝土及抹灰基层处理。裱糊壁纸的基层是基层混凝土面、抹灰面(如水泥砂浆、水泥混合砂浆、石灰砂浆等),要满刮腻子一遍打磨砂纸。但有的混凝土面、抹灰面有气孔、麻点、凸凹不平时为了保证质量,应增加刮腻子和磨砂纸遍数。刮腻子时,将混凝土或抹灰面清扫干净,使用胶皮刮板满刮一遍。刮时要有规律,要一板排一板,两板中间顺一板,既要刮严,又不能有明显接槎和凸痕,做到凸处薄刮,凹处厚刮,大面积找平。待腻子干固后,打磨砂纸并扫净。需要增加满刮腻子遍数的基层表面,应先将表面裂缝及凹面部分刮平,然后打磨砂纸、扫净,再满刮一遍后打磨砂纸,处理好的地层应该平整光滑,阴阳角线通畅、顺直,无裂痕、崩角,无砂眼麻点。

②木质基层处理。木质基层要求接缝不显接槎,接缝、钉眼应用腻子补平并满刮油性腻子一遍(第一遍),用砂纸磨平。木夹板的不平整主要是钉接造成的,在钉接处木板夹往往下凹,非钉接处向外凸。所以第一遍满刮腻子主要是找平大面。第二遍可用石膏腻子找平,腻子的厚度应减薄,可在该腻子五六成干时,用塑料刮板有规律地压光,最后用干

净的抹布轻轻将表面灰粒擦净。对要贴金属壁纸的木基面处理,第二遍腻子时应采用石膏粉调配猪血料的腻子,其配比为10∶3(质量比)。金属壁纸对基面的平整度要求很高,稍有不平处或粉尘,都会在金属壁纸裱贴后明显地看出。所以所以金属壁纸的木基面处理,应与木家具打底方法基本相同,批抹腻子的遍数要求在三遍以上。基层批抹最后一遍腻子并打平后,用软布擦净。

③石膏板基层处理。纸面石膏板比较平整,批抹腻子主要是在对缝处和螺钉孔位处。对缝披抹腻子后,还需用绵纸带帖缝,以防止对缝处的开裂。在纸面石膏板上,应用腻子满刮一遍,找平大面,在第二遍腻子进行修整。

④不同基层对接处的处理。不同基层材料的相接处,如石膏板与木板夹、水泥或抹灰基面与木板夹、水泥基面与石膏板之间的对缝,应用绵纸带或穿孔纸带粘贴封口,以防止裱糊后的壁纸面层被拉裂撕开。

⑤涂刷防潮底漆和底胶。为了防止壁纸受潮脱胶,一般对要裱糊塑料壁纸、壁布、纸基塑料壁纸、金属壁纸的墙面,涂刷防潮底漆。防潮底漆用酚醛清漆与汽油来调配,其配比为:m(清漆)∶m[汽油(或松节油)]=1∶3。该底漆可涂刷,也可喷刷,漆液不宜厚,且要均匀一致。涂刷底胶是为了增加黏结力,防止处理好的基层受潮弄污。底胶一般用108胶配少许甲醛纤维素加水调成,其配比为:m(108胶)∶m(水)∶m(甲醛纤维素)=10∶10∶0.2。底胶可涂刷,也可喷刷。

※特别提示※

在涂刷防潮底漆和底胶时,室内应无灰尘,且防止灰尘和杂物混入该底漆或底胶中;底胶一般是一遍成活,但不能漏刷、漏喷;若面层贴波音软片,基层处理最后要做到硬、干、光;要在做完通常基层处理后,还需增加打磨和刷二遍清漆。

⑥基层处理中的底灰腻子有乳胶腻子与油性腻子之分,其配合比(质量比)如下:

乳胶腻子:

m[白乳胶(聚醋酸乙烯乳液)]∶m(滑石粉)∶m[甲醛纤维素(2%溶液)]=1∶10∶2.5;

m(白乳胶)∶m(石膏粉)∶m[甲醛纤维素(2%溶液)]=1∶6∶0.6。

油性腻子:

m(石膏粉)∶m(熟桐油)∶m[清漆(酚醛)]=10∶1∶2;

m(复粉)∶m(熟桐油)∶m(松节油)=10∶2∶1。

2)吊直、套方、找规矩、弹线。

①顶棚。首先应将顶子的对称中心线通过吊直、套方、找规矩的办法弹出中心线,以便从中间向两边对称控制。墙顶交接处的处理原则是:凡有挂镜线的按挂镜线弹线,没有挂镜线则按设计要求弹线。

②墙面。首先应将房间四角的阴阳角通过吊垂直、套方、找规矩,并确定从哪个阴角开始按照壁纸的尺寸进行分块弹线控制(习惯做法是进门左阴角处开始铺贴第一张),有挂镜线的按挂镜线弹线,没有挂镜线的按设计要求弹线控制。

③具体操作方法。按壁纸的标准宽度找规矩,每个墙面的第一条纸都要弹线找垂直,

第一条线距墙阴角约15 cm处，作为裱糊时的准线。在第一条壁纸位置的墙顶处敲进一枚墙钉，将有粉锤线系上，铅锤下吊到踢脚上缘处，锤线静止不动后，一手紧握锤头，按锤线的位置用铅笔在墙面划一短线，再松开铅锤头查看垂线是否与铅笔短线重合。如果重合，就用一只手将垂线按在铅笔短线上，另一只手把垂线往外拉，放手后使其弹回，便可得到墙面的基准垂线。弹出的基准垂线越细越好。每个墙面的第一条垂线，应该定在距墙角距离约15 cm处。墙面上有门窗的应增加门窗两边的垂直线。

④计算用料、裁纸。按基层实际尺寸进行测量计算所需用量，并在每边增加2～3 cm作为裁纸量。裁剪在工作台上进行。对有图案的材料，无论顶棚还是墙面均应从粘贴的第一张开始对花，墙面从上部开始；边裁边编顺序号，以便按顺序粘贴；对于对花墙纸，为减少浪费，应事先计算，如一间房需要5卷纸，则用5卷纸同时展开裁剪，可大大减少壁纸的浪费。

3）刷胶。

由于现在的壁纸一般质量较好，所以不必进行润水，可以在进行施工前将2块或3块壁纸进行刷胶，使壁纸起到湿润、软化的作用。塑料纸基背面和墙面都应涂刷胶黏剂，刷胶应厚薄均匀，从刷胶到最后上墙的时间一般控制在5～7 min。刷胶时，基层表面刷胶的宽度要比壁纸宽约3 cm。刷胶要全面、均匀、不裹边、不起堆，以防溢出，弄脏壁纸。但也不能刷得过少，甚至刷不到位，以免壁纸黏结不牢。一般抹灰墙面用胶量为0.15 kg/m^2左右，纸面为0.12 kg/m^2左右。壁纸背面刷胶后，胶面与胶面反复对叠，以避免胶干得太快，也便于上墙，并使裱糊的墙面整洁平整。金属壁纸的胶液应是专用的壁纸粉胶。刷胶时，准备一卷未开封的发泡壁纸或长度大于壁纸宽的圆筒，一边在裁剪好的金属壁纸背面刷胶，一边将刷过胶的部分向上卷在发泡壁纸卷上。

4）裱贴。

①吊顶裱贴。在吊顶面上裱贴壁纸，第一段通常要贴近主窗，与墙壁平行。长度过短时（小于2 m），则可跟窗户成直角贴。在裱贴第一段前，须先弹出一条直线。其方法为，在距吊顶面两端的主窗墙角10 mm处用铅笔做两个记号，在其中的一个记号处敲一枚钉子，按照前述方法在吊顶上弹出一道与主窗墙面平行的粉线。按上述方法裁纸、浸水、刷胶后，将整条壁纸反复折叠；然后用一卷未开封的壁纸卷或长刷撑起折叠好的一段壁纸，并将边缘靠齐弹线，用笔敷平一段，再展开下面的端头部分，并将边缘靠齐弹线，用排笔敷平一段，再展开弹线敷平，直到整截贴好为至。剪齐两端多余的部分，如有必要，应沿着墙顶线和墙角修剪整齐。

②墙面裱贴。裱贴壁纸时，首先要垂直，后对花纹拼缝，再用刮板用力抹压平整。原则是先垂直面后水平面；先细部后大面。贴垂直面时先上后下，贴水平面时先高后低。裱贴时剪刀和长刷可放在围裙袋中或手边。先将上过胶的壁纸下半截向上折一半，握住顶端的两角，在四脚梯或凳上站稳后，展开上半截，凑近墙壁，使边缘靠着垂线成一直线，轻轻压平，由中间向外用刷子将上半截敷平，在壁纸顶端作出记号，然后用剪刀修齐或用壁纸刀将多余的壁纸割去。再按上述法同样处理下半截，修齐踢脚板与墙壁间的角落，用海绵擦掉沾在踢脚板上的胶糊。壁纸贴平后，3～5 h内，在其微干状态时，用小滚轮（中间微起拱）均匀用力滚压接缝处，这样做比传统的有机玻璃片抹刮能有效地减少对壁纸的

损坏。裱贴壁纸时，注意在阳角处不能拼缝，阴角边壁纸搭缝时，应先裱糊压在里面的转角壁纸，再粘贴非转角的正常壁纸。搭接面应根据阴角垂直度而定，搭接宽度一般不小于2 ~ 3 cm，并且要保持垂直无毛边。裱糊前，应尽可能卸下墙上电灯等开关，首先要切断电源，用火柴棒或细木棒插入螺丝孔内，以便在裱糊时识别，以及在裱糊后切割留位。不易拆下的配件，不能在壁纸上剪口再裱上去。操作时，将壁纸轻轻糊于电灯开关上面，并找到中心点，从中心开始切割十字，一直切到墙体边。然后用手按出开关体的轮廓位置，慢慢拉起多余的壁纸，剪去不需的部分，再用橡胶刮子刮平，并擦去刮出的胶液。除了常规的直式裱贴外，还有斜式裱贴，若设计要求斜式裱贴，则在裱贴前的找规矩中增加找斜贴基准线这一工序。具体做法是：先在一面墙两上墙角间的中心墙顶处标明一点，由这点往下在墙上弹上一条垂直的粉笔灰线；从这条线的底部，沿着墙底，测出与墙高相等的距离；由这一点再和墙顶中心点连接，弹出另一条粉笔灰线，这条线就是一条确实的斜线。斜式裱贴壁纸比较浪费材料，在估计数量时，应预先考虑到这一点。当墙面的墙纸完成40 m^2左右或自裱贴施工开始40 ~ 60 min后，需安排一人用滚轮，从第一张墙纸开始滚压或抹压，直至将已完成的墙纸面滚压一遍。该工序的原理和作用是，因墙纸胶液的特性为开始润滑性好，易于墙纸的对缝裱贴，当胶内水分被墙体和墙纸逐步吸收后但还没干时，胶性逐渐增大，时间均为40 ~ 60 min，这时的胶液黏性最大，对墙纸面进行滚压，可使墙纸与基面更好贴合，使对缝处的缝口更加密合。

※知识链接※

部分特殊裱贴面材，因其材料特征，在裱贴时有部分特殊的工艺要求，具体如下：

1. 金属壁纸的裱贴

金属壁纸的收缩量很少，在裱贴时可采用对缝裱，也可用搭缝裱。金属壁纸对缝时，都有对花纹拼缝的要求。裱贴时，先从顶面开始对花纹拼缝，操作需要两个人同时配合，一个负责对花纹拼缝，另一个人负责手托金属壁纸卷，逐渐放展。一边对缝一边用橡胶刮平金属壁纸，刮时由纸的中部往两边压刮，使胶液向两边滑动而粘贴均匀。刮平时用力要均匀适中，刮子面要放平，不可用刮子的尖端来刮金属壁纸，以防刮伤纸面。若两幅间有小缝，则应用刮子在刚粘的这幅壁纸面上向先粘好的壁纸这边刮，直到无缝为止。裱贴操作的其他要求与普通壁纸相同。

2. 锦缎的裱贴

由于锦缎柔软光滑，极易变形，难以直接裱糊在木质基层面上。裱糊时，应先在锦缎背后上浆，并裱糊一层宣纸，使锦缎挺括，以便于裁剪和裱贴上墙。上浆用的浆液是由面粉、防虫涂料和水配合而成，其配比为（质量比）5∶40∶20，调配成稀而薄的浆液。上浆时，把锦缎正面平铺在大而干的桌面上或平滑的大木夹板上，并在两边压紧锦缎，用排刷沾上浆液从中间开始向两边刷，使浆液均匀地涂刷在锦缎背面，浆液不要过多，以打湿背面为准。在另一张大平面桌子（桌面一定要光滑）上平铺一张幅宽大于锦缎幅宽的宣纸。并用水将宣纸打湿，使纸平贴在桌面上。用水量要适当，以刚好打湿为好。把上好浆液的锦缎从桌面上抬起来，将有浆液的一面向下，把锦缎粘贴在打湿的宣纸上，并用塑料刮片从锦缎的中间开始向四边刮压，以便使锦缎与宣纸粘贴均匀。待打湿的宣纸干后，便可从桌面取下,这时,锦缎与宣纸就贴合在一起。锦缎裱贴前要根据其幅宽和花纹认真裁剪,并将每个裁剪完的开片编号,裱贴时,对号进行。裱贴的方法同金属纸。

3. 波音软片的裱贴

波音软片是一种自黏性饰面材料,因此,当基面做到硬、干、光后,不必刷胶。裱贴时,只要将波音软片的自粘底纸层撕开一条口,即可将其直接贴在饰面上。在墙壁面的裱贴中,首先对好垂直线,然后将撕开一条口的波音软片粘贴在饰面的上沿口。自上而下,一边撕开底纸层,一面用木块或有机玻璃夹片贴在基面上。如表面不平,可用吹风加热,以干净布在加热的表面处摩擦,可恢复平整;也可用电熨斗加热,但要调到中低档温度。

8.6.2 成品保护

1)墙布、锦缎装修饰面已裱糊完的房间应及时清理干净,不准作临时料房或休息室,以免污染和损坏;应设专人负责管理,如及时锁门,定期通风换气、排气等。

2)在整个墙面装饰工程裱糊施工过程中,严禁非操作人员随意触摸成品。

3)暖通、电气、上、下水管工程裱糊施工过程中,操作者应注意保护墙面,严防污染和损坏成品。

4)严禁在已裱糊完墙布、锦缎的房间内剔眼打洞。若纯属设计变更所致,也应采取可靠有效措施,施工时要仔细,小心保护,施工后要及时认真修补,以保证成品完整。

5)二次补油漆、涂浆活及地面磨石、花岗石清理时,要注意保护好成品,防止污染、碰撞与损坏墙面。

6)墙面裱糊时,各道工序必须严格按照规程施工,操作时要做到干净利落,边缝要切割整齐到位,胶痕迹要擦干净。

7)冬期在采暖条件下施工,要派专人负责看管,严防发生跑水、渗漏水等灾害性事故。

8.6.3 裱糊工程的质量要求

(1)主控项目

1)壁纸、墙布的种类、规格、图案、颜色和燃烧性能等级必须符合设计要求及国家现行的有关规定。

2)裱糊工程基层处理质量应符合要求。

3)裱糊后各幅拼接应横平竖直,拼接处花纹、图案应吻合,不离缝,不搭接,不显拼缝。

4)壁纸、墙布应粘贴牢固,不得有漏贴、补贴、脱层、空鼓和翘边。

(2)一般项目

1)裱糊后的壁纸、墙布表面应平整,色泽应一致,不得有波纹起伏、气泡、裂缝、皱折及污斑,斜视时应无胶痕。

2)复合压花壁纸的压痕及发泡壁纸的发泡层应无损伤。

3)壁纸、墙布与各种装饰线、设备线盒应交接严密。

4)壁纸、墙布边缘应平直整齐,不得有纸毛、飞刺。

5)壁纸、墙布阴角处搭接应顺光,阳角处应无接缝。

任务8.7 幕墙工程

8.7.1 玻璃幕墙施工

※知识链接※

1.施工前准备工作

1)设计方案送甲方审核,明确钢板、钢拉杆材断面,以便备料;

2)送材料样品供甲方认可,以便设计、加工;

3)协调处理现场施工相关事项;

4)与土建交接基准线;

5)编制详细的可行的材料计划、加工计划和施工进度计划,并保证实施;

6)根据现场情况和设计要求,编制局部分项施工方案(如钢架等),并进行交底;

7)确定水平和垂直运输路线以及施工临时堆放处;

8)了解施工用电分布情况,确定电源的走道方式;

9)检查安装所需用机具及安全设施,附件及其他物资准备;

10)根据现场情况和施工方案提出脚手架方面的配合要求;

11)进行现场办公、加工、材料存放保管、食宿、通讯等安排布置,做好技术交底工作。

2.测量放线

放线时,测量人员必须熟悉有关的施工图纸和甲方给出的现场基准轴线控制网和水平基准线,选择合适的测设方法进行测设。轴线放测时首先应找出相关建筑轴线与轴线的交点,找出所需的楼层控制标高位置,以此为依据进行放线。测量放线使用的测量仪器和测量工具应经检定合格之后使用。水平线的放测采用LNA10激光水准仪,垂直线的放测应采用JD2激光经纬仪,在异形部位可采用电脑辅助方法进行。

测量时风力不应大于四级,放线应沿楼板及屋架定出幕墙平面的基准线,从基准线外反一定距离作为幕墙平面,以此线为基准确定桁架构件及玻璃的前后位置,确定整片幕墙位置。图8-39为常用测量仪器,图8-40为放样示意图。

图8-39 测量仪器

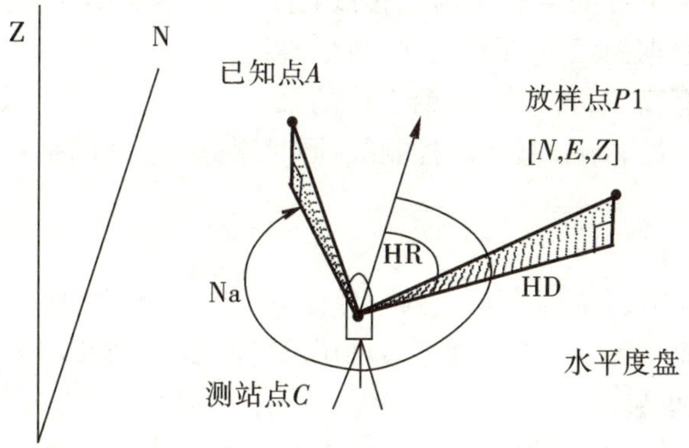

图8-40 放样示意图

3. 预埋件检查,连接件安装

测量放线完成后,应对事先做好的预埋件进行检查,对补充的预埋件进行安装,预埋件安装应确保预埋件标高偏差、表面深浅偏差、表面平整偏差等符合设计要求。在预埋件处理完毕后,即可进行连接件安装。连接件除了不锈钢和轻金属材料以外,其他金属材料必须经过热镀锌防腐处理。

(1)现场焊接工艺流程(图8-41)

※特别提示※

骨架焊接时应采取有效措施,避免或减少焊接变形,消除积累误差。焊接完成后,依照有关焊接标准对焊缝进行检查验收,验收时现场监理工程师应在场并签署验收意见,作为中间隐蔽工程验收。

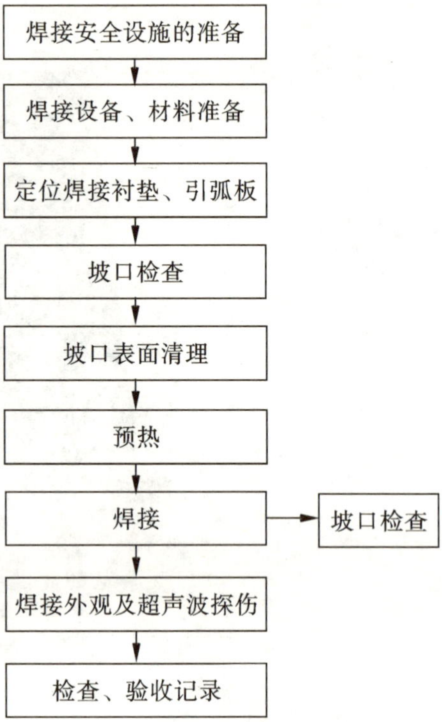

图 8-41　现场焊接工艺流程

(2)施工顺序

脚手架搭设→测量放线→钢结构安装→拉杆安装、调整→玻璃安装、调整→打胶→玻璃清洁→工程验收→成品保护

(3)施工方法

1)脚手架搭设。

在玻璃内、外面各搭设双排钢管脚手架。外架距离玻璃面 450 mm;内架距离玻璃面 650 mm。等玻璃清洁完并经过验收后,脚手架才可以拆除。拆除脚手架时要注意成品的保护。

2)测量放线。

测量放线前要求甲方提供有关的轴位线、水平标高等基准线。根据图纸提供的尺寸,放出玻璃的进出控制线及标高线;再根据各钢立柱的轴线放出玻璃分格线及各钢板铰接座的控制线,同时测量各立柱的垂直度,以便铰接座加工时可以预留调整量。

3)预埋件安装。

支承结构屋面(楼板)梁(悬梁)上的预埋件应重点检测预埋标高。地锚预埋件,应重点检测标高以保证地锚底板面上的地坪装饰层厚度的要求,并作必要的拉拔试验。

4)支承钢柱、梁安装。

纵向钢柱:检测纵横轴线位置,尤其应检查上锚墩及地锚位置偏差,以保证日后安装钢杆桁架的垂直精度及幕墙立面定位精度。钢杆施加预应力将使梁产生挠曲,在控制主梁标高时,应予以反变形预调控制,以保证幕墙安装完成后,索桁架上端在同一水平位置上。

5)地锚的安装。

检查其轴线位置及其与上锚墩间位置偏差以保证索桁架的垂直精度及墙体定位;

检查地锚筋板孔的标高是否一致;

检查地锚底板与预埋件、底板与筋板的焊接质量。

6)玻璃提升就位。

玻璃的提升采用汽车吊辅以电动吸盘进行,对于汽车吊无法达到的部位,可以利用结构设专用导轨架设电动葫芦,利用电动葫芦辅以电动吸盘进行提升。玻璃的就位采用人工方法进行就位。夹具不能直接和玻璃接触,应加设橡胶垫圈。对于最底下一层玻璃,在安装前应在驳接玻璃底部的U型槽中放入氯丁橡胶垫块后,才可将玻璃插入。

7)调整、固定。

玻璃初步固定后应进行板块调整。玻璃调整的标准为"横平、竖直、面平",横平即横向胶缝应水平,竖直即竖向胶缝应垂直,面平即各玻璃处于同一平面上。另外还应检查胶缝大小是否一致,如不一致应进行调整。玻璃板块调整完成后应马上进行固定,之后进行玻璃外竖缝铝合金片竖向装饰线条安装。

8)铝合金玻璃幕墙安装。

安装程序如下:

①连接铁件安装。为了保证幕墙安装后处在规定的平面上,准确地焊接安装连接件很重要。一般要求连接件位置精确度为标高偏差不大于3 mm,左右位置偏差不大于3 mm,平面外偏差不应大于2 mm,为了保证上述安装准确度,在焊接固定连接角钢之前,需在幕墙的上下两端之间用经纬仪或重型线锤定位,确定出垂直平面的上下两条边线。用以控制、检测安装尺寸,在确定的上下边线位置设置固定悬挑点,拉设铅丝位置线,用以控制一列连接角钢的位置。在连接角钢的安装中应随时依据控制铅丝测量铁件位置,使所有连接的安装孔或安装平面做到垂直、平整,误差在允许的范围以内。连接角钢焊接时,应先点焊,找正后再焊接固定。

②横梁安装。连接角钢准确安装就位后,即可安装铝合金立柱,安装时将已加工、钻孔后的立柱嵌入连接角钢内,并且在角钢与立柱接触处设PVC衬垫隔离,防止电位差腐蚀。用不锈钢螺栓初步固定立柱,螺母与角钢间要加设足够强度的不锈钢弹簧垫圈。根据控制通线对立柱进行复核,调整立柱的垂直、平整度,达到要求后再将螺母最终拧紧固定。立柱每段之间的接头应有一定的空隙,不要顶紧,采用套筒连接法,以适应和消除建筑受力变形和温度变形的影响。立柱的安装应下自上逐层进行,每安装完一层,均应进行检查校正。

安装横梁时可根据设计位置,在立柱外面拉横线,控制安装质量,但由于横梁的安装偏差主要取决于立柱的加工精度和安装精度,立柱上固定横梁的定位螺孔位置基本上已决定了横梁的位置,所以必须在立柱制作及安装时严格控制各项偏差,才能保证横梁安装的准确。同一层横梁的安装应由下向上进行。当安装完一层时,应进行检查、调整、校正后再固定,以保证达到质量标准的要求。

幕墙框架安装质量除了加工精度控制之外,安装质量也是确保幕墙性能的重要环节,幕墙框架安装质量偏差控制应符合表8-12要求。

施工中如发现个别立柱、横梁位置超偏差过大时,应进行相应的调整或更换。

③铝合金玻璃幕墙板块安装。幕墙板块到达安装位置后,采用人工方法将玻璃嵌入铝合金框架的镶嵌槽内后套上扣件,用螺栓初步固定后,进行检查、调整、校正后再正式固定。幕墙安装的外观质量应符合表8-13要求。

表 8-12　幕墙框架安装质量偏差控制　　　　(单位:mm)

序号	项目	尺寸范围	允许偏差	检查方法
1	相邻两竖向构件间距尺寸(固定端头)	—	±2.0	钢卷尺
2	相邻两横向构件间距尺寸	间距≤2000 m 时 间距>2000 m 时	±1.5 ±2.0	钢卷尺
3	分格对角线差	对角线长≤2000 m 时 对角线长>2000 m 时	3.0 3.5	钢卷尺或伸缩尺
4	竖向构件垂直度	高度≤30 m 时 高度≤60 m 时 高度≤90 m 时 高度>90 m 时	10 15 20 25	经纬仪或激光仪
5	相邻两横向构件的水平标高差	—	1	钢板尺或水平仪
6	横向构件水平度	构件长≤2000 m 时 构件长>2000 m 时	2 3	水平仪或水平尺
7	竖向构件的直线度	—	2.5 m	2.0 m 靠尺
8	竖向构件的表面平面度	相邻三立柱 宽度≤20 m 时 宽度≤40 m 时 宽度≤60 m 时 宽度>60 m 时	<2 ≤5 ≤7 ≤9 ≤10	激光仪
9	同高度主要横向构件的水平标高度差	长度≤35 m 长度>35 m	≤5 ≤7	水平仪

表 8-13　幕墙安装的外观质量要求　　　　(单位:mm)

序号	项目		允许偏差	测量方法
1	竖缝及幕墙平面垂直度	幕墙高度≤30 m	10	激光仪或经纬仪
		30 m<幕墙高度≤60 m	15	
		60 m<幕墙高度≤90 m	20	
		幕墙高度>90 m	25	
2	幕墙的平面度		2.5	2 m 靠尺,钢板尺
3	竖缝的直线度		2.5	2 m 靠尺,钢板尺
4	横缝的直线度		2.5	2 m 靠尺,钢板尺
5	线缝宽度(与设计值比较)		±2	卡尺
6	两相邻面板之间的高低差		1.0	深度尺

板块与镶嵌槽壁之间应用橡胶条隔开，不得与槽壁直接接触。板块安装完成后在板块与槽壁之间注硅酮胶密封。

④铝扣板装饰条安装。用扣座固定的玻璃两边检查密封胶条必须连续平直，其后安装铝扣板装饰条。

8.7.2 石材幕墙施工

※知识链接※

1.材料要求

1)石材：根据设计要求，确定石材的品种、颜色、花纹和尺寸规格，并严格控制、检查其抗折、抗拉及抗压强度，吸水率、耐冻融循环等性能。

2)合成树脂胶黏剂：用于粘贴石材背面的柔性背衬材料，要求具有防水和耐老化性能。

3)玻璃纤维网格布：石材的背衬材料。

4)防水胶泥：用于密封连接件。

5)防污胶条：用于石材边缘防止污染。

6)嵌缝膏：用于嵌填石材接缝。

7)罩面涂料：用于大理石表面防风化、防污染。

8)膨胀螺栓、连接铁件、连接不锈钢针等配套的铁垫板、垫圈、螺帽及与骨架固定的各种设计和安装所需要的连接件的质量，必须符合要求。

2.主要机具

台钻、无齿切割锯、冲击钻、手枪钻、力矩扳手、开口扳手、嵌缝枪、专用手推车、长卷尺、盒尺、锤子、各种形状的钢凿子、靠尺、铝制水平尺、方尺、多用刀、剪子、勾缝溜子、铅丝、弹线用的粉线包、墨斗、小白线、笤帚、铁锹、开刀、灰槽、灰桶、工具袋、手套、红铅笔等。

3.作业条件

1)检查石材的质量、规格、品种、数量、力学性能和物理性能是否符合设计要求，并进行表面处理工作。

2)搭设双排架子处理结构基层，并作好预检记录，合格后方可进行安装工序。

3)水电及设备、墙上预留预埋件已安装完。垂直运输机具也事先准备好。

4)门窗已安装完毕，安装质量符合要求。

5)对施工人员进行技术交底时，应强调技术措施、质量要求和成品保护，尤其是架子拆除时，不得碰撞已完成的成品。大面积施工前应先做样板，经质检部门鉴定合格后，方可组织班组施工。

4.绘制施工大样图，做好石材加工订货

根据建筑设计图纸所提供的石材分块、布局、颜色品种及搭配、表面加工形式、线角处理方案，并结合施工现场结构施工的实际状况、石材加工厂的生产能力，绘制出石料加工大样图。大样图中应突出以下内容：

1）石材的规格尺寸和质量标准；

2）装饰面的加工形式及部位，并用特殊记号注明。如为镜面磨光饰面，还应提出光泽度的要求；

3）石材编号、加工数量及余量；

4）石材成品保护方法。

（1）操作工艺

1）工艺流程（图8-42）。

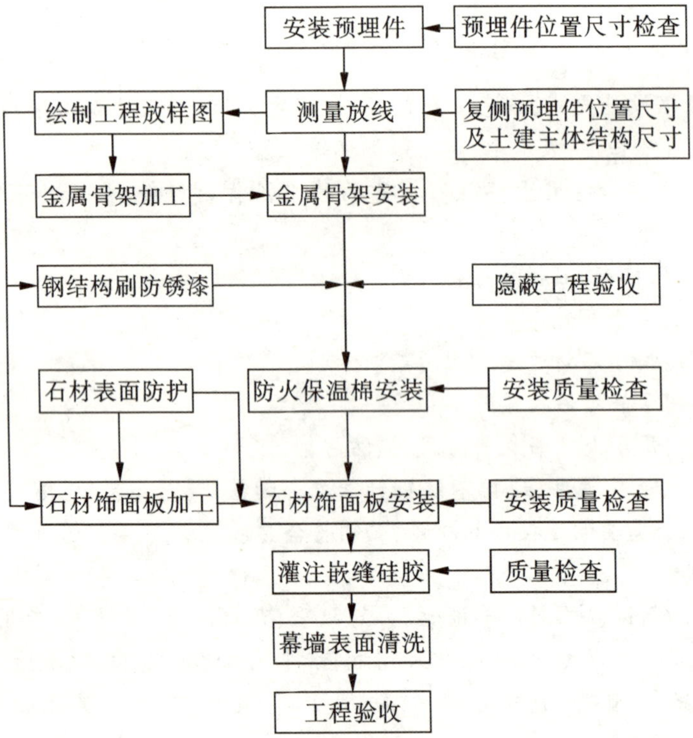

图8-42　石板幕墙施工工艺流程

2）工地收货。收货要设专人负责管理，要认真检查材料的规格、型号是否正确，与料单是否相符，发现石材颜色明显不一致的，要单独码放，以便退还给厂家，如有裂纹、缺棱掉角的，要修理后再用，严重的不得使用。还要注意石材堆放场地要夯实，垫10 cm×10 cm通长方木，让其高出地面8 cm以上，方木上最好钉上橡胶条，让石材按75°立放斜靠在专用的钢架上，每块石材之间要用塑料薄膜隔开靠紧码放，防止粘在一起或倾斜。

3）石材准备。首先用比色法对石材的颜色进行挑选分类；安装在同一面的石材颜色应一致，并根据设计尺寸和图纸要求，将专用模具固定在台钻上，进行石材打孔。为保证位置准确垂直，要钉一个定型石板托架，使石板放在托架上，要打孔的小面与钻头垂直，使孔成型后准确无误，孔深为20 mm，孔径为5 mm，钻头为4.5 mm。随后在石材背面刷不饱和树脂胶,主要采用一布二胶的作法,布为无碱、无捻24 目(孔径0.7 mm)的玻璃丝布,石板在刷头遍胶前,先把编号写在石板上,并将石板上的浮灰及杂污清除干净,如铁沫子等,用钢丝刷、粗砂纸将其除掉再刷头遍胶,胶要随用随配,防止固化后造成浪费。要注意边角地方一定要刷好,打孔的部位是个薄弱区域,必须刷到,布要铺满,刷完头遍胶,在铺贴玻璃纤维网格布时要从一边一遍一遍用刷子赶平,铺平后再刷二遍胶,刷子沾胶不要过多,防止流到石材小面,给嵌缝带来困难,出现质量问题。

4)基层准备。清理预作饰面石材的结构表面,同时进行吊直、套方、找规矩,弹出垂直线和水平线。并根据设计图纸和实际需要弹出安装石材的位置线和分块线。

5)挂线。按设计图纸要求,石材安装前要事先用经纬仪打出大角两个面的竖向控制线,最好弹在离大角 20 cm 的位置上,以便随时检查垂直挂线的准确性,保证顺利安装。竖向挂线宜用 $\phi1.0 \sim \phi1.2$ 钢丝为好,下边沉铁随高度而定,一般 40 m 以下高度沉铁质量为 8 ~ 10 kg,上端挂在专用的挂线角钢架上,角钢架用膨胀螺栓固定在建筑物大角的顶端,一定要挂在牢固、准确、不易碰动的地方,并要注意保护和经常检查。并在控制线的上、下作出标记。

6)预埋件安装。预埋件应在土建施工时埋设,幕墙施工前要根据该工程基准轴线和中线以及基准水平点对预埋件进行检查和校核,一般允许位置尺寸偏差为±20 mm。如有预埋件位置超差而无法使用或漏放时,根据实际情况提出选用后置埋件(膨胀螺栓或锚栓)的方案,并必须报设计单位审核批准,在现场做拉拔试验。

7)金属骨架的安装。根据施工放样图检查放线位置。先安装同立面两端的立柱,然后拉通线顺序安装中间立柱。将各施工水平控制线引至立柱上,并用水平尺校核,按照设计图尺寸安装金属横梁。如有焊接时,应对下方和相近的已完工装饰面进行保护。焊接时要采用对称焊,以减少因焊接产生的变形。检查焊缝质量合格后,刷防锈漆。金属骨架完工后应通过隐蔽检查后,方可进行下道工序。

8)防火、保温材料的安装。

①必须采用合格的材料。

②在每层楼板与石板幕墙之间不能有空隙,应用镀锌钢板和防火棉形成防火带。

③在窗框四周嵌缝处应用保温材料防护,防止冷桥形成。

④外墙保温层施工时,保温层应在金属骨架内填塞、固定要严密、牢固。

9)石板的安装。

①石板的装挂由上而下进行,每块板必须有 4 个固定点,认真操作,切实做到“层层抬”(即每一块石板的重量只传给相应挂件,不可传到下一块石板上)。对挂好的每一块石板须进行水平、垂直度检测,并与墙面整体弧度要求相吻合。

②石材开槽要求:石材开通槽时,宽宜为 6 ~ 7 mm,不锈钢支撑板厚度不宜小于 3.0 mm,铝合金支撑板厚度不宜小于 4.0 mm;石材开槽后不得有损坏或崩裂现象,槽口应打磨成45°倒角,槽内应光滑、洁净;针槽式石材的开槽位置按图纸加工,针平槽长度不应小于 100 mm,在有效长度内槽深度不宜小于 15 mm,槽宽度宜为 6 ~ 7 mm,弧形槽的有效长度不应小于 80 mm;钢锚的孔位应根据石板的大小按图纸加工,孔位距离边端不得小于石板厚度的 3 倍,也不得大于 180 mm,钢锚间距不宜大于 600 mm,钢锚孔的深度宜为

22～23 mm，孔的直径为7 mm或8 mm，钢锚直径为5 mm或6 mm，钢锚长度宜为20～30 mm；石板与不锈钢或铝合金挂件应用环氧树脂型石材专用结构胶黏结，黏结前将石屑冲洗干净，干燥后方可进行黏结施工，并应按所选取用胶的技术要求进行养护固化，石材结构胶的施工厚度宜为2～3 mm。

③若外立面主要为石材幕墙和点式窗，施工方法为后窗法，即先安装石材，后安装铝窗。窗口石材安装顺序：窗下石→侧石→顶石。

10）结构胶嵌缝。花岗岩板材安装完毕，应进行全面检查调整。板材之间缝隙用中性结构密封胶予以密封，防止雨水渗漏。

※特别提示※

打胶中应注意：

1）清理板材缝隙间的水、砂浆、灰尘等，保证清洁干燥；

2）嵌以直径7 mm的聚氯乙烯泡沫棒，然后在板缝两侧粘贴保护胶带，再用专用工具将结构密封胶注入板缝，并使之均匀饱满；注胶厚度不应小于缝宽度的一半和4 mm，也不能超过缝宽度；

3）胶体凝固后将胶缝表面多余的胶清除，使胶缝平整光滑，深浅一致；

4）撕掉保护胶带纸随即擦净污染物；

5）重视密封胶在未完成全硬化前的成品保护，防止沾染灰尘和划伤。

（2）质量标准

1）金属骨架连接牢固，安全可靠，横平竖直，不得弯曲和扭曲变形。

2）石材安装后表面平整、洁净，无污染，颜色协调一致，无明显色差。

3）石材缝隙宽窄一致，阴阳角板压向正确，无缺棱掉角，无裂缝，上下口平直。

4）石材缝嵌填饱满、密实、无遗漏，颜色及缝深浅一致，接头无明显痕迹。

5）滴水线顺直，流水坡向正确。

6）嵌缝条安装嵌塞严密，使用嵌缝胶部位必须干净，与石材黏结牢固，表面顺直，胶缝以外无污染。

7）防火保温用填充材料干燥，铺设厚度符合要求，无遗漏。

8）允许偏差值：见表8-14。

（3）成品保护

1）要及时清擦干净残留在门窗框、玻璃和金属饰面板上的污物，如密封胶、手印、尘土、水等杂物，宜粘贴保护膜，预防污染、锈蚀。

2）认真贯彻合理施工顺序，少数工种（水、电、通风、设备安装等）的活应做在前面，防止损坏、污染外挂石材饰面板。

3）拆改架子和上料时，严禁碰撞干挂石材饰面板。

4）外饰面完活后，易破损部分的棱角处要钉护角保护，其他工种操作时不得划伤面漆和碰坏石材。

5）在室外刷罩面剂未干燥前，严禁下渣土和翻架子脚手板等。

6）已完工的外挂石材应设专人看管，遇有危害成品的行为，应立即制止，并严肃处理。

7)在墙面附近进行电焊或使用其他热源,必须采取遮挡措施。

表8-14 石板幕墙检查项目及允许偏差

项目		允许偏差/mm			检查方法
		光面	粗磨面麻面	天然面	
立面垂直	室内	2	2	—	用3 m托线板
	室外	2	4	—	
表面平整		1	2	—	用2 m直尺及楔形塞尺
阳角方正		2	3	—	用200 mm方尺
接缝平直		2	3	3	按5 m线检查
墙裙上口平直		2	3	3	同上
接缝高低		0.3	1	0.5	用直尺及塞尺
接缝宽度		0.3	1	2	用直尺及塞尺
接缝宽度		0.5	1	2	尺检

(4)应注意的质量问题

1)外饰面板面层颜色不一:主要是石材质量较差,施工时没有进行试拼和认真的挑选。

2)线角不直、缝格不匀、不直:主要是施工前没有认真按照图纸尺寸,核对结构施工的实际尺寸,以及分段分块弹线不细、拉线不直和吊线校正检查不勤等原因所造成。

3)打胶、嵌缝不细:这与渗漏有非常密切的关系,尤其要注意外窗套口的周边、立面凹凸变化的节点、不同材料交接处、伸缩缝、披水坡度和窗台以及挑檐与墙面等交接处。首先操作人员必须认真坚持,要做到有人检查与无人检查一个样,其次管理人员要一步一个脚印,每步架完成后都要进行认真细致的检查验收。

4)墙面脏、斜视有胶痕:其主要原因是多方面的,主要是操作工艺造成,即自下而上的安装方法和工艺直接给成品保护带来一定的难度,越是高层其难度就越大。操作人员必须养成随干随清擦的良好习惯,还要加强成品保护的管理和教育工作,竣工前要自上而下进行全面彻底的清擦。

(5)质量记录

1)大理石、花岗石、紧固件、连接件等出厂合格证。

2)本分项工程质量验评表。

3)抗风压和淋水试验报告单等。

8.7.3 金属幕墙施工

※知识链接※

1. 原材料要求

1) 金属幕墙工程所使用的各种材料和配件，应符合设计要求及国家现行产品标准和工艺技术规范的规定，同时应有出厂合格证、性能检测报告及复检报告。

2) 铝合金应进行表面阳极氧化处理，或其他有效的表面处理，表面处理层厚度及材质应符合现行行业标准的有关规定，铝合金板材表面进行氟碳树脂处理等，氟碳树脂含量不应低于75%；海边及严重酸雨地区可采用三道或四道氟碳树脂涂层，其厚度应大于40 μm；其他地区可采用两道氟碳树脂涂层，其厚度应大于25 μm。

3) 金属材料和零配件除不锈钢外，钢材应进行表面热镀锌处理或其他有效防腐措施。

4) 幕墙应采用中性硅酮耐候密封胶，硅酮结构密封胶应采用等模板中性胶，硅酮结构密封胶、硅酮耐候密封胶必须有与所接触材料的相容性试验报告。橡胶等应有成分分析报告和保质年限证书。

5) 根据幕墙的风荷载高度和玻璃的大小，可选用低发泡间隔双面胶带，当幕墙风荷大于1.8 N/m^2 时，宜选用中等硬度的聚胺醛甲酸乙醇低发泡间隔双面胶带；当幕墙风荷载小于或等于1.8 N/m^2 时，宜采用聚乙烯低发泡间隔双面胶带。

6) 幕墙可采用聚乙烯发泡材料作填充材料，其密度不应小于0.037 g/cm^2。幕墙宜采用岩棉、矿棉、玻璃棉、防火板等不燃烧性或难燃烧性材料作隔热保温材料，同时应采用铝箔或塑料薄膜包装的复合材料，作为防水和防潮材料。

2. 要工机具

冲击钻、砂轮切割机、电焊机、铆钉枪、螺丝刀、钳子、扳手、线坠、水平尺、钢卷尺。

3. 作业条件

1) 主体结构已施工完，并经验收，主体施工时已按设计要求埋设预埋件。

2) 应有土建移交的控制线和基准线。

3) 幕墙二次设计及幕墙安装施工方案已编制完成，并经有关部门审核批准。

4) 吊篮等垂直运输设备已安设，脚手架、操作平台已搭设并经过安全部门验收。

5) 所用材料按计划一次进足，并配套齐全。

4. 作业人员

1) 电工、焊工、架子工、机运工必须持证上岗。

2) 幕墙工程一般应由幕墙安装专业队伍的专业人员来施工。其中主要作业人员必须有过三项以上同类型幕墙工程的施工经历。

(1) 施工工艺

1) 工艺流程(图8-43)。

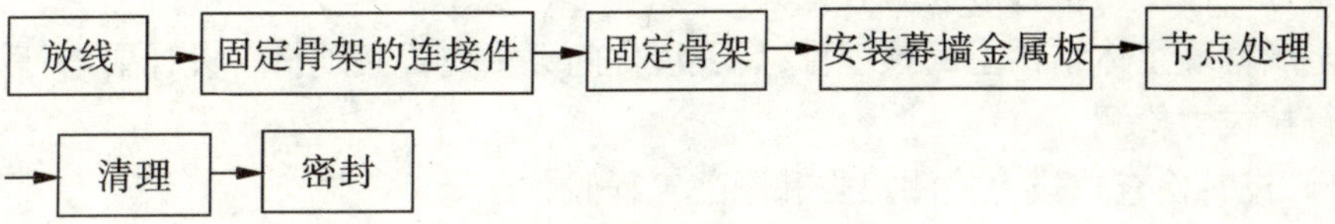

图8-43　金属幕墙施工工艺流程

2)操作工艺。

①放线:根据主体结构上的轴线和标高线,按设计要求将支承骨架的安装位置线准确地弹到主体结构上,为骨架安装提供依据。

②安装连接件:将连接件与主体结构上的预埋件焊接固定。先将同水平位置两侧的连接件点焊,中间的各个连接件点焊检查合格后进行满焊,当主体结构上没有埋设预埋铁件时,可在主体结构上打孔安设膨胀螺栓与连接铁件固定。

③装骨架:先将立柱从上至下逐层挂上,将每根立柱的水平标高位置调整好,稍紧螺栓,再调整进出左右位置,经检查合格后,拧紧螺帽。进行整体检查,合格后,将垫片、螺帽与铁件电焊上,最后安装横龙骨,安装时水平方向应拉线,并保证竖龙骨与横龙骨接口处的平整,且不能有松动。安装中应随时检查标高和中心线位置。对面积较大、层高较高的外墙铝板幕墙骨架竖杆,必须用测量仪器和线坠测量,校正其位置,以保证骨架竖杆铅直和平整。

④安装金属板:安装前将铁件或钢架、立柱,避雷、保温、防锈全部检查一遍,合格后再将相应规格的面材搬入就位,自上而下进行安装。安装时,应先就位,临时固定,然后拉线调整。安装过程中用拉线控制相邻玻璃面的平整度和板缝的水平、垂直度,用木板模块控制缝的宽度,如缝宽有误差,应均分在每条胶缝中,防止误差积累在某一条缝上或某一块面材上。

⑤板缝处理:金属板之间的缝隙用橡胶条压紧或注入硅酮密封胶等弹性防水材料。

⑥伸缩隙处理:金属幕墙的伸缩缝必须满足设计要求,伸缩缝的处理一般使用弹性较好的氯丁橡胶成型带压入缝边锚固件上,起连接密封作用。

⑦幕墙收口处理:按设计要求处理好幕墙收口,也可利用铝板成型的边缘收口板,在墙边缘把方型吊管、连接卡件全部遮盖,锚固可利用墙面板安装的连接件,用螺栓连接,以保证美观。

⑧板面清理:清除板面护胶纸,用浸泡过中性溶剂的湿纱布将污物等擦去,然后再用干纱布擦干净。清扫灰浆,胶带残留物时,可使用竹铲、合成树脂铲等仔细刮去。

(2)质量标准

1)主控项目。

①金属幕墙工程所使用的各种材料和配件,应符合设计要求及国家现行产品标准和工程技术规范的规定,检验方法:检查产品合格证书、性能检测报告、材料进场验收记录和复验报告;金属幕墙的造型和立面合格应符合设计要求,检验方法:观察,尺量检查。

②金属面板的品种、规格、颜色、光泽及安装方向应符合设计要求。

检验方法:观察,检查进场验收记录。

③金属幕墙主体结构上的预埋件,后置埋件的数量位置必须符合设计要求,后置预埋件要进行拉拔力检测。

检验方法:检查拉拔力检测报告和隐蔽工程验收记录。

④金属幕墙的金属框架立柱与主体结构预埋件的连接、立柱与横梁的连接、金属面板的安装必须符合设计要求,安装必须牢固。

检验方法:手扳检查,检查隐蔽工程验收记录。

⑤金属幕墙的防火、保温、防潮材料的设置应符合设计要求,并应安装牢固,铺设均匀,厚度一致,并严密无缝隙,当需用镀锌钢板搁置防火、保温材料时,镀锌钢板应用射钉固定,并应保证镀锌钢板不得与幕墙面直接接触。四周缝隙应用耐火密封胶密封处理。

检验方法:(a)对照图纸,观察检查,查看隐蔽工程记录。(b)用分度值为 1 mm 的钢卷尺或直尺检查防火保温材料的厚度和隔板厚度。

⑥金属框架及连接件的防腐处理应符合设计要求。

检验方法:检查隐蔽工程验收记录和施工记录。

⑦金属幕墙的防雷装置必须与主体结构的防雷装置可靠连接,接点应紧密,并注意防腐处理,连接点水平间距水平不大于防雷引下线间距,垂直间距不大于均压环间距。

检验方法:(a)用接地电阻仪或兆欧表测量检查幕墙整体框架自身连接导电通路和主体结构防雷装置与幕框架接装置的导电指标值。(b)观察、手动试验,并用分度值为 1 mm的钢卷尺、分辨率为 0.05 mm 的游标卡尺测量导电通路连接材料的材质,截面尺寸,连接长度和电焊质量。

⑧各种变形缝、墙角的连接点应符合设计要求和技术标准的规定。

检验方法:观察,检查隐蔽工程验收记录。

⑨金属幕墙的板缝注胶应饱满、密实、连续、均匀、无气泡,宽度和厚度应符合设计要求和技术标准的规定。

检验方法:(a)观察检查板缝注胶的饱满、密实度和表面质量。(b)切割检查,用分辨率为 0.05 mm 的游标卡尺或分值率为 1 mm 的直尺检查胶缝注胶的宽度和厚度。

⑩金属幕墙应无渗漏。

检验方法:在幕墙的转角结构变形缝等容易渗漏的部位进行雨水渗漏检测,室内观察检查渗漏情况,检测前,应先检查板缝的注胶质量和门窗扇关闭情况。现场雨水渗漏性能检测方法:在幕墙两个层高处,以 20 m 长度作为一个试验段,用 20 mm 直径普通软管装上喷嘴后,水头垂直于墙面,沿接缝前后缓慢移动,每处喷射时间均为 5 min(水压≥210 kPa),检查渗漏现象。

2)一般项目。

①金属板表面应平整、洁净、色泽一致。

检验方法:观察。

②金属幕墙的压条应平直、洁净、接口严密、安装牢固。

检验方法:观察,手扳检查。

③金属幕墙的密封胶缝应横平竖直、深浅一致、宽窄均匀、光滑顺直。

检验方法:观察。

④金属幕墙上的滴水线、流水坡向应正确、顺直。

检验方法:观察,用水平尺检查。

⑤每平方米金属板的表面质量和检验方法应符合表 8-15 的规定。

表 8-15　每平方米金属板的表面质量和检验方法

项次	项目	质量要求	检验方法
1	明显划伤和长度≥100 mm 的轻微划伤	不允许	观察
2	长度≤100 mm 的轻微划伤	≤4 条	用钢尺检查
3	擦伤总面积	≤500 mm^2	用钢尺检查

⑥金属幕墙安装的允许偏差和检验方法应符合表 8-16 的规定。

表 8-16　金属幕墙安装的允许偏差和检验方法

<table>
<tr><th>项次</th><th colspan="2">项目</th><th>允许偏差/mm</th><th>检验方法</th></tr>
<tr><td rowspan="4">1</td><td rowspan="4">幕墙垂直度</td><td>幕墙高度≤30 m</td><td>10</td><td rowspan="4">用经纬仪检查</td></tr>
<tr><td>30 m<幕墙高度≤60 m</td><td>15</td></tr>
<tr><td>60 m<幕墙高度≤90 m</td><td>20</td></tr>
<tr><td>幕墙高度>90 m</td><td>25</td></tr>
<tr><td rowspan="2">2</td><td rowspan="2">幕墙水平度</td><td>层高≤3 m</td><td>3</td><td rowspan="2">用水平仪检查</td></tr>
<tr><td>层高>3 m</td><td>5</td></tr>
<tr><td>3</td><td colspan="2">幕墙表面平整度</td><td>2</td><td>用 2 m 靠尺和塞尺检查</td></tr>
<tr><td>4</td><td colspan="2">板材立面垂直度</td><td>3</td><td>用垂直检测尺检查</td></tr>
<tr><td>5</td><td colspan="2">板材上沿水平度</td><td>2</td><td>用 1 m 水平尺和钢直尺检查</td></tr>
<tr><td>6</td><td colspan="2">相邻板材板角错位</td><td>1</td><td>用钢直尺检查</td></tr>
<tr><td>7</td><td colspan="2">阳角方正</td><td>2</td><td>用直角检测尺检查</td></tr>
<tr><td>8</td><td colspan="2">接缝直线度</td><td>3</td><td>拉 5 m 线,不足 5 m 拉通线,用钢直尺检查</td></tr>
<tr><td>9</td><td colspan="2">接缝高低差</td><td>1</td><td>用钢直尺和塞尺检查</td></tr>
<tr><td>10</td><td colspan="2">接缝宽度</td><td>1</td><td>用钢直尺检查</td></tr>
</table>

3)关键控制点的控制(表 8-17)。

表 8-17　关键控制点的控制

序号	关键控制点	主要控制方法
1	原材料、半成品的采购和进场验收	①广泛进行市场调查;②实地考察生产厂家生产规模、设备或生产线先进程度以及质保体系;③定购前,与业主协商进一步具体明确各种材料、构件的品质、等级、规格和性能要求;④进场时逐件进行观察和实测验收;⑤硅酮结构密封胶和硅酮耐候密封胶进场时注意检查其生产日期和有效期,并取样进行黏结拉伸试验、相容性试验及固化程度检验
2	预埋件或后置埋件	①根据设计单位设计要求和施工图,施工单位必须结合地区、现场和市场调查的实际情况进行幕墙安装二次设计并经原设计单位审定批准;②主体结构施工过程中,严格按幕墙安装图要求,准确可靠地进行预埋;③对于后置埋件必须进行现场拉拔强度检测;④预埋件或后置埋件的数量、间距、位置必须符合设计要求,偏差较大的必须按审定的技术处理方案补设
3	骨架安装	①检查每个连接点的紧固程度,保证整个骨架牢固稳定;②横平、竖直,出墙尺寸一致,斜向对角拉通线检查调整
4	金属板安装	①安装时,拉线控制相邻面板的水平度、垂直度及大面平整度;②用木模板控制缝隙宽度,防止误差积累;③金属面板在吊运、就位过程中注意避免碰损、划伤表面

4)质量记录。

①各种材料、五金配件、构件及组件的产品合格证书、性能检测报告、进场验收记录和复验报告。

②硅酮结构胶的认定证书和抽查合格证明;硅酮结构胶相容性和剥离黏结性试验报告。

③后置埋件的现场拉拔强度检测报告。

④幕墙的抗风压性能、空气渗透性能、雨水渗漏性能及平面变形性能检测报告。

⑤打胶、养护环境的温度、湿度记录;双组分硅酮结构胶的混匀性试验记录及拉断试验记录。

⑥防雷装置测试记录。

⑦隐蔽工程验收记录。

⑧幕墙构件和组件的加工制作记录;幕墙安装施工记录。

⑨铝塑复合板的剥离强度复检报告;检验批质量验收记录表。

⑩分项工程质量验收记录表;幕墙二次设计文件及确认文件。

※特别提示※

需注意的质量问题:

1)对高层建筑的测量应在风力不大于4级情况下进行,每天应定时对幕墙的垂直及立柱位置进行校核。

2)连接件与膨胀螺栓或与墙上的预埋件焊牢后应及时进行防腐处理。

3)不同金属的接触面应采用垫片作隔离处理。

4)幕墙四周与主体之间的间隙,应采用防火的保温材料填塞,内外表面应采用密封胶连接封闭,接缝应严密不漏水。

5)有热工要求的幕墙,保温部分从内向外安装,当采用内衬板时,四周应套装弹性橡胶密封条,内衬板与构件接缝应严密;内衬板就位后,应进行密封处理。

6)冷凝水排出管及附件应与水平构件预留孔连接严密,与内衬板出水孔连接处应设橡胶密封条。

7)幕墙的施工过程中应分层进行防水渗漏性能检查。

(3)成品保护

1)材料、半成品应按规定堆放,安全可靠,并安排专人保管。

2)在靠近安装好的金属幕墙处安装简易的隔离栏杆,避免施工人员有意或无意的损坏。

3)施工中金属幕墙及构件表面的粉附物应及时清除。

4)加工与安装过程中,应特别注意轻拿轻放,不能碰伤、划伤,加工好的铝材应贴好保护膜和标签。

5)金属幕墙安装完成后,应制定清扫方案,中性清洁剂应进行腐蚀性试验,中性清洗剂清洗后应及时用清水冲洗干净。

6)幕墙在施工过程中以及施工完毕后未交付前,工地必须专门针对幕墙制定24小时轮班守卫制度换班时间明确,坚持谁值班谁负责的原则,明确值班人员职责范围是所有到场的工机具和材料,以及安装上墙的成品和半成品。

(4)职业健康安全与环境管理

1)危险源辨识及控制措施见表8-18。

表 8-18 危险源辨识及控制措施

序号	作业活动	危险源	主要控制措施
1	金属幕墙施工	高空坠落	①作业前检查脚手架、跳板、围栏的稳固性，跳板用铁丝绑扎固定，不得有探头板；②规范地设置平、立安全网，安全网使用经安全认证的产品；③患有高血压、癫痫病、贫血病等不适宜高空作业的人员禁止高处作业；④洞口、电梯井、楼梯间未安栏杆处等危险口，必须设置盖板、围栏、安全网、警示标志等；⑤夜间现场必须有足够的照明
2		物体打击伤害	①上方操作时，下方禁止站人、通行，禁止上、下垂直交叉作业，当必须同时作业时应采取封闭隔挡等可靠安全措施；②工人操作应戴安全帽；③严禁向下抛掷工具、物品、废料等
3		漏电	①不使用破损电线，加强线路检查；②设备金属外壳可靠接地，按“一机一闸一漏”接用电器具，漏电保护器灵敏有效，每天有专人检测；③接电、布线由专业电工完成
4		机械伤害	①制定操作规程；②掌握各种机具的性能及可能产生的危害；③高危机具由经过培训的人员专人操作

注：表中内容仅供参考，现场应根据实际情况重新辨识。

2）环境因素辨识及控制措施见表 8-19。

表 8-19 环境因素辨识及控制措施

序号	作业活动	环境因素	主要控制措施
1	金属幕墙施工	噪声	隔离、削弱、分散，在规定时间内作业
2		固体废物	及时清理、回收到指定的地点或容器内，分开存放，集中处理
3		粉尘	①清扫基层前适量洒水降尘；②砂浆拌和投料时，按投料顺序贴近投料，尽可能减少扬尘
4		污水排放	搅拌站冲洗污水及其他施工污水必须经沉淀处理后向外排放，现场应设简易沉淀池
5		有害物质挥发	①密封材料和清洗溶液随用随配，用多少配多少，一次不宜配制太多；②已配好的挥发性材料应尽快使用完毕

注：表中内容仅供参考，现场应根据实际情况重新辨识。

任务8.8 建筑节能工程

8.8.1 建筑节能基本知识

8.8.1.1 建筑节能概述

(1)建筑节能的概念

指在居住建筑和公共建筑的规划、设计、建造和使用过程中,通过执行建筑节能标准,提高建筑维护结构热工性能,采用节能型系统和可再生能源利用系统,切实降低建筑能源消耗的活动。

(2)建筑节能的内涵

指建筑物在建造和使用过程中,人们依照有关法律、法规的规定,采用节能型规划、设计,使用节能型的材料、器具、产品和技术,以提高建筑物的保温隔热性能,减少采暖、制冷、照明灯能耗,在满足人们对建筑舒适性要求的前提下,达到在建筑物的使用过程中,能源利用率得以提高的目的。

(3)建筑节能范围

建筑节能包括建造能耗和使用能耗两方面。

建造能耗属于生产能耗,其中又包括建筑材料和设备生产能耗,以及建筑施工和安装能耗,建筑使用能耗属于民用生活领域,是多年长期消耗,其中又包括建筑采暖、空调、照明、热水供应等能耗。

发达国家把建筑节能的范围限于建筑使用能耗,这是因为建筑使用能耗比建造能耗大得多,而且建造能耗属于生产领域。我国建筑节能的范围按照国际上通用的办法,即使用能耗。但由于新建建筑和既有建筑改造规模很大,也应同时重视节约建造能耗和既有建筑的节能改造工作。

(4)节能建筑

节能建筑是按节能设计标准进行建筑设计和建造,使其在使用过程中降低能耗的建筑

(5)绿色建筑

在建筑全生命周期(物料生产、建筑规划设计、施工、运营管理及拆除过程)中,以最节约能源、最有效利用资源的方式,尽量降低环境负荷,同时为人们提供安全、健康、舒适的工作与生活空间。其目标是达到人、建筑、环境三者的平衡优化和持续发展。绿色建筑的概念具有综合性,既衡量建筑对外界环境的影响,又涉及建筑内部环境的质量;既包括建筑的物理性能,如能源消耗、污染排放、建筑外围及材料、室内环境等,也可能涵盖部分人文及社会因素,如规划、经济效益等。

8.8.1.2 建筑节能基本原理

建筑节能的一项关键工作,就是做好建筑围护结构的保温隔热,从某种程度上而言,维护结构保温隔热效果的好坏直接决定着建筑节能效果的好坏。据了解,我国每年建筑门窗生产应用量大,门窗能耗约占建筑围护结构能耗的50%、建筑总能耗的25%。门窗

标识制度可为建筑节能设计、工程质量监督、引导消费提供可靠依据。住建部要求,对于用财政投资建设的办公建筑和大型公共建筑,以及保障性住房等项目,应优先采用获得节能标识的门窗产品。日后,在建筑能效测评、工程招标过程中,对门窗的节能性能指标要求应当采信门窗标识的信息。

8.8.1.3 建筑热传方式

(1)辐射传热

热辐射是热量传递的三种基本方式之一,特别是高温时,热辐射往往成为主要的传热方式。它是物体由于本身温度或受热而引起内部原子的复杂激动,产生交替变化的电场和磁场,就会对外发射出辐射能并向四周传播。这种能量是以电磁波的形式进行传递,在一定波长范围内显示为热效应,称为热辐射。当热辐射能量投射在另一物体表面上时,可部分或全部地被吸收,重新转变为热能。如太阳的热量就是以热辐射的形式,经过宇宙空间再传给地球。生活中常见的还有微波炉、电脑、电视、手机等,都会以电磁辐射的形式发出能量,使用时间越长,温度越高。

(2)导热

由于物体内部分子、原子和电子等微观粒子的热运动,而组成物体的物质并不发生宏观的位移,将热量从高温区传到低温区的过程称为导热。导热是固体中热传递的主要方式。各种物质的热传导性能不一样,各种金属都是热的良导体,其中最善于传热的是银,其次是铜和铝。不善于传热的物质叫做热的不良导体。瓷、纸、木头、玻璃、皮革都是热的不良导体。最不善于传热的是羊毛、羽毛、毛皮、棉花、石棉、软木和其他松软的物质。液体中,除了水银以外,都不善于传热,气体比液体更不善于传热。

热的良导体:①冰箱散热铁片,可用于冰箱的散热;②铝散热器,可用于集成电路散热;③电烙铁铜头,可用于电烙铁的良好传热。

热的不良导体:①棉花,可用于防寒棉衣;②石棉,可作为炼钢工人防高温工作衣;③软木,可用于热水瓶软木塞。

热传导只在两种物体相接触并且有温度差时才能进行。

(3)对流传热

依靠流体(液体、气体)自身流动而实现传热的过程。对流包括自然对流和强迫对流。自然对流是由于流体内各部分密度不同而引起的流动(如散热器旁热空气的向上流动);强迫对流,是液体或气体在外力影响下所发生的对流。如液体在泵或搅拌器的作用下和气体在鼓风机的作用下,都会发生对流。

建筑物的传热通常是辐射、导热、对流三种方式同时进行,综合作用的结果。如室内传热情况,火炉向周围产生辐射传热,与室内空气发生导热传热,室内空气被加热部分和未加热部分发生对流传热。室内空气温度升高和炉体热辐射作用,使外围结构的温度升高,这种温度较高的室内热量又向温度较低的室外流散。

8.8.1.4 建筑得热与失热的途径

(1)得热

暖气、火炉等采暖设备提供;太阳辐射热;家用电器发出的热量;烧热水散发的热量;

人体散发的热量。

(2)失热

外墙、屋顶和地面的热传导损失;通风换气和空气渗透产生的热损失;热水排入下水道带走的热量;水分蒸发形成水蒸气外排散失的热量。

8.8.1.5 建筑保温与隔热

(1)保温

建筑保温主要通过提高围护结构的保温性能来实现。如控制围护结构的热传系数或热绝缘系数,即选择热传导系数小、热绝缘系数大的围护结构材料。比如外墙和屋面,采用多孔的、轻质的具有一定强度的加气混凝土或其他复合材料,门窗可采用不同等级的保温性能和气密性材料。

(2)隔热

建筑隔热主要通过围护结构在夏天隔离太阳辐射和室外高温。如建筑物屋面和外墙外表面采用白色或浅色饰面;采用架空通风层屋面减弱太阳辐射对屋面的影响;提高窗户的遮阳性能。

8.8.2 外墙内保温系统工程施工

※知识链接※

施工准备及作业条件如下:

1)了解设计要求达到的保温节能标准,施工程序和施工规范,制定施工计划和措施。

2)组织准备:根据该工程的工程量及进度要求,组织好施工队伍,并对施工人员技术交底,明确工艺操作要求、验收规范、安全措施。

3)材料工具准备:按设计要求备好材料,备好常用工具(水桶、壁纸刀、铁锹、扫帚、手锤、錾子、方尺、拖线板、探针、钢尺、剪刀等)。

4)墙面上的各种预埋件,穿墙管道,落水管等应预先安装处理完毕。落水管卡在保护层施工完后安装。

5)基层墙体经主体工程验收达到质量标准要求。

6)基层表面应将表面浮灰、油污等清理干净,大于10 mm的凸出物应剔除铲平。

7)内墙面上的门窗框、设备穿墙管道,内墙内侧墙面管线、槽盒等应提前安装完毕,并预备出保温层的厚度。

8)夏季施工应避免阳光暴晒。

9)保温砂浆施工构造要求:①1~2 mm界面砂浆作界面处理;②20 mm胶粉玻化微珠颗粒保温隔热层;③2~3 mm抗裂防护层(抗裂砂浆、耐碱网格布)。

(1)工艺流程

玻化微珠保温砂浆外墙内保温工程的工艺流程为:

基层墙体处理→吊垂直、套方、弹控制线→用保温材料做灰饼、作口→抹第一遍保温砂浆12小时后抹第二遍保温砂浆→平整度、垂直度验收,晾置干燥,并产生强度→抹第一遍抗裂砂浆(厚2.5 mm)→铺压耐碱网格布→抹第二遍抗裂砂浆(厚0.5 mm)→抗裂防护层验收→保温施工整体验收。

※特别提示※

施工注意事项:操作地点环境最低温度不低于5 ℃,风力不大于6级,雨天不能施工。保温砂浆和抗裂砂浆必须是由专业厂家严格按照专业配方配制好的袋装材料,施工时按照要求加水搅拌,不需添加任何外加剂,配制好的砂浆要及时用完。采用机械搅拌方法(不得强制性搅拌)确保搅拌时间,保证施工质量。施工现场唯一需要加入的就是水,必须严格控制对水的计量,确保水灰比正确。产品运到工地注意防水、防潮,贮存期为3个月。施工完毕后应注意成品保护,墙面避免磕碰及水冲浸泡,并保持室内通风干燥,冬季施工注意防冻。每次施工完毕后,要及时清洗施工工具和搅拌器材,以免影响下次使用。

(2)施工要点

1)界面剂处理:界面剂采用喷浆工艺。界面剂施工前,先用钢丝刷清除基层墙面浮灰、油渍等,对于混凝土墙体和砌筑填充墙体应满涂界面砂浆,再用软刷清扫干净。在喷浆前一天浇水湿润。要求是内部潮湿,外部风干。界面砂浆和水的配合比为1∶0.23(质量比),采用高压气泵喷浆,有一定的压力(4 MPa)才能使喷出的浆呈均匀的颗粒,颗粒的大小和分布的密度均匀。墙面上看不见有局部的空隙为佳。施工完毕后(24 h)进行浇水养护,面层保持潮湿三天。

2)吊垂直、套方、弹抹灰厚度控制线:根据保温层厚度要求做灰饼。

3)做灰饼:用稍干的玻化微珠保温砂浆做灰饼。

4)抹保温砂浆:保温砂浆应在界面砂浆干燥固化后分两遍成活。用配好的保温抹灰砂浆压抹,抹灰厚度为10 mm左右,使砂浆均匀密实覆盖墙壁面。保温砂浆抹上墙与墙粘住后,不宜反复赶压。抹灰总厚度为20 mm时,应分两次抹涂,每次厚度为10 mm左右。待上一遍抹灰硬化后即可进行下一遍抹灰。最后一遍抹灰厚度应达到灰饼的厚度,用大杠搓平。门窗、洞口垂直度、平整度达到规范规定要求后,再在表面进行找平压实。

5)保温层验收:抹完保温层后,用检测工具进行检查。保温层应垂直、平整、阴阳角方正、顺直,对不符合要求的墙面,应进行修补。

6)抹抗裂砂浆同时压入玻纤网布:抹抗裂层必须在保温层充分固化后,有一定强度后进行,一般在晾制7 d后或用手按不动表面的情况下进行。抹第一遍抗裂砂浆,用铁抹子在保温层上抹抗裂砂浆,厚度要求2.5 mm,不得漏抹,在刚抹好的砂浆上用铁抹子压入裁好的耐碱网布,要求耐碱网布竖向铺贴并全部压入抗裂砂浆内。耐碱网布不得有干贴现象,粘贴饱满度应达到100%,搭接宽度不应小于50 mm,严禁干茬搭接。阴阳角处理:阴角处网格布要压茬搭接,其宽度≥150 mm,阴角处压茬搭接,其宽度≥150 mm,网格布铺贴时要平整,无皱褶,同时抹平,拽直,保持阴阳角处的方正和垂直度。第二遍抗裂砂浆施工:待前一遍抗裂砂浆表面收水后,在已固定好的玻纤网的抗裂砂浆层面上,满批抗裂砂浆一遍,厚度控制在0.5 mm;覆盖玻纤网表面,抗裂砂浆的总厚度3 mm为宜。

(3)质量验收标准

1)《建筑节能工程施工质量验收规范》(GB 50411—2007)

2)《建筑保温砂浆标准》(GB/T 200473—2006)

(4)成品保护

1)门窗框、管道、槽盒上残存砂浆,应及时清理干净。

2)玻化微珠保温砂浆在凝结前应防止快干、水冲、撞击、振动和日晒。

3)严禁使用过时灰。

4)各抹灰层硬化前禁止水冲浸泡、撞击和挤压。

5)施工人员应遵守安全规程。施工人员应经过培训上岗。

※知识链接※

建立一个强有力的质量保证组织机构,定期开展质量统计分析,掌握工程质量动态。全面控制各分部分项工程质量,并严格执行相关的国家规范、标准,按施工图和设计要求进行施工。

1)建立由项目经理直接负责,技术负责人现场指导,质检员现场监督,班组自检、互检的质量保证体系。

2)建立全员质量意识,贯彻谁管生产,谁管质量,谁管施工,谁负责施工,谁负责质量,谁负责操作的原则,实行工程质量负责制制度。

3)严格按照设计要求采购合格材料并进行检验,加强施工机械设备检修,完善作业条件的准备工作。

4)建立有效的质量管理体系,进行施工技术交底,严格按照设计图纸和规范、规程施工,除强调操作工人做好自检工作,另外备专职质量员,以利于及时发现问题并及时处理。

5)施工过程中严格按施工工艺和质量要求进行,每分部分项工程完工后均应进行验收,不合格的坚决做到整改完善,并经复验达优良方可进行下道工序施工。

6)实行作业人员互检,自检,班组复检,项目部抽查的原则。

7)杜绝不合格项进入下道工序,做好隐蔽工程及中间验收工作,组织质量验收。

8.8.3 外墙外保温系统工程施工

聚苯颗粒保温砂浆外墙施工工艺,适用于外墙外保温和外墙内保温,其中外保温的面砖做法和涂料做法基本工艺相同,面砖做法在抗裂层中用热镀锌电焊网(或加强型网格布)并用锚栓锚固,涂料做法在第一道抗裂砂浆中复合耐碱网格布。外墙内保温施工工艺和外保温涂料饰面的做法相同,施工更为便捷。

※知识链接※

聚苯颗粒保温砂浆外墙特点如下:

1)保温效果好,导热系数达到0.058 W/(m·K),保温层与墙面无空腔结合,系统保温效果优异。

2)系统造价低,是其他系统的成本的1/3~1/2。

3）具有防火功能，防火等级达到不燃级，不会破坏保温强度。

4）环保浆料原料均为无机复合材料，不含放射性物质，对环境不造成任何污染。聚苯颗粒为回收的废弃聚苯颗粒泡沫板，可以减少环境污染。

（1）面砖饰面系统

1）施工工艺（图 8-44）。

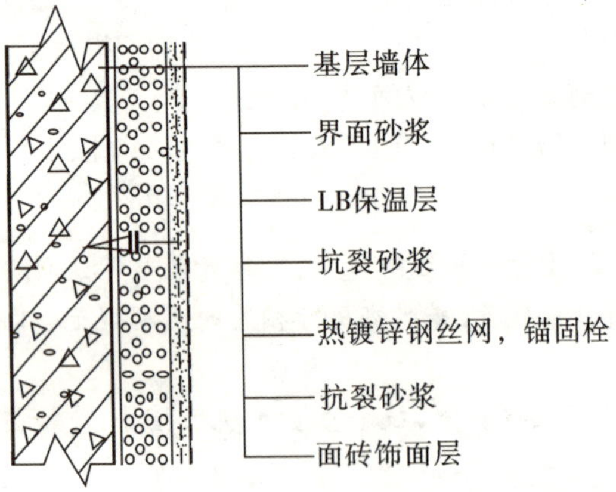

基层处理 → 吊垂直线、套方、弹控制线 → 打点、冲筋、做口 → 基层界面砂浆处理 →

基层界面砂浆处理 → 抹胶粉聚苯颗粒保温材料(分两遍) → 抹抗裂砂浆 →

铺压镀锌铁丝网、锚栓锚固 → 抹抗裂砂浆 → 外墙粘贴面砖 → 勾缝、清理

图 8-44　胶粉聚苯颗粒外墙外保温系统（面砖饰面）基本构造和施工工艺

2）施工过程（图 8-45）。

3）施工控制要点。

①墙面应清理干净，清洗油渍、清扫浮灰等旧墙面松动、风化部分并剔除干净，铲掉墙体表面较大凸起物。

②用保温砂浆做灰饼，控制表面的平整度及垂直度。用 1∶3 水泥砂浆做出阳角。

③滚涂界面砂浆，要求涂层均匀，不漏底。

④界面砂浆初干后，分两次抹保温砂浆。第一遍砂浆层略薄，约 10 mm，并注意压紧压实。初干后抹第二遍保温砂浆直到灰饼的厚度，并用大批板和直尺压实做平。

⑤抗裂防护层施工。

热镀锌铁丝网施工法：保温砂浆干燥后（约 5 ~ 7 天），批刮第一遍抗裂砂浆，待干燥后按要求打好锚钉孔，铺设铁丝网并用膨胀锚钉固定。批刮第二遍抗裂砂浆，要求完全覆盖铁丝网和锚钉且平整度和垂直度严格达到验收标准。

加强型网格布施工法：保温砂浆干燥后（约 5 ~ 7 天），批刮第一遍抗裂砂浆，铺贴加

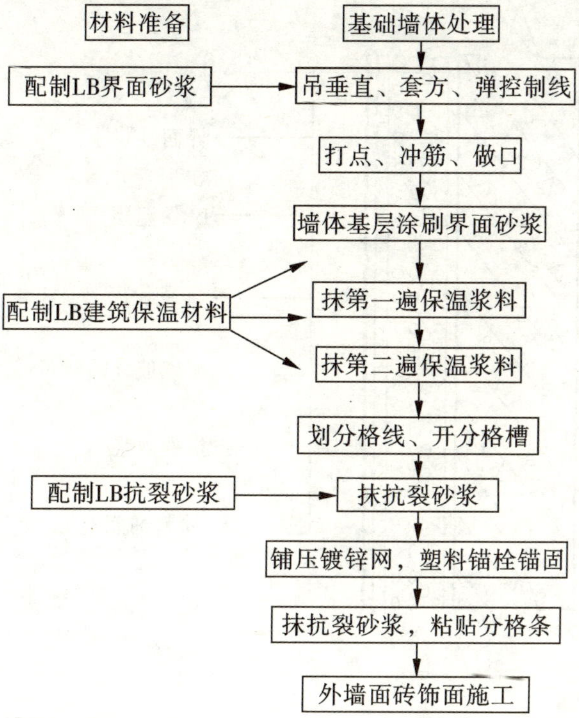

图 8-45　面砖饰面施工过程

强型网格布,用冲击钻打孔并用锚栓锚固。待干燥后抹第二道抗裂砂浆,抗裂砂浆应该盖住锚栓和网格布并且使平整度和垂直度达到验收要求。

⑥面砖饰面施工。

(2)涂料饰面系统

1)施工工艺(图 8-46)。

2)施工控制要点。

①墙面应清理干净,清洗油渍、清扫浮灰等旧墙面松动、风化部分并剔除干净,铲掉墙体表面较大凸起物。

②用保温砂浆做灰饼,控制墙面的平整度。用 1∶3 水泥砂浆做出阳角。

③滚涂界面砂浆,要求涂层均匀,不漏底。

④界面砂浆初干后,分两次抹保温砂浆。第一遍砂浆层略薄约 10 mm,并注意压紧压实。初干后(约 3 天)抹第二遍保温砂浆直到灰饼的厚度,并用大批板和直尺做平。

⑤抗裂防护层施工:在保温层干燥(约 7 天)后,抹第一遍抗裂砂浆并压入耐碱玻纤网格布,待干燥后批刮第二遍抗裂砂浆。第二遍抗裂砂浆应严格达到验收标准中平整度、垂直度等要求。

⑥涂料饰面施工。

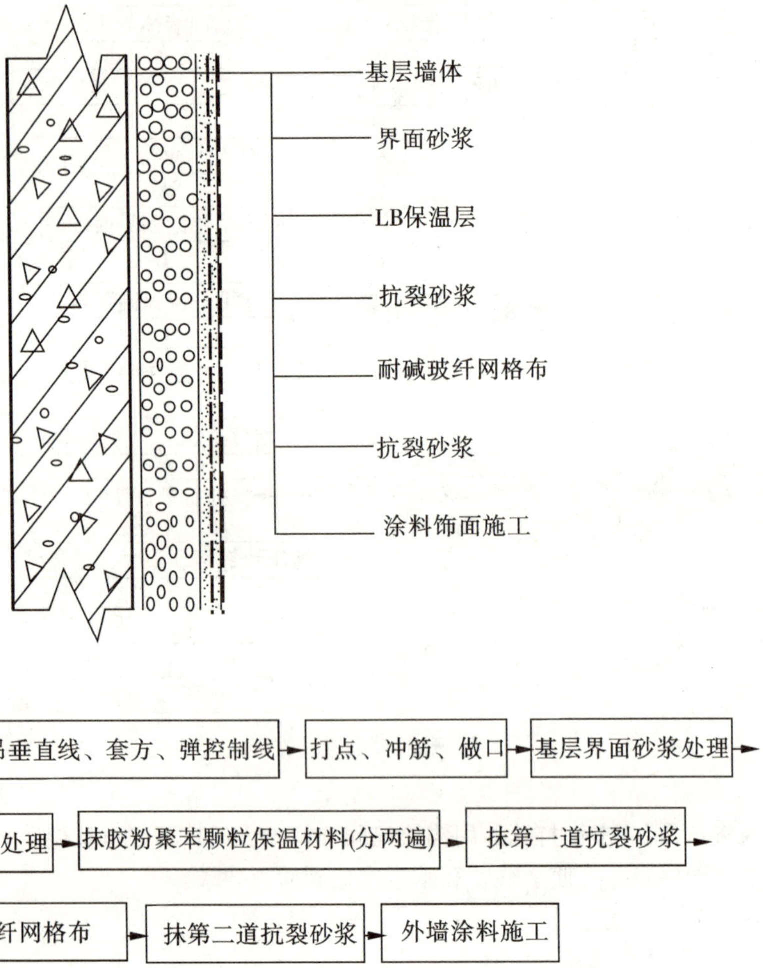

图 8-46　胶粉聚苯颗粒外墙保温系统(涂料饰面)基本构造及工艺流程

工程引例

例 8-5　根据框架和砖混结构建筑施工图设计总说明和建施图 7,外墙面采用岩棉保温板饰面板系统。编制本工程外墙保温的施工方案。

解答　1. 工程概况

本工程为某学校办公楼和教学楼工程,外墙保温为岩棉板保温墙面。

2. 施工工艺流程

1)基层界面处理。

墙面应清理干净、清洗油渍、清扫浮灰等。墙面松动、风化部分应剔除干净。墙表面凸起物大于 10 mm 时应剔除。

为使基层界面附着力统一、均质,墙体要做界面处理,可用喷枪或滚刷均匀涂覆界面砂浆,保证所有的墙面做到界面处理。砖墙、加气混凝土墙在界面处理前要先淋水润湿,堵脚手眼和废弃的孔洞时，应将洞内杂物、灰尘等物清理干净，浇水湿润，然后用1∶3水泥砂浆将其补齐砌严。如图8-47所示。

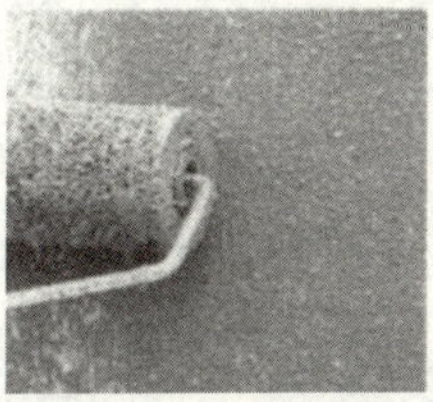

图8-47 涂覆基层界面砂浆

2）吊垂直、弹控制线。

根据建筑物高度确定放线的方法，利用墙大角、门窗口两边，用经纬仪打直线找垂直，绷低碳钢丝找规矩，横向水平线可依据楼层标高向上500 mm线为水平基准线进行交圈控制。根据调垂直的线及保温厚度，每步架大角两侧弹上控制线，再拉水平通线做标志块。

3）安装岩棉板（框粘法+胀栓锚固）。

①应预先在工厂内或者施工现场用专用界面砂浆在岩棉板两侧均匀涂覆界面砂浆。界面砂浆可以采用喷涂、辊涂、刷涂的方式涂覆。如图8-48所示。

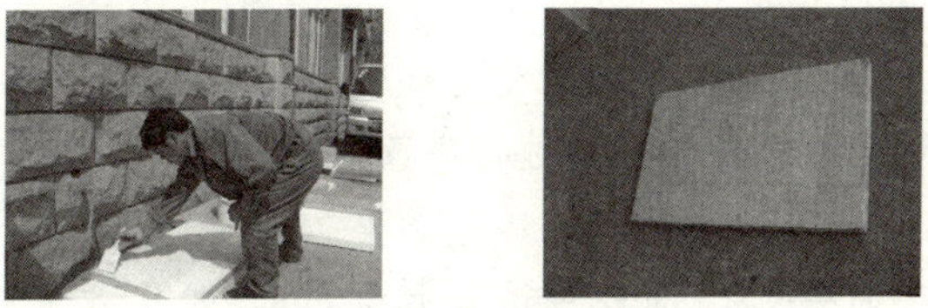

图8-48 涂刷岩棉板界面砂浆

②粘贴岩棉板时，首先在墙面均匀批抹约5～10 mm厚岩棉黏结砂浆，然后在岩棉板粘贴面用黏结砂浆抹平后粘贴并轻揉挤压，严禁拍打岩棉板表面。24小时后进行下步施工工序。如图8-49所示。

岩棉板贴砌时遇到非标准尺寸时，可进行现场裁切。裁切时应注意边口尺寸整齐，切口应与聚苯板面垂直。

贴砌时应按照自下而上、水平方向依次贴砌，上下错缝粘贴，墙角处贴砌应交错互锁。

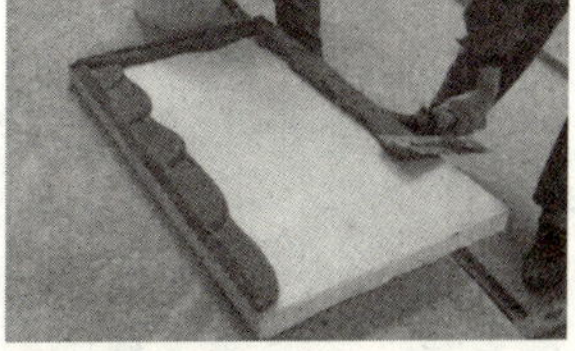

图8-49 岩棉板粘贴面批抹黏结砂浆

③根据施工图在锚栓安装部位钻孔，并用U型卡子将大圆盘固定在钻孔位置。每米宽度墙面上至少设置3个锚固件，且每一块岩棉板上至少有2个锚固件，胀栓应按照图纸排列。沿窗户四周，每边至少应设置3个锚固件。如图8-50所示。

④把预先切割规整的钢丝网片弯成“U”型和“L”型，在铺设岩棉板的同时，以“U”型网片把墙体底部包边，以“L”型网片把门窗侧壁、墙体转角处包边。把螺钉敲入尼龙套管中，固定钢丝网。使用直角边条板弯制加强用的钢丝网。

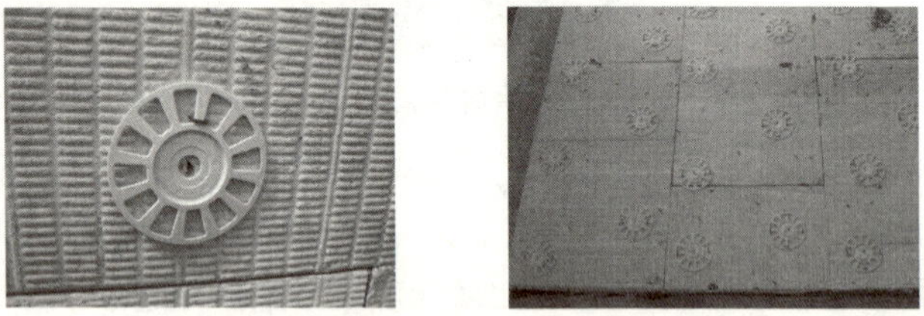

图8-50　岩棉板打孔，固定大圆盘

⑤岩棉板必须对接和相互挤紧，不能有缝隙，镶嵌用的窄条岩棉板，其宽度不得少于150 mm，至少应有一个锚固件穿过，使岩棉板紧贴墙面。

⑥岩棉板铺设完毕后，从下至上铺设钢丝网，钢丝网单孔搭接时用低碳钢丝绑扎或用锚栓固定，绑接时每米不少于4处，对边搭接时用低碳钢丝联结，间隔不大于150 mm。锚栓固定时，间隔不大于600 mm。

⑦整修全部接缝，并用卡钉把钢丝网突起部位压平。

⑧保温层安装完毕后经检验合格可进行界面层的施工。

4）界面层的施工。

将塑料垫片安放在钢丝网下，将钢丝网垫起5 mm。每平方米设置4个塑料垫片，按梅花型进行布置。采用专用喷枪将配制好的界面砂浆均匀喷到岩棉板表面及钢丝网上。

5）找平层施工。

①做灰饼，冲筋，在距楼层顶部约100 mm和距楼层底部约100 mm，同时距大墙阴或阳角约100 mm处，根据垂直控制通线做垂直方向灰饼（楼层较高时应两人共同完成），作为基准灰饼，再根据两垂直方向基准灰饼之间的通线，做墙面找平层厚度灰饼，每灰饼之间的距离按1.5 m左右间隔粘贴。灰饼可用胶粉聚苯颗粒浆料做，也可用废聚苯板裁成50 mm×50 mm小块粘贴。待垂直方向灰饼固定后，在两水平灰饼间拉水平控制通线，具体做法为将带小线的小圆钉插入灰饼，拉直小线，使小线控制比灰饼略高1 mm，在两灰饼之间按1.5 m左右间隔水平粘贴若干灰饼或冲筋。

②每层灰饼粘贴施工作业完成后水平方向用5 m小线拉线检查灰饼的一致性，垂直方向用2 m托线板检查垂直度，并测量灰饼厚度，冲筋厚度应与灰饼厚度一致。用5 m小线拉线检查冲筋厚度的一致性，并记录。

6）抹抗裂砂浆。

①找平层施工完成3～7 d且保温层施工质量验收以后，即可进行抗裂层施工。耐碱网格布长度不大于3 m，尺寸事先裁好，网格布包边应剪掉。抹抗裂砂浆时，厚度应控制

在3~4 mm，抹宽度、长度与网格布相当的抗裂砂浆后应按照从左至右、从上到下的顺序立即用铁抹子压入耐碱网格布。在窗洞口等处应沿45°方向提前增贴一道网格布(400 mm×300 mm)。耐碱网格布之间搭接宽度不应小于50 mm，严禁干搭接。阴角处耐碱网格布要压茬搭接，其宽度≥50 mm；阳角处也应压茬搭接，其宽度≥200 mm。耐碱网格布铺贴要平整，无褶皱，砂浆饱满度达到100%，同时要抹平、找直，保持阴阳角处的方正和垂直度。

首层墙面下部应铺贴双层耐碱网格布，第一层铺贴网格布，网布与网布之间采用对接方法，严禁网布在阴阳角处对接，对接部位距离阴阳角处不小于200 mm。然后进行第二层网格布铺贴，铺贴方法如前所述，两层网格布之间抗裂砂浆应饱满，严禁干贴。

②建筑物首层下部外保温应在阳角处双层网格布之间设专用金属护角，护角高度一般为2 m。在第一层网格布铺贴好后，应放好金属护角，用抹子在护角孔处拍压出抗裂砂浆，抹第二遍抗裂砂浆包裹住护角。保证护角安装牢固。

③抗裂砂浆抹完后，严禁在此面层上抹普通水泥砂浆腰线、口套线等，严禁刮涂刚性腻子等非柔性材料。

3. 质量要求及保证措施

1)基层处理：垂直、平整度在5 mm以内。在固定板前所有的水落管、各种线管等预埋件必须按设计图纸和施工验收规范要求安装完毕。脚手架距墙应在300 mm以上。

2)剪裁岩棉板：专用刀、锯，确保板材尺寸精确，裁口整齐。

3)岩棉板：要严格控制岩棉板厚度、宽度均匀、挺直，必须保证结合一致，转角部位应咬茬搭接。

4)安装岩棉板时，板缝应挤紧，相邻板应齐平，拼缝严密。

5)岩棉板的表观密度应符合设计要求。岩棉板表面不得长期裸露，为防止岩棉板受潮，每块岩棉用塑料袋小包装，在墙体的顶部用塑料布苫盖岩棉板，板安装完后应及时报验，并进行下道工序施工。安装岩棉板时，板缝应挤紧，相邻板应齐平，板间缝隙拼接严密。

6)外保温施工的环境温度不低于5 ℃，5级以上大风天气和下雨天气禁止施工。质量偏差要求符合相关规定。

4. 系统防水及特殊部位的处理

1)在遇到窗门洞口时，板材长度、宽度按墙体部位现场确定玻棉板的长宽。

2)防水防潮：在岩棉板施工完的顶部未进行下一道工序之前，用塑料布苫盖好，防止下雨渗漏于板内侧；岩棉板转角处裸露岩棉板的部位，使用与面层同等材质。

5. 质量检验

各种材料进场前应检验生产许可证、产品合格证、试验报告等证件外，岩棉板应符合GB/T 17795—2008的要求。施工过程中，项目经理部设专人加强管理。施工中的每一个分项工程经检查，验收合格后方可进行下道工序。岩棉板外形要平整，无明显膨胀和收缩变形，不得有油渍和杂质。规格尺寸及允许误差必须符合规范要求。外墙保温材料进入现场时，应按国家现行建筑材料有关标准进行验收及抽检复试。施工过程中收集、汇总，做好外墙外保温的竣工验收资料。

6. 安全施工细则

1)成立安全领导小组,定时进行安全检查,重点是外脚手架、电器、机械、安全带等检查,防止事故发生。

2)设立专职安全员,负责整个工程的日常安全工作。

3)全体施工人员进入现场后,应组织一次安全消防教育。

4)编制有针对性的安全施工措施,及时贯彻执行。

5)作好安全技术交底工作,使每位工人明白安全注意事项。

6)建立机电设备验收制度,凡未经验收的机电设备不得使用,非机电人员不得动用机电设备。

7)所有手持电动工具,必须装有可靠的漏电保护器,使用前应进行绝缘检测,防止漏电伤人。

8)准备足够的消防器材,做好防火措施。

9)5 级以上大风,严禁在架子上作业,对工程上已搭好的安全防护装置,禁止拆除。

10)外墙施工人员应带好安全帽,有效地系好安全带,施工人员在操作时必须铺好脚手架板,做好安全网防护。

8.8.4 建筑节能门窗工程施工

8.8.4.1 木门窗节能安装施工

※知识链接※

1. 材料性能要求

1)木门窗的规格、型号、数量、选材等级、含水率及制作质量必须符合设计要求,有出厂合格证。外用窗的传热系数应符合节能设计要求。

2)门窗五金及其配件的种类、规格、型号必须符合设计要求,有产品合格证书。

3)门窗玻璃、密封胶、油漆、防腐剂等应符合设计选用要求,有产品合格证书。

2. 施工工具与机具准备

1)机具:电锯、电刨、手电钻。

2)工具:螺钉旋具、斧、刨、锯、锤子及放线、检测工具。

3. 作业条件准备

1)进入施工现场的木门窗应经检查验收合格。

2)门窗框靠墙、靠地的一面应涂刷防腐涂料,然后通风干燥。

3)木门窗应分类水平码放在仓库内的垫木上,底层门窗距离地面应不小于 200 mm。每层门窗框或扇之间应垫木板条,以便通风。若在敞棚堆放,底层门窗距离地面不小于 400 mm,并采取措施防止日晒雨淋。

4)预装门窗框,应分别在楼、地面基层标高和墙砌到窗台标高时安装;后装的门窗框应在门窗洞口处按设计要求埋设预埋件或防腐木砖,在主体结构验收合格后安装。

5)门窗扇的安装应在饰面完成后进行。

6)安装前先检查门窗框、扇有无翘扭、窜角、劈裂、榫槽间松散等缺陷,如有则进行修理。

(1)施工工艺

木门窗安装工艺流程如下:

安装定位→安装门窗框→安装门窗扇→安装贴脸板、筒子板、窗台板→安装窗帘盒→安装五金、配件。

(2)施工要点

1)门窗框安装规定:门窗框安装前,应按施工图要求分别在楼、地面基层上和窗下墙上弹出门窗安装定位线,门窗框的安装必须符合设计图纸要求的型号和门窗扇的开启方向。预装的门窗框,立起的门窗框按规格型号要求应做临时支撑固定,待墙体砌过两层木砖后,可拆除临时支撑并矫正门窗框垂直度。后装的门窗框应在主体结构验收合格后进行。安装前,应检查门窗洞口的尺寸、标高和防腐木砖的位置;对等标高的同排门窗,应按设计要求拉通线检查门窗标高;外墙窗应吊线坠或用经纬仪从上向下校核窗框位置,使门窗的上下、左右在同一条直线上。对上下、左右不符线的结构边角应进行处理。用垂直检测尺校正门窗框的正、侧面垂直度,用水平尺校正冒头的水平度。靠内墙皮安装的门窗框应凸出墙面,凸出的厚度应等于抹灰层或装饰面层的厚度。用砸扁钉帽的铁钉将门窗框钉牢在防腐木砖上。

2)门窗扇安装规定:量出樘口净尺寸,考虑留缝宽度,定出扇高、扇宽尺寸,先定中间缝的中线,再画边线,并保证梃宽一致。四边划线后刨直,修刨时先锯掉余头,略修下边。双扇先作打叠高低缝,以开启方向的右扇压左扇;若门窗扇高、宽尺寸过小,可在下边或装合页一边用胶和铁钉补钉刨光木条。钉帽砸扁,钉入木条内 1~2 mm。锯掉余头刨平;平开扇的底边,中悬扇的上下边,上悬扇的下边,下悬扇的上边应刨成 1 mm 的斜面;试装门窗扇时先用木楔塞在门窗扇的下边,然后再检查缝隙,并注意窗楞和玻璃芯子平直对齐。合格后画出铰链的位置线,剔槽装铰链。

3)贴脸板、筒子板、窗台板和窗帘盒安装规定:按图纸做好贴脸板,在墙面粉刷完毕后量出横板长度,两头锯成 45°,贴紧框子冒头钉牢,再量竖板并钉牢在门窗两侧框上。要求横平竖直,接角密合,搭盖在墙上宽度不少于 20 mm;筒子板钉在墙上预埋的防腐木砖上,钉法同贴脸板;窗台板应按设计要求制作,并钉在窗台口预埋木砖上;窗帘盒两端伸出洞口长度应相等。在同一房间内标高应一致,并保持水平。

4)门窗五金安装规定:铰链安装均应在门窗扇上试装合适后,划线剔槽,先安扇上后安框上,铰链距门窗扇上下端的距离为扇高、梃高的 1/10,且避开上下冒头,门窗扇往框上安装时,应先拧入一个螺钉,然后关上门窗扇检查缝隙是否合适,口与扇是否平整,无问题后方可将全部螺钉拧入拧紧,门窗扇安好后必须开关灵活;安装地弹簧时,必须使两轴套在同一直线上,并与扇底面垂直,从轴中心挂垂线,定出底轴中心,安好底座,并用混凝土固定底座外壳,待混凝土强度达到 C10 以上再安装门扇;装窗插销时应先固定插销底板,再关窗打插销压痕,凿孔,打入插销。门插销应位于门内拉手下边;风钩应装在窗框下冒头与窗扇下冒头夹角处,使窗扇开启后约成 90°,并使上下各层窗扇开启后整齐一致;门锁距地面高约 900~1000 mm,并错开中冒头与立梃的结合处;门窗拉手应在扇上框前装设。位置应在门窗扇中线以下。窗拉手距地面 1.5 ~ 1.6 m,门拉手距地面 0.8 ~ 1.0 m;安装五金时,必须用木螺钉固定,不得用铁钉代替。固定木螺钉时应先用锤打入全长的 1/3,再用螺钉旋具拧入。严禁全部打入。

※特别提示※

钉帽要冲入木门窗框内 1 ~ 2 mm。每块防腐木砖要钉两处以上。

(3)质量标准

1)主控项目。

木门窗的木材品种、材质等级、规格、尺寸、框扇的线型及人造木板的甲醛含量应符合设计要求。设计未规定材质等级时,所用木材的质量应符合《建筑装饰装修工程质量验收规范》(GB 50210—2001)附录 A 的规定。外用窗的传热系数应符合节能设计要求。

木门窗应采用烘干的木材,含水率应符合《建筑木门、木窗》(JG/T122—2000)的规定。

木门窗的防火、防腐、防虫处理应符合设计要求。

木门窗的结合处和安装配件处无木节或已填补的木节。木门窗如有允许限值以内的死节及直径较大的虫眼时,应用同一材质的木塞加胶填补。对于清漆制品,木塞的木纹和色泽应与制品一致。

门窗框和厚度大于 50 mm 的门窗扇应用双榫连接。榫槽应采用胶料严密嵌合,并应用胶楔加紧。

胶合板门、纤维板门和模压门不得脱胶。胶合板不得刨透表层单板,不得有戗槎。制作胶合板门、纤维板门时,边框和横楞应在同一平面上,面层、边框及横楞应加压胶结。横楞和上、下冒头应各钻两个以上的透气孔,透气孔应通畅。

窗的品种、类型、规格、开启方向、安装位置及连接方式应符合设计要求。

木门窗框的安装必须牢固。预埋木砖的防腐处理、木门窗框固定点的数量、位置及固定方法应符合设计要求。

木门窗扇必须安装牢固,并应开关灵活、关闭严密,无倒翘。

木门窗配件的型号、规格、数量应符合设计要求,安装应牢固,位置应正确,功能应满足使用要求。

2)一般项目。

木门窗表面应洁净,不得有刨痕、锤印。

木门窗的割角、拼缝应严密平整。门窗框、扇裁口应顺直,刨面应平整。

木门窗上的槽、孔应边缘整齐,无毛刺。

木门窗与墙体间缝隙的填嵌材料应符合设计要求,填嵌应饱满。寒冷地区外门窗(或门窗框)与砌体间的空隙应填充保温材料。

木门窗批水、盖口条、压缝条、密封条的安装应顺直,与门窗结合应牢固、严密。

木门窗制作的允许偏差和检验方法应符合表 8-20 的规定。木门窗安装的留缝限值、允许偏差和检验方法见表 8-21。

表8-20 木门窗制作的允许偏差和检验方法

项次	项目	构件名称	允许偏差		检验方法
			普通	高级	
1	翘曲	框	3	2	将框、扇平放在检查平台上，用塞尺检查
		扇	2	2	
2	对角线长度差	框、扇	3	2	用钢直尺检查，框量裁口里角，扇量外角
3	表面平整度	扇	2	2	用1 m靠尺和塞尺检查
4	高度、宽度	框	0,-2	0,-1	用钢直尺检查，框量裁口里角，扇量外角
		扇	+2,0	+1,0	
5	裁口、线条结合处高低差	框、扇	1	0.5	用钢直尺和塞尺检查
6	相邻棂子两端间距	扇	2	1	用钢直尺检查

表8-21 木门窗安装的留缝限值、允许偏差和检验方法

项次	项目		留缝限值/mm		允许偏差/mm		检验方法
			普通	高级	普通	高级	
1	门窗槽口对角线长度差		—	—	3	2	用钢直尺检查
2	门窗框的正、侧面垂直度		—	—	2	1	用1 m垂直检测尺检查
3	框与扇、扇与扇接缝高低差		—	—	2	1	用钢直尺和塞尺检查
4	门窗扇对口缝		1~2.5	1.5~2	—	—	用塞尺检查
5	工业厂房双扇大门对口缝		2~5	—	—	—	
6	门窗扇与上框间留缝		1~2	1~1.5	—	—	
7	门窗扇与侧框间留缝		1~2.5	1~1.5	—	—	
8	窗扇与下框间留缝		2~3	2~2.5	—	—	
9	门扇与下框间留缝		3~5	3~4	—	—	
10	双层与下框间留缝		—	—	4	3	用钢尺检查
11	无下框时门扇与地面间留缝	外门	4~7	5~6	—	—	用塞尺检查

8.8.4.2 钢门窗节能安装施工

※知识链接※

施工准备如下：

1. 材料性能要求

1)门窗的品种、规格、型号、尺寸应符合设计要求，并有出厂合格证。外用窗的传热系数应符合节能设计要求。

2)门窗的五金及配件的种类、型号、规格应符合设计要求，并应有产品合格证。

3)门窗的玻璃、密封胶、密封条、嵌缝材料、防锈漆、连接铁脚、连接铁板等应符合设计选用要求，并应有产品合格证。

4)门窗的外观、外形尺寸、装配质量、力学性能应符合设计要求和国家现行标准的有关规定。门窗表面不应有影响外观质量的缺陷。

2. 施工工具与机具准备

1)机具：电焊机、电锤、电钻、射钉枪、切割机。

2)工具：螺钉旋具、锤子、扳手、钳子及放线、检测工具。

3. 作业条件

1)进入施工现场的门窗应经检查验收合格。

2)运到现场的门窗应分型号、规格竖直排放在仓库内的专用木架上。樘与樘间用软质材料隔开，防止相互磨损，压坏玻璃或五金配件。露天存放时应用苫布覆盖。

3)主体结构已施工完毕，并经有关部门验收合格，或墙面已粉刷完毕。

4)主体结构施工时门窗洞口四周的预埋铁件的位置、数量是否符合图纸要求。如有问题应及时处理。

5)拆开包装，检查门窗的外观质量、表面平整度及规格、型号、尺寸、开启方向是否符合设计要求及国家现行标准的有关规定。检查门窗框扇角梃有无变形，玻璃、零件是否损坏，如有破损，应及时更换或修复后方可安装。门窗保护膜若发现有破损的，应补粘后再安装。

6)准备好安装脚手架或梯子，并做好安全防护。

(1)施工工艺

钢门窗安装工艺流程如下：

洞口检查→钢门窗就位→钢门窗固定→安装五金、配件→清洗保护。

(2)施工要点

1)对等标高的同排门窗，应按设计要求拉通线检查门窗标高；外墙窗应吊线坠或用经纬仪从上向下校核窗框位置，使门窗的上下、左右在同一条直线上。对上下、左右不符线的结构边角应进行处理。

※特别提示※

应注意根据建筑物墙面粉刷材料确定门窗洞口尺寸比门窗框尺寸大 30 ~ 60 mm。

2)将钢门窗樘对号入座放入预留门窗洞口中，按照门窗安装的水平、垂直控制线和进深线，对已就位立樘的门窗进行调整、支垫，就位符合要求后用木楔塞紧固定。

3）钢门窗就位后，将预留孔洞清扫干净，浇水润湿，然后用1∶2干硬水泥砂浆或C20细石混凝土塞入孔洞内，捣实、抹平，并洒水养护3 d，在养护期内不得碰撞、振动钢门窗。当孔洞内的水泥砂浆或混凝土达到规定的强度后，方可将四周安设的木楔取出，并用1∶2的水泥砂浆将四周缝隙嵌填严实。

4）检查门窗扇开启是否灵活，关闭是否严密，如有问题必须调整后再安装。五金配件的安装应按说明书及施工图要求进行，安好后应开关灵活。

（3）质量标准

1）主控项目。

金属门窗的品种、类型、规格、尺寸、性能、开启方向、安装位置、连接方式应符合设计要求。钢门窗的防腐处理及填嵌、密封处理应符合设计要求。外用窗的传热系数应符合节能设计要求。

金属门窗框的安装必须牢固。预埋件的数量、位置、埋设方式、与框的连接方式必须符合设计要求。

金属门窗扇必须安装牢固，并应开关灵活、关闭严密，无倒翘。

金属门窗配件的型号、规格、数量应符合设计要求，安装应牢固，位置应正确，功能应满足使用要求。

2）一般项目。

金属门窗表面应洁净、平整、光滑、色泽一致，无锈蚀。大面应无划痕、碰伤。漆膜或保护层应连续。

金属门窗框与墙体之间的缝隙应填嵌饱满，并采用密封胶密封。密封胶表面应光滑、顺直，无裂纹。

钢门窗扇的橡胶密封条或毛毡密封条应安装完好，不得脱槽。

有排水孔的钢门窗，排水孔应畅通，位置和数量应符合设计要求。

钢门窗安装的留缝限值、允许偏差和检验方法应符合表8-22的规定。

表8-22 钢门窗安装的留缝限值、允许偏差和检验方法

项次	项目		留缝限值/mm	允许偏差/mm	检验方法
1	门窗槽口宽度、高度	≤1500 mm	—	2.5	用钢直尺检查
		>1500 mm	—	3.5	
2	门窗槽口对角线长度差	≤2000 mm	—	5	用钢直尺检查
		>2000 mm	—	6	
3	门窗框的正、侧面垂直度		—	3	用1 m垂直检测尺检查
4	门窗横框的水平度		—	3	用1 m水平尺和塞尺检查
5	门窗横框标高		—	5	用钢直尺检查

续表 8-22

项次	项目	留缝限值/mm	允许偏差/mm	检验方法
6	门窗竖向偏离中心	—	4	用钢直尺检查
7	双层门窗内外框间距	—	5	用钢直尺检查
8	门窗框、扇配合间隙	≤2	—	用塞尺检查
9	无下框时门扇与地面间留缝	4~8	—	用塞尺检查

8.8.4.3 铝合金门窗节能安装施工

※知识链接※

1. 材料性能要求

1)门窗的品种、规格、型号、尺寸应符合设计要求,并有出厂合格证。外用窗的传热系数应符合节能设计要求。

2)门窗的五金及配件的种类、型号、规格应符合设计要求,并应有产品合格证。

3)门窗的玻璃、密封胶、密封条、嵌缝材料、防锈漆、连接铁脚、连接铁板等应符合设计选用要求,并应有产品合格证。

4)门窗的外观、外形尺寸、装配质量、力学性能应符合设计要求和国家现行标准的有关规定。门窗表面不应有影响外观质量的缺陷。

2. 施工工具与机具准备

1)机具:电焊机、电锤、电钻、射钉枪、切割机。

2)工具:螺钉旋具、锤子、扳手、钳子及放线、检测工具。

3. 作业条件准备

1)进入施工现场的门窗应经检查验收合格。

2)运到现场的门窗应分型号、规格竖直排放在仓库内的专用木架上。樘与樘间用软质材料隔开,防止相互磨损,压坏玻璃及五金配件。露天存放时应用苫布覆盖。

3)主体结构已施工完毕,并经有关部门验收合格。或墙面已粉刷完毕。

4)主体结构施工时门窗洞口四周的预埋铁件的位置、数量是否符合图纸要求。如有问题应及时处理。

5)拆开包装,检查门窗的外观质量、表面平整度及规格、型号、尺寸、开启方向是否符合设计要求及国家现行标准的有关规定。检查门窗框扇角梃有无变形,玻璃、零件是否损坏,如有破损,应及时更换或修复后方可安装。门窗保护膜若发现有破损的,应补粘后再安装。

6)准备好安装脚手架或梯子,并做好安全防护。

(1)施工工艺

铝合金门窗安装工艺流程如下:

洞口检查→安装门窗→嵌缝密封→安装门窗扇→安装玻璃→安装五金、配件→清洗保护

(2)施工要点

1)对等标高的同排门窗,应按设计要求拉通线检查门窗标高;外墙窗应吊线坠或用经纬仪从上向下校核窗框位置,使门窗的上下、左右在同一条直线上。对上下、左右不符线的结构边角应进行处理。

※特别提示※

应注意根据建筑物墙面粉刷材料确定门窗洞口尺寸比门窗框尺寸大30~60 mm。

2)门窗框外表面的防腐处理应按设计要求或粘贴塑料薄膜进行保护,以免水泥砂浆直接与铝合金门窗表面接触,产生电化学反应,腐蚀铝合金门窗。连接铁件、锚固板等安装用金属零件应优先选用不锈钢件,否则必须进行防腐处理,以免产生电化学反应,腐蚀铝合金门窗。

3)根据设计要求,将门、窗框立于墙的中心线部位或内侧,使窗、门框表面与饰面层相适应。按照门窗安装的水平、垂直控制线,对已就位立樘的门窗进行调整、支垫,符合要求后,再将镀锌锚板固定在门窗洞口内。

4)铝合金门窗框上的锚固板与墙体的固定方法可采用射钉固定法、燕尾铁脚固定法及膨胀螺钉固定法等。当墙体上预埋有铁件时,可把铝合金门窗框上的铁脚直接与墙体上的预埋铁件焊牢。锚固板的间距不应大于500 mm。

带型窗、大型窗的拼接处,如需增设组合杆件(型钢或型铝)加固,则其上、下部要与预埋钢板焊接,预埋件可按每1000 mm间距在洞口内均匀设置。

严禁在铝合金门、窗上连接地线进行焊接工作,当固定铁码与洞口预埋件焊接时,门、窗框上要盖上橡胶石棉布,防止焊接时烧伤门窗。

5)铝合金门窗安装固定后,应进行验收。合格后及时按设计要求处理门窗框与墙体间的缝隙。若设计没有要求时,可采用矿棉条或玻璃棉毡条分层填塞,缝隙表面留5~8 mm深的槽口,填嵌密封材料。

在施工中注意不得损坏门窗上面的保护膜;如表面沾上了水泥砂浆,应随时擦净,以免腐蚀铝合金,影响外表美观。全部竣工后,剥去门、窗上的保护膜,如有油污、脏物,可用醋酸乙酯擦洗(操作时应注意防火)。

6)门窗扇及门窗玻璃安装应在室内外装修基本完成后进行。

推拉门窗扇的安装:应先将外扇插入上滑道的外槽内,自然下落于对应的下滑道的外滑道内,然后再用同样的方法安装内扇。应注意推拉门窗扇必须有防脱落措施,扇与框的搭接量应符合设计要求。可调导向轮应在门窗扇安装之后调整,调节门、窗扇在滑道上的高度,并使门、窗扇与边框间平行。

平开门窗扇安装:应先把合页按要求位置固定在铝合金门窗框上,然后将门窗扇嵌入框内临时固定,调整合适后,再将门窗扇固定在合页上,必须保证上、下两个转动部分在同一个轴线上。

地弹簧门扇安装:应先将地弹簧的顶轴安装于门框顶部,挂垂线确定地弹簧的安装位置,安好地弹簧,并浇筑混凝土使其固定。待混凝土达到设计强度后,调节上门顶轴将门扇装上,最后调整门扇间隙及门扇开启速度。

7)铝合金门窗交工前,应将型材表面的塑料胶纸撕掉,如果塑料胶纸在型材表面留有胶痕,宜用香蕉水清洗干净。铝合金门、窗框扇,可用水或浓度为1% ~5%,pH 值为7.3 ~9.5的中性洗涤剂充分清洗,再用布擦干。不应用酸性或碱性制剂清洗,也不能用钢刷刷洗。

玻璃应用清水擦洗干净,对浮灰或其他杂物,要全部清除干净。

(3)质量标准

1)主控项目。

金属门窗的品种、类型、规格、尺寸、性能、开启方向、安装位置、连接方式应符合设计要求。钢门窗的防腐处理及填嵌、密封处理应符合设计要求。外用窗的传热系数应符合节能设计要求。

金属门窗框的安装必须牢固。预埋件的数量、位置、埋设方式、与框的连接方式必须符合设计要求。

金属门窗扇必须安装牢固,并应开关灵活、关闭严密,无倒翘。

金属门窗配件的型号、规格、数量应符合设计要求,安装应牢固,位置应正确,功能应满足使用要求。

2)一般项目。

金属门窗表面应洁净、平整、光滑、色泽一致,无锈蚀。大面应无划痕、碰伤。漆膜或保护层应连续。

铝合金门窗推拉门窗扇开关力应不大于100 N。

金属门窗框与墙体之间的缝隙应填嵌饱满,并采用密封胶密封。密封胶表面应光滑、顺直,无裂纹。

门窗扇的橡胶密封条或毛毡密封条应安装完好,不得脱槽。

有排水孔的门窗,排水孔应畅通,位置和数量应符合设计要求。

铝合金门窗安装的允许偏差和检验方法应符合表8-23的规定。

表8-23 铝合金门窗安装的允许偏差和检验方法

项次	项目		允许偏差/mm	检验方法
1	门窗槽口宽度、高度	≤1500 mm	1.5	用钢直尺检查
		>1500 mm	2	
2	门窗槽口对角线长度差	≤2000 mm	3	用钢直尺检查
		>2000 mm	4	
3	门窗框的正、侧面垂直度		2.5	用垂直检测尺检查
4	门窗横框的水平度		2	用1 m水平尺和塞尺检查
5	门窗横框标高		5	用钢直尺检查
6	门窗竖向偏离中心		5	用钢直尺检查
7	双层门窗内外框间距		4	用钢直尺检查
8	推拉门窗扇与框搭接量		1.5	用钢直尺检查

8.8.4.4 涂色镀锌钢板门窗节能安装施工

※知识链接※

1. 材料性能要求

1)门窗的品种、规格、型号、尺寸应符合设计要求,并有出厂合格证。外用窗的传热系数应符合节能设计要求。

2)门窗的五金及配件的种类、型号、规格应符合设计要求,并应有产品合格证。

3)门窗的玻璃、密封胶、密封条、嵌缝材料、防锈漆、连接铁脚、连接铁板等应符合设计选用要求,并应有产品合格证。

4)门窗的外观、外形尺寸、装配质量、力学性能应符合设计要求和国家现行标准的有关规定。门窗表面不应有影响外观质量的缺陷。

2. 施工工具与机具准备

1)机具:电焊机、电锤、电钻、射钉枪、切割机。

2)工具:螺丝刀、手锤、扳手、钳子及放线、检测工具。

3. 作业条件准备

1)进入施工现场的门窗应经检查验收合格。

2)运到现场的门窗应分型号、规格竖直排放在仓库内的专用木架上。樘与樘间用软质材料隔开,防止相互磨损,压坏玻璃及五金配件。露天存放时应用苫布覆盖。

3)主体结构已施工完毕,并经验收合格;或墙面已粉刷完毕。

4)主体结构施工时门窗洞口四周的预埋铁件的位置、数量是否符合图纸要求。如有问题应及时处理。

5)拆开包装,检查门窗的外观质量、表面平整度及规格、型号、尺寸、开启方向是否符合设计要求及国家现行标准的有关规定。检查门窗框扇角梃有无变形,玻璃、零件是否损坏,如有破损,应及时更换或修复后方可安装。门窗保护膜若发现有破损的,应补粘后再安装。

6)准备好安装脚手架或梯子,并做好安全防护。

(1)施工工艺

涂色镀锌钢板门窗安装工艺流程如下:

洞口检查→安装门窗→嵌缝密封→安装五金、配件→清洗保护

(2)施工要点

1)对等标高的同排门窗,应按设计要求拉通线检查门窗标高;外墙窗应吊线锤或用经纬仪从上向下校核窗框位置,使门窗的上下、左右在同一条直线上。对上下、左右不符线的结构边角应进行处理。

※特别提示※

应注意根据建筑物墙面粉刷材料确定门窗洞口尺寸比门窗框尺寸大30~60 mm。

2)带副框的彩板门窗,一般是先装副框,连接固定后再进行洞口及室内外的装饰作业;不带副框的彩板门窗,通常是在室内外墙面及洞口粉刷完毕后进行安装。洞口粉刷后

形成的尺寸必须准确，洞口精度应符合表 8-24 的规定。

表 8-24　洞口的精度要求　　(单位：mm)

构造类别	宽度		高度		对角线差		垂直度		平行度
	≤1500	>1500	≤1500	>1500	≤2000	>2000	<2000	>2000	
有副框门窗或组合拼管	≤2.0	≤3.0	≤2.0	≤3.0	≤4.0	≤5.0	≤2.0	≤3.0	≤3.0
无副框门窗洞口粉刷后	+3.0	+5.0	+6.0	+8.0	≤4.0	≤5.0	≤3.0	4.0	≤5.0

3)有副框涂色镀锌钢板门窗安装。

用 M5×12 自攻螺钉将连接铁件固定到副框上。然后把副框装入洞口内安装位置，并用木楔临时固定，校正副框水平和正、侧面垂直后，将连接铁件与预埋铁件焊牢。当门窗洞口无预埋件时，也可用射钉或膨胀螺栓进行固定。

进行室内、外墙面及洞口侧面抹灰或粘贴装饰面层，嵌塞门窗副框四周与墙体之间的缝隙，并及时将副框表面清理干净。

将门窗装入副框内，并适当调整，用 M5×20 自攻螺丝把门窗框与副框连接牢固，盖上螺钉盖。安装推拉门窗时，还应注意调整好滑块。

洞口与副框、副框与门窗框之间的缝隙应用密封胶密封。最后剥去门窗表面的密封保护膜。

4)无副框的涂色镀锌钢板门窗安装。

按照门窗框上膨胀螺栓的位置，在洞口相应的墙体上钻出膨胀螺栓孔。

将门窗樘装入洞口内的安装位置线上，校正门窗的水平和正、侧面垂直及标高后，用木楔临时固定。用膨胀螺栓将门窗框与墙体固定牢靠。用建筑密封膏将外框与洞口周边之间的缝隙封严。交工前揭去门窗表面的保护膜，擦净门窗框扇、玻璃、洞口及窗台上的灰尘和污物。

(3)质量标准

1)主控项目。

金属门窗的品种、类型、规格、尺寸、性能、开启方向、安装位置、连接方式应符合设计要求。钢门窗的防腐处理及填嵌、密封处理应符合设计要求。外用窗的传热系数应符合节能设计要求。

金属门窗框的安装必须牢固。预埋件的数量、位置、埋设方式、与框的连接方式必须符合设计要求。

金属门窗扇必须安装牢固，并应开关灵活、关闭严密，无倒翘。

金属门窗配件的型号、规格、数量应符合设计要求，安装应牢固，位置应正确，功能应满足使用要求。

2）一般项目。

金属门窗表面应洁净、平整、光滑、色泽一致，无锈蚀。大面应无划痕、碰伤。漆膜或保护层应连续。

金属门窗框与墙体之间的缝隙应填嵌饱满，并采用密封胶密封。密封胶表面应光滑、顺直，无裂纹。

钢门窗扇的橡胶密封条或毛毡密封条应安装完好，不得脱槽。

有排水孔的钢门窗，排水孔应畅通，位置和数量应符合设计要求。

涂色镀锌钢板门窗安装的允许偏差和检验方法应符合表8-25的规定。

表8-25 涂色镀锌钢板门窗安装的允许偏差和检验方法

项次	项目		允许偏差/mm	检验方法
1	门窗槽口宽度、高度	≤1500 mm	2	用钢直尺检查
		>1500 mm	3	
2	门窗槽口对角线长度差	≤2000 mm	4	用钢直尺检查
		>2000 mm	5	
3	门窗框的正、侧面垂直度		3	用垂直检测尺检查
4	门窗横框的水平度		3	用1 m水平尺和塞尺检查
5	门窗横框标高		5	用钢直尺检查
6	门窗竖向偏离中心		5	用钢直尺检查
7	双层门窗内外框间距		4	用钢直尺检查
8	推拉门窗扇与框搭接量		2	用钢直尺检查

8.8.4.5 塑料门窗节能安装施工

※知识链接※

施工准备如下：

1. 材料性能要求

1）塑料门窗的品种、规格、型号、尺寸应符合设计要求，并有出厂合格证。外用窗的传热系数应符合节能设计要求。

2）塑料门窗的五金及配件的种类、型号、规格应符合设计要求，并应有产品合格证。

3）塑料门窗的玻璃、密封胶、嵌缝材料等应符合设计选用要求，并应有产品合格证。

4）塑料门窗的外观、装配质量、力学性能应符合设计要求和国家现行标准的有关规定。塑料门窗中的竖框、中横框或拼樘等主要受力杆件中的增强型钢，应在产品说明书中注明规格、尺寸。门窗表面不应有影响外观质量的缺陷。

2. 施工工具与机具准备

1）机具：电锤、电钻、射钉枪。

2）工具：螺钉旋具、锤子、扳手及放线、检测工具。

3. 作业条件

1）进入施工现场的塑料门窗应经检查验收合格。

2）运到现场的塑料门窗应分型号、规格竖直排放在仓库内的专用木架上。远离热源1 m以上，环境温度低于50 ℃。露天存放时应用苫布覆盖。

3）主体结构已施工完毕，并经有关部门验收合格；或墙面已粉刷完毕。

4）当门窗用预埋木砖与墙体连接时，墙体中应按设计要求埋置防腐木砖。对于加气混凝土墙应预埋粘胶圆木。

5）安装组合窗的洞口，应在拼樘料的对应位置设预埋件或预留洞。

6）安装前先检查门窗框、扇有无变形、劈裂等缺陷，如有则进行修理或更换。

7）安装塑料门窗时的环境温度不宜低于5 ℃。

8）准备好安装脚手架或梯子，并做好安全防护。

（1）施工工艺

塑料门窗安装工艺流程如下：

洞口检查→安装门窗→嵌缝密封→安装门窗扇→安装玻璃→安装五金、配件→清洗保护

（2）施工要点

1）对等标高的同排门窗，应按设计要求拉通线检查门窗标高；外墙窗应吊线锤或用经纬仪从上向下校核窗框位置，使门窗的上下、左右在同一条直线上。对上下、左右不符线的结构边角应进行处理。

※特别提示※

应注意根据建筑物墙面粉刷材料确定门窗洞口尺寸比门窗框尺寸大30～60 mm。

2）将塑料门窗按设计要求的型号、规格搬到相应的洞口旁竖放。当塑料门窗在0 ℃以下环境中存放时，安装前应在室温下放置24 h。当有保护膜脱落时，应补贴保护膜。在门窗框上划中线，如果玻璃已装在门窗框上，应卸下玻璃，并做好标记。

3）塑料门窗框与墙体的连接固定点按表8-26设置。在连接固定点位置，用3.5 mm钻头在塑料门窗框的背面钻安装孔，并用M4×20自攻螺钉将固定片拧固在框背面的燕尾槽内。

表8-26　连接固定点间距　（单位：mm）

项目	尺寸
连接固定点中距不应大于	600
连接固定点距框角不应大于	150

4）根据设计要求的位置和门窗开启方向，确定门窗框的安装，将塑料门窗框放入洞口内，使其上下框中线与洞口中线对齐，无下框平开门应使两边框的下脚低于地面标高线30 mm。带下框的平开门或推拉门应使下框低于地面标高线10 mm。然后将上框的一个

固定片固定在墙体上，并应调整门框的水平度、垂直度和直角度，用木楔临时固定。

5)门窗框与墙体固定时，应先固定上框，后固定边框。固定方法应符合表8-27要求。

表8-27 门窗框固定方法

项目	方法
混凝土墙洞口	应采用射钉或塑料膨胀螺钉固定
砖墙洞口	采用塑料膨胀螺钉或水泥钉固定，但不得固定在砖缝上
加气混凝土墙洞口	采用木螺钉将固定片固定在粘胶圆木上
设有预埋铁件的洞口	采用焊接方法固定，也可先在预埋件上按紧固件打基孔，然后用紧固件固定
设有防腐木砖的墙面	采用木螺钉把固定片固定在防腐木砖上
窗下框与墙体的固定	将固定片直接伸入墙体预留孔内，用砂浆填实

6)安装门连窗或组合窗时，门与窗采用拼樘料拼接、拼樘料与洞口的连接方法如下：拼樘料与混凝土过梁或柱子连接时，应将拼樘料内增强型钢与梁或柱上的预埋铁件焊接牢固；拼樘料与砖墙连接时，先将拼樘两端插入预留洞中，然后用C20细石混凝土浇灌固定。

7)应将门窗框或两窗框与拼樘料卡接，并用紧固件双向扣紧，其间距不大于600 mm；紧固件端头及拼樘料与窗框之间缝隙用嵌缝油膏密封处理。

8)嵌缝密封方法。塑料门窗上的连接件与墙体固定后，卸下木楔，清除墙面和边框上的浮灰，即可进行门窗框与墙体间的缝隙处理，并应符合以下要求：在门窗框与墙体之间的缝隙内嵌塞PE高发泡条、矿棉毡或其他软填料，外表面留出10 mm左右的空槽；在软填料内外两侧的空槽内注入嵌缝膏密封；注嵌缝膏时墙体须干净、干燥，注胶时室内外的周边均需注满、打匀，注嵌缝膏后应保证24 h不得见水。

9)门窗扇安装。平开门窗——应先剔好框上的铰链槽，再将门、窗扇装入框中，调整扇与框的配合位置，并用铰链将其固定，然后复查开关是否灵活自如。

推拉门窗——由于推拉门窗扇与框不连接，因此对可拆卸的推拉扇，则应先安装好玻璃后再安装门窗扇。

对出厂时框扇就连在一起的平开塑料门窗，则可将其直接安装，然后再检查开闭是否灵活自如，如发现问题，则应进行必要的调整。

10)五金、配件安装。安装五金配件时，应先在框、扇杆件上钻出略小于螺钉直径的孔眼，然后用配套的自攻螺钉拧入，严禁将螺钉用锤直接打入。

安装门、窗铰链时，固定铰链的螺钉应至少穿过塑料型材的两层中空腔壁，或与衬筋连接。

在安装平开塑料门、窗时，剔凿铰链槽不可过深，不允许将框边剔透。

平开塑料门窗安装五金时，应给开启扇留一定的吊高，正常情况是门扇吊高2 mm，窗扇吊高 1.2 mm。

安装门锁时，应先将整体门扇插入门框铰链中，再按门锁说明书的要求装配门锁。

塑料门、窗的所有五金配件均应安装牢固，位置端正，使用灵活。

(3)质量标准

1)主控项目。

塑料门窗的品种、类型、规格、尺寸、开启方向、安装位置、连接方式及填嵌密封处理应符合设计要求，内衬增强型钢的壁厚及设置应符合国家现行产品标准的质量要求。外用窗的传热系数应符合节能设计要求。

塑料门窗框、副框和扇的安装必须牢固。固定片或膨胀螺栓的数量与位置应正确，连接方式应符合设计要求。固定点应距窗角、中横框、中竖框 150～200 mm，固定点间距应不大于 600 mm。

塑料门窗拼樘料内衬增强型钢的规格、壁厚必须符合设计要求，型钢应与型材内腔紧密吻合，其两端必须与洞口固定牢固。窗框必须与拼樘料连接紧密，固定点间距应不大于 600 mm。

塑料门窗扇应开关灵活、关闭严密，无倒翘。推拉门窗扇必须有防脱落措施。

塑料门窗配件的型号、规格、数量应符合设计要求，安装应牢固，位置应正确，功能应满足使用要求。

塑料门窗框与墙体间缝隙应采用闭孔弹性材料填嵌饱满，表面应采用密封胶密封。密封胶应黏结牢固，表面应光滑、顺直、无裂纹。

2)一般项目。

塑料门窗表面应洁净、平整、光滑、大面应无划痕、碰伤。

塑料门窗扇的密封条不得脱槽。旋转窗间隙应基本均匀。

塑料门窗扇的开关力应符合下列规定：平开门窗扇平铰链的开关力应不大于 80 N；滑撑铰链的开关力应不大于 80 N，并不小于 30 N；推拉门窗扇的开关力应不大于 100 N；玻璃密封条与玻璃及玻璃槽口的接缝应平整，不得卷边、脱槽；塑料门窗的排水孔应畅通，位置和数量应符合设计要求；塑料门窗安装的允许偏差和检验方法应符合表 8-28 的规定。

表 8-28　塑料门窗安装的允许偏差和检验方法

项次	项目		允许偏差/mm	检验方法
1	门窗槽口宽度、高度	≤1500 mm	2	用钢直尺检查
		>1500 mm	3	
2	门窗槽口对角线长度差	≤2000 mm	3	用钢直尺检查
		>2000 mm	5	
3	门窗框的正、侧面垂直度		3	用 1 m 垂直检测尺检查
4	门窗横框的水平度		3	用 1 m 水平尺和塞尺检查

续表 8-28

项次	项目	允许偏差/mm	检验方法
5	门窗横框标高	5	用钢直尺检查
6	门窗竖向偏离中心	5	用钢直尺检查
7	双层门窗内外框间距	4	用钢直尺检查
8	同樘平开门窗相邻扇高度差	2	用钢直尺检查
9	平开门窗铰链部位配合间隙	+2,-1	用塞尺检查
10	推拉门窗扇与框搭接量	+1.5,-2.5	用钢直尺检查
11	推拉门窗扇与竖框平行度	2	用1m水平尺和塞尺检查

8.8.4.6 门窗玻璃安装工艺

※知识链接※

施工准备如下：

1.材料性能要求

玻璃的品种、规格、质量标准要符合设计及规范要求。腻子(油灰)应是柔软、有拉力、支撑力、灰白色的塑性膏状物，且具有塑性、不泛油、不粘手的特征，且常温下20昼夜内硬化。其他材料，如玻璃钉、钢丝卡子、油绳、橡皮垫、木压条、红丹、铅油、煤油等应满足设计及规范要求。

2.施工工具

工作台、玻璃刀、尺板、钢卷尺、木折尺、方尺、手钳、扁铲、批灰刀、锤子、棉纱或破布、毛笔、工具袋和安全带等。

3.作业条件

1)门窗安装完，初验合格，并在涂刷最后一道涂装前进行玻璃安装。

2)玻璃安装前，应按照设计要求的尺寸及结合实测尺寸，预先集中裁制，并按不同规格和安装顺序码放在安全地方待用。

3)对于加工后进场的半成品玻璃，提前核实来料的尺寸留量(上下余量3 mm，宽窄余量4 mm)，边缘不得有斜曲或缺角等情况，并应进行试安装，如有问题，应做再加工处理或更换。

4)使用熟桐油等天然干性油自行配制的油灰，可直接使用；如用其他油料配制的油灰，必须经过检验合格后方可使用。

5)应在0 ℃以上施工。如果玻璃从过冷或过热的环境中运入施工地点，应等待玻璃温度与室内温度相近后再进行安装；如条件允许，要将预先裁割好的玻璃提前运入施工地点。外墙铝合金框扇玻璃不宜冬期安装。

(1)施工工艺

门窗装工艺流程如下：裁割玻璃→清理裁口→安装玻璃→清理。

(2)施工要点

1)玻璃裁割应根据所需安装的玻璃尺寸,结合玻璃规格统筹裁割。

2)门窗玻璃应按先安外门窗,后安内门窗顺序安装。

3)玻璃安装前应清理裁口。先在玻璃底面与裁口之间,沿裁口的全长均匀涂抹1~3 mm厚的底油灰,接着把玻璃推铺平整、压实,然后收净底油灰。

4)木门窗玻璃推平、压实后,四边分别钉上钉子,钉子间距100~150 mm,每边不少于2个钉子,钉完后用手轻敲玻璃,响声坚实,说明玻璃安装平实,否则应取下玻璃,重新铺实底油灰后,再推压挤平,然后用油灰填实,将灰边压光压平,并不得将玻璃压得过紧。

5)钢门窗安装玻璃,应用钢丝卡固定,钢丝卡间距不得大于200 mm,且每边不得少于2个,并用油灰填实抹光;如果采用橡皮垫,应先将橡皮垫嵌入裁口内,并用压条和螺钉加以固定。

6)安装斜天窗的玻璃,如设计没有要求时,应采用夹丝玻璃,并应从顺水方向盖叠安装。盖叠搭接长度应视天窗的坡度而定,当坡度为1/4时或大于1/4时,不小于30 mm;坡度小于1/4时,不小于50 mm,盖叠处应用钢丝卡固定,并在缝隙中用密封膏嵌填密实;如果用平板或浮法玻璃时,要在玻璃下面加设一层镀锌铅丝网。

7)门窗安装彩色玻璃和压花玻璃,应按照设计图案仔细裁割,拼缝必须吻合,不允许出现错位松动和斜曲等缺陷。

8)安装窗中玻璃,按开启方向确定定位垫块位置,定位垫块宽度应大于玻璃的厚度,长度不宜小于25 mm,并应符合设计要求。

9)铝合金框扇玻璃安装时,玻璃就位后,其边缘不得与框扇及其连接件相接触,所留间隙应符合有关标准规定。所用材料不得影响流水孔;密封膏封贴缝口,封贴的宽度及深度应符合设计要求,必须密实、平整、光洁。

10)玻璃安装后,应进行清理、将油灰、钉子、钢丝卡及木压条等随即清理干净,关好门窗。

(3)质量标准

1)主控项目。

玻璃的品种、规格、尺寸、色彩、图案和涂膜朝向应符合设计要求。单块玻璃大于1.5 m^2时应使用安全玻璃。

门窗玻璃裁割尺寸应正确。安装后的玻璃应牢固,不得有裂纹、损伤和松动。

玻璃的安装方法应符合设计要求。固定玻璃的钉子或钢丝卡的数量、规格应保证玻璃安装牢固。

镶钉木压条接触玻璃处,应与裁口边缘平齐。木压条应互相紧密连接,并与裁口边缘紧贴,割角应整齐。

密封条与玻璃、玻璃槽口的接触应紧密、平整。密封胶与玻璃、玻璃槽口的边缘应黏结牢固、接缝平齐。

带密封条的玻璃压条,其密封条必须与玻璃全部贴紧,压条与型材之间应无明显缝隙,压条接缝应不大于0.5 mm。

2)一般项目。

玻璃表面应洁净,不得有腻子、密封胶、涂料等污渍。中空玻璃内外表面均应洁净,玻璃中空层内不得有灰尘和水蒸气。

门窗玻璃不应直接接触型材。单面镀膜玻璃的镀膜层及磨砂玻璃的磨砂面应朝向室内。中空玻璃的单面镀膜玻璃应在最外层,镀膜层应朝向室内。

腻子应填抹饱满、黏结牢固;腻子边缘与裁口应平齐。固定玻璃的卡子不应在腻子表面显露。

小 结

本模块包括抹灰工程、楼地面工程、饰面工程、吊顶与轻质隔墙工程、门窗工程、涂料工程、裱糊工程、幕墙工程,建筑节能工程等内容。

理解一般抹灰、装饰抹灰的质量要求;掌握一般抹灰、装饰抹灰的施工要点与施工质量验收标准及检测方法;掌握饰面工程、地面工程、吊顶工程与轻质隔墙工程、门窗工程、涂料工程、裱糊工程、幕墙工程、建筑节能工程、施工要点与施工质量检验标准及检验方法。

习 题

一、单项选择题

1. 铝合金外门窗框与砌体固定方法错误的是(   )。

A. 预埋件与拉接件焊接　　B. 预埋钢筋与拉结件焊接

C. 射钉与拉接件　　D. 膨胀螺栓与拉结件

2. 幕墙防火隔离带防火材料应采用(   )。

A. 岩棉　　B. 橡胶

C. 海绵　　D. 麻丝

3. 幕墙立柱与连接件的接触面应防止________金属腐蚀(   )。

A. 电解　　B. 生锈

C. 老化　　D. 化学

4. 吊顶吊杆长度大于________m 时,应设置反支撑(   )。

A. 1.0　　B. 1.2

C. 1.5　　D. 2.0

5. 吊顶用填充吸音材料时应有________措施(   )。

A. 防火　　B. 防散落

C. 防潮　　D. 防腐

二、填空题

1. 幕墙防火隔离带应用镀锌钢板的厚度为________mm。

2. 涂料由________、________和________三部分组成。

3. 吊顶吊杆距主龙骨长度大于________m时，应设反支撑。

4. 木楼地面有四种构造形式：________、________、________、________。

5. 采用湿作业安装石材，进行背涂处理目的是________。

三、简答题

1. 写出四种金属面板安装方法。

2. 写出四种装饰切割机具名称。

3. 写出四种安装吊顶面板方法。

模块9 季节性施工

知识目标

1. 了解冬、雨期施工的特点和原则。
2. 熟悉土方工程，砌筑工程，混凝土工程，装饰工程在冬、雨期施工方法。

能力目标

知识要点	能力要求	相关知识	权重
土方工程冬期施工	1. 合理选用地基土保温防冻措施； 2. 熟悉冻土的融化及开挖方法； 3. 掌握冬期回填土的施工要求	冻土的定义、特性及分类；地基土的常用保温防冻措施；冻土的融化及开挖方法；冬期回填土的施工要求	20%
砌筑工程冬期施工	1. 掌握砌筑工程冬期外加剂法施工方法； 2. 熟悉砌筑工程冬期冻结法施工方法	砌筑工程冬期外加剂法施工，冻结法施工，暖棚法施工，砌筑工程冬期施工的相关规定	30%
钢筋混凝土工程冬期施工	1. 了解钢筋工程冬期施工方法； 2. 掌握冬期施工混凝土的拌制方法及要求； 3. 了解冬期施工混凝土的运输要求、冬期施工混凝土强度测定方法及拆模要求； 4. 熟悉冬期施工混凝土养护方法及要求； 5. 掌握冬期施工混凝土的质量检查方法及冬期施工混凝土的安全要求	钢筋工程冬期施工方法，冬期施工混凝土的拌制方法及要求，冬期施工混凝土的运输要求、冬期施工混凝土强度测定方法及拆模要求，冬期施工混凝土的常用养护方法及要求，冬期施工混凝土的质量检查方法及冬期施工混凝土的安全要求	30%

知识要点	能力要求	相关知识	权重
装饰工程冬期施工	1. 掌握抹灰工程冬期施工工艺流程； 2. 掌握外墙贴面砖冬期施工工艺流程	抹灰工程冬期施工，外墙贴面砖工程冬期施工	10%
雨期施工	1. 了解雨期施工现场规划要求； 2. 掌握雨期土方工程、砌体工程、混凝土工程的施工要点； 3. 掌握雨期施工安全技术	雨期施工现场规划要求，雨期土方、砌筑、钢筋混凝土工程施工要点，施工安全	10%

学习重点

土方工程冬期施工方法，砌体工程冬期施工方法，混凝土工程冬期施工方法。

工程引例

国家游泳中心（水立方）位于北京奥林匹克公园 B 区，北邻规划成府路，东邻规划景观路，南接安北顶娘娘庙，西邻规划景观西路。本工程总建筑面积为 87283 m^2（赛时总面积为 79532 m^2），其中地上五层 29827 m^2，地下两层 57456 m^2，主要用于 2008 年奥运会游泳、跳水、花样游泳、水球等比赛用馆。

根据规范（JGJ 104-97）规定："根据当地多年气象资料统计，当室外日平均气温连续 5 d 低于 5 ℃即进入冬期施工；当室外日平均气温连续 5 d 高于 5 ℃时解除冬期施工。"

根据北京市的常年气温观测，一般在当年的 11 月 15 日至次年的 3 月 15 日期间气温温度一般低于 5 ℃，所以在此期间均应作好冬期施工准备，工程冬施开始及结束时间以现场实测平均气温为准。

该工程年度冬期施工的主要内容有：汽车坡道的施工（包括土方工程、防水工程、钢筋、模板和混凝土工程）、砌筑工程、机电、膜结构安装以及配合膜结构的脚手架等。

思考：如何编制该工程的冬期施工方案？

任务 9.1　冬期施工的基本知识

冬期的低温会给施工带来很大困难，常规的施工方法已不能适应。在冬期施工时，必须从实际出发，选择合理的施工方法，制定具体的措施，确保工程质量，降低工程的费用。

9.1.1　冬期施工的特点

1)冬期施工期是质量事故多发期。在冬期施工中,长时间的持续负低温、大的温差、强风、降雪和反复的冰冻,经常造成建筑施工的质量事故。据资料分析,有三分之二的工程质量事故发生在冬期,尤其是混凝土工程。

2)冬期施工质量事故有滞后性。冬期发生质量事故往往不易觉察,到春天解冻时,一系列质量问题才暴露出来。这种事故的滞后性给处理解决质量事故带来很大的困难。

3)冬期施工的计划性和准备工作时间性很强。冬期施工时,常由于时间紧促,仓促施工,因而发生质量事故。

9.1.2　冬期施工的原则

确保工程质量;经济合理,使增加的措施费用最少;所需的热源及技术措施材料有可靠的来源,并使消耗的能源最少;工期能满足规定要求。

9.1.3　冬期施工管理的方针

全面规划、统筹兼顾、措施得力。

9.1.4　冬期施工管理的任务

采取积极有效的防御措施,把冬期带来的影响和损失降到最低限度,以保障工程建设的顺利进行。

9.1.5　冬期施工的准备工作

1)熟悉国家质量验收规范,确保工程质量。

2)认真查看现场总平面布置图,现场临水、临电布置图,找出冬期施工中要进行的分项工程及所用的人、机、料、施工工艺、安全、质量、环境保护的施工注意点等,做到重点突出,心中有数。

3)冬期施工方案要根据工程项目的特点制定,既要求技术先进,同时要求经济合理,减少能源消耗及物资损耗。

4)冬期施工所需设备、材料要有充足、可靠的来源,暂设工程能够满足施工生产要求。

5)力求施工方法简单可靠,施工速度快,达到保证质量、缩短工期、降低成本的目的。

6)凡是未编制冬期施工方案(措施),或者已编制冬期施工方案(措施)但未按要求审批的,或者冬期施工准备工作未做好的工程项目,不得进行冬期施工。

7)必须制定行之有效的冬期施工管理措施。

8)技术培训和技术交底详细、到位。

9.1.6 施工方案的编制

(1)冬期施工方案编制前的准备工作

1)进行全面调研,掌握进行冬期施工项目所需数据,了解项目所在地的历年冬期天气情况和当年天气预报,根据冬期施工前期、中期、后期的气候特点,制定相应的措施。

2)进行图纸复查,找出冬期施工阶段的施工特点及施工难点,制定相应的解决措施。

3)掌握资源情况,对项目所在地的冬期施工材料供应、冬期物资供应、冬期生活物资的储备及供应情况,均需详细了解。

4)对技术要求高、难度大的工程,要进行冬期施工技术可行性的综合分析,做到分析全面,解决措施具体到位。

(2)冬期施工方案的主要内容

1)冬期施工概况,施工部署。

2)确定冬期施工的管理目标,通过冬期的各项施工措施实现既定的管理目标。

3)方案中明确冬期施工技术措施,内容包括各分项工程在冬期施工时的主要技术保障措施,尤其应明确遇大风、强冷空气、暴风雪时应采取的措施。

4)明确施工人员技术培训内容。

5)冬期工程质量控制。

6)施工方法及其经济分析。对冬期进行施工的各分项工程,选择适合冬期施工的施工方法,对各种方法进行经济比较,在满足施工质量的同时,选择最简便、最经济的方法进行施工。

7)工程进度计划。进行冬期工程进度计划安排时,要充分考虑冬季气候特点,对于不适合在冬期进行的施工内容,要考虑在冬期前提前完成。

8)冬期施工热源设备计划、冬期施工保温材料计划、外加剂材料计划及消防设备计划等,要根据冬期施工期间的不同的施工材料、施工部位、保温部位及养护方法等要求,确定相应的设备、材料计划。

任务 9.2 土方工程冬期施工

由于土在结冻时施工的机械强度大大提高,使土方工程冬期施工造价增高,工效降低,所以寒冷地区土方工程施工一般宜在入冬前完成。若必须在冬期施工时,其施工方法应根据本地区气候、土质和冻结情况并结合施工条件进行技术和经济方面的比较后确定。施工前应周密计划,做好准备,做到连续施工。

9.2.1 地基土的保温防冻

地基土的保温防冻是在冬季即将来临、土层未冻结之前,采取一定的措施使基础土层免遭冻结或减少冻结。其做法有松土防冻法、覆盖雪防冻法和保温材料覆盖法等。

(1)松土防冻法

松土防冻法是在土冻结之前,将预先确定的冬季土方作业地段上的表土耕松耙平,利用松土中的许多充满空气的孔隙来降低土的导热性,达到防冻的目的。翻耕的深度一般在25~30 cm,翻耕范围应比拟开挖边线宽出不小于冻结深度值。

土的冻结深度 H(经 t 昼夜的冻结),可按下列公式求得

$$H=\alpha(4p-p^2)\quad(\text{cm})$$

式中 α——土的防冻计算系数,可由表9-1查得;

p——冻结指数用公式 $p=10^{-3}\cdot\sum tT$ 求得;

t——土壤冻结时间(d);

T——土壤冻结期间的室外平均温度(℃)。

表9-1 土的防冻计算系数 α 值表

土温保温方法	P值											
	0.1	0.2	0.3	0.4	0.5	0.6	0.7	0.8	0.9	1.0	1.5	2.0
耕松耙平(25~30 cm)	15	16	17	18	20	22	24	26	28	30	30	30

如计算结果不能满足施工要求时,可采用其他综合防冻方法。

(2)覆雪防冻法

覆雪防冻法是利用雪的覆盖作保温层来防止土的冻结。覆雪防冻法适用于降雪量较大的地区。覆雪防冻的方法可视土方作业的特点而定。对大面积的土方工程可在地面上设篱笆,或筑雪 堤,其高度为0.5 ~ 1.0 m,其间距为10 ~ 15 m,长边垂直于主导风向。如图9-1所示。

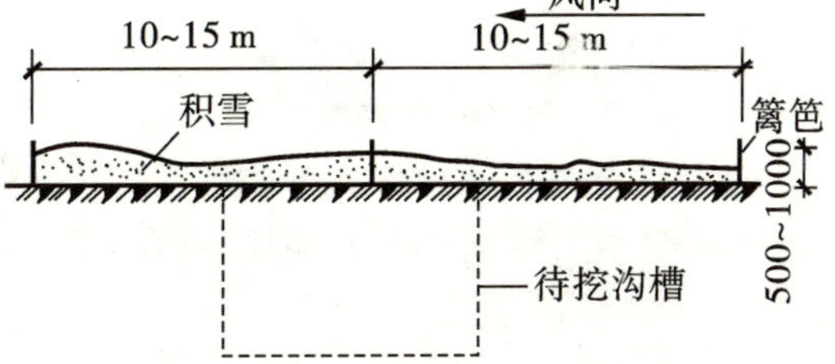

图9-1 覆雪防冻法

对面积较小的基槽(坑)可在预定的位置上挖积雪沟(坑),深度宜为 30 ~ 50 cm,宽度为预计深度的两倍加基槽(坑)底宽之和。

(3)保温材料覆盖法

面积较小的基槽(坑)的防冻,可直接用保温材料覆盖。保温材料可用炉渣、锯末、刨花、稻草、膨胀珍珠岩、草袋、树叶等,再加盖一层塑料布。保温材料的铺设宽度为待挖基槽(坑)深度的两倍加基槽(坑)底宽之和。如图 9-2 所示。

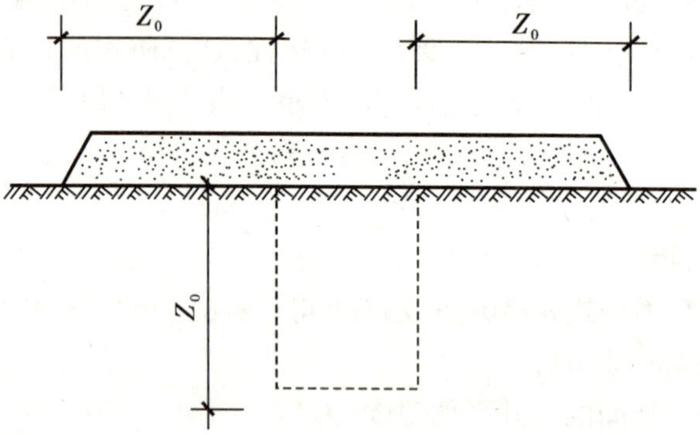

图 9-2　未挖基坑

Z_0-最大冻结深度

保温材料铺设厚度按《建筑工程冬期施工规程》计算确定。估算公式为:

$$h = \frac{H}{\beta}$$

式中　h——土壤的保温防冻所需的保温层厚度(cm);

H——不保温时的土壤冻结深度(cm);

β——各种材料对土壤冻结影响系数。

在已开挖的基坑(槽)中,靠近基坑(槽)壁处覆盖的保温材料需加厚,以使土壤不致受冻,如图 9-3 所示。

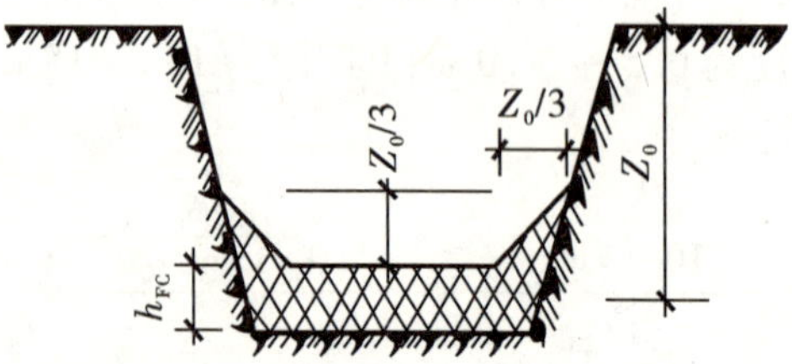

图 9-3　已挖基坑保温法

Z_0-最大冻结深度;h_{FC}-覆盖材料厚度

9.2.2 冻土的融化

(1)冻土的定义、特性

当温度低于0 ℃,且含有水的各类土称为冻土。我们将冬季土层冻结的厚度叫冻结深度。

土在冻结后,体积比冻前增大的现象称为冻胀。通常用冻胀量和冻胀率来表示冻胀的大小。

土的冻胀量反映了土冻结后平均体积的增量,计算公式为:

$$\Delta V = V_i - V_0$$

式中 ΔV——冻胀量(cm^3);

V_i——冻后土的体积(cm^3);

V_0——冻前土的体积(cm^3)。

土的冻胀率反映了土体冻胀后体积增大的百分率,用 K_a 表示:

$$K_a = \frac{V_i - V_0}{V_0} \times 100\% = \frac{\Delta V}{V_0} \times 100\%$$

式中 K_a——冻胀率。

(2)冻土的分类

按季节性冻土地基冻胀量的大小及其对建筑物的危害程度,将地基土的冻胀性分为四类。

Ⅰ类:不冻胀。冻胀率 $K_a \leqslant 1\%$,对敏感的浅埋基础均无危害。

Ⅱ类:弱冻胀。冻胀率 $K_a = 1\% \sim 3.5\%$,对浅埋基础的建筑物也无危害,在最不利条件下,可能产生细小裂缝,但不影响建筑物的安全。

Ⅲ类:冻胀。$K_a = 3.5\% \sim 6\%$,浅埋基础的建筑物将产生裂缝。

Ⅳ类:强冻胀。$K_a > 6\%$,浅埋基础将产生严重破坏。

(3)冻土的融化方法

融化冻土的施工方法应根据工程量大小、冻结深度和现场条件综合选用。融化时应按开挖顺序分段进行,每段大小应适应当天挖土的工程量,冻土融化后,挖土工作应昼夜连续进行,以免因间歇而使地基土重新冻结。

为了有利于冻土挖掘,可利用热源将冻土融化。融化冻土的方法有烟火烘烤法、蒸汽融化法和电热法三种,后两种方法因耗用大量能源,施工费用高,使用较少,只用在面积不大的工程施工中。

1)烟火烘烤法。

烟火烘烤法适用于面积较小、冻土不深,且燃料便宜的地区。常用锯末、谷壳和刨花、树枝皮及其他可燃废料。在拟开挖的冻土上应将铺好的燃料点燃,并用铁板覆盖,火焰不宜过高,并应采取可靠的防火措施,做到有火就有人在。

2)蒸汽融化法。

当热源充足,工程量较小时,可采用蒸汽融化法。应把带有喷气孔的钢管插入预钻好的冻土孔中，通蒸汽融化。冻土孔径应大于喷气管直径 100 mm，其间距不宜大于 1 m，深度应超过基底 300 mm。当喷气管直径 D 为 2.0 ～ 2.5 cm 时，应在钢管上钻成梅花状喷气孔，下端应封死，融化后应及时挖掘并防止基底受冻。如图 9-4 所示。

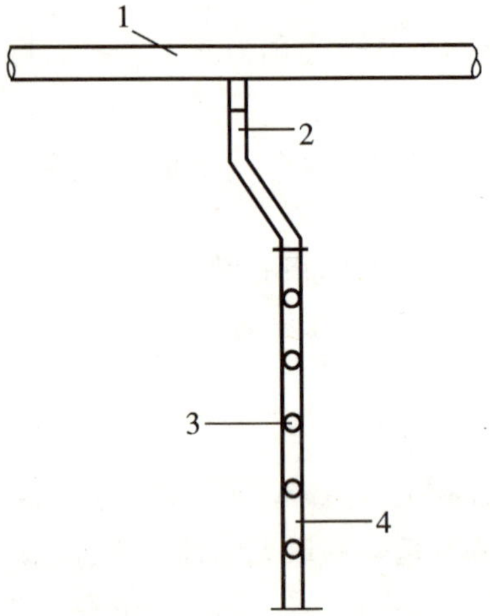

图 9-4　蒸汽循环针图

1-主管；2-连接胶管；3-蒸汽孔；4-支管

挖好较小的基槽（坑）的保温与防冻可采用暖棚保温法。在已挖好的基槽（坑）上，宜搭好骨架铺上基层，覆盖保温材料。也可搭塑料大棚，在棚内采取供暖措施。

3）电热法。

电热法效果最佳，但能源消耗量大、费用高。仅在土方工程量不大和急需工程上采用这种方法施工。

电热法通常用 ϕ16 ～ϕ25 钢筋作电极，将电极打到冻土中的深度不宜小于冻结深度，并宜露出地面 100～ 250 mm。作梅花形布置，间距 400～800 mm，加热时间视冻土厚度、土的温度、电压高低等条件而定。通电加热时，可在冻土上铺 100～250 mm 锯末，用浓度为 1% ～2% 的盐溶液浸湿，以加快表层冻土的融化。

采用此法时，必须有周密的安全措施，应由电气专业人员担任通电工作，工作地点应设置警戒区，通电时严禁人员靠近，防止触电。

※特别提示※

开挖基槽（坑）或管沟时，必须防止基础下的基土遭受冻结。如基槽（坑）开挖完毕至地基与基础施工或埋设管道之间有间歇时间，应在基坑底标高以上预留适当厚度的松土或用其他保温材料覆盖，厚度可通过计算求得。冬期开挖土方时，如可能引起邻近建筑物的地基或其他地下设施产生冻结破坏时，应采取防冻措施。

9.2.3　对冻土进行开挖

若未预先对预期要开挖的地基土采取保温防冻措施，使之产生冻土，且未采用融化措施，而直接对冻土进行开挖，则应采用相应的特殊方法。

(1)人工开挖法

人工开挖冻土适用开挖面积较小和场地狭窄，不具备用其他方法进行土方破碎、开挖的情况。开挖时一般用大铁锤和铁楔子劈冻土。施工中常用几个铁楔子，当一个铁楔子打入土中而冻土尚未脱离时，再把第二个铁楔子在旁边的裂缝上加进去，直到冻土剥离为止，如图9-5所示。

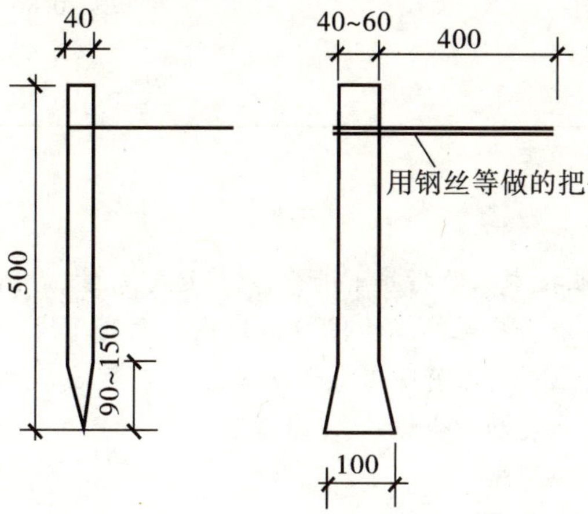

图9-5　松冻土的铁楔子

(2)机械开挖法

机械挖掘冻土可根据冻土层厚度选用推土机松动、挖掘机开挖或重锤冲击破碎冻土等方法。

当冻土层厚度为0.25 m以内时，可用推土机或中等动力的普通挖掘机施工开挖。

当冻土层厚度为0.3 m以内时，可用拖拉机牵引的专用松土机破碎冻土层。

当冻土层厚度为0.4 m以内时，可用大马力的挖土机(斗容量≥1 m^3)开挖土体。

当冻土层厚度为0.4~1 m时，可用松碎冻土的打桩机进行破碎。

最简单的施工方法是用风镐将冻土破碎，然后用人工和机械挖掘运输。

(3)爆破开挖法

爆破法适用于冻土层较厚，面积较大的土方工程，这种方法是将炸药放入直立爆破孔中或水平爆破孔中进行爆破，冻土破碎后用挖土机挖出，或借爆破的力量向四周崩出，做成需要的沟槽。

冻土层厚度在2 m以内时，宜采用炮孔法。爆破孔断面的形状一般是圆形，直径宜为50~70 mm，排列成梅花式，爆破孔的深度约为冻土厚度的0.6~0.85倍，与地面呈60°~90°夹角。爆破孔的间距等于1.2倍最小抵抗线长度，排距等于1.5倍最小抵抗线长度(药包中心至地面最短距离)。

炸药可使用黑色炸药、硝铵炸药或TNT炸药。炸药装药量宜由计算确定或不超过孔深的2/3，其余上面的1/3填装砂土。硝铵炸药装药量Q可根据下式估算：

$$Q=N_B \cdot W^3(\text{kg})$$

式中 N_B——计算系数,按表 9-2 取值;

W——最小抵抗线(m)。

表 9-2 硝铵炸药 N_B 取值表

土的种类	用直立爆破时的 N_B 值
黏质土	0.8~1.0
含小石土	0.6~0.8
黑土及砂土	0.4~0.6

※特别提示※

冻土爆破必须在专业技术人员指导下进行,严格遵守雷管、炸药的管理规定和爆破操作规程。距爆破点 50 m 以内应无建筑物,200 m 以内应无高压线。当爆破现场附近有居民或精密仪表等设备时,应提前做好疏散及保护工作。冬季施工严禁使用任何甘油类炸药,因其在低温凝固时稍受震动即会爆炸,十分危险。

9.2.4 冬期回填土施工

由于土冻结后即成为坚硬的土块,在回填过程中不易压实,土解冻后就会造成大量的下沉。冻胀土壤的沉降量更大,为了确保冬季冻土回填的施工质量,必须按施工及验收规范中对用冻土回填的规定组织施工。

冬期回填土应尽量采用未受冻的、不冻胀的土壤进行回填土施工。填土前,应清除基础上的冰雪和保温材料;填方边坡表层 1 m 以内,不得采用冻土填筑;填方上层应用未冻的、不冻胀的或透水性好的土料填筑。冬期填方每层铺土厚度应比常温施工时减少 20%~25%,预留沉降量应比常温施工时适当增加。用含有冻土块的土料作回填土时,冻土块粒径不得大于 150 mm;铺填时,冻土块应均匀分布、逐层压实。

冬期施工室外平均气温在-5 ℃以上时,填方高度不受限制;平均气温在 -5 ℃以下时填方高度不宜超过表 9-3 的规定。用石块和不含冰块的砂土(不包括粉砂)、碎石类土填筑时,填方高度不受限制。

表 9-3 冬期填方的高度

室外平均气温/℃	填方高度/m
-5~ -10	4.5
-11~ -15	3.5
-16~ -20	2.5

室内地面垫层下回填的土方填料中不得含有冻土块；管沟底至管顶0.5 m范围内不得用含有冻土块的土回填；回填工作应连续进行，防止基土或已填土层受冻。当采用人工夯实时，每层铺土厚度不得超过200 mm，夯实厚度宜为100～150 mm。室外的基槽（坑）或管沟可用含有冻土块的土回填，但冻土块体积不得超过填土总体积的15%，而且冻土块的粒径应小于150 mm。

任务9.3　砌筑工程冬期施工

《砌体工程施工质量验收规范》规定：当室外日平均气温连续5 d稳定低于5 ℃时，砌体工程应采取冬期施工措施。冬期施工期限以外，当日最低气温低于0 ℃时，也应按冬期施工规定执行。当室外日平均气温连续5 d到高于5 ℃时解除冬期施工。

砌筑工程的冬期施工方法主要有外加剂法、冻结法和暖棚法等。砌筑工程的冬期施工应优先选用外加剂法。对绝缘、装饰等有特殊要求的工程，可采用其他方法。混凝土小型空心砌块不得采用冻结法施工。加气混凝土砌块承重墙体及围护外墙不宜冬期施工。

9.3.1　砌筑工程冬期外加剂法施工

（1）外加剂法概念、原理及适用范围

1）外加剂法：是指在水泥砂浆、水泥混合砂浆中掺入一定量的外加剂，并用这种掺外加剂砂浆进行砌筑的施工方法。这种方法施工简便、成本低廉、货源易于取得。

2）原理及适用范围

在砌筑砂浆内掺入抗冻剂，降低了水的冰点，保证砂浆中有液态水存在并使水化反应在一定负温下进行，砂浆强度在负温下能够继续缓慢增长。同时，由于砂浆中水的冰点降低，砌体表面不会立即结成冰膜，故砂浆和砌体能较好的黏结。另外，还可加入早强剂、减水剂等外加剂或复合使用。

目前，抗冻剂主要是以氯化钠和氯化钙为主。其他还有亚硝酸钠、碳酸钾和硝酸钙等。掺氯盐外加剂的方法常称为掺盐砂浆法。由于氯盐砂浆吸湿性大，使结构保温性能下降，并有析盐现象，故掺用氯盐的砂浆砌体不得在下列情况下采用：

①对装饰工程有特殊要求的建筑物；

②使用湿度大于80%的建筑物；

③配筋、钢埋件无可靠的防腐处理措施的砌体；

④接近高压电线的建筑物（如变电所、发电站等）；

⑤经常处于地下水位变化范围内，以及在地下未设防水层的结构。

（2）砂浆的配制

掺盐砂浆配制时，应按不同负温界限控制掺盐量。当砂浆中氯盐掺量过少，砂浆内会出现大量冻结晶体，水化反应极其缓慢，会降低早期强度。如果氯盐掺量大于10%，砂浆的后期强度会显著降低，同时导致砌体析盐量过大，增大吸湿性，降低保温性能。当气温过低时，可掺用双盐（氯化钠和氯化钙同时掺入）来提高砂浆的抗冻性。不同气温时掺盐砂浆规定的掺盐量见表 9-4。

表 9-4 不同气温时掺盐砂浆规定的掺盐量(占用水质量百分比)

氯盐及砌体材料种类			日最低气温/℃			
			≥-10	-11 ~ -15	-16 ~ -20	-21 ~ -25
单盐(氯化钠)		砖、砌块	3%	5%	7%	—
		砌石	4%	7%	10%	—
复盐	氯化钠	砖、砌石	—	—	5%	7%
	氯化钙		—	—	2%	3%

注:掺盐量以无水盐计。

掺盐砂浆法最适宜的气温条件为-15 ℃以上,当设计无要求,且最低气温等于或低于-15 ℃时,砌筑承重砌体砂浆强度等级应按常温施工提高 1 级;同时应以热水搅拌砂浆。

※特别提示※

拌制砂浆时,水的温度不得超过 80 ℃,砂的温度不得超过 40 ℃,当水温超过 60 ℃时,应先将水和砂拌和,然后再投放水泥,以防出现假凝现象。

在氯盐砂浆中掺加微沫剂时,应先加氯盐溶液后加微沫剂溶液。搅拌的时间应比常温季节增加一倍。拌和后砂浆应注意保温。

外加剂溶液应设专人配制,并应先配制成规定浓度溶液置于专用容器中,然后再按规定加入搅拌机中拌制成所需砂浆。不得直接将氯盐加入搅拌机中。

(3)砌筑施工

1)掺盐砂浆法砌筑的砖砌体,应按"三一"砌砖法施工,灰缝不应大于 10 mm。

2)砌筑施工时,掺盐砂浆的上墙温度不应低于 5 ℃。

3)冬季施工时,对砖不得浇水湿润,可适当增大砂浆稠度。

4)砂浆试块的留设,除应按常温规定要求外,尚应增设不少于两组与砌体同条件养护的试块,分别用于检验各龄期强度和转入常温 28 d 的砂浆强度。

5)氯盐砂浆砌体施工时,每日砌筑高度不宜超过 1.2 m。

6)配筋砖砌体不得直接采用掺盐砂浆法施工。当采用掺盐砂浆法施工时,砌体中配置的钢筋及预埋件,应预先做好防腐处理。当前比较简便的处理方法有:涂刷水泥浆;浸涂热沥青;涂刷樟丹 2 遍或 3 遍;涂刷各种专用的防腐涂料。处理后的钢筋及预埋件应成批堆放,搬运时注意保护,防止涂料脱落掉皮。

7)每天收工前,将垂直灰缝填满,上面不铺灰浆,同时用草帘等保温材料将砌体上表面加以覆盖。第二天施工前,应先将砌体表面的霜雪清扫干净,然后再继续砌筑。

9.3.2 砌筑工程冬期冻结法施工

(1)冻结法概念、原理及适用范围

1)冻结法:是指采用不掺外加剂的普通砂浆进行砌筑的一种冬季施工方法。这种方法允许砂浆在砌筑完后遭受冻结,受冻的砂浆可以获得较大的冻结强度,而且,冻结的强度随气温降低而增高,当气温回升砌体解冻时,砂浆强度又恢复到冻结前的强度,当气温转入正温后,水泥水化作用又重新进行,砂浆强度可继续增长。

2)冻结法的适用范围

采用冻结法砌筑的建筑物,由于要经过冻结、融化、硬化三个阶段,因此,砂浆强度、砂浆与砌体间的黏结力都有不同程度的损失,且砌体在融化阶段,由于砂浆强度接近于零,砌体将产生较大的变形和沉降,因此,下列砖石砌体不得采用冻结法施工:

①空斗墙;

②毛石砌体;

③砖薄壳、双曲砖拱、筒式拱及承受侧压力的砌体;

④在解冻期间可能受到振动或其他动力荷载的砌体;

⑤在解冻时,砌体不允许产生沉降的结构;

⑥混凝土小型空心砌块砌体。

除此之外,冻结法适用于砌筑施工完成后砂浆立即冻结,并具有较高的冻结强度,直至气温回升时才融化的温度环境中,不能使用氯盐外加剂的工程和非抗震设防区的其他工程。

(2)冻结法砂浆的配制

1)采用冻结法砌筑时砂浆的使用最低温度应符合表9-5规定。

表9-5 冻结法砌筑时砂浆的使用最低温度

室外空气温度/℃	砂浆最低温度/℃
0 ~ -10	10
-11 ~ -25	15
<-25	20

2)砂浆强度要求:当设计无要求,且日最低气温高于-25 ℃时,砌筑承重砌体砂浆强度等级应较常温施工提高一级;当日最低气温等于或低于-25 ℃时,应提高二级。砂浆强度等级不得小于M2.5,重要结构不得小于M5。

(3)冻结法砌筑施工

1)冻结法施工应按照“三一”砌砖法砌筑,对于房屋转角处和内外墙交接处的灰缝应特别仔细砌合,砌筑时一般采用一顺一丁砌筑法。墙砌体一般应在一个工作段的范围内砌筑至一个施工层的高度,不得间断。日砌筑高度和临时间断处的高度差均不得大于1.2 m。间断处应设置拉结筋。接槎处继续砌筑前,应仔细清除冰雪和已冻结的砂浆。

2)跨度大于0.7 m的过梁,应采用预制钢筋混凝土过梁。

3)采用冻结法施工,当设计无规定时,宜采取下列构造措施:

①在楼板水平面位置墙的拐角、交接和交叉处应配置拉结筋,每120 mm墙厚配1根直径6 mm的钢筋,伸入相邻墙内的长度不得小于1 m,拉结筋末端应设置弯钩。

②每一楼层的砌体砌筑完毕后，应及时施工梁、板，并应采取适当的锚固措施。

③采用冻结法砌筑的墙与已经沉降的墙体交接处，应留设沉降缝。

④在门窗框上部应留出缝隙，其宽度在砖砌体中不应小于5 mm，在料石砌体中不小于3 mm。

※特别提示※

混凝土小型空心砌块不得采用冻结法施工。

(4)砌体的解冻

冻结法砌筑的砌体，在解冻前需进行检查，解冻过程中应组织观测，必要时还需进行加固和处理。冻结法砌筑的砌体解冻期间注意事项如下：

1)一般情况下，砌体解冻期间，宜暂停施工。

2)凡用冻结法砌筑的建筑物或构筑物，应在解冻期到来之前进行一次检查，主要检查结构在解冻期间的承载能力和稳定性是否有足够的保证，是否采取了减轻荷载和加强结构的措施。

3)砌筑完的砌体在解冻前，应清除房屋施工中剩余的建筑材料等临时荷载。跨度较大的梁、悬挑结构，在砌体解冻前应在下面设临时支撑，当砌体强度达到设计值的80%时，方可拆除临时支撑。

4)留置在砌体中的洞口和沟槽等，宜在解冻前填砌完毕。

5)在整个解冻期间必须进行观测。为方便进行观测，每一层楼的墙砌筑完成后，必须设置观测用的沉降标志。观测工作大约需15 d完成。应特别注意观测多层房屋的下层柱和窗间墙、梁端支撑处、墙交接处和过梁模板支撑处等地方；还应观测砌体沉降的大小、方向和均匀性；砌体灰缝内砂浆的硬化情况。

6)如发现砌体有不均匀沉降、裂缝、倾斜等现象时，应分析变形发生的原因，立即采取措施消除或减弱其影响。倾斜砌体的校正，应在砂浆硬化前进行。砌体表面的个别砖出现裂缝时，必须立即停止砌筑，在裂缝附近作出标志，并尽可能减少砌体的荷载，进行临时加固。如裂缝增加并扩展到几皮砖，以及发现砌体鼓起或倾斜时，必须采取措施以防进一步扩展。

7)进行砌体加固时，应特别注意安全，在变形迅速发展时，抢修工作带有一定程度的危险性，必要时砌筑工作应当暂停。

9.3.3 砌筑工程冬期暖棚法施工

暖棚法是利用简易结构和保温材料，将需要砌筑的砌体临时封闭起来，使之在正温条件下砌筑和养护。

(1)暖棚法的适用范围

由于暖棚法费用高，热效低，劳动效率不高，因此宜少采用。一般适用于地下工程、基础工程及量小又急需使用的砌体结构。

(2)暖棚法施工技术要求

1)采用暖棚法施工时,砖石和砂浆在砌筑时的温度不应低于5 ℃,而距离所砌的结构地面0.5 m处的棚内温度也不应低于5 ℃。

2)砌体在棚内的养护时间,根据暖棚内的温度,应按表9-6确定。

表9-6 暖棚法砌体的养护时间

暖棚内温度/℃	5	10	15	20
养护时间/d	≥6	≥5	≥4	≥3

3)暖棚的加热必须注意安全防火。

※知识链接※

砌筑工程冬期施工应符合下列规定:

1)普通砖、空心砖、灰砂砖、混凝土小型空心砌块、加气混凝土砌块和石材在砌筑前,应清除表面污物、冰雪等,不得使用遭水浸和受冻后的砖或砌块。

2)砂浆宜优先采用普通硅酸盐水泥拌制,不得使用无水泥拌制的砂浆。

3)石灰膏、黏土膏或电石膏等宜保温防冻,当遭冻结时,应经融化后方可使用。

4)拌制砂浆所用的砂,不得含有直径大于1 cm的冻结块或冰块。

5)拌和砂浆时,水的温度不得超过80 ℃,砂的温度不得超过40 ℃,砂浆稠度宜较常温适当增大。

6)砂浆试块的留置,除应按常温规定外,尚应增设不少于两组与砌体同条件养护的试块,分别用于检验各龄期强度和转入常温28 d的砂浆强度。

7)冬期施工中,每日砌筑后,应及时在砌筑表面进行保护性覆盖,砌筑表面不得留有砂浆。在继续砌筑前,应扫净砌筑表面。

8)冬期砌筑工程应进行质量控制,在施工日记中除应按常规要求外,尚应记录室外空气温度、暖棚温度、砌筑时砂浆温度、外加剂掺量以及其他有关资料。

任务9.4 钢筋混凝土结构冬期施工

9.4.1 钢筋工程冬期施工

(1)钢筋冷拉

在负温条件下,钢筋的屈服强度和抗拉强度增加,伸长率和抗冲击韧性降低,脆性增加,这种性质称为冷脆性。钢筋在冷拉后冷脆性增加。

冷拉温度不宜低于-20 ℃,预应力钢筋张拉温度不宜低于-15 ℃。在负温条件下 采用控制应力方法冷拉钢筋时,由于伸长率随温度降低而减少,所以如果控制应力不变,则伸长率不足,钢筋强度将达不到要求,因此,在负温条件下冷拉钢筋的控制应力应较常温提高，规范规定将冷拉应力提高 30 N/mm^2，方能获得与常温冷拉后相同的力学性能，而冷拉率的确定应与常温施工相同。

(2)钢筋负温焊接

可采用闪光对焊、电弧焊及气压焊等焊接方法，当环境温度低于-20 ℃时，不宜进行施焊，风力超过 3 级时应有挡风措施。钢筋的接头经焊接后热影响区内韧性将要降低，如果焊接接头冷却过快或接触冰雪也会使接头产生淬硬组织增加其冷脆性。

※特别提示※

负温条件下焊接钢筋，应尽量安排在室内进行，焊后未冷却的接头严禁碰到冰雪。

1)热轧钢筋负温闪光对焊，宜采用预热闪光焊或闪光—预热—闪光焊工艺。钢筋端面比较平整时，宜采用预热闪光焊；端面不平整时，宜采用闪光—预热—闪光焊工艺。

2)钢筋负温绑条焊或搭接焊的焊接工艺应符合下列要求：

①绑条焊时绑条与主筋之间用四点定位焊固定。搭接焊时用两点固定，定位焊缝应离绑条或搭接端部 20 mm 以上。绑条焊与搭接焊的焊缝厚度应不小于 $0.3d$(d 为钢筋直径)，焊缝宽度不小于 $0.7d$。

②为防止接头热影响区的温度梯度突然增大，进行绑条焊和搭接焊时，第一层焊缝，应先从中间引弧，再向两端运弧，以使接头端部的钢筋达到一定的预热效果，在以后各层焊缝的焊接时，采取分层控温施焊，层间温度控制在 150～350 ℃，以起到缓冷的作用。

9.4.2 冬期施工混凝土的拌制

混凝土结构施工规范(GB 50666—2011)规定：室外日平均气温连续 5 天稳定低于 5 ℃时，混凝土结构工程应采用冬期施工措施，并应及时采取气温突然下降时的防冻措施，防止新浇筑混凝土的早期受冻，保证混凝土工程的质量能达到规定的要求。

(1)对材料的要求及加热

1)冬期施工中配制混凝土用的水泥，应优先选用活性高、水化热大的硅酸盐水泥和普通硅酸盐水泥。水泥的强度等级不应低于 42.5 级，最小水泥用量不宜少于300 kg/m^3，水灰比不应大于 0.6。使用矿渣硅酸盐水泥时，宜采用蒸汽养护，使用其他品种水泥，应注意其中掺合材料对混凝土抗冻抗渗等性能的影响。当整体结构采用蒸汽养护时，水泥用量不宜超过 350 kg/m^3，水灰比宜为 0.4～0.6，坍落度不宜大于 5 cm。掺用防冻剂的混凝土，严禁使用高铝水泥。

2)混凝土所用骨料必须清洁，不得含有冰雪等冰结物及易冻裂的矿物质。冬期骨料所用贮备场地应选择地势较高不积水的地方。

3)冬期施工对组成混凝土材料的加热，应优先考虑加热水，因为水的热容量大，加热方便，但加热温度不得超过表 9-7 所规定的数值。当水、骨料达到规定温度仍不能满足热工计算要求时，可提高水温到 100 ℃，但水泥不得与 80 ℃以上的水直接接触。水的常用加热方法有三种：用锅烧水、用蒸汽加热水、用电极加热水；水泥不得直接加热，使用前宜运入暖棚存放。

冬期施工拌制混凝土的砂、石温度要符合热工计算需要温度。骨料加热的方法有：将骨料放在底下加温的铁板上面直接加热；或者通过蒸汽管、电热线加热等。但不得用火焰直接加热骨料，并应控制加热温度（表9-7）。加热的方法可因地制宜，但以蒸汽加热法为好。其优点是加热温度均匀，热效率高。缺点是骨料中的含水量增加。

表9-7　拌合水及骨料的最高温度　（单位：℃）

项目	水泥品种及强度等级	拌合水	骨料
1	强度等级小于42.5级的普通硅酸盐水泥、矿渣硅酸盐水泥	80	60
2	强度等级等于和大于42.5级的普通硅酸盐水泥、硅酸盐水泥	60	40

4）冬期浇筑的混凝土，宜使用无氯盐类防冻剂，对抗冻性要求高的混凝土，宜使用引气剂或引气减水剂。

（2）混凝土的搅拌

混凝土不宜露天搅拌，应尽量搭设暖棚，优先选用大容量的搅拌机，以减少混凝土的热损失。混凝土搅拌时间应根据各种材料的温度情况，考虑相互间的热平衡过程，可通过试拌确定延长的时间，搅拌时间一般为常温搅拌时间的1.25～1.5倍。拌制混凝土的最短时间应按表9-8采用。搅拌时为防止水泥出现“假凝”现象，应在水、砂、石搅拌后再加入水泥。搅拌混凝土时，骨料中不得带有冰、雪及冻团。

表9-8　拌制混凝土的最短时间　（单位：s）

混凝土坍落度/cm	搅拌机机型	搅拌机容积/L		
		<250	250～650	>650
≤3	自落式	135	180	225
	强制式	90	135	180
>3	自落式	135	135	180
	强制式	90	90	135

拌制掺用防冻剂的混凝土，当防冻剂为粉剂时，可按要求掺量直接撒在水泥上面和水泥同时投入；当防冻剂为液体时，应先配制成规定浓度溶液，然后再根据使用要求，用规定浓度溶液再配制成施工溶液。各溶液应分别置于明显标志的容器内，不得混淆，每班使用的外加剂溶液应一次配成。

配制与加入防冻剂，应设专人负责并做好记录，应严格按剂量要求掺入。

混凝土拌合物的出机温度不宜低于10 ℃。

9.4.3 冬期混凝土的运输

混凝土的运输过程是导致热损失的主要阶段，应采取必要的措施减少混凝土的热损失，同时应保证混凝土的和易性。常用的措施是减少运输时间和距离，使用大容积的运输工具并采取必要的保温措施。保证混凝土入模温度不低于5 ℃。

9.4.4 冬期混凝土的浇筑

混凝土在浇筑前，应清除模板和钢筋上的冰雪和污垢，尽量加快混凝土的浇筑速度，防止热量散失过多。当采用加热养护时，混凝土养护前的温度不得低于2 ℃。

冬期不得在强冻胀性地基土上浇筑混凝土，当在弱冻胀性地基土上浇筑混凝土时，地基土应进行保温，以免遭冻。对加热养护的现浇混凝土结构，混凝土的浇筑程序和施工缝的位置，应能防止在加热养护时产生较大的温度应力。当分层浇筑厚大的整体结构时，已浇筑层的混凝土温度，在被上一层混凝土覆盖前，不得低于按热工计算的温度，且不得低于2 ℃。

冬期施工混凝土应用机械振捣，振捣时间应比常温时有所增加。

※知识链接※

混凝土强度增长的影响因素如下：

1）温度对混凝土强度增长的影响。

混凝土强度的高低和增长速度，决定于水泥水化反应的程度和速度。水泥的水化反应必须在有水和一定的温度条件下才能进行，其中，温度决定水化反应速度的快慢，温度越高，反应越快，混凝土强度增长也越快；反之，温度越低，混凝土强度增长也越慢。

2）冻结对混凝土强度的影响。

新浇筑的混凝土如果遭受冻结，则水泥的水化作用停止进行，同时，由于拌合水冻结成冰，水冻结成冰后的体积要增大9%，从而，在混凝土内部产生冻胀应力，当混凝土的冻胀应力大于混凝土的强度时，混凝土内部结构将因遭受冻胀破坏而产生裂缝。试验证明：遭受冻结的混凝土后期强度有不同程度的损失，其强度损失值的大小与混凝土受冻的龄期有关，受冻龄期越早，混凝土强度越低，后期强度损失值就越大；反之，受冻龄期越晚，混凝土强度越高，后期强度损失值就越小。

3）抗冻临界强度。

由上可知，当混凝土具有一定的强度后其结构坚固到足以抵抗冻胀应力的破坏作用时，混凝土的强度损失就较小，甚至不损失。混凝土遭受冻结时具备的能够抵抗冻胀应力的最低强度，称为混凝土的抗冻临界强度。因此，在混凝土工程冬季施工中，必须采取措施防止混凝土在达到抗冻临界强度前受冻。

混凝土结构施工规范（GB 50666—2011）规定：冬季浇筑的混凝土，在受冻前，混凝土的抗压强度不得低于下列规定：硅酸盐水泥或普通硅酸盐水泥配制的混凝土为设计的混凝土强度标准值的30%;矿渣硅酸盐水泥配制的混凝土为设计的混凝土强度标准值的40%,且不大于C10的混凝土,不得小于5.0 N/mm²。掺用防冻剂的混凝土当室外最低气温不低于-15 ℃时,不得小于4.0 N/mm²,当室外最低气温不低于-30 ℃时,不得小于5.0 N/mm²。

※特别提示※

一般情况下,混凝土冬期施工应在正温下浇筑,正温下养护,使混凝土强度在冰冻前达到受冻临界强度,在冬期施工时对原材料和施工过程均要求有必要的措施,来保证混凝土的施工质量。

9.4.5 冬期施工混凝土的养护

混凝土浇筑后,为保证混凝土在达到要求的强度(抗冻临界强度)之前不受冻,必须选择适当的施工方法,使混凝土强度得到正常增长。

混凝土冬季施工常用的养护方法有蓄热法、掺外加剂法、综合蓄热法和外部加热法等。

9.4.5.1 蓄热法养护

蓄热法是利用对混凝土组成材料(水、砂、石)预加的热量和水泥的水化热,用保温材料(如草帘、锯末、草袋、炉渣等)加以适当的覆盖保温,防止热量散失过快,延缓混凝土的冷却,从而使混凝土能够在正温下达到规范规定的抗冻临界强度。

由于蓄热法只需对原材料进行加热,具有施工简便,容易控制,费用较低,质量容易保证的优点,是非常普遍的冬季施工方法。

(1)蓄热法的适用范围

混凝土结构施工规范(GB 50666—2011)规定:当室外最低温度不低于-15 ℃时,地面以下的工程或表面系数(表面系数是指结构冷却的表面积与其全部体积的比值)不大于5 m^{-1}的结构,应优先采用蓄热法养护。

(2)材料的加热方法

混凝土原材料加热应优先采用加热水的方法,当加热水仍不能满足要求时,再对骨料进行加热,水泥不允许加热。水、骨料加热的温度一般不得超过表9-9的规定。若水达到规定温度后仍不能满足要求时,水的加热温度可提高到100 ℃,但水泥不得与超过规定温度以上的水直接接触,投料时,应先投入骨料和水,最后再投入水泥,防止水泥假凝。

表9-9 拌合水及骨料加热最高温度 (单位:℃)

水泥品种及强度等级	拌合水	骨料
强度等级小于52.5的普通硅酸盐水泥、矿渣硅酸盐水泥	80	60
强度等级等于及大于52.5的硅酸盐水泥、普通硅酸盐水泥	60	40

(3)保温材料的选用

蓄热法所选用的保温材料应具有导热性低,防风防潮,价格低廉,能多次重复利用,便于支设等功能。保温材料必须保持干燥,避免受潮,常用的保温材料有草垫、草帘、锯末、泡沫塑料板等。

由于这些材料不能防风防潮,因此,宜用防水布、塑料薄膜等覆盖,对于构件的边棱、端部和突出部分要特别加强保温。

(4)蓄热法热工计算原理

蓄热法热工计算的依据是热量平衡原理,即每立方米混凝土从浇筑完毕时的温度下降到0 ℃的过程中,透过模板和保温层所放出的热量,等于混凝土预加热量和水泥在此期间所放出的水化热之和。必须保证当混凝土温度降至0 ℃时,混凝土抗压强度大于等于抗冻临界强度,并据此来确定保温层的种类、厚度及原材料的加热温度。

9.4.5.2 综合蓄热法养护

综合蓄热法是在蓄热法的基础上,掺加相应的外加剂,利用复合外加剂早强组分的作用,来加快混凝土的硬化速度,从而使混凝土尽快达到其临界强度。同时,利用引气组分改善混凝土孔隙结构,缓冲冰晶冰胀压力,利用减水组分减小可冻水量,提高混凝土强度等多重作用,使混凝土后期的硬化速度满足施工需要。

综合蓄热法扩大了蓄热法的应用范围。它适用于混凝土自入模降至0 ℃或冰点(掺防冻剂)这一阶段的室外平均气温高于-12 ℃,且结构表面系数$5\ m^{-1} \leqslant M \leqslant 15\ m^{-1}$的结构。当围护层的总传热系数与结构表面系数的乘积在50~200 kJ/(m^3·h·K)的范围时,应符合下列公式要求:

$$T_{m,a} > \frac{1}{b}\ln\left(\frac{KM}{a}\right)$$

式中 $T_{m,a}$——冷却期间平均气温,且不应低于-12 ℃;

M——结构表面系数,m^{-1},$5\ m^{-1} \leqslant M \leqslant 15\ m^{-1}$;

K——围护层的总传热系数,kJ/(m^2·h·K);

a,b——系数,按表9-10采用。

采用综合蓄热法施工时,需对原材料预先加热,通过蓄热保温,使混凝土在浇筑后有一个正温养护过程。混凝土在正温养护期间,其强度应达到对掺防冻剂混凝土所规定的临界强度值。

表9-10 系数a、b值

水泥用量/(kg/m^3)	水泥品种					
	硅酸盐水泥		普通硅酸盐水泥		矿渣硅酸盐水泥	
	a	b	a	b	a	b
250	213	0.131	164	0.110	104	0.116
300	251	0.136	178	0.112	125	0.118

续表 9-10

水泥用量/(kg/m³)	水泥品种					
	硅酸盐水泥		普通硅酸盐水泥		矿渣硅酸盐水泥	
	a	*b*	*a*	*b*	*a*	*b*
350	289	0.141	193	0.115	148	0.120
400	327	0.146	208	0.118	171	0.123
450	366	0.151	224	0.122	194	0.126
500	405	0.157	240	0.126	216	0.130
550	443	0.162	256	0.130	236	0.135

综合蓄热法的优点是:与掺外加剂法相比,可以减少防冻剂掺量,混凝土强度增长较快,也扩大了蓄热法的应用范围,又避免了人工加热,有较好的技术经济效果。

9.4.5.3　掺外加剂负温养护法

在冬季施工的混凝土中加入一定剂量的外加剂,保证水泥在负温条件下继续水化,从而使混凝土在负温下能达到抗冻害的临界强度。冬季施工用的防冻剂通常由防冻、早强、减水及引气等组分复合而成,这样可以发挥各组分的特点,相互补充以取得更好的防冻效果。

(1)混凝土冬期施工中常用外加剂的种类

1)减水剂:能改善混凝土的和易性及拌和用水量,降低水灰比,提高混凝土的强度和耐久性。常用的减水剂有木质素系减水剂、萘磺酸盐系减水剂、水溶性树脂减水剂。

2)早强剂:早强剂是加速混凝土早期强度发展的外加剂,可以在常温、低温或负温(不低于-5 ℃)条件下加速混凝土硬化过程。常用的早强剂主要有氯化钙、硫酸钠、亚硝酸钠、三乙醇胺、碳酸钾等。

大部分早强剂同时具有降低水的冰点,使混凝土在负温情况下继续水化,增加强度,防冻的作用。

3)引气剂:引气剂是指在混凝土搅拌过程中,引入无数微小气泡,改善混凝土拌合物的和易性和减少用水量,并显著提高混凝土的抗冻性和耐久性。常用的引气剂有松香热聚物、松香皂、烷基苯磺酸盐等。

4)阻锈剂:氯盐类外加剂对混凝土中的金属预埋件有锈蚀作用。阻锈剂能在金属表面形成一层氧化膜,阻止金属的锈蚀。常用的阻锈剂有亚硝酸钠、重铬酸钾等。

(2)混凝土中外加剂的应用

混凝土冬期施工中外加剂的配用,应满足抗冻、早强的需要;对结构钢筋无锈蚀作用;对混凝土后期强度和其他物理力学性能无不良影响;同时应适应结构工作环境的需要。单一的外加剂常不能完全满足混凝土冬期施工的要求,一般宜采用复合配方。常用的复合配方有下面几种类型:

1)氯盐类外加剂:主要有氯化钠、氯化钙,此类外加剂价廉、易购买,但对钢筋有锈蚀作用，一般钢筋混凝土中掺量按无水状态计算不得超过水泥质量的1%。无筋混凝土中，采用热材料拌制的混凝土，氯盐掺量不得大于水泥质量的3%；采用冷材料拌制时，氯盐掺量不得大于拌合水质量的15%。掺用氯盐的混凝土必须振捣密实，且不宜采用蒸汽养护。

※特别提示※

在下列工作环境中的钢筋混凝土结构中不得掺用氯盐：

1）在高湿度空气环境中使用的结构，以及处于水位升降部位的结构；

2）预应力混凝土结构；

3）露天结构或经常受水淋的结构；

4）有镀铸钢材或与铝铁相接触部位的结构，以及有外露钢筋、预埋件而无防护措施的结构；

5）与含有酸、碱和硫酸盐等侵蚀性介质相接触的结构；

6）使用过程中经常处于环境温度为60 ℃以上的结构；

7）使用冷拉钢筋或冷拔低碳钢丝的结构；

8）薄壁结构、中级或重级工作制吊车梁、屋架、落锤或锻锤基础等结构；

9）电解车间和直接靠近直流电源的结构；

10）直接靠近高压（发电站、变电所）的结构。

2）硫酸钠-氯化钠复合外加剂。由硫酸钠2%、氯化钠1%～2%和亚硝酸钠1%～2%组成。当气温在-3～-5 ℃时，氯化钠和亚硝酸钠掺量分别为1%；当气温在-5～-8 ℃时，其掺量分别为2%。这种配方的复合外加剂不能用于高温湿热环境及预应力结构中。

3）亚硝酸钠-硫酸钠复合外加剂。由8%的亚硝酸钠加2%的硫酸钠组成。当气温分别为-3 ℃、-5 ℃、-8 ℃、-10 ℃时，亚酸钠的掺量分别为水泥质量的2%、4%、6%、8%。亚硝酸钠-硫酸钠复合外加剂在负温下有较好的促凝作用，能使混凝土强度较快增长，且对混凝土有塑化作用，对钢筋无锈蚀作用。

使用硫酸钠复合外加剂时，宜先将其溶解在30～50 ℃的温水中，配成浓度不大于20%的溶液。施工时混凝土的出机温度不宜低于10 ℃，浇筑成型后的温度不宜低于5 ℃，在有条件时，应尽量提高混凝土的温度，浇筑成型后应立即覆盖保温，尽量延长混凝土的正温养护时间。

4）三乙醇胺复合外加剂。由三乙醇胺0.5%、氯化钠0.5%～1%、亚硝酸钠0.5%～1.5%组成，当气温低于-15 ℃时，还可掺入适量的氯化钙。三乙醇胺在早期正温条件下起早强作用，当混凝土内部温度下降到0 ℃以下时，氯盐又在其中起抗冻作用使混凝土继续硬化。混凝土浇筑入模温度应保持在15 ℃以上，浇筑成型后应马上覆盖保温，使混凝土在0 ℃以上温度达72 h以上。

※特别提示※

采取负温养护法施工的混凝土，宜使用硅酸盐水泥或普通硅酸盐水泥，混凝土浇筑后的起始养护温度不应低于5 ℃，并应以浇筑后5 d内的预计日最低气温来选用防冻剂。

混凝土的搅拌、浇筑及外加剂的配制必须设专人负责，严格执行规定掺量。搅拌时间应比常温条件下适当延长。根据外加剂的种类及要求严格控制混凝土的出机温度，混凝土的搅拌、运输、浇筑、振捣、覆盖保温应连续作业，减少施工过程中的热量损失。

混凝土浇筑后，裸露表面应采用塑料薄膜覆盖保护。采用负温养护法应加强测温工作。当混凝土内部温度降到防冻外加剂规定温度之前，混凝土强度应达到受冻临界强度。

9.4.5.4　外部加热法

混凝土外部加热养护法是用外部热源加热浇筑后的混凝土，保证混凝土在较高正温条件下硬化的冬季养护方法。其优点是能使混凝土强度迅速增长，短期内即可达到拆模强度，但是费用较高，只适宜在蓄热法养护和综合蓄热法达不到要求时采用。

根据加热混凝土所采用的热源的不同，加热养护方法可分为蒸汽加热法、暖棚法、电热法等。

(1)蒸汽加热养护法

蒸汽加热养护法是用低压饱和蒸汽对混凝土均匀加热，使其在较高的温度下硬化，尽快提高混凝土强度的方法。常用的蒸汽加热方法有：

1)棚罩法(蒸汽室法)。棚罩法(蒸汽室法)是指在结构物的周围制作能拆卸的蒸汽室，通入蒸汽以加热混凝土。如在地槽上部加上盖板，或在预制构件周围用保温材料(木材、砖、篷布等)做成密闭的蒸汽室通气加热。如图9-6所示。

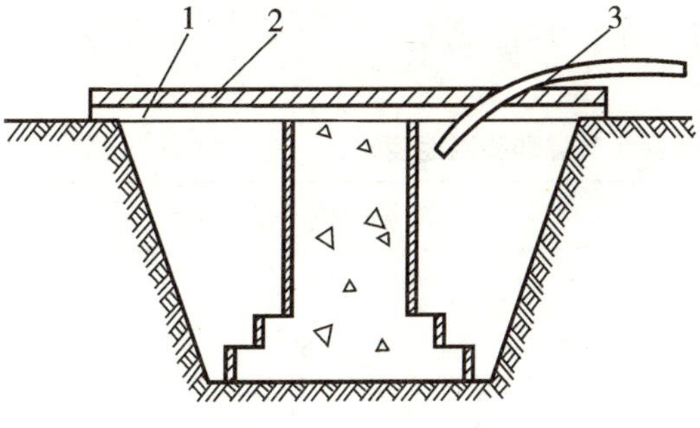

图9-6　利用地槽作蒸汽室

1-脚手杆；2-篷布、油毡或草袋；3-进气管

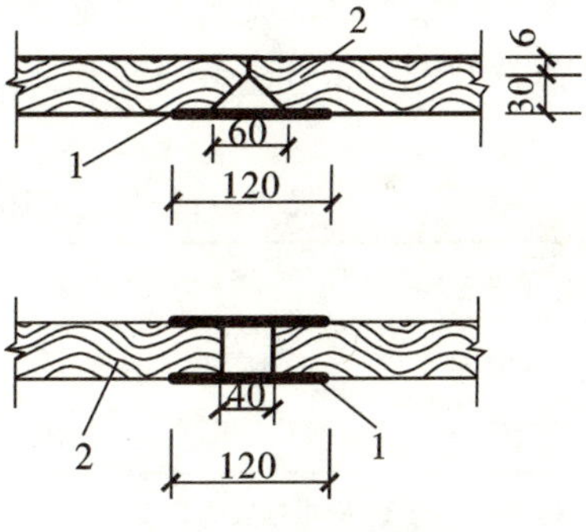

图9-7　模板毛细管

1-铁皮；2-木板条

2)蒸汽套法。蒸汽套法是指在模板外围再安设一层紧密不透气的保温模板(可用木板制成)，蒸汽通入模板与套板之间的空隙中来加热混凝土的方法。

3)热模法(蒸汽毛细管法)。热模法(蒸汽毛细管法)是指在靠近混凝土各面木模板的内侧做成沟槽，沟槽断面可做成三角形、矩形或半圆形等，沟遭内通入蒸汽来加热混凝土的方法。模板毛细管如图9-7所示。

4)内部通气法。内部通气法是在结构内部留设孔道，孔道内通入蒸汽养护的方法。通入的蒸汽应为低压饱和蒸汽，以防止因压力过大，温度过高使混凝土内部和表面温度相同。预留孔道可采用预埋钢管和橡皮管，成孔后拔出。柱梁留孔形式如图9-8所示。孔道布置应能使混凝土加热均匀，埋设施工方便，位于受力最小的部位。孔道的总截面面积不应超过结构截面面积的 2.5%。内部通汽法节省蒸汽,温度易控制,费用较低,但要注意冷凝水的处理。

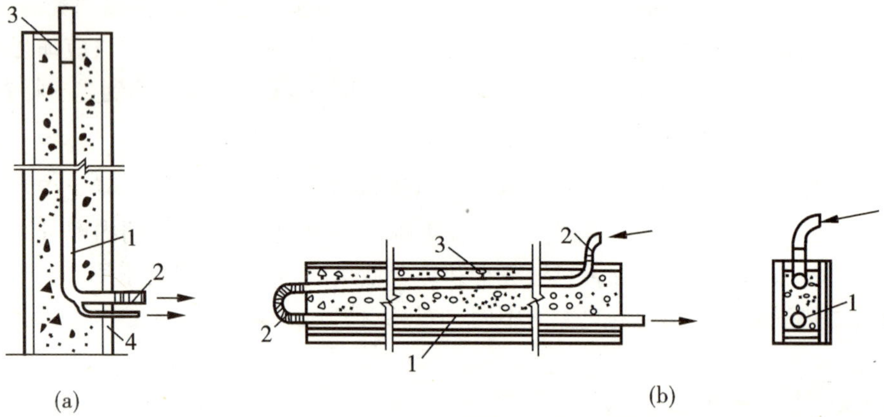

图 9-8　柱梁留孔形式

(a)柱留孔形式;(b)梁留孔形式

1-蒸汽管;2-胶皮连接管;3-湿锯末;4-冷凝水排出管

※特别提示※

采用蒸汽加热养护混凝土应注意以下几个问题:

1)注意控制混凝土升温和降温速度,不得超过表 9-11 的规定。

表 9-11　蒸汽加热养护混凝土升温和降温速度

结构表面系数/m^{-1}	升温速度/(℃/h)	降温速度/(℃/h)
≥6	15	10
<6	10	5

注:厚大体积的混凝土,应根据实际情况确定。

2)蒸汽养护法必须使用低压饱和蒸汽,高压蒸汽必须通过减压阀或过水装置后方可使用。

3)混凝土的最高养护温度:当采用普通硅酸盐水泥时最高养护温度不超过 80 ℃,采用矿渣硅酸盐水泥时最高养护温度可提高到 85 ℃。采用内部通气法时,最高加热温度不应超过 60 ℃。

4)加热要均匀,及时排除冷凝水,防止结冰。

各种养护方法的特点及适用范围见表 9-12。

表9-12 混凝土蒸汽养护的适用范围

方法	简述	特点	适用范围
棚罩法	用帆布或其他罩子扣罩，内部通蒸汽养护混凝土	设施灵活，施工简便，费用较小，但耗汽量大，温度不易均匀	预制梁、板、地下基础、沟道等
蒸汽套法	制作密封保温外套，分段送汽养护混凝土	温度能适当控制，加热效果取决于保温构造，设施复杂	现浇梁、板、框架结构，墙、柱等
热模法	模板外侧配置蒸汽管，加热模板养护	加热均匀，温度易控制，养护时间短，设备费用大	墙、柱及框架结构
内部通气法	结构内部留设孔道，通蒸汽加热养护	节省蒸汽，费用较低，入汽端易过热，需处理冷凝水	预制梁、柱和架，现浇梁、柱、框架单梁

（2）暖棚养护法

暖棚养护法是指在建筑物或构件周围搭起大棚，通过人工加热使棚内保持正温，混凝土的浇筑与养护均在棚内进行。

暖棚法主要适用于混凝土工程较为集中的区域，尤其适用于混凝土量较多的地下工程，室外日平均气温一般不低于-10 ℃。

当采用暖棚法施工时棚内各测点温度不得低于5 ℃，并应设专人检测混凝土及棚内温度。暖棚内测温点应选择其有代表性位置进行布置，在离地面50 cm高度处必须设点，每昼夜测温不应少于4次。养护期间应注意混凝土不得有失水现象，当有失水现象时，应及时采取增湿措施或在混凝土表面洒水养护。暖棚的出入口应设专人管理，并应采取防止棚内温度下降或引起风口处混凝土受冻的措施。

暖棚法的优点是施工操作与常温相同，劳动条件较好，混凝土质量容易保证，不易发生冻害。缺点是费用较高，且由于暖棚内温度较低（一般不超过10 ℃），混凝土强度增长较慢。

（3）电热养护法

电热养护法是利用低压电流通过混凝土产生的热量加热养护混凝土。电热养护法分为电极法、表面电热法、电磁感应加热法等。常用的电极法按电极布置的不同以及通电方式的差异又分为表面电极法、棒形电极法和弦形电极法。

1）表面电热法。用$\phi 6$的钢筋或20～40 mm宽的白铁皮做电极，固定在模板内侧，混凝土浇筑后通电加热养护混凝土。电极的间距：钢筋电极200～300 mm，白铁皮电极100～150 mm。目前也有把电热毯固定在钢模板外侧作为加热元件对混凝土进行加热养护。

表面电热法常用于墙、梁、板、基础等结构混凝土的养护。

2）电极法。电极法又称电极加热法，是将电极放入混凝土内，通以低压电流。

由于混凝土的电阻作用,电能变为热能,产生热量对混凝土加热。电热法应采用交流电加热混凝土,不允许使用直流电,因直流电会引起电解、锈蚀。一般宜采用的工作电压为 50 ~ 110 V,在无筋结构和每立方米混凝土含钢量不大于 50 kg 的结构中,可采用120 ~ 220 V 的电压。

电极布置时应保证混凝土温度均匀,电极与钢筋之间应留有 50 ~ 100 mm 的间距。在梁、柱内棒形电极的设置可参见图 9-9。图中电极的同极间距 h 和异极间距 b 可由表 9-13取值。

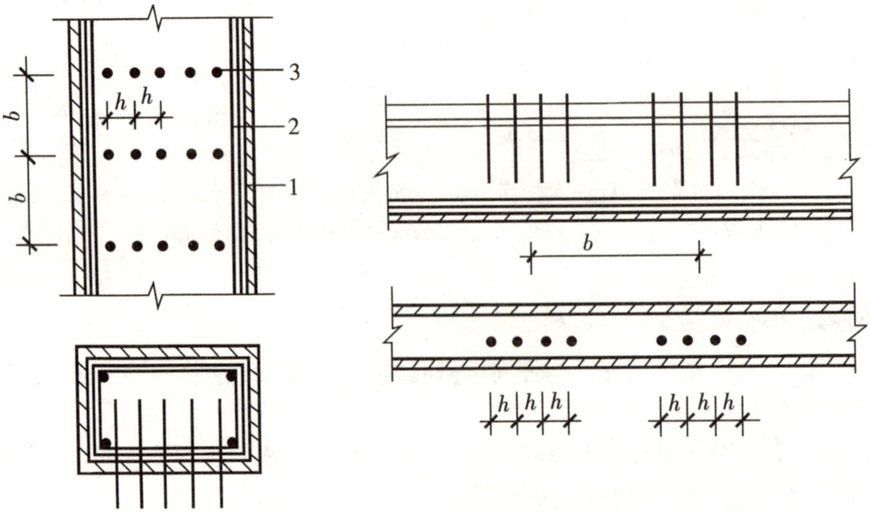

图 9-9　柱梁棒形电极布图

(a)柱内棒形电极布置;(b)梁内棒形电极布置留孔形式

1-模板;2-钢筋;3-电极;b-电极组间距;h-电极间

表 9-13　同极间距 h 和电极组间距 b 的取值

电压/V	距离/cm	最大功率/(kW/m³)								
		2.5	3	4	5	6	7	8	9	10
51	b	39	36	32	28	26	25	23	22	21
	h	15	13	12	10	10	10	8	7	7
65	b	51	48	42	37	34	32	30	28	24
	h	14	13	11	10	9	8	8	7	7
87	b	71	65	57	51	47	43	41	38	36
	h	13	13	11	10	9	8	8	7	7

续表 9-13

电压/V	距离/cm	最大功率/(kW/m³)								
		2.5	3	4	5	6	7	8	9	10
106	*b*	89	81	71	69	58	54	51	48	76
	h	14	12	11	9	9	8	7	7	7
220	*b*	192	175	152	146	124	115	108	102	96
	h	13	12	10	9	8	8	7	7	7

注:1. 电压为开始电热加热时使用的电压。

2. 使用单相电时,*b* 值不变,*h* 值减小 10% ~15%。

3. 电磁感应加热法。电磁感应加热法是在结构模板的表面缠上连续的感应线圈,线圈中通入交流电后,即在钢模板及钢筋中都会有涡流循环磁场。感应加热就是利用在电磁场中铁质材料发热的原理,使钢模板及混凝土中的配筋发热,并将热量传至混凝土而达到养护目的。用这种工艺加热混凝土,温度均匀,控制方便,热效率高,但须专用模板。

电热法施工设备简单,操作方便,但耗电量较多。用电加热混凝土应在混凝土浇筑完毕,外露表面覆盖后立即进行。混凝土升温和降温速度应按表 9-11 确定,电热养护温度应符合表 9-14 的要求。

表 9-14　电热养护混凝土的温度　(单位:℃)

水泥强度等级	结构表面系数/m⁻¹		
	<10	10 ~ 15	>15
32.5	40	40	35

注:采用红外线辐射加热时,其辐射表面温度采用 70 ~ 90 ℃。

※特别提示※

电热法加热混凝土只应加热到设计强度的55%。在养护过程中,应注意观察混凝土外露表面的温度。当表面开始干燥时,应先停电,并浇温水湿润混凝土表面。

9.4.6　冬期施工混凝土强度的测定

(1)冬期施工混凝土强度测定方法的选择

混凝土工程冬期施工中,往往需要掌握混凝土在不同阶段所能达到的强度值。

冬期施工测定混凝土强度的方法有:

1)通过留置同条件养护的试块,试压后便可确定。但在实际工作中,试块留置组数往往有限,而且施工人员掌握的仅是试压时刻的强度。

2)可根据混凝土正温养护时间和在该时间内测得的平均温度值,利用温度、龄期对混凝土强度影响曲线查得。但按这种方法估算,会由于采用的是平均温度且混凝土配合比有差异等因素带来较大误差。

3）按热功计算方法，但此方法的实际养护温度与计算温度也往往有出入。

4）成熟度法，此方法可以很方便地对混凝土早期强度进行预测，掌握混凝土强度增长情况，判定冬期施工方案的合理性。此方法简便，实用性强，故逐渐得到推广使用。

（2）用成熟度法估算混凝土强度

所谓混凝土的成熟度是指混凝土在养护期间养护温度和相应养护时间的乘积。由于混凝土在冬期养护期间，养护温度是一个不断降温变化的过程，所以其强度并非简单和龄期有关系，而是和养护期间所达到的成熟度有关。

其原理就是：相同配合比的混凝土，在不同的温度和时间下养护，只要成熟度相等，其强度大致相同。因此，施工单位应事先对常用的各种配合比的混凝土分别做出 20 ℃标准养护条件下强度-时间曲线，以供查用。

1）成熟度法的适用范围及条件：

①适用于不掺外加剂在 50 ℃正温养护和掺外加剂在 30 ℃以下养护的混凝土，或掺防冻剂在负温养护法施工的混凝土。

②此法适用于预估混凝土强度标准值 60% 以内的强度值。

③使用本法预估混凝土强度，需用实际工程使用的混凝土原材料和配合比，制作不少于 5 组混凝土立方体标准试件在标准条件下养护，得出 1 d、2 d、3 d、7 d、28 d 的强度值。

④使用本法需取得现场养护混凝土的温度实测资料（温度、时间）。

2）用成熟度法计算混凝土强度的步骤。

①当采用蓄热法或综合蓄热法养护时，可用标准养护试件各龄期强度数据，经回归分析拟合出成熟度——强度曲线方程：

$$f = a \cdot e^{-\frac{b}{M}}$$

式中 f——混凝土抗压强度（N/mm^2）

a、b——参数；

e——自然对数底，可取 e=2.72；

M——混凝土养护的成熟度（℃·h），可按下式计算：

$$M = \sum (T + 15)t$$

式中 T——在时间段 t 内混凝土平均温度（℃）；

t——温度为 T 的持续时间（h）。

M 值由现场养护构件的实测温度、时间资料求得。参数 a、b 是由混凝土标准养护试件的各龄期强度数据，经回归分析拟合成的曲线方程。因此要求数据记录应按测温记录规则进行，且要准确、连续，不得中断。

②M、a、b 算出后，直接代入式 $f = a \cdot e^{-\frac{b}{M}}$，即可算出混凝土经 t 时段后的强度值 f。

③将该强度值 f 乘以综合蓄热法调整系数 0.8，即得混凝土经 t 时段后达到的强度。

例 9-1 教学楼在冬期施工中，混凝土采用综合蓄热法养护，用该混凝土成型的试件，在 20 ℃标准养护条件下各龄期强度见表 9-15。如现场浇筑后混凝土实测温度记录见表 9-16。求混凝土养护到 80 h 的强度。

解　1）根据表9-15标准养护试件的龄期，按公式$M=\sum(T+15)t$计算该混凝土在标准养护条件下各龄期的成熟度，见表9-15。

表9-15　标准养护条件下各龄期混凝土强度

1	龄期t/(d	1	2	3	7
2	强度f(N/mm²)	1.3	5.4	8.2	13.7
3	成熟度M(℃·h) $M=\sum(T+15)t$	840	1680	2520	5880

2）根据现场养护测温资料，按公式$M=\sum(T+15)t$计算该混凝土在现场条件下养护80 h的成熟度，见表9-16。

表9-16　混凝土浇筑后测温记录及计算

从浇筑起算养护时间/h	各时点实测养护养护温度/℃	各时点间隔的时间t/h	平均温度T/℃	$(T+15)t$
0	15	—	—	—
4	12	4	13.5	114
8	10	4	11.0	104
12	9	4	9.5	98
16	8	4	8.5	94
20	6	4	7.0	88
24	4	4	5.0	80
32	2	8	3.0	144
40	0	8	1.0	128
60	−2	20	−1.0	280
80	−4	20	−3.0	240
成熟度M(℃·h)　$M=\sum(T+15)t$				1370

3）按表9-15中混凝土在标准养护条件下各龄期的成熟度——强度数据，经回归分析拟合成如下曲线方程：

$$f=20.627\cdot e^{-\frac{2310.668}{M}}$$

4）计算该混凝土经80 h后的计算强度值。

$$f=20.627\times 2.72^{-\frac{2310.668}{1370}}=3.8(\text{N/mm}^2)$$

5)乘以综合蓄热法调整系数0.8后,得该混凝土在现场条件下养护80 h后的估算强度为:

$$3.8\times0.8=3.04(\text{N/mm}^2)$$

④混凝土的温度测量。

为了使混凝土的质量能满足要求,必须对室外温度及环境温度、混凝土原材料温度、混凝土出罐、浇筑、入模温度及养护期间的温度进行一系列的监测,测温内容及测定次数见表9-17所示。

表9-17　混凝土冬季施工测温项目和次数

项次	测温项目	测温次数
1	室外气温及环境温度	每昼夜不少于4次
2	搅拌机棚温度	每一工作班不少于4次
3	水、水泥、砂、石及外加剂溶液温度	每一工作班不少于4次
4	混凝土出罐、浇筑、入模温度	每一工作班不少于4次
5	蓄热法养护时的温度	养护期间至少每6小时一次
6	蒸汽或电热养护时	在升、降温期间每1小时一次, 在恒温期间每2小时一次
7	掺防冻剂的混凝土	在强度未达到临界强度前每2小时一次, 以后每6小时一次

测温孔应布置在有代表性的结构部位和温度变化大易冷却的部位。采用蓄热法养护时,测温孔应布置在易于散热的部位,如构件边缘、断面较小处;采用加热养护时,应在距热源远近不同的部位分别留设。孔深宜为10~15 cm,也可为板厚的1/2或墙厚的1/2。厚大结构除了在表面留设测温孔外,还应在内部布置深测温孔,以测量其内部温度的变化。测温孔应预先留设,编号,并绘制布置图。

测温时,测温仪表应采取与外界气温隔离措施,可在孔口四周用保温材料塞住,测温仪表应留置在孔内不少于3 min。读数必须准确。如发现混凝土温度有过高或过低现象,应立即通知有关人员,及时采取有效措施。

9.4.7　冬期施工混凝土的拆模

混凝土养护到规定时间,应根据同条件养护的试块试压。证明混凝土达到规定拆模强度后方可拆模。在拆除模板过程中发现混凝土有冻害现象,应暂停拆模,经处理后方可拆模。

※特别提示※

对加热法施工的构件模板和保温层,应在混凝土冷却到5 ℃后方可拆模。当混凝土和外界温差大于20 ℃时，拆模后的混凝土应注意覆盖，使其缓慢冷却。

9.4.8　冬期施工混凝土的质量检查

冬期施工时，混凝土的质量检查除应按现行国家标准《混凝土结构工程施工质量验收规范》(GB 50204—2002)规定留置试块外，尚应检查混凝土表面是否受冻、粘连、收缩裂缝，边角是否脱落，施工缝处有无受冻痕迹；检查同条件养护试块的养护条件是否与施工现场结构养护条件相一致；采用成熟度法检验混凝土强度时，应检查测温记录与计算公式要求是否相符，有无差错；采用电加热法养护时，应检查供电变压器二次电压和二次电流强度，每一工作班不应少于两次。

混凝土试件的试块留置应较常规施工增加不少于两组与结构同条件养护的试件，分别用于检验受冻前的混凝土强度和转入常温养护28 d的混凝土强度。与结构构件同条件养护的受冻混凝土试件，解冻后方可试压。

所有各项测量及检验结果，均应填写"混凝土工程施工记录"和"混凝土冬期施工日报"。

9.4.9　冬期施工混凝土的安全要求

1)采用蓄热法施工时，如采用草袋等保温材料覆盖，必须注意大面积草袋的防火工作，不得用碘钨灯烘烤混凝土表面，周围严禁烟火，并配备一定数量的灭火器材。

2)采用外部加热法施工时，必须注意使热源距保温材料足够的安全距离。

3)工地临电必须符合安全用电要求。

任务9.5　装饰工程冬期施工

装饰工程应尽量在冬期施工前完成，或推迟在初春化冻后进行。必须在冬期施工的工程，应按冬期施工的有关规定组织施工。

9.5.1　抹灰工程冬期施工

凡昼夜平均气温低于+5 ℃和最低气温低于-3 ℃时，抹灰工程应按冬期施工的要求进行。

(1)一般抹灰冬期施工

一般抹灰冬期常用施工方法有热作法和冷作法两种。

1)热作法施工。

热作法施工是利用房屋的永久热源或临时热源来提高和保持操作环境的温度，人为创造一个正温环境，使抹灰砂浆硬化和固结。热作法一般用于室内抹灰。常用的热源有：火炉、蒸汽、远红外加热器等。

室内抹灰应在屋面已做好的情况下进行。抹灰前应将门、窗封闭，脚手眼堵好，对抹灰砌体提前进行加热，使墙面温度保持在 5 ℃以上，以便湿润墙面不致结冰，使砂浆与墙面黏结牢固。冻结砌体应提前进行人工解冻，待解冻下沉完毕，砌体强度达设计强度的 20% 后方可抹灰。抹灰砂浆应在正温的室内或暖棚内制作，用热水搅拌，抹灰时砂浆的上墙温度不低于 10 ℃。抹灰结束后，至少 7 d 内保持 5 ℃的室温进行养护。在此期间，应随时检查抹灰层的湿度，当干燥过快时，应洒水湿润，以防产生裂纹，影响与基层的黏结，防止脱落。

2）冷作法施工。

冷作法施工是低温条件下在砂浆中掺入一定量的防冻剂（氯化钠、氯化钙、亚硝酸钠等），在不采取采暖保温措施的情况下进行抹灰作业。冷作法适用于房屋装饰要求不高、小面积的外饰面工程。

冷作法抹灰前应对抹灰墙面进行清扫，墙面应保持干净，不得有浮土和冰霜，表面不洒水湿润；抗冻剂宜优先选用单掺氯化钠的方法，其次可用同时掺氯化钠和氯化钙的复盐方法或掺亚硝酸钠。其掺入量与室外气温有关，单盐掺入量可按表 9-18 选用，也可由试验确定。

当采用亚硝酸钠外加剂时，砂浆内亚硝酸钠掺量应符合表 9-19 规定。

表 9-18　砂浆内氯化钠掺量（占用水量的百分比）

项目	室外气温/℃	
	0 ~ -5	-5 ~ -10
挑檐、阳台、雨罩、墙面等抹水泥砂浆	4%	4% ~8%
墙面为水刷石、干粘石水泥砂浆	5%	5% ~10%

表 9-19　砂浆内亚硝酸钠掺量（占用水量的百分比）

室外气温/℃	0 ~ -3	-4 ~ -9	-10 ~ -15	-16 ~ -20
掺量	1%	3%	5%	8%

防冻剂应由专人配制和使用，配制时可先配制浓度 20% 的标准溶液，然后根据气温再配制成使用溶液。

掺氯盐的抹灰严禁用于高压电源的部位，做涂料墙面的抹灰砂浆中，不得掺入氯盐防冻剂。氯盐砂浆应在正温下拌制使用，拌制时，先将水泥和砂干拌均匀，然后加入氯盐水溶液拌和，水泥可用硅酸盐水泥或矿渣硅酸盐水泥，严禁使用高铝水泥。砂浆应随拌随用，不允许停放。

※特别提示※

当气温低于-25 ℃时，不得用冷作法进行抹灰施工。

(2)装饰抹灰冬期施工

装饰抹灰冬期施工除按一般抹灰施工要求掺盐外,可另加水泥质量20%的801胶水。要注意搅拌砂浆应先加一种材料搅拌均匀后再加另一种材料,避免直接混搅。釉面砖及外墙面砖施工时宜在2%盐水中浸泡2 h,并在晾干后方可使用。

(3)抹灰工程冬期施工工艺流程(图9-10)

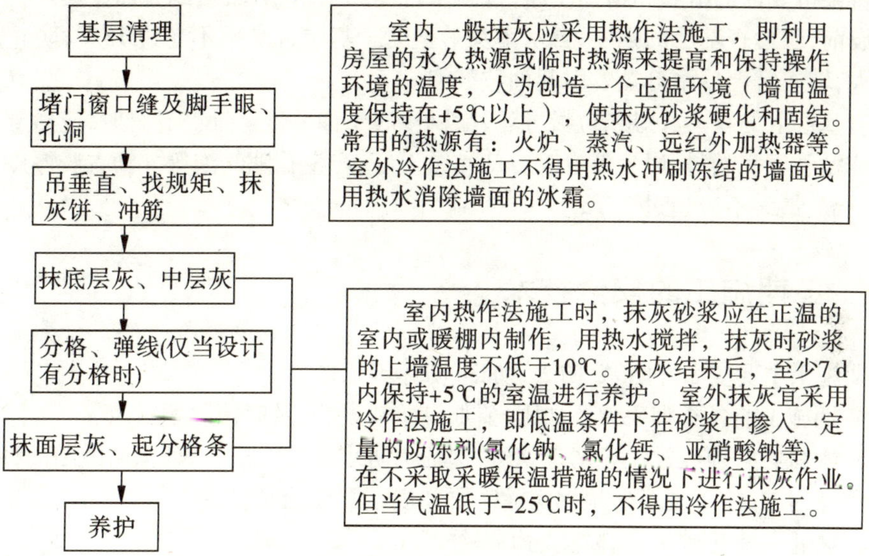

图9-10　抹灰工程冬期施工工艺流程

注:凡昼夜平均气温低于+5 ℃和最低气温低于-3 ℃时,抹灰工程应按冬期施工的要求进行。

9.5.2　其他装饰工程的冬期施工

冬期进行油漆、刷浆、裱糊、饰面工程,应采用热作法施工。应尽量利用永久性的采暖设施。室内温度应在5 ℃以上,并保持均衡,不得突然变化。否则不能保证工程质量。

冬期气温低,油漆会发黏不易涂刷,涂刷后漆膜不易干燥。为了便于施工,可在油漆中加一定量的催干剂,保证在24 h内干燥。

室外刷浆应保持施工均衡,粉浆类料宜采用热水配制,随用随配,料浆使用温度宜保持15 ℃左右。裱糊工程施工时,混凝土或抹灰基层含水率不应大于8%。施工中当室内温度高于20 ℃,且相对湿度大于80%时,应开窗换气,防止壁纸皱折起泡。玻璃工程冬期施工时,应将玻璃、镶嵌用合成橡胶等材料运到有采暖设备的室内,操作地点环境温度不应低于5 ℃。

外墙铝合金、塑料框、大扇玻璃不宜在冬期安装。

室内外装饰工程的施工环境温度,除满足上述要求外,对新材料应按所用材料的产品说明要求的温度进行施工。

9.5.3 屋面工程冬期施工

沥青卷材屋面不宜在低于0 ℃的情况下施工。冬期施工时,可利用日照采暖使基层达正温进行柔毡铺贴。柔毡铺贴前,应先将柔毡卷材放在15 ℃以上的室内预热8 h,并在铺贴前将柔毡表面的滑石粉清扫干净,按施工进度的要求,分批送到屋面使用。

铺设前,应检查基层的强度、含水率及平整度。基层含水率不超过15%,防止基层含水率过大,转入常温后水分蒸发引起油毡鼓泡。

扫清基层上的霜雪、冰层、垃圾,然后涂刷冷底子油一度。铺贴卷材时,应做到随涂黏结剂随铺贴和压实卷材,以免沥青胶冷却黏结不好,产生孔隙气泡等。沥青胶厚度宜控制在1~2 mm,最大不应超过2 mm。

9.5.4 冬期施工的安全技术

冬期施工主要应做好防寒、防火、防毒、防爆等工作。

1)冬期施工前各类脚手架要加固,要加设防滑设施,及时清除积雪。

2)易燃材料必须经常注意清理,必须保证消防水源的供应,保证消防道路的畅通。

3)严寒时节,施工现场应根据实际需要和规定配设挡风设备。

4)要防止一氧化碳中毒,防止锅炉爆炸。

任务9.6 雨期施工

9.6.1 雨期施工现场规划

(1)设置排水沟

1)排水沟的纵向排水坡度一般不少于2‰。

2)排水沟的横断面尺寸应根据施工期内可能遇到的最大流量确定。

3)排水沟的边坡坡度应根据土质和沟的深度确定。黏性土坡度一般为1∶0.7~1∶1.50。

(2)施工现场道路的要求

1)必须保证雨期施工的正常进行。

2)对临时路面,必须采取措施,避免道路泥泞。可在道路两侧做好排水,对临时路面应加铺炉渣、碎石等材料。

9.6.2 土方工程的雨期施工

土方工程宜避开雨季,如果确实无法避开时,则应采取相应措施。

(1)土方的开挖

1)基坑开挖前,首先在挖土范围外先挖好挡水沟,沟边做土堤,防止雨水流入坑内。

2)为防止基坑被雨水浸泡,开挖后应在坑内做好排水沟、集水井。

3)土方边坡坡度留设应适当放缓,如果施工现场无法满足,则可设置支撑或采取边坡加固等措施。在施工中应随时注意边坡稳定,加强对边坡和支撑的检查。

4)土方工程施工时,工作面不宜过大,宜分段作业。可先预留 20 ~ 30 cm,待大部分基槽已挖到距基底 20 ~30 cm 时,再采用人工挖土清槽。

5)土方施工过程中,应尽可能减小基坑边坡荷载,不得堆积过多的材料、机具和土方。

6)土方开挖完后,应抓紧进行基础垫层的施工,基础施工完后,应立即进行土方回填。

(2)土方的回填

1)雨期施工中,回填用土应及时采取覆盖措施,保证土方的含水量符合要求。

2)若采取措施后,土方含水量仍偏大,应晾一段时间待含水量符合要求后再进行回填,严禁形成橡皮土。若工期很紧,要求必须立即回填,则应与建设单位、施工单位共同协商后进一步采取其他措施,如用灰土回填等。土的密实度必须满足要求。

9.6.3 砌筑工程雨期施工

1)做好材料防护。水泥应放置在水泥库中,水泥库应位于地势较高处,地面应有防潮措施,垛底应高出地面 0.5 m,坚持及时收发,先进先用原则。砖、砌块应采取遮盖措施,避免块材吸水过多对砌筑不利。

2)雨季施工,日砌筑高度不宜超过 1.2 m。

3)砌砖收工时,应在砖墙顶铺一层干砖,避免大雨冲刷砂浆。

4)砌体施工时,如遇大雨必须停止施工,大雨过后,受雨水冲刷过的墙体应翻砌最上面的两皮砖。

9.6.4 混凝土工程雨期施工

1)做好对原材料的防护。钢筋必须放入仓库,且应架空离地,防止雨水浸泡锈蚀。焊接工艺必须在室内或工作棚内进行,防止雨水直接落在焊缝处因突然降温而产生裂缝;袋装水泥必须放置在水泥库中,散装水泥必须放置在密封金属仓内;砂、石可露天放置,但应堆放在地势较高处并利于排水的地方,要及时测定砂、石的含水量,将混凝土由实验室配合比换算成施工配合比。

2)浇筑混凝土时如遇大雨,应根据结构情况将施工缝留设在适宜的位置,将混凝土振捣密实,停止施工,已浇混凝土应加以覆盖。

3)大面积的混凝土浇筑前,应注意收听天气预报,尽量避开大雨。对于必须连续施工,不允许出现施工缝的工程,必须采取完善的防雨措施,保证施工的连续性。

9.6.5 屋面工程雨期施工

1)屋面应尽可能避开雨季,最好在雨季来临前施工完毕,并及时安装雨水管。

2)施工前,卷材、保温材料均不得淋雨。

3)卷材屋面施工时,如果基层潮湿且干燥有困难时,可采用排气屋面。

9.6.6 抹灰工程雨期施工

1)室外抹灰工程的施工不能在雨天进行。

2)室内抹灰工程应在做完屋面工程后进行,以防止雨水对室内墙面的污染。

9.6.7 雨期施工安全技术

雨期施工主要应做好防风、防雨、防雷、防电、防汛等工作。

1)进行土方工程施工时,边坡应适当放缓,边坡上部不得堆放材料、机具等,如有必要,应加设边坡支撑。

2)脚手架搭设时,地面必须夯实,并加垫板,防止产生较大的变形。还必须加强脚手架的可靠拉结,保证脚手架的稳定性。

3)所有的电机设备必须搭设机械棚,采取防雨、防淹措施,安装安全接地装置。配电箱的漏电保护装置要可靠。

4)施工现场高出建筑物的塔吊、龙门架、井架、客货电梯、脚手架等必须安装防雷装置。施工工现场的防雷装置一般是由避雷针、接地线和接地体三个部分组成。其中,避雷针应安装在高出建筑的塔吊、人货电梯、钢脚手架的最高顶端上;接地线可用截面积不小于 16 mm^2的铝导线,或用截面不小于 12 mm^2的铜导线,也可用直径不小于 8 mm 的圆钢;接地体有棒形和带形两种,棒形接地体一般采用长度 1.5 m、壁厚不小于 2.5 mm 的钢管或 5 mm×50 mm 的角钢。将其一端打尖并垂直打入地下,其顶端离地平面不小于 50 cm。带形接地体可采用截面积不小于 50 mm^2,长度不小于 3 m 的扁钢,平卧于地下500 mm处。

5)防雷装置的避雷针、接地线和接地体必须焊接(双面焊),焊缝长度应为圆钢直径的 6 倍或扁钢厚度的 2 倍以上,电阻不宜超过 10 欧姆。

小　结

冬期的低温和雨期的降水,给施工带来很大困难,常规的施工方法已不能适应。在冬期和雨期施工时,必须从实际出发,选择合理的施工方法,制定具体的措施,确保工程质量,降低工程的费用。

土方工程冬期施工应对地基土采取保温防冻措施,地基土的保温防冻方法有松土防冻、覆盖雪防冻和隔热材料防冻等；对已冻地基土，为了有利于冻土挖掘，可利用热源将冻土融化。融化冻土的方法有烟火烘烤法、蒸汽融化法和电热法三种方法；也可采用人工开挖法、机械开挖法或爆破开挖法直接对冻土进行开挖。

当室外日平均气温连续 5 d 稳定低于 5 ℃时，砌体工程应采取冬期施工措施。砌筑工程的冬期施工方法主要有外加剂法、冻结法和暖棚法等。砌筑工程的冬期施工应优先选用外加剂法。对绝缘、装饰等有特殊要求的工程，可采用其他方法。混凝土小型空心砌块不得采用冻结法施工。加气混凝土砌块承重墙体及围护外墙不宜冬期施工。

室外日平均气温连续 5 d 稳定低于 5 ℃时，混凝土结构工程应采用冬期施工措施，并应及时采取气温突然下降时的防冻措施，防止新浇筑混凝土的早期受冻，保证混凝土工程的质量能达到规定的要求。冬期施工中配制混凝土用的水泥，应优先选用活性高、水化热大的硅酸盐水泥和普通硅酸盐水泥。冬期施工对组成混凝土材料的加热，应优先考虑加热水，但水泥不得与 80 ℃以上的水直接接触。混凝土拌合物的出机温度不宜低于10 ℃。一般情况下，混凝土冬期施工应在正温下浇筑(混凝土入模温度不低于 5 ℃)，正温下养护，使混凝土强度在冰冻前达到受冻临界强度，混凝土浇筑后，为保证混凝土在达到要求的强度(抗冻临界强度)之前不受冻，必须选择适当的施工方法，使混凝土强度得到正常增长。混凝土冬期施工常用的养护方法有蓄热法、掺外加剂法、综合蓄热法和外部加热法等。

习　题

一、单项选择题

1. 当日平均气温降到(　　)以下时，混凝土工程必须采用冬期施工技术措施。

A. 0 ℃　　B. −2 ℃

C. 5 ℃　　D. 10 ℃

2. 冬期施工中，配制混凝土用的水泥强度等级不应低于(　　)。

A. 32.5　　B. 42.5

C. 52.5　　D. 62.5

3. 冬期施工中，配制混凝土用的水泥用量不应少于(　　)。

A. 300 kg/m^3　　B. 310 kg/m^3

C. 320 kg/m^3　　D. 330 kg/m^3

4. 冬期施工中，混凝土入模温度不得低于(　　)。

A. 0 ℃　　B. 3 ℃

C. 5 ℃　　D. 10 ℃

5. 冬期施工中，钢筋冷拉可在负温下进行，但温度不得低于(　　)。

A. −10 ℃　　B. −15 ℃

C. −5 ℃　　D. −20 ℃

6. 冬期施工中，钢筋冷拉可在负温下进行，如采用控制应力方法时，冷拉控制应力应较常温下提高(　　)。

A. 10 N/mm^2　　B. 20 N/mm^2

C. 30 N/mm^2　　D. 40 N/mm^2

7. 冬期施工中配制混凝土用的水泥宜优先采用(　　)的硅酸盐水泥。

A. 活性低、水化热量大　　B. 活性高、水化热量小

C. 活性低、水化热量小　　D. 活性高、水化热量大

二、简答题

1. 冬季施工进行土方开挖与回填时,如何防冻?

2. 砖砌体冬期施工有哪几种方法?

3. 简述掺盐砂浆法的适用范围,施工工艺及技术要求。

4. 简述冻结法的适用范围,对砌体进行冻结法施工应注意哪些问题?

5. 混凝土冬期施工主要有哪几种方法?

6. 什么是抗冻临界强度?

7. 什么是蓄热法? 其适用范围是什么?

8. 简述混凝土冬期施工工艺。

9. 简述雨期施工时,土方工程、砌筑工程及钢筋混凝土工程应注意哪些问题?

答　案

模块1　土方工程

一、判断题

1. √　2. ×　3. √　4. ×　5. ×

二、单选题

1. C　2. B　3. C　4. B　5. D　6. B

三、简答题

略

四、计算题

略

模块2　地基处理与桩基础工程

一、单项选择题

1. C　2.. C　3. A　4. A　5. A　6. B　7. A　8. C　9. A　10. C　11. C

二、简答题

略

模块3　砌筑工程

一、单项选择题

1. B　2. D　3. C　4. C　5. A　6. D　7. C　8. C　9. B　10. A　11. D

二、多项选择题

1. BDE　2. ACDE　3. BDE　4. ABE　5. AB　6. DE

三、判断对错题

1. √　2. √　3. √　4. √　5. ×　6. ×　7. ×　8. ×

四、简答题

略

模块4　钢筋混凝土工程

一、单项选择题

1. D　2. C　3. C　4. B　5. B　6. B　7. C　8. A

二、多项选择题

1. ABCE　2. ABCE　3. ACD　4. ABDE　5. ACDE

6. ABCE　7. AB　8. ABCD　9. ABDE　10. AB

三、判断对错题

1. × 强度不减少　2. ×　3. ×　4. √　5. ×　6. √　7. √外包尺寸和中心线长度不同　8. ×　9. √　10. ×先拆中间再两边。

四、简答题

略

模块5　预应力混凝土工程

一、填空题

1. 钢管抽芯法、胶管抽芯法 、预埋波纹管

2. $0 \rightarrow 1.05\sigma_{con}$(持荷2分钟)$\rightarrow \sigma_{con}$

3. 预应力筋锈蚀,增加结构的整体性和耐久性

4. 无黏结预应力混凝土

5. 受拉区混凝土

6. 75%

7. 螺丝端杆锚具、帮条或镦头锚具

三、判断对错题

1. ×　2. ×　3. √　4. √　5. ×　6. ×

三、单项选择题

1. C　2. A　3. A　4. B　5. A

6. A　7. B　8. A　9. C　10. A

四、简答题

略

模块6　结构安装工程

一、填空题

1. 自行起重机、塔式起重机、桅杆式起重机

2. 起重量 Q、起高度 H 、回转半径 R

3. 纵轴线的直线度、跨距

4. 屋架斜向就位、屋架纵向就位
5. 标高、垂直度、平面位置
6. 正面斜向、正反斜向、正反纵向布置
7. 正面斜向布置、正反斜向布置、顺轴线正反向布置。
二、选择题
1. ABC　2. AB　3. AC　4. BCD　5. AD
三、简答题
略

模块 7　防水工程

一、单项选择题
1. A　2. B　3. B　4. C　5. B　6. D　7. C　8. A　9. B　10. C　11. B　12. C
二、简答题
略

模块 8　装饰工程

一、单项选择题
1. C　2. A　3. A　4. C　5. B　6. C、
二、填空题
1. 1.5
2. 主要成膜物质、次要成膜物质和辅助成膜物质
3. 300
4. 粘贴式木楼地面　架空式木楼地面　实铺式木楼地面　弹性木楼地面
5. 抗碱背涂处理
三、简答题
略

模块 9　季节性施工

一、单项选择题
1. C　2. B　3. A　4. C　5. D　6. C　7. D
二、简答题
略

参考文献

[1]姚谨英. 建筑施工技术. 4 版. 北京:建筑工业出版社,2012.
[2]叶雯,周晓龙. 建筑施工技术. 北京:北京大学出版社,2010.
[3]钟汉华, 李念国. 建筑工程施工工艺. 北京:北京大学出版社,2009.
[4]许红,吴承霞. 混凝土结构施工. 南京:东南大学出版社,2005.
[5]魏杰,李竞克. 建筑施工技术. 北京:航空工业出版社,2012.